现代薄板处理线
工艺设计与运行

Process Design and Operation of
Modern Steel Strip Treatment Line

肖学文　许秀飞　赵征志　杨柏松　著

北　京

冶 金 工 业 出 版 社

2023

内 容 提 要

薄板的热处理与表面处理是钢铁制造流程中十分重要的一环,对实现"双碳"目标意义重大。本书是现代薄板处理线设计中的工艺设计与运行部分,全面介绍了现代镀层技术的原理与发展、生产工艺与设计,镀层和退火基板材质、高强钢原理与发展、热处理工艺流程,以及镀层和连退生产线运行原理等系统性知识,是国内外最新技术与实践经验的高度总结与提炼,对钢铁薄板新产品的研究开发、生产制造以及生产线设计都有着切实的指导意义。

本书供钢铁企业涂镀工厂管理和生产技术人员、薄板处理线设计人员、带钢热处理与表面处理研究人员,以及相关专业的高等院校师生阅读参考。

图书在版编目(CIP)数据

现代薄板处理线工艺设计与运行/肖学文等著.—北京:冶金工业出版社,2023.1

ISBN 978-7-5024-9340-0

Ⅰ.①现… Ⅱ.①肖… Ⅲ.①薄钢板—薄板轧制—机械化生产线—工艺设计 ②薄钢板—薄板轧制—机械化生产线—运行 Ⅳ.①TG335.5

中国版本图书馆 CIP 数据核字(2022)第 254469 号

现代薄板处理线工艺设计与运行

出版发行 冶金工业出版社		**电 话**	(010)64027926
地 址 北京市东城区嵩祝院北巷 39 号		**邮 编**	100009
网 址 www.mip1953.com		**电子信箱**	service@ mip1953.com

责任编辑 戈 兰 郭雅欣 美术编辑 彭子赫 版式设计 孙跃红
责任校对 石 静 责任印制 窦 唯
北京捷迅佳彩印刷有限公司印刷
2023 年 1 月第 1 版,2023 年 1 月第 1 次印刷
787mm×1092mm 1/16;33.25 印张;808 千字;518 页
定价 298.00 元

投稿电话 (010)64027932 投稿信箱 tougao@cnmip.com.cn
营销中心电话 (010)64044283
冶金工业出版社天猫旗舰店 yjgycbs.tmall.com
(本书如有印装质量问题,本社营销中心负责退换)

序

钢铁是重要的基础结构材料，对国民经济、社会发展和国防建设起到重要的支撑和保障作用。板带后处理是调控钢铁材料综合性能的重要技术手段，可以提升钢铁材料的适用性和附加值，更好地满足高品质、高精度下游产品的制造需要。板带后处理工艺的主要作用：一是通过热处理，改善产品力学性能；二是通过表面热浸镀，提高产品耐蚀性能。

相对于钢铁制造的前面各道工序，我国在板带后处理技术领域方面起步较晚。1979 年，武钢从德国引进了第一条产能为 15 万吨/年的连续热镀锌机组。2006 年，中冶赛迪在攀钢集成国外设备，自主设计和建设了我国第一条国产立式炉热镀锌板带生产线。此后，经过各方面的努力，我国成功实现了热镀锌板带生产线的全面国产化。

近十几年来，我国在板带后处理的基础理论、核心技术、关键设备的研究和开发方面取得了显著的进步，镀锌、镀锌铝、镀铝锌、镀铝等机组成套技术日趋成熟，成功设计、制造、建设了一大批国产生产线，产品广泛应用于汽车、家电和建筑行业。这几年，我国自主开发的低铝、中铝、高铝三大类镀锌铝镁镀层工艺，在含镁镀层的氧化性控制、镀层冷却凝固、组织控制方面都形成了独特的技术。

本书系统梳理了板带后处理工序中材质热处理和表面热浸镀处理两个方面的工艺技术和生产设备发展的历程，总结了国内外先进技术和设备方面取得的最新成果，系统分析了镀层成分选择、组织控制、材料的热处理原理和工艺制度，全面介绍了高端钢铁薄板的生产和生产线运营原理。相信该书的出版，将对我国钢铁板带后处理技术的发展起到积极的推动作用。

中国工程院院士 毛新平

2022 年 10 月

前　言

绿色可持续发展是人类社会面临的共同课题。钢铁作为国民经济最重要的基础性原材料，在几千年的应用过程中，不仅支撑了人类文明的进步，也因其绿色、可无限循环利用的特点，展现出生生不息的活力与创造力，为人类社会的绿色发展做出了不可替代的历史贡献。

对可持续发展的追求，为今天的钢铁产业赋予了绿色制造的新内涵、新使命，钢铁工业已成为实现低碳发展的关键力量。当前，我国钢铁工业已进入了全面绿色化发展的历史新阶段。在全行业的共同努力下，钢铁生产制造过程已具备源头减量、过程控制和末端治理的显性绿色特点，以及涉及流程结构、产品结构、能源结构、原料结构等的隐性绿色特点。通过钢铁工业绿色制造关键共性技术的产业化应用，钢铁行业已大幅降低了吨钢物耗、能耗、水耗，减少了污染物和碳排放强度，推动了资源综合利用、节能和减排三大维度指标的显著改进，促进了行业和社会的生态链接，实现了钢铁企业良好的经济、环境和社会效益的制造模式。

在钢铁生产制造流程中，板带后处理工序起着承上启下的作用。它承接着从炼铁、炼钢到轧钢的工艺流程，连着产品的加工成形，最终显著影响着汽车、家电、建筑、装备等终端产品的质量。近年来，围绕产品性能的持续提升，板带后处理的退火、镀锌、彩涂三个关键共性技术不断进步，促使钢铁产品在人民生产生活中得到进一步广泛应用。

板带后处理的技术创新使得这一工序成为钢铁流程中绿色制造的重

要一环。在材质热处理方面，已经由单一的铁素体组织为主的材料发展成了珠光体、贝氏体、马氏体、残余奥氏体等多种组织有机组合而成的材料，材料的成形性和力学性能大幅度提高，不但可以加工成各种形状复杂的零件，而且所用材料重量可以减少到普通热轧板的几分之一，对促进钢铁行业的碳减排发挥了巨大作用。在以镀层技术为代表的板带表面处理方面，由此前的单一镀锌或镀铝发展到镀锌铝、铝锌产品，且近几年迅猛发展到低铝、中铝、高铝三大类镀锌铝镁产品，不但在一般环境下的耐腐蚀性呈 10 倍增长，而且在耐酸碱性腐蚀和断口保护方面的性能也大幅提高，极大地拓展了钢铁产品的使用领域和使用寿命。镀锌铝镁产品可满足光伏工程、5G 传输等新兴产业的特殊需求，达到 30 年寿命免维护，也成功地部分替代了高能耗的批量热浸镀锌技术，有力推动了节能环保和绿色低碳发展。

在板带后处理科研和实践方面，中冶赛迪开展了大量卓有成效的工作。21 世纪初，中冶赛迪以工厂设计院的身份，完成了攀钢 1 号和 2 号镀锌线的工厂设计项目。项目建成投产后，我们积极与攀钢探讨新生产线国产化的可行性，从而开始了国产化设计和制造的大胆尝试。我们不甘于模仿、照抄国外的生产线，而是要弄懂弄通其工艺原理和设计理念，做到知其然并知其所以然，对各类情况了然于心；不满足于将工程建成并顺利投产，而是树立超越国外技术的信心。通过大量深入细致地学习钻研，与厂内技术人员一道总结出了几十个引进生产线存在的设计缺陷或问题，并有针对性地研究改进办法。因而在设计新生产线时，我们不但得心应手、进展顺利，而且对使用国外设备时所发现的问题逐一进行解决，最终建成了国内第一条大型立式炉镀锌生产线。新生产线工艺流程更加合理、集成技术更加完善，不但调试周期大幅度缩短，而且生产效率和产品质量也有显著的提升。从此，中冶赛迪打破国外垄断，掌握了该领域的核心技术，形成了从方案规划、项目设计、设备制造、安装调试到生产运营全流程的技术体系、组织体系和服务体系。

基于这种敢于探索、自立自强的精神，中冶赛迪持续推动板带后处理技术创新与工程应用。如为某著名外资企业建设了大型立式炉高强钢退火线，工艺段最大速度达到 320m/min，技术指标达到国际领先水平。自主集成设计了大批高档家电板连续热镀层机组，生产产品覆盖镀锌、锌铝、铝锌、锌铁合金、铝硅、三类锌铝镁等品种，并在锌铝镁镀层技术和设备方面处于国内领先地位。

为将镀层技术提高到新的水平，中冶赛迪积极布局纳米镀层前沿技术研究。通过在现有金属合金镀层基体中复合添加纳米颗粒陶瓷材料，达到对基体的弥散强化、高密度位错强化以及细晶强化效果，使镀层材料具有更高的强度、硬度及耐磨和高温稳定性，不仅显著提高材料的使用寿命，还可以替代现有的硬铬镀层，减少铬离子的排放。

这些努力与成果，不仅使得中冶赛迪在国内钢铁工程公司中持续引领板带后处理技术潮流，也为我国制造业和基建业高质量发展作出了积极贡献。下一步我们还需要继续深耕研究，推动我国钢铁工业在材料科学、低碳发展方面取得更大进步。

本着促进交流，共同提高，携手发展的初衷，我们撰写了这部著作，旨在加大镀层产品的普及应用，加强教学与科研融合，促进工程技术与生产实践的衔接与合作。本书对板带后处理工艺、设备、控制和运营进行了全面的总结，介绍了国外的先进技术和我国的最新成果，尤其是加强了对技术原理和设备构造的深入研究和系统解读。本书既可作为高校和科研院所的学习教材，也可供行业广大从业人员开展研究设计、指导生产。希望本书能对推动板带后处理技术的持续进步贡献绵薄之力，也恳请各位读者提出宝贵意见。

借此机会向一直关心和支持中冶赛迪板带后处理事业发展的宝钢、武钢、鞍钢、首钢、攀钢、酒钢、日照钢铁、唐钢、邯钢、马钢、安钢、国丰钢铁、烨辉、涟钢、新宇、敬业、建龙、德龙等钢铁企业，以及清华大学、北京大学、北京科技大学、重庆大学、燕山大学、钢铁研究总院、东北大学、上海交通大学、上海大学、常州大学、河北工业大学、昆明理工大学等高校和科研单位表示衷心的感谢。

感谢毛新平院士对我们的指导与热情帮助。

全国涂镀板行业知名专家许秀飞为本书倾注了大量心血，北京科技大学赵征志教授和中冶赛迪专家杨柏松承担了重要的撰写工作。王业科、肖宇、钟星立、赵爱明、胡元祥、杨春楣、胡建平、高鹏飞、张雨泉、杨宁川、杜江、刘显军、杨薇、勾军年、夏强强、王万慧、张芝民、田茂飞等参与了本书撰写和审核工作，在此对各位的辛勤付出表示衷心的感谢。

2022 年 10 月

目　　录

第1章　现代镀层钢板原理与发展

1.1　镀层板的原理与发展

1.1.1　钢铁腐蚀的实质

1.1.1.1　钢铁的工作环境

钢铁产品在使用时是暴露在大气之中的，国际标准 ISO 9223《金属与合金的腐蚀　大气腐蚀性　分类》将大气环境腐蚀性分为 6 个等级，其典型示例如表 1.1-1 所示。

表 1.1-1　有关腐蚀性等级评估的典型大气环境类型

腐蚀性等级	腐蚀性	典型环境—举例	
		室　内	室　外
C1	很低	低湿度和无污染的加热空间，如办公室、学校、博物馆	干冷地区，污染非常低且潮湿时间非常短的大气环境，如某些沙漠、北极中央/南极
C2	低	温度和相对湿度变化的不加热空间。低频率冷凝和低污染，如储藏室、体育馆	温带地区，低污染（$SO_2 \leqslant 5\mu g/m^3$）大气环境，如乡村、小镇 干冷地区，潮湿时间短的大气环境，如沙漠、亚北极地区
C3	中等	中度频率冷凝和中度污染的生产空间，如食品加工厂、洗衣店、啤酒厂、乳品厂	温带地区，中度污染（$5\mu g/m^3 < SO_2 \leqslant 30\mu g/m^3$）或氯化物有些作用的大气环境，如城市地区、低氯化物沉积的沿海地区 亚热带和热带地区，低污染大气
C4	高	高频率冷凝和高污染的生产空间，如工业加工厂、游泳池	温带地区，重度污染（$30\mu g/m^3 < SO_2 \leqslant 90\mu g/m^3$）或氯化物有重大作用的大气环境，如污染的城市地区、工业地区、没有盐雾或没有暴露于融冰盐强烈作用下的沿海地区
C5	很高	非常高频率冷凝和/或高污染的生产空间，如矿山、工业用洞穴、亚热带和热带地区的不通风工作间	温带和亚热带地区，超重污染（$90\mu g/m^3 < SO_2 \leqslant 250\mu g/m^3$）和/或氯化物有重大作用的大气环境，如工业地区、沿海地区、海岸线遮蔽位置
CX	极值	几乎永久性冷凝或长时间暴露于极端潮湿和/或高污染的生产空间，如湿热地区有室外污染物（包括空气中氯化物和促进腐蚀物质）渗透的不通风工作间	亚热带和热带地区（潮湿时间非常长），极重污染（$SO_2 > 250\mu g/m^3$）包括间接和直接因素和/或氯化物有强烈作用的大气环境，如极端工业地区、海岸与近海地区及偶尔与盐雾接触的地区

1.1.1.2 钢铁腐蚀的特点

金属腐蚀分为化学腐蚀和电化学腐蚀两大类，化学腐蚀主要是金属与周围介质发生化学反应引起的破坏，而电化学腐蚀是金属通过原电池电极反应产生的腐蚀。

钢铁发生腐蚀与其表面的水膜密不可分，正是因为有了水，水中溶解了氧气，会发生一系列电离反应，是一种典型的电化学腐蚀。反应式如下：

$$Fe \longrightarrow Fe^{2+} + 2e \qquad (1.1-1)$$

$$O_2 + 2H_2O + 4e \longrightarrow 4OH^- \qquad (1.1-2)$$

$$Fe^{2+} + 2OH^- \longrightarrow Fe(OH)_2 \qquad (1.1-3)$$

$$2Fe(OH)_2 + O_2 \longrightarrow 2FeOOH \qquad (1.1-4)$$

$$6FeOOH + 2e \longrightarrow 2Fe_3O_4 + 2H_2O + 2OH^- \qquad (1.1-5)$$

空气中的氧气不断地溶解于水中，反应也就不断地进行。因为反应的主要生成物 Fe_3O_4 是红色的，所以铁氧化后的产物一般叫"红锈"。红锈很疏松，容易溶解于介质，难以保护钢铁表面不继续被腐蚀，就使得钢铁的腐蚀一直进行到被完全腐蚀为止，这是钢铁腐蚀的特点。钢铁在潮湿环境下的电化学腐蚀如图 1.1-1 所示。

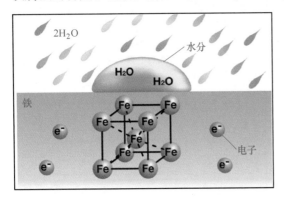
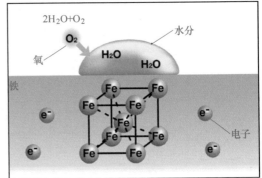
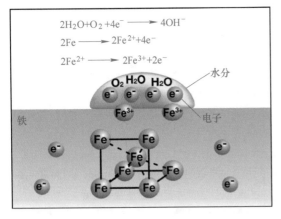
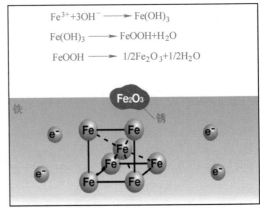

图 1.1-1　钢铁在潮湿环境下的电化学腐蚀

正因为如此，钢铁必须借助于表面涂镀其他金属或非金属保护层，才能有效地防止钢铁的腐蚀。

1.1.2 镀层保护的原理

1.1.2.1 镀层元素氧化的特点

A 锌氧化的特点

锌与铁相比，是一种更为活泼的金属元素，更容易被氧化腐蚀。但由于其腐蚀反应生成物的性质不同，所以锌的腐蚀与钢铁有根本上的不同。

锌在干燥无水的环境下也会与空气中的氧气发生反应，生成氧化锌。由于氧化锌膜比较疏松，仅靠氧化锌膜还不足以对基板发挥应有的保护作用。这与铁氧化后的"红锈"不同，其颜色是白色的，所以称为"白锈"。反应式如下：

$$2Zn + O_2 \Longrightarrow 2ZnO \tag{1.1-6}$$

锌在潮湿的空气中则发生有氧参与的电化学腐蚀，也生成氧化锌。不过，潮湿空气中的 CO_2 会进一步与 ZnO 反应，生成 $ZnCO_3$，其颜色变得稍黑，在锌表面形成黑色的斑点，所以称为"黑斑"。反应式如下：

$$Zn \Longrightarrow Zn^{2+} + 2e \tag{1.1-7}$$
$$O_2 + 2H_2O + 4e \Longrightarrow 4OH^- \tag{1.1-8}$$
$$Zn^{2+} + 2OH^- \Longrightarrow Zn(OH)_2 \tag{1.1-9}$$

这样，在大气环境下，锌的表面覆盖了一层由氧化锌、碳酸锌和氢氧化锌组成的氧化膜，这一层氧化膜比较致密，粘附性能较好，能将外界的氧气与内部的组织隔离开来，防止内部的锌基体继续被氧化掉。这与钢铁的氧化有很大的差别，所以锌比钢铁的耐腐蚀性能好得多，按腐蚀的损失量比，钢铁的腐蚀损失量是锌的 15~30 倍。但在受到污染的大气中，锌的耐腐蚀性能受到很大的影响。

B 铝氧化的特点

铝与锌相比，更为活泼，也更容易被氧化。不过不同于锌和铁的情况，由于铝氧化后形成的氧化膜更加致密，所以通常情况下铝制品也就更加耐腐蚀。

铝在常温下极易与空气中的氧气发生反应生成氧化铝，化学方程式为：

$$4Al + 3O_2 \Longrightarrow 2Al_2O_3 \tag{1.1-10}$$

使铝的表面生成一层致密的氧化铝薄膜，这层氧化膜成为保护膜，阻止了空气渗入氧化膜内部与铝反应，从而保护了内部的铝进一步被氧化。关于铝的耐腐蚀性，理论上讲，只要表面氧化膜产生的速度大于氧化膜被破坏的速度，铝材料的耐腐蚀性能是非常好的。

当采用镀铝工艺提高钢材的耐腐蚀性能时，镀层表面致密的氧化膜也起到了很好的隔离防腐效果，提高了镀层板的使用寿命，但镀铝板的阴极保护作用不太强。镀铝板还有一个特点就是铝的熔点高，镀铝板的高温耐腐蚀性能很好，使用温度也就可以提高到 500℃以上。

C 镁氧化的特点

与常见的金属相比，镁是一种非常活泼的金属，极易发生氧化反应，化学方程式为：

$$2Mg + O_2 \Longrightarrow 2MgO \tag{1.1-11}$$

由于镁的氧化物最为疏松，几乎不能成膜。因此，如果仅仅靠镁是无法保护钢材的，必须与锌或者铝共同作用。镁氧化的产物有一个很好的优越性，易与锌或铝的氧化物发生共同作用，从而形成稳定的、致密的保护膜。当镀层中含镁时，镁能够促进镀层表面生成稳定的、致密的、复合成分的保护膜，提高了镀层的耐腐蚀性能。但对于这层致密的腐蚀产物，不同的学者有不同的看法。特别是，这层保护膜具有一定的胶性，可以流淌到镀层板断口表面，或者填补到镀层板损伤部位，使得镀层板的断口保护性能大幅度提高。

D　总　结

综上所述，铁、锌、铝、镁四种常见金属的氧化性质依次增强，但由于锌、铝、锌铝镁合金氧化膜的致密性也依次增强，所以实际腐蚀速度依次减弱，或者说耐腐蚀性能依次提高。因此，将锌、铝纯金属，或者二者的合金，或者再加上一定的镁，热浸镀到钢材的表面，就可以增加钢材的防腐性能。

1.1.2.2　钢材防腐的原理

虽然防止钢材腐蚀的方法多种多样，但其根本原理都是隔离保护和阴极保护。

A　表面隔离保护

钢材隔离保护最为常见的就是表面涂层，在带钢生产领域彩涂板就是采用的隔离保护原理。由于涂层不易透水，可以将内部的钢板与周围的环境隔离开来，铁原子与空气接触的机会少，当然就不易发生腐蚀。不过，涂镀层板在使用时，内部的钢材是不可能完全被涂层隔离的。首先，涂镀层板要经过剪切加工以后使用，就存在切口或冲孔等断口；其次，涂镀层板在加工、安装、使用中，表面经常会发生划伤，或其他原因使涂层遭到局部破坏。这种情况下，钢铁制品就会从断口或者划伤部位开始锈蚀，使得保护效果很差。彩涂板隔离保护原理如图 1.1-2 所示。

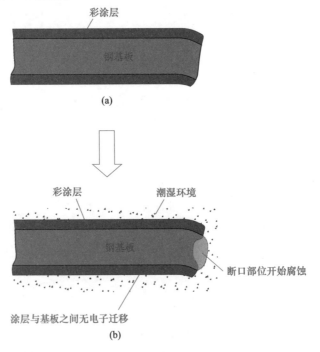

图 1.1-2　彩涂板隔离保护原理

（a）涂层处理；（b）隔离保护断口发生腐蚀

同时，由于普通涂层隔水的效果本来就不好，采用冷轧板表面涂敷普通涂层生产的彩涂板使用寿命仅有短短一两年时间，已经基本被淘汰了。目前只有采用隔水性能更好的冷轧板表面热覆膜板，才能满足电冰箱等室内使用场合的需要。针对断口腐蚀问题，覆膜板使用时采取的措施是包边，即将切口包进内部，不会暴露在环境氛围中。但大部分情况下，钢铁断口或伤口暴露在环境之中是不可避免的，这种情况下就需要阴极保护原理来实现保护作用。所以，目前最为常见的彩涂板不是使用普通冷轧板作为基板，而是以镀层板为基板在镀层表面再做涂层处理，采取了隔离保护与阴极保护两者结合的方法。

当然，镀层板本身也有隔离防腐作用，当镀锌板或镀铝板表面完好时，钢材表面被锌或者铝保护着，只发生表面锌或铝的腐蚀，由于锌或铝腐蚀的产物对锌或铝都有较好的保护作用，所以腐蚀速度非常慢，也就发挥了隔离防腐的作用。

B 断口阴极保护

如前所述，钢铁腐蚀的实质是电化学腐蚀，因此从根本上防止腐蚀，也就必须采取电化学的措施，通过原电池原理，使得铁带上负电，不会失去电子，也就不会发生腐蚀反应了。

以镀锌板为例，镀层中的锌与带钢中的铁在潮湿的环境中组成了原电池，由于锌的标准电极电位只有$-1.05V$，低于铁的$-0.036V$，因而锌作为阳极失去电子被氧化，而铁作为阴极得到电子就得到保护。由于锌腐蚀以后的生成物相对比较致密，反应速度很慢，也就是说总体的耐腐蚀性能大幅度提高，这就是典型的阴极保护作用。

当然，阴极保护是有一定范围的，镀锌板的阴极保护范围大约是距镀层 1mm 以内的范围，也就是说镀锌板断口不发生锈蚀的最大厚度约为 1mm，如果镀锌板厚度超过了 2mm，就会在断口的距镀层 1mm 以外的部位开始腐蚀。镀锌板阴极保护原理如图 1.1-3 所示。

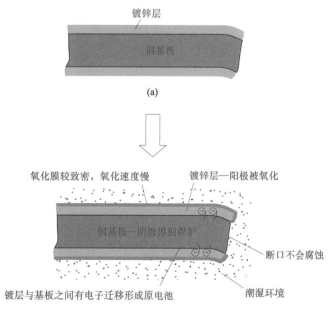

(a)

(b)

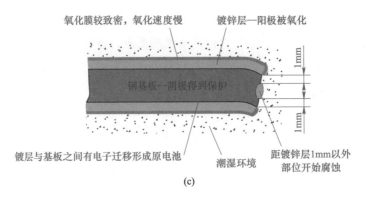

图 1.1-3 镀锌板阴极保护原理

(a) 镀锌处理；(b) 阴极保护断口不腐蚀；(c) 阴极保护区域为1mm

C 保护膜转移保护

解决超过 2mm 以上厚镀层板的断口保护的方法，可以采用含镁镀层。含镁镀层中的镁极易氧化，氧化后的产物可以与锌或锌铝合金的腐蚀产物一起，形成具有胶性的复合成分保护膜，不但能够保护镀层板完整的平面，而且可以流淌到断口处，使得断口也得到保护，大幅度地提高了镀锌板的阴极保护距离，这种特有的保护原理可以总结为保护膜转移保护。

其过程如下：

当含镁镀层投入使用后不久，断口处裸露在环境里的钢板基体就会发生氧化，产生红锈，但是断口的氧化不会无止境地发展下去；

当使用时间超过 6 个月以后，镀层中的镁以及锌、铝等元素氧化积累了一定数量的腐蚀产物，这些产物共同作用，形成了具有一定胶性的物质，开始流淌到断口处，使得断口得到一定的保护，原来裸露的钢板基体与环境发生了一定的隔离，氧化不再发生；

当镀层板继续使用超过 2 年以后，断口表面积累的保护膜达到了一定的厚度，不但能够制止钢板基体的氧化，而且原先发生氧化的红锈也被保护膜包裹进去，断口看上去反而成为与镀层差不多的银白色，断口得到了彻底的保护。含镁镀层转移保护原理如图 1.1-4 所示，含镁镀层转移保护实物照片如图 1.1-5 所示。

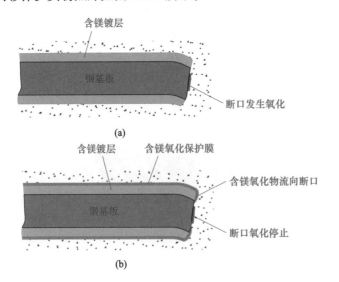

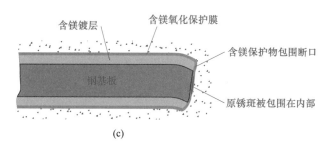

图 1.1-4　含镁镀层转移保护原理

（a）初期；（b）中期；（c）长期

据试验表明，含镁保护膜转移保护的距离达到了 4mm。也就是说，在镀层内加镁以后，可以使得镀层断口保护的有效厚度由镀锌的 2mm，上升到 8mm。

1.1.2.3　镀层产品的意义

在本来极易氧化腐蚀的钢铁基板表面进行镀层处理以后，由于镀层的隔离保护、阴极保护和保护膜转移保护作用，使得钢铁基板与使用环境隔离开来，只有在其表面的镀层消失 90% 以后，才开始基板的腐蚀，因此使用寿命大幅度提高。

以双面镀层为 $275g/m^2$ 的镀锌板为例，其单面镀锌层厚度达到了 $19\mu m$，在常见的使用环境下，镀层消失 90% 一般使用年限为 19 年，在 19 年以后内部基板暴露在使用环境下，开始快速腐蚀，大约 1 年的时间就会腐蚀 10% 的厚度，镀锌板失去了使用价值。也就是说，这个案例的镀层处理使得冷轧板的使用寿命由 1 年提高到了 20 年，可见对实现碳中和以及减少铁矿石消耗意义重大。

镀层对钢材使用寿命的影响如图 1.1-6 所示。

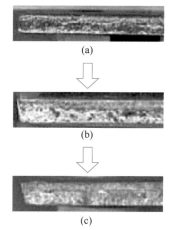

图 1.1-5　含镁镀层转移
保护实物照片

（a）初期；（b）中期；（c）长期

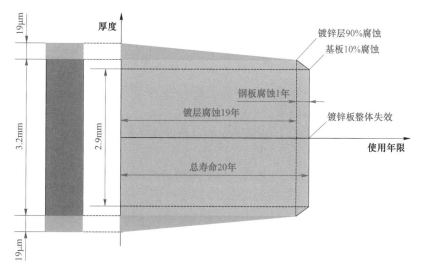

图 1.1-6　镀层对钢材使用寿命的影响

1.1.3　带钢镀层的时代划分

1.1.3.1　三大时代划分

至今为止，带钢连续热镀层发展历史大概经历了三大时代：一是在 1960 年以前，在带钢表面镀纯锌或镀纯铝，以锌或铝为主的"一元金属"时代；二是 1970~1990 年，将锌和铝混合起来，由镀纯锌或纯铝进入到镀"锌+铝"系列合金的"二元合金"时代；三是 1990 年以后，进一步在锌铝合金内加镁，进入"锌+铝+镁"系列合金的"三元合金"时代。带钢连续热浸镀镀层种类的时代划分如图 1.1-7 所示。

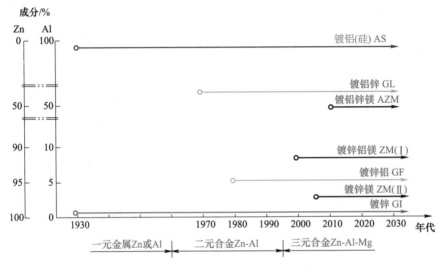

图 1.1-7　带钢连续热浸镀镀层种类的时代划分

1.1.3.2　一元金属时代

A　镀纯锌

为了解决钢铁材料防腐问题，人们发明了在表面进行热浸镀的工艺方法。1931 年以后，钢带连续热浸镀工艺开始得到批量性工业化应用，在带钢表面镀上锌以后，锌层的阴极保护作用可以使使用寿命由原来的 1~2 年，提高到 20 年以上，接近 20 倍，因此镀锌带钢得到了迅速的发展和广泛的应用。

最早期的带钢连续热镀锌镀的是 100% 纯锌，这种镀锌板产品用于不加工成形的场合是可以的。但由于锌与铁反应性比较强烈，会在镀层与钢板结合处产生比较厚的锌铁化合物层，这层化合物层硬而脆，影响加工性能。随着对镀锌板加工性能要求的提高，必须设法抑制锌和铁之间的反应，于是在锌液内加入 1.0% 左右的铝，称之为"加铝法热镀锌"。同时，采用表面先涂溶剂再热浸镀锌的方法，因此又称为"溶剂法热镀锌"。由于铝与锌的反应性更强，会优先发生锌铝反应，生成锌铝化合物层，抑制了锌和铁的反应，大幅度地改善了镀纯锌的工艺性能和加工性能。到 20 世纪 70 年代末，中国热镀锌才从溶剂法进入了还原法时代，锌液中的铝降低到了 0.18%~0.25%，热镀锌板的各种性能才真正得到了改善。

在镀锌的时候加铝，就有了主元素和辅助元素之分。我们把决定镀层性能的元素称为主元素，把因为工艺需要加入的基本不改变镀层性能的元素称为辅助元素。加铝镀锌中由于铝的加入量较低，没有起到改善镀层的耐腐蚀性能的作用，还是归为镀纯锌一类，简称GI，在国家标准里称为镀锌，符号为Z。

B　镀纯铝

自从镀锌技术投入工业化应用以后，对钢材的防腐发挥了巨大的作用，但由于锌的熔点较低，虽然热浸镀工艺相对比较简单，但产品还不能在一定高温下使用，因此在镀锌板工业化的同时，人们就开始进行热浸镀铝的研究。

1939 年美国阿姆柯钢铁公司利用原有的森吉米尔（Sendzimir）钢带连续热镀锌生产线经过改造，用铝锅代替锌锅而开始生产镀铝钢板，从而使镀铝钢板的生产进入较大规模的工业生产时期。但发现，热浸镀铝过程中会在液态的铝和固态的铁之间发生激烈的铝热反应，生成铝铁金属化合物，并放出大量的热，使得带钢从铝锅出来以后，温度不但不会下降，而且升高，颜色也变成红色，如图 1.1-8 所示，因而生产难度很大。

在一次铝锅投料中，意外将含有硅的铝锭加入铝锅，竟发现硅的加入能够抑制铝和铁之间的反应，从此，阿姆柯公司在生产镀铝钢板时，在铝液中添加 7.5%~9% 的硅，以提高铝液的流动性及产品的加工性。从此，热浸镀铝得到了迅速发展，称为 I 型镀铝钢板，简称 AS。后于 1955 年开始，通过专利技术，该公司生产出性能良好的纯铝镀层钢板（在铝液中不加硅），而称为 II 型镀铝钢板，简称 A。

镀铝板不具备阴极保护作用，是铝氧化物的致密性发挥了隔离防腐的作用，耐中性环境的腐蚀效果比

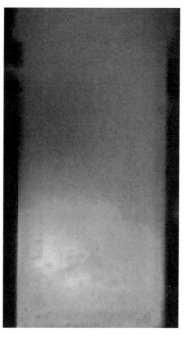

图 1.1-8　镀铝钢板出锅后温度升高照片

镀锌板提高了近 10 倍。不仅如此，其最大的优点是耐热性能很好，可以应用于像汽车排气管这样需要承受一定高温作用的场合。在汽车高强钢发展起来以后，镀铝板的耐高温性能又恰好满足了热成形工艺的要求，成为热成形钢不可替代的镀层。到目前为止，镀纯铝产品在家电等领域的应用有被铝锌板取代的趋势，产量有所下降，但在汽车热成形钢和排气管等方面的用途，一直没有被替代掉。

镀锌和镀铝（硅）都属于"一元金属"时代。

1.1.3.3　二元合金时代

A　二元合金产品的诞生

为了提高镀锌层的耐蚀性，或减薄镀层达到节锌目的，20 世纪 70~80 年代开始，人们综合镀锌板和镀铝板的优越性，进行了在镀浴内同时加入锌和铝两种元素，产生了热镀锌的改良性产品——镀锌铝系列合金产品，先后发明了含铝量为 5%Galfan（GF）与含铝量为 55%Galvalume（GL）两种商业化的镀层产品，使镀锌层耐蚀性能提高了 3~6 倍。根据

热浸镀层产品的命名规则，镀层元素排列的顺序按照含量由高到低进行，国家标准里 Galvalume 称为热浸镀铝锌合金，符号为 AZ，Galfan 称为热镀锌铝合金，符号为 ZA。在镀铝锌合金镀层内还加入了硅，硅在热镀时发挥的作用，主要是抑制铁和铝的反应，改善产品的加工性能，对镀层的影响比较小，是一种辅助元素。

另外，含铝量为 5% 锌铝与含铝量为 55% 铝锌镀层是行业公认的、符合标准的成分，还有少数企业生产的是除此以外其他成分的锌-铝合金镀层产品，是不符合标准的、不符合主流的。

这是以锌和铝为主的"二元合金"时代。

B　二元镀层产品的特点

镀锌-铝合金镀层产品，包括镀纯锌、镀锌铝、镀铝锌，加上镀纯铝，共有四种成分的产品，从锌-铝合金平衡状态图（图 1.1-9）上可以看出，镀纯锌和镀纯铝是左右两个极限点，镀锌铝是共晶成分，而镀铝锌的成分是优选出的一个成分。

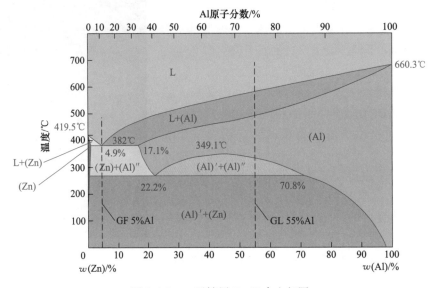

图 1.1-9　二元镀层 Zn-Al 合金相图

由于锌铝镀层板表面存在龟裂纹，人们不喜欢这种表面状态，使扩大市场受阻；铝锌镀层板锅内产生底渣，扩大市场也不理想。同时二者只适用于建材之类的低档用途，在家电、汽车等高档使用领域，仍然不可动摇热镀锌板的霸主地位。故二者应用范围不够广泛，产量不够大，还没能取代热镀锌板的基本市场，大幅度节锌的梦想仍未能实现。

1.1.3.4　三元合金时代

A　含镁镀层的发展

早在 20 世纪 60 年代初期，美国内陆钢铁公司（INLAND）的美籍华人学者李禾先生在实验室开发了 Galfan 合金镀层的同时，也开发了锌-铝-镁三元合金镀层，并申请了美国专利。但直到 1985 年这种合金镀层产品才首次在日本被商业化。Galfan 合金镀层的基本配方为锌-5% 铝-0.1% 稀土，日本新日铁住金公司选择 4.5% 铝，把其中稀土元素更换为镁元素,发明了 Zn-4.5%Al-0.1%Mg 的锌铝镁三元合金镀层品种,商品名称为 SuperZinc(SD)。

进入 21 世纪之后,人们发现在镀层内加镁可以大幅度提高镀层的相关性能,所以纷纷进行加镁尝试。新日铁进一步发明了 ZAM 和 SD 两种中铝成分的含镁镀层产品,用于建材厚板;欧洲企业发明了多种低铝成分的含镁镀层产品,用于汽车领域;以生产铝锌板著称的澳大利亚企业,也在铝锌内加入镁,用于建材薄板。各种配方的含镁合金镀层产品,先后投放市场,产品也变得多姿多彩,由于专利的原因,各家公司都按照自己的专利成分进行生产,百家争鸣、百花齐放,展现出了勃勃生机,目前已经渗透到建材、家电、汽车三大应用领域。

这就是以锌、铝和镁为主的"三元合金"时代。

B 含镁镀层的分类

虽然含镁合金镀层的成分名目繁多,但大体上可以看成是在几种热镀锌和铝合金的基础上再增加镁及其他成分,所以根据含铝量,可以分为以下几种:

(1)低铝型:其特征是含铝量在 1.0%~4.5%、含镁量在 1.0%~3.0%,这样的成分,镀层组织还是以锌为主,如奥钢联的 Corrender 和阿赛洛米塔尔的 Magneils 等,属于锌镁合金,简称 ZM Ⅰ。

(2)中铝型:其特征是含铝量在 5.0%~20.0%、含镁量在 1.0%~3.0%,这样的成分,可以说是在 Galfan 的基础上加镁,并相应增加铝含量。如新日铁的 ZAM、Supper Dyma(SD)、ZEXEED 等,属于锌铝镁合金,为了与已经成为注册商标的 ZAM 相区分,简称 ZM Ⅱ。

(3)高铝型:其特征是含铝量在 50%~60%、含镁量在 1.0%~2.0%、含硅量在 1.0%~2.0%,这样的成分,可以说是在 Galvalume 的基础上加镁,属于铝锌镁合金,简称 AZM。

1.1.4 镀层演变关系

到目前为止,所有的镀层产品的演变过程,可以总结为:以镀纯锌和镀纯铝两个一元金属成分为主轴线,在镀纯锌的基础上加入不同成分的铝,产生了加铝镀锌和镀锌铝、镀铝锌两种二元合金镀层产品,再在这个基础上加入镁,便产生了镀锌镁、镀锌铝镁、镀铝锌三种三元合金镀层产品。镀层合金种类演变过程如图 1.1-10 所示。

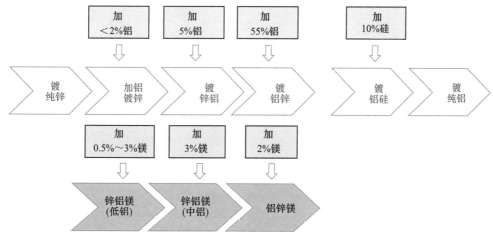

图 1.1-10 镀层合金种类演变过程示意图

1.2 一元金属镀层

一元金属镀层主要是加铝镀锌和镀铝硅镀层。其工艺是围绕着铁与锌和铝之间的化合反应来开展的。

1.2.1 铁与锌和铝间的化合反应

在钢材热浸镀过程中发生的最为重要的金属间化合反应就是锌-铁和铝-铁间的化合反应。铁、锌、铝三种原子的直径接近，在液态和固态都能够互溶。而且，铁与液态的锌和铝都能够发生金属间的化合反应，生成金属间化合物。

热浸镀锌或铝过程中发生金属间化合物的过程如下。

1.2.1.1 铁进入锌液或铝液

在热浸镀时，固态的带钢浸入液态的锌或铝中，带钢中的铁是晶体，原子基本是有序排列的，而锌或铝是液体，原子基本是无序排列的，活动范围比较大。铁溶入锌液或铝液示意如图 1.2-1 所示。

1.2.1.2 铁与锌和铝间发生化合反应

由于锌和铁是两种在固态和液态都能够互溶的金属，带钢中的铁原子会像糖溶于水一样，从固态铁晶体的晶格中脱离出来，进入锌液中，并与锌原子结合生成铁锌金属间的化合物 $FeZn_7$，这种化合物在锌锅内是固态的，可以相互吸引、成核、长大，成为固体颗粒，就是我们所说的锌渣。其在扫描电镜下的形貌如图 1.2-2 所示。

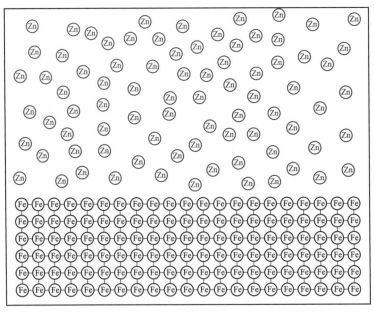

(a)

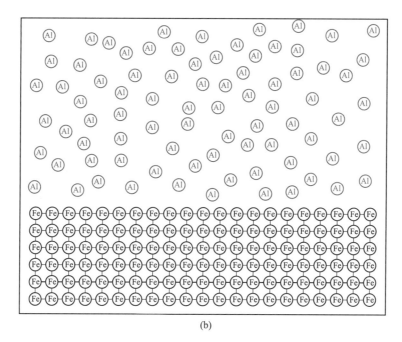

(b)

图 1.2-1 铁溶入锌液或铝液示意图

(a) 铁进入锌液；(b) 铁进入铝液

图 1.2-2 锌渣颗粒在扫描电镜下的形貌

同样的原理，铁也能与液态的铝反应，生成铁铝间的金属化合物 Fe_2Al_5，也是我们所说的铝渣，而且铁与铝之间的化合反应更加强烈，生成的铝渣更多。其反应示意如图 1.2-3 所示。

1.2.2 镀层内化合物层及其控制

1.2.2.1 镀层内的化合物层

这种反应所生成的金属化合物首先是附着在基板的表面，其次才是进入镀浴，成为渣

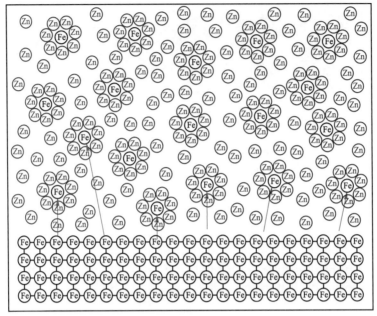

(a)

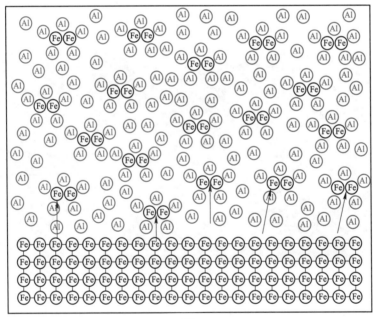

(b)

图 1.2-3　铁与锌和铝间发生化合反应示意图

（a）铁与锌间发生化合反应；（b）铁与铝间发生化合反应

子。因此，在镀纯锌的镀层与带钢基体之间有一层 $FeZn_7$ 金属化合物，在镀纯铝的镀层与带钢基体之间也有一层更厚的 Fe_2Al_5 金属化合物。镀层内的化合物层如图 1.2-4 所示。

这层金属间化合物将基板与纯锌或铝镀层隔离开来了，由于这层金属化合物的性能硬而脆，会影响镀层与带钢基体之间的附着力，极易造成镀层与基体的剥离，影响加工性

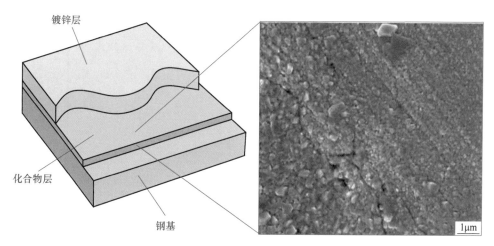

图 1.2-4 镀层内的化合物层

能。因此,无论从减少锌渣、铝渣,还是保证镀层的加工性能的角度出发,都必须控制铁和锌、铁和铝之间的这种化合反应。

1.2.2.2 抑制化合反应的方法

抑制化合反应的方法是在镀液内加入与铁化合反应更为激烈的合金元素。根据金属学原理,原子半径最为接近的两种金属相互之间的扩散最容易,发生化合反应能量也最小。就原子尺寸来看,Fe、Si、Al、Zn 的原子直径分别为 0.254nm、0.268nm、0.275nm 和 0.283nm,显然 Si 原子直径和 Fe 最为接近,形成 Fe-Si 化合物的能量最低;其次是 Fe 与 Al,再次是 Fe 与 Zn。

因此,为了抑制铁和锌之间的反应,可以在锌液中加入铝。当然铁不是不与锌反应,而是铁优先与铝进行反应,这是因为铁铝之间的结合力大于铁锌之间的结合力。具体讲,当锌液中有铝时,在带钢浸入锌液后,铝会从锌液中迁移到钢带表面,优先与铁发生反应,生成 Fe_2Al_5,由于铝的比例比较少,Fe_2Al_5 也比较少,就吸附在钢带的表面,这样就在锌液和带钢之间形成了一个 Fe_2Al_5 膜屏障,现在叫作"抑制层",抑制了大量的锌与大量的铁之间可能发生的大规模的反应。加铝镀锌抑制铁锌化合反应原理如图 1.2-5 所示。

同样的原理,硅与铁的反应比铝又更为激烈,可以抑制铝与铁之间过于激烈的反应,当镀液中铝的含量高到超过共晶成分,就必须加硅。而且,不管是什么产品,铝含量越高,加的硅越多。最高的 AS,加约 10% 的硅;其次是 GL,加 1.5% 左右的硅;SD 加 0.2% 的硅,ZAM 可以加 0.1% 的硅。

1.2.3 铝硅镀层工艺原理

1.2.3.1 铁铝之间激烈的化合反应

铁铝之间的反应很激烈,从镀铝板出镀浴后的情形可以看出,由于铁铝之间的化合反应是一个放热反应,在镀层凝固前铁铝反应一直进行着,放出大量的热量,使得带钢看上去变成红色,而在冷凝线以上,反应停止,温度下降,带钢变暗。

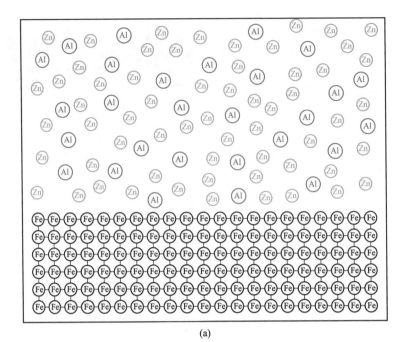

(a)

(b)

图 1.2-5　加铝镀锌抑制铁锌化合反应原理

（a）在锌液中加铝；（b）抑制层的形成

1.2.3.2　硅对铁铝反应的抑制作用

为了抑制铁铝之间如此激烈的反应，镀铝时必须引入与铁反应更为激烈的 Si。试验表明 Si 主要聚集在钢基体/镀层界面上的化合物层内，Si 的添加显著降低了镀液和钢基板之间的元素相互扩散，在带钢表面首先形成 Fe-Si 化合物，并占据 Fe_2Al_5 晶格中的空位，使 Al-Fe 之间的扩散形成障碍，抑制 Al-Fe 之间的扩散和化合作用，对化合物层生长有强烈的抑制作用，降低化合物层的厚度，形成的中间合金层变薄而且更加平整，甚至镀层的抗氧化能力也得到增强。同时，还有助于减少 Fe 进入镀液，减少镀液中的渣相。

有人对带钢浸入不同含 Si 量的铝液中所获得的镀层内部 Fe_2Al_5 化合物层的厚度进行了对比试验，结果如图 1.2-6 所示。从图中可以看出，当铝液中没有 Si 时，铁铝之间的反应非常激烈，所产生的 Fe_2Al_5 化合物层非常之厚，超过了镀层本身的 6 倍；随着含 Si 量的增加，Fe_2Al_5 化合物层厚度逐渐减薄，当含 Si 量达到 10% 时，Fe_2Al_5 化合物层厚度已经接近于加铝镀锌层了，而且镀层接近共晶组织，很致密，所以常在 AS 镀层中加 10% 的 Si。

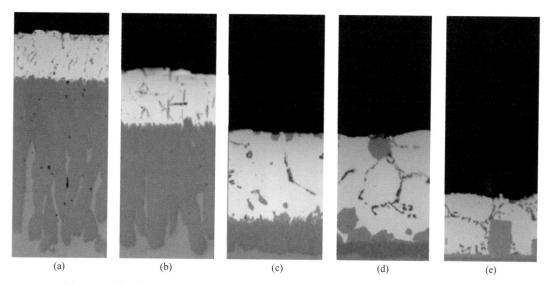

图 1.2-6 带钢浸入不同含 Si 量的铝液中所获得的镀层内部 Fe_2Al_5 化合物层的厚度

（a）纯 Al；（b）Al-0.5Si；（c）Al-2.5Si；（d）Al-5Si；（e）Al-10Si（700℃浸镀 180s）

1.2.4 铝硅镀层的组织及性能[1]

1.2.4.1 常温下铝硅镀层的组织

A 表面组织

在热浸镀冷却以后的常温状态下，铝硅镀层表面分布着规则的漂亮的多边形立体晶花，晶花的尺寸大小是由生产工艺参数决定的，一般情况下，晶花尺寸在 5~10mm 之间，放大以后可以看到树枝状的结晶组织。铝硅镀层表面形貌如图 1.2-7 所示。

B 表面成分

进一步对镀层的表面结构进行 SEM 扫描，可见表面含 Al 量和含 Si 量的分布情况，如图 1.2-8 所示。

从图 1.2-8 中可以看出，镀层的表面组织中发达的树枝晶为富铝相，在富铝相的枝晶之间是富硅相。

图 1.2-7　铝硅镀层表面形貌

（a）铝硅镀层表面宏观形貌；（b）铝硅镀层表面形貌放大（500×）

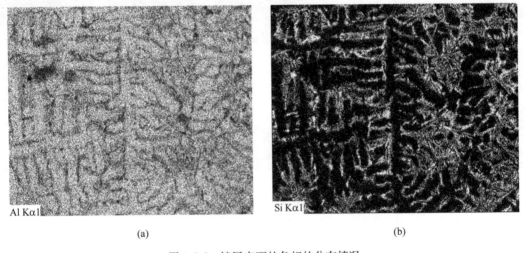

图 1.2-8　镀层表面的各相的分布情况

（a）Al 在镀层表面的分布形态；（b）Si 在镀层表面的分布形态

C　截面组织

铝硅镀层的截面组织主要分为两层，如图 1.2-9（a）所示。与钢基相连的一层为化合物层，镀液中硅的含量和镀后冷却速度可以影响化合物层的厚度，冷成形板的厚度在 10μm 左右，主要的成分分布情况如图 1.2-9（b）所示，可见主要成分为 Al、Fe、Si 组成的三元化合物。在镀层的表面是铝硅镀层，主要由镀液在冷却后形成的富铝相与富硅相组成，成分如图 1.2-9（c）所示。

1.2.4.2　加热后铝硅镀层的组织

A　加热后截面组织的变化

铝硅镀层中含有铝、硅、铁合金元素，镀液的熔点在 570℃左右，所以镀层在 500℃

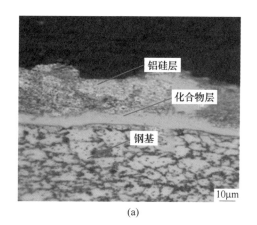

(a)

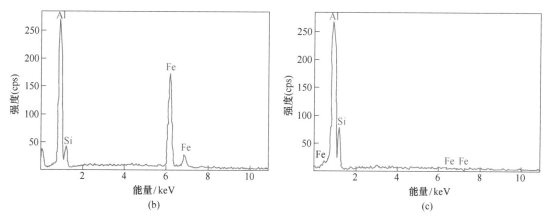

(b)   (c)

图 1.2-9 铝硅镀层界面各层成分分布

（a）铝硅截面的各层分布；（b）化合物层成分；（c）铝硅镀层成分

以下的温度体现出良好的耐高温性。在加热制度合理的情况下，铝硅镀层也能够耐 950℃ 的高温，主要是因为镀层中的铝硅合金元素在加热时继续与钢基中的铁发生化合反应，形成熔点较高的铝硅铁的化合物。镀铝硅板经过 950℃ 加热 5min 后镀层的截面组织如图 1.2-10 所示。

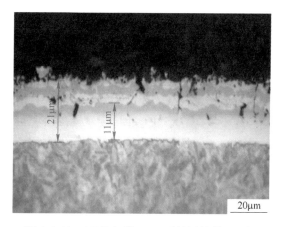

图 1.2-10 950℃ 加热 5min 后镀层的截面组织

从图中可以看出，经过高温加热后，镀层的截面组织以及厚度发生明显的变化，化合物层由原来的 $7\mu m$ 以下逐渐加厚到 $10\mu m$ 左右，主要是在加热到高温后，基体中的铁获得了能量，扩散性质加强，原含硅的化合物层不能阻挡铁的扩散，铁逐渐向镀层中扩散并与镀层中的铝发生化合反应，使得化合物层加厚。图中还可以看出加热后的镀层中存在不同程度的微裂纹或空洞，主要是由于在高温条件下，铁以及铝元素的快速扩散所形成的。研究表明，随着硅含量的提高，合金层中小孔数量增多，孔洞直径增大。

B　加热后表面组织的变化

对经高温加热后的铝硅镀层表面进行 SEM 扫描，其表面的含硅量和含铝量的分布如图 1.2-11（a）、（b）所示。可见，加热前有规则的树枝状晶组织消失，硅、铝的分布也随着树枝状晶的消失，变得没有明显的界限，这说明硅和铝相互之间也发生了原子的扩散，形成了成分更加均匀的铝硅合金。

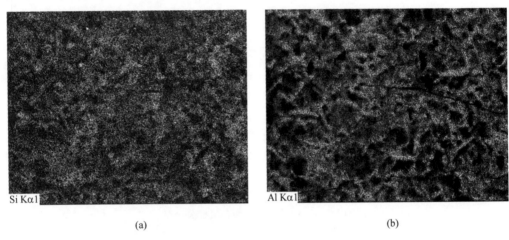

Si Kα1　　　　　　　　Al Kα1

(a)　　　　　　　　　　　　　(b)

图 1.2-11　加热后铝硅镀层表面的硅、铝的分布情况

（a）加热后 Si 在镀层表面的形态；（b）加热后 Al 在镀层表面的形态

1.2.4.3　铝硅镀层产品性能的特点

铝硅镀层中主要成分为铝，铝的氧化物比较致密，使镀层具有很好的耐蚀性，同时镀层中又含有一定量的硅以及铁，使镀层的熔点比较高，又使其具有很好的耐高温性能，这是镀铝硅板的两大核心竞争力。

A　耐腐蚀性能

中性盐雾试验结果表明，镀层附着量为 $80g/m^2$ 的镀锌板一般在 300h 以上就会出现红锈，而同样附着量的铝硅镀层板在 2200h 以上才出现红锈。由此可见铝硅镀层产品的耐蚀性要远远好于其他同等重量的镀锌层产品，这是由于镀层中主体成分为铝，铝氧化物的化学性能较锌氧化物不活泼，同时由于铝的密度较小，同等重量的铝硅镀层的厚度较纯锌镀层要厚，所以铝硅镀层产品的耐腐蚀能力比纯锌镀层更强。

B　耐高温性能

试验表明，铝硅产品由于本身的熔点较高，钢板在环境温度 450℃ 以下使用会保持光亮的外观，镀层的颜色几乎没有变化，300～450℃加热30min，镀层微微变暗，呈现微微的黄色，可见耐高温性能很好，如图1.2-12所示。

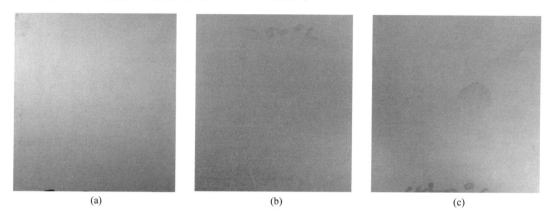

（a）   （b）   （c）

图1.2-12 不同加热温度下镀层表面状态

（a）原板；（b）300℃加热30min；（c）450℃加热30min

1.3 二元合金镀层

标准的二元合金镀层有镀锌铝和镀铝锌两种，由于镀锌铝合金镀层表面存在龟背纹问题应用很少，目前应用的主要是镀铝锌镀层，成分为55%Al-Zn-1.5%Si，其中主元素为铝和锌，决定了镀层的性能，硅为工艺需要加入的辅助元素。

1.3.1 镀铝锌渣的产生及控制

铝和铁的化合反应是镀铝锌板生产过程中最大的特点，控制这种反应也是生产的难点。

1.3.1.1 带钢进入高铝镀浴的反应

如果说加铝镀锌中的铝是"辅助元素"，镀锌铝和锌铝镁中的铝是起"辅助"作用的，高铝类镀层产品中的铝就成为了"主元素"，热浸镀过程中大量的反应就是发生在铝和铁之间。

如图1.3-1所示，当带钢经过前处理、退火和还原以后，带钢表面基本没有残余的油污、铁屑和氧化物，以活性状态进入含铝量超过50%的镀浴。由于铝和铁在固态和液态都能互溶，且极易结合成金属间的化合物，所以从带钢进入镀浴的那一刻起，就开始进行激烈的铁铝反应，带钢中的铁原子会溶解进入镀浴，镀浴中的铝原子也会在带钢表面聚集并渗进带钢内部，当然以铁原子的溶解为主。铁与铝反应的结果会在带钢表面生成一层金属间化合物，铁铝化合物主要有 Fe_2Al_5、$FeAl_3$ 和 τ_5 相（$Al_{20}Fe_5Si_2 \cdot \alpha\text{-}Al_{20}Fe_5Si$）等几种相。

1.3.1.2 镀浴渣相的形成

这些金属间化合物是一颗颗极小的颗粒，与带钢的粘附并不是很牢靠，会在带钢运行

·21·

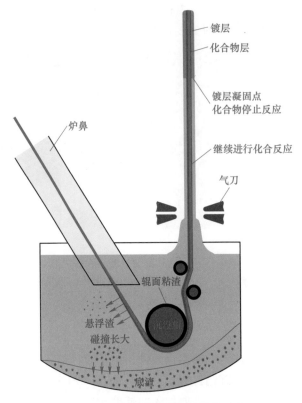

图 1.3-1　带钢进入高铝镀浴的反应

时从带钢表面脱落下来，进入镀浴中，就是我们所说的悬浮渣。同时，溶入镀浴中的铁原子也会与铝反应生成铁铝化合物，当铁铝化合物的浓度超过其在镀浴中的溶解度时，就会析出固态的铁铝化合物，一般在悬浮渣表面析出，使得悬浮渣颗粒长大。悬浮渣小颗粒在镀浴中做布朗运动时，会发生相互碰撞，也会使得小颗粒之间相互吸引、聚合，成为大颗粒。另外，铁铝化合物也会吸附镀浴的成分，在其表面形成定向有序排列，成为半固态的形态，使其尺寸变大。

根据液体中固体颗粒上升或下沉速度公式：

$$u_0 = \frac{\beta g d^2 (\rho_0 - \rho_1)}{18\mu} \qquad (1.3\text{-}1)$$

式中　ρ_0——液体的密度，kg/m^3；

$\quad\quad$ ρ_1——固体颗粒的密度，kg/m^3；

$\quad\quad$ μ——液体的绝对黏度，$Pa \cdot s$；

$\quad\quad$ g——重力加速度，$9.8m/s^2$；

$\quad\quad$ d——固体颗粒的直径，m；

$\quad\quad$ β——由于液体中悬浮固体颗粒浓度的影响，使固体颗粒上浮速度降低的系数：

$$\beta = \frac{4 \times 10^4 + 0.8s^2}{4 \times 10^4 - s^2} \qquad (1.3\text{-}2)$$

$\quad\quad$ s——液体中悬浮固体颗粒浓度，mg/L。

即锌渣颗粒上升或下降的速度与其直径的平方成正比，所以只有极小的铁铝化合物悬浮在镀浴中，一旦直径增加，密度大的颗粒就会很快沉入锅底，成为底渣，而密度小的就会很快上升到锅表面，成为面渣。底渣、面渣和悬浮渣的形状和尺寸如表1.3-1所示。

表 1.3-1 不同渣的形状和尺寸

分　类	形　状	尺寸/μm
面渣	颗粒状多边形	40~100
悬浮渣	小颗粒	20~40
底渣	长条形/多边形	80~400

1.3.1.3 镀浴内渣的控制

A 化学分析试验

对正常生产GL产品的生产线，在停机检修时，将镀浴从正常生产的602℃，逐步降低到597℃和593℃，分别取样冷却后进行金相分析和化学分析，其试验结果如表1.3-2所示。

表 1.3-2 不同温度镀浴铝锌液成分

镀浴样品	温度/℃	成分（质量分数）/%			
		Al	Zn	Si	Fe
a	602	56.26	41.61	1.72	0.41
b	597	54.87	43.08	1.71	0.34
c	592	53.41	44.63	1.68	0.28

镀浴成分为若干样品逐一分析后所求得的平均值，由试验结果分析可以看出，随着镀浴温度的下降，其中的铁含量逐渐下降，这是因为在铝锌镀层生产过程中，镀浴中的铁浓度一直处于饱和状态，不断有铝锌渣析出。

B 金相分析试验

在试验中所取的样品，经过金相制样，抛光腐蚀后采用扫描电镜进行观察，其典型显微组织照片如图1.3-2所示。图1.3-2（a）所示为镀浴温度为600℃时样品的显微组织，可以看出在铝锌液中存在冷却时析出的少量铝锌渣，同时析出少量的Si。图1.3-2（b）所示为镀浴温度为597℃时样品的显微组织，可以看出铝锌液中的铝锌渣数量有所减少。图1.3-2（c）所示为镀浴温度为592℃时样品的显微组织，可以看出铝锌渣数量更加减少，从形态上分析，大部分铝锌渣形成在铝锌液冷凝前。

C 铝锌渣的控制

成分分析和金相分析结论是一致的，当温度由高往低变化时，镀浴内饱和铁的含量逐步降低，在高温时镀液中溶解的铁在温度降低时将以锌渣形式析出，逐渐沉于锌锅底部，或粘附于沉没辊系或带钢表面，形成产品表面缺陷。但是，铝锌渣的析出是一个不可逆反

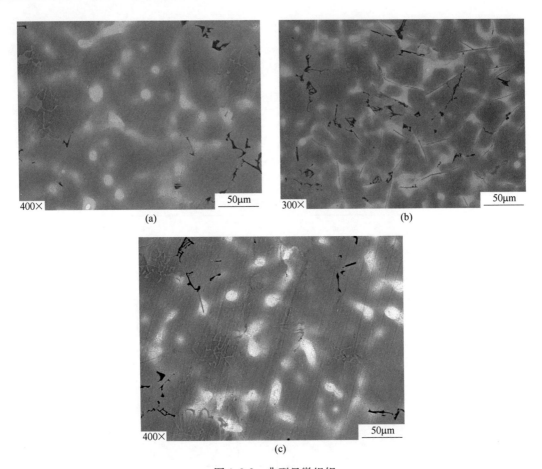

图 1.3-2　典型显微组织

应，铝锌渣是不会溶解到镀浴中的，如果温度再次升高的话，镀浴中铁浓度处于不饱和状态，带钢中的铁原子会溶入镀浴，直至达到饱和浓度。

为了控制铝锌渣的产生，必须采取以下措施：一是要设置预熔锅。现场试验证明，采用直接添加合金锭到锌锅时，锌锅区域温度下降达到 60℃，由于铁的溶解度变小使锌锅内产生大量的渣，导致沉没辊快速结瘤；因而必须采用预熔锅熔化铝锌锭，熔化以后进入主锅。二是控制镀浴温度在 600℃。生产实践也证明，锌锅温度高于 610℃时，沉没辊结瘤频繁，甚至多根沉没辊使用时间低于 24h；当锌锅温度降至 600℃后，沉没辊结瘤情况明显好转，沉没辊平均使用周期达到 120h 以上。三是严格控制镀浴温度的波动，确保镀浴温度恒定在 ±2℃ 之内。事实证明，可以保证多数沉没辊使用达到正常周期。四是采用带钢温度低于镀浴温度的工艺，这样可以在带钢附近形成一个温度相对低的区域，降低铝铁反应的激烈程度。

1.3.1.4　辊面粘渣的原因

带钢表面粘附并不是很牢靠的极小的铁铝化合物颗粒在与锅内的沉没辊、稳定辊、矫正辊接触时，会因为带钢与辊面线速度不一致，产生相互摩擦，而转移到辊子的表面。镀浴中的悬浮渣也会粘附到辊子表面，并聚集成大锌渣颗粒，大的锌渣颗粒或许在辊面结瘤，或许在辊面连成一片，给产品质量带来影响（见图 1.3-3）。

图 1.3-3 辊面产生的粘渣

正因为如此，高铝镀层产品生产线的沉没辊表面不能像镀锌一样带有沟槽，高铝镀层产品大量的渣子靠很细小的沟槽是无法排除的，如果带有沟槽的话，反而会在沟槽内大量积渣，而且无法铲除，从而增加整个辊面积渣的倾向。

1.3.2 化合物层的形成及控制

1.3.2.1 中间化合物层的形成

当带钢进入镀浴以后，首先开始的就是中间化合物层的形成。大概经历以下过程：

（1）经过一个孕育期，通常认为为几毫秒；

（2）$FeAl_3$ 相或者 α-AlFeSi 金属化合物在钢基上形成；

（3）经过较长的一段时间之后，Fe_2Al_5 相在钢基和 $FeAl_3$/α-AlFeSi 相之间形成；

（4）在凝固过程中，α-AlFeSi 晶粒在 Al-Fe-Si 镀层枝晶间区域形成，或者是由熔池中带入镀层。

中间化合物层的形成过程如图 1.3-4 所示。

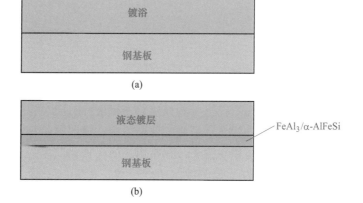

(a)

(b)

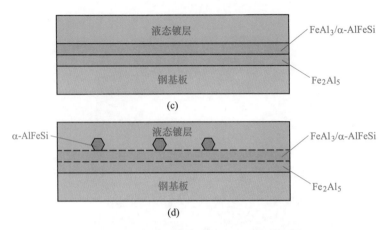

图 1.3-4　中间化合物层的形成过程示意图

　　在铝锌合金熔池中进行热浸镀得到的样品显微形貌如图 1.3-5 所示，它展示了上述金属化合物层形成过程中得到的不同金属化合物相。

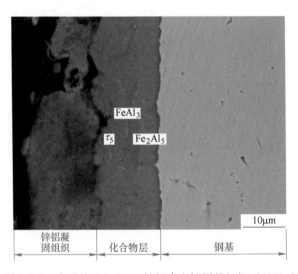

图 1.3-5　典型的 Galvalume 锌铝合金镀层的组织 （2000×）

1.3.2.2　化合物层的增厚

　　经过热浸镀以后，带钢表面带着大量的镀浴液体离开镀浴的同时，表面还带着一层极小的铁铝化合物颗粒，通过气刀的作用，吹去表面多余的液体，留下厚度均匀的液态镀层，这时候液态镀层与带钢基板仍然在进行着反应，使得液态镀层与带钢机体之间的化合物层继续增厚，直到镀层全部凝固为止。最终的镀层组织在镀层与带钢基板之间存在一个化合物层，而镀层组织以树枝晶富铝相为主，在富铝相的树枝晶之间，是富锌相。从铝锌镀层开始，镀层变得复杂起来，有了控制镀层组织一说，控制的手法主要是控制冷却速度。镀层的金相组织如图 1.3-6 所示。

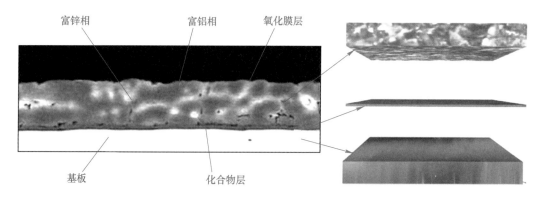

图 1.3-6　铅锌合金镀层的金相组织

1.3.2.3　化合物层的形态

如果将表面的镀层酸洗去除，可以看到中间的化合物层是颗粒状的结晶组成的。

这层化合物层是镀层与带钢基体之间联结的纽带，其性能对镀层附着力影响很大。跟其他所有金属化合物一样，这层中间层硬度高、塑性低。而且，从镀层的断面看，化合物层还存在细微裂纹，所以不能太厚。化合物层的形态如图 1.3-7 所示。

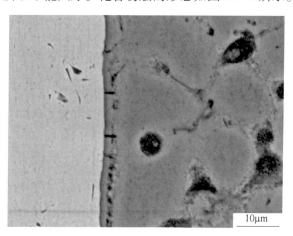

图 1.3-7　铅锌合金化合物层的形态（2000×）

如果中间化合物层太厚，会影响镀层附着性，在做 T 弯 0T 试验时，出现细微开裂，在加工变形时，出现镀层剥离（如图 1.3-8 所示）。

1.3.2.4　化合物层的控制

A　镀后冷却速度

为了控制其厚度，提高镀层产品的加工性能，必须在镀后快速冷却，尽早凝固。当然，快速冷却也是控制镀层组织的一种手段。镀后冷却速度对镀层及界面化合层的影响如图 1.3-9 所示。

图 1.3-8　化合物层太厚导致镀层剥离

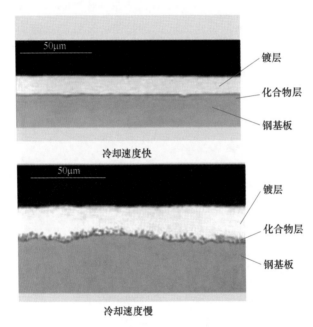

图 1.3-9　镀后冷却速度对镀层及界面化合层的影响

B　其他方法

另外，带钢表面清洗后的清洁度、炉鼻内镀浴表面的氧化膜厚度、带钢的化学成分及在炉内的氧化还原效果等因素对化合物层的连续性都有影响。

对于改良森基米尔法的无氧化明火加热炉，由于存在一定的氧化，后续的还原炉不能完全还原，带钢表面的还原状态不如美钢联法退火炉，因此对于高铝类镀层产品的生产线，最好不要采用改良森基米尔法，特别是对于生产深冲产品而言。

另外，除了硅以外，添加微量合金元素 Ti、La 对铝铁之间的扩散反应有抑制作用，可以减小化合物层的厚度。

1.3.3 铝锌镀层的组织和成分

1.3.3.1 GL 镀层的凝固过程[2]

下面介绍 GL（55%Al-Zn-1.6%Si）镀层凝固的过程。

图 1.3-10 是硅含量为 1.5%的铝锌二元相图，在 Zn 为 43.4%的合金冷却凝固过程中有三个关键点。遇到液相线的第①点为凝固点，温度为 566℃，在 566℃到 520℃之间发生凝固反应，形成初次 α 富铝相。遇到液相线的第②点是二元铝硅共晶线，在 520℃到 381℃之间发生铝硅二元共晶反应。在前面这两个过程中，在镀层中生长出富铝相的树枝晶。随着温度的下降和富铝相的析出，熔液的含铝量下降、含锌量上升，到达第③点是三元铝锌共晶线，共晶温度为 381℃，在此温度下发生最终的共晶反应，余下的液态镀层在富铝相的树枝晶之间凝固出富锌相。

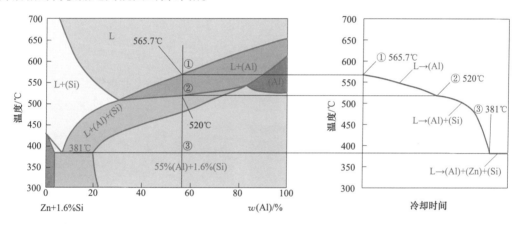

图 1.3-10　硅含量为 1.5%的铝锌二元相图和冷却曲线

1.3.3.2 元素在镀层表面的分布[3]

为了弄清楚铝锌镀层的组织组成，将铝锌镀层表面进一步放大分析，可见镀层主要由富铝相组成，在发达的富铝相树枝晶的空隙中，是富锌相和锌铝共晶相，以及很少的铝硅共晶组织。镀层表面 EDS 面扫描如图 1.3-11 所示。

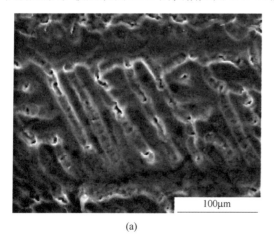

(a)

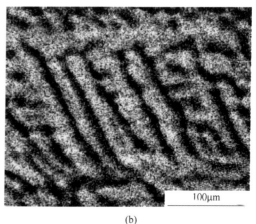

(b)

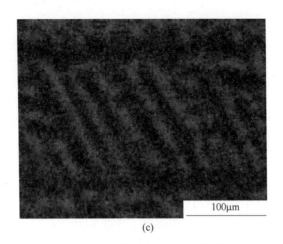

(c)

图 1.3-11 镀层表面 EDS 面扫描

(a) SEM；(b) Al；(c) Zn

1.3.3.3 元素在镀层截面的分布[3]

为了弄清楚铝锌镀层截面元素的分布情况，使用 XFM 进行技术测定，检测结果如图 1.3-12 所示。可以清楚地看出：Si 主要富集在化合物层；锌在化合物层较少，基本上由钢

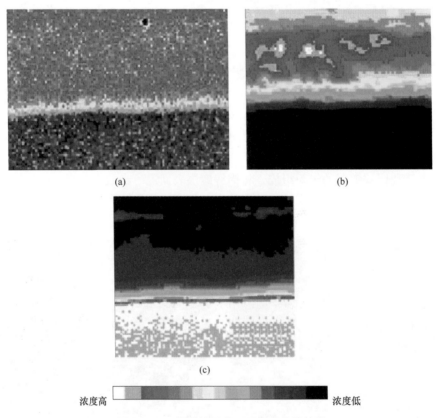

图 1.3-12 铝锌镀层截面元素的分布情况

(a) Si；(b) Zn；(c) Fe

基到表面逐渐增加；而铁当然在化合物层最多，基本上由钢基到表面逐渐降低。

对铝锌镀层截面进行 GDS 分析发现，在镀层深度方向上，从镀层表面到钢基板的四种元素分布曲线如图 1.3-13 所示。可见，由于铝易氧化，在镀层表面发生了铝的富集，锌相对较少；而在镀层与基板结合处出现了硅和铝的富集。

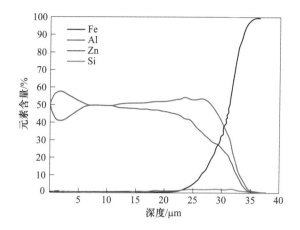

图 1.3-13　镀铝锌板镀层深度方向元素分布

1.3.3.4　含铝量的优选[4]

为了优选镀铝锌镀层的成分，人们做了大量的试验，如有人对合金成分配比与电化学腐蚀性能的关系及其在不同腐蚀介质下的电化学腐蚀行为做了试验，结果如图 1.3-14 和图 1.3-15 所示。

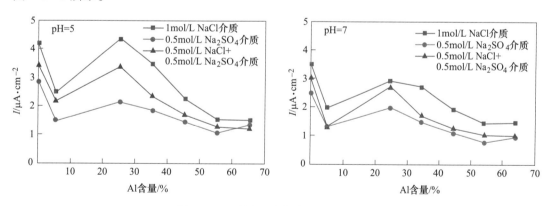

图 1.3-14　腐蚀电流与合金组成的关系

从上述结果可以看到，对于不同成分的铝锌镀层而言，无论在何种介质与 pH 值条件下，镀层板的耐腐蚀性能与含铝量曲线上，在铝含量分别为 5%、25%、55% 时出现了三个拐点。当铝含量由 0 增加到 5% 时，合金耐腐蚀性能随着铝含量的增加而增强；当铝含量由 5% 增加到 25% 时，耐腐蚀性能随着铝含量增加反而减弱；当铝含量由 25% 增大到 55% 时，耐腐蚀性能又随铝含量的增加而增强；当铝含量大于 55% 时，虽然腐蚀速度更低，但同 55%Al-Zn 合金镀层相比，其腐蚀现象不稳定。这就是确定锌铝镀层铝含量为

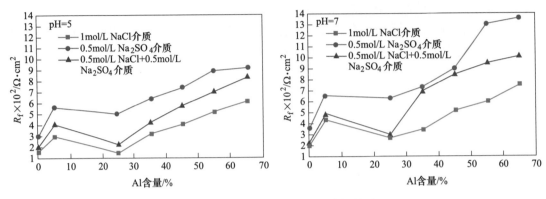

图 1.3-15　极化电阻与合金组成的关系

5%，和铝锌镀层铝含量为 55% 的根本原因。

从这个试验还可以看出，Zn-5%Al 合金镀层的耐腐蚀性能约比纯 Zn 镀层提高了 2 倍，55%Al-Zn 合金镀层的耐腐蚀性能约比纯 Zn 镀层提高了 3~4 倍。同时，不同成分合金镀层的耐腐蚀性能随着 pH 值的降低而降低，特别是纯 Zn 镀层及 55%Al-Zn 合金镀层耐腐蚀性能随着 pH 值变化更为明显。铝锌合金镀层在 NaCl 溶液中腐蚀速度最快，NaCl+Na₂SO₄ 混合液中次之，Na₂SO₄ 溶液中最小，说明 Cl⁻ 浓度对电化学腐蚀速度的影响很大，随着 Cl⁻ 的出现和浓度的增大，腐蚀速度加快，而且随着 Al 含量的增加，这种趋势更加明显。

结合相图分析，Zn-5%Al 合金镀层是 Zn-Al 合金的共晶点，因此对成分偏差的要求较高；55%Al-Zn 合金镀层是一个普通点，所以从组织和耐腐蚀性能而言，对成分偏差的要求并不是很高。

1.3.3.5　含硅量的优选

硅的引入是为了抑制铝铁之间激烈的化合反应，控制镀层与基体之间的化合物层厚度。但这并不意味着随 Si 含量的增加，镀层厚度一直降低。研究发现在 Si 小于 1.5% 的情况下，只有 FeAl₃ 相稳定存在；而当 Si 含量在 1.5% 时，开始产生 α-AlFeSi 相；当 Si 含量增至 3% 时，α-AlFeSi 在镀层中能稳定存在。

1.3.3.6　稀土元素的添加

稀土是我国钢铁行业的特色成分，其常见元素是 La 和 Ce，部分企业在锌铝镁镀层中添加了 0.12% 以下的稀土，稀土具有非常优异的化学活性和亲和力，稀土元素很容易和 O、S 反应生成稳定的氧化物和硫化物，结晶后 La 和 Ce 主要出现在枝晶间的富 Zn 相中。一般认为，稀土的添加主要有以下作用：

（1）可以降低镀液表面张力，改善镀液流动性，提高镀层的均匀性。

（2）有助于改善对金属基体的浸润性，抑制镀层与基板之间的化合物层的生长，提高产品的加工性能。

（3）稀土氧化物粒子可能充当均匀形核中心，阻碍凝固过程晶粒长大，细化微观结构，但抑制了初生富 Al 相的形核，使得树枝晶变得粗大，增加了晶花的立体感。

（4）通过电化学实验和对腐蚀产物的观察，添加适量（0.12% 以下）的稀土抑制了腐蚀过程中的阴极反应,可以提高 Al-Zn-Si 镀层的耐蚀性;但过多的稀土又不利于镀层表面腐蚀产物的沉积,削弱了腐蚀产物的隔离保护作用,使阳极反应的电流增大,镀层耐蚀性削弱。

1.3.4 铝锌晶花控制的原理

1.3.4.1 不同产品对晶花的要求

铝锌产品的用途很广,按照是否涂装进行分类可以分为裸用板和涂层基板两大类。

裸板指不经涂装,直接使用的铝锌板,一般是进行钝化或耐指纹处理以后直接使用,在最终使用场合能够看到铝锌板的晶花,因此对晶花的要求较高,要求晶花比较大,在 3~6mm 范围内,而且均匀一致,最好是均匀分布的六角形,还需要有立体感,光泽亮丽,俗称为"钻石晶花",如最为常用的电器柜板就希望使用这种晶花的钢板。

涂层基板包括预涂层和后涂层基板。预涂层板即常用的彩涂板,在零件加工成形前在彩涂生产线连续涂装;后涂层基板是在零件加工成形后批量性涂装,有逐渐被预涂层取代的趋势。不管哪一种涂层基板都是经过涂层以后使用,在最终使用场合看不到铝锌板的晶花,对晶花的要求不高,但对于涂层的附着力有要求。一般而言,无论是镀锌板还是铝锌板,锌花或晶花的内部比较光洁,粗糙度小,对涂层的附着力不强,而在晶花或晶花的结合部位不太光洁,粗糙度大,对涂层的附着力较强。这就是说,锌花或晶花越小,越有利于涂装,因此涂层基板希望晶花比较小,在 0.5~4mm 范围内,由于最终看不见晶花,对晶花的均匀性要求也不太高。

对于大晶花产品,均匀性要求高;对于小晶花产品,均匀性要求低。这给生产过程中的控制带来很大的困难,这是因为晶花小的时候,晶花再大也大不到哪里去,均匀性好控制;而晶花大的时候,可能有的很大,达到 6mm 以上,有的很小,在 1mm 以下,控制起来就很困难。这是大晶花铝锌板生产的一大难点。

1.3.4.2 控制晶花大小的实质

与镀锌板一样,一个晶花其实就是一个固体晶粒,而结晶时根据能量原理,分为形核和长大两个阶段。控制晶花的大小实质就是控制结晶时形成晶核的数量。在面积一定的情况下,形核数量多,晶花就小;形核数量少,晶花就大。因此,控制晶花的大小与均匀性,就是要控制形核的数量与分布的均匀性,要生产均匀一致的大晶花,就是要形成少而分布均匀一致的晶核。但是,与镀锌板不一样的是,镀锌时只要在锌锅内加入铅、锑等阻止晶核形成的元素,就可以很方便地控制晶核的数量,生产出大锌花产品,而铝锌产品到目前为止还没有发现这样的元素。这也是大晶花铝锌板生产的另一大难点。

金属结晶原理认为,在液态金属里形成固体结晶核心的途径有两个方面,一是外来核心异质形核,二是内部核心均质形核。异质形核是指液态金属以外的微小固体颗粒质点,由于在其表面结晶时所需的能量较小,可以作为镀层结晶时晶花形成的核心。均质形核是在液态内部自然产生的结晶核心,是在温度低于凝固点以后,局部温度和浓度起伏而形成的原子有序排列,在此基础上可以成长为一个晶花。

1.3.4.3　异质形核的问题

异质形核的外来晶花核心分为非有意加入的核心和有意加入的核心两大类。

非有意加入的外来核心的质点可能是轧硬板不均匀的粗糙度、前处理的残留物、炉内的氧化物，也可能是炉鼻内的炉鼻灰、锌锅内的锌渣，甚至吹到未凝固的镀层里的空气里的灰尘，特点是在没有完全达到结晶温度时，就在有外来杂质的地方开始结晶，这一点可以在锌锅前面观察刚从锌锅出来未凝固的液态镀层中看出来，如果带钢表面存在杂质，液态镀层就显得不很清晰，模模糊糊的，局部还有暗点，那是先凝固的区域。由于外来核心的数量和分布都无法控制，而且由于镀层与基板之间有杂质，往往都伴随着局部镀层附着不良，所以非有意加入的外来核心可以说都是无益而有害的。所以，提高镀层产品质量的一大要求就是要求清洁生产，带钢从锌锅里出来像镜子一样晶莹剔透。

有意加入的外来核心是指为了生产小锌花或小铝花产品采取的一种特种工艺。最早生产镀锌板时，由于技术的限制，锌锭里的铅在冶炼时不能除去，只能生产所谓的正常锌花即大锌花产品，不能直接生产小锌花或零锌花产品，有一种生产小锌花或零锌花产品工艺就是在未凝固的镀锌层表面喷锌粉，锌粉就可以成为外来晶核，大量的外来晶核形成了无数小的锌花，也就是小锌花或无锌花产品。目前这种工艺随着锌锭冶炼技术的提高已经失去了用途，但在生产镀铝硅产品时仍然采用，为了使得液态镀铝层快速凝固，控制化合物层厚度，可以在液态铝硅镀层表面喷铝粉，形成大量的外来核心。

1.3.4.4　均质形核的控制

采用了清洁生产工艺，排除了外来结晶核心问题以后，镀层的冷却凝固就是由内部形核主导了。金属学原理认为，在液态镀层里产生结晶核心的数量取决于液态镀层的过冷度，即实际结晶温度低于理论结晶温度的温度，也就是镀后冷却速度。这就是铝锌镀层生产线必须设计移动风箱的原因，而且需要移动风箱与气刀的距离越近越好。镀后冷却速度除了与人为的移动风箱的冷却速度有关以外，还与镀浴温度、带钢厚度、镀层厚度等有关。

另外，也可以在镀浴内加入微量合金元素，控制晶花的大小和形态。

1.3.5　铝锌晶花控制的方法

1.3.5.1　消除异质形核

A　原材料表面粗糙度

热浸镀铝锌的原料一般采用冷轧硬卷，其表面粗糙度是否合理均匀，会影响到铝锌产品晶花的大小和均匀性。一般要求粗糙度 Ra 在 $0.5\sim2.5\mu m$ 范围内，如果粗糙度太大或粗糙度的差太大，超过 $0.3\mu m$，粗糙度的凸点就可能成为晶花的结晶核心。需要说明的是，轧辊加工时的磨削粗糙度和毛化粗糙度不是一个概念，磨削粗糙度差异很大，而毛化粗糙度很均匀。不能因为冷轧板需要较高的粗糙度，而增加磨削粗糙度。必须将轧辊磨削粗糙度控制得很低，再经过毛化加工提高粗糙度。

B　原材料表面清洁度

冷轧硬卷表面会残留轧制油、铁粉及铁皂等物质。残油及残铁可以通过碱洗、电解脱脂清洗而去除。而铁皂是轧制乳化液降解残留物与钢板发生强烈共价反应的产物，属于羧酸酯类分子物质（R-C-OO-Fe），很难通过电解脱脂清洗去除，残留在冷轧钢板表面会使钢板在镀液中的润湿性降低，与镀液反应性变差，中间化合物层转化受到限制，形成小晶花。因此，必须将冷轧机组乳化液中 Fe 含量控制在 400mg/L 以下。

C　脱脂清洗工艺

与热镀锌相比，由于铝对带钢的浸润性较差，热镀铝锌对镀前带钢表面清洁度的要求更严格，普通的热碱液浸洗、喷淋及刷洗已难以满足生产需要，一般需设电解脱脂清洗，而且必须配套采用磁性过滤器等脱脂液净化设备，确保清洗后带钢表面的残油、残铁控制在一定范围以内。

D　连续退火工艺

关于连续退火是采用带明火加热的改良森基米尔法还是没有明火加热的美钢联法问题，如果带钢清洗以后的表面的铁皂较多，在无氧化预热炉内可以被烧掉，使基板表面变得洁净，改善晶花的均匀性，但也不可避免地造成带钢的轻微氧化，在后续的还原炉内不可能完全还原，影响镀层附着力。总的说来，如果生产建筑用或裸用铝锌板，对晶花要求较高而对附着力要求略低，可以用带明火加热工艺；如果生产深冲用铝锌板，对附着力要求较高而对晶花要求略低，宜用全还原加热工艺。

E　炉鼻内的锌渣锌灰

炉鼻内镀浴表面的锌渣、锌灰会粘附到带钢表面，在镀层凝固时，成为外来结晶核心，形成小的晶花，因此必须采取相关措施，去除炉鼻内的锌灰、锌渣。

1.3.5.2　控制均质形核

A　带钢厚度及镀层厚度

随着带钢厚度增加及镀层厚度增加，镀层自然冷却速度降低，过冷度减小，晶花尺寸增加。这一点与产品用途是一致的，建筑用或裸用铝锌板带钢厚度及镀层厚度较厚，需要较大的晶花；而彩涂基板带钢厚度及镀层厚度较薄，需要较小的晶花。

B　带钢入锅温度及镀液温度

对于镀锌而言，在一定范围内，随着带钢入锅温度升高及锌锅温度升高，过冷度减小，锌花尺寸增加。但是，对于铝锌来说，这个范围很小，一般而言，带钢入锅温度及镀浴温度过高，铁铝反应激烈，镀层内部的化合物层厚度增加，不但镀层附着力下降，也使得实际镀层厚度下降，晶花尺寸减小，所以不能因为需要增加晶花尺寸而提高温度。

C　镀后冷却速度

镀后冷却速度对晶花尺寸的影响最大，也是最为直接的控制晶花尺寸的手段，冷却速度增加，晶花尺寸减小。因此，如果需要生产大晶花产品，可以将镀后移动风箱适当上移，并减小风机输出功率；如果需要生产小晶花产品，可以将镀后移动风箱适当下移，并增加风机输出功率。

锌花尺寸与冷却速率的关系如图 1.3-16 所示。

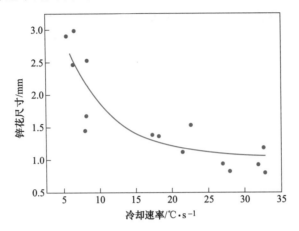

图 1.3-16 锌花尺寸与冷却速率的关系

近年来，客户对小晶花铝锌产品的需求有增加的趋势，因此有必要采用比空气冷却速率更快的冷却方法，可以采用在移动风箱下部增加冷气冷却、气雾冷却等手段。

1.3.5.3 增加调剂元素

A 硅

镀浴中的硅可以抑制钢基与镀层界面的中间化合物层的过度生长，随镀液硅含量增加，化合物层减薄，晶花尺寸增大。

B 稀土

在铝锌镀浴内添加 0.05%~0.15%稀土有利于提高流动性和镀层的耐蚀性、加工成形性，也可以细化镀层表面晶花。有些观点认为，稀土能降低镀液表面张力，即降低形成晶核的临界尺寸，因而使核心增加，稀土可为镀层结晶提供外来晶核，而那些未成为外来晶核的稀土富集在合金结晶前沿，可阻碍晶粒的长大，为细化组织做贡献。

C 钛和钒

一般认为 Ti 与铝锌中的 Al 反应生成 $TiAl_3$，由于在合金中加入 Ti 时会不可避免地导致 V 的存在，V 同样会与 Al 反应生成 $Al_{23}V_4$。这些高熔点的质点在热镀铝锌的镀层形成过程中可提供外来核心，减小锌花尺寸。

但是，钛和钒与铝生成的金属化合物除了少量在镀层内作为形核的外来质点以外，大部分会进入底渣内，如此高熔点的金属化合物在底渣内使得底渣的板结倾向更加严重，硬度增加，需要 700℃ 以上的温度才能软化，使本来就很困难的底渣清理工作变得更加困难，如果采用这种方法，必须加强底渣的清理工作，防止造成严重的板结现象。

D 镁

在铝锌镀浴内加入 0.2% 以下的镁，可以细化晶花，还可以增加镀浴的浸润性和镀层的附着力。如果加入 0.5%~3.0% 的镁，就成了铝锌（硅）镁产品。根据这一原理，可以在同一个镀锅内生产铝锌和低镁的铝锌镁产品，当需要生产铝锌时，将镁降低到 0.2% 以下；当需要生产铝锌镁的时候，将镁升高到0.5%~1.0%范围。

1.3.5.4 小晶花生产技巧

对于需要小晶花的彩涂基板等用途的铝锌板，对晶花的均匀性要求不高，生产小晶花比较容易，只要使镀后冷却速度足够高就行。

1.3.5.5 钻石晶花生产的技巧

对于裸用的铝锌板不但要晶花大而均匀，还要有立体感，在各个方向都形成光线的反射，即"钻石晶花"的效果。事实上生产大晶花产品，很难控制，要产生钻石效果就更加难了。经验表明，钻石效果来自一次、二次树枝晶对光线的反射，如果一次、二次树枝晶细小而密集，或者杂乱无章，接近一个平面，就没有立体感。谈不上钻石效果。只有一次、二次树枝晶结晶完整，比较粗大凸起，树枝晶间存在凹陷，光线从各个方向照到树枝晶上都能产生定向反射，而且随着钢板的转动，反射光线也在转动，才像闪闪发光的钻石。

总结钻石晶花的生产技巧主要有以下几方面：

（1）基本条件是只有厚钢板和厚镀层才能具备"钻石晶花"所需要的冷却速度，生产带钢厚度大于1.5mm，镀层双面重量大于$150g/m^2$。

（2）必须完全排除非人为加入的外来结晶核心问题，因为这些质点是不可控的，势必造成晶花尺寸的不均，只有内部形核才能均匀可控。因此在锌锅前面带钢看起来必须像一面镜子一样清清楚楚地照见人影。

（3）必须对晶花的大小进行控制，就是必须采取镀后适当冷却的工艺，如果任晶花自由长大，不但会造成晶花的大小不一，而且会造成化合物层太厚，反而影响晶花的结晶，因此要确保镀后冷却均匀，而且找到合适的冷却速度，才能保证出现大的晶花，而且均匀一致。

（4）必须对树枝晶进行控制，适当加入钛、钒微量元素，除了与铝形成化合物，成为外来结晶核心以外，钛、钒元素几乎不能溶解在富铝相和富锌相内，结晶时只能在富铝相表面集聚，从而阻碍富铝相的树枝晶的产生，使得已经形成的树枝晶长得很粗大、很完整，需要消耗大量周围的液相，而树枝晶间的液相在凝固时由于数量不够，而形成凹陷。

1.4 三元合金镀层

1.4.1 含镁镀层的分类

1.4.1.1 锌铝镁三元合金状态图

镀层的分类是按照不同的使用性能区分的，而镀层的性能是由其组织决定的，进而组织又是由其成分决定的。要弄清楚镀层的分类就必须从研究状态图开始。

A 整体状态图

采用热力学软件计算出的锌铝镁三元合金三角形投影状态图如图1.4-1所示，图中的坐标刻度是原子个数比，与我们经常采用的质量比有所不同。在最下面的是Zn-Al轴，我们常见的镀层成分就在这条线上或附近范围，最左边是镀纯锌，最右边是镀纯铝，这之间可见有一个共晶点，就是 GF 这个成分，在其左侧的是亚共晶成分，在其右侧的是过共晶成分，我们比较熟悉的 GL 就是过共晶且远离共晶点的成分。

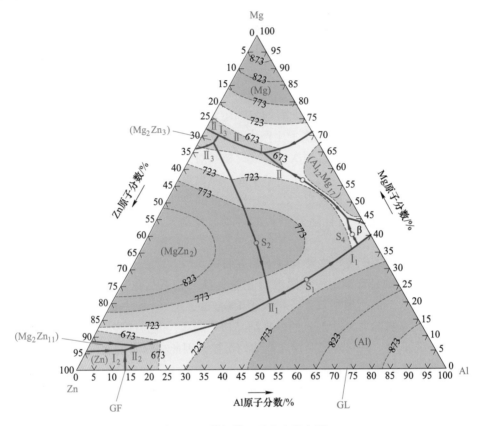

图 1.4-1　锌铝镁三元合金状态图

B　富锌角状态图

锌铝镁三元合金的成分范围很宽，但除了由 GL 演变出的 AZM 以外，其他所有的含镁镀层都在接近 Zn 的那一点的范围内，因此我们可以化繁为简，将研究的重点缩小到这一点附近，即锌铝镁三元合金状态图上富锌的一角，并且把坐标改为质量比，将 Al 和 Mg 的范围均缩小为 0~15%，就成了锌铝镁富锌角质量比三元状态图，如图 1.4-2 所示。

在锌铝镁三元状态图中除有富（Zn）相、富（Al）相以外，高镁相是以镁锌化合物 $MgZn_2$ 相出现。相应地，二元共晶相有 Zn/Al 和 Zn/MgZn$_2$ 两种，三元共晶是 Zn/MgZn$_2$/Al。其显微组织照片如图 1.4-3 所示。

1.4.1.2　富锌角状态图分析

A　三个顶点

图 1.4-2 三角形的三个顶点分别为：

Zn 点：成分（质量分数）为 100%Zn、0%Al、0%Mg，组织当然是 Zn 相；

Al 点：成分（质量分数）为 85%Zn、15%Al、0%Mg，组织里有富（Al）相；

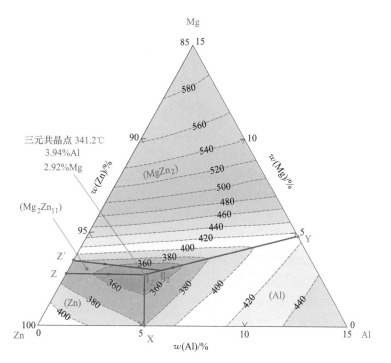

图 1.4-2　锌铝镁富锌角质量比三元状态图

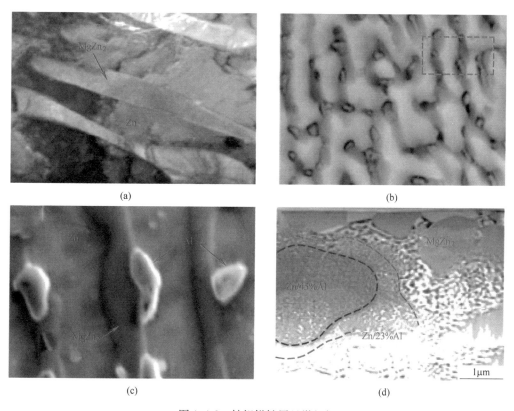

图 1.4-3　锌铝镁镀层显微组织

（a）Zn/MgZn$_2$；（b）Zn/MgZn$_2$/Al 三元共晶；（c）Zn/MgZn$_2$/Al 三元共晶局部放大；（d）Zn/Al

Mg 点：成分（质量分数）为 85%Zn、0%Al、15%Mg，组织里有镁锌化合物 $MgZn_2$。

可见，即使含镁量高达 15%，也不会出现富镁相，在镀层成分范围内的镁都不是以单质存在，而是以化合物状态出现的，这就是极易氧化的镁加入镀层后能够提高耐腐蚀性能的根本性原因。

$MgZn_2$ 在金相照片中看起来是块状的，如图 1.4-3（d）中右上角所示。

B　Zn-Al 共晶线

在这张图的 Zn-Al 轴上，Zn-Al 共晶点为 X，成分（质量分数）为 94.9%Zn、5.1%Al、0%Mg，这就是 GF 的成分点。同样还有其他两个共晶点 Y 和 Z。

在镀层内增加了镁以后，含铝量接近共晶成分的合金都会发生共晶反应，X I_2 线是 Zn-Al 共晶线，在这条线上发生的是 Zn-Al 共晶反应。

二元共晶反应式为：　　　　　　　$L\rightarrow Zn/Al$ 共晶体

Zn/Al 共晶体在金相照片中看起来是相对比较均匀的机械混合物，其成分可能会有所不同，如图 1.4-3（d）中左下角所示。

C　Zn-$MgZn_2$ 二元共晶线

同样，Z I_2 线也是共晶线，只不过这里的反应比较复杂，在稳定状态下，在这条线上发生的是 Zn-$MgZn_2$ 共晶反应。

二元共晶反应式为：　　　　$L\rightarrow Zn/MgZn_2$ 含镁二元共晶体

$Zn/MgZn_2$ 含镁二元共晶在金相照片中看起来是粗大的层片状，界限比较明显的是 $MgZn_2$ 条状骨架，在其之间是 Zn，如图 1.4-3（a）所示。

D　含镁三元共晶点

三元合金的三条共晶线交汇于一点 I_2，是三元共晶点，成分（质量分数）大约为 3.94%Al、2.92%Zn、其余为锌，这一点是图中温度最低的一点，约为 341.2℃，这个范围内所有成分的合金凝固时最后都到达这一点，理论上讲，最后在这个固定的温度下发生三元共晶反应，完成凝固的过程。

三元共晶反应为：　　　　　　$L\rightarrow Zn/Al/MgZn_2$ 三元共晶体

$Zn/Al/MgZn_2$ 三元共晶体在金相照片中看起来是稍细的层片状，界限比较明显的是 $MgZn_2$ 条状骨架，在其之间是 Zn，而且还夹有草莓籽状的颗粒，其中籽状的是 Zn，外部的很薄的圆环形是 Al，如图 1.4-3（c）所示，放大形态如图 1.4-3（d）所示。

1.4.1.3　三元合金成分区域划分

根据锌铝镁三元合金的成分在富锌角状态图上的区域不同，可以分为三个区。

（1）低铝区：在三元合金状态图的 Zn、X、I_2、Z 四点构成的区域，特点是含铝量为亚共晶成分比较低，含镁量也没有超过 3%，这就是低铝成分的含镁类镀层的范围。其凝固以后的组织由先共晶的富锌相和共晶组织组成。

（2）中铝区：在三元合金状态图的 Al、X、I_2、Y 四点构成的区域，特点是含铝量为过共晶成分，但接近共晶成分，属于中等范围，含镁量也没有超过 3%，这就是中铝成分的含镁类镀层的范围。其凝固以后的组织由先共晶的富铝相和共晶组织组成。

（3）超镁区：在三元合金状态图的 Mg、Z、I_2、Y 四点构成的区域，特点是含镁量已经超过 3%，已经超过了一般镀层的范围。其凝固以后的组织由先共晶的 $MgZn_2$ 相和共晶组织组成。

1.4.1.4　含镁镀层的总体分类

如前所述，含镁镀层是在加铝镀锌、锌铝和铝锌镀层的基础上再加入镁演变而来，因此也沿袭了这种分类方法，分为低铝 ZM I、中铝 ZM II 和高铝 AZM 三大类，所不同的是含铝量的范围更宽，在锌-铝状态图上将含铝量是亚共晶的都归为低铝类，将含铝量是过共晶且接近共晶成分的都归为中铝类，将含铝量是过共晶且远离共晶成分的都归为高铝类。这种分类方法的合理性在于，虽然含镁镀层在耐腐蚀性方面的主要决定因素是镁，但含量更高的合金元素是铝，铝含量决定了镀层组织的特性，这三类镀层在凝固过程和组织方面有着根本性的不同，在使用性能方面也就有着根本性的差异，所以含镁镀层是根据含铝量来进行大的分类的。在此前提下，可以根据镁的含量进行耐腐蚀性能的分级。含镁镀层分类如图 1.4-4 所示。

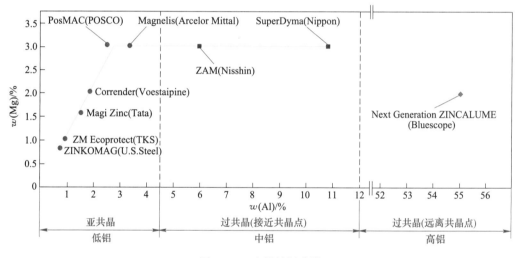

图 1.4-4　含镁镀层分类

1.4.2　含镁镀层的组织[5]

1.4.2.1　低铝锌铝镁镀层

低铝的含镁镀层可以理解为加铝镀锌层中再加入镁演化而来，而为了工艺和性能的需要，进一步增加了铝含量，决定镀层性能的主要是锌和镁，所以国外称为锌镁镀层。

A　低铝锌铝镁镀层的凝固过程

采用热力学软件计算的 Zn+3%Mg-Al 亚稳定状态图如图 1.4-5 所示，可以看出加镁以后增加了 $MgZn_2$ 相，使得组织更加复杂。

下面以低铝锌铝镁镀层中 Zn-3.0%Mg-2.5%Al 成分的 PosMAC 为例，分析其凝固过程。该成分与相图有三个交点，凝固分为三个过程。

第一步，在温度下降过程中，从①点开始凝固，由液相内析出 $MgZn_2$ 相，L→$MgZn_2$，

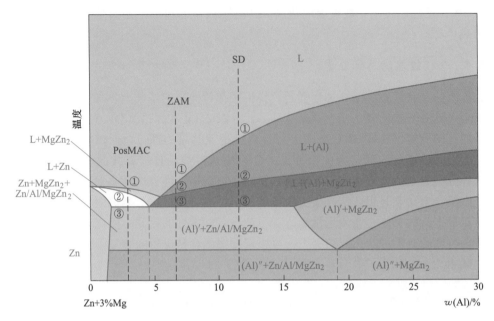

图 1.4-5 Zn+3%Mg-Al 亚稳定状态图

由于含镁量很少，$MgZn_2$ 相数量也很少；

第二步，从②点开始，由液相内析出 Zn 相，$L \rightarrow Zn$，由于含锌量占了绝对的优势，生成了粗大的 Zn 相树枝晶，但这种成分离共晶点相对远一些，树枝晶并不是很发达；

第三步，接触到三元共晶线的③，由剩余的液相内析出三元共晶体，$L \rightarrow Zn/MgZn_2/Al$，填补了粗大的 Zn 相树枝晶之间的空隙，凝固结束。

最后形成的组织照片如图 1.4-6 所示，图中块状的是 Zn 相树枝晶的截面，粗大菊花状的是 $Zn/MgZn_2$ 二元共晶组织，密集的是 $Zn/MgZn_2/Al$ 三元共晶组织，可以看出这一成分 Zn 相树枝晶不太发达，相对而言由于 Mg 含量较高，$Zn/MgZn_2$ 二元共晶组织的比例也就较高。其实，在低铝类含镁镀层中，其他公司产品的镀层中含镁量都没有这么高。

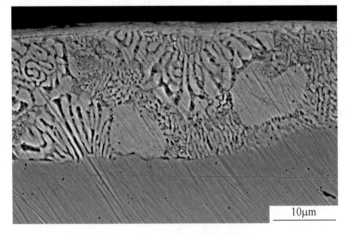

图 1.4-6 PosMAC 镀层组织照片

B 低铝锌铝镁镀层组织的特点

低铝锌铝镁镀层含铝量很低，属于亚共晶区，锌的比例很高，主要由先共晶的锌和二元共晶和三元共晶组织组成。其中在金相照片上看二元共晶组织较粗大，三元共晶组织较细密。

Zn-1.8%Al-1.8%Mg 镀层组织金相照片如图 1.4-7（a）所示，这种成分离二元共晶线和三元共晶点都比较远，因此锌的树枝晶比较发达，在树枝晶之间是比较粗大的二元共晶组织和较细致密的三元共晶组织，而且两者占据不同的区域。为了进一步论证组织的组成，对镀层组织进行成分扫描，发现锌是镀层里最为主要的元素，分别在树枝晶、粗大的二元共晶体和致密的三元共晶体内都有分布，如图 1.4-7（b）所示；镁只分布在二元共晶体和三元共晶体内，又以二元共晶体内较多，形成了共晶体的粗大片状结构，而在三元共晶体内较少，而且是细片状的，如图 1.4-7（c）所示；铝占据的面积更少，发达树枝晶和粗大的二元共晶体内几乎都没有，几乎只在三元共晶体内分布，而且是密集的点状，如图 1.4-7（d）所示。

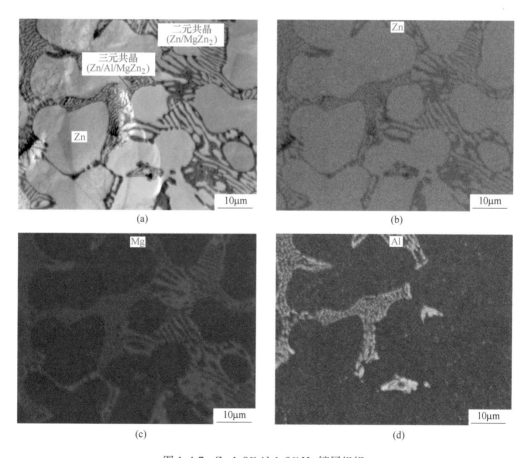

图 1.4-7 Zn-1.8%Al-1.8%Mg 镀层组织

由此分析，结合定量计算可知，粗大的树枝晶几乎是纯 Zn，二元共晶体是 $Zn/MgZn_2$，三元共晶体是 $Zn/MgZn_2/Al$。

C　化学成分对组织的影响

锌铝镁镀层主要成分是锌，由于工艺等方面的需要，必须加入适量的铝。不同 Al、Mg 含量的锌铝镁镀层截面金相组织如图 1.4-8 所示[6]。

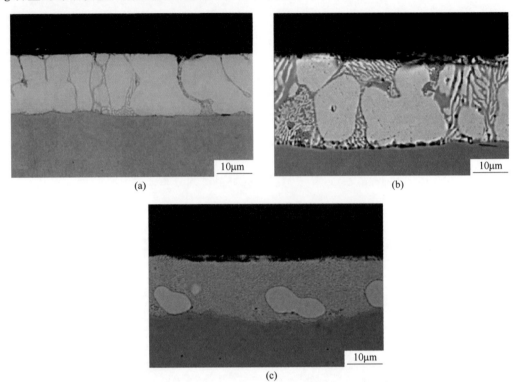

(a)　　　　　　　　　　　　　　　　　　　　(b)

(c)

图 1.4-8　不同 Al、Mg 含量的锌铝镁镀层截面金相组织
(a) 1.0%Al-1.0%Mg；(b) 2.0%Al-2.0%Mg；(c) 4.5%Al-3.0%Mg

从图中可以看出，不同 Al、Mg 含量的锌铝镁镀层截面金相组织都是由块状的 Zn 相树枝晶、Zn/MgZn$_2$ 二元共晶组织和 Zn/MgZn$_2$/Al 三元共晶组织组成，但不同的成分组织组成的比例不同，随着含铝量的增加，Zn 相树枝晶越来越少，而 Zn/MgZn$_2$ 二元共晶组织和 Zn/MgZn$_2$/Al 三元共晶组织越来越多。1.0%Al-1.0%Mg 的成分离共晶点较远，主要组织为大块状的 Zn 相树枝晶，在树枝晶间有少量的 Zn/MgZn$_2$ 二元共晶组织和 Zn/MgZn$_2$/Al 三元共晶组织；4.5%Al-3.0%Mg 的成分接近共晶点，主要组织是 Zn/MgZn$_2$ 二元共晶组织和 Zn/MgZn$_2$/Al 三元共晶组织，只有极少量的块状 Zn 相树枝晶；2.0%Al-2.0%Mg 的成分介于两者之间，组织也是介于两者之间。

1.4.2.2　中铝锌铝镁镀层

中铝锌铝镁镀层是三种含镁类镀层中最早被发明出来并得到应用的，也是与现有镀层差异最大的含镁类镀层，可以理解为 GF 镀层中再加入镁演化而来，而为了工艺和性能的需要，进一步增加了铝含量。典型性的产品是 Zn-6.0%Al-3.0%Mg 成分的 ZAM 和 Zn-11.0%Al-3.0%Mg 成分的 SD 产品。

A 锌铝镁镀层的凝固过程

从图 1.4-5 Zn+3%Mg-Al 亚稳定状态图中可以看出，ZAM 和 SD 成分的锌铝镁镀层在凝固过程中与相图有三个交点，凝固分为三个过程。

第一步，在温度下降过程中，从①点开始凝固，由液相内析出 Al 相，$L \rightarrow Al$；其中 SD 产品含 Al 量大于 ZAM 产品，析出的 Al 相数量也多于 ZAM 产品；

第二步，从②点开始，由液相内析出 $MgZn_2$ 相，$L \rightarrow Zn/MgZn_2$，其中 ZAM 产品含 Zn 量相对较高，析出的 $MgZn_2$ 相也就较多；

第三步，接触到三元共晶线的③点，由剩余的液相内析出三元共晶体，$L \rightarrow Zn/MgZn_2/Al$，填补了粗大的 Al 相树枝晶以及 $MgZn_2$ 相之间的空隙，凝固结束。

B 锌铝镁镀层的组织特点[5]

由以上分析可知，中铝锌铝镁镀层最终镀层组织由比较发达的富 Al 相树枝晶和在树枝晶间的二元共晶相 $Zn/MgZn_2$、三元共晶相 $Zn/MgZn_2/Al$ 组成。另外，对于 SD 而言，由于含有 Si，还有 Mg_2Si 相。锌铝镁镀层的组织特点如图 1.4-9 所示。

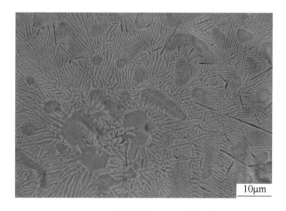

10μm

图 1.4-9 锌铝镁镀层表面组织照片

C 化学成分对组织的影响

Zn-6.0%Al-3.0%Mg 成分的 ZAM 和 Zn-11.0%Al-3.0%Mg 成分的 SD 镀层截面金相照片如图 1.4-10 和图 1.4-11 所示。

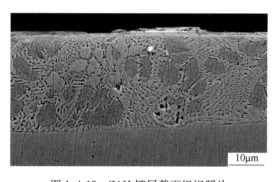

10μm

图 1.4-10 ZAM 镀层截面组织照片

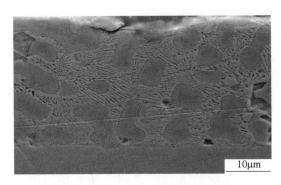

图 1.4-11　SD 镀层截面组织照片

从图中可以看出，不同 Al、Mg 含量的锌铝镁镀层截面金相组织都是由块状的 Al 相树枝晶、Zn/MgZn$_2$ 二元共晶组织和 Zn/MgZn$_2$/Al 三元共晶组织组成，但不同组织成分的比例不同，随着含铝量的增加，Al 相树枝晶越来越多，而 Zn/MgZn$_2$ 二元共晶组织和 Zn/MgZn$_2$/Al 三元共晶组织越来越少。6.0%Al-3.0%Mg 的成分接近共晶点，主要组织中 Zn/MgZn$_2$ 二元共晶组织和 Zn/MgZn$_2$/Al 三元共晶组织面积大于块状 Al 相树枝晶，而且 Zn/MgZn$_2$ 二元共晶组织中 Zn 相较粗大；11.0%Al-3.0%Mg 的成分离共晶点较远，主要组织为大块状的 Al 相树枝晶，在树枝晶间有面积低于 Al 相的 Zn/MgZn$_2$/Al 三元共晶组织，而 Zn/MgZn$_2$ 二元共晶组织很少。

1.4.2.3　铝锌镁镀层[7]

在低铝和中铝成分的锌铝镀层中加入镁元素，可以大幅度提高镀层产品的耐腐蚀性。同样，在高铝的铝锌镀层中加入镁元素，也可以大幅度提高镀层产品的耐腐蚀性。

高铝类锌铝镁镀层按照命名原则应该称为铝锌镁镀层。当然，前面说过铝高了就要加硅，铝锌镁产品里硅是不可少的，不过硅是为了改善工艺性能加入的，所以在产品名称里只提铝锌镁。最具代表性的铝锌镁镀层是 GL 加镁获得的 55%Al-Zn-2%Mg-1.6%Si 成分的镀层，简称 AZM。

A　铝锌镁镀层的凝固过程

采用热力学软件计算出的 (Zn+2%Mg+1.6%Si)-Al 状态图如图 1.4-12 所示，可见与 Zn-Al 或 (Zn+1.6%Si)-Al 状态图相比，由于镁的加入，组成相更多，凝固过程也就更加复杂。

计算表明，55%Al-Zn-2%Mg-1.6%Si 成分合金整个凝固过程可以分为 4 个阶段，凝固以后又继续发生一个固态的相变过程，因此整个相变过程可以分为 5 个阶段。

第一步，在 553.3℃ 发生凝固，由液体析出高铝相，反应为：L→(Al)；

第二步，在 475.6℃ 开始，由液体析出单质 Si，反应为：L→Si；

第三步，在 452.5℃ 开始，由液体析出 Mg$_2$Si 相，反应为：L→Mg$_2$Si；

第四步，在 383.6℃ 开始，发生共晶反应，由液体析出三元共晶组织，反应为：L→Zn/MgZn$_2$。

理论上，在平衡状态时，就在此温度下凝固结束，在生产实际中需要较高的冷却速度，处于非平衡凝固状态下，最后的凝固温度比平衡态下低 40℃ 左右，实际凝固点为 340℃ 左右。

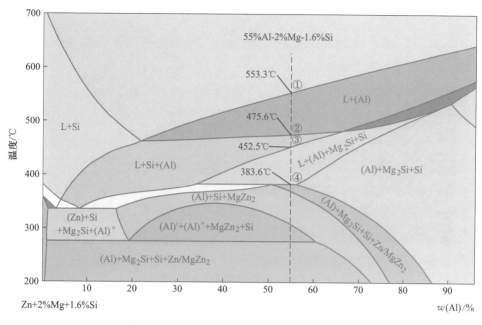

图 1.4-12 (Zn+2%Mg+1.6%Si)-Al 状态图

B 铝锌镁镀层的组织特点

在铝锌镁镀层凝固完成以后的组织为：(Al)+Si+Mg₂Si+Zn/MgZn₂，但组织的转变并没有结束，而是会继续进行固态下的共析转变，由富锌相内析出二元共析组织 Al-Zn。

对铝锌镁镀层进行金相分析。粗略分析发现，铝锌镁镀层是在钢板基体上附着中间化合物层和镀层，镀层主要骨架与铝锌一样为粗大的初生 Al 枝晶，在 Al 枝晶之间有 Mg_2Si 相或初生的 Si 相和富锌相，如图 1.4-13（a）所示。

对 Al 枝晶之间的富锌相进一步放大分析，可以看到稍大块的 $MgZn_2$ 组织和二元共析组织 Al-Zn，最为细小的是三元共晶组织 $Zn/MgZn_2$，如图 1.4-13（b）所示。

硅和 Mg_2Si 相具有相似的形态，它们在枝晶间区域形成离散相，在它们形成的位置占据整个区域，在硅或 Mg_2Si 相和铝枝晶臂之间，不存在富锌相或铝锌混合物。为了确认含 Si 相的组成，Al 枝晶之间有 Mg_2Si 相或初生的 Si 相，采用高倍光学显微镜进行进一步的分析，发现初生的 Si 相呈灰色网状，而 Mg_2Si 相呈蓝色，比较致密，如图 1.4-13（c）所示。

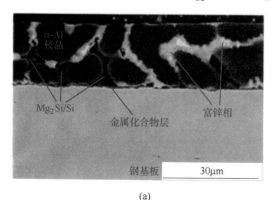

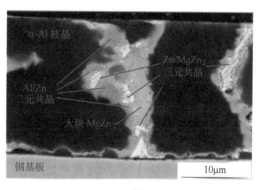

(a)   (b)

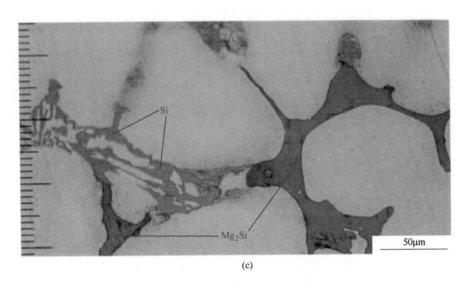

(c)

图 1.4-13　铝锌镁镀组织金相分析

C　未发现 Mg_2Zn_{11} 相

理论分析认为，在低铝和中铝的含镁镀层凝固时，有可能生成 Mg_2Zn_{11} 相，在实际生产中，也经常出现"黑点"缺陷。但铝锌镁的组织远离共晶区域，在凝固前发生共晶反应的液态镀液很少，学者普遍认为理论上不会生成 Mg_2Zn_{11} 相，实际生产中铝锌镁镀层也基本不会出现"黑点"缺陷。

在三元状态图上，铝锌镁镀层凝固的路线如图 1.4-14 所示。

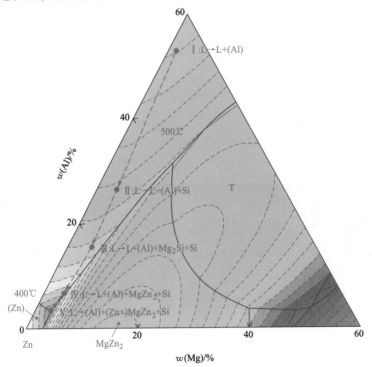

图 1.4-14　铝锌镁镀层凝固的路线

D 化学成分对组织的影响[3]

a 相图分析镁对组织构成的影响

在铝锌硅镀层中加入镁以后，对组织构成带来什么样的影响呢？采用热力学模型计算的 51%Al-47%Zn-1.6%Si 与不同含量 Mg 的组织相图如图 1.4-15 所示。从图上可以看出，镁的加入，使得铝锌镁镀层的组织构成变得非常复杂。图中有几个特殊点，当镁含量超过 A 点（约 Mg≥0.2%）以后，出现了 $MgZn_2$ 相；当镁含量超过 B 点（约 Mg≥0.96%）以后，出现了 Mg_2Si 相；当镁含量超过 C 点（约 Mg≥3.05%）以后，初生的 Si 相全部消失，全部以 Mg_2Si 相的形式优先从镀层中析出。

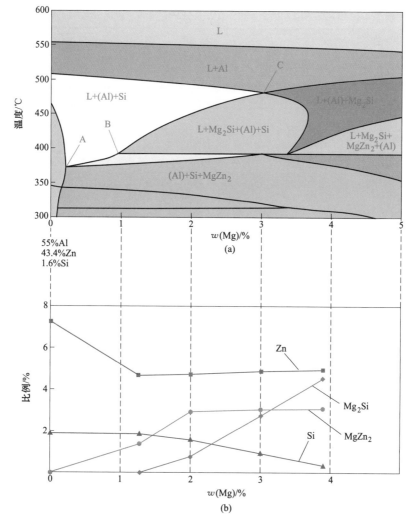

图 1.4-15 锌铝硅-镁相图和锌铝硅-镁组织成分比例

镀层组织最终的百分比与镁含量的关系曲线如图 1.4-15 所示，从图上可以看出，随着镁的加入，组织的构成在不断地变化。在 Mg 较少，小于约 1.2% 时，加入的 Mg 主要是与镀层中浓度较高的 Zn 化合，生成 $MgZn_2$ 相，并随着 Mg 含量的增加 $MgZn_2$ 相比例逐步增加，在 Mg 约为 2.0% 时达到了最多的 2.4% 左右，以后基本保持不变，与此同时，浓度较低的 Si 基本不参与反应，以纯 Si 相存在；随着镁含量的增加，到了 1.2% 以上后，Mg 开始与镀层中浓度较低的 Si 化合，生成 Mg_2Si 相，并随着 Mg 含量的增加 Mg_2Si 相比例逐步增加，相应地由于 Si 与 Mg 反应消耗了一部分 Si，所以纯 Si 相数量逐步降低，当 Mg 接近 4% 时，纯 Si 相几乎接近为零了。

　　b　实际试验镁对组织构成的影响

　　为了研究铝锌镁的镀层组织，以及镁含量对镀层组织的影响，有人在实验室做了试验，手工浸镀的时间为 5s，采用的不同 Al-Zn-Si-xMg（x = 0，1.25%，3%，4%，质量分数）镀液成分如表 1.4-1 所示。

表 1.4-1　Al-Zn-Si-xMg（x = 0，1.25%，3%，4%，质量分数）镀液成分　　（%）

镀层（质量分数）	Al	Zn	Si	Mg
Al-Zn-Si	50.71	47.69	1.60	—
Al-Zn-Si-1.25Mg	50.71	46.54	1.52	1.23
Al-Zn-Si-3Mg	50.92	44.48	1.41	3.01
Al-Zn-Si-4Mg	48.10	46.59	1.44	3.87

　　表面镀层放大后的显微组织如图 1.4-16 所示，各相所对应的元素成分汇总在表 1.4-2。

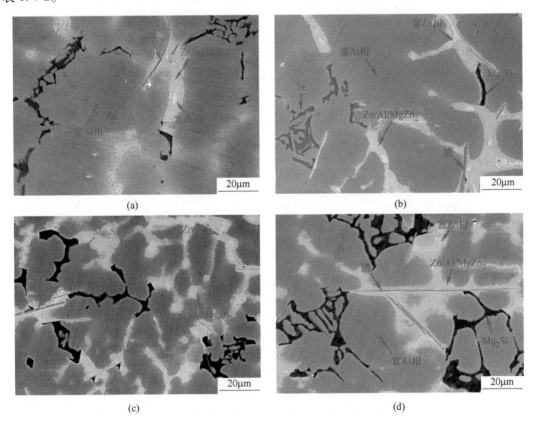

图 1.4-16　镀液样品物相形貌

（a）Al-Zn-Si（AZS）；（b）Al-Zn-Si-1.25Mg（AZS1M）；

（c）Al-Zn-Si-3Mg（AZS3M）；（d）Al-Zn-Si-4Mg（AZS4M）

表 1.4-2 镀液样品中各相化学成分的 EDS 检测结果

镀层缩写	物 相	元素成分（原子分数）/%				
		Al	Zn	Si	Mg	Fe
AZS	富 Al 相	82.14	17.50	0.36	—	—
	Zn-Al 共晶	33.49	66.19	0.06	—	0.26
	Si 相	4.01	0.63	95.36	—	—
	富 Zn 相	3.83	95.31	0.71	—	0.15
	渣相	60.92	5.69	20.92	—	12.47
AZS1M	富 Al 相	68.17	31.50	0.33	—	—
	Zn-Al-Mg 共晶	2.70	80.47	0.27	16.56	—
	富 Zn 相	5.20	92.64	0.32	1.53	0.31
	Si 相	2.25	0.35	97.08	0.33	—
	Mg$_2$Si 相	3.86	2.35	29.72	63.85	0.22
	渣相	63.90	8.58	15.87	0.40	11.25
AZS3M	富 Al 相	73.49	25.75	—	0.76	—
	Zn-Al-Mg 共晶	1.63	72.69	1.23	15.42	0.27
	富 Zn 相	5.55	92.02	0.45	1.57	0.41
	Mg$_2$Si 相	3.06	1.09	33.70	61.90	0.25
	渣相	61.84	14.89	11.89	—	11.40
AZS4M	富 Al 相	89.34	9.88	0.10	0.52	0.16
	Zn-Al-Mg 共晶	1.96	79.73	0.13	18.18	—
	富 Zn 相	3.13	94.57	0.10	2.13	0.08
	Mg$_2$Si 相	1.88	1.15	36.73	60.23	—
	渣相	69.54	4.45	13.66	0.20	12.15

可以看到，Al-Zn-Si-Mg 镀液中主要存在富 Al 相、富 Zn 相、Si 相或 Mg$_2$Si 相。镀层中的富 Al 枝晶相的尺寸随着 Mg 增加而减小。原本在镀层中分散的 Si 颗粒随着 Mg 的添加，全部转变为树枝状或网状的 Mg$_2$Si 相。此外，镀液样品中还存在细长针状的 Al-Fe-Si-Zn 渣相，该相的宽度小于 1μm，主要出现在枝晶间区域。

c 实际试验镁对晶粒大小的影响

不同镁含量的铝锌镁镀层截面中各相的分布如图 1.4-17 所示。可以看出，镀层钢板的纵向结构分为镀层、金属间化合物层、钢基体这三个部分。不同镀层的金属间化合物层差别并不明显，都为 Fe-Al 金属间化合物。

四种不同镁含量镀层表面的微观组织结构如图 1.4-18 所示，从图中可以看出：无镁的铝锌硅组织最为粗大。宏观上当镁含量增加到 1.5% 以后，晶花就很小了，可以说是铝锌镁产品了；这一点，与低铝、中铝锌铝镁产品有些类似。在镁含量小于 3% 时，随着镁的加入和镁含量的增加，组织越来越致密。当镁含量达到 4% 时，组织反而出现了略显粗大的现象。

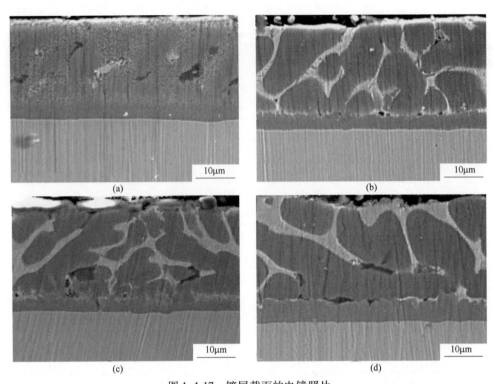

图 1.4-17　镀层截面的电镜照片

（a）Al-Zn-Si；（b）Al-Zn-Si-1.25Mg；（c）Al-Zn-Si-3Mg；（d）Al-Zn-Si-4Mg

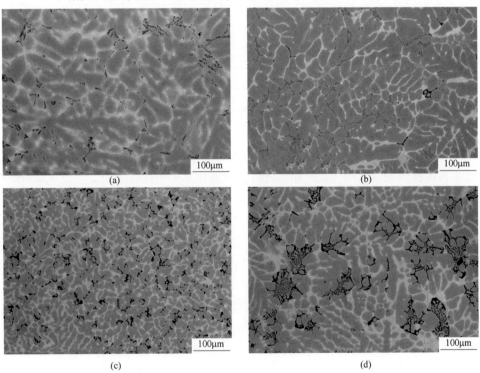

图 1.4-18　镀层表面电镜照片

（a）Al-Zn-Si；（b）Al-Zn-Si-1.25Mg；（c）Al-Zn-Si-3Mg；（d）Al-Zn-Si-4Mg

E Mg₂Si 相的特点

a 晶体形态

MgZn₂ 相是低铝和中铝锌铝镁产品就有的化合物相，正是 Mg 与 Zn 化合生成 MgZn₂ 相，才使得极易氧化的 Mg 元素加入镀层后反而使得镀层的耐腐蚀性能得到大幅度提高。

在低铝和中铝的锌铝镁中基本不加或加入少量的 Si，所以 Si 不参与和 Mg 的金属化合反应。但在高铝的铝锌镁中，Si 的浓度较高，如果 Mg 含量也较高的话，Si 与 Mg 两者就会发生化合反应，生成只有高铝的铝锌镁产品才有的 Mg₂Si 相。

据资料介绍，Mg₂Si 相是一种等边三角形的正八面体，Si 原子占据晶格顶点和各面的面心，Mg 原子占据八面体间隙。从 Al-Mg-Si 合金中萃取的不同三维结构的 Mg₂Si 相如图 1.4-19 所示。

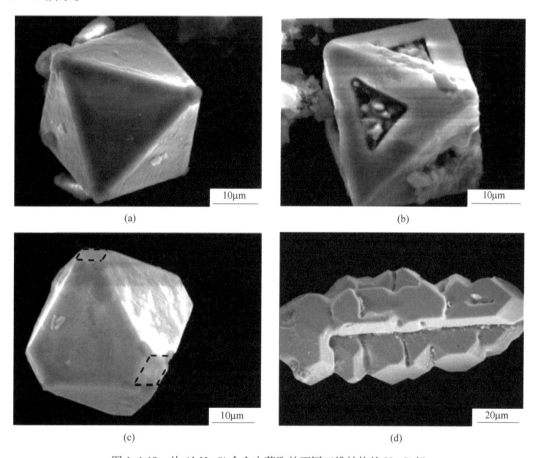

图 1.4-19 从 Al-Mg-Si 合金中萃取的不同三维结构的 Mg₂Si 相

b 镁对 Mg₂Si 相尺寸的影响

从图 1.4-18 可以看出，Mg₂Si 相的尺寸随着 Mg 含量的增加而增大，当镁含量为 1.25%时，镀层中的 Mg₂Si 相颗粒枝晶小于 2μm，但当镁含量提高到 3.0%时，镀层中 Mg₂Si 相颗粒枝晶已经增加到约为 8μm。

c 镁对 Mg₂Si 相数量的影响

对于低铝、中铝锌铝镁产品而言，镁含量不宜超过 3%，对于高铝的铝锌镁来说，有没有极限呢？我们分析一下含镁量为4%的镀层表面组织。从图1.4-19（d）可以看出，含镁量为4%的镀层表面组织中，Mg_2Si 相的数量没有随着镁含量的增加而增加，反而显著减少！这是什么原因呢？从铝锌硅-镁相图上可以看出，当镁含量提高到C点约3.05%时，Mg_2Si 颗粒更容易直接从液态镀层中直接形核长大。观察含镁量为4%的镀层表面组织（图1.4-19（d）），Mg_2Si 相容易发生偏聚，形成网状结构。这可能是因为镀液中的Mg、Si原子不是完全均匀地弥散在镀层中，而是呈聚集状态。因此，导致含镁量为4%的镀层表面组织 Mg_2Si 相数量减少。

1.4.2.4　含镁合金组织的复杂性

从铝锌开始，镀层组织就变得比较复杂，较好的耐腐蚀性能也是由于各种组织之间的有机结合。总体上，组织越均匀，耐腐蚀性能越好。铝锌镁组织更加复杂，组织的构成和均匀性对耐腐蚀性能影响很大。除了上述常见的对产品性能有益的组织以外，含镁合金还有几种对性能有影响的组织。

A　块状 $MgZn_2$ 组织

对现有含镁镀层成分略作分析就可以看出，绝大部分的锌铝镁镀层中镁的含量都不超过3%，这是什么原因呢？虽然含镁镀层的成分基本都是采用试验的方法优选而来的，但实际上还是内在的组织所决定的，当镁含量超过了3%以后，在镀层凝固时，优先析出的不是富锌相，也不是富铝相，而是一种含镁的化合物相 $MgZn_2$。

以6%Al、4%Mg的成分为例，其冷却凝固后的组织如图1.4-20所示，可以看出，其组织中出现了大块状的 $MgZn_2$ 相，这种组织的出现，使得镁在镀层中的均匀性受到严重影响，耐腐蚀性能较差，是镀层中不能出现的组织。为了防止出现这种组织，在选择镀层成分时，必须控制成分在相图中的位置，一般不能越过图1.4-2中的 ZI_2Y 线，进入高镁区，因此含镁镀层含镁量一般不能超过3%。

B　平衡状态组织

在冷却速度趋于零的平衡状态下，锌铝镁三元相图（见图1.4-2）中有一个特殊区域 ZI_2II_2Z'，在这个区域内的组织是液相加 Mg_2Zn_{11}，也就是说，锌铝镁镀层在

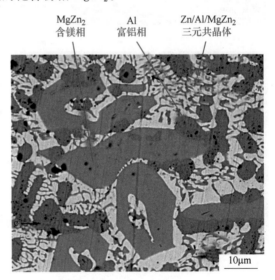

图1.4-20　6%Al、4%Mg的含镁镀层冷却凝固后的组织

冷却凝固时，在一定的条件下，进入这个区域就会出现 Mg_2Zn_{11} 组织。

虽然机理尚不是十分清楚，但在锌铝镁镀层产品的开发过程中，大量的事实表明，Mg_2Zn_{11} 组织不但不会提高耐腐蚀性能，还会引起早期腐蚀，影响产品的外观。具体说来，就是产品生产出来以后，或者在库存期间，就会在表面产生直径4~8mm的黑点，而且黑

点会由小慢慢长大，这当然是不可接受的。

完整研究锌铝镁三元状态图，考虑 Mg_2Zn_{11} 组织，三元共晶反应生成的组织就不只有 $Zn/Al/MgZn_2$ 一种，还可能有 $Zn/Al/Mg_2Zn_{11}$，Mg_2Zn_{11} 组织弥散在三元共晶体内，数量很少，以致必须放大 10000 倍，才能看到三元共晶体内主体骨架是树枝状的富锌相，少量富铝相呈颗粒状，在富锌相的枝晶间存在 Mg_2Zn_{11} 组织。

国外某公司专利资料介绍，对正常试样和存在小黑点的样品的黑点处进行 X 射线衍射对比试验，在采用 Cu Kα 管球、电压为 150kV、管电流为 40mA 的条件下照射 X 射线，发现无小黑点的试样三元共晶体组织为 $Zn/Al/MgZn_2$，而小黑点处三元共晶体组织为 $Zn/Al/Mg_2Zn_{11}$，也有介于二者之间的组织。同时，他们认为在锌铝镁镀液中加入钛、硼时，可以抑制 Mg_2Zn_{11} 相的生成、生长，虽然单独加入钛、硼也会产生对 Mg_2Zn_{11} 的抑制效果，但是从大幅度放宽制造条件的角度来看，最好同时加入钛、硼。为了充分获得这些效果，Ti 含量必须达到 0.0005% 以上，B 含量必须达到 0.0001% 以上。但是，当含钛量过多时，会在镀液中生成 Ti-Al 系的析出物，在镀层上产生凹凸状的颗粒，从而有损外观，因此，在镀液中添加 Ti 时需要将含量范围控制在 0.01% 以下。同样，当 B 含量过多时，会在镀层中生成 Al-B 系或 Ti-B 系的析出物，也会有损外观，因此需要将 B 含量范围控制在 0.005% 以下。不过，这些内容并没有得到国内研究机构的试验验证。

C 理论与实际的差异

以上对锌铝镁镀层组织进行了分析，但这是基于实验室试验和理论分析的结果，可能与实际生产的结果有一定的差距。这是因为：

（1）采用锌铝镁三元相图进行理论分析是在平衡状态下，即冷却速度非常慢的情况下的组织形态，而生产实际过程中是不可能如此缓慢的。

（2）不同研究员的观念不一样，在实验室试验中所采用的实验条件不一样，得到的结论也就不完全一致，有的甚至大相径庭。

（3）实验室试验大都是采用溶剂法浸镀手工试验，与实际生产中的连续生产过程有一定的差异。

（4）由于锌、铝、镁三种元素的比重和熔点差异较大，镀浴中液态的锌铝镁成分的偏析比较大，平均成分不能完全代表局部的成分，所以局部组织可能会有所偏差。

（5）锌铝镁合金冷却凝固过程中，随着初生相的析出，整体成分会发生变化，而局部上的变化就十分复杂，引起组织上的差异。

（6）锌铝镁镀层冷却凝固过程中，组织受到冷却速度的影响较大，而在实际的生产线上，气刀的作用、镀后的自然冷却、风冷等过程的冷却速度千变万化，也造成组织不一。

总的说来，锌铝镁的组织复杂多变，难以控制，这也是锌铝镁产品生产困难的一个方面。

1.4.3 含镁镀层的耐蚀原理

1.4.3.1 镁对镀层耐腐蚀性能的作用

目前关于含镀层合金耐腐蚀性能的研究较多。多数采用交流阻抗法、盐雾试验法，或采用接近实用条件的循环腐蚀试验法（在设定盐水喷雾、干燥、湿润条件下的循环试验），在长时间的大气腐蚀以及封闭腐蚀环境下对镀层表面腐蚀产物以及镀层组织变化情况进行研究。关于 Mg 能提高镀层耐腐蚀性的原因，主要有以下几种解释：

（1）锌浴中添加镁可以降低晶间腐蚀速度，提高镀层的耐蚀性。这种解释主要是针对合金中添加的 Mg 含量较少（Mg<0.2%）的情况，Mg 能够起到细化晶粒、强化晶界的作用[8]。

（2）提高基体的电极电位。镁的添加使锌基合金腐蚀电位正移[9,10]，腐蚀电流明显下降。也有研究者认为 Zn-Al 镀层合金中加入 Mg 后，腐蚀电位变化不大，但交流阻抗增大[11]，电极双层电容变小，即腐蚀反应被延滞，从而提高了镀层的耐电化学腐蚀能力。

（3）Mg 的加入，促进镀层表面生成了稳定的、致密的腐蚀产物，提高了镀层的耐腐蚀性能。这致密的腐蚀产物抑制了氧的扩散，因此耐腐蚀性能提高。但对于这层致密的腐蚀产物有不同的看法。

（4）Mg 溶解后的缓冲效应[12]。Mg 溶解后能降低阴极位置的 pH 值，阻碍了 ZnO 的生成，抑制氧的还原。很多研究学者认为它比碱式碳酸锌更有保护性能。

从以上可以看出，对于 Zn-Al-Mg 耐腐蚀性能的研究取得了可喜的结果。但对于 Zn-Al-Mg 合金耐腐蚀性能提高存在不同的解释。应该指出的是，以上提到的 Zn-Al-Mg 耐腐蚀性能提高的机制可以是多种机制联合起作用，不单单取决于一种腐蚀机制。

1.4.3.2　含镁镀层耐碱性的特点

通过对 5%NaCl 中性盐雾试验后 Zn-6Al-3Mg 镀层的微观形貌分析可知，Zn/Al/MgZn$_2$ 三相共晶组织优先被腐蚀，且相关文献中提出三相共晶组织中的 MgZn$_2$ 通过阳极反应（式（1.4-1）、式（1.4-2））优先被腐蚀生成 Mg^{2+} 和 Zn^{2+}，而阴极反应（式（1.4-3））生成 OH$^-$。

$$Zn \longrightarrow Zn^{2+} + 2e \qquad\qquad (1.4-1)$$

$$Mg \longrightarrow Mg^{2+} + 2e \qquad\qquad (1.4-2)$$

$$O_2 + 2H_2O + 4e \longrightarrow 4OH^- \qquad\qquad (1.4-3)$$

随着腐蚀过程中阴极发生反应生成 OH$^-$，镀层表面的 pH 值升高，镀层表面继续发生以下反应：

$$Zn^{2+} + 2OH^- \longrightarrow Zn(OH)_2 \cdot \text{ 或 } Zn^{2+} + 2OH^- \longrightarrow ZnO + H_2O \qquad (1.4-4)$$

$$5Zn^{2+} + 2OH^- + 2Cl^- \longrightarrow Zn_5(OH)_8Cl_2 \qquad\qquad (1.4-5)$$

$$Mg^{2+} + 2OH^- \longrightarrow Mg(OH)_2 \qquad\qquad (1.4-6)$$

$$Zn_5(OH)_8Cl_2 + 2OH^- \longrightarrow 5ZnO + 5H_2O + 2Cl^- \qquad\qquad (1.4-7)$$

式（1.4-4）指出 Zn^{2+} 在碱性环境中会生成 ZnO，但在 Zn-5Al 镀层和 Zn-6Al-3Mg 镀层的腐蚀产物中均未发现 ZnO，这是因为在含有 Al 元素的碱性环境中，Zn$_5$(OH)$_8$Cl$_2$ 优先 ZnO 生成。但随着腐蚀的进行，pH 值增加，Zn$_5$(OH)$_8$Cl$_2$ 将转变成 ZnO，如式（1.4-7）所示。但在 Zn-6Al-3Mg 中，由于添加了 Mg 元素，发生式（1.4-6）反应生成 Mg(OH)$_2$ 沉淀，这种沉淀将抑制式（1.4-7）中的反应，即碱性环境的 Mg^{2+} 抑制了 Zn$_5$(OH)$_8$Cl$_2$ 向 ZnO 转变。所以随着腐蚀的进行，Zn-5Al 镀层将出现疏松多孔的 ZnO，而 Zn-6Al-3Mg 镀层依旧不会有 ZnO 的出现，这是 Zn-6Al-3Mg 镀层耐蚀性比 Zn-5Al 镀层耐蚀性好的一个重要原因。

1.4.3.3 镁含量对耐蚀性的影响[13]

A 中铝镀层

图 1.4-21 为实验室制备的不同 Mg 含量的各种 Zn-6%Al 合金镀层，在浓度为 5% 的 NaCl 腐蚀介质中的腐蚀速率。从电化学腐蚀结果可以看出，随着 Mg 含量的不断提高，腐蚀速率逐渐降低。Mg 含量在 3% 时，镀层中的耐腐蚀性能最好，此成分 Zn-6%Al-3%Mg 的合金镀层三元共晶组织均匀致密，为镀层提供了良好的腐蚀保护。4%Mg 的 Zn-6%Al 合金镀层耐蚀性能反而急剧下降是因为 $MgZn_2$ 作为初生相在镀层中形核，形成的 $MgZn_2$ 单相晶粒粗大，导致耐腐蚀性有所下降。

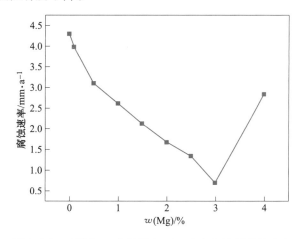

图 1.4-21 不同 Mg 含量的 Zn-6%Al 合金镀层腐蚀速率

B 高铝镀层

采用浸泡加速腐蚀实验方法比较 4 种不同镁含量合金镀层的耐蚀性。镀层在 30℃、浓度为 3.5%NaCl 溶液中浸泡 90 天后的腐蚀失重结果如图 1.4-22 所示。

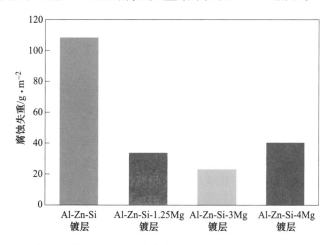

图 1.4-22 在 30℃ 的 3.5%NaCl 溶液中经过 90 天浸泡后 Al-Zn-Si-xMg(x=0，1.25%，3%，4%，质量分数)镀层的腐蚀失重情况

结果表明：

（1）对于铝锌镁和铝锌硅的比较，总体来说，Mg 的添加显著提高了镀层的耐蚀性，含 Mg 的铝锌镁镀层的腐蚀失重相比于铝锌硅镀层减少了 63%～77%。

（2）对于铝锌镁产品而言，在含镁量小于 3% 时，随着含镁量的增加，耐腐蚀性能逐渐提高。

（3）与低铝和中铝的锌铝镁一样，铝锌镁产品含镁量也有一个极限，含镁 4% 的铝锌镁产品耐腐蚀性能反而比含镁 3% 的有所下降。

1.4.4 含镁镀层的成分选择

1.4.4.1 各元素的作用和影响

锌铝镁良好的耐腐蚀性能是由其组织决定的，而组织又是由化学成分和冷却速度决定的，下面我们就探讨锌铝镁镀层化学成分的选择，以及各元素的作用。

A 镁的作用和影响

镁的作用首先是提高耐腐蚀性能，这一点前面已经充分分析过了。其次，镁可以降低含铝镀层表面张力。

由于铝液的表面有一层很致密的氧化膜，表面张力很大，几种常见合金元素对铝液表面张力的影响如图 1.4-23 所示，从中可以看出镁对减小铝液表面张力的作用最为强烈。

因此，在高铝镀浴内略加 0.1% 的镁，可以提高带钢在镀液中的浸润性，降低镀浴表面的张力，减少漏镀缺陷的产生，这是因为镁的氧化物很不致密，基本是以非常疏松的状态存在的。这一点与铝的特点似乎有些互补，对采用铝含量较高的镀层生产合金含量较高的高强钢有着很重要的意义。

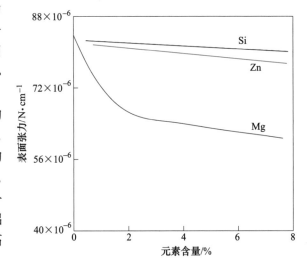

图 1.4-23 合金元素含量对铝液表面张力的影响

不过，在锌铝镁镀浴内，镁的含量较高，镁的氧化物不致密的问题就会带来一系列的副作用，成为热镀锌铝镁产品生产的一大困难。

B 铝的作用和影响

首先，在镀锌的基础上加铝可以显著提高耐腐蚀性能和耐热性能，这一点在锌铝镁镀层中也同样如此；其次，在镀锌时加少量铝，可以抑制锌液与铁的反应，减薄 Fe-Zn 的化合物层；第三，铝可以抑制镁氧化的局限性，铝的氧化物很致密，可以减轻镁疏松氧化物带来的影响，如果恰到好处的话，使铝镁的氧化物可以成膜，避免造成产品的缺陷。

在这三个特性中第一条只有好处，没有坏处，但第二、第三条都是双刃剑。与镁一样，铝在锌铝镁镀浴内的含量很高。一方面铝抑制了锌与铁的反应，但铝与铁的反应更加激烈，成为主要矛盾；另一方面，铝极易氧化也会带来一系列的问题，同样成为锌铝镁产品生产的一大难题。

C　硅的作用和影响

硅的加入，主要是为了抑制铝和铁的反应，减薄镀层与钢基之间的化合物层，提高加工性能，这一点与所有的高铝镀层的原理一样。只要是在铝含量高于共晶成分的镀层，都要加硅，铝含量越高，加的硅越多。最高的铝硅镀层，加约 10% 的硅；其次是铝锌硅镀层，加 1.5% 左右的硅；SD 加 0.2% 的硅，ZAM 可以加 0.1% 的硅。

另外，硅还可以细化晶粒，提高组织的均匀性，抑制晶间氧化。

D　其他元素的作用

由于锌铝镁的成分很复杂，工艺性能也变得非常复杂，为了采用以锌、铝、镁为主的成分生产出合格的产品，可以通过增加少量的其他元素，改善热镀工艺性能和使用性能，号称是锌铝镁镀层成分的第四元 X。如防止镁的氧化黑变，是锌铝镁合金产品的一个难题，有的公司采用了在合金内添加合金元素的办法抑制镁的氧化，POSCO 专利采用的方法，是在合金中加入 0.01%~0.1% 的镓和 0.005%~0.1% 的铟；某钢厂专利是在合金中加入 0.01%~0.1% 的钙、钡或 0.01%~0.4% 的锂来解决这一问题；可以通过加入钛和硼来细化晶粒，并抑制 Mg_2Zn_{11} 组织的产生；通过加入稀土，可以增加组织的均匀性从而抑制晶间腐蚀，进一步提高耐腐蚀性能。

综上所述，锌铝镁镀层成分 = $a\%Zn + b\%Al + c\%Mg + (d\%Si) + e\%X$。

1.4.4.2　锌镁镀层成分的选择

低铝类锌镁（ZM I）镀层成分均处于含铝量亚共晶成分，是各大公司决战的主战场，由于专利的原因，各大公司均申请了不同组合成分的专利，名目繁多，但成分和性能的差异都很小。低铝类 ZM 镀层成分选择时，一般考虑以下问题：

（1）产品的耐盐腐蚀性能。低铝类锌镁镀层的加工性能最好，可以应用到汽车板领域，采用锌镁替代镀锌生产汽车零件，主要是利用其卓越的耐盐类介质的腐蚀性能，因此首当其冲的就是要最大限度地提高耐 Cl^- 腐蚀性能，这就要求含镁量适当高些。

（2）产品的表面质量。由于汽车板对表面质量要求很高，所以在成分选择时，如何提高表面质量也成为非常突出的问题。而镁的加入，带来了易氧化这一大问题。

对于含铝量亚共晶的镀层成分，Mg/Al 是一个比较重要的参数，$Mg\% \leqslant Al\%$ 有利于提高表面质量，从这个意义上说，又要镁适当低一些。因此，耐腐蚀性能和表面质量成为一对矛盾，必须通盘考虑，不可偏废。

（3）产品的镀层硬度。汽车在行驶过程中外板会受到路面石子的打击，为了提高抗石击性能，必须保证一定的镀层硬度，也就需要增加 $MgZn_2$ 组织，$Mg\% \geqslant Al\%$ 有利于提高产品的镀层硬度。

（4）生产工艺性能。$Mg\% \leqslant Al\%$ 有利于提高工艺性能，同时也可以在镀液内适当加入微量元素，号称是锌铝镁的第四元，前已细说，不再重复。

为了区别于其他公司的产品，国内外各大公司都进行了大量的实验室试验优选，选择了自己认为最好的成分组合，申请了专利。在这方面百花齐放、见仁见智。

根据以上元素添加原则，所以 ZMⅠ 的具体成分范围为：Al 1.0%~3.0%、Mg 1.0%~3.0%。

1.4.4.3　锌铝镁镀层成分的选择

ZAM 和 SD 是两大典型的中铝类锌铝镁（ZMⅡ）镀层产品。

A　ZAM 镀层

ZAM 是日新制钢的专利，是出于生产高耐腐蚀性的产品，对加工性能和表面质量要求不很苛刻的场景，而开发的锌铝镁产品。镀层成分为 6% 的铝和 3% 的镁，另外可以加入 0.1% 的硅，余下的是锌，这一成分是经过试验优选获得的。

　　a　铝含量的确定

当镀层中含有镁时，镁氧化所生成的氧化物对抑制顶渣生成的作用不强，必须靠铝来发挥这一作用。铝的另一个作用是提高镀层的耐腐蚀性能，当镀液中的含铝量不足 4% 时，对提高镀层的耐蚀性的作用并不强，所以必须在此以上。不过当铝含量超过 20% 时，铝铁化合物层的成长明显加快，镀层的附着力明显下降，所以铝在中铝段的最佳含量是 5%~20%。

　　b　镁含量的确定

如果说在镀锌-5%铝合金中加入 0.1% 的镁是为了改善其工艺性，即提高与钢带的浸润性、防止漏镀产生的话，在 ZAM 中加入镁则是要改善其使用性能，即提高耐腐蚀性，因而人们在 Zn-6%Al 的接近共晶成分镀液中添加不同数量的镁，在模拟热镀线上试镀，镀层重量均为 $90g/m^2 \pm 5g/m^2$，对所得的样品进行循环腐蚀试验，当镀层的腐蚀量达 $60g/m^2$ 时，各种成分镀层的循环次数见表 1.4-3，从中可以看出镁含量为 3% 的镀层的耐蚀性比传统镀锌层高出 18 倍之多。试验还发现，如果含镁量超过 4%，则不但不会提高耐腐蚀性，还会使镀液表面氧化加剧，增加顶渣的产生量。

表 1.4-3　各种试验镀层的腐蚀试验循环次数

镀层成分/%			腐蚀试验循环次数/次
Al	Mg	Zn	
0.2	0	余量	10
6	0	余量	25
4.5	0.1	余量	30
6	0.1	余量	35
6	1	余量	50
6	2	余量	90
6	3	余量	180

因而就决定了含镁量为 3%。同时该试验也证实了 6% 的 Al 是比较合适的。

　　c　含镁量与镀层外观的关系

ZAM 的成分是从 GF 演变而来的，GF 作为共晶成分，镀层产品表面是有晶花的，将铝提高到 6% 以后，随着镁含量的增加，晶花显著减小，当镁含量达 3.0% 时，晶花已经非常小到肉眼看不到了，基本上与无花镀锌差不多。晶粒尺寸与含镁量的关系如图 1.4-24

所示。

从图上可以看出，随着镁含量的增加，镀层表面的色泽有一定的变化。当镁含量小于 1.0% 时，钢板表面是银白色，与镀锌板接近；镁含量在 1.0%~2.0% 之间时，钢板表面是灰白色或乳白色；当镁含量超过 2.0% 时，钢板表面就呈现出较浅的偏灰色。虽然当钢板下线时，基本都是银白色的，但放在干燥的空气中一段时间以后，镁开始氧化，就呈现出不同的颜色。

d 含镁量与镀层表面质量的关系

对于锌铝镁类产品而言，镀层产品质量主要受镁的影响。如图 1.4-25 所示，随着镁含量的提高，镁氧化的概率增加，镀层表面粘渣类缺陷显著增加。特别是在采用普通空气气刀的情况下，当镁含量超过 1.5% 以后，就很难生产出满足高质量建材板要求的产品，就必须采用氮气气刀。但即使是氮气气刀，当镁含量超过 3.0% 时，产品表面出现粘渣类缺陷的概率也是很大，很难控制。

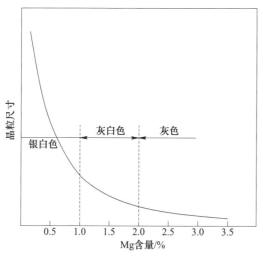

图 1.4-24　晶粒尺寸与含镁量的关系

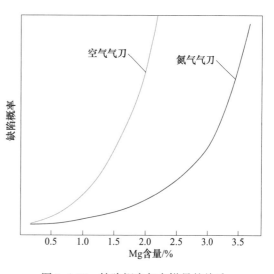

图 1.4-25　缺陷概率与含镁量的关系

B SD 镀层

SD（Super Dyma）是新日铁住金的专利，同属于中铝类锌铝镁，相对于 ZAM，是出于提高产品的耐热性能，而开发的锌铝镁产品。镀层成分为 11% 的铝、3% 的镁和 0.2% 的硅，还可以加入 0.01%~0.04% 的 Ti、0.005%~0.002% 的 B，余下的是锌，这一成分也是经过分析试验优选获得的。

在发明 SD 产品之前，人们认为含铝量超过 10% 以后，镀锌-铝类产品的户外暴露耐蚀性能开始下降，但新日铁住金的试验表明，加镁以后，锌铝镁产品的户外暴露耐蚀性能在含铝量达到 12% 以后才开始下降，而加铝提高产品的耐热性能是没有峰值的。但是，含铝量超过 12% 以后，不但耐腐蚀性能会有所下降，而且合金的熔点会升高，增加生产的难度。因此，如果加入 11% 的铝，不但能够大幅度提高产品的耐热性能，而且同时提高了产品的户外暴露耐蚀性能，生产也不太困难，这就是选择 11% 的铝的原因。

镁含量选择的原因与前面的分析和试验一致，新日铁住金的试验表明，在 3% 时耐腐蚀性能最好，而且在热镀时的氧化不太严重，在可控的范围内。

为了抑制 Mg_2Zn_{11} 组织的产生，加入 $0.01\% \sim 0.04\%Ti$、$0.005\% \sim 0.002\%B$，同时也起到细化晶粒的作用。

由于铝含量的提高，铝与铁的反应更为激烈，为了抑制铝铁的反应，防止镀层与基体之间的化合物层过厚，保证必要的加工性能，必须加入 0.2% 的硅。

C　避开共晶成分

低铝的锌镁镀层是含铝量亚共晶成分，中铝的锌铝镁和高铝的铝锌镁含铝量是过共晶成分，没有一家企业选择共晶成分作为自己的产品，而在锌铝合金中 GF 是专利产品，似乎两者不一样，这是为什么呢？

我们不妨先看看 GF 产品，GF 的诞生使镀层耐蚀性提高了 $3 \sim 6$ 倍。不过，GF 属于共晶成分，结晶时组织很致密，以致锌和铝有机结合，削弱了二者与铁的反应，镀层与基体之间的化合物层很薄，加工性能很好。但正是这种结晶特性，将镀层中的杂质全部驱赶到了最后凝固的晶界处，冷却凝固造成的体积收缩也集中在晶界处，就造成了晶界处明显的凹陷，影响了外观，镀层表面存在龟裂纹，人们不喜欢这种表面状态，即使涂漆以后还是影响外观，使扩大市场受阻。

人们在进行锌铝镁成分选择的试验时，发现锌铝镁共晶成分：$3.0\% Mg$、$4.0\% Al$、$93\% Zn$ 的镀层，虽然凝固点最低，便于生产，但在冷却凝固后的镀层表面存在严重的凸凹不平现象，外观比 GF 还要差，产品无法使用，所以只能避开这个成分。

1.4.4.4　铝锌镁镀层成分的选择

还是本着用途决定性能，性能决定组织，组织决定成分和工艺的原则，选择其化学成分。

A　Al/Zn 的选择

高铝类铝锌镁的铝一般在 $45\% \sim 70\%$，但 Al/Zn 不但影响产品的性能，也影响产品的工艺性能。日铁公司的试验表明，Al/Zn 越高，因 Mg_2Si 相析出带来的耐腐蚀性能提高的效果越明显，如果 Al/Zn 低于 0.89，即使有 Mg_2Si 相析出，其耐腐蚀性能也不及普通的铝锌镀层板。但是，如果含铝量过高，Al/Zn 超过 2.75，则会由于熔点过高，操作困难，影响工艺性能。

B　镁硅比例对组织的影响

首先，由于影响铝锌镁性能的组织是 Mg_2Si 相，其中镁与硅的原子个数比有固定的比例 $2 : 1$，所以镁和硅的成分比也是有限制的。

但是，硅在高铝锌铝镁镀层中的作用不仅仅是与镁形成 Mg_2Si 相，首当其冲的还是与GL 一样，抑制铝与铁的反应，控制镀层与基板之间的化合物层的厚度。

试验表明，随着镁含量的增加，铝锌镁镀层的耐腐蚀性能稳定提高，但必须以与其相适应的硅含量为前提。如当硅在 3% 以下，镁含量达到 5% 时，耐腐蚀性能就达到了极限，当镁超过 5% 时，由于没有足够的硅与之化合，就开始析出 $MgZn_2$ 相或 Mg_2Zn_{11} 相。同样，当镁低于 5% 时，如果硅超过了 3%，就会有硅的单相析出，也会影响镀层的性能。

C　镁硅含量对镀层组织的影响

试验表明，当铝在 $45\% \sim 70\%$ 范围内时，随着镁硅含量的增加，Mg_2Si 相不但数量增加，形态也会发生变化。

当镁在 1%~5%、硅在 0.5%~3%时，Mg_2Si 相呈片状，镀层表面看起来仍然有晶花，只是尺寸比普通 GL 小；镁在 3%~10%、硅在 3%~10%时，Mg_2Si 相呈块状，块状的 Mg_2Si 相与富铝相一样，都是在凝固初期优先析出的先共晶相，这种情况下晶粒组织更加致密，肉眼基本看不出晶花。

D　镁、硅含量对镀层耐腐蚀性能的影响

总体上，在含硅量适当的情况下，当镁含量在 10%以下时，随着镁含量的增加，并不因为 Mg_2Si 相的形态变化影响镀层的耐腐蚀性能，而是稳定提高，但镀浴的黏度也随之逐渐提高，操作逐渐变得困难，对产品质量也带来影响。当镁含量在 10%以上时，则会使得块状的 Mg_2Si 相过度地增加，如果含硅偏少的话，也会使得镀层和基板之间的化合物层变得很厚，加工性能显著恶化，镀层开裂，镀层的耐腐蚀性能当然会下降。

E　铝锌镁的化学成分优选范围

综上所述，对于含铝量为 45%~70%范围的铝锌镁，Al/Zn 必须控制在 0.89~2.75。当硅在 0.5%~3%时，镁的含量在 1%~5%比较适宜；当硅在 3%~10%时，镁在 3%~10%比较适宜。

另外，与中铝和低铝类锌铝镁镀层一样，为了进一步提高使用性能和工艺性能，还可以在镀浴内加入：In、Sn、Ca、Be、Ti、Cu、Ni、Co、Cr、Mn、Sr 等微量元素中的一种或几种。

1.4.5　含镁镀层的使用性能

1.4.5.1　性能改善情况

A　平面耐腐蚀性能

综合各种资料的数据，含镁镀层与其他镀层耐中性盐雾试验数据进行定性对比如图 1.4-26 所示。在加镁以后镀层板没有切口和划伤部位，耐中性盐雾试验时的红锈发生时间，无论是 ZM 比 GI、ZAM 比 GF 还是 AZM 比 GL 均有 2~10 倍的提高，这对在同样贵金属消耗的情况下提高镀层板的使用寿命，或在同样使用寿命的前提下节省贵金属消耗，都是有着非常积极的意义的。同时也可以看到，仅仅对没有切口和划伤的镀层板在中性环境下使用而言，随着铝含量的提高，使用寿命也随之提高。

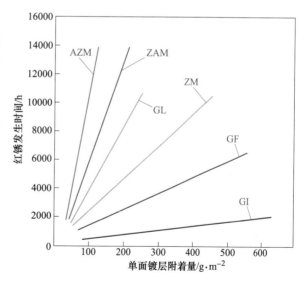

图 1.4-26　含镁镀层与其他镀层耐中性盐雾试验数据对比（定性）

B　切口保护性能

上面是假定镀层板没有切口，也没有表面划伤的情况下的数据。事实上，镀层板需要在剪切后才能加工零件，在加工时还可能需要冲孔，在剪切、加工或使用过程中难免会造成表面划伤，这种情况下基板可能暴露在环境里面，在加镁镀层没有发明之前的镀锌、铝类镀层，暴露部分的耐腐蚀作用就靠有镀层部位镀层的阴极保护作用来实现，其有效范围是很有限的，铝的阴极保护作用几乎为零，锌的阴极保护范围约为 1mm。在镀层内加镁以后，镁特有的保护膜转移保护，可以将无镀层保护范围提高到约为 4mm，这对生产厚镀层板而言是一个根本性的改进，比如公路护栏采用连续镀锌板既不能满足使用寿命的需要，也不能保证 4mm 厚板的切口保护，而采用连续锌铝镁板这些问题都迎刃而解。

C　耐酸碱性能

上面所述的无论是耐腐蚀性能还是切口保护性能，都是在中性状态下试验的数据，镀层板在实际使用中的环境是复杂多样的，如在酸雾、酸雨等场合是酸性环境，在畜牧业的养猪场、养鸡场是碱性环境。各种资料公布的镀层板耐酸碱性数据相差较大，综合起来的大致比较数据如图 1.4-27 所示。

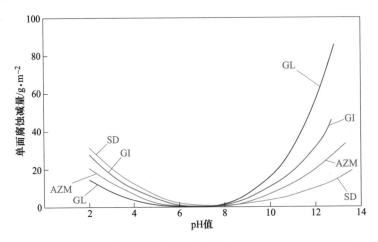

图 1.4-27　几种镀层在不同酸碱度下的耐腐蚀性能比较（定性）

从图 1.4-27 中可以看出，加镁以后镀层的耐酸性能变化较小，而耐碱性提高很大，SD 与 GI 相比、AZM 与 GL 相比都提高了 3~5 倍。这就使得镀层板的应用领域得到了大范围的拓展，如在碱性环境里使用的畜牧业建筑、设施，与水泥接触的楼承板、结构件，都需要锌铝镁板。

D　耐盐腐蚀性能

氯离子对镀锌板造成的晶间腐蚀问题，一直是困扰镀锌技术人员的一道难题。在欧洲等寒冷地区，为了防止高速公路结冰，往往会在路面撒盐，因此会造成汽车镀锌板的早期锈蚀穿孔。在镀层内加镁以后，这一难题也可以顺利解决。镁特有的腐蚀物保护作用，能够使得含镁镀层板在氯离子环境下的耐腐蚀性能提高 4~8 倍，基本达到了汽车的使用寿命。因此，在欧洲汽车板大多采用低铝的镀锌镁板。

E　其他性能

（1）焊接性：与热轧、冷轧板相比，含镁镀层板的焊接性能稍差，但采取合理的工艺还是可以进行焊接，并达到应有的强度，不会因此而影响其使用。对于焊接部位，可以用

Zn-Al 类涂料进行修补，达到近似于正常镀层的效果。

（2）涂装性：含镁镀层的涂装性与 GL、GF 相似，可以进行涂装，而使外观和使用寿命得到进一步提升。

1.4.5.2 镀层硬度的两个方面

含镁镀层的组织与其他镀层相比，最大差异在于镀层中增加了镁锌化合物 $MgZn_2$ 相，金属化合物的特点是硬而脆，因此使得镀层硬度提高、塑性下降，也就给镀层带来了正反两个方面的影响。

A 含镁镀层的硬度

与平面耐中性盐雾试验数据类似，镀层加镁以后镀层硬度得到了明显的提高，以 ZAM 为例，与其他三种镀层的硬度对比如表 1.4-4 所示，可见加镁以后镀层硬度提高了 50%以上。

表 1.4-4 四种常见镀层的硬度对比表

镀层种类	镀层硬度（HV）
ZAM	140~160
GL	100~110
GF	80~100
GI	55~65

B 在硬度方面的优越性

a 抗石击性

对于汽车板有一个比较特殊的抗石击性要求，当汽车在公路上行驶时，车轮会带起路面的石子打击汽车下部的钢板，如果镀层板的硬度较低，就会造成明显的击伤痕迹。加镁镀层的硬度较高，抗石击性也明显提高，这是 ZM 板比 GI 板用于汽车板更加优越的一个方面。

b 镀层的耐刮痕性

涂镀板的平面腐蚀大多发生在划伤处，而划伤是涂镀板不可避免的现象，特别是在加工过程中，如果涂镀板本身有较好的抗刮痕性能，就能在很大程度上避免被划伤，从而提高其使用寿命。

刮痕性能是用刮痕产生的负荷来表示的，测定方法是将顶端半径为 0.05mm 的蓝宝石测试针垂直于试验部位，在 0.0196~0.196N（2~20gf）不等的负荷作用下，移动试验部位 20mm。此后目视观察试验部位是否产生刮痕，将发生刮痕的负荷中最小的负荷作为耐刮痕负荷。

经试验，含镁镀层板耐刮性也有显著的提高，以 ZAM 板为例，它产生刮痕时的负荷约是 GF 的 1.5 倍以上，是 GI 的 3 倍以上。

C 在硬度方面的局限性

镀层的硬度高了，伸长率就会受到影响，在折弯后镀层会产生细微裂纹，虽然对裸用的建材板等场合影响不太大，但对汽车和家电面板来说就需要考虑这个因素，而对彩涂基板而言，就是根本性的问题。

a 镀层弯曲开裂情况

经对 ZAM 板做 0T 弯试验样品进行放大观察，如图 1.4-28 所示。

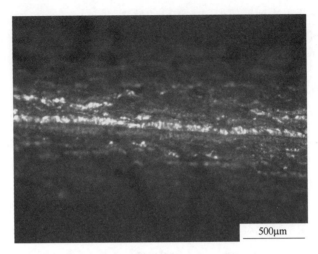

图 1.4-28　ZAM 板 0T 弯曲放大照片

图 1.4-28 中 ZAM 板 T 弯处放大照片由于镀层反射光线比较强烈，不是很清晰，但是可以看出镀层出现严重开裂现象，图中反射光线比较强烈的亮的部分就是开裂后很细小的镀层凸台表面，而相邻的灰色线，就是开裂后的沟谷。

经对采用 ZAM 板生产的彩涂板做 0T 弯试验的样品进行放大观察，如图 1.4-29 所示。

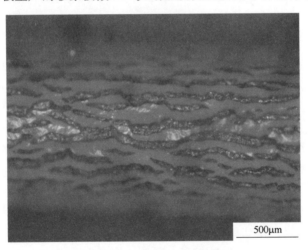

图 1.4-29　ZAM 彩涂板 0T 弯曲放大照片

这张照片就很清楚了，但经过彩涂后的涂层和镀层一起出现了密密麻麻的细小裂纹，图中断断续续的灰白色的部分就是开裂后很细小的灰白涂层凸台表面，而相邻的弯弯曲曲的灰色线，就是开裂后的沟谷。

b　镀层弯曲开裂分析

这是不是说明锌铝镁板加工后的使用性能不好？当然不是！这里要区分镀层剥落和镀层开裂两个不同的概念。前者是镀层与基板之间的附着力不好导致的，肯定影响产品的使用性能。但对于含镁镀层而言，镀层开裂是由于镀层本身塑性不好导致的，即使镀层开裂，也不会剥落，开裂部位与切口有些类似，含镁的切口保护性能好，不会给裸用或加工后涂层的零件的使用带来很大的影响，但会影响外观。

对采用含镁镀层作为基板生产的彩涂板而言问题就不一样了，由于镀层在加工时发生开裂，当然导致涂层同时发生开裂，就使得彩涂涂层的隔离保护作用失去了意义，所以对使用性能影响很大。

1.4.5.3 含镁镀层的选材

镀层易发生细微开裂是含镁镀层的一大局限性，从目前的研究和实际结果来看，含镁镀层开裂倾向随着含镁量的增加而变得严重，随着远离共晶成分而减轻。在选择含镁镀层的种类时，为了规避这一问题带来的影响，对表面质量要求较高且变形量较大、厚度中等，加工后涂层的汽车和家电面板，一般选择低铝的锌镁镀层，含镁量也适当低一些；对于要求耐腐蚀性能较高且变形量不大的、厚度偏厚，裸用的建筑、太阳能、公路等结构件，一般选择中铝的锌铝镁镀层，含镁量达到最高的3%；对于要求在碱性环境下耐腐蚀性能较高、厚度偏薄，涂层以后加工的彩涂基板，一般选择高铝的锌铝镁镀层，含镁量一般为2%。

三种含镁镀层的主要用途如表1.4-5所示。

表1.4-5 含镁镀层产品主要用途

分类	成分特点	最早使用地区	用途
低铝型锌镁板	Mg 含量 ≈ Al 含量 ≤2% 极限 3%	欧洲	面向汽车、家电面板，适应欧洲气候寒冷公路撒盐的环境
中铝型锌铝镁	Mg 含量 ≈ (1/4~1/2) Al 含量 ≈3%	日本	面向基础设施、结构件厚板，适应海洋性气候腐蚀性强的环境
高铝型铝锌镁	在镀铝锌基础上添加 Mg≤2%	澳洲	面向建筑薄板、彩涂基板，适应碱性环境；表面有晶花，不适应汽车、家电面板

1.4.5.4 含镁镀层的优越性

含镁镀层作为一种新产品，投入工业化生产和大批量应用以后，体现出了较强的生命力。

（1）核心竞争力。如表1.4-5所示，锌铝镁这个产品的核心竞争力：一是平面耐腐蚀性能好，可以节省锌耗或扩大镀层板的使用范围；二是切口保护性好，可以生产厚度达到3~8mm的产品，也不会出现边部过早腐蚀，而镀锌板厚度超过3mm就会出现边部过早腐蚀；三是耐氯离子腐蚀性能好，可以在含盐的公路或海边环境下长期使用；四是耐碱性腐蚀性能好，可以在畜牧行业使用或与混凝土接触。

（2）不可替代性。以下几个场合是唯有使用锌铝镁，而其他产品不可替代的：一是在室外长期使用的厚板结构件，比如高速护栏，要求产品规格较厚、表面镀层厚，以前不得不采用批量镀锌的方法，而锌铝镁诞生以后，就可以采用连续热镀锌铝镁的方法，这样的产品还有太阳能设备支架、桥梁构件等；二是欧洲等地公路需要撒盐的场合，如果采用其他镀层生产汽车底板的话，就会很快被腐蚀掉，必须采用锌铝镁板来制造，这样的案例还有海滨别墅等建筑；三是需要耐碱的特殊场合，比如畜牧业的禽舍、猪舍，动物会排出氨气，也需要采用碱性的漂白粉消毒，必须采用更耐碱性腐蚀的锌铝镁板。

1.5　镀层板特性与应用

1.5.1　各种镀层板的特性

各种镀层板的特性对比见表 1.5-1。

表 1.5-1　各种镀层板的特性对比

性　能	GI 有花	GI 无花	GA	GF	GL	AS 热	AS 冷	ZM	ZAM	AZM
耐中性腐蚀										
耐酸性腐蚀										
耐碱性腐蚀										
切口保护										
耐 Cl⁻ 腐蚀										
耐高温腐蚀										
加工弯曲										
涂层附着										
焊接连接										

1.5.2　各种镀层板的用途

各种镀层板的用途见表 1.5-2。

表 1.5-2　各种镀层板的用途

行业	零件	GI有花	GI无花	GA	GF	GL	AS热	AS冷	ZM I	ZM II	AZM
汽车	外板	×	★	★	×	×	/	×	★	×	×
	内板	×	★	★	×	×	/	×	★	★	×
	结构件	×	★	★	×	×	/	×	★	★	×
	高受力件	×	★	★	×	×	★★	×	×	×	×
	排气管	×	×	×	×	★	/	★★	×	★	★
家电	外板	×	★	★	★	×	/	×	★	★	×
	背板	★	★	/	★	★	/	×	★	★	★
	烤箱	★	★	★	★	★	/	★	★	★	★
	安装支架	★	★	/	★	★	/	×	★	★	★
电气	电气箱柜	×	★后涂	/	★后涂	★★裸	/	×	★后涂	★后涂	★后涂
	电缆桥架	★	★	/	★	★	/	×	★	★	★
能源	光伏支架	★	★	×	×	★	×	×	★	★★	★
厂房 场馆 大厦	屋面、墙面	预涂×	预涂★	/	预涂★	预涂★	/	×	预涂★	★	预涂★
	夹芯板	预涂×	★	/	预涂★	预涂★	/	×	预涂★	×	预涂★
	楼承板	★	★	/	★	★	/	×	★	★	★
	檩条	★	★	/	★	★	/	×	★	★	★
	吊顶龙骨	★	★	/	★	★	/	×	★	★	★
	通风管	★	★	/	★	★	/	×	★	★	★
	门窗	★	★	/	★	★	/	×	★	★	×

续表 1.5-2

行业	零件	GI 有花	GI 无花	GA	GF	GL	AS 热	AS 冷	ZM I	ZM II	AZM
钢材加工	彩涂基板	×	★	/	★	★	/	×	★	★	★
	焊管原料	★	★	/	★	★	/	×	★	★	★
	钢窗原料	★	★	/	★	★	/	×	★	★	★
畜牧业	屋面、墙面	×	×	/	×	×	/	×	预涂★	预涂★	预涂★★
	檩条	×	×	/	×	×	/	×	★	★★	★
	圈笼	×	×	/	×	×	/	×	★	★★	★
建筑	脚手架	★	★	/	★	★	/	×	★	★	★
	围栏板	★	★	/	★	★	/	×	★	★	★
市政	管廊	×	×	/	★	★	/	×	★	★	★
	室外设施	★	★	/	★	★	/	×	★	★	★
医疗	临时医院	×	★	/	★	★	/	×	/	/	/
	隔离间	×	★	/	★	★	/	×	/	/	/
公路	公路护栏	★	★	/	×	★	/	×	★	★	★
	隧道波纹板	★	★	/	×	★	/	×	★	★	★
	公路结构件	★	★	/	×	★	/	×	★	★	★
	风沙固定	★	★	/	×	★	/	×	★	★	★
	公路隔音壁	★	★	/	×	★	/	×	★	★	★
铁路	车厢蒙皮	×	★	/	★	★	/	×	★	★	★
	车厢构件	×	★	/	★	★	/	×	★	★	★

续表 1.5-2

行业	零件	GI 有花	GI 无花	GA	GF	GL	AS 热	AS 冷	ZM I	ZM II	AZM
航运	集装箱	×	★	/	★	★	/	×	★	★	★
	通风道	★	★	/	★	★	/	×	★	★	★
航空	候机楼	×	预涂 ★	/	×	★	/	×	预涂 ★	★	预涂 ★
	飞机库	×	★	/	×	★	/	×	预涂 ★	★	预涂 ★
通信	信号塔	★	★	×	×	★	×	×	★	★	★
	基站	★	★	×	×	★	×	×	★	★	★
化工	油（漆）桶	★	★	/	★	×	/	×	★	★	★
	管道包装	★	★	/	★	×	/	×	★	★	/
包装	包装带	★	★	/	★	★	/	×	/	/	/
	包装皮	★	★	/	★	★	/	×	/	/	/
水利	波纹管	★	★	/	★	★	/	×	★	★	★
	水道河槽	★	★	/	★	★	/	×	★	★	★
轻工业	灯具	★	★	/	★	★	/	×	★	★	★
	家具	×	★	/	★	★	/	×	★	★	★
	办公用品	×	★	/	★	★	/	×	★	★	★
	钣金原料	★	★	/	★	★	/	×	★	★	★
	五金原料	★	★	/	★	★	/	×	★	★	★

注：★★—特别适用；/—比较适用；★—适用；×—不适用；/—由于成本等原因不采用。

1.6　镀层技术的发展趋势

1.6.1　多元合金镀层

随着时代的发展，对镀层板的个性化需求增加，为了满足不同环境条件下防腐的要求，可以在镀层内添加其他合金元素，形成多元合金镀层产品。大量研究表明，在热浸镀锌液中除可以添加 Al、Mg、Si 等合金元素以外，还可以添加 Mn、Ni、Ti、Co 和 Sb 等元素，可以改善工艺性能或提高镀层产品在各种环境下的耐蚀性，其中目前比较常见的是含 Mn 镀层。

Mn 作为自然界第三丰富的过渡元素，作为脱硫剂能提高钢的强度和韧性。从电化学角度看，Mn 的负电性比锌和铁都强。因此，Mn 也可以像 Zn 一样为钢铁提供阳极牺牲保护。目前，利用电化学沉积[14-16]在 Zn-Mn 镀层的制备方面已经取得成功，由于 Mn 的负电位比 Zn 更高，Zn-Mn 镀层的耐蚀性比纯锌镀层更好。但是电化学沉积存在加工时间长、操作成本高、工件尺寸和形状有限等不足[17,18]，影响其工业化应用。热浸镀工艺成本低、操作方便，是工业化生产 Zn-Mn 镀层的首选工艺，近年来得到越来越多的关注。

1.6.1.1　Zn-Mn 镀层结构

Youbin Wang[19]发现，Mn 的加入显著细化了镀层的晶粒，大量 $MnZn_{13}$ 颗粒沿镀层的晶界析出，如图 1.6-1 所示。由于纯锌镀层与基板之间存在较大的热膨胀系数差异，冷却

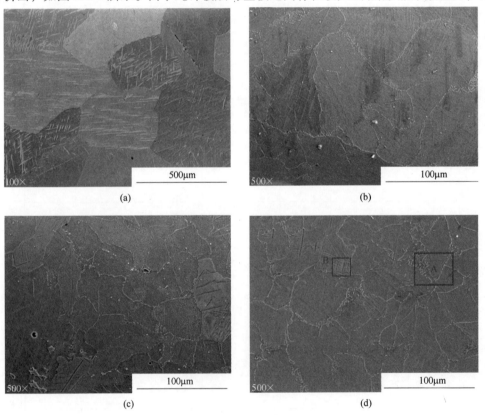

图 1.6-1　不同 Mn 含量镀锌层表面形貌[19]

（a）纯 Zn；（b）Zn-0.2%Mn；（c）Zn-0.5%Mn；（d）Zn-0.7%Mn

过程中镀层和基板间产生应力，导致镀层中出现孪晶。添加 Mn 以后，产生大量第二相 $MnZn_{13}$ 颗粒，固溶强化和析出强化可以改善锌镀层的稳态应力，减少镀层组织中的孪晶数量。由于 Mn 在 ζ 相层中的浓度低于 δ 层，Mn 的加入可以促进镀层中 δ 层的生长，抑制了柱状相的生长，镀层截面形貌由柱状相转变为不连续相。

Srinivasulu Grandhi[18] 研究了 Zn-0.1%Mn、Zn-0.5%Mn、Zn-1.2%Mn 的镀层形貌，如图 1.6-2 所示，所有 Zn-Mn 镀层截面成分均形成 δ、ζ 和 η 层。Zn-0.1%Mn、Zn-0.5%Mn 镀层形成的 δ 和 ζ 层组织致密，Zn-1.2%Mn 镀层中 δ 层存在微裂纹。

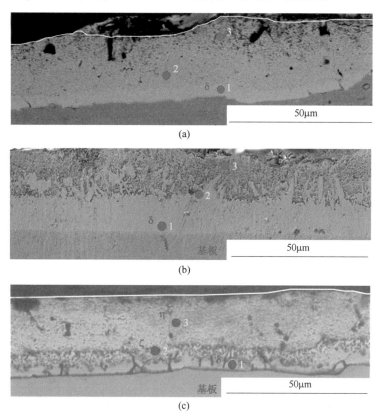

图 1.6-2　Zn-Mn 镀层横截面背散射 SEM 形貌

（a）Zn-0.1%Mn；（b）Zn-0.5%Mn；（c）Zn-1.2%Mn

1.6.1.2　Zn-Mn 镀层表面形貌

钢板从 Zn-Mn 镀液移出后，镀层在凝固前与空气接触，导致 Mn 氧化，在表面形成含 Mn 氧化层。不同厚度氧化层对自然光干涉，使得镀层呈现出不同颜色。M. Godzsák[20] 发现随着锌液中 Mn 含量提高或钢板厚度增加，氧化锌厚度增加，Zn-Mn 镀层颜色呈现蓝-黄-粉-绿的变化。Youbin Wang[17] 发现 Zn-Mn 镀液温度也可以影响氧化层厚度，使镀层呈现出不同颜色。

由于在热镀过程中，很难均匀控制含 Mn 氧化层的厚度均匀性，镀层表面容易产生色差。通过在镀液中添加负电性比 Mn 强的元素，可以防止热镀过程中 Mn 的氧化，

Srinivasulu Grandhi[18]在镀液中添加 0.2%Al，Zn-Mn 合金镀层表面呈现典型的银-银灰色。

1.6.1.3 Zn-Mn 镀层耐蚀性

Mn 的负电性比锌和铁都强，Zn-Mn 镀层表现出比纯锌镀层更优的耐蚀性。Srinivasulu Grandhi[18]发现与热浸锌镀层相比，Mn 的加入使合金镀层的腐蚀速率降低了 65%，加速盐雾试验时 Mn 可以抑制白锈生成，镀层耐蚀时间超过 336h。Bo Zhang[21]发现在电化学腐蚀过程中，Zn 和 Zn-0.4Mn 镀层表面均形成了含有 ZnO 和 Zn(OH)$_2$、Zn$_5$(CO$_3$)$_2$(OH)$_6$ 的多孔腐蚀膜，镀层添加 Mn 可以减少腐蚀膜孔内的局部酸化，从而促进致密的 Zn(OH)$_2$ 形成，提高镀层耐蚀性。

1.6.1.4 Zn-Mn 镀层附着性

Srinivasulu Grandhi[18]对 Zn-Mn 镀层进行 0°~180°弯曲测试，镀层表面和截面都没有明显的分层或剥离现象，镀层与基材之间有很强的附着力。Zn-Mn 镀层附着力强是由于 Fe 和 Zn 的相互扩散形成了牢固的金属键，并在镀层金属间化合物层的顶部形成了较厚的延展性 η 层。

1.6.2 物理气相沉积镀层

1.6.2.1 PVD 镀层技术分类

带钢物理气相沉积（physica vapor deposition，PVD）连续涂镀，是指在真空条件下将金属或化合物靶材气化成原子、分子或部分电离成离子，并使气态的靶材或其反应产物沉积在以一定速度运行的带钢表面上形成固相膜，采用 PVD 技术生产的纯 Zn 镀层产品表面微观形貌如图 1.6-3 所示。

30μm

图 1.6-3 采用 PVD 技术生产的纯 Zn 镀层产品表面微观形貌（5000×）

PVD 连续镀膜与热浸镀和电镀相比，具有材料适应性好，镀膜品种多样，镀覆工艺灵活、绿色、环保，无"三废"污染，优良的镀膜产品质量等优点，可以弥补热浸镀和电镀的不足，成为当前钢板表面涂镀技术热点。

按照沉积时物理机制的差别，PVD 技术分为真空蒸发镀、溅射镀和离子镀三类。

A　真空蒸发镀

真空蒸发镀基本原理是在真空条件下，通过加热使金属、金属合金或化合物气化，然后气态粒子从蒸发源向基片表面输送，并在基片表面形核、长大形成薄膜，其原理如图 1.6-4 所示。根据蒸发源不同，真空蒸发镀通常分为电阻蒸发镀、感应加热蒸发镀、电子束蒸发镀、电弧蒸发镀、激光蒸发镀等[22]。真空蒸发镀具有设备及工艺操作简单、薄膜纯度和致密性高、膜结构和性能独特等优点，被广泛应用于防护涂层、光学薄膜、集成电路、显示器件等领域。其高效率、低成本的技术特点尤其适用于钢带表面制备 Zn、Mg、Al 等低熔点金属薄膜，当前已应用于钢带的连续涂镀生产线。

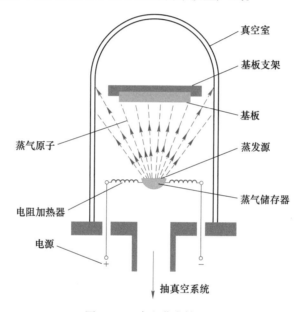

图 1.6-4　真空蒸发镀原理

B　溅射镀

溅射镀膜技术是在真空环境下，利用电子、离子或中性粒子等荷能粒子轰击靶材表面，将原子或分子从靶材表面击出，溅射出的原子飞向工件表面沉积形成薄膜，其原理如图 1.6-5 所示。常见的溅射镀技术有两极溅射、三极溅射、反应溅射、磁控溅射和双离子溅射等。因离子易于在电场下加速并获得所需动能，当前溅射镀膜大都利用气体电离产生的离子作为荷能粒子。与此相反，荷能粒子也可以用于表面刻蚀，蒂森克虏伯 PVD 连续涂镀机组利用反向磁控溅射蚀刻技术对带钢表面进行镀膜前清洗，刻蚀速率可达 15～20nm/s[23]，可满足钢带连续生产的高节奏要求。

C　离子镀

离子镀于 1963 年由 D. M. Mattox 发明，其将真空蒸发镀和溅射镀膜技术相结合，在真空室通入氩气等，利用辉光放电使气体部分离化形成等离子体，金属蒸气原子在飞向工件的过程中被等离子体部分电离，得到金属离子和中性金属原子，金属离子在工件偏压电场

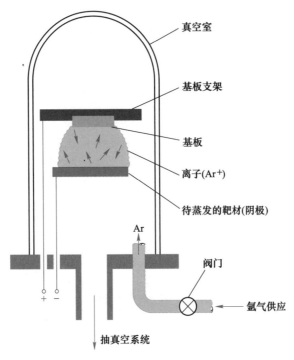

图 1.6-5　溅射镀原理

的作用下，加速到达工件表面形成薄膜，其原理如图 1.6-6 所示。因此离子镀技术具有粒子能量高、离化率高、镀层致密和附着力强等优点[24]。同时，高能粒子也会对基材的组织结构产生损伤，使基体升温，大颗粒"液滴"会提高镀层粗糙度使薄膜表面发暗。常见的离子镀技术有二极型离子镀、空心阴极离子镀、热阴极离子镀、活化反应离子镀、多弧离子镀等。

真空蒸发镀、溅射镀和离子镀三种 PVD 技术特点对比如表 1.6-1 所示。

表 1.6-1　真空蒸发镀、溅射镀和离子镀技术特点[25]

镀膜技术	真空蒸发镀	溅射镀	离子镀
镀膜真空度/Pa	$10^{-3} \sim 10^{-5}$	$2 \sim 10^{-1}$	$2 \sim 10^{-2}$
膜层粒子来源	热蒸发	阴极溅射	热蒸发
工件偏压/V	0	$0 \sim 500$	$50 \sim 3000$
放电状态	无	辉光放电	辉光放电，弧光放电
沉积粒子能量/eV	$0.04 \sim 0.2$	$5 \sim 30$	$10 \sim 1000$
膜-基结合力	差	较好	好
膜层绕镀性	差	好	好
膜层组织	细密	细密	

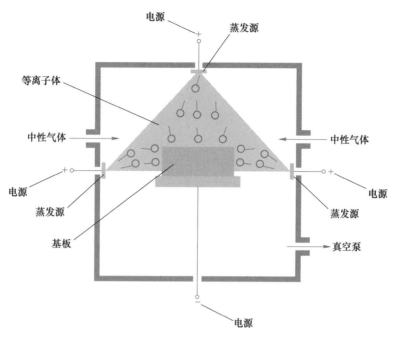

图 1.6-6 离子镀原理

1.6.2.2 PVD 镀层技术特点

与传统的热浸镀和电镀等技术相比，PVD 连续涂镀技术具有如下特征。

A 在基体材料与镀层材料方面

PVD 涂镀过程，基板通常为冷态或低温状态，无需高温加热，镀层材料气化后直接沉积在基板表面，因此基体材料可以采用碳钢、不锈钢、铝板、塑料、纸等金属或非金属。

PVD 蒸发源可以采用电阻、电子束、等离子体、电弧、激光等加热方式，几乎能使任何材料气化，因此镀层材料可以采用单质金属（Al、Zn、Cu 等）、合金（Zn-Mg、Al-Mg 等）、氧化物（SiO_x、AlO_x、TiO_x 等）、彩色膜（TiN、TiAlN）和阳光吸收膜（CrN）等金属或非金属镀层。

常见 PVD 技术基体材料与镀层材料搭配示意如图 1.6-7 所示。

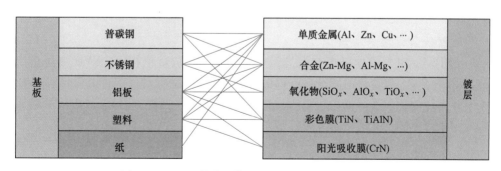

图 1.6-7 PVD 技术基体材料与镀层材料搭配示意图

B　在工艺的适应性与环保性方面

电镀、热浸镀、有机涂层等受限于工艺或装备条件，通常只能涂镀单一镀层，PVD工艺灵活，可以实现单面、双面、单层、多层、差厚镀层任意组合，实现定制化生产。

以真空蒸镀制备Zn-Mg镀层为例，生产过程只需要控制真空度、基板温度、金属蒸气成分、沉积速率等工艺参数，与热涂镀相比，变量少、参数稳定，更容易实现产品性能稳定。

PVD为干法涂镀工艺，同时涂镀环境为真空状态，因此整个生产过程没有废水、废气、废渣等环境污染物产生，能够满足当前绿色制造的要求。

C　在产品品种质量和生产效率方面

电镀、热浸镀、有机涂层等工艺通常仅能批量生产少数品种的产品，PVD由于在基层材料、镀层材料、工艺适应性等方面均可灵活选择，通过材料和工艺的搭配可以开发出种类繁多的个性化涂镀产品，满足客户耐蚀、耐磨、耐热、涂装、成形等多种多样和灵活多变的需求，将会使现有钢铁产品用户使用习惯和钢铁生产工序产生巨变。

常规的镀覆方法存在一些较难克服的技术问题，例如热镀时镁和铝氧化造成镀锅内面渣严重，电镀生产过程产生三废和氢脆问题，先进高强钢热镀锌合金元素氧化造成漏镀缺陷。PVD技术为以上问题提供了良好的解决思路，符合未来镀层产品的发展理念。

浦项制铁和安塞乐米塔尔已经投产的全宽度PVD中试线，机组最高速度达到180m/min，生产效率已经与当前电镀、热浸镀、有机涂层等工艺相当。

1.6.2.3　PVD技术应用场景

A　开发高耐蚀性镀层产品

采用PVD技术生产高耐蚀性镀层产品有一系列优越性。如在钢板上沉积Zn-Mg合金镀层，真空环境可以有效避免镀层氧化，镀层表面质量美观，还能根据镀层性能需要控制Mg含量。

Zn-Mg合金镀层的PVD制备方法主要有复合工艺法和直接沉积法[26]。复合工艺法以电镀锌或者热镀锌钢板为基板，通过PVD技术基板表面沉积一层Mg，最后对镀层进行扩散退火，使得Zn、Mg层间原子相互扩散最终形成锌镁合金镀层[26]。直接沉积法通过PVD技术直接在钢板表面沉积Zn-Mg镀层。当前主要有以下沉积工艺：以浦项制铁EML-PVD工艺为代表，直接在钢带表面沉积Zn-Mg蒸气，得到Zn和Mg_2Zn_{11}复合镀层，该工艺要求镀层中Mg含量控制在6.3%以下[27]；分别设置独立的Zn、Mg蒸发源，通过调整蒸发源位置、钢板运动速度和蒸发速率，在基板表面沉积了Mg的质量分数为0.5%~40%的锌镁镀层[28]。

B　开发装饰性镀层产品

PVD镀层可达到与涂覆染色产品类似的效果，与涂覆着色相比，PVD镀层更薄，使用的镀膜材料更少，在着色的同时还可以保持金属表面原有纹路、光泽和强度。PVD涂镀过程中不使用任何化学液体如染色溶液或电解液，环保性更优。因此PVD技术近年来越来越多应用于带钢装饰镀层技术领域。

C　开发个性化功能性镀层产品

PVD涂镀钢带功能镀层产品当前主要应用于太阳能领域。当前绝大多数的选择性太阳能热吸收涂层是采用真空镀膜的工艺制得。太阳能热吸收涂层通常以铝、铜和不锈钢等金属板带为基材。利用电子束蒸发法制备的 $TiNO_x$ 涂层，其吸收率达95%，发射率6%[29]；利用磁控溅射法制备的 SiO_2（减反层）/TiAlN（吸收层）/Cu（基底）串联型涂层，其吸收率达92%，发射率6%[30]。目前真空蒸发镀和磁控溅射镀都已经实现了卷到卷连续涂镀，可大幅提高生产效率、降低成本。

D　解决高合金钢的可镀性问题

高合金钢可镀性问题是当前高强钢热镀锌产品中面临的主要技术难点之一。采用 PVD 工艺，在镀层形成过程中，不会出现基板与液态金属润湿的问题，也就不存在因为基板添加合金带来的可镀性问题。可以采用连续 PVD 工艺生产出 PVD 镀层板，然后加工成所需要的零件，也可以将零件加工成形后采用 PVD 工艺镀上所需要的镀层。

1.6.2.4　连续 PVD 涂镀机组的形式

现有的连续 PVD 涂镀机组主要有分离式和连续式两种类型[31]：

（1）分离式机组：分离式机组主要包含开、收卷装置、预热系统、镀前预处理系统、镀膜装置和真空系统等，钢卷处于真空腔体内。这种机组功能单一，具有设备紧凑、简单、操作方便等优点，但是每次装卸钢卷均需要破坏真空，生产效率低，并且处理后的带钢易二次污染。

（2）连续式机组：要保证 PVD 工艺的连续生产，实现处于真空状态的 PVD 工艺段与常压的入口、出口设备的有效连接是关键。一般是在分离式机组的基础上，通过在真空室入口和出口各配置一个真空锁，每个真空锁有5~7级压差室，与活套、焊机及其他辅助设备形成一条生产线，通过张力和速度控制，真正实现带钢"空到空"连续化生产。典型的连续 PVD 生产线工艺流程如图 1.6-8 所示，其中真空锁原理如图 1.6-9 所示。

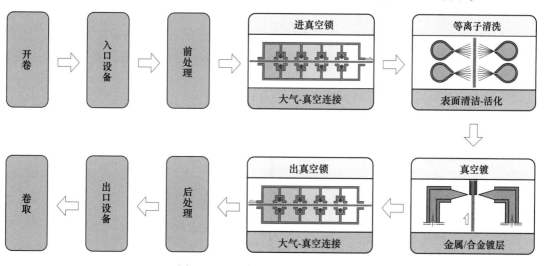

图 1.6-8　连续 PVD 生产线工艺流程

连续式机组功能丰富，可以和连续退火、热浸镀、彩涂等机组组合，也可以在同一条生产线集成真空蒸发镀、离子镀、溅射镀等多种真空镀膜工艺，实现镀层的种类和结构多样化。

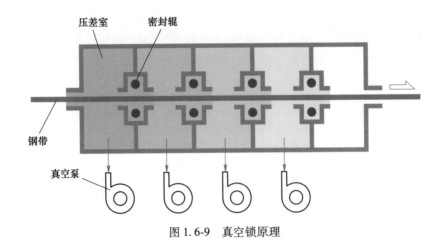

图 1.6-9　真空锁原理

1.6.2.5　安赛乐米塔尔连续 PVD 镀层线

A　发展概况

目前，安赛乐米塔尔有 Jetgal® 和 Jetskin™ 两大系列纯 Zn 镀层产品。Jetgal® 基材以汽车用高强钢为主，包括双相钢、相变诱导塑性钢、MartINsite® 和 Fortiform® 等，主要为汽车用钢，Jetgal® 厚度可达 $10\mu m$，产品没有氢脆风险，可以为冲压和涂装后钢板表面提供良好防护。Jetskin™ 具有均匀的金属亚光外观，镀层成形性能和焊接性能良好，可以替代电镀锌产品，也可以用作彩涂基板，Jetskin™ 可应用于家用电器、电子产品、家具和建筑等领域。

B　JVD 技术[32,33]

JVD 技术原理是将 Zn 或 Mg 置于密闭容器中感应加热气化，在密闭容器内产生高压（高达 0.1MPa）金属蒸气，并通过狭缝以极高的速度喷射到钢板表面沉积成膜，其原理如图 1.6-10 所示。

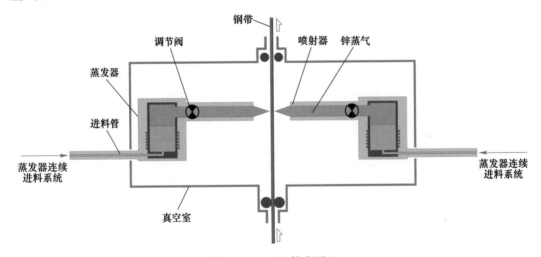

图 1.6-10　JVD 技术原理

JVD 系统紧凑，其特点是生产率高（Zn 沉积速度可达 $10\mu m/s$），金属成品率高（高达 98.5%），可以在高压（1mbar）下工作，金属分布均匀。由于镀层沉积速率高，JVD 镀层更容易从多孔柱状结构转变为完全致密的柱状结构，具有较高的附着力。但是和 EML-PVD 技术相比，JVD 热蒸发过程缺少搅拌，蒸发合金时容易发生成分偏析，造成镀层成分不均匀，因此 JVD 单一蒸发源更适合蒸发金属单质。JVD 生产合金镀层时，可以将不同蒸发源产生蒸气混合后喷射至带钢表面，或者在一定温度的带钢上沉积多层金属，通过不同层间金属原子相互扩散形成合金层。例如在 160℃ 以上的带钢表面制备 Zn/Mg/Zn 多层结构镀层，Zn 和 Mg 原子通过动力学热扩散可以在镀层中形成 $MgZn_2$ 相，$MgZn_2$+Zn 组织比单一的 Mg_2Zn_{11} 组织更加稳定。

C　连续 PVD 镀层线[34]

安赛乐米塔尔位于比利时列日工业区的 PVD 连续涂镀生产线真空工艺段布局如图 1.6-11 所示。

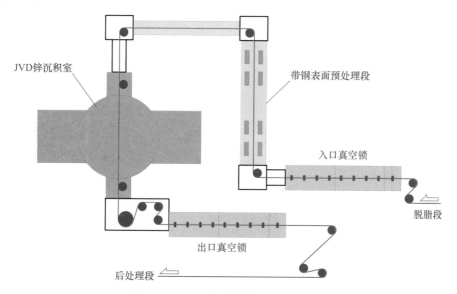

图 1.6-11　JVD 生产线真空工艺段布局

该生产线主要包含入口脱脂段、真空段和后处理段三部分，后处理段可以对镀层进行钝化或磷化处理。机组年产能 30 万吨，最大工艺速度 180m/min，可生产宽度范围 750~1650mm、厚度范围 0.4~3mm 的带钢，单侧带钢金属最大蒸发速率 200g/s，Zn 层厚度最大 $10\mu m$。

1.6.2.6　POSCO 连续 PVD 镀层线

A　发展概况

2012 年 3 月，浦项制铁在光阳厂区内建设一条全宽度 PVD 中试线，开始商业化阶段开发。2018 年，浦项制铁推出第二代高耐腐蚀性表面处理钢板产品 PosPVD（Posco physical vapour deposition），利用 EML-PVD 技术在钢板表面涂覆 Zn、Zn-Mg、Al-Mg 等涂层，产品可以应用于汽车、家电和建筑等行业[35]。

B　EML-PVD 技术

EML-PVD 利用电磁感应技术实现金属液的悬浮和蒸发，由真空系统、金属液供应装置、感应加热装置（含线圈和电源）、蒸气配送箱等组成（见图 1.6-12）。金属液供应装置将固态金属融化后，利用磁流体泵将液态金属输送至感应线圈，磁流体泵可产生超过 0.1MPa 的压力，加料速度可达 250g/s[36]。感应加热装置采用感应线圈，通过高频电源在金属液滴内产生感应电流进行加热蒸发，同时电磁力使金属液滴悬浮于线圈内[37]。金属蒸气通过一个蒸气配送箱均匀地引导并沉积到移动的带钢表面。EML-PVD 镀层沉积速率可以达到 450μm/min[38]，可满足钢铁板带涂镀高效率要求，感应加热具有搅拌作用，可防止金属液成分偏析，提高镀层成分的均匀性，使得 Zn、Mg 共沉积成为可能。

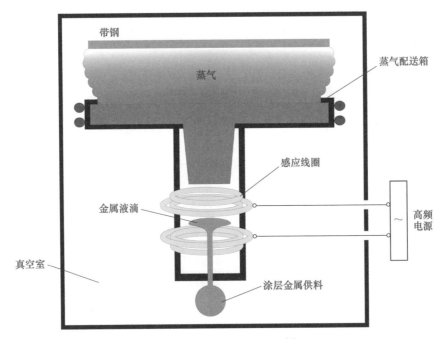

图 1.6-12　EML-PVD 原理[9]

C　全宽度 PVD 中试线[39]

2012 年 3 月，浦项在光阳钢厂一条多涂层生产线（MCL）上增加 PVD 工艺段，建成全宽度 PVD 中试线，工艺流程如图 1.6-13 所示。该机组最大工艺速度 140m/min，可处理钢带最大宽度 1550mm、最大厚度 1.5mm。通过与原生产线的组合，可以实现重卷（RCL）、多涂层（MCL）、PVD、PVD+MCL 等多种生产模式。

PVD 涂镀区由真空锁闭、等离子预处理和 EML-PVD 涂镀三个工艺段组成。真空锁闭入口设置 6 个锁室，出口设置 7 个锁室，极限真空度可以达到 5×10^{-3}Pa。等离子预处理采用各种表面刻蚀技术，如反磁控溅射刻蚀、辉光放电刻蚀和离子束刻蚀等。EML-PVD 涂装有三个涂装室，每个涂装室均可以实现双侧涂装。

1.6.3　纳米颗粒镀层

纳米颗粒镀层是指在热浸镀浴内添加高熔点纳米材料颗粒，凝固后形成的，含有纳米

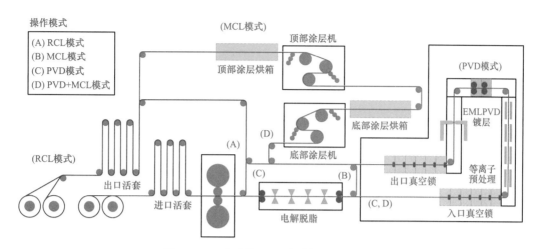

图 1.6-13　多功能 PVD 中试机组工艺流程

材料颗粒和金属合金的复合材料镀层。CISDI 在此方面开展了研究，并取得了阶段性的成果。

1.6.3.1　纳米颗粒在镀浴内的能量分析

A　纳米颗粒在镀浴内的能量分类

生产纳米颗粒镀层的核心技术是实现纳米材料颗粒在镀浴（液态金属）内的均匀分散问题，而解开这个难题的出发点是研究纳米颗粒在液态金属内的能量状态。

纳米颗粒由于直径极小，能量状态与宏观物体差异很大。为了研究方便，将纳米颗粒与金属液态组成的体系进行如下简化：相同的纳米颗粒在静态液态金属中均匀分布；当纳米颗粒含量较低时，该体系视为纳米颗粒稀悬浮液；仅考虑液态金属中两个相同纳米颗粒之间的相互作用；纳米颗粒为半径为 R 的规则球形，且两个纳米颗粒之间的距离为 D，如图 1.6-14 所示；忽略液态金属中的宏观对流；忽略纳米颗粒与液态金属之间的双电层（静电）作用；忽略纳米颗粒的浮力和重力；纳米颗粒与液态金属之间不发生严重的界面反应；纳米颗粒表面无气体薄膜或污染物存在。

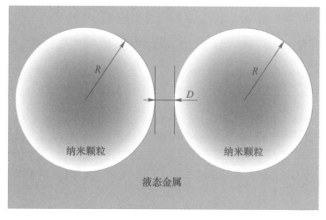

图 1.6-14　液态金属中纳米颗粒示意图

基于以上假设，在该体系中要考虑三种主要作用因素：界面作用能、范德华能和布朗能。

B　界面作用能

在液态金属中，由于固体纳米颗粒表面存在不稳定的化学键，导致纳米颗粒因界面作用力容易相互吸引，两个纳米颗粒因界面作用产生的总的势能被称为界面作用能 W。界面作用能 W 与两个纳米颗粒之间的距离 D 有关，W 与 D 的关系曲线如图 1.6-15 所示，其中，a 是液态金属的原子直径，从图中可以看出：

（1）当 $D=0$ 时，$W=0$（见图 1.6-15（c））。这时两个纳米颗粒呈附着接触状态，在二者之间将不再存在物理界面，当然界面作用能为零。这种情况虽然能量最小，最为稳定，但也可以说是一个大颗粒，不是我们所要的分散状态。

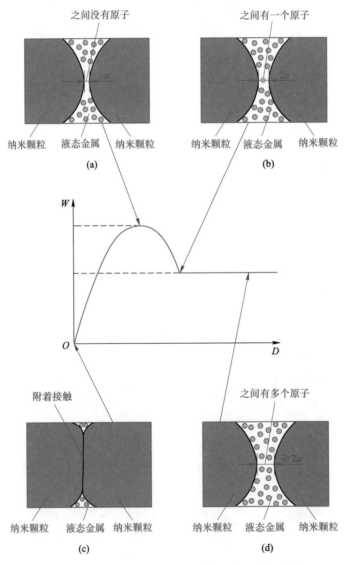

图 1.6-15　液态金属中纳米颗粒界面作用能示意图

（2）当 $0<D<a$ 时，W 迅速增加（见图 1.6-15（a））。也就是说，能量最小原则使得纳米颗粒自然紧靠在一起，而我们要将两个原本紧靠在一起的纳米颗粒分离开来，就需要给其施加足够的能量。

（3）当 $D=a$ 时，$W=$ 最大值。这时两个纳米颗粒相互靠得非常近，以至于两者之间还没有金属原子挤进去，是一层空隙，因此能量最大。

（4）当 $a<D<2a$ 时，W 逐渐减小（见图 1.6-15（b））。也就是说，当两个纳米颗粒之间有了液态金属原子以后，"纳米颗粒-纳米颗粒"的界面关系，就变成了"纳米颗粒-液态金属原子-纳米颗粒"的界面关系，界面作用能减小。

（5）当 $D \geqslant 2a$ 时，$W=$ 恒定值（见图 1.6-15（d））。这就是说，一旦成为"纳米颗粒-液态金属原子-纳米颗粒"的界面关系，界面作用能就不变了，这正是我们所希望得到的分散状态，这种状态属于能量次低的亚稳定状态。

C　范德华能

纳米颗粒之间，除了由于化学键而产生相互作用之外，还有比化学键更弱的相互作用的吸引力或排斥力，定义为范德华力，范德华力使纳米颗粒所获得的能量，称为范德华能。

对于相距为 D 的两个半径分别为 R_1 和 R_2 的球状纳米颗粒，其范德华力 F_{vdw} 及范德华能 W_{vdw} 满足式（1.6-1）和式（1.6-2）。

$$F_{vdw}(D) = \frac{A}{6D^2} \cdot \frac{R_1 R_2}{R_1 + R_2} \tag{1.6-1}$$

$$W_{vdw}(D) = \frac{A}{6D} \cdot \frac{R_1 R_2}{R_1 + R_2} \tag{1.6-2}$$

式中，A 为液态金属中纳米颗粒相互作用系统的哈梅克常数。

从中可以看出，范德华能只与两颗纳米颗粒之间的距离有关。当距离大于一定数值时，两颗纳米颗粒相互吸引；当距离小于一定数值时，两颗纳米颗粒相互排斥。两颗纳米颗粒在范德华力作用下达到稳定状态时，其距离的一半称为范德华半径。

D　布朗能

纳米颗粒在液态金属中由于自身含有一定的热量，而做无规则运动，这种随机运动被称为布朗运动，布朗运动所具有的能被称为布朗能。

在特定的纳米颗粒和液态金属组成的体系中，布朗能与两颗纳米颗粒的距离无关，只与纳米颗粒的温度有关。在温度为 T 时，一般用 kT 来表征物体热运动的能量大小，k 为玻尔兹曼常量，数值为：$k=1.380649 \times 10^{-23}$ J/K。因此，对于含两个纳米颗粒的体系，其布朗动能在一维方向上为 kT。当两颗纳米颗粒相向运动时，布朗能不利于纳米颗粒的分散，布朗能为正；当两颗纳米颗粒反向运动时，布朗能有利于纳米颗粒的分散，布朗能为负。

对于在液态金属中的纳米颗粒，在较高的温度条件下，其布朗能的量级可能与范德华能相当，而其与范德华能的比较，就决定了纳米颗粒是否能够自由分开。

1.6.3.2　液态金属中纳米颗粒的分散

A　界面作用能与接触角的关系

在纳米颗粒与液态金属界面作用能与接触角 θ 的关系密切。θ 越小，润湿性越好，界面作用能也就越小，纳米颗粒越容易进入液态金属，并容易保持分散状态；反之，θ越大，越难以分散。

根据纳米颗粒与液态金属表面接触角θ大小，固体颗粒可以分为亲水性和疏水性两大类。若$\theta<90°$，则液态金属容易润湿固体，固体表面是亲水性的；若$\theta>90°$，则液态金属不容易润湿固体，固体表面是疏水性的，θ越大，润湿性越差。

B　能垒与能阱的概念

纳米颗粒在液态金属分散模型体系中，共存在着范德华能、界面能和布朗能三种作用能。

当两个纳米颗粒之间的距离靠近到1~2个液态金属原子直径时，界面能将占主导地位。总能量随着距离变化的函数曲线在某一距离d_2时达到最大值$W_{barrier}$。这就是说界面作用能形成了一个能垒$W_{barrier}$，阻碍着两个纳米颗粒靠近以致紧密接触在一起。

当纳米颗粒之间的距离超出d_2范围直至较远的范围（可达10nm或以上），范德华能将占主导地位。总能量随着距离变化的函数曲线在某一距离d_1时达到最小值W_{vdwmax}。这就是说范德华能形成了一个能阱W_{vdwmax}，阻碍着两个纳米颗粒完全分开达到自由分散状态。

C　液态金属中纳米颗粒的分布形态

综上分析，可推导出纳米颗粒在液态金属中的分布情况可能有3种状态：团簇、伪分散和自分散。

a　团簇

当纳米颗粒与液态金属表面接触角很大，$\theta>90°$，正向布朗能大于能垒$W_{barrier}$，且负向布朗能绝对值大于范德华能阱W_{vdwmax}，即使纳米颗粒原先处于分散状态，但布朗能极有可能会驱使纳米颗粒越过能阱和能垒，进而产生附着接触，在液态金属中很容易形成纳米颗粒团簇。纳米颗粒形成团簇状态时，作用能随距离变化的曲线如图1.6-16所示。

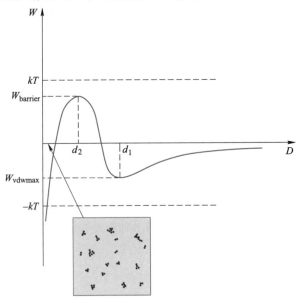

图 1.6-16　液态金属中纳米颗粒团簇作用能

b 伪分散

当纳米颗粒与液态金属表面接触角较大，$40°<\theta<90°$，正向布朗能小于能垒 $W_{barrier}$，但负向布朗能绝对值小于范德华能阱 W_{vdwmax}，如果纳米颗粒原先处于分散状态，则布朗能无法驱使纳米颗粒越过能阱，纳米颗粒虽然相互不接触，但相互接近，不能稳定分散开来，称为伪分散。纳米颗粒形成伪分散状态时，作用能随距离变化的曲线如图 1.6-17 所示。

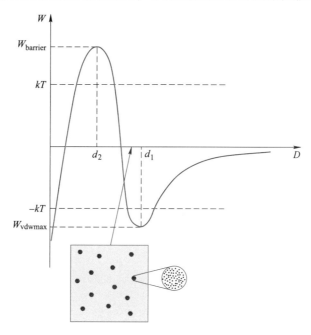

图 1.6-17 液态金属中纳米颗粒伪分散作用能

c 自分散

当纳米颗粒与液态金属表面接触角很小，$\theta<40°$，正向布朗能小于能垒 $W_{barrier}$，但负向布朗能绝对值大于范德华能阱 W_{vdwmax}，如果纳米颗粒原先处于分散状态，则布朗能不能使纳米颗粒越过能垒，无法相互接触，但布朗能可以使纳米颗粒很方便地来回越过能阱，就达到了自由分散的状态。纳米颗粒形成自分散状态时，作用能随距离变化的曲线如图 1.6-18所示。

D 实现纳米颗粒自分散的措施

通过以上理论分析，要实现纳米颗粒在液态金属内的自由分散，可以采取以下措施：

（1）合理选择纳米颗粒。纳米颗粒的选择不但要考虑镀层性能的改进或提高，也要考虑生产工艺，可以选择与液态金属表面接触角很小的纳米颗粒，一般要求 $\theta<40°$。

（2）合理控制液态金属温度。控制液态金属也就是镀浴温度，就是控制纳米颗粒布朗能。在纳米颗粒分散时，布朗能可以起到促进分散的作用；但在纳米颗粒分散以后，布朗能又会促进团聚作用。因此，在镀浴内加入纳米颗粒时，可以适当提高镀浴温度；而分散结束以后，就要适当降低镀浴温度。

（3）给纳米颗粒施加能量。当纳米颗粒加到液态金属表面以后，要使得纳米颗粒分散开来，就必须给纳米颗粒施加能量。常见的有机械搅拌和超声波搅拌，机械搅拌效果差但

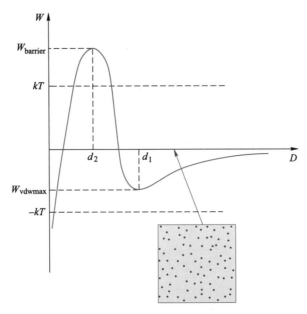

图 1.6-18　液态金属中纳米颗粒自分散的作用能

成本低,超声波搅拌效果好但成本高。

1.6.3.3　纳米颗粒对镀层凝固的作用

A　纳米颗粒促进镀层晶粒细化原理

Cao 等[40,41]研究了纳米颗粒实现固-液相变控制,从而得到凝固过程中的晶粒细化效应。在研究[6]中首次发现通过添加纳米颗粒可以使用慢速冷却(<100K/s)的方式将金属晶粒细化到超细甚至纳米尺度。图 1.6-19 直观解释了没有添加纳米颗粒和添加纳米颗粒

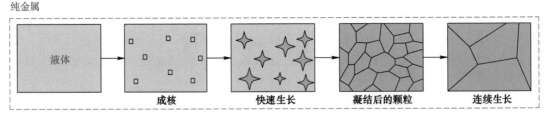

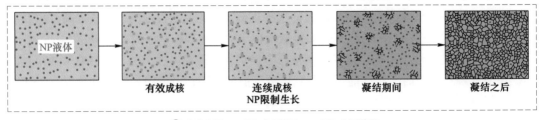

图 1.6-19　纳米颗粒的成核和晶粒生长控制机制

后金属液体的凝固情况，如果在纯净液态金属中没有加纳米颗粒，凝固时金属镀浴靠自身的成分起伏和能量起伏自发形核，最后形成的晶粒尺寸较大；在纯净液态金属中添加了纳米颗粒后，纳米颗粒作为一种异质形核的位点，可以极大地促进晶粒细化，晶粒尺寸非常小。

　　B　纳米颗粒对铝的晶粒细化作用

　　文献［40，42］介绍了采用纳米颗粒晶粒控制机制成功地生产出超细晶粒铝的工业化应用案例。将 TiB_2 纳米颗粒添加到铝液，并分散后，通过缓慢冷却获得了超细晶粒铝，如图 1.6-20 所示。

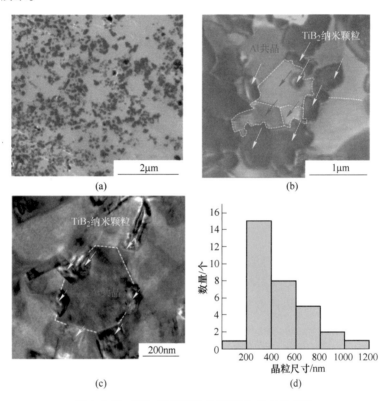

图 1.6-20　TiB_2 纳米颗粒分别促进 Al 晶粒细化

　　C　纳米颗粒对锌的晶粒细化作用

　　同样，文献［40］还介绍了生产超细晶粒锌的工业化应用案例。将 WC 纳米颗粒添加到铝液，并分散后，通过缓慢冷却获得了超细晶粒锌，如图 1.6-21 所示。

　　这种革命性的方法也可以很容易地扩展到任何其他涉及冷却、形核和长大的过程中，为大规模生产稳定的超细晶粒（UFG）/纳米晶（NC）材料铺平了道路。

1.6.3.4　纳米改性在热浸镀层领域应用展望

　　A　提高各种镀层的硬度

　　由于镀层硬度较低，镀层板在加工和使用过程中，极易造成划伤，影响产品的表面质量。特别是汽车的翼子板、门槛外板等处，在汽车行驶过程中会受到地面石子的打击，会

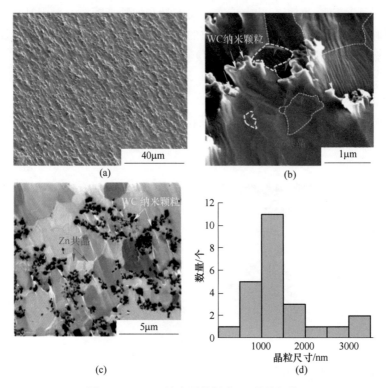

图 1.6-21　WC 纳米颗粒促进 Zn 晶粒细化

造成涂层的凹陷或脱落。通过添加硬度更高的纳米颗粒，可以提高镀层的硬度，解决镀层板极易造成划伤的问题，提高汽车面板的抗石击性能。

　　B　控制镀锌、镀铝锌硅产品锌花大小

　　传统的镀锌板是有锌花的，而且大部分客户认为锌花越大越美观，但在实际应用中只有锌花越小涂层的附着力越好，因此根据客户喜好和涂层要求控制锌花大小有着特殊的意义。通过添加合适的纳米颗粒体系，可以控制传统的镀锌板中的液-液相变、液-固相变。纳米颗粒可以实现控制整个凝固过程中的形核与长大，得到客户需要的锌花大小。

　　C　取代铝硅生产时的喷铝粉工艺

　　镀铝硅产品生产时，由于镀浴温度高，即使采用镀后冷却工艺，冷却速度也较慢，凝固时间长，结晶晶粒粗大，表面光泽度低、粗糙度大，影响外观。因此不得不采用在未凝固的镀层表面喷铝粉的方法，促进形成核心，细化晶粒，解决这些问题。但是，一方面喷铝粉的均匀性难以把握，产品达不到理想的状态；二是难免会造成铝粉随着气流流出吸尘器以外，影响室内环境。通过在镀浴内添加合适的纳米颗粒体系，有望取代喷铝粉工艺，既不会造成环境影响，也能够生产出晶粒细化、均匀一致的表面。

　　D　解决锌铝镁黑点缺陷顽疾

　　锌铝镁镀层是近年来发展很快的产品，由于镀层的化学成分比较复杂，组织的控制也很困难，不同的结晶条件会产生不同的组织，也就表现出不同的外观和性能，最为顽固的是出现黑点状的缺陷，据国际最为领先的日铁公司的研究，正常的组织是 $MgZn_2$ 化合物，而黑点部位检测出了 Mg_2Zn_{11} 化合物组织，Zn-Al-Mg 三元合金状态图表明，Mg_2Zn_{11} 化合物是平衡组织，而 $MgZn_2$ 化合物是非平衡组织，部分研究和生产经验也证明，不同的冷却速度会对是否出现黑点缺陷产生影响，但在国内至今并未找到避免出现黑点的工艺窗口，而且根据理论研究和生产经验，不同含铝量的锌铝镁避免产生黑点缺陷的冷却速度不同，因此黑点缺陷顽疾一直没有找到根本性的解决方法。

我们发现，正常区域有更为发达、完整的树枝晶，树枝晶朝四周发射生长，一次枝晶臂长度可达到 $200\mu m$ 左右。该树枝晶在视场中显示为白色，凸起状，通过后续的 EDS 能谱分析证实该树枝晶为先析出的富锌相。嵌入分布在树枝晶间的黑色区域为后凝固的共晶组织，经 EDS 检测该区域具有比白色区域更多的铝和镁等元素。反观左侧黑点区域，先析出的树枝晶不发达，断断续续，相对零散，而颜色较深的共晶组织占比较多。黑点缺陷和正常区域有显著的成分和组织上的差异，黑点区域具有较正常区域显著更多的铝和镁含量，分析可能与凝固过程中的铝、镁偏聚有关。从微观组织上来看，正常区域先析出的富铝相树枝晶发达，而黑点区域树枝晶不发达，断断续续，相对零散。

如前面所提到的，在镀层中添加合适的纳米颗粒体系，纳米颗粒可以控制镀层凝固过程的液-液相变、液-固相变。纳米颗粒不仅可以移动到初晶相和第二相之间的界面上，形成缓冲层减缓第二相的扩散生长，而且可以通过 Gibbs-Thompson 效应限制晶粒的长大，从而实现控制整个凝固过程中的形核与长大，按照人们的意愿凝固成均匀一致的 $MgZn_2$ 化合物，彻底解决锌铝镁黑点缺陷顽疾。

第 2 章　镀层钢板生产工艺与设计

2.1　镀层板的使用性能要求

2.1.1　总体要求及表面质量

2.1.1.1　使用性能的维度

生产线设计最基本的出发点是产品的使用性能要求，镀层板使用性能要求的维度与相应对策措施如表 2.1-1 所示。

表 2.1-1　镀层板使用性能维度与相应对策措施

维度	性能要求	重点对策措施
1	耐腐蚀性	选择合适的镀层成分 采取合理的热浸镀工艺 确保镀层的附着性、完整性
2	力学性能 及加工性能	选择合适的钢种和成分 采取合理的热处理工艺
3	宏观微观形貌	合理设计生产线布局 确保良好的宏观板形 采取合理的光整工艺 确保合适的波纹度、合理的微观粗糙度
4	表面质量	合理设计生产线工艺和设备配置 采取合理的热浸镀工艺 确保无缺陷、少缺陷、轻缺陷

其中，本节重点介绍镀层产品表面质量要求，以为生产线布局设计、设备选择和热浸镀工艺设计打下基础。

2.1.1.2　表面质量的总体原则

由于镀层产品的使用场景差异很大，对表面质量的要求也千差万别，在通用标准方面只是定量对产品表面进行检验分类，总体上分为普通级表面、较高级表面、高级表面和超高级表面（见表 2.1-2）。

表 2.1-2　表面质量分级

表面质量代号	名　称	特　征
FA	普通级表面	允许存在小腐蚀点、不均匀的锌花、划伤、暗点、条纹、小钝化斑等。可以有拉伸矫直痕和锌流纹
FB	较高级表面	不得有腐蚀点，但允许有轻微缺陷的不完美表面，例如拉伸矫直痕、光整压痕、划痕、压印、锌花纹、锌流纹、轻微的钝化缺陷等

表面质量代号	名 称	特 征
FC	高级表面	其较优一面不得对优质涂漆层的均匀一致外观产生不利影响。对其另一面的要求必须不低于表面级别 FB
FD	超高级（协议标准）表面	必须具备精整表面，产品两个表面中用户指定的一面不得有任何用户不能接受的缺陷；另一面至少达到 FC 级要求

其中，FD 超高级表面用于汽车板，欧标称为 O5 板。O5 板为欧标最高级表面质量，用于高级轿车表面覆盖板的冷轧（包括涂镀）产品。它的定义通俗讲是用户可以接受的，并使用在高级轿车表面覆盖板的冷轧产品。这种定义实际是协议标准，应用不同轿车表面板的冷轧产品质量是不同的。如用在高级"奔驰""宝马"轿车的冷轧产品和用在"桑塔纳"轿车的冷轧产品都叫 O5 板，两者用户在协议标准中的要求是不同的。为了便于理解，O5 板可以定义为：必须具备精整表面，产品两个表面中用户指定的一面不得有任何用户不能接受的缺陷；另一面至少达到 O3 级要求。O3 板为欧标中低于 O5 级表面质量的冷轧（包括涂镀）产品，它具有精整表面，允许有少量不影响涂漆质量的缺陷，如轻微的划伤、压痕、辊印等。

2.1.1.3 表面质量的判定方法

在实际生产过程中，必须对产品表面质量进行检查，各钢厂一般根据计划单规定的产品分选度要求及用户的使用要求进行判定。

某公司在质检时将生产线下机的所有产品分为合格品、次品、可利用材和废品四大类进行统计。其中合格品表面质量等级分为四个基准，分别对应分选度：1 级、2 级、3 级、4 级，级别数字越大，代表质量越高。一般汽车面板要达到分选度 4 级标准，具体见表 2.1-3。

表 2.1-3 镀锌板表面质量分选度标准

缺陷名称	合 格 品				次品	可利用材
	4 级	3 级	2 级	1 级		
孔洞	不允许	不允许	不允许	不允许	允许	允许
粗晶	不允许	不允许	轻微发亮，侧光可见	允许	允许	允许
色差	静态看不出，涂油后不明显	侧光能见	较明显可见	明显可见	允许	允许
边损	不允许	边部 2mm 研磨发亮	边部 4mm 研磨发亮	边部 4mm 研磨发亮	允许	允许
折叠	不允许	不允许	不允许	不允许	允许	允许
中皱	不允许	无研磨感觉	有轻微手感	有手感	允许	允许
折皱	在边部≤5mm，极轻手感	在边部≤25mm，无手感	在边部≤35mm，轻微手感	允许	允许	允许
斑迹	涂油后不明显	涂油后侧光可见	涂油后明显可见鹅蛋大小	涂油后明显可见手掌大小	允许	允许
湿光整液斑迹	涂油后不明显	涂油后侧光可见可擦去	涂油后侧光可见不可擦去	允许	允许	允许

缺陷名称	合　格　品				次品	可利用材
	4 级	3 级	2 级	1 级		
擦划伤	研磨后消失	无手感	触摸有轻微手感	触摸有手感	允许	允许
卷取擦伤	不允许	不允许	无手感侧光发亮	轻微手感	允许	允许
卷轴印	不允许	无手感侧光可见	直视可见轻微条纹，轻微手感	允许	允许	允许
边部起筋	不允许	取样的起筋部位无浪形，研磨可见起筋，卷取后极轻微隆起，侧视可见，手感极轻微	取样的起筋部位存在 1/4 浪或边浪，浪高 ≤1.0mm，急峻度 ≤1%，卷取后轻微隆起，侧视可见，手感轻微	取样的起筋部位存在 1/4 浪或边浪，浪高 ≤3.0mm，急峻度 ≤1%，卷取后隆起明显，正视可见，手感较重	允许	允许
中部起筋	取样的起筋部位无浪形并且打磨不出，卷取后极轻微隆起，侧视可见，手感极轻微	取样的起筋部位存在中浪，浪高 ≤1.5mm，急峻度 ≤1%，卷取后轻微隆起，侧视可见，手感轻微	取样的起筋部位存在中浪，浪高 ≤2.5mm，急峻度 ≤1%，卷取后轻微隆起，正视可见，手感轻微	取样的起筋部位存在中浪，浪高 ≤4.0mm，急峻度 ≤1%，卷取后隆起明显，正视可见，手感严重	允许	允许
露铁	不允许	出现频率 ≤3%，针尖大小	出现频率 ≤5%，针尖大小	允许	允许	允许
钝化斑迹	不允许	连续边部 3mm 以内或者浅黄色，5mm 左右，6 个/m²	连续边部 8mm 以内或者 50mm 左右，1 个/m²	连续边部 15mm 以内或者 100mm 左右，1 个/m²	允许	允许
钝化不均	不允许	不明显	较明显	允许	允许	允许
折边	不允许	不允许	不允许	允许	允许	允许
横向条纹	静态侧光隐约可见，研磨不明显	侧光能见，无研磨感觉	明显可见，无手感	允许	允许	允许
热瓢曲	不允许	细条状侧光可见	无研磨感觉	允许	允许	允许
麻点	少量，无手感	较多，无手感	大量，无手感	允许	允许	允许
锌渣	不允许	轻微手感，2 个/m²	略有手感，4 个/m²	明显手感	允许	允许
云状	不允许	侧光可见	直视可见	明显可见	允许	允许
锌浪	不允许	隐约可见，触摸无感觉	侧视可见，触摸无感觉	直视可见，触摸无感觉	允许	允许
气刀条纹	无手感，个别出现	无明显手感，个别出现	略有手感，频率较高	明显凸起，频率较高	允许	允许
沉没辊辊印	不允许	直视可见，轻微，无手感	直视可见，较严重，无手感	略有手感	允许	允许
稳定辊辊印	不允许	无明显手感	略有手感	有手感	允许	允许
白锈	不允许	5mm 左右，1 个/m²	50mm 左右，1 个/m²	100mm 左右，1 个/m²	允许	允许
大理石花纹	侧光可见	直视可见，比较明显	允许	允许	允许	允许

缺陷名称	合格品				次品	可利用材
	4 级	3 级	2 级	1 级		
边部增厚	不允许	边缘<10mm，卷取后边部无隆起	边缘<20mm，卷取后边部无隆起	边缘<30mm，卷取后边部轻微隆起	允许	允许
有锌花	不允许	不允许	不允许	不允许	允许	允许
锌点突起	研磨轻微亮度，无研磨手感	触摸有轻微感觉	有明显感觉但无锐利的凸起	明显凸起	允许	允许
光整花	不允许	无手感	轻微手感	允许	允许	允许
锌花不均	不允许	小于边部 50mm	小于边部 100mm	允许	允许	允许
锌灰	2mm 左右，4 个/m²，极轻微手感	5mm 左右，8 个/m²，轻微手感	10mm 左右，16 个/m²，轻微手感	允许	允许	允许
白边	≤边部 5mm	≤边部 10mm	≤边部 20mm	≤边部 30mm	允许	允许
漏涂	不允许	小于边部 3mm	小于边部 5mm	小于边部 10mm	允许	允许
脏物线	不允许	小于边部 3mm	小于边部 5mm	小于边部 10mm	允许	允许
气泡	不允许	小于边部 3mm	小于边部 5mm	小于边部 10mm	允许	允许

2.1.2 建材板及性能要求

2.1.2.1 建材板的概念及分类

A 建材板的内涵

镀层板总体上分为建材板、家电板和汽车板三大类。其中，汽车板并没有通用的标准，大多按照协议进行生产和检验；家电板主要指家电面板，相对比较单一，技术要求比较明确。为了管理上的方便，一般将除汽车、家电以外，其他所有用途的镀层板通通归结为建材板，甚至空调外机支撑结构件也纳入建材板，当然其中用量最大的是建筑及建设用材，包括表 1.5-2 中的各种用途。

B 建材板的加工形态分类

建材板根据加工后的形态分为板材用和结构用。板材一般不经过纵剪或经过纵剪成相对较宽的大面积使用的材料，如建筑物的屋面板、墙面板、夹芯板内外板、房屋门板、楼承板、波纹板、办公和民用家具板、粮仓板、螺旋焊管板、电缆桥架板、配电柜板、油桶板、中央空调通风管道板、五金件冲压原料板等。结构件一般经过纵剪成相对较窄的条状板后经过变形加工成轻型型材使用，如各种截面的焊管、各种轻型钢构、光伏支架、公路护栏波纹板、车辆构件等。加工形态不同，所要求的加工性能不同，往往强度性能也不同。

C 建材板的使用环境分类

建材板根据使用环境分为室内用和室外用。建材板大部分用于室外，但也有部分用于室内。室内使用的如夹芯板内板、房屋门板、办公和民用家具板、粮仓板、配电柜板、油桶板、中央空调通风管道板、五金件冲压原料板等。

D　建材板的是否涂装分类

建材板根据是否涂装分为涂装基板和裸用板。随着对耐腐蚀性能和外观色彩要求的提高，涂装后使用的场合越来越多，但也有裸用的，如楼承板、配电柜板、油桶板、中央空调通风管道板、部分五金件冲压原料板等。在涂装后使用的建材板又分为预涂膜板和后涂膜板，预涂膜板即彩涂基板，可以集中处理涂装过程的污染排放，是今后发展的方向。

2.1.2.2　性能要求及对策

A　耐腐蚀性

室内用建材板对耐腐蚀性能的要求不高，可以采用普通镀锌板，$60/60g/m^2$ 左右的镀层。但室外用建材板直接面对环境的侵蚀，对耐腐蚀性能要求很高，当采用普通镀锌板时，对低腐蚀环境要求镀锌量不小于 $90/90g/m^2$，对中等腐蚀环境要求镀锌量不小于 $125/125g/m^2$，而对高腐蚀环境则要求镀锌量不小于 $140/140g/m^2$；当采用镀铝锌板时，由于其耐腐蚀性能优于热镀锌，镀层的重量要略低于热镀锌板，对低腐蚀环境要求镀铝锌量不小于 $50/50g/m^2$，对中等腐蚀环境要求镀铝锌量不小于 $60/60g/m^2$，对高腐蚀环境则要求镀铝锌量不小于 $75/75g/m^2$。对于要求使用年限在 30 年以上的光伏支架、公路护栏，必须采用中铝锌铝镁镀层板，而且镀层附着量不小于 $125/125g/m^2$。对于有碱性污染的环境，如畜牧业圈舍必须采用含镁镀层，屋面板、墙面板采用铝锌镁为基板的彩涂板，镀层附着量不小于 $50/50g/m^2$，檩条采用中铝锌铝镁镀层板，而且镀层附着量不小于 $125/125g/m^2$。

建材板的后处理大多采用三价铬钝化处理，当作为彩涂基板时，需要考虑镀层钝化与彩涂化涂之间的匹配。

B　加工性能

大部分板材用建材板只进行简单成形或机械咬合后使用，对加工性能要求不高，采用普通商品 CQ 级就能够满足要求。但少部分板材需要进行冲压加工，比如油桶盖用板，需要冲压出油口，就需要 DQ 级的材料。

结构件板材需要加工成钢管、轻型型材，由于厚度差较大，在选材时要注意厚度越大，要求的塑性越好。一般情况下可以采用 CQ 级的材料，而需要加工厚度较厚且形状复杂的结构件时，也要采用 DQ 级的材料。采用全硬化 FH 的材料必须充分评估能不能满足加工性能，只有对加工以后的形状要求不高，且尺寸较薄，方可以采用。

C　强度性能

大部分建材板希望有较好的强度，从低碳的角度出发，采用强度较高的材料，可以减少材料的使用量，从而降低碳排放。因此在满足加工性能需要的基础上，尽可能采用强度较高的材料，淘汰低强度级别的 Q195 等材料。结构件一般采用强度在 280MPa、300MPa、350MPa、550MPa 级别的结构钢，板材也要采用 250MPa、280MPa、300MPa 级别的结构钢。对于受力较大且形状复杂的结构件，要选择强度高且塑性好的低合金高强钢。

D　外观质量

除了特殊要求的建材板以外，大部分建材板对表面质量要求不是太高，但对耐腐蚀性能有影响的漏镀、镀层附着不良、镀层脱落等缺陷是不允许的。总体上来说，裸用建材板对外观质量的要求比涂装基板的要求高。

对于国内客户而言，还有一种特殊情况就是锌花情结，虽然有花产品的耐腐蚀性能不好，但可能是由于惯性思维问题，裸用客户偏偏喜欢有花镀锌板或铝锌板，特别是电器柜面板需要所谓的"钻石晶花"，需要引起注意。

2.1.3 家电板及性能要求

2.1.3.1 家电的分类

家电的分类方法有多种，早期按产品的颜色大体分为白色家电、黑色家电和米色家电。白色家电早期大多是白色的，如洗衣机、空调、电冰箱及部分厨房电器；黑色家电早期大多是黑色的，如电视机、录像机、音响、VCD、DVD 等；米色家电指电脑等信息产品。另外还有绿色家电的说法，但这不是根据颜色划分的，而是指环保家电，即在质量合格的前提下可以高效使用，节约能源，而且在使用中不对人体和周围环境造成伤害，在报废后还可以回收利用的家电产品。

按照家电产品的使用环境，白色家电又分为湿用型、冷用型、热用型三类。湿用型家电在潮湿的环境下使用，如洗衣机、洗碗机、热水器、干燥器等；冷用型家电用于制冷，如电冰箱、冷藏机、空调等；热用家电用于加热，如面包机、电磁炉、烤箱等。

以上分类方法都没有可比性，因此引入了按照家电体量大小的分类方法。大家电包括：空调、冰箱、洗衣机；厨卫电器包括：微波炉、燃气灶、吸油烟机、热水器；小家电包括：厨房小家电、室内舒适小家电、个人护理小家电、地面护理小家电、衣物护理小家电、未列名电动小家电、未列名电热小家电等。

2.1.3.2 家电板质量要求

A 力学性能和抗时效性

家电外板对钢板力学性能有严格要求，如屈服强度、抗拉强度、屈强比、伸长率和杯突值等指标，部分产品还对硬度和抗时效性能有严格要求。例如冰箱面板，一般要求有良好的抗凹陷能力，因此对钢板的硬度有特殊要求。同时冰箱面板在覆膜过程中要经过高达250℃的后续处理，相当于进行了人工时效处理，如果覆膜冷板的抗时效性能不佳，冰箱板覆膜冲压后将产生大量的滑移线，类似橘子皮形状，将会严重影响冰箱面板的装饰效果。

B 平直度和表面质量

家电外板主要以薄板材为主，钢板厚度集中在 0.4~0.6mm 之间，经过简单弯折成形后可直接使用，使用面以平面为主，因此对板形平直度的要求非常高。特别是冰箱侧板使用面积较大，成品板形稍有浪形或瓢曲就会出现涂漆不均匀、钢板边部漏涂以及涂漆后表面反光差异等问题。在冰箱、洗衣机等高表面要求的产品中，钢板表面光亮及良好的涂漆性能非常重要，这种要求有时比汽车板还高。主要原因如下：

（1）家电表面涂层厚度远比汽车漆膜层薄，且冰箱、洗衣机等都是高光泽度产品，钢板表面缺陷在高光泽度下有一个放大作用。无论是喷塑面板还是覆膜面板，对基板的表面质量要求都非常高，经喷塑或覆膜后的冰箱面板表面光亮如镜，所以钢板表面上任何细小的凹凸缺陷涂覆后将更加明显，因此不仅对冷轧基板的平均表面粗糙度有严格要求，而且对表面的平均峰值密度也有很高的要求。

（2）家电用户对表面质量的挑剔程度远高于汽车及建筑产品。家电外板在表面质量方面不允许有表面缺陷。家庭购买家电产品除了对其使用功能有要求之外，对其装饰性能，即对其表面外观质量要求也非常高。以冰箱面板为例，国内冰箱面板几乎都是高光亮表面。

2.1.3.3　家电用镀层板选材

家电用热镀锌钢板的选材主要涉及材料牌号、镀层表面结构和表面处理方式等内容。结合具体家电零件的使用条件和质量要求进行合理选材，在保证家电产品品质的前提下降低材料成本，提高产品的综合竞争力。在选择家电用热镀锌钢板时应考虑以下几个方面。

A　对材料牌号的选择

家电用钢一般为冲压用软质钢板，其力学性能可按照我国国家标准、欧洲标准、日本标准、美国标准等进行划分，不同的标准对应不同的牌号系列。根据材料在使用过程中的加工变形程度，通常家电用钢按冲压级别划分为一般用途、冲压用途、深冲用途和超（特）深冲用途等。整体而言，家电钣金零件的冲压难度不太大，但是不同零件存在较大的差异，因此应根据零件的变形方式、变形特点和质量要求合理选用材料。家电钣金零件在冲压中可能产生的主要问题是开裂、起皱和回弹。由于钢板的冲压缺陷还与模具状况、冲压工艺相关，合理的选材还应考虑用户自身的模具因素和工艺因素。根据零件的冲压效果和不同产品的技术质量要求，选择材料牌号时应重点考虑如下因素：

（1）冲压后零件不能产生开裂和明显的缩颈现象。材料开裂和缩颈将直接影响到零件的强度安全和耐蚀性要求，这是必须要避免的产品缺陷类型。为了保证零件在冲压过程中不产生此类现象，应对具体零件的主要变形区域进行变形和受力分析，结合材料的成形性能合理选用材料。

（2）由材料力学性能带来的表面质量变化。表面质量对于家电钣金零件，尤其是外观件是十分重要的。家电产品的外观件不仅应满足产品结构强度的需要，还要求具有抗凹陷性能，并应避免冲压中的滑移线现象。

（3）冲压后材料的起皱现象和零件的回弹现象。起皱现象与产品设计和材料力学性能相关，局部、轻微的起皱现象在内饰件中往往可以忽略，但不允许出现在外观件上。回弹现象常常出现在变形较为简单、以弯曲变形为主的零件上，这时需要综合考虑材料成本和零件回弹量大小的要求。

B　对镀层表面结构的选择

对于需要电镀的家电零件，应使用光面钢板，这样才能达到电镀后的光亮效果。家电用板多为裸用（内饰件）和涂漆或贴膜用（外观件），应使用毛面钢板，有利于增强涂层与钢板之间的结合力。同时，毛面的储油作用有利于润滑，以提高材料的成形能力。热镀锌钢板按其锌层结构、锌液中其他元素的添加情况可分为普通热镀锌板、锌铁合金化板、锌铝合金镀层板、铝锌合金镀层板。不同类型钢板具有不同的特点，如锌铁合金板的焊接性优良，锌铝合金板的冲压成形性能好，铝锌合金板的耐蚀能力强等。目前，国内家电用户主要采用普通热镀锌钢板（GI），少量零件采用镀铝锌（GL）和锌铁合金板（GA）。普通热镀锌板按其表面状态可分为正常锌花板、光整锌花板、小锌花板和无锌花板，不同状态钢板的表面质量、耐蚀性和喷漆效果不同。热镀锌钢板的锌层较厚，焊接时容易产生损伤电极、焊接不牢或焊穿的现象。同时，为了保证钢板在一定年限内不产生红锈，对锌层的厚度有一定要求。选择镀层表面结构时应注意以下几点：

（1）对于家电产品的内饰件，应适当增加锌层厚度以保证耐蚀性；对于外观喷漆件，可适当降低锌层厚度，因为漆膜的屏蔽效果可大大增强耐蚀性；对于焊接件，应适当降低锌层厚度以保证焊接质量。

（2）同时，对于内饰件，可采用正常锌花或小锌花钢板；对于外观件，采用光整锌花或无锌花钢板能保证产品的外观和喷漆效果。

（3）以降低铅含量的方法生产的小锌花和无锌花钢板，其锌锭中的铅元素含量低，能够满足欧盟 RoHs 指令的要求。

C 对钢板表面处理方式的选择

为了防止镀锌板在运输和存储的过程中产生白锈，镀锌板表面一般需要进行钝化或涂油处理。以前广泛使用的铬酸盐钝化方式具有较好的防白锈功能，但不能满足欧盟 RoHS 指令的要求。目前，国内某些钢铁企业成功开发出的无铬钝化板可完全满足欧盟要求，为家电产品的品质提升做出了贡献。根据用户的需要，镀锌板表面可进行薄有机涂层处理，如涂覆耐指纹膜，耐指纹膜有利于防止生产和运输过程中残留的指纹、汗渍等影响外观和表面质量问题。为了增加钢板在冲压过程中的润滑性、减少摩擦对钢板表面的损伤，可对钢板进行自润滑处理。不同表面处理钢板具有不同的特点和用途，在选择时应注意以下几点：

（1）对于高档家电产品的面板类，如冰箱和洗衣机外板、电脑机箱外板，应尽量使用耐指纹板。

（2）对于外观喷涂件，使用涂油板通常较钝化板的喷漆效果更好。

（3）对于内饰件，如空调等很少拆卸的部件，可使用钝化和（或）涂油板；对于电脑机箱等产品的内饰件，应避免使用涂油板以免出现油污。

（4）对于需要点焊的零件，其原材料的表面膜层应有一定限制，以免造成焊接困难。

2.1.4 汽车板及性能要求

关于汽车板的种类、选型和使用见第 4.5 节，下面主要介绍汽车板的性能要求。

2.1.4.1 成形性能

镀锌钢板在汽车工业中主要作为冲压件，其成形性是基本要求，在不同的使用部位要求具有不同的成形级别。汽车工业为了提高生产效率，减少冲压零件数量、减少焊接量和机加工量是一个有效的途径，这就要求将几个简单零件合并为一个复杂零件或变机加工件为冲压件，从而提出了更高的成形性要求。相应于冷轧板而言，热镀锌钢板的成形性包括整体钢板的成形性和镀层的成形性，整体钢板的成形性除了受应变过程镀锌层的协调应变影响外，主要取决于基板的冶金化学成分和生产工艺，但同时热镀锌在线退火过程对其也有很大的影响，其基本指标为 r 值（塑性应变比）和 n 值（加工硬化指数）。而镀层的成形性主要是指板在承受变形时镀层抗粉化、开裂、结堆和剥落的能力，它与镀层本身的延展塑性和镀层与基体板间的附着力相关，取决于热镀锌工艺本身所决定的镀锌层的组成、合金相结构和形态等因素。

2.1.4.2 焊接性能

汽车工业中将冲压零件组合成一体需要进行焊接，采用较多的是点焊工艺，热镀锌钢板在焊接时，由于锌熔点低，受热易挥发，一方面锌蒸气对焊接电极产生污染作用，造成焊接电流和电极负荷的改变，缩短了焊接电极寿命，经常检修电极势必影响生产连续性；更重要的一方面是被污染电极的焊接部位粘上焊渣，严重影响焊接质量，同时也影响焊接强度。因此要求镀锌钢板具有点焊的连续打点性，以保证零件的牢固连接和焊接自动工艺加工过程的畅通。一般镀层厚度越厚，表面硬度越低，其点焊性能越差。

2.1.4.3 耐腐蚀性能

汽车工业中采用镀锌板主要就是解决腐蚀问题。汽车在使用过程中由于暴露在大气环境中，其车体表面首先会发生均匀锈蚀，这种均匀锈蚀在工业、城市大气中（由于二氧化硫等腐蚀气体的存在）和海洋气候中（由于氯离子的存在）将会大大加速；其次由于汽车在设计和连接时，车体某些部位存在缝隙和电偶差，将会产生一些缝隙腐蚀和电偶腐蚀等局部腐蚀，这种局部腐蚀往往因积水和冬季冰雪季节为防滑路面撒盐等因素而加速，最终成为穿孔。据统计，汽车的平均寿命为 9~11 年，在使用普通钢板时，汽车的车身由于腐蚀，其寿命往往达不到此年限，因而在西方工业国家提出车体耐表面锈蚀 5 年，耐穿孔腐蚀 10 年的汽车耐腐蚀目标。一般而言，热镀锌钢板的耐蚀性取决于镀锌层厚度，厚的镀锌层能相应地延长耐蚀寿命，然而过厚的镀锌层将不可避免地损害其他的几项性能指标。

2.1.4.4 涂装性能

镀锌钢板与涂漆联合使用，一方面可以更进一步地提高其耐蚀性，另一方面可以获得色彩丰富、光洁漂亮的装饰性外观。因而在汽车工业中要求汽车钢板具有良好的涂漆粘着性，同时要具有涂漆后的美观性。这具体表现在易于选择合适的磷化、钝化工艺以获得多孔状的易于与涂漆实现耦合的预处理转化膜，以及对电泳底漆和电泳工艺的适应性等。

2.1.4.5 状态形貌和尺寸精度

热镀锌钢板严格的尺寸公差，良好的板形、平坦度和表面一定的粗糙度，一方面可以保证汽车工业中畅通自动加工过程，满足冲压成形工艺、焊接工艺和自动化生产线上机器手的精确操作需要；另一方面好的表面有利于冲压过程的工艺润滑和零件表面光洁进而获得涂漆后的漂亮外观。

2.1.4.6 强度和刚度

节能是当今世界工业的共同主题，汽车节能最有效的措施即是其轻量化对策。汽车工业的轻量化对策一面是通过汽车结构的优化设计来实现，但更重要的是大量采用高强度钢板来减薄其厚度。据统计，当汽车钢板厚度减少 0.05mm、0.10mm、0.15mm 时，车身重量分别减少6%、12%、18%，而车身重量每减少 1%，燃料消耗可降低 0.6%~1%。此外高强度钢板的使用，还可极大地提高汽车防撞击的安全性。要求的车身部件性能和厚度设计因素见表 2.1-4。

表 2.1-4　要求的车身部件性能和厚度设计因素

种　类	应用部位	厚度设计因素				
		板刚度	耐冲击性	弯曲、扭转刚度	疲劳强度	抗碰撞强度
外板	车门外板 发动机罩外板	●	●		▲	○
内板	汽车地板 仪表板	▲	○	○	○	○
结构部件	B柱/横梁 前/后/侧梁 门梁			● ○ ○	○ ● ○	● ● ●
主要力学性能		$kEt^{2\sim3}$	$kY_s'/t^{2\sim2.5}$	kEt	$0.5T_s$	$E_A = kT_s^{0.5}t^{1.8}$

注：●—基本的；○—重要的；▲—要求的。k 为形状因子；E 为杨氏模量；t 为材料厚度；T_s 为抗拉强度；E_A 为能量吸收；$Y_s' = Y_s + WH + BH$，其中 Y_s 为屈服强度，WH 为加工硬化，BH 为烘烤硬化。

2.2　镀层产品工艺设计原理

随着技术的发展，镀层产品品种越来越多，已经由镀纯锌（GI）发展为镀锌铁（GA）、镀锌铝（GF）、镀铝锌（GL）、镀低铝锌铝镁（ZM）、镀中铝锌铝镁（ZAM/SD）、镀高铝铝锌镁（AZM）、镀铝硅（AS）等多系列、多品种的产品[43]。因此，研究不同镀层生产线的设计与设备配置，或将普通镀锌线改造为其他镀层生产线的方案很有必要，下面就以家电板生产线为例展开研究。

2.2.1　不同镀层产品的组织及物理性能

2.2.1.1　镀层成分的发展历程

镀层成分从镀纯锌开始，最早为了抑制锌和铁的反应，少量加铝形成了加铝镀锌产品；后来，为了提高耐腐蚀性能，在锌液内大量加铝，形成了镀锌铝（Al 5%）和镀铝锌（Al 55%）两个产品，其中由于镀铝锌含铝量较高，为了抑制铝和铁的反应，又不得不加入约 1.6% 的硅[43]；同样，镀纯铝产品，为了抑制铝和铁的反应，又不得不加入约10%的硅，形成了镀铝硅产品[44]；近来，为了进一步提高耐腐蚀性能，在锌液加铝的基础上，再加镁，形成了镀低铝锌铝镁（0.5%~4%Al-0.5%~3%Mg）、镀中铝锌铝镁（6%Al-3%Mg）、镀中铝锌铝镁（6% Al-3% Mg-0.2% Si）和镀高铝铝锌镁（45%~60% Al-1%~6%Mg-0.5%~1.6%Si）等产品[44]。

2.2.1.2　不同镀层产品的成分与组织特点

不同镀层产品的成分与组织特点对照表见表 2.2-1。从中可以看出：镀纯锌基本是纯金属，镀锌铝和镀铝硅是共晶成分，这三种镀层都是相图上的特殊点；镀低铝锌铝镁、镀中铝锌铝镁靠近共晶点，而镀高铝铝锌镁、镀铝锌远离共晶点，都是优选出的成分。

表 2.2-1　不同镀层产品的成分与组织特点

镀层种类	镀层成分/%				成分特点	镀层相组织
	Zn	Al	Mg	Si		
镀纯锌	99.8	≈0.2	0	0	锌中加微铝	Zn 相
镀锌铝	95	5	0	0	锌铝共晶成分	Zn/Al 共晶相
镀低铝锌铝镁	93~99	≤4	≤3	0	锌铝镁三元铝锌亚共晶	初生 Zn 相、Zn/MgZn$_2$ 二元共晶相、Zn/MgZn$_2$/Al 三元共晶相
镀中铝锌铝镁	91	6	3	0	锌铝镁三元铝锌过共晶	初生 Al 相、Zn/MgZn$_2$ 二元共晶相、Zn/MgZn$_2$/Al 三元共晶相
镀中铝锌铝镁	85.8	11	3	0.2	锌铝镁三元铝锌过共晶	初生 Al 相、Zn/MgZn$_2$ 二元共晶相、Zn/MgZn$_2$/Al 三元共晶相
镀高铝铝锌镁	41.5	55	2	1.5	锌铝镁三元铝锌过共晶	富 Al 枝晶相、枝晶间富 Zn 相、MgZn$_2$ 相、Mg$_2$Si 相
镀铝锌	43.5	55	0	1.5	铝锌二元过共晶	富 Al 枝晶相、枝晶间富 Zn 相、针状 Si 相
镀铝硅	0	90	0	10	铝硅共晶成分	Al/Si 共晶相

2.2.1.3　不同镀层产品热浸镀工艺参数

镀纯锌、镀锌铝和镀铝硅这三种镀层具有相对固定的熔化或凝固点；但镀低铝锌铝镁、镀中铝锌铝镁靠近共晶点，镀高铝铝锌镁、镀铝锌远离共晶点，这五种成分的镀层熔化或结晶温度不是固定的点，而是有一个温度范围。可根据其熔化或凝固点的温度或最高温度，加上约 40~80℃，确定镀浴温度。对于含铝量较低的镀层，为了节省用电，可以采用带钢加热镀浴的方法，即将带钢入锅温度控制在比镀浴高 2~15℃ 的范围；而对于含铝较高的镀层，为了防止产生铝渣，必须将带钢入锅温度控制在比镀浴温度低 2~15℃ 的范围，如表 2.2-2 所示，这是生产线设计的出发点。

表 2.2-2　不同镀层产品热浸镀工艺参数

镀层种类	密度/kg·dm^{-3}	凝固点/℃	镀浴温度/℃	带钢入锅温度差/℃
镀纯锌	7.1	419.5	460	+(2~15)
镀锌铝	6.9	381	430	+(2~15)
镀低铝锌铝镁	6.9	344~377	430	+(2~15)

镀层种类	密度/kg·dm^{-3}	凝固点/℃	镀浴温度/℃	带钢入锅温度差/℃
镀中铝锌铝镁	6.5	344~420	460	+(2~15)
	5.9	342~425	480	+(0~12)
镀高铝铝锌镁	3.6	400~571	595	-(2~15)
镀铝锌	3.7	499~580	600	-(2~15)
镀铝硅	2.6	580	680	-(2~12)

2.2.2 不同镀层元素的影响及对策

到目前为止，镀层产品主要是由 Zn、Al、Mg 三个主要元素，辅助元素 Si，以及其他调整元素组成的。研究产品的工艺性能，就必须从研究各种镀层元素在热浸镀时的特性开始。

2.2.2.1 镀层元素在热浸镀过程的氧化性

A 元素在热浸镀过程的氧化

如果仅限于考虑热浸镀过程，即对工艺性能的影响，而不考虑镀后的其他影响产品质量的过程，镀浴的氧化性主要体现在密封的炉鼻内保护气体界面的氧化，以及在镀锅表面敞开气氛界面的氧化。虽然在密封的炉鼻内含氧量非常低，但由于镀浴组成元素都是活泼性金属，实际上还是会造成镀浴的氧化；在镀锅表面的含氧量较高，当然会出现大面积的氧化。

B 镀层元素氧化对热浸镀浸润性的影响

元素氧化首先影响镀浴与基板的浸润性。热浸镀的时候，要在带钢表面镀上镀层，保证液态的镀层与基板无障碍地紧密接触，首先必须保证镀浴与基板的浸润性好，即镀液滴与基板的接触角要小。实际上是镀浴表面的氧化膜与基板接触的，影响镀浴与基板的浸润性有两个方面的因素：一方面是氧化膜的致密度，致密度越大，张力越大，接触角也越大，浸润性越差；另一方面是氧化膜的厚度，氧化膜厚度越大，浸润性越差。

C 镀层元素氧化对镀浴挥发性的影响

镀浴内液态金属元素会发生升华现象，直接由液态转变成气态，进入炉鼻内的气体中。当含有金属气体的炉气在炉鼻内上升，遇到温度低的炉壁时，如果炉壁温度低于该金属的凝固点，又会发生凝华现象，即由气态直接变成固态的粉末，粘附在炉壁上，极易脱落掉到炉鼻液面，形成漏镀、粘炉鼻灰、炉鼻灰线、炉鼻灰点等多种缺陷，所以要求镀浴的挥发性小。元素氧化影响镀浴挥发性的因素主要是氧化膜的致密性，镀浴表面氧化膜致密性高，就可以防止镀浴的挥发。

D 不同元素的氧化特性

锌、铝、镁三种元素都是非常活泼的金属，都会在炉鼻内和镀锅表面发生氧化，但各自的特性不同。镁在这三种元素中最容易氧化，而且氧化膜最不致密，很疏松的氧化膜不能阻止内部的镀浴进一步氧化，因此氧化膜也很厚，同时需要注意的是，加入镁后会影响铝氧化膜的致密性,削弱了对锌蒸发的抑制作用。铝的活泼性居于第二位,其氧化膜最为致密,可以阻止镀浴进一步氧化和挥发,但铝的氧化膜密度与铝液基本相同,不易上浮,所以对于镀铝硅而言,捞渣时要防止氧化铝进入镀浴。锌虽然活泼性低于镁或铝,但在镀纯锌产品时,浓度是铝的数百倍,因此其氧化性也不容忽视,锌的氧化膜比镁致密但比铝疏松,适当提高铝含量可以减轻锌氧化带来的影响。

2.2.2.2　镀层元素与铁的反应性

A　镀层元素与铁的反应性

镀浴组成元素可能与基板表面的铁原子发生金属间的化合反应,生成金属化合物,金属化合物在镀浴内有一定的溶解度,超过溶解度便会成核并长大,在镀浴内析出固体颗粒,成为渣子。

B　反应性对热浸镀的影响

镀层元素与铁的反应性会带来四个方面的影响,一是造成镀浴内设备的腐蚀,影响设备的正常运转,不得不定期停机检修;二是固体金属化合物颗粒会粘附在镀层板表面,影响产品质量;三是固体金属化合物颗粒会在底部积聚,形成底渣,不得不定期停机捞渣;四是造成带钢在镀浴内溶蚀,带来断带的危险。因此,要求镀浴与铁的反应性尽可能小。

C　不同元素反应性的特点

锌、铝、硅、镁四种元素与铁反应生成的金属化合物的活泼性不同。金属学将金属晶体中相邻两金属原子间距离称为金属原子直径,根据金属学原理,两种金属元素的金属原子直径越接近,越容易相互扩散,越容易发生金属间化合反应。不同资料提供的金属原子直径数据有所差异,但同一资料的数据有可比性,如有资料[45]介绍铁、硅、铝、锌、镁的金属原子直径数据分别为:0.234nm、0.234nm、0.236nm、0.250nm、272nm,由此可见硅、铝、锌三种元素原子直径与铁比较接近,易生成金属化合物,反应的活泼程度按照硅、铝、锌的顺序逐渐减弱,铁、镁的金属原子半径差异较大,不容易生成金属化合物。

D　改善元素与铁的反应性的措施原理

为了改善元素与铁的反应性给热浸镀工艺带来的影响,一般采取以下措施:一是在镀层成分方面增加与铁反应性更强的元素,如在镀纯锌时加铝,在高铝镀层内加硅,以优先在基板表面形成抑制层;二是降低带钢入锅温度并控制温度的均匀性,以降低带钢与镀浴接触面反应的温度;三是控制锌锅温度波动和成分的均匀性,以防止由此造成的锌渣析出。

2.2.2.3　元素的物理特性对热浸镀的影响

元素的物理特性,主要指各种镀层产品中的锌和铝这两种高比例元素的熔点和密度对热浸镀工艺的影响。

A　锌元素

锌的熔点较低,加上锌的氧化膜不太致密,不能阻止内部的镀浴产生挥发现象,因此是挥发性最为严重的元素。同时,由于生产含锌较高的镀纯锌、镀锌铝、镀低铝锌铝镁、镀中铝锌铝镁等镀层产品时,炉鼻钢结构的温度有可能低于锌的熔点,炉气内锌挥发后的蒸气极易在钢结构上凝华成锌灰，脱落后落在炉鼻内镀浴表面，成为影响产品质量的一大因素，也是高质量镀锌产品生产的一大难点。

B 铝元素

铝的熔点较高，加上铝的氧化膜很致密，能阻止内部的镀浴产生挥发现象[46]，因此是基本不挥发的元素。

但是，铝的密度很小。对于锌铝合金镀层而言，铝与锌密度的差异极易造成密度偏析，给化学成分控制精确性带来困难，宜采用搅拌性较好的无芯感应圆锅。对于高铝的铝锌合金和铝硅合金而言，由于密度的减小，气刀所需的气压大幅度降低，气刀气流的稳定性受到严重的影响，为此必须采用角度调整精度高、喷腔和刀缝设计优越的气刀。

2.2.2.4 镀层凝固特性

随着镀层成分的多元化、镀层组织的多样化，镀层凝固特性对热浸镀工艺的影响显得更加重要。

A 含镁类镀层

根据含镁类镀层冷却凝固原理，与其他镀层种类不同，含铝量为亚共晶成分的低铝锌铝镁（ZM）镀层具有较宽的凝固温度范围，应当尽力保证凝固的均匀性，因此必须设计使其沿着两相凝固路径凝固，促进富锌相的析出，也就是在初生锌凝固之后发生两相共晶凝固，防止析出耐腐蚀性能差的 Mg_2Zn_{11} 相，即在镀后凝固前期必须缓冷，而在凝固时必须快冷；含铝量为过共晶成分的中铝锌铝镁（ZAM 和 SD）为了促进共晶反应，防止析出耐腐蚀性能差的 Mg_2Zn_{11} 相，同时为了防止表面铝镁氧化膜起皱，在镀后必须立即快速冷却。高铝铝锌镁（AZM）镀层镀后也必须快速冷却。

B 高铝镀层

首先是铝硅（AS），其次是铝锌（GL）和高铝铝锌镁（AZM），镀层中的铝含量很高，而当镀层在没有凝固的液态下，液态镀层中的铝仍然与基板中的铁发生激烈的反应，使得镀层与基板之间的化合物层加厚，为了缩短液态镀层与基板的反应时间，控制镀层与基板之间的化合物层厚度，确保镀层产品在冲压加工时不发生镀层脱落，必须加快镀后冷却速度。不过，对于应用于热成形的铝硅产品来说，在热成形前还要进行加热使镀层与基板发生合金化反应，热浸镀时较厚的化合物层不是有害的，而是有益的，所以不需要快冷。

2.2.3 不同镀层产品的主要矛盾及对策

2.2.3.1 高含锌量镀层产品

含锌量高的镀层包括镀纯锌、镀锌铁、镀锌铝、镀低铝锌铝镁、镀中铝锌铝镁，其主要矛盾在于锌的挥发性很强[47]。为了防止锌挥发带来的影响，可以采取以下措施：

（1）纯锌镀层加铝。为了防止纯锌镀层内锌的挥发，在镀浴内加入氧化膜致密的元素铝，使得镀浴表面覆盖一层致密的铝氧化膜，从而防止锌的挥发；其中，镀纯锌产品可以多加一些，而镀锌铁产品在镀后还要经过合金化退火，含铝量影响到合金化的速度，所以必须适当控制；而对于含镁的镀低铝锌铝镁、镀中铝锌铝镁产品，由于镁对氧化膜致密性的影响，除了加入较高的铝以外，还必须加入锶、钙等微量元素。

（2）镀浴表面露点控制。为了防止锌挥发，还必须合理使用保护气体加湿器，控制炉鼻头内与镀浴表面接触炉气的露点，理论与事实均表明，该处露点的控制窗口很窄。露点低了氧化性不够，铝的氧化膜太薄，起不了保护镀浴的作用；露点高了氧化性严重，铝的氧化膜太厚，影响镀浴与基板的浸润性。

（3）保护气体加热。为防止锌蒸气凝结成锌灰，对通入炉鼻内的气体加热、对炉鼻增加电加热保温系统、在热张辊室增加电加热保温系统，就可以防止炉气内锌挥发后的蒸气在炉鼻钢结构上凝华成锌灰。

（4）炉鼻气体隔离。快冷段的炉气温度很低，热交换器的温度更低，不可避免地会低于锌的熔点而导致锌蒸气凝结。为了防止锌蒸气进入炉区，影响热交换效果，还有观点认为，如果锌蒸气进入炉区，会在带钢表面的氧化膜上凝聚，影响镀层附着力，应在炉鼻内安装可以开合的炉门，在均衡段与热张室之间增加炉喉和隔板。

（5）炉鼻灰排出。带钢热浸镀的时候首先接触到的是炉鼻内的镀浴，而且一旦粘附污染物，在整个热浸镀过程中都不能脱落，因此其表面清洁度对产品质量的影响最大，采用锌灰泵，可以将炉鼻内镀浴表面的锌灰抽出炉鼻外，防止粘附到带钢表面。

2.2.3.2　高含铝量镀层产品

含铝量高的镀层包括镀铝锌、镀高铝铝锌镁、镀铝硅，其主要矛盾在于铝与铁的反应性很强以及铝的浸润性差。

A　铝与铁的反应性强的问题

为了防止高铝镀层铝与铁的反应性强带来的一系列问题，可以采取以下措施：

（1）将带钢入锅温度控制在比镀浴温度略低的范围内，并通过控制炉子快冷风箱挡板、增设炉子均衡段、热张辊加热、炉鼻分区加热，以及智能化控制等一系列措施提高带钢入锅时温度的均匀性。

（2）采用无芯感应的圆形锌锅、锌锅无级功率控制模式、增加预熔锅等设备配置，控制锌锅温度波动和保证成分的均匀性。

（3）采取防止锌渣影响的措施，如锅内辊子材料优化，采用 316L 不锈钢材料，不加工表面沟槽，生产镀纯锌、镀高铝铝锌镁产品时表面喷涂硼化物系涂层，生产镀铝硅产品时表面喷涂硅钙系涂层，也有单位生产镀铝硅产品时采用铸铁材料，同时配备合理有效的刮刀等。

（4）采取防止停机断带的措施，如炉鼻采用伸缩或摆动结构、配置锌锅升降系统等。

（5）通过提高镀后冷却速度，防止镀后未凝固镀层继续与基板反应，控制镀层与基板之间的化合物厚度，防止冲压时产生镀层脱落，对于热成形镀铝硅可以不采用镀后快冷。

B　高铝镀层浸润性差的问题

为了防止高铝镀层浸润性差带来的镀层附着量降低的问题，可以采取以下措施：

（1）前处理的设计，必须提高带钢清洗效果，除了采取工艺措施外，在生产线设计时前处理必须采用高效的刷洗、电解、漂洗系统，增加碱液磁性过滤器，增加真空挤干辊，以及智能化控制系统等措施。

（2）无氧化炉的设计，严格讲高铝镀层生产线不推荐采用无氧化炉（NOF），特别是镀铝硅产品，如果生产镀铝锌、镀高铝铝锌镁厚板产品需要采用无氧化炉时，必须严格控制其氧化性。无氧化炉的热效率与带钢的氧化性（即产品质量）是一对矛盾，无氧化炉长度增加，无氧化炉出口板温增加热效率提高，但氧化膜厚度也随之增加，镀层的附着性受到影响。一般生产镀铝锌家电板时，将无氧化炉出口板温控制在620~680℃，而生产镀高铝铝锌镁家电板时进一步将无氧化炉出口板温限制在620~650℃。同时采用智能化系统对无氧化炉气氛进行精确控制。

（3）必须提高退火炉的还原性，对于采用无氧化炉技术的退火炉当然需要重点考虑还原性，提高还原炉与无氧化炉的长度之比。即使不采用无氧化炉技术，也要降低辐射炉（RTF）炉气的露点，提高炉气内 H_2 的浓度。

（4）必须降低炉鼻头处炉气的露点，对高铝类镀层产品，相应地含锌量也较低，锌的挥发性不是主要问题，不需要采用加湿器，为了缓解铝氧化性太强的问题，必须在炉鼻头处通入高纯度低露点的保护气体。

2.2.3.3 高含镁量镀层产品

含镁量高的镀层包括镀低铝锌铝镁、镀中铝锌铝镁、镀高铝铝锌镁，其主要矛盾在于镁的氧化性很强，且氧化物很疏松不成膜。

A 炉鼻内的措施

（1）为了防止炉鼻内镀浴表面镁的氧化问题，必须采用高纯度、低露点的保护气体，专用生产线不能设计加湿器，两用生产线防止误用加湿器。

（2）镁的加入，加重了锌的挥发，为了防止炉鼻灰的产生，需要对保护气体进行加热以后通入炉鼻，需要对炉鼻加热，需要将炉鼻与热张辊室隔离或者将热张辊室与均衡段隔离。

（3）对于低铝和中铝成分的锌铝镁产品，为了防止炉鼻内锌灰和镁的氧化物粘附到带钢表面，必须采用泵及时抽去镀浴表面的灰渣，采用可以摆动的炉鼻便于停机时清理炉鼻灰，并且将炉鼻内的气体抽出炉外进行冷却、过滤、加热以后再送入炉内。

（4）对于高铝成分的锌铝镁产品，炉鼻和热张辊室的温度超过了锌蒸气冷凝成锌灰的温度，炉鼻内锌灰相对较少，可以不用锌灰泵，但是锌蒸气会在快冷段冷凝成锌灰，因此必须将快冷后的保护气体抽出炉外进行冷却、过滤，不需加热以后再送入快冷段。

B 锌锅外的措施

（1）为了防止气刀处和镀浴表面镁的氧化问题，气刀必须采用氮气吹扫，锌锅表面最好相对密封。

（2）为了有效控制镀层组织，对于低铝成分的锌铝镁产品，在气刀上方约8~12m开始冷却，对于中、高铝成分的锌铝镁产品，一出气刀就要采用移动风箱适当快速冷却，且采用高效率的结构，以保证不对镀层造成影响和不出现黑点缺陷为目标控制冷却速度。

（3）为了防止水淬时镀层中的镁与水发生强烈的反应，必须严格控制带钢淬水温度。为此必须采用高效镀后冷却风箱，考虑采取镀后雾化水冷、水冷辊等措施。

（4）为了防止产品表面发黑问题，不能采用酸性强的钝化液，必须采用无六价铬的钝化液、进行耐指纹或磷化处理，最好进行表面冷覆膜处理。

2.2.4 不同镀层产品生产线的设计

综上分析，不同镀层产品生产线的设计参数与设备配置如下。

2.2.4.1　不同镀层产品的设计参数

不同镀层产品生产线的设计参考参数如表 2.2-3 所示。

表 2.2-3　不同镀层产品生产线的设计参考参数

镀层种类			镀纯锌	镀锌铝	镀低铝锌铝镁	镀中铝锌铝镁		镀高铝铝锌镁	镀铝锌	镀铝硅
生产线最低速度/m·min⁻¹			≥50	≥50	≥50	≥50	≥60	≥60	≥60	≥60
前处理效果	残油/mg·m⁻²		15	15	略	略	略	略	10	8
	残铁/mg·m⁻²		10	10	略	略	略	略	8	5
退火炉	无氧化炉板温/℃		600~700	600~700	600~700	600~700	600~700	620~650	620~680	不推荐
	辐射炉露点/℃		≤-45	≤-45	≤-50	≤-50	≤-50	≤-55	≤-50	≤-55
	辐射炉中 H₂ 浓度/%	卧式	15	18	18	18	18	20	20	30
		立式	5	5	5	5	5	8	8	12
	炉鼻头露点/℃		-35~-40	-35~-40	-38~-42	-38~-42	-38~-42	-38~-42	-40~-50	≤-50
镀后冷速	凝固前/℃·s⁻¹		无要求	无要求	略	略	略	略	略	≥16/10①
	凝固时/℃·s⁻¹		无要求	无要求	略	略	略	略	略	≥16/10①
镀后板温	塔顶辊/℃		280	270	260	250	270	300	300	320
	入水淬/℃		150	150	95	105	105	105	150	150

① 为冷成形用镀铝硅产品。

2.2.4.2　不同镀层产品冷却曲线

不同镀层产品不但镀浴温度不同，而且镀后冷却速度要求也不同，综合而言，不同镀层产品浸镀过程和镀后的冷却曲线对比如图 2.2-1 所示。

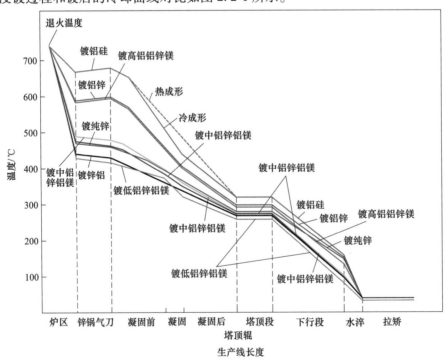

图 2.2-1　不同镀层产品浸镀过程和镀后的冷却曲线

2.2.4.3 不同镀层产品的设备配置

不同镀层产品生产线的部分功能设备参考配置如表 2.2-4 所示。

表 2.2-4 不同镀层产品生产线的部分功能设备参考配置

镀层种类		镀纯锌	镀锌铝	镀低铝锌铝镁	镀中铝锌铝镁	镀高铝铝锌镁	镀铝锌	镀铝硅
前处理	高效率刷辊	按照实际情况					重点采用	
	电解脱脂	需要采用					重点采用	
	平床过滤	需要采用					重点采用	
	磁性过滤	需要采用					重点采用	
退火炉	无氧化炉	可以采用		可以采用		尽量不用		不推荐
	快冷功率	大功率			较大功率	低功率		最低功率
	均衡段	最好采用		最好采用		需要使用		重点采用
	快冷后炉喉	最好采用				需要使用		重点采用
	快冷后炉气过滤	不需要			需要采用	重点采用		不需要
炉鼻	炉鼻伸缩或摆动	需 要 采 用						
	炉鼻保温	需 要 采 用						
	保护气体加热	需 要 采 用						
	摄像机	需 要 采 用						
	加湿器	重点采用		不能采用			可不用	不需要
	炉鼻炉气过滤	需要采用		重点采用			不需要	
	锌灰泵	需要采用		重点采用			可不用	不需要
锌锅	预熔锌锅	不需要				需要采用		
	锌锅种类	有芯感应方锅			优先采用无芯感应圆锅			
	锌锅功率	功率较小			功率较大	功率最大		
辊子	辊子材料	STS 304				STS 316L		HT
	辊子镀层	碳化物系涂层				硼化物系涂层		硅钙系涂层
	刮刀	根据实际情况考虑				需要采用		
气刀	气刀介质	空气			氮气		空气	
	风机功率	较大				较小		
冷却	移动快冷	可不用		可不用	重点采用（出气刀冷却）			
	塔顶水冷辊	可不用		按照实际情况				
	水雾冷却	不需要		按照实际情况				

2.2.4.4 冷却塔高度的计算

早期的生产线只生产镀锌板，对镀后冷却速度要求不是很严格，主要是对锌花大小（包括大锌花和无锌花）和产品的机械性能有一定的影响。但是，对于高铝类镀层产品和含镁类镀层产品，对镀后冷却速度的要求非常严格，不但影响到产品的力学性能，关键是影响到镀层与基体之间化合物层的厚度，特别是影响到镀层结晶后的组织，即产品的耐腐蚀性问题，因此对镀后冷却速度的控制，或冷却塔高度的计算显得非常重要。

A 镀后冷却速度对产品力学性能的影响

镀后冷却速度对产品力学性能的影响最大的产品是浸镀温度最高的镀铝硅，对低碳钢材料的基板进行了试验，结果数据如图 2.2-2 所示。

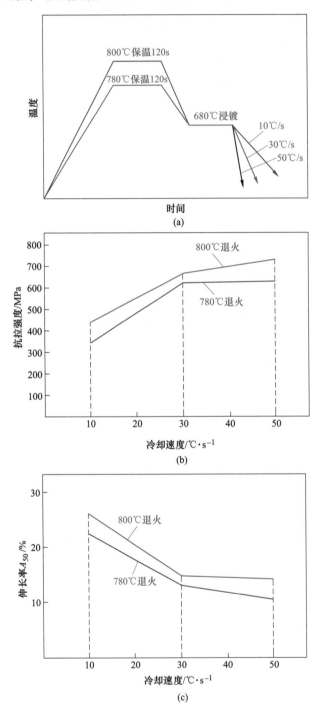

图 2.2-2 镀后冷却速度对产品力学性能的影响

（a）工艺曲线；（b）抗拉强度随镀后冷却速度的变化曲线；（c）伸长率随镀后冷却速度的变化曲线

可见，随着镀后冷却速度的增加，产品的强度急剧提高、伸长率急剧下降。当然，对于浸镀温度略低的其他产品，以及无间隙原子钢的基板而言，这种影响会小得多。因此，对于一般产品，基本的镀后冷却速度可以按照 $10℃/s$ 计算冷却塔的高度，对于需要冲压的低碳钢，选择比较低的冷却速度，对于无间隙原子钢或结构钢，选择比较高的冷却速度。

B　镀后冷却速度对产品附着力的影响

对于高铝类镀层产品，液态镀层中的铝与基板中的铁发生剧烈的化合反应，生成硬而脆的金属间化合物，如果化合物过厚，就会影响产品的附着力，产品在冲压加工时会发生镀层脱落，而这种反应不但在镀浴内存在，而且在镀层没有凝固前一直存在，因此必须通过控制冷却速度来控制金属化合物的厚度，也就不能顾及力学性能问题。这就是说，镀铝硅、镀铝锌、镀高铝铝锌镁等高铝类产品的冷却速度必须分为两个阶段控制，在凝固前和凝固过程中，以控制金属化合物厚度为主确定冷却速度，需要较高的冷却速度，而且需要出了气刀就冷却，气刀高度也要尽量低。在凝固以后，以保证力学性能为主确定冷却速度。

C　镀后冷却速度对结晶组织的影响

对于低铝含镁类镀层而言，凝固前的冷却速度会影响到结晶组织；对于中铝含镁类镀层而言，冷却风箱喷气速度对表面氧化膜状态有很大的影响，也就影响到产品表面质量。因此，对于这两种镀层，在凝固前就必须以此控制冷却速度。而且，凝固时的冷却速度也会影响结晶后的组织。所以，在这前两个阶段不能顾及力学性能，只有在凝固以后才能按照力学性能的要求确定冷却速度。

总之，含镁类镀层镀后冷却速度必须分为凝固前、凝固过程和凝固以后三个阶段分别设计。

D　冷却塔高度的计算

从共性而言，镀层的凝固有一个温度区间，凝固有一个时间过程，镀纯锌、镀锌铝只不过是一个凝固温度范围为 $0℃$ 的特例。镀层从镀浴到塔顶的冷却、凝固过程中，经过凝固前、凝固时和凝固后三个过程，冷却塔的总高度也就必须按照三个区域分别计算，如图 2.2-3 所示。

冷却塔的总高度计算方法如表 2.2-5 所示。

表 2.2-5　冷却塔的总高度计算方法

镀层种类	镀纯锌	高铝类镀层	含镁类镀层
凝固前高度 H_1	v_1、v_2 无要求，均取 v_3 $H = (T_3 - T_0) \cdot V / v_3$	v_1、v_2 一致，取 v_1 $H_1 + H_2 = (T_2 - T_0) \cdot V / v_1$	$H_1 = (T_1 - T_0) \cdot V / v_1$
凝固时高度 H_2			$H_2 = (T_2 - T_0) \cdot V / v_2$
凝固后高度 H_3		$H_3 = (T_3 - T_2) \cdot V / v_3$	$H_3 = (T_3 - T_2) \cdot V / v_3$
冷却塔总高度		$H = H_1 + H_2 + H_3$	

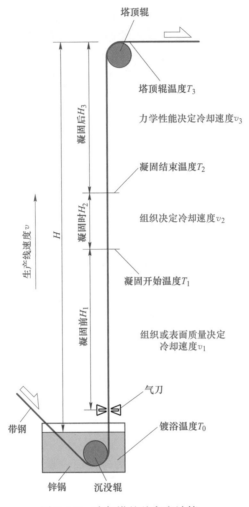

图 2.2-3   冷却塔的总高度计算

2.3   高强钢的可镀性技术原理

2.3.1   合金元素的选择性氧化现象

2.3.1.1   基材的可镀性及其实质

可镀性是指基材能够通过热浸镀工艺过程，加工生产出镀层附着性能良好的镀层产品的可能性。理论和实践均证明，无论热浸镀哪一种成分的镀层，普通碳钢的可镀性良好。但是对于高强钢而言，由于加入了大量的合金元素，给基材的可镀性带来很大的影响。究其根本原因，是在退火过程的气氛中，合金元素发生了氧化，氧化生成的氧化膜影响了带钢在镀浴内的浸润性。因此，要改善高强钢的可镀性，就必须从合金元素的氧化现象入手。

2.3.1.2   选择性氧化的概念

钢带在退火过程的一定成分的保护气氛中，并非基材中铁和合金的所有金属元素都同时与氧反应形成氧化物，而仅仅是与氧亲和力强的合金元素发生氧化，但钢带中的铁元素并不发生氧化反应，仍以单质状态存在，这种具有选择性的合金元素氧化现象称为选择性氧化[47]。

在连续热镀锌生产过程中，由于炉内保护气体不纯、设备密封、带钢运动带入、保护气氛中微量水蒸气分解等原因，导致退火炉保护气氛中除了一定比例的氢气以外，还含有微量的氧气，这种保护气氛对 Fe 来说可能是还原性的，但对高强钢中添加的 Mn、Si、Al 等合金元素而言则可能是氧化性的。因此在退火过程中，这些合金元素在钢板表面发生选择性氧化，并且随着退火过程的进行，合金元素不断从钢基内部向表面扩散，使钢板表面的合金元素越来越多，不断发生氧化，最终影响基材的可镀性。

2.3.1.3 选择性氧化的分类

科学家通过对合金元素在钢中氧化行为的研究分析，建立了选择性氧化理论模型，并借助这些计算模型来分析和预测高强钢中合金元素的氧化行为和氧化规律，从而为高强钢热镀锌的工艺制定提供指导。典型的选择性氧化理论模型有 Wanger 模型和多元合金模型。

20 世纪 50 年代，德国科学家 Wanger 首先提出合金的选择性氧化理论，并且认为合金的选择性氧化可以区分为内氧化和外氧化。

内氧化是指在氧化过程中，氧溶解到合金中并向内扩散，合金中比较活泼的元素与氧发生反应，在合金内部发生氧化生成氧化物的过程。外氧化是指合金元素扩散至基体表面与氧发生氧化反应，在合金表面生成氧化物的过程。图 2.3-1 为二元合金内氧化和外氧化示意图。

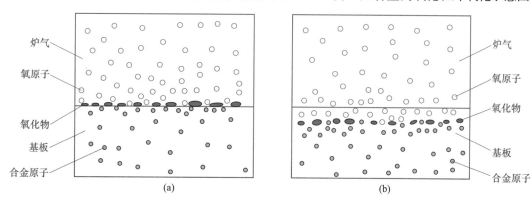

图 2.3-1　二元合金外氧化和内氧化示意图
（a）外氧化；（b）内氧化

2.3.1.4 二元合金选择性氧化模型

Wanger 选择性氧化模型是针对二元理想单晶提出的，假设选择性氧化控制步骤为合金元素的扩散，以扩散方程为基础，结合边界条件和初始条件，采用解析的方法求解合金元素在基体内的氧化情况。根据该理论模型，在恒定退火环境下，二元理想单晶中活性元素 X 发生内氧化和外氧化的临界条件为：

$$N_{X,\text{crit}}^{0} = \left(\frac{\pi g^{*} V N_{0}^{S} D_{0}}{2 n V_{X\text{on}} D_{X}} \right)^{1/2} \tag{2.3-1}$$

$$\sum_{N} N_X^O (nD_X V_{Xon}) \geqslant \left(\frac{\pi g^*}{2} V N_O^S D_0 \right)^{1/2} \tag{2.3-2}$$

$$N_{X,crit,GB}^O = \left\{ \frac{\pi g^* V N_O^S D_0' \exp[-Q_0/(2RT)]}{2nV_{Xon}D_X D_X' \exp[-Q_X/(2RT)]} \right\}^{1/2} \tag{2.3-3}$$

式中，g^* 为阻碍氧向内扩散所需沉淀氧化物的临界体积分数；V 为合金的摩尔体积；N_O^S 为表面溶解氧的摩尔分数；n 为氧和金属原子在氧化物中的化学计量比；V_{Xon} 为氧化物的摩尔体积；D_0 和 D_X 分别为氧和合金元素 X 的扩散系数。

根据该模型，当氧的渗透率 $D_0 N_O^S$ 远大于合金元素的渗透率 $D_X N_X^S$（N_X^S 为合金中 X 元素的摩尔分数）时，氧向内扩散占优势，此时合金元素以发生内氧化为主；反之，当氧的渗透率 $D_0 N_O^S$ 远小于合金元素的渗透率 $D_X N_X^S$ 时，合金元素的扩散占优势，此时主要发生外氧化。

2.3.1.5　多元合金选择性氧化模型

Wanger 选择性氧化模型虽然可以作为合金在一定退火气氛下是否发生内氧化的判据，但该模型的适用对象是二元合金的理想单晶体，不存在晶界和缺陷，而实际合金大多是多元合金，因此该模型无法很好预测合金的氧化行为。

在 Wanger 理论模型的基础上，研究学者进行了修正，得出了适用于多元合金氧化行为预测的理论模型。Grabke 等基于叠加效应，认为外氧化和内氧化的分界线为向内扩散氧流与向外扩散合金元素流的总和比较，从而将 Wanger 模型修正为：

$$\sum_{N} N_X^O (nD_X V_{Xon})^{1/2} \Longleftrightarrow \left(\frac{\pi g^*}{2} V N_O^S D_0 \right)^{1/2} \tag{2.3-4}$$

该式左边代表可氧化合金元素向外扩散的线性叠加，右边代表氧向合金内的扩散。若该式左边值大于右边，则代表合金元素向外扩散占主导，退火过程中合金以发生外氧化为主；当该式右边大于左边，则代表氧的向内扩散占主导，退火过程中合金以发生内氧化为主。此外，从该式中还可看出，参数 N_X^O 和 N_O^S 是决定合金在一定气氛下发生内氧化还是外氧化的重要参数。即合金中合金元素存在极限浓度以及退火气氛中氧含量也存在极限浓度，这个极限浓度对合金氧化模式的转变有着决定性作用。

2.3.2　选择性氧化对热浸镀的影响

2.3.2.1　基板在镀浴内的浸润性

正是合金元素的选择性外氧化会造成合金元素以氧化物的形式富集于钢板表面，恶化基板在镀浴内的浸润性。基板在锌液中的浸润性好坏可以用示意图 2.3-2 表示。

在钢板表面不存在氧化物的条件下，钢基表面与锌液液滴的浸润角 θ 小于 90°，此时钢板的浸润性良好；而钢板表面形成一层氧化物薄膜以后，其浸润角 θ 大于 90°，则证明此时的钢板表面浸润性较差，钢板表面的氧化物薄膜恶化了钢板的浸润性，在镀锌过程中容易造成漏镀或镀层附着力不强等一系列缺陷。

2.3.2.2　氧化物种类对浸润性的影响

由于发生选择性氧化的元素都是与氧有着很强亲和力的合金元素，可以通过其生成氧化物的自由焓来判断钢中合金元素发生氧化的难易程度。通过计算可知，在退火温度为

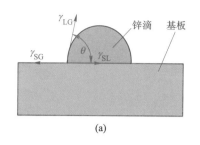
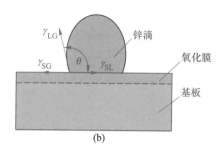

图 2.3-2 基板在锌液中的浸润性好坏

（a）浸润较好（$\theta < 90°$）；（b）浸润不良（$\theta > 90°$）

800℃，保护气氛为 5%~8% H_2-N_2，露点为−30℃条件下，Al、B、Ti、Si、Nb、Mn 等合金元素都会发生选择性氧化，而 P、Mo 和 Fe 元素则处于还原状态。

合金元素在钢板表面形成氧化物富集都会导致钢板表面浸润角的增大，对镀锌产生不良影响，但不同的氧化物对钢板浸润性的影响也有所差别，图 2.3-3 给出了不同类型的氧化物对浸润性的影响[45]。

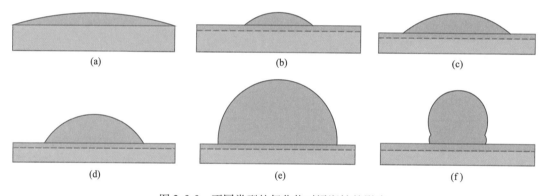

图 2.3-3 不同类型的氧化物对浸润性的影响

（a）无氧化物表面；（b）Fe、Mn 磷化物；（c）Al 和 Mn 的氧化物；

（d）Mn、B 氧化物和 MnO；（e）Mn、Si、Cr 的氧化物；（f）Si 的氧化物

从图中可以看出，在钢板表面无氧化物存在的情况下，钢板与锌液液滴的浸润角很小，说明浸润性良好，随着 Mn、Al、B 等氧化物的出现，浸润角逐渐增大，不过钢板表面的浸润性仍处于较好的浸润范围内，但当 Si、Cr 等氧化物在钢板表面形成后，钢板与锌液液滴的浸润角急剧增大，说明 Si 和 Cr 的氧化物对钢板表面浸润性的影响较其他合金元素氧化物的影响要严重。尤其是 Si 的氧化物形成后，浸润角已经超过 90°，事实证明当钢中的 Si 超过 0.10% 以后，或者带钢采用含 Si 的脱脂剂时，可镀性就会受到影响，导致镀层附着性变差，出现镀层剥离、漏镀等缺陷，这一现象称之为"圣德林效应"。

2.3.2.3 氧化物形态对浸润性的影响

研究表明，除了氧化物类型对钢板浸润性有影响以外，氧化物的形态，即分布状态以及尺寸大小，都会对浸润性产生一定影响。如果钢板表面形成的氧化物颗粒较小，并且数

量较少，分布稀疏，则对钢板浸润性的影响较小；如果氧化物颗粒较大，或者数量较多，形成了较薄的一层氧化物膜，则会对浸润性产生较大的危害，如图 2.3-4 所示。

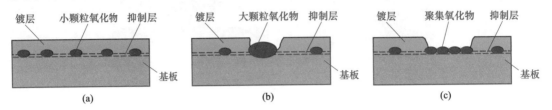

图 2.3-4　氧化物形态对可镀性的影响

（a）小颗粒氧化物；（b）大颗粒氧化物；（c）氧化物聚集

2.3.3　选择性氧化的影响因素

2.3.3.1　合金成分

表 2.3-1 为典型合金元素在 727℃下的标准吉布斯自由能。从该表中可看出，Si、Mn、Cr、P 等氧化物的吉布斯自由能比氧化铁的低，在保护气氛氧化能力相同的情况下，这些合金元素会优先与 Fe 生成氧化物。

表 2.3-1　部分氧化物在 727℃下的标准吉布斯自由能

氧 化 物	标准吉布斯自由能/kJ·mol^{-1}
Cr_2O_3	−580
Mn_3O_4	−586
MoO_2	−420
SiO_2	−730
P_2O_3	−469
FeO	−423

对于 Si 和 Mn 来说，当钢板在保护气氛中退火时，这两种元素向钢板表面扩散聚集的趋势很强，与氧生成 SiO_x、MnO、Mn_2SiO_3、Mn_2SiO_4 等颗粒状或薄膜状的氧化物，从而大大降低锌液在钢板表面的浸润性。Cr 在高温退火时向表面扩散富集的程度很小，但在钢板表面的 Cr 容易氧化生成 Cr_2O_3，从而恶化钢板的可镀性。MnO 和 Cr_2O_3 还会进一步结合生成 $MnCr_2O_4$，严重恶化钢的可镀性。P 元素在工业退火气氛下，容易偏聚于晶界，阻碍 Si、Mn 元素沿晶界快速扩散，从而有效减少表面氧化物的数量，可提高钢板的可镀性。Mo 氧化物的吉布斯自由能和 FeO 的相差不大，在退火过程中向钢表面扩散的趋势小，不易在其表面形成氧化物，对高强钢的可镀性影响不大，故高强钢可以用 Mo 来部分取代 Mn，来改善其可镀性。在高强钢中还可用 Al 来部分替代 Si，改善其可镀性。因为 Al 与氧的亲和力最大，在工业退火气氛中倾向于在钢板表面以下的亚表层发生氧化（即内氧化），几乎不影响钢板与锌液之间的反应。

2.3.3.2　炉气露点

连续热镀锌线上退火炉中保护气氛一般为氮气和氢气的混合气体，气氛露点（dew

point，DP）和组成对高强钢选择性氧化有明显影响。

露点为表征退火炉中水汽含量的物理量，露点变化，则退火气氛的氧化能力呈数量级变化，露点的增加对高强钢表面氧化行为远大于其他的工艺参数。根据选择性氧化理论模型，随着保护气氛氧分压增加，合金元素氧化类型逐步由外氧化转变为内氧化，有利于改善带钢可镀性。以某一成分 DP590 为例，采用 Grabke 模型对合金元素氧化行为进行计算，当退火温度为 820℃，退火气氛 H_2 含量为 5% 时，露点值为横坐标，模型计算值为纵坐标进行绘图，并且将在该工艺参数下 Fe 的氧化露点值在图中表示，其绘图结果如图 2.3-5 所示。随着露点升高，DP590 合金元素氧化行为可分为三个范围：

（1）合金元素外氧化区：随露点升高（<−10.35℃），退火气氛中氧分压增加，若其中氧分压未到达使合金元素发生内氧化水平时，钢基板表面将仍然以发生外氧化为主，钢基板表面氧化物将数量增加、尺寸增大。

（2）合金元素内氧化区：露点继续升高（−10.35℃≤露点≤21.9℃），退火气氛中氧分压达到使合金元素发生内氧化的条件，钢中合金元素将在基体的亚表面发生氧化，其表面氧化物数量反而减少，有利于改善带钢可镀性。

（3）铁的外氧化区：露点过高（>21.9℃），氧分压超过铁生成氧化物所需氧分压时，钢板表面将会产生大量铁的氧化物，对热镀锌不利。

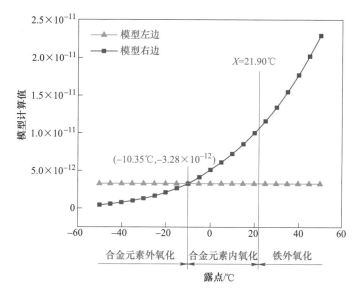

图 2.3-5　DP590 各露点下 Grabke 模型计算值

由此可见，选择合理的露点范围，就可以控制合金元素和铁的氧化形态。

事实也证明了这点。图 2.3-6 为某成分的高锰钢在 −50～+5℃ 露点下退火后基体表面氧化物的形貌。随着露点升高，基体表面氧化物明显减少。露点低（−50℃和−30℃）时，基体表面几乎完全被氧化物覆盖。当露点升高至−10℃时，氧化大量减少，露出大量洁净基体。露点继续升高至 5℃ 时，只有零星氧化物散布在基体表面。

2.3.3.3　炉气氢含量

炉气的参数中，除了露点以外，氢气浓度对选择性氧化的影响也很大。

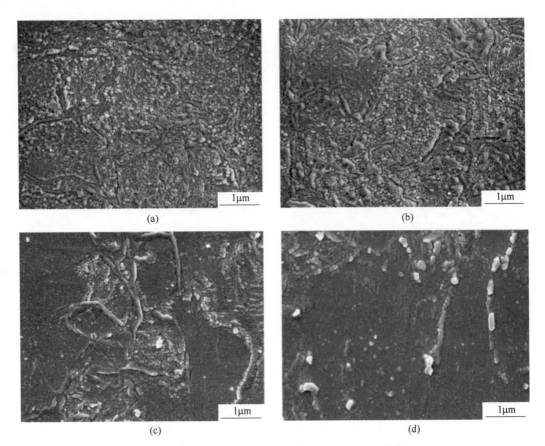

图 2.3-6　不同露点下某高锰钢表面氧化物形貌[48]

（a）-50℃；（b）-30℃；（c）-10℃；（d）+5℃

退火气氛中平衡氢分压（p_{H_2}）、露点（DP）和退火温度（T）之间的关系如下所示：

$$\frac{1}{2}\lg p_{O_2} = \frac{9.8DP}{273.5 + DP} - \frac{13088}{T} - \lg p_{H_2} + 0.78, 露点 \leqslant 0℃ \qquad (2.3\text{-}5)$$

从上式可看出，在一定露点和退火温度下，退火气氛中氢气含量增加，气氛中的平衡氧分压（p_{O_2}）降低。退火气氛中氢气含量降低，气氛中氧分压增大，氧向钢基内部扩散驱动力较强，渗透深度较深，与合金元素的氧化行为大部分发生在钢板表面以下的亚表层，合金元素主要发生内氧化，钢板表面的氧化物较少，利于锌液的浸润及抑制层的形核生长。当退火气氛中的氢气含量较高时，氧分压较小，钢中合金元素向外扩散的趋势占优势，氧化行为主要发生在钢板表面，合金元素主要发生外氧化，在钢板表面氧化物增多，不利于后续热镀锌。

资料介绍了某成分 DP780 钢在不同氢气含量下退火后表面氧化物形貌如图 2.3-7 所示，可见随着氢气浓度的增加，氧化物尺寸增加、聚集度也增加。

2.3.3.4　退火温度

退火温度不同，钢中合金元素将发生不同程度的氧化。退火温度较低时，钢中合金元素原子扩散能力较弱，且主要沿晶界等缺陷扩散，故此时钢板表面氧化物数量较少，且大

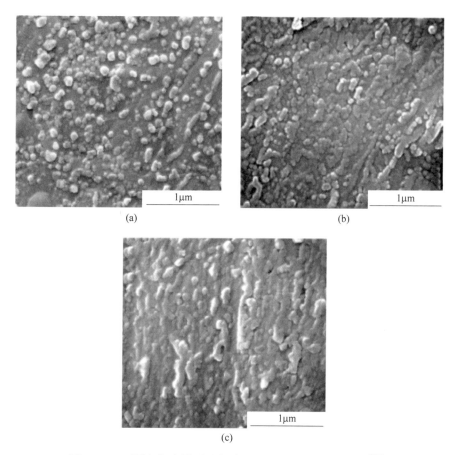

图 2.3-7 不同氢气含量下退火后 DP780 钢表面氧化物形貌[49]

(a) 5%H_2；(b) 10%H_2；(c) 20%H_2

部分分布在晶界等缺陷处。随退火温度的升高，合金元素原子扩散能力增加，钢板表面氧化物密度增加，甚至会生成一层氧化膜将基体覆盖。此外，不同退火温度还会对高强钢表面氧化物的类型和形貌产生影响。对于大多数高强钢而言，其退火温度在 720~850℃ 之间，Mn 和 Cr 的氧化物相对稳定，且均为颗粒状。对于 Si 的氧化物来说，随退火温度升高，其氧化物逐渐从无定型氧化物 SiO_x 转变为复杂氧化物 Mn_2SiO_4，且密度逐渐增加，从颗粒状逐渐变为薄膜状。

图 2.3-8 为某双相钢在 780~820℃ 下退火后的表面形貌。当退火温度为 780℃ 时，氧化物主要分布在晶界处。随着温度升高，基体表面氧化物颗粒尺寸逐渐增大，氧化物数量也增多，820℃ 退火时，基体表面几乎被氧化物所覆盖。

2.3.4 提高可镀性的工艺措施

2.3.4.1 预氧化-还原工艺

预氧化-还原工艺的原理是，在热镀锌生产线的加热段，通过提高明火加热的空燃比，或提高辐射管加热段某一区域保护气体的露点、降低氢气浓度，使氧分压超过铁生成氧化

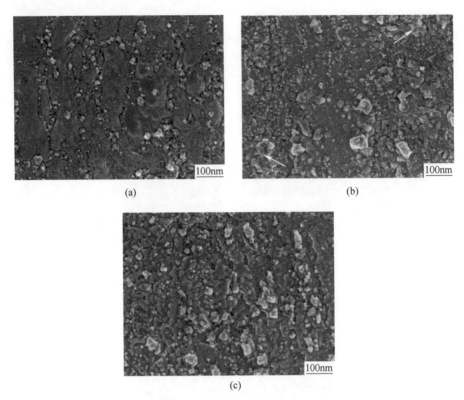

图 2.3-8　不同退火温度下某双相钢表面氧化物形貌（40000×）

(a) 780℃；(b) 800℃；(c) 820℃

物所需氧分压，经过控制使得铁在表面发生氧化，而合金元素发生内氧化，基体表面基本上被氧化铁覆盖，而合金元素的氧化物很少。然后在均热和冷却的过程中，通过降低气氛露点、增加氢气浓度，使氧分压低于铁生成氧化物所需氧分压，钢带在 H_2-N_2 气氛下发生还原反应，使得表面的氧化铁得到还原，钢带表面被海绵铁所覆盖，进入锌锅镀锌。该海绵铁与锌液的浸润性良好，从而得到与基板结合良好的镀层，其示意图见图 2.3-9。

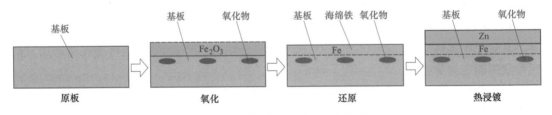

图 2.3-9　预氧化-还原工艺示意图

预氧化过程中，基板中的铁氧反应物可能有 Fe_2O_3 和 Fe_3O_4 两种，Fe_2O_3 的结构比较疏松，在后续还原气氛中可以还原成海绵铁，但 Fe_3O_4 结构非常致密，难以还原，所以在预氧化过程中，必须控制铁的氧化物种类，避免产生 Fe_3O_4。Fe_3O_4 产生条件与钢带温度、炉气中氢气含量和露点有关，在不同的钢带温度和炉气中氢气含量下，有一个临界露点。同样，可以根据模型计算出某一钢板成分的临界露点，其数值与内、外氧化的临界露点一样，临界露点随着钢带温度的升高而升高，随着炉气中氢气含量的增加而升高，如表 2.3-2 所示。

表 2.3-2　某一成分钢板的内外氧化和 Fe_3O_4 产生的临界露点

钢板温度/℃	内外氧化的临界露点/℃			Fe_3O_4 产生的临界露点/℃		
	2%H_2	5%H_2	10%H_2	2%H_2	5%H_2	10%H_2
780	−19.1	−9.1	−1.0	6.8	20.9	32.7
800	−17.5	−7.4	1.0	7.3	21.3	33.2
820	−15.9	−5.6	3.0	7.7	21.9	33.8
840	−14.4	−4.0	5.1	8.3	22.4	34.3

不同露点的退火气氛会使钢板表面生成不同厚度的 Fe 的氧化层，露点越高，厚度越大。从图 2.3-10 中可以看出，预氧化露点为+5℃时钢板表面氧化物颗粒小且少，形成的抑制层也最致密，如图 2.3-10（c）所示。预氧化露点为 0℃时，钢板表面 Fe 氧化层厚度太薄，在接下来的还原气氛中得到的金属态的海绵铁较少，不能将其表面氧化物颗粒很好地覆盖，所以其表面氧化物颗粒大且多，如图 2.3-10（b）所示。预氧化露点为+10℃时，由于氧化较为强烈，导致钢板表面形成的 Fe 氧化膜较厚，钢板在还原过程中的时间是一定的，在这个确定的时间内这层氧化膜未被完全还原，在热浸镀锌过程中由于 Fe 氧化物的铝热反应要消耗一定量的铝，导致钢板和锌液反应界面 Al 含量的下降，造成其抑制层形成不连续，如图 2.3-10（d）所示。

图 2.3-10　不同退火条件下试验钢热浸镀板界面抑制层的形貌
（a）无预氧化露点−50℃；（b）预氧化露点 0℃/炉气露点−50℃；（c）预氧化露点+5℃/炉气露点−50℃；
（d）预氧化露点+10℃/炉气露点−50℃

2.3.4.2　内氧化工艺

如前所述，根据选择性氧化理论模型，合金元素选择性氧化过程是一个扩散过程，这种扩散有两个方向，一方面合金元素从钢基内部向钢板表面扩散，同时钢板表面的氧元素也向钢基内部扩散，当两者相遇后就会反应生成氧化物。根据两者相遇的位置不同，就会有两种不同的结果，若合金元素向外扩散速度比氧元素向里扩散速度快很多，合金元素就在钢板表面氧化，被称为外氧化；反之，合金元素的氧化反应发生在钢板表面以下的次表面，这被称之为内氧化。外氧化和内氧化对钢板可镀性的影响有根本性的不同，外氧化形成的氧化物在钢带的表面，会影响可镀性；而内氧化生成的氧化物在钢带的内部，就不会影响可镀性。

因此，通过调整退火炉中气氛的 H_2 含量和露点，使退火气氛的氧化能力达到可以使合金元素发生内氧化，而又不使 Fe 发生氧化的合适范围，从而减少基体表面氧化物，改善高强钢热镀锌可镀性。除了预氧化—还原工艺外，内氧化工艺也是工业中采用的改善高强钢可镀性的方法。

2.3.4.3　反应退火

在高强钢的退火气氛中加入反应气体，如 CO、NH_3，这些反应气体在退火炉中发生如下分解反应：

$$NH_3 \rightleftharpoons N_{ads} + \frac{3}{2}H_2 \qquad (2.3\text{-}6)$$

$$N_{ads} \rightleftharpoons [N] \qquad (2.3\text{-}7)$$

$$CO + H_2 \rightleftharpoons [C] + H_2O \qquad (2.3\text{-}8)$$

$$2CO \rightleftharpoons [C] + CO_2 \qquad (2.3\text{-}9)$$

反应气体分解得到 [N]、[C] 原子，这些原子在钢中属于间隙原子，在高温退火的作用下向基体内部扩散，其扩散速度大于合金元素 Mn、Si、Cr 向外扩散的速度，C、N 原子就先在次表面富集，从而减缓或抑制合金元素向外扩散的趋势，达到改善钢板表面润湿性，提升热浸镀可镀性的目的。图 2.3-11 为反应退火和传统退火界面反应的示意图。

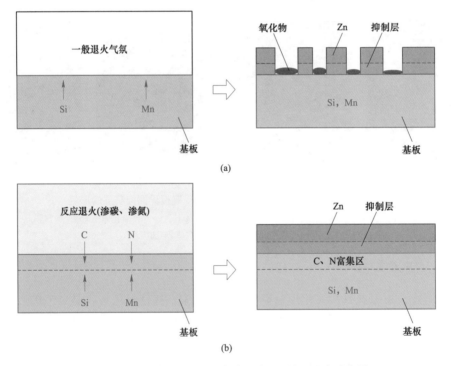

图 2.3-11　传统退火(a)和反应退火(b)界面反应示意图

2.3.4.4　其他工艺

在基体表面通过电镀的方式预镀一层极薄的 Ni 层，阻碍合金元素在基体表面的富集，从而减少或消除基体表面合金元素氧化，可以有效提高高强钢的可镀性。这种方法也称为"闪镀法"。

另外，通过调整合金成分，例如用 Mo 部分取代 Mn，Al 部分替代 Si，也可以一定程度改善可镀性。

2.4 镀层线的分类与总体设计

2.4.1 镀层生产线的工艺流程

2.4.1.1 入口段

镀层生产线入口段工艺设备流程如图 2.4-1 所示。

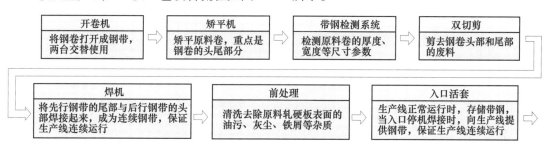

图 2.4-1 镀层生产线入口段工艺设备流程

2.4.1.2 工艺段

镀层生产线工艺段设备流程如图 2.4-2 所示。

2.4.1.3 镀后处理段

镀层生产线镀后处理段工艺设备流程如图 2.4-3 所示。

2.4.1.4 出口段

镀层生产线出口段工艺设备流程如图 2.4-4 所示。

2.4.2 镀层生产线的分类与特点

2.4.2.1 按照镀层成分分类

（1）低铝镀层生产线：指含铝量在 20% 以内的镀层板生产线，包括镀纯锌、锌铝合金、锌铝镁合金等。其特点是镀层附着性较好、镀层合金的熔点较低、产生铁铝化合物的倾向也较低。因此，建材板生产时对前处理和炉内还原性气氛的要求不很严格，可以采用带钢加热镀浴的方法，基本可以做到无底渣操作，对三辊六臂的腐蚀较低，只需要一只锌锅，镀后冷却速度要求也不高。

（2）55% 铝镀层生产线：指含铝量在 45%~60% 的镀层板生产线，其特点是镀浴浸润性不好、镀层合金的熔点较高、产生铁铝化合物的倾向也较高。因此，对前处理和炉内还原性气氛的要求比较严格，不可以采用带钢加热镀浴的方法，会产生较多的底渣，对三辊

退火炉	炉鼻	镀锅
(1) 对原料带钢进行加热、保温、冷却，达到热处理目的； (2) 采用保护气体防止带钢氧化，并采用氢气使带钢表面原有的氧化物还原； (3) 将带钢表面的油污燃烧或挥发去除，成活化状态； (4) 采用预氧化-还原的方法，解决高强钢的可镀性问题； (5) 控制出炉带钢温度，与镀锌温度相适应	(1) 将带钢在密封状态引入镀浴内进行热浸镀； (2) 保持或调整带钢入锅点温度与镀浴温度相适应； (3) 控制炉鼻内镀浴表面无炉鼻灰，无氧化膜，防止缺陷产生	(1) 加热熔化镀层锭，保持热浸镀所需的温度； (2) 盛装镀层液体，保持准确的液位，完成热浸镀的过程； (3) 加入调整锭，调整镀浴成分，确保产品质量

气刀	矫正辊	沉没辊	稳定辊
有前后两片气刀，分别位于带钢的前面和后面，通过向带钢表面喷吹用压缩空气制成的"刀"。刮去带钢热浸镀以后表面多余的液体镀层，保证镀层厚度达到规定的要求	矫正钢带的位置，以保证处在气刀的中间位置	在镀浴内使带钢转向，由斜向下转垂直向上	保持带钢处于绷紧状态，不产生振动

合金化炉	冷却塔	水淬槽	镀层重量测量仪
对镀后的带钢加热，使表面的镀层与带钢表面的铁产生金属间的化合反应，由纯锌镀层转变为锌铁合金镀层	一般有上下两个通道，带钢在上、下通道内采用风冷冷却到大约110℃左右	在冷却塔的下方，对风冷后的带钢进行喷淋、水淬，使温度进一步冷却到大约45℃左右	检测镀层钢带表面的镀层附着量

图 2.4-2　镀层生产线工艺段设备流程

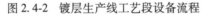

中间活套	光整机	拉矫机
当光整机更换工作辊时，储存钢带，保证生产线正常运行	对镀后常温的钢带进行小压下量的轧制。 (1) 改变表面镀层的形貌，赋予合适的粗糙度； (2) 改善材质的加工性能，消除带钢退火后的屈服平台；	带钢在大张力下通过弯曲、矫直使带钢产生弯曲变形。 (1) 改善带钢的板形； (2) 短时间消除带钢退火后的屈服平台

后处理	辊子刮刀	钝化与耐指纹塔
对镀层带钢表面进一步进行钝化、耐指纹处理或磷化处理，以提高耐腐蚀性或涂装性能	刮去辊子表面粘附的杂质、粘附物，防止钢带产生压印缺陷	对涂敷耐指纹涂料的钢带进行加热、固化，并冷却至常温

图 2.4-3　镀层生产线镀后处理段工艺设备流程

六臂的腐蚀较强，必须采用预熔锅，镀后冷却速度要求也较高。

（3）全铝镀层生产线：指含铝量在 85%～100% 的镀层板生产线，其特点是镀层附着性很差、合金的熔点最高、产生铁铝化合物的倾向也最高。因此，对前处理和炉内还原性气氛的要求非常严格，不可以采用带钢加热镀浴的方法，会产生较多的底渣，对三辊六臂的腐蚀较强，必须采用预熔锅，镀后冷却速度要求也较高[46]。

（4）锌铁合金生产线：指含铝量在 0.2% 以内，含铁在 8%～15% 的镀层板生产线，其特点是需要继续对镀层加热进行合金化处理。因此，需要建造很高的冷却塔，安装合金化

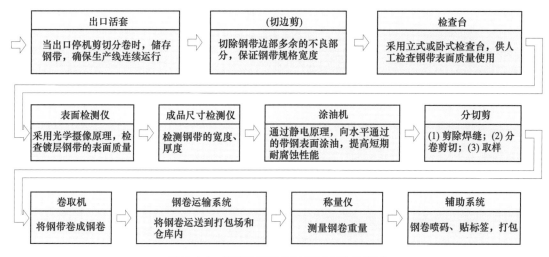

图 2.4-4 镀层生产线出口段工艺设备流程

炉；生产时会产生底渣；对镀层厚度的均匀性要求很高。

2.4.2.2 按照产品用途分类

（1）建材板生产线：一般将除了家电面板、汽车板以外的钢板都纳入建材板的范畴，主要应用作建筑、建设材料及与建筑相关的附件、配套设施，包括机械、工农业、运输业、商业等行业用途。

建材板的特点是规格跨度很大，厚度达到 0.15~6.0mm，宽度达到 200~1250mm；镀层种类最多，几乎覆盖了所有镀层成分，但选型时以专业化为宜，只考虑生产一两种镀层成分；在性能方面对冲压性能要求不高，对强度的要求也相对较低；对表面质量的要求不尽相同，用作涂层基板要求较高，而结构件的要求较低。

（2）家电板生产线：家电板生产线一般指生产家电面板及背板的生产线，家电底座等结构件还是归结为建材板。家电板的厚度规格相对集中，厚度一般在 0.30~0.80mm，生产线最大宽度在 1600mm 以内。镀层种类以镀纯锌无锌花产品为主。家电板的性能要求较汽车行业低，达到深冲级即可，同时应均匀、稳定、耐时效以利于成形加工。对板形平直度的要求非常高，一般要求板形低于（2~3）IU。家电板的表面质量要求较高，甚至超过了汽车板。

（3）汽车板生产线：汽车板包括面板、内板和结构件用板三大类。详见 4.5.1 的介绍。

2.4.2.3 按照工艺特点分类

镀层生产线的工艺特点主要体现在热处理炉的加热方式和结构特点方面。

（1）按照加热方式分类：目前，镀层生产线按照热处理炉的加热方式分为改良森吉米尔法和美钢联法，详见 5.1.1 和 5.1.2 的介绍。

（2）按照炉子形式分类：目前，镀层生产线按照热处理炉的总体形式分为立式炉和卧式炉（含立式卧式混合形式），详见 5.1.3 的介绍。

（3）四种生产线的特点与应用。根据以上两项分类方法，每项分类方法又各有两大类，因此就一共有四种生产线，其特点和用途如表 2.4-1 所示。

表 2.4-1　四种生产线的特点与应用

| 类别 | 项目 | 改良森吉米尔法（NOF 炉） | | 全辐射美钢联法（全辐射炉） | |
		卧式炉	立式炉	卧式炉	立式炉
产品性能及规格	产品类别	建材、家电	建材、家电	家电、建材	汽车、家电
	最高冲压级别	CQ～DDQ	CQ～EDDQ	CQ～DDQ	CQ～EDDQ
	最高强度/MPa	690	1200	690	1200
	板厚/mm	0.35～6.0	0.50～3.0	0.15～6.0	0.40～3.0
	宽度/mm	200～1500	1000～1800	800～1500	1000～2200
	板厚比	无限制	宽/厚<3000	无限制	宽/厚<3000
工艺性能	生产率/t·h^{-1}	中等，60	较高，无限制	较低，20～25	较高，无限制
	炉温/℃	最高 1300	最高 1300	≤950	≤950
	加热速度/℃·s^{-1}	>40	>40	5～10	5～10
	退火周期	时间短	时间短	时间长	时间长
	均热时间/s	短，≤5	长，15～60	短，≤5	长，15～60
	连退过时效时间/s	短，最大 15	长，15～180	短，最大 15	长，15～180
	冷却速度/℃·s^{-1}	有限度，20～40	较灵活，5～110	有限度，20～40	较灵活，5～110
安全性能	保护气体	高 H$_2$，10%～25%	低 H$_2$，最大 5%	高 H$_2$，10%～25%	低 H$_2$，最大 5%
	爆炸危险	较大	较小	较大	较小
	炉子密封	密封性差	密封性好	密封性好	密封性好
产品质量	炉辊温度	直接加热炉辊	辊子不受热	炉辊受热	炉辊不受热
	炉中氧化	带钢表面有微氧化层	带钢表面有微氧化层	无	无
	炉辊结瘤	有，产品有压痕	少	无	无
	锌锅污染	铁皮和铁粒污染锌锅	有部分污染	无	无
	镀后板形	不好	通过炉子可改善板形	不好	炉子内可改善板形
	锌层粘附	燃烧气氛影响，不良	燃烧气氛影响，不良	良好	良好
操作性能	炉压控制	不易，波动大	不易，波动大	容易，稳定性好	容易，稳定性好
	炉子净化	吹 N$_2$ 多，不易净化	吹 N$_2$ 多，不易净化	吹 N$_2$ 少，易净化	吹 N$_2$ 少，易净化
	带钢对中	对中不好	对中好	对中不好	对中好
	炉中断带	易发生	易发生	不易	不易
	燃烧控制	难度大，易氧化带钢	难度大，易氧化带钢	容易，不氧化带钢	容易，不氧化带钢
	可操作性	调整灵活，但不稳定	调整灵活，但不稳定	调整较慢，但状态稳定	调整较慢，但状态稳定
经济性能	全硬板适宜性	不能生产，易出现软边	不能生产，易出现软边	可以生产全硬板	可以生产全硬板
	燃气要求	对燃气质量要求高	对燃气质量要求高	可使用较低热值燃气	可使用较低热值燃气
	燃气消耗	表面积大，温度高，水冷能耗高（116%）	炉温高，废气温度高，能耗高（103%）	炉壁面积大，能耗较高（105%）	能耗最低（100%）

续表 2.4-1

类别	项 目	改良森吉米尔法（NOF 炉）		全辐射美钢联法（全辐射炉）	
		卧式炉	立式炉	卧式炉	立式炉
经济性能	来料板形	允许瓢曲，不允许浪边	允许浪边，不允许瓢曲	允许瓢曲，不允许浪边	允许浪边，不允许瓢曲
	停车拉料	需要，废品多	需要，废品多	不需要，废品少	不需要，废品少
	停车废品	停机时炉中料全废	停机时炉中料全废	不废	不废
	炉辊寿命	炉温高，易弯，寿命短	不易弯曲，寿命长	炉辊温度高，寿命短	寿命长
	生产能力富余	没有发展余地	有发展余地	没有发展余地	有发展余地

2.4.3 镀层生产线的设计方法

2.4.3.1 产品规格与生产工艺的匹配

建材、家电、汽车三种用途的产品生产线的常见规格范围如图 2.4-5 所示。

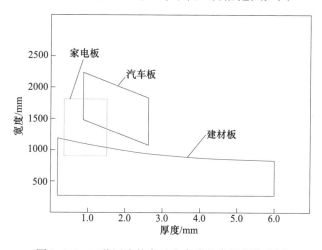

图 2.4-5 三种用途的产品生产线的常见规格范围

四种生产工艺适宜的产品常见规格范围如图 2.4-6 所示。

2.4.3.2 根据产品定位选择炉子

建材板从可行性上可以采用四种生产工艺生产，所以建材板镀层生产线的形式最多，但在经济性上，专用建材板以采用卧式炉为宜。产品厚度涉及 0.3mm 以下的生产线采用美钢联法可以减少操作难度，厚度在 0.3mm 以上的生产线采用改良森吉米尔法生产效率高、成本低。

家电板专用镀层生产线可以采用改良森吉米尔法，也可以采用美钢联法，以美钢联法的表面质量更加容易保证；可以采用卧式炉，也可以采用立式炉，以立式炉的表面质量更加容易保证。不过，家电板专用镀层生产线较少，往往与建材板或汽车板建设联合生产

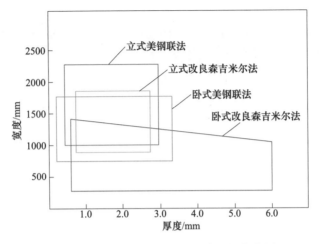

图 2.4-6　四种生产工艺适宜的产品规格范围

线。家电建材生产线按照家电板定位为主，以采用卧式炉为宜，家电板的降级产品可以作为建材板；汽车家电生产线按照汽车板定位为主，以采用立式炉为宜，汽车板的降级产品可以作为家电板。

汽车板镀层生产线的形式比较统一，采用立式炉的美钢联法。

2.4.3.3　根据炉子配套前后设备布局

影响生产线布置的设备主要有选择立式活套还是卧式活套、立式前处理还是卧式前处理、立式后处理还是卧式后处理。

一般而言，对于产能较低的建材生产线，为了减少投资，减少生产线长度，采用卧式炉子配套卧式入口活套、卧式前处理，将入口活套、卧式前处理布置在炉子下方；采用卧式钝化辊涂机配套卧式出口活套，将出口活套布置在光整、拉矫、钝化的上方。全卧式生产线布置如图 2.4-7 所示。

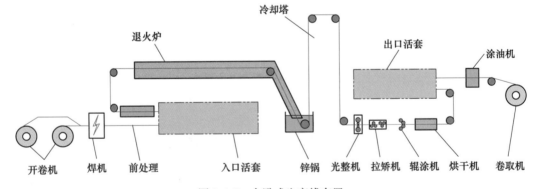

图 2.4-7　全卧式生产线布置

兼顾家电板的建材板生产线，由于家电板往往需要进行耐指纹处理，而耐指纹一般需采用立式辊涂，并建耐指纹塔，如果配套卧式出口活套，须将辊涂机配置在冷却塔的旁边，带钢需要绕较远的距离，如图 2.4-8 所示。

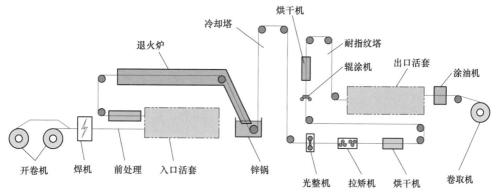

图 2.4-8 立式辊涂机其他卧式生产线布置

家电板专用生产线宜采用全立式配置，采用立式炉不但产品质量好，而且生产效率高。出口也宜配套立式出口活套，立式活套可以采用双辊纠偏，对板形影响较小，对生产家电板很有利，如图 2.4-9 所示。

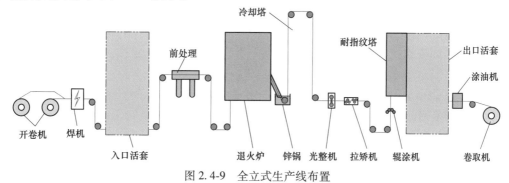

图 2.4-9 全立式生产线布置

汽车板生产线一般速度较高，再加上对前处理脱脂要求高，所以在选择立式炉的同时，必须配套立式前处理和立式入口活套。汽车板对板面粗糙度要求高，宜采用立式中间活套便于更换光整机工作辊，如图 2.4-10 所示。

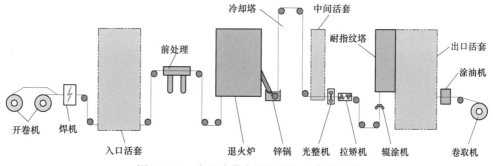

图 2.4-10 全立式带中间活套的生产线布置

2.4.3.4 镀层生产线设计的经济性

A 最大化设计生产线速度

镀层生产线的速度一般在 40~220m/min。在同样的产品规格下，生产线速度与产量成正比，但生产线速度与投资额并不成正比。所以，设计建设低速生产线是不经济的，要在同样的配置下，最大限度提高生产线速度。另一方面，生产线速度偏低时，镀层产品的表面质量得不到保证，因此即使是厚板生产线，也需要必要的速度。

B　专业化与柔性化的合理选择

由于产品销售市场供求关系的波动，希望设计柔性生产线，具有多种功能，能够生产多种产品。但是，由于不同的产品生产线的配置是不同的，柔性生产线往往会造成设备配置方面的困难和运营成本的增加。如合金化炉与铝硅冷却风箱都处于锌锅上方，同时配置会增加厂房高度；有时会相互影响，如汽车面板要求辊子不能产生积瘤，但高强钢预氧化过程往往会增加辊子表面结瘤；有的会造成备用设备的损耗，如镀锌和镀铝锌双锅生产线备用锌锅保温会消耗大量的电力。

生产线设计的规格跨度也不宜过大，由于设计时基本是按照最大规格设计的，生产小规格的产品时会造成大量的损耗甚至运行困难。如厚度规格跨度太大，生产薄板时不但会增加驱动电力的消耗，而且会造成张力波动太大，影响带钢运行。宽度规格也同样如此，如果生产线宽度规格跨度太大，在生产窄板时的单位产品燃气消耗会增大，立式炉还会在生产窄板时造成带钢在运行时出现跑偏等问题。

最为理想的设计是尽可能建设大型生产基地，设计多条专业化的生产线，使得不同镀层的产品、不同规格的产品、不同用途的产品在专业的生产线上生产。从这一点出发，大型生产基地将具有更强的竞争力，是今后发展的方向。

当然，某些小众产品，如铝硅、锌铝镁等，可以与相近的产品一起生产。可以生产淬火配分钢的镀锌和退火产品同线生产，可以共用配分段。

C　厂房高度与地坑深度的合理选择

对于高度较高的设备，可以建设在地面，增加厂房高度，也可以建设在地下，增加地坑深度，另外还需要考虑操作方便，需要统筹权衡。

随着厂房建设成本的降低，早期采用将卧式入口活套和出口活套安装在地下的设计，由于地下工程建设的成本较高，已经基本淘汰。

一般锌锅操作面在地平面比较方便，因此将锌锅主体布置在地下，如果地平面布置气刀风机困难，也可以布置在地下。

光整机把操作面设计在地平面，不但可以方便操作，还方便换辊，因此需要将高压水、光整液处理系统布置在地下。

耐指纹塔的高度不宜超过出口活套，因此耐指纹辊涂机和配液系统就要布置在地下。

立式活套以部分在地下为宜，可以降低整体厂房高度，但也没有必要将地坑设计过深，以免增加地下工程的费用。

2.4.4　镀层生产线的总体设计

2.4.4.1　建材板生产线

建材板名目繁多，建材板生产线的形式也最为复杂，不同原材料、不同镀层产品、不同规格、不同表面质量要求的生产线不尽相同。由于建材板的厚度范围最大，从 0.15～6.0mm，其中 0.35mm 以下的极薄板和 2.5mm 以上的厚板只有建材板使用，因此最为基本的是按照产品的不同厚度规格进行生产线的选型和设计。

A 极薄板生产线

厚度规格为 0.15~0.50mm 的极薄板生产线宽度规格一般在 1250mm 以内，只有民营企业涉及，也只用于建材板，比如夹芯板的内板、保温材料外保护板。这类生产线在布置上是最为简单的，只采用卧式前处理、卧式入口活套、卧式退火炉、卧式钝化辊涂机和卧式出口活套，由于产品质量要求不高，生产线的配置也不高，彩涂基板线最好配置光整机，由于带钢很薄，加上操作工技术有限，大多采用美钢联法，需要配置前处理，但大多不用电解脱脂；由于产量很低，因此必须通过提高生产线速度来提高产量，目前生产线速度最高达到 220mm/min，因此对生产线设备的驱动和张力调整精度要求较高，对锅内三辊六臂的运转要求较高。镀层厚度较薄，需要采用国产薄锌层气刀。

B 薄板生产线

厚度规格为 0.30~2.30mm 的薄板生产线宽度规格一般在 1500mm 以内，由于基本覆盖了大部分家电板，所以大部分这个规格范围的建材板生产线设计是兼顾部分家电背板的。因此，在采用卧式前处理、卧式入口活套、卧式退火炉的同时，可以采用立式辊涂机和立式出口活套，配置光整机，甚至配置防止炉鼻灰设备、辊子刮刀等，以满足部分家电板的需要。薄规格家电建材镀锌线如图 2.4-11 所示。

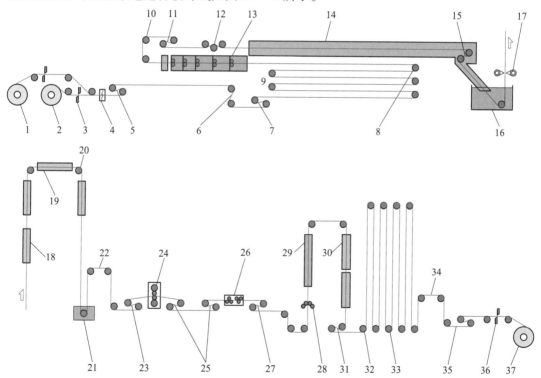

图 2.4-11 薄规格家电建材镀锌线

1—1 号开卷机；2—2 号开卷机；3，36—分切剪；4—焊机；5—1 号张力辊；6—1 号纠偏辊；7—2 号张力辊；
8—入口活套；9—2 号纠偏辊；10—3 号纠偏辊；11—3 号张力辊；12—测张辊；13—碱洗前处理；14—退火炉；
15—热张紧辊；16—锌锅设备；17—气刀；18，19 冷却装置；20—4 号纠偏辊；21—淬水装置；22—5 号纠偏辊；
23—4 号张力辊；24—光整机；25—5 号张力辊；26—拉矫机；27—6 号张力辊；28—化涂机；29—化涂烘干炉；
30—风干装置；31—7 号张力辊；32—6 号纠偏辊；33—出口活套；34—6 号纠偏辊；35—8 号张力辊；37—卷取机

C　厚板两用生产线

厚板生产线的厚度规格一般为 0.6~4.0mm，也有达到 6.0mm 的，宽度规格一般在 1250mm 以内，由于这一厚度规格覆盖了 0.6~2.0mm 的轧硬板和 1.8~6.0mm 的热轧板，也有 0.7~2.0mm 的连铸连轧薄板，因此厚板往往设计轧硬板和热轧板两用线。其配置一般按照轧硬板的要求配置碱洗前处理。厚规格建材生产线如图 2.4-12 所示。

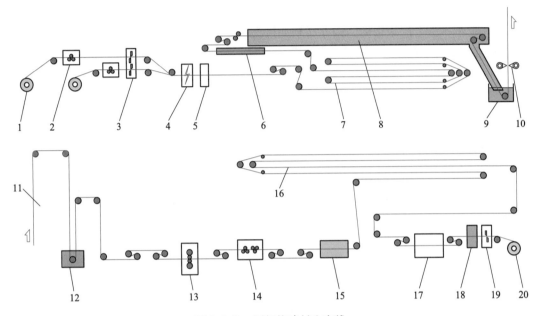

图 2.4-12　厚规格建材生产线

1—开卷机；2—矫平机；3—双层剪；4—焊机；5—月牙剪；6—碱洗前处理；7—入口活套；
8—连续退火炉；9—锌锅；10—气刀；11—冷却塔；12—水淬装置；13—光整机；14—拉矫机；
15—钝化装置；16—出口活套；17—表面检查；18—涂油机；19—分切剪；20—卷取机

生产热轧板时，最好采用热轧酸洗平整卷为原料，如果酸洗以后没有经过平整，则由于表面粗糙度和表面质量较差，最终成品的锌花和附着量均匀性很差，另外也易在入口就产生不均匀变形的屈服纹。

这类生产线虽然配置简单，但设备尺寸很大，如果辊子直径偏小，则会在带钢出锌锅以后出现不均匀变形的屈服纹。由于带钢厚度跨度较大，一般采用激光焊机或窄搭接电阻焊加氩弧焊，采用明火加热的改良森吉米尔法退火炉，而且对最低速度有要求，加热功率必须留有余地。同时，厚板对镀后冷却速度要求较高。

D　热轧板专用生产线

由于不能同时配置碱洗和酸洗前处理，轧硬板和热轧板两用生产线只能配置碱洗前处理，采用热轧板原料时，只能使用酸洗平整板，因此受到限制，有必要建设热轧板专用镀锌线[45]。

热轧板专用镀锌线的厚度规格一般为 1.8~4.0mm，少量为了替代批量镀锌生产公路护栏等产品，将厚度提高到 6.0mm。

如图 2.4-13 所示是某公司的一条热轧板镀锌生产线，其特点有：入口装有剪边机，采用酸洗前处理，带有明火加热的卧式炉，锌锅上方装有强冷风机，卧式前后活套，全线设置了 8 套纠偏装置，这些都是为了满足热轧板镀锌的需要。

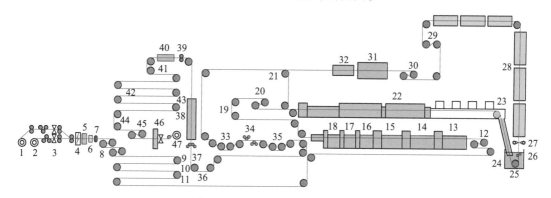

图 2.4-13　热轧板专用建材生产线

1—1 号开卷机；2—2 号开卷机；3—剪床；4—焊机；5—月牙剪；6—修边机；7—压边机；
8—1 号张力辊；9—1 号纠偏辊；10—入口活套；11—2 号纠偏辊；12—2 号张力辊；13—1 号酸洗槽；
14—2 号酸洗槽；15—3 号酸洗槽；16—1 号水洗槽；17—2 号水洗槽；18—3 号水洗槽；19—4 号纠偏辊；
20—3 号张力辊；21—酸洗流程旁路；22—无氧化炉；23—转向辊；24—沉没辊；25—锌锅；26—稳定辊；
27—气刀；28—冷却风箱；29—5 号纠偏辊；30—4 号张力辊；31—水淬槽；32—干燥机；33—5 号张力辊；
34—拉矫机；35—6 号张力辊；36—6 号纠偏辊；37—涂敷机；38—烘干炉；39—钝化辊；40—烘干机；
41—7 号纠偏辊；42—出口活套；43—8 号纠偏辊；44—7 号张力辊；45—涂油机；46—剪床；47—卷取机

修边机是为了剪去热轧板不规则的边部，酸洗前处理采用盐酸水溶液加温后去除热轧板表面的氧化皮，盐酸的浓度为 8%~18%，温度为 70~90℃，分为三级酸洗和多级水洗。带明火的卧式加热炉能使原板在较短的时间内温度上升到 550℃左右，再经还原炉内均热，保证钢带在整个断面上均匀一致，没有再结晶过程即入锅镀锌，原板的冷却速度较慢，而镀层必须在冷却塔的上升段冷却到 300℃以下，以防止镀层粘辊，为了在有限的高度内尽快使镀层冷却，在锌锅上方即装有冷却风机。热轧板比冷轧板板形更差，因而设置的纠偏系统较多，而且钢结构尺寸较大，保证了钢带运行的稳定性。

该生产线的布置上很有特色，虽然采用卧式加热炉、卧式活套，但采用了重叠式设备布置方法，所有设备都达到三层布置，占地面积较小，特别是从冷却塔起，设备又反向布置，与一般生产线不同，体现了国外珍惜土地资源的理念。另外，该生产线在炉前有一个转向辊，必要时钢带经过酸洗以后不经加热镀锌等一系列工序，直接进行后处理卷取，生产酸洗产品，灵活性很强。

E　感应加热厚板生产线

由于热轧板镀锌线不需要进行再结晶退火，炉温较低，使得采用感应加热成为可能。采用电磁感应加热取代燃气加热工艺以大幅度减少碳排放，随着国家减碳政策的实施，感应加热开始成为厚板生产线的趋势。

热轧板镀锌线的加热温度处于居里点以下，优先采用纵磁感应加热，但由于纵磁感应加热带钢表面温度高、内部温度低，必须设计较长的均衡段，使得带钢表面与内部温度均匀化后进入锌锅镀锌。

采用 ESP 热轧板为原料的酸洗—镀层建材板生产线如图 2.4-14 所示。

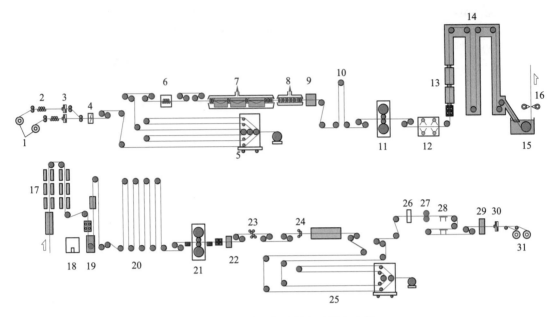

图 2.4-14　感应加热轧板酸镀生产线

1—开卷机；2—矫直机；3—入口剪；4—焊机；5—入口活套；6—拉矫破鳞机；7—酸洗槽；8—水洗槽；9—烘干炉；
10—小活套；11—平整机；12—高压水清洗装置；13—感应加热炉；14—均热段；15—锌锅；16—气刀；
17—镀后冷却段；18—主操室；19—水淬槽；20—中间活套；21—光整机；22—边部吹扫；23—拉矫机；
24—卧式辊涂机；25—出口活套；26—月牙剪；27—圆盘剪；28—检查台；29—涂油机；30—出口剪；31—卷取机

　　该生产线综合了酸洗和镀层两大工艺，酸洗前采用拉矫破鳞，酸洗后进行平整处理，并采用高压水冲洗去表面的铁屑以后进入锌锅镀锌。为了防止酸洗停机时槽内带钢生锈后进入锌锅，在平整机前增加了一个小活套，可以将生锈的带钢返回酸洗槽重新进行酸洗。镀锌后再次进行表面光整处理，为了便于在线更换光整机工作辊，在冷却塔后增加了立式中间活套。该生产线工艺流程比较长，为了减少生产线长度，也便于操作，采用卧式入口活套和卧式出口活套，并安装于地下。

　　由于该生产线配置了一套平整+拉矫破鳞机和一套光整+拉矫机，总体上会给带钢产生2.0%~4.0%的延伸，因此会出现较大的加工硬化，再加上 ESP 热轧板本身的特点，产品的强度较高，伸长率偏低，主要应用于加工时变形量不太大的建材板。

2.4.4.2　家电板生产线

A　家电板生产线的特点

　　家电专用生产线或汽车、家电生产线的产能较高、速度较快，一般采用全立式配置，入口是立式入口活套、立式脱脂单元、立式退火炉，同时为了耐指纹表面处理并保证板形，出口采用立式耐指纹、立式出口活套，要求高的生产线也配置中间立式小活套。其实，家电板生产线接近于汽车面板生产线的配置，只是产品的厚度和宽度有一定的差异。

B　家电板生产线的布置

　　典型家电板生产线的布置如图 2.4-15 所示[47]。

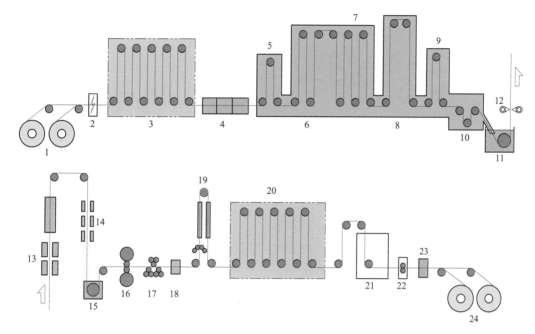

图 2.4-15 典型的家电板生产线布置

1—开卷机；2—焊机；3—入口活套；4—碱洗前处理；5—预热段；6—加热段；7—均热段；8—冷却段；9—均衡段；

10—热张紧辊；11—锌锅；12—气刀；13—上行冷却风箱；14—下行冷却风箱；15—水淬槽；16—光整机；

17—拉矫机；18—干燥冷却；19—镀后处理；20—出口活套；21—检查室；22—圆盘剪；23—涂油机；24—卷取机

C 家电板生产线的配置

家电面板对表面质量要求较高，因此一般配置立式电解脱脂、炉鼻保温、炉鼻气体加湿、锌灰泵、锌锅辊子表面喷涂、塔顶辊表面包布、辊子刮刀、镀锌量测量仪、湿光整、湿拉矫、表面检测仪等配套设施。

2.4.4.3 汽车板生产线

A 汽车板生产线的特点

汽车板包括面板和结构件内板两大类。其中，面板重表面质量，强度级别较低；内板重强度，表面质量没有那么苛刻。

面板又分纯锌镀层和锌铁合金镀层，两者除了锌铁合金镀层需要在镀后进行合金化处理以外，锌锅内的含铝量也有差异，同时纯锌镀层不能出现底渣而合金化镀层不可避免地会出现底渣。

结构件内板除了分为纯锌镀层和锌铁合金镀层以外，还有应用于热成形的镀铝硅镀层。由于镀铝硅镀层的成分体现完全不同，热浸镀和镀后冷却工艺差距甚大。

因此，走专业化生产的道路，才能达到事半功倍的效果。

B 汽车板生产线的布置

汽车板生产线的配置形式基本相同，是全立式配置，立式入口活套、立式脱脂单元、立式退火炉、立式小活套、立式耐指纹、立式出口活套。典型的汽车板生产线布置如图 2.4-16 所示[50]。

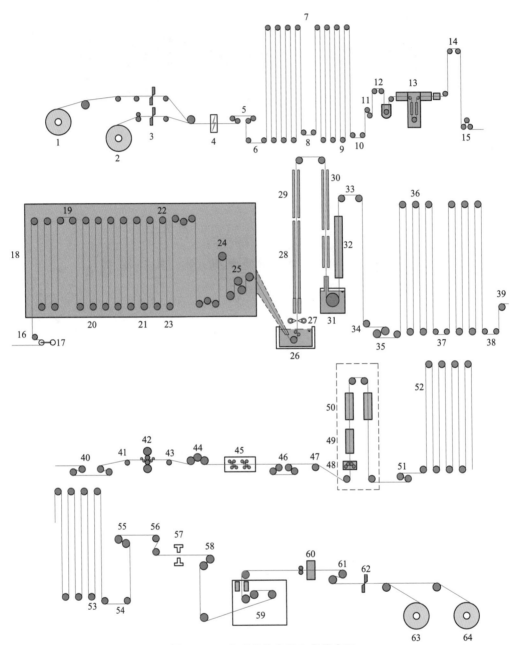

图 2.4-16 典型的汽车板生产线布置

1—1 号开卷机；2—2 号开卷机；3—双切剪；4—焊机；5—1 号张力辊；6—1 号纠偏辊；7—入口活套；
8—2 号纠偏辊；9—1 号张力测量辊；10—3 号纠偏辊；11—2 号张力辊；12—2 号张力测量辊；
13—碱洗前处理；14—4 号纠偏辊；15—3 号张力辊；16—3 号张力测量辊；17—跳动辊；18—退火炉；
19—5 号纠偏辊；20—4 号张力测量辊；21—5 号张力测量辊；22—6 号纠偏辊；23—6 号张力测量辊；
24—7 号纠偏辊；25—4 号张力辊；26—锌锅；27—气刀；28—合金化炉；29—合金化冷却段；30—冷却风箱；
31—水淬槽；32—干燥箱；33—8 号纠偏辊；34—7 号张力测量辊；35—5 号张力辊；36—中间活套；
37—9 号纠偏辊；38—10 号纠偏辊；39—8 号张力测量辊；40—6 号张力辊；41—9 号张力测量辊；
42—光整机；43—10 号张力测量辊；44—7 号张力辊；45—拉矫机；46—8 号张力辊；47—11 号张力测量辊；
48—辊涂机；49—干燥炉；50—冷却风箱；51—9 号张力辊；52—出口活套；53—12 号张力测量辊；
54—11 号纠偏辊；55—10 号张力辊；56—12 号纠偏辊；57—表检仪；58—11 号张力辊；59—检查室；
60—分切剪；61—涂油机；62—12 号张力辊；63—1 号卷取机；64—2 号卷取机

不同强度级别的产品在退火炉段的配置不同，首先体现在退火曲线上。高强钢的加热段一般采用美钢联法预氧化处理，近年来也有采用改良森吉米尔法。不同强度级别的冷却段，需要采用不同的冷却方式，以达到不同的冷却速度。淬火配分钢镀锌线必须配置过时效处理段。

不同镀层的产品在工艺段的配置不同，合金化板需要配置合金化退火炉，铝硅板配备高速镀后冷却装置和喷铝粉装置。

C 汽车板生产线的配置

汽车板生产线都采用最新技术的顶级配置，上述家电板生产线的配套设备全部采用，除此而外还有大量先进配套设备。

入口采用自动上卷系统，特别是高强钢生产线必须采用激光焊机。前处理不但要配置高效电解脱脂，而且要配置在线脱脂液净化系统，如果原材料轧硬板表面油污较多，可以在进入入口活套前进行预清洗，以免污染入口活套辊面。

炉子大量采用新技术，如预氧化技术、高速快冷技术、炉辊凸度控制技术等，除此之外，炉区大量采用智能化模型，如换带模型、温控模型、炉气成分控制模型、炉压控制模型、冷却速度模型、防止跑偏和瓢曲模型等。

锌锅采用锌锅液位检测和自动加锌系统，保证锌锅液位和炉鼻排渣槽液位；电磁自动撇渣装置，机器人捞渣装置；氮气气刀及镀层闭环控制系统；镀后冷却控制系统、先进喷淋水淬系统。

光整机采用自动换辊系统，高压水冲洗辊面及光整后的板面。采用高精度辊涂机自动配液系统。

出口高精度表面检测仪及质量管理系统，采用自动卸卷、自动打捆、自动打包系统。

随着技术的进步，汽车板生产线的先进生产技术及智能化技术会不断发展。

2.5 镀层线热处理工艺设计

2.5.1 各钢种镀锌热处理工艺曲线

2.5.1.1 镀锌热处理工艺概述

各钢种典型牌号在连续镀锌线退火的参考工艺曲线如表 2.5-1 所示，从表中可以看出，生产相变诱导塑性钢的镀锌线与不生产这类高强钢的镀锌线不同的是，在快冷和镀锌工序之间有过时效段，这是因为生产相变诱导塑性钢时，贝氏体（B）等温淬火的保温时间不可缺少。而与连退线有根本性不同的主要是在完成过时效以后，必须将钢带统一到镀锌的温度，460℃左右。

2.5.1.2 双相钢镀锌热处理工艺

双相钢的镀锌热处理工艺可以有镀前淬火和镀后淬火两种路径。镀前淬火采用合金含量较低的原料板，加热到两相区以后快速冷却到250℃左右，实现淬火转变，使得奥氏体（A）转变为马氏体（M），但为了镀锌，还必须再加热到略超过460℃，然后经过温度控制以后进入锌锅，这个再加热过程使得淬火马氏体发生被动回火。双相钢镀锌热处理工艺曲线如图 2.5-1 所示。

表 2.5-1　各钢种典型牌号镀锌退火工艺

温度曲线编号	钢种	举例牌号	加热温度/℃	保温时间/s	缓冷温度/℃	快冷速率/℃·s⁻¹（温度以1mm计）	过时效温度/℃	镀锌温度/℃	塔顶温度/℃
①	低碳钢	DC51D+Z	750	内板≥30/外板≥40	680	—	过时效处理400	460	280
②	无间隙原子钢	DC56D+Z	850	内板≥30/外板≥40	自由冷却	自由冷却	自由冷却到460	460	280
③	烘烤硬化钢	H220BD+Z	840	内板≥30/外板≥40	800	20～40	自由冷却到460	460	280
④	双相钢	HC420/780DP+Z	825	内板≥30	700	＞70冷却到280℃	保温280，后升温到460	460	280
⑤	相变诱导塑性钢	HC400/690 TP+Z	830	内板≥30	750	＞60	等温处理350，后升温到460	460	280

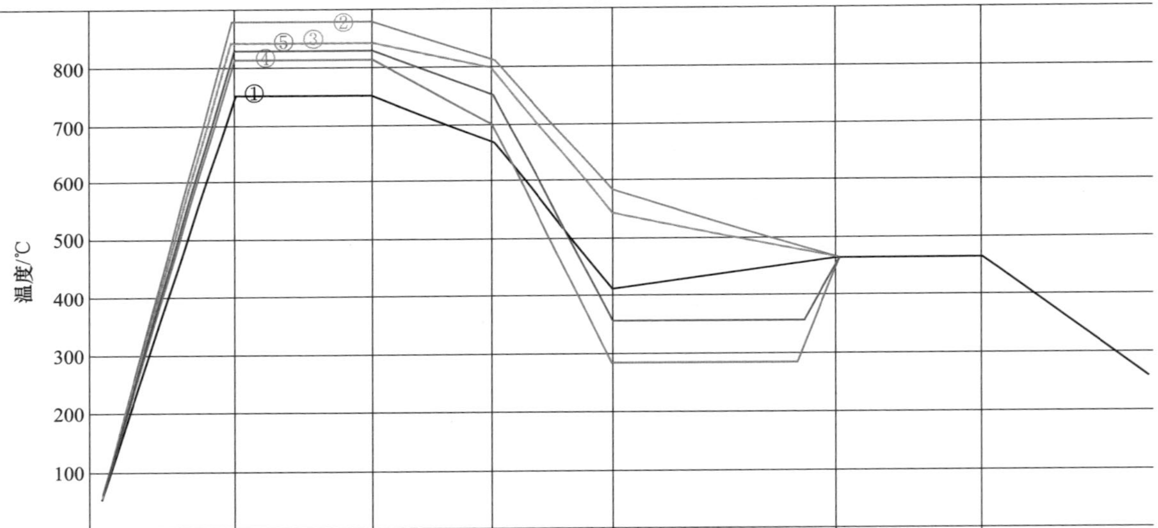

温度曲线

温度/℃

800　700　600　500　400　300　200　100

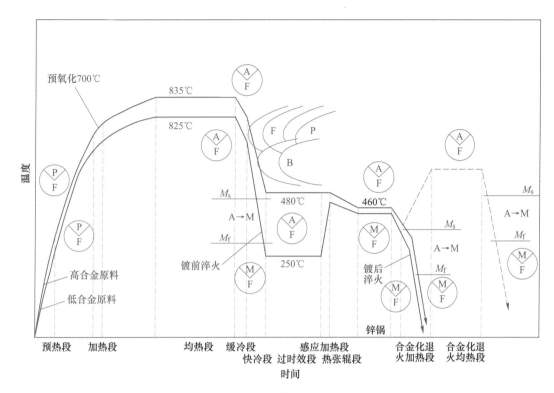

图 2.5-1 双相钢镀锌热处理工艺曲线

如果生产镀锌铁产品，还需在镀后再次加热到更高的合金化温度，550℃左右，马氏体也再次被动回火。

镀后退火必须采用稳定奥氏体合金元素含量较高的原料板，使得 CCT 曲线右移，奥氏体稳定性大幅度提高，经过两相区加热后，在炉内冷却到接近镀锌温度的过程中，奥氏体不发生转变，直到从锌锅出来的空气在冷却过程中，才发生淬火转变，奥氏体转变为马氏体。如果生产镀锌铁产品，还需将奥氏体保留到 550℃左右的合金化温度，在出合金化炉后，才发生淬火转变，奥氏体转变为马氏体，所以需要更多的合金元素。采用镀后淬火工艺，特别是生产镀锌铁板时，由于合金元素含量很高，炉前预镀镍和预氧化工艺显得更加重要[49]。

2.5.1.3 相变诱导塑性钢镀锌热处理工艺

相变诱导塑性钢的热处理工艺流程需要在 400℃左右进行贝氏体等温转变，这是传统退火炉所无法实现的，因此必须增加过时效段，这也是现有汽车板高强钢镀锌线有别于传统镀锌线的地方。贝氏体转变以后，还需略加热到镀锌温度。相变诱导塑性钢镀锌热处理工艺如图 2.5-2 所示。

2.5.1.4 超高强钢镀锌退火炉特点

生产双相和相变诱导塑性超高强钢的镀锌退火炉与生产一般强度钢种的相比，一是需增加预氧化系统，二是冷却速度更快，三是快冷后还需再次加热升温到镀锌温度。典型的超高强钢的镀锌退火炉原理如图 2.5-3 所示。

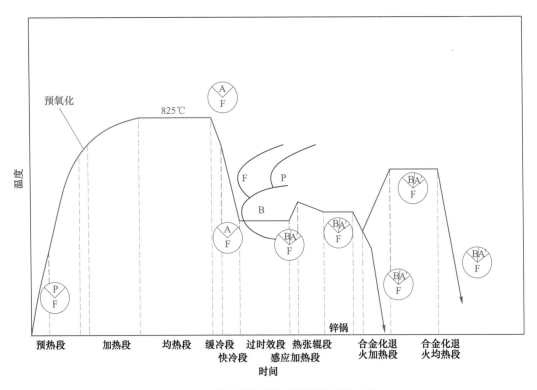

图 2.5-2　相变诱导塑性钢镀锌热处理工艺

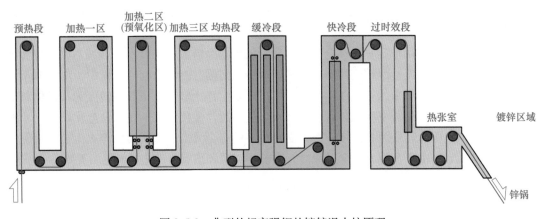

图 2.5-3　典型的超高强钢的镀锌退火炉原理

2.5.2　炉前闪镀镍的设计

2.5.2.1　预镀 Ni 工艺流程

带钢在前处理经过碱洗，进行预镀 Ni 以后再进入炉区。主要流程有：（硫酸）酸洗→水洗→电镀 Ni→水洗→烘干等工序，在轧硬板表面镀上一层 Ni 以后再进行热处理，如图 2.5-4 所示。

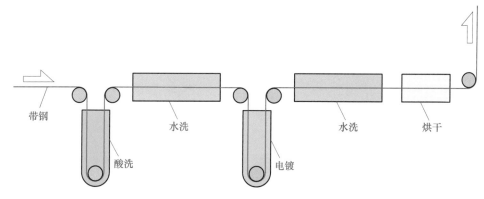

图 2.5-4 预镀 Ni 工艺流程

2.5.2.2 预镀 Ni 工艺的优越性

（1）带钢在前处理不但经过碱洗去除了油污或者乳化斑，而且经过酸洗去除了氧化物，所以非常清洁。

（2）电镀时 Ni 会优先在带钢存在划伤等缺陷处沉积，修复缺陷表面，并减小轧硬板粗糙度偏差带来的影响。

（3）表面电镀了约 $250mg/m^2$ 的纳米 Ni 镀层以后，由于 Ni 与 O 有更好的亲和力，在炉内优先发生氧化，阻止了 Si、Mn 等合金元素的氧化或只发生内氧化，解决了高合金成分对可镀性带来影响这个大问题。

（4）Ni 可以与 Zn 形成金属化合物 $NiZn_8$，提高了锌液的浸润性，可进一步防止漏镀或镀层剥离等缺陷的产生。

（5）纳米 Ni 镀层可以作为液态镀层的结晶核心，起到促进镀层凝固、细化晶粒的作用，提高镀层的均匀性，还能降低镀锌层的厚度，防止灰暗镀层的产生。

2.5.2.3 预镀 Ni 系统设备设计

预镀镍槽可以设计成卧式的，也可以是立式的。

A　卧式镀镍槽

卧式酸洗槽和镀镍槽一字排开，不用转向辊，投资较小，一般用于产能较低的生产线[50]。卧式镀镍槽如图 2.5-5 所示。

B　立式镀镍槽

立式酸洗槽和镀镍槽效率高，占地面积较小，一般用于产能较高的生产线。立式镀镍槽如图 2.5-6 所示。

2.5.3 预氧化区的设计

预氧化是现代汽车板退火炉必备的功能。预氧化系统的形式有直焰炉、预氧化箱、预氧化区以及整个预氧化预热段等。

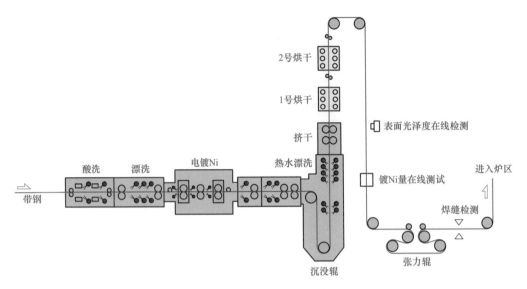

图 2.5-5　卧式镀镍槽

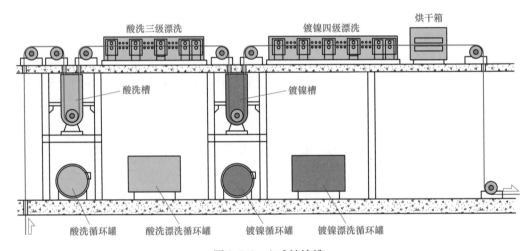

图 2.5-6　立式镀镍槽

2.5.3.1　直焰炉

以前，从提高产品质量的角度出发，人们往往非常忌讳氧化问题，对所谓的"NOF 无氧炉"技术产生了一定的怀疑，新建的生产线大多不采用这项技术了，但是随着该技术自身的发展、产品品种的改进和对环保要求的提高，这项技术又重新被人们所重视，并正名为"直焰炉"（direct fired furnace，DFF）。

通过调整空燃比，可以使得钢带在直焰炉炉区发生一定的氧化，然后再进行还原，也就起到了预氧化的效果。关于直焰炉的内容请见本书第 3.1 节。

2.5.3.2　预氧化箱

预氧化箱是在加热段大的炉膛内，钢带温度达到规定范围的行程上，设置的一个相对密封的氧化箱。预氧化箱原理如图 2.5-7 所示[48]。

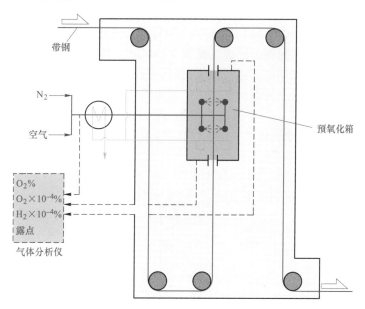

图 2.5-7 预氧化箱原理

这种预氧化箱体积很小，对钢带氧化作用的时间很短，在氧化箱内向钢带表面喷吹过滤过的高品质压缩空气和 N₂ 的混合气，采用空气将钢带浅表层的合金元素氧化。在预氧化箱上下两个出口，采用气泵将预氧化箱内的气体吸出，形成循环，并在两个出口形成负压，使得炉腔内的气体可以流入预氧化箱，而预氧化箱内的氧化性气氛不会流进炉腔，起到密封的作用。为了保证氧化反应的温度，新进入炉内的空气和 N₂ 混合气采用排出的废气进行预热。因采用空气内的氧气实现预氧化的目的，所以只要控制预氧化箱内炉气的 $O_2\%$、$O_2 \times 10^{-4}\%$、$H_2 \times 10^{-4}\%$ 和露点等参数。采用这种方法结构简单，但因使用的生产线不是很多，效果还有待观察。图 2.5-8 是使用该方案的一个实际案例。

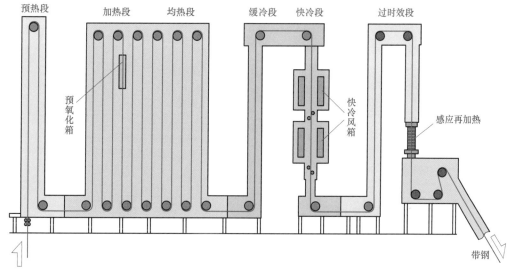

图 2.5-8 一个实际使用预氧化箱的案例

2.5.3.3　预氧化区

预氧化区是在预热区钢带温度到达 600~700℃处，设计一个独立的 1、2 或 4 行程的炉塔，在下部入口处设计密封辊，形成气氛独立的区域，通入加湿保护气体，采用蒸汽达到预氧化的效果。生产高强钢需要进行预氧化时，通入含 H_2 3%的加湿保护气，不生产高强钢时，通入正常浓度和露点的保护气。由于采用蒸汽氧化钢带，除了合金元素、铁元素被氧化以外，碳也会被氧化，需要检测并控制 $CO×10^{-4}\%$、$O_2\%$、$O_2×10^{-4}\%$、$H_2×10^{-4}\%$ 和露点等参数[45]。某案例预氧化区工作生产高强钢时的原理如图 2.5-9 所示，不工作生产普通钢时的原理如图 2.5-10 所示。

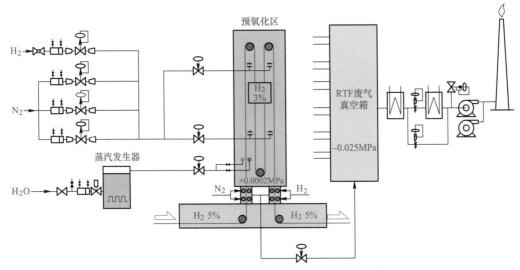

图 2.5-9　预氧化区工作时的原理

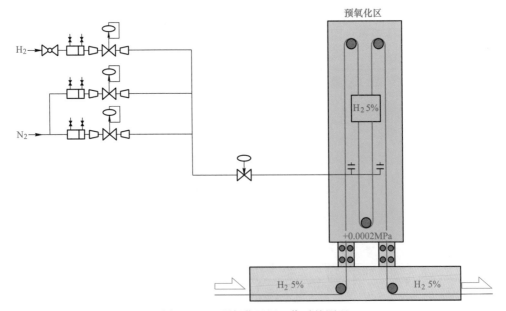

图 2.5-10　预氧化区不工作时的原理

为了防止预氧化区内氧化性质的炉气窜到其他炉区，必须设计严密的密封炉喉，有立式炉喉和卧式炉喉两种。图 2.5-11 是立式密封炉喉预氧化区的一个案例，图 2.5-12 是卧式密封炉喉预氧化区的一个案例，从这些实际应用案例可以看出，带钢在预氧化区的时间是不同的。

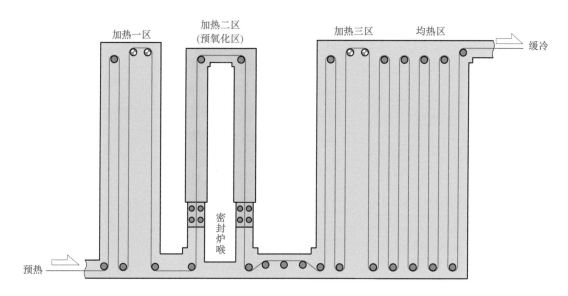

图 2.5-11　立式密封炉喉预氧化区案例

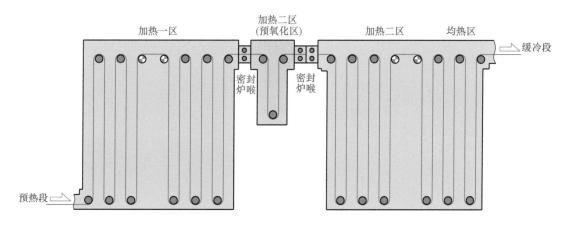

图 2.5-12　卧式密封炉喉预氧化区案例

2.5.3.4　全预热区氧化

早期的汽车板镀锌退火炉没有设计专门的预氧化系统，而今为了生产高强钢，在预热段的全部炉膛内通入加湿保护气体，达到预氧化的目的。这种方法预氧化区与后面还原段的炉气隔离效果不好，对炉辊的影响较大，只能说是一种补救措施。

2.5.4　过时效区的设计

现代汽车板镀锌退火炉的分区,除了按照传统的功能可分为:预热区、加热区、保温区、缓冷区、快冷区、出口区以外,还增加了过时效区。

2.5.4.1　一般过时效区的设计

现代高强钢镀锌热处理炉的过时效段是为了满足相变诱导塑性钢的特殊需要设计的,这与之前部分退火炉用于钢带温度均匀化的均衡段有了根本性的变化。

在时效区的后段,需要设计钢带温度上升到镀锌温度的感应加热设备。在这里,使用感应加热器可以使钢带很快加热,不但减小了炉区长度,而且缩短了双相钢被动回火的时间,减小了强度损失。相变诱导塑性钢需要的等温淬火时间较长,但为了减小过时效对双相钢的影响,而且以生产双相钢为主,所以过时效段必须设计得比较短,生产相变诱导塑性钢时,可以适当降速。图 2.5-13 是一个过时效段设计的案例,在过时效前段设计了一组感应加热器,使带钢由淬火以后很低的温度上升到过时效温度,在过时效的后段设计了两组感应加热器,使得带钢由过时效温度进一步上升到镀锌温度。另外该案例的预氧化段只有一个行程,避免了预氧化段内的气体对炉辊的影响。

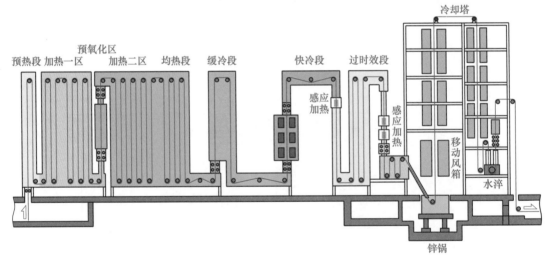

图 2.5-13　一个过时效段设计案例

2.5.4.2　二次穿带过时效区

为了兼顾生产相变诱导塑性钢较长时间过时效的需要和减少过时效段对双相钢带来的影响,可以在过时效段设计重新穿带结构,当生产双相钢时正常穿带,从过时效段旁路通过,带钢经过的时间很短,而当生产相变诱导塑性钢时,重新穿带,带钢通过整个较长的过时效段,得到充分的等温处理。图 2.5-14 是一种可以二次穿带的过时效段实际使用案例。

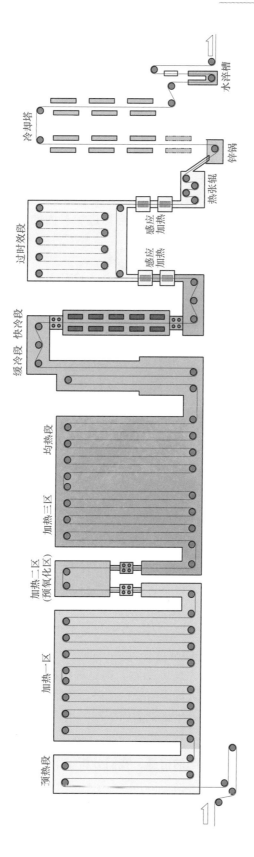

图 2.5-14 一种可以重新穿带的过时效段实际使用案例

2.5.5　炉子出口区的设计

2.5.5.1　炉鼻灰的产生与对策

A　炉鼻内锌灰产生的原理

随着汽车板对表面质量的要求越来越高，锌灰锌渣等缺陷成为质量改进的重点，炉鼻内锌灰、锌渣问题越来越被重视。锌灰的产生是由于炉鼻内的气体露点很低，还原性较强，炉鼻内锌液表面没有氧化铝膜，锌暴露在保护气体中，就会发生升华，直接由液态转变成气态，锌蒸气在遇到冷的炉鼻等钢结构时，就会发生凝华，直接由气态转变成固态，成为锌灰吸附在钢结构表面，当积累多了以后就会掉进炉鼻内的锌液表面，如图 2.5-15 所示。

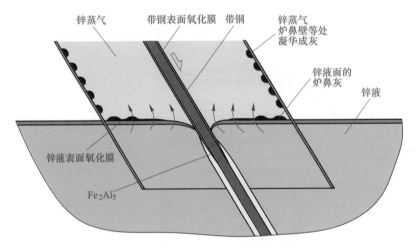

图 2.5-15　锌灰产生的原理

B　炉鼻灰的复杂性

炉鼻内锌液表面的形态是很复杂的，可能有锌灰、锌渣，也可能有锌灰与锌渣的混合物，甚至还有炉内耐火材料的粉末，或者带钢表面的铁屑，我们把它们统称为炉鼻灰。即使全部是锌灰，锌灰可能是呈片状漂浮在锌液的表面，也可能是呈一团团堆在炉鼻的角落。因此，由于锌灰、锌渣原因造成的缺陷千姿百态，复杂多变。有时即使炉鼻内产生了锌灰，如果因为带钢振动等原因使得锌灰堆在炉鼻内的一角，不与进入锌锅内的带钢接触，也是不会导致缺陷产生的，如图 2.5-16 所示，但这种情况下一旦锌液表面发生波动，炉鼻灰团破裂，又会铺到锌液表面，或许会与带钢接触，导致缺陷的产生，这就是生产铝锌硅，从预熔锅向镀锅放铝锌硅液时发生带钢表面漏镀的根本原因。

C　炉鼻灰导致缺陷的过程

为了寻找防止炉鼻灰导致带钢缺陷的措施，我们分析一下炉鼻灰从产生到形成缺陷的过程，一般有以下几个环节：

（1）锌液挥发成蒸气：炉鼻内的锌液挥发，产生锌蒸气，进入炉鼻内。

（2）锌蒸气凝华成锌灰：锌蒸气接触到炉鼻内壁等温度低的钢结构，凝华成锌灰，吸

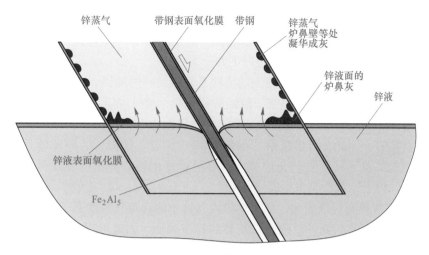

图 2.5-16 锌灰不与带钢接触就不产生缺陷

附在炉鼻壁上。

（3）锌灰掉到锌液表面：炉鼻壁上的锌灰积累多了，脱落下来，掉到炉鼻内的锌液表面。

（4）锌灰流动到带钢附近：炉鼻内锌液表面的锌灰积累多了，在锌液表面流动，进入锌液镀锌的带钢附近。

（5）锌灰粘附到带钢表面：进一步，锌灰粘附到带钢表面，带钢未曾镀锌先"镀"灰，表面粘有锌灰的带钢无法与锌液接触，或与锌液接触不良。

（6）带钢镀锌后形成缺陷：即使带钢在锌锅内接触沉没辊、稳定辊，只可能转移一部分锌灰、锌渣到辊子表面，但大部分都与带钢一起运行，直至离开锌锅，最后在带钢表面形成缺陷。

所以说，虽然锌锅内有很多锌、带钢距离也很长，一路都会接触锌液，但镀的仅仅是炉鼻内的锌，一旦沾上锌灰，就无法去除了。也不是我们想象的那样，是气刀下方最后接触带钢的锌液。炉鼻灰导致带钢产生缺陷的整个过程如图 2.5-17 所示。

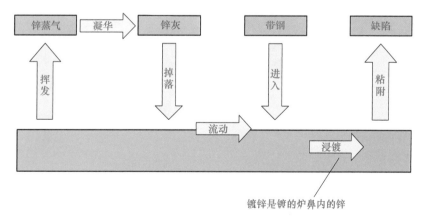

图 2.5-17 炉鼻灰导致带钢产生缺陷的过程

D　防止炉鼻灰产生缺陷的措施

由上分析可知，要防止炉鼻灰产生缺陷，只能在前四个环节采取措施，到了后面两个环节就已经晚了。一一对应起来，就是以下四个方面：

（1）阻止锌液挥发。防止锌液挥发的方法是在镀纯锌时加铝，并严格控制炉鼻内炉气的露点，使得炉鼻内的锌液表面略有一层铝的氧化膜，就可以阻止锌液的挥发。

（2）阻止锌蒸气凝华成锌灰。即使炉鼻内的气体中有大量的锌蒸气，如果不发生凝华，也不会有危害。因此，可以采用"隔离"和"加温"的办法，隔离就是把炉鼻与炉区隔离开来，把锌蒸气仅仅限制在炉鼻内；加温就是使得炉鼻内的温度保持在锌的凝固点（约420℃）以上，就不会发生凝华。

（3）阻止锌灰掉到锌液表面。如果炉鼻内气体中的锌蒸气浓度低于一定的浓度，就不会在炉鼻内凝华成锌灰，就可以阻止锌灰掉到锌液表面。因此可以将炉鼻内的气体抽出，处理成纯净气体以后再循环使用。

（4）阻止锌灰接触带钢。如果炉鼻内锌液表面有炉鼻灰的话，可以用锌灰泵将炉鼻灰吸出炉鼻外，保持炉鼻内锌液表面纯净，就可以防止锌灰对带钢质量产生影响。

以下对这四个方面的措施一一进行介绍。

2.5.5.2　阻止锌液挥发

为了防止炉鼻内锌蒸气产生炉鼻灰，可以根据具体情况在炉鼻内进行炉气加湿。加湿的作用是通过在炉鼻内通入带有水蒸气的湿保护气体，增加炉鼻内保护气体的露点，使得炉鼻内锌液表面的铝发生氧化，产生致密的氧化铝保护膜，可以阻止锌原子的升华，以控制炉鼻内保护气体中锌蒸气的浓度。炉鼻内露点控制原理如图 2.5-18 所示。

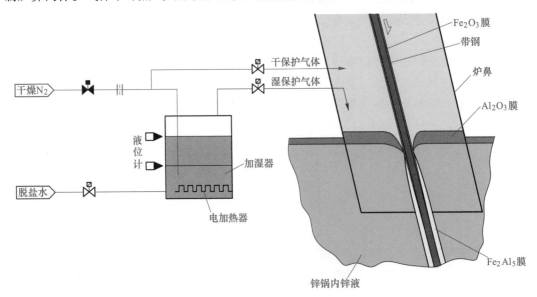

图 2.5-18　炉鼻内露点控制原理

但是，湿保护气体也会造成带钢的氧化，在带钢表面形成氧化膜，造成带钢的漏镀缺陷，或影响镀层附着力。所以说，炉鼻内气体加湿是一把"双刃剑"，极易带来负面影响，尽可能不用。炉鼻内气体露点与锌液挥发和锌液氧化比例之间的关系如图 2.5-19 所示。

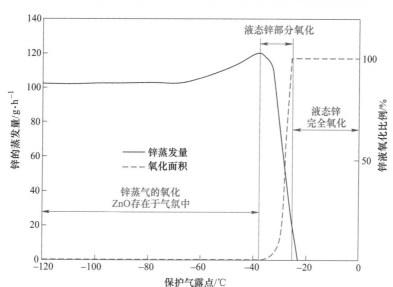

图 2.5-19　炉鼻内气体露点与锌液挥发和锌液氧化比例之间的关系

带钢表面锌灰缺陷和因为炉鼻内氧化造成的漏镀缺陷产生的概率，与炉鼻内露点的关系如图 2.5-20 所示。从图上可以看出，如果露点超过-35℃，则产生漏镀的概率增加，如果露点低于-45℃，则产生炉鼻灰的概率增加。露点控制的最佳窗口温度为-45～-35℃。

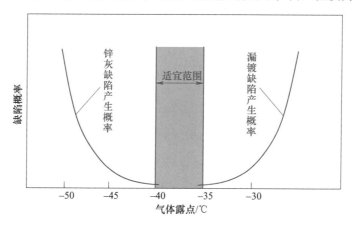

图 2.5-20　炉鼻内气体露点与缺陷发生概率的关系

所以说，炉鼻内气体加湿仅仅是一种手段，绝对不是目的，千万不能为了加湿而加湿。如果炉鼻内露点本来就较高的话，就一定不要加湿。

由于加湿后的保护气体露点较高，极易在管道内凝结出水分，影响流量，因此管道必须采取加热和保温措施。

2.5.5.3　锌蒸气凝华成锌灰

在炉子的出口区，有热张辊室和炉鼻等设施，也是质量控制的重点区域。

由于感应加热在钢带内外和宽度方向上温度均匀性的问题，在热张辊室和炉鼻都要考虑最大限度地提高钢带温度的均匀性，在热张辊室要设计加热元件，在炉鼻内要在钢带宽度方向上分区加热、保温。

为了防止炉鼻内含有锌蒸气的气体进入炉子，最好在热张紧辊室的入口增加炉喉，并增加密封门。通入炉区的保护气体，应该从炉喉的入口通入，不宜在炉鼻下部通入。

炉子出口区布置图如图 2.5-21 所示。

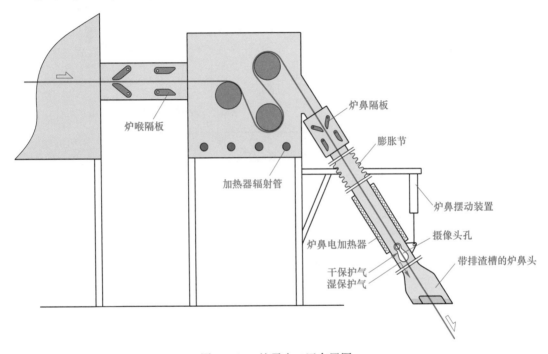

图 2.5-21 炉子出口区布置图

2.6 镀层线热浸镀工艺设计

2.6.1 工艺流程与设备

2.6.1.1 工艺流程

带钢连续热浸镀工艺是生产线的核心流程之一，各工序的技术要求与产品质量的关系如图 2.6-1 所示。

2.6.1.2 设备简介

带钢连续热浸镀设备主要有炉鼻、镀锅、镀辊、气刀、镀后冷却系统等，如图 2.6-2 所示。下面重点介绍镀锅，其他设备在相关章节介绍。

镀锅是用于熔化固态镀层锭，调整液态镀层成分、温度，并进行热浸镀的耐高温容器。由于最为常见的镀层是纯锌，因此也往往用锌锅来统称各种镀锅。

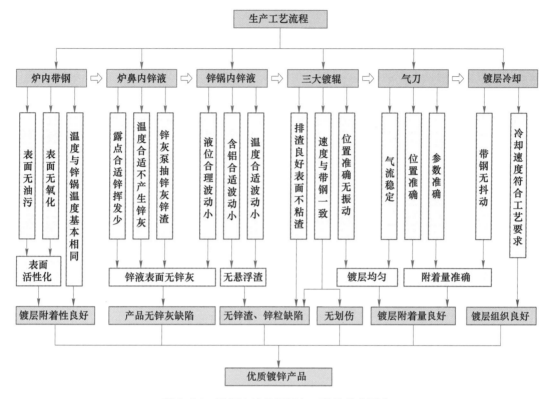

图 2.6-1　带钢连续热浸镀各工序的技术要求

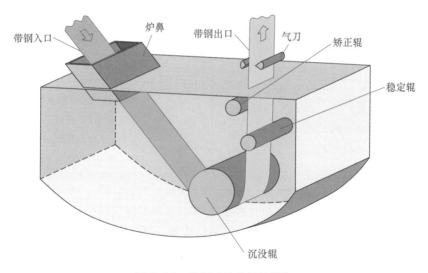

图 2.6-2　带钢连续热浸镀设备

2.6.1.3　镀锅的分类

（1）根据内部材料分类：锌锅根据内部材料分为钢板锌锅和陶瓷锌锅。早期的锌锅用钢板制作，由于锌锅钢板会与锌液发生反应，产生大量的锌渣，现已淘汰。目前基本全部采用内部使用耐火砖或耐火混凝土制作的锌锅，称为陶瓷锌锅，可以做到无底渣操作。

（2）根据加热方法分类：陶瓷镀锅全部采用电感应加热，根据加热方法不同分为有芯镀锅和无芯镀锅。有芯镀锅有电工钢板制作的铁芯，加热线圈是绕在铁芯上的，制作成感应体加热装置，锅体大多制作成长方体，俗称方锅；无芯镀锅没有铁芯，加热线圈是绕在锅体耐火材料上的，直接加热全部锌液，锅体大多制作成圆柱体，俗称圆锅。

（3）根据使用功能分类：镀锅根据使用功能分为预熔锅和主镀锅。预熔锅只将固态镀层锭熔化，因此体积较小，熔化后的液体流入主镀锅；主镀锅体积较大，锅内安装镀辊，进行热浸镀过程。主镀锅内的液态镀层金属为了与电镀槽内的镀液区别，一般称为镀浴。

（4）根据镀层含铝量分类：镀锅根据镀层含铝量的高低，分为低铝镀层用镀锅和高铝镀层用镀锅。低铝镀层用镀锅由于熔点低，镀浴温度也低，加上含铝量不高，镀浴与锅内侧的耐火材料反应性不强，因此加热功率低，可以不采用预熔锅，在主镀锅内熔化和热浸镀，耐火材料可以选择二氧化硅黏土砖。高铝镀锅恰恰相反，需要采用预熔锅，需要采用高铝耐火砖，最好采用无芯圆锅。

2.6.1.4　镀锅功率的计算

镀锅的功率是镀层生产线的一项主要参数。功率选择小了，不能满足特殊产品的需要，会给生产带来困难；功率选择大了不但会增加投资、增加设计难度，而且会造成运行中的不必要损耗。

镀锅功率的选择是根据热平衡原理进行的。

A　锌锅的热平衡项目计算

a　锌锅的热平衡项目

锌锅热收入项目和热支出项目如表2.6-1所示。

表 2.6-1　镀锅的热平衡项目

热收入项目	热支出项目
感应加热供给锌锅的热量 $Q_{加热}$ （带钢的热量变化 $Q_{带钢}$）	熔化锌锭支出的热量 $Q_{熔锭}$ （带钢的热量变化 $Q_{带钢}$） 锌液表面的热量散失 $Q_{散表}$ 锌锅四周的热量散失 $Q_{散周}$ 锌锅底部的热量散失 $Q_{散底}$

其中，带钢的热量变化 $Q_{带钢}$ 既可以是带钢将热量带入锌锅，即热收入项目；也可以是带钢从锌锅吸收热量，即热支出项目。为了抓住主要矛盾，下面只介绍感应加热供给锌锅的热量 $Q_{加热}$、带钢带入锌锅的热量 $Q_{带钢}$ 和熔化锌锭支出的热量 $Q_{熔锭}$ 的计算方法。

b　感应加热供给锌锅的热量计算

感应加热供给锌锅的热量可根据焦耳-楞次定律进行计算。

$$Q_{加热} = 0.24Nt \tag{2.6-1}$$

式中　$Q_{加热}$——感应加热供给锌锅的热量，kJ/h；

　　　　N——有功功率，kW；

　　　　t——通电时间，s。

c 带钢带入锌锅的热量计算

$$Q_{带钢} = WC_s(T_1 - T_2) \times 1000 \tag{2.6-2}$$

式中 $Q_{带钢}$——带钢带入锌锅的热量，kJ/h；

  W——机组平均生产率，t/h；

  T_1——带钢入锌锅温度，℃；

  T_2——锌液工作温度，℃；

  C_s——钢的质量热容，kJ/(kg·℃)。

d 熔化锌锭支出的热量计算

$$Q_{熔锭} = G_n C_z(T_1 - T_2) + G_n L \tag{2.6-3}$$

式中 $Q_{熔锭}$——熔化锌锭支出的热量，kJ/h；

  C_z——锌的质量热容，kJ/(kg·℃)；

  G_n——每小时加入锌锅中的锌锭质量，kg；

  T_1——锌液工作温度，℃；

  T_2——锌锭原来温度，℃；

  L——锌锭熔化的潜热，kJ/kg。

B 热平衡桥分析

为了更加直观分析镀锅热量平衡状态，下面不再进行量化计算，采用正常生产的数据，引入热平衡桥分析。

a 镀锌生产时的热平衡桥

镀锌生产时，一般采用带钢加热锌锅的工艺，带钢带入锌锅的热量 $Q_{带钢}$ 是热收入项目，典型的热平衡桥如图 2.6-3 所示。

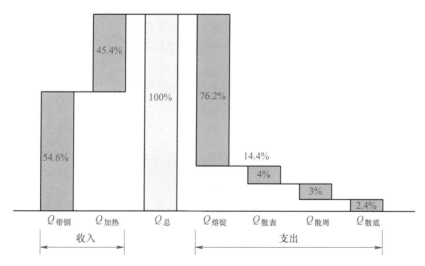

图 2.6-3 镀锌生产时的锌锅热平衡桥

从图上可以看出，带钢带入锌锅的热量往往大于感应体加热锌锅的热量，可以节省大量的电耗，而热量的支出主要是熔化锌锭。

b 镀铝锌生产时的热平衡桥

镀锌生产时，一般采用带钢入锅温度低于镀浴温度的工艺，带钢从锌锅吸收的热量

$Q_{带钢}$是热支出项目。典型的热平衡桥如图 2.6-4 所示。

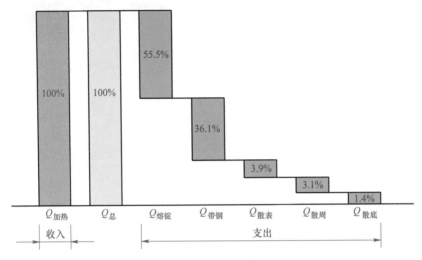

图 2.6-4　镀铝锌生产时的锌锅热平衡桥

从图上可以看出，热量的支出不但要熔化锌锭，还有加热带钢，热量收入项目只有感应体加热锌锅的热量一项，所以需要大量的电耗。这也就是为什么要增加感应体功率并设计预熔锅的原因。

C　锌锅功率的计算

综上所述，计算锌锅功率不但要考虑单位时间消耗的锌锭重量，而且要考虑带钢入锅温度。

在某一工况下，感应体所需的功率与带钢入锅温度的关系曲线如图 2.6-5 所示。从图中可以看出，对于镀锌生产线用锌锅，如工艺允许带钢入锅温度高于镀浴温度 10~20℃，则计算感应体所需功率为 300kW 就能够满足工艺需要。对于镀铝锌生产线用锌锅，如工

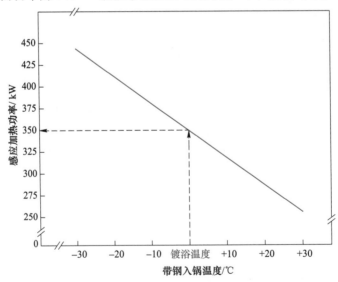

图 2.6-5　感应体所需功率与带钢入锅温度的关系曲线

艺需要带钢入锅温度低于镀浴温度 $10\sim20℃$，则计算感应体所需功率至少需要 400kW 才能够满足工艺需要，为了减轻感应体负荷率，需要选择 $500\sim600$kW。

2.6.2 低铝镀层用镀锅

低铝镀层用镀锅一般称锌锅，只有主镀锅，采用有芯方锅。

2.6.2.1 有芯方锅的结构

有芯方锅由锌锅主体和感应体两大部分组成，结构如图 2.6-6 所示，外形如图 2.6-7 所示。

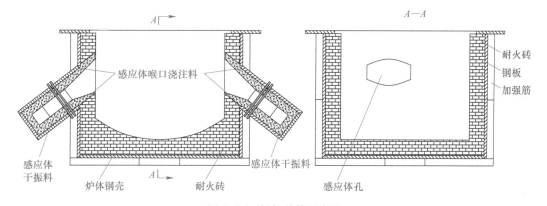

图 2.6-6　锌锅结构示意图

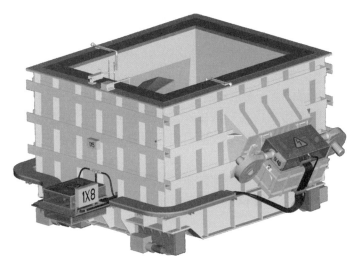

图 2.6-7　锌锅外形示意图

锌锅主体一般为长方体，长方体的下部做成圆弧形以与锅内镀辊相适应，用于盛放锌液和进行热浸镀过程。外部是钢板和钢结构形成的空间框架，支撑锌锅的重量；内部是耐火材料构成的锅内空间，最内层是耐火砖直接与锌液接触。

感应体用于给主锅内的锌液加热，安装在锌锅主体的外侧，锌锅一般采用两个感应体，分别安装于左右两侧，内部的熔沟与锌锅相连，以进行对流热交换，加热主锅内的锌液。

2.6.2.2　感应加热原理

感应体由铁芯、线圈和熔沟三部分组成，如图 2.6-8 所示。

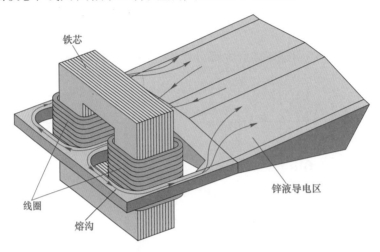

图 2.6-8　感应体的组成

铁芯是一个闭合的硅钢片叠合而成的导磁体，它的两个芯柱上套有两只并联的感应线圈，两线圈的同名端相连，它们产生的磁场方向一致，相互叠加。而熔沟是由耐火材料筑的"日"字形孔洞，有了熔化的锌液进入以后便组成了两个闭合的回路，它可以看成左右各有一匝的二次线圈，这样在铁芯上就套有两个一次线圈和两个二次线圈，组成了一个变压器。与一般变压器不同的是二次线圈——熔沟内的锌液产生的电动势并不输出，而是电流在自身内部产生循环，发出热量温度升高，并通过循环流动使整个锌锅加热。

工作时，当一次线圈内通上交流电后，便在铁芯内部产生闭合的交变磁场，根据变压器原理，便在二次线圈即熔沟内的锌液中产生交变电动势和电流。由于二次线圈只有 2 匝，比一次线圈少很多，所以电动势较低但电流很大，因而熔沟内锌液中通过较大的电流，而锌液是有一定电阻的，就会产生较大的热量，自身产生较大的升温，这时锌液便在磁场力量的作用下产生流动，根据理论分析和现场确认，锌液流动的方向是两侧出中间进，从而使熔沟内的高温锌液能和锌锅内的锌液充分搅拌传热，使锌锅内的锌液温度上升，达到加热的效果。

2.6.3　高铝镀层用镀锅

2.6.3.1　对镀锅的特殊要求

相对于低铝镀层，高铝的铝锌硅和铝硅镀层对镀锅的要求更高。

（1）热浸镀温度高。热浸镀铝锌硅的温度达到 580~610℃，热浸镀铝硅的镀层高达 670~690℃。温度的提高不但要求耐火材料的耐火温度更高，而且要求加热功率更高。

（2）与耐火材料的反应性更强。热浸镀铝锌硅的含铝量达到 45%~60%，热浸镀铝硅的镀层含铝量高达 85%～95%。如此高含量的铝在高温下，与耐火材料中二氧化硅的反应性很强。在镀锅内部，会在镀锅下部的锅壁产生很厚的铝锌渣和二氧化硅形成的坚硬的附着物，严重时影响镀辊的安装。特别是对于有芯镀锅的感应体熔沟，铝会渗进耐火材料内部，并发生反应，由于生成物体积膨胀，会使得熔沟面积减小，电流减小，甚至导致耐火材料产生开裂、漏锌，使感应体报废。

（3）要求搅拌作用强。高铝的铝锌硅和铝硅镀层熔体的成分复杂，而且密度差异很大，极易产生密度偏析，因此要求镀锅的搅拌作用强，才能保证镀浴成分均匀。

（4）要求加热功率高。由于高铝的铝锌硅和铝硅镀浴与带钢的反应性很强，会在镀层与带钢结合面产生较厚的化合物层，也会产生大量的底渣，为了提高镀层的附着力和表面质量，必须加以控制，一般采用带钢温度比镀浴温度低的方法，降低镀浴与带钢的反应性。带钢不但不能加热镀浴，反而会吸收镀浴内的大量热量。因此，要求加热功率很高。

2.6.3.2 增加预熔锅

（1）预熔锅的作用。预熔锅的作用是将镀层锭预先加热熔化成液体，通过流槽将熔液供给主镀锅，进行热浸镀。

（2）减小主锅功率。采用预熔锅的意义首先是可以减小主锅功率，如前所述，高铝产品热浸镀时需要较高的功率，而镀锅四周只能安装 4 只感应体，而且每只感应体的功率有限，增加预熔锅就可以减小主锅所需的总功率，有利于感应体的布置。

（3）可以减少铝锌渣产生。由于锌铝合金锭在熔化时，其周围的温度较低，局部镀浴中溶解的铁浓度会达到饱和而析出，形成铝锌渣。采用预熔锅就可以解决这一问题，提高镀浴的温度均匀性，减少底渣的产生，提高产品质量。

2.6.3.3 采用有芯镀锅的对策

如果条件有限又必须采用有芯镀锅生产铝锌产品，可采取以下的对策措施：

（1）增加镀锅功率。增加镀锅功率一方面是为了满足带钢入锅温度低于镀浴温度的需要，另一方面是为了增加对镀浴的搅拌作用。

（2）增加镀锅尺寸。镀铝锌的镀锅尺寸宜大不宜小。增加高度可以在镀辊下方留有一定底渣储存空间，防止底渣泛起影响产品质量。增加宽度可以防止锅壁粘附锌渣以后，镀辊安装困难。增加长度可以增加流槽与炉鼻的距离，减小流入的溶液对炉鼻内液面冲击波动带来的影响。

（3）采用高铝耐火砖。高铝耐火砖与镀层中铝的反应性较小，而且耐温性能好，可以提高镀锅的寿命。

（4）采取防止积渣措施。为了防止底渣积在镀锅的底部和锅壁角落，可以在侧面与底面交界处和两侧面交界处全部做成圆角。在耐火砖上刷涂料，也可以防止液面凝固在锅壁结渣。

（5）改善熔沟耐火材料。改进熔沟耐火材料的配方和工艺，可以提高感应体的寿命。

2.6.3.4 选择无芯圆锅

无芯感应加热的圆锅更加适合高铝镀层。

A　无芯圆锅的结构

无芯圆锅是一种感应熔炼炉，整体是一个用耐火砖砌成的圆柱体。由感应线圈、线圈支撑材料、磁轭、耐火材料、外壳及不锈钢冷却水管等部件组成。无芯圆锅结构如图 2.6-9 所示，实物照片如图 2.6-10 所示。

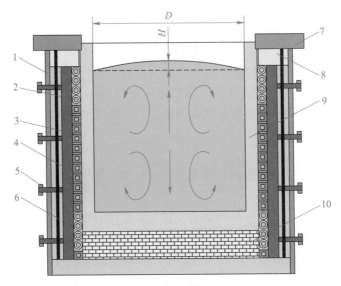

图 2.6-9　无芯圆锅结构

1—外壳；2—冷却水管；3—感应线圈；4—磁轭；5—调节螺栓；
6—固定板；7—钢板；8—隔热材料；9—炉衬；10—耐火砖

图 2.6-10　无芯圆锅的实物照片

B　无芯圆锅的原理

无芯感应圆锅没有铁芯，一次线圈绕在用耐火砖砌成的圆形锅体的外面。无芯感应圆锅的工作原理是，当锅体外的一次线圈通以交变电流时，形成交变磁场，这个交变磁场穿过一次线圈，也同时穿过装于圆锅内的熔液，此时一次感应体线圈相当于变压器的原绕组，熔液则相当于短路连接的副绕组。熔液中的交变磁场产生感应电势，因其短路连接而在熔液中感应产生出强大的感应电流，使熔液温度升高，并在磁场作用下产生流动。

C　无芯圆锅的特点

无芯圆锅最大的特点是搅拌作用强烈。锅内的感应电流不但可以加热熔液，而且可以给熔液施加作用力，产生流动。其流动方向如图2.6-8所示，从熔液高度一半处开始，分别向下和向上流动。熔液流动比较强烈，以致在锅内熔液顶部会产生一定的驼峰区。当然驼峰相对高度越高，搅拌能力越强，所以搅拌能力可以用下式来表示：

$$G = \frac{H}{D} \tag{2.6-4}$$

式中　G——搅拌强度；

　　　H——驼峰高度，mm；

　　　D——无芯锅直径，mm。

无芯圆锅的这一特点，可以防止熔液的成分因为比重等因素偏析，比较适合铝锌等成分复杂产品的生产。但是，强烈的搅拌作用也会使锅底的底渣泛起，可能会粘到带钢上，造成产品粘渣缺陷。

D　无芯圆锅的优点

无芯圆锅没有感应体，避免了有芯方锅需要更换感应体的麻烦，使用和维护很方便。同时，没有了感应体也就不怕停电时熔沟凝固开裂而无法重启，不需要备用电源，长时间不使用时，可以把锅内的溶液直接冷却凝固在锅内，一旦需要恢复时，只要通上电源即可。

E　无芯圆锅的缺点

在几何形状方面，横截面为圆形，为了容纳沉没辊等设备，横截面必须大，这样意味着更多的热辐射损失，综合效率低。

在热效率方面，只有约70%，远比有芯圆锅的约90%要低。

在维修方面，加热元件为水冷感应线圈，沿着圆锅周围缠绕，包在性能优良的绝缘材料中，一旦发生故障，就必须敲坏所有的耐火材料来检修。

2.6.4　镀锅设备的设计

2.6.4.1　镀锅布局设计

为了满足铝锌、锌铝镁等小众产品的生产，可以采用一线双锅、一线多锅、两线多锅的配置，就必须进行布局的选择和设计。

A　纵向两锅三位布局

纵向两锅三位布局如图2.6-11所示，三个工位沿生产线的方向一字排开。优点是不影响安全通道和检修场地，缺点是如果不采用镀锅升降装置，主控室只能安排在生产线的一侧，在主控室内不能看到带钢的表面。

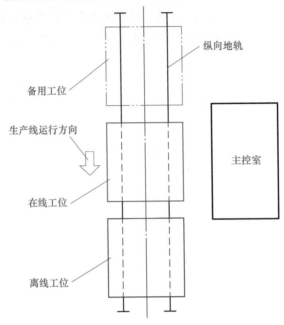

图 2.6-11　纵向两锅三位布局

B　横向两锅三位布局

横向两锅三位布局如图 2.6-12 所示，三个工位沿垂直生产线的方向一字排开。优点是不影响主控室的位置，在主控室内能够看到带钢的表面；缺点是如果不采用镀锅升降装

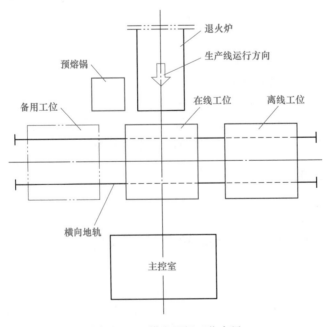

图 2.6-12　横向两锅三位布局

置，会影响安全通道和检修场地。

C 三锅四位布局

三锅四位布局如图2.6-13所示，三个工位沿生产线的方向一字排开，一个工位位于生产线的一侧，垂直于生产线的方向。如果不采用镀锅升降装置，主控室只能安排在生产线的一侧，在主控室内不能看到带钢的表面。这种情况比较少见。

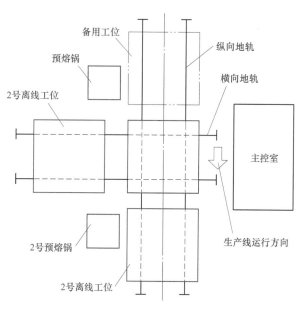

图 2.6-13 三锅四位布局

D 两线三锅五位布局

两线三锅五位布局是相互并列平行的两条生产线，设计三只锅五个工位，如图2.6-14所示，只能采用横向布置，其中中间的一只锅可以移动到任一生产线。

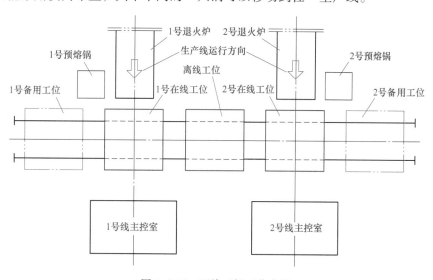

图 2.6-14 两线三锅五位布局

2.6.4.2 镀锅升降装置的设计

A 镀锅升降装置简介

镀锅升降技术是将镀锅设计成在高度方向可以上下移动的形式。当镀锅工作时上升到工作位，炉鼻、镀辊、带钢都浸入镀浴内工作位置。当镀锅离线时，镀锅下降，炉鼻、镀辊、带钢都离开镀浴。

B 镀锅升降装置的必要性

a 单锅生产线

对于单锅生产线而言，采用镀锅升降装置可以实现炉鼻、镀辊快速离开镀浴，实现炉鼻、镀辊、气刀的在线维护或简单修理，也可快速清理炉鼻内的锌渣和锌灰。

对于生产铝锌和铝硅的生产线，生产线意外停止后，带钢往往会很快在镀浴内溶化而造成断带事故。采用镀锅升降装置就可以防止这一问题的发生。

b 多锅生产线

多锅生产线如果没有镀锅升降装置，所有工位都在一个高度，只能低于地平面，不但操作不方便、不安全，而且更换镀锅必须将炉鼻升起、气刀和镀辊全部吊开，周期很长。无升降装置的两锅三位布置如图 2.6-15 所示。

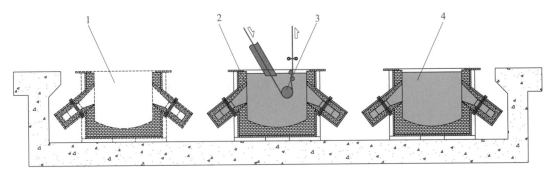

图 2.6-15 无升降装置的两锅三位布置

1—备用工位；2—在线工位；3—炉鼻、气刀及镀辊；4—离线工位

采用镀锅升降装置可以将在线工位设计略高于地平面，而离线工位、备用工位都设计在地下，就解决了上述问题，而且不影响主控室的位置。带升降装置的两锅三位布置如图 2.6-16 所示。

C 升降装置的类型及特点

目前国内外镀锌线上使用的锌锅升降装置主要有两种类型：电动式升降装置和液压式升降装置。

a 电动式镀锅升降装置

电动式镀锅升降装置主要由电动升降驱动机构、载锅轨道平台、转换式平台支撑机构、升降导向稳定机构和电控系统组成，如图 2.6-17 所示。

其中电动升降驱动机构是其核心机构，它通过电机驱动双出轴减速机，然后分两路驱动两台双出轴换向器，进而同步驱动对称布置的四台升降机，如图 2.6-18 所示。

载锅轨道平台为加强钢结构件，其顶部装设有轨道，主要用于承载镀锅。转换式平台

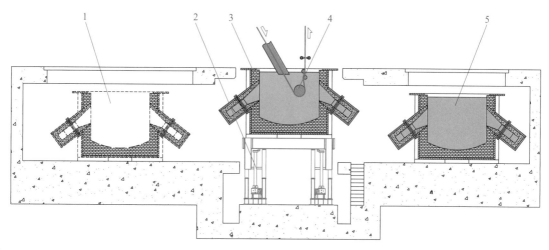

图 2.6-16 带升降装置的两锅三位布置

1—备用工位；2—升降装置；3—在线工位；4—炉鼻、气刀及镀辊；5—离线工位

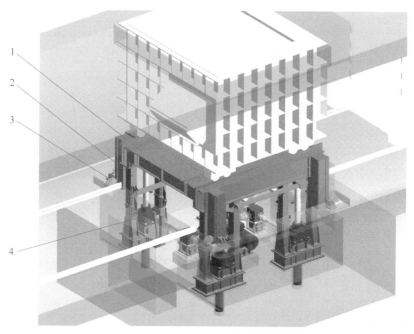

图 2.6-17 电动式镀镀锅升降装置

1—载锅轨道平台；2—转换式平台支撑机构；3—升降导向稳定机构；4—电动升降驱动机构

支撑机构由固定支柱和摆动支柱组成，当镀锅位于低工位时，由固定支柱支撑载有镀锅的载锅轨道平台，此时摆动支柱处于水平待机位；当镀锅位于高工位时，则转换为由摆动支柱来支撑载有镀锅的载锅轨道平台。升降导向稳定机构用于平台升降时的导向控制和保证平台在升降时的稳定性。电控系统主要是控制镀锅升降装置的正常运行并检测 4 台升降机的同步运行。

此外电动式镀锅升降装置又根据电动升降驱动系统的布置方式不同分为两类。一类是将电动升降驱动机构固定在土建基础之上，用升降机顶升载锅轨道平台；另一类是将电动

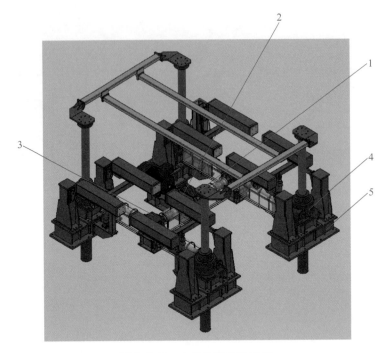

图 2.6-18　电动升降驱动机构

1—电机；2—减速机；3—换向器；4—升降机；5—支座

升降驱动机构固定在载锅轨道平台底部，升降机顶部顶在土建基础上，升降时升降驱动机构随平台同步移动。

　　b　液压式镀锅升降装置

　　液压式镀锅升降装置主要由液压升降系统、载锅轨道平台、支撑臂装置、连杆支撑装置和电控系统组成，如图 2.6-19 所示。其中液压升降系统是其核心机构，它由 4 个同步的多级柱塞式液压缸和液压系统组成。连杆同步装置为剪刀支撑臂结构，载锅轨道平台、支撑臂装置和电控系统与电动式升降装置的功能相同。

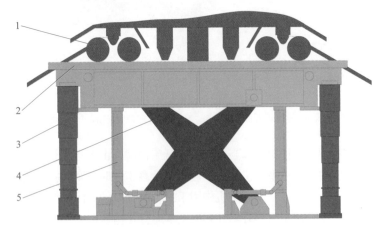

图 2.6-19　液压式镀锌锅升降装置工作位

1—移动锌锅；2—载锅轨道平台；3—液压升降系统；4—连杆同步装置；5—支撑臂装置

由于镀锅升降装置所处区域属于生产线核心生产部位，该装置能否正常运行将会对整个机组的正常生产有较大影响。再者升降装置工作时，其顶部支撑约500t满是熔融镀浴的镀锅，一旦倾覆将会造成熔液溢出甚至锌锅破坏等严重的生产事故，在这种严苛的工况条件下，保证镀锅升降装置在升降时的稳定性和装置自身的极端可靠性是其设计和使用的关键。电动式升降装置除了通过电动升降驱动机构这种机械同步的方式在结构上保证4台升降机的同步运行外，还在升降机内部内置了同步提升检测元件和安全螺母的双重安全保护机制。液压式升降装置则通过液压系统同步驱动4台液压缸和设置连杆同步装置的方式保证升降平台的同步运行。

c 两种镀锅升降装置比较

除上述介绍之外，两种升降装置对比如表2.6-2所示。

表2.6-2 两种镀锅升降装置特点比较

类　型	电动式升降装置	液压式升降装置
结构特点	结构紧凑、外形较小、重量轻	结构复杂、外形庞大、重量较重
调试和使用维护	调试容易、操作简单、维护方便或免维护	液压缸同步调试困难，维护成本较高

2.6.4.3 预熔锅的设计

预熔锅与主镀锅之间的连接关系很重要。有斜流槽、平流槽和连体式几种。

A 斜流槽

采用斜流槽时，预熔锅与主镀锅之间的高度差较大，一般采用间断加熔液的方式，熔液流动速度很快，不会在流槽内产生凝固问题。但这种模式主镀锅内液位的波动很大，而且对主镀锅内的液面冲击也很大，可能会引起炉鼻内液位的严重波动，造成带钢表面粘渣、粘灰等缺陷。为此，可以在主镀锅内的流槽出口处增加钛合金板，引导从流槽内流下的高速熔液向下流动，减少水平流动，减轻对炉鼻内液面的冲击。斜流槽示意图如图2.6-20所示。

B 平流槽

采用平流槽时，预熔锅与主镀锅之间的高度差很小，可以连续加熔液，熔液流动速度很慢，主镀锅内的液位波动很小，对主镀锅内的液面冲击也很小，引起带钢表面粘渣、粘灰缺陷的概率较小。但必须在流槽上安装加热器，保持流槽温度在430℃以上，以防熔液在流槽内产生凝固。平流槽示意图如图2.6-21所示。

C 连体式

预熔锅与主镀锅之间采用流槽相连总会出现液位波动和液面冲击问题，要从根本上解决就必须将预熔锅和主镀锅连在一起，设计成连体式，其中预熔锅可以是长方形也可以是三角形的，两者之间在中部有一个孔洞相互连通，预熔锅内熔化的熔液可以很方便地流进主镀锅，流速很慢、液位一致，预熔锅连续加合金锭，就可以保证主镀锅内液位稳定不变，而表面的渣子留在预熔锅。图2.6-22是一种三角形预熔锅的连体镀锅。

2.6.4.4 镀锅尺寸设计

镀锅内轮廓尺寸包括长度 L、宽度 B 和高度 H。

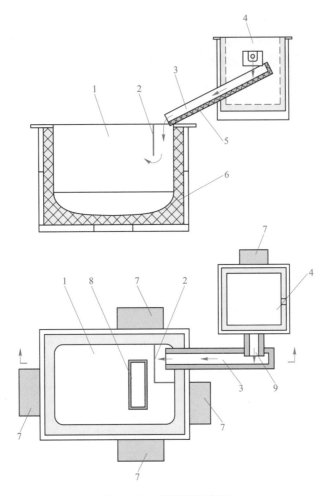

图 2.6-20 斜流槽示意图

1—主镀锅；2—钛合金板；3—斜流槽；4—预熔锅；5—耐火泥；6—耐火砖；7—感应体；8—炉鼻；9—出液口

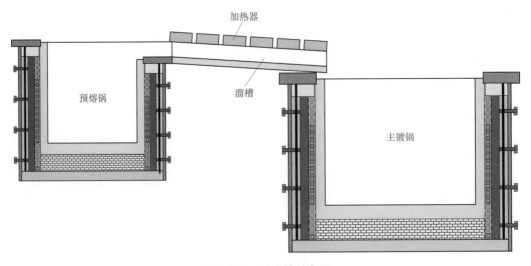

图 2.6-21 平流槽示意图

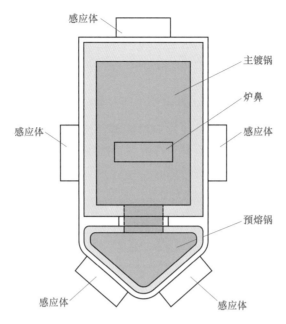

图 2.6-22 三角形预熔锅的连体镀锅示意图

（图中标注：感应体、主镀锅、炉鼻、感应体、感应体、预熔锅、感应体、感应体）

A 长度 L

长度 L 为机组运行方向的内轮廓尺寸，需要将冷却塔下垂直方向的带钢通过线距锅前壁距离控制在 1000mm 以上，以保证气刀下方镀浴的合理流动；将炉鼻浸入点距锅后壁距离控制在 1200mm 以上，保证有足够的加锭、捞渣空间。一般生产线镀锅长度 L 为 4300~4800mm。

B 宽度 B

宽度 B 为锌锅的内宽轮廓尺寸，基于带钢的宽度、沉没辊的辊身长度进行计算，一般取：

$$B = 带钢最大宽度 + （1400 ～ 2000）mm \qquad (2.6-5)$$

或

$$B = 沉没辊的辊身长度 + （650 ～ 800）mm \qquad (2.6-6)$$

高铝镀锅在此基础上略加大 200~400mm。

C 高度 H

高度 H 宜将上稳定辊与液面的距离控制在 150~200mm。沉没辊下辊面与锅底的距离控制在 800 ～ 1000mm，高铝镀锅大一些，低铝镀锅小一些。一般生产线镀锅深度为 2300~2500mm。

2.6.5 锌锅的成分控制

2.6.5.1 控制的对象与意义

A 控制的对象

锌锅的成分主要有铁和铝两个主要元素，铁元素来源于带钢表面的铁原子溶解到锌液内，铝是为了抑制铁的溶解而人为加入到锌液之中的。

铝在锌液中有两种存在形式，一种是溶解于锌液中游离状态的铝，另一种是与铁和锌反应生成的化合物，是以固体化合物状态存在的铝。对热浸镀锌工艺过程发生作用的是游离状态的铝，称为有效铝。

B　有效铝对铁的溶解与析出的影响

锌锅温度为460℃时，锌锅中的有效铝对铁与锌反应结果的影响规律如图2.6-23所示，铁在锌液中的溶解线以下，铁溶解于锌液中；铁在锌液中的溶解线以上，铁的浓度超出了饱和溶解度，会以化合物的形式析出。

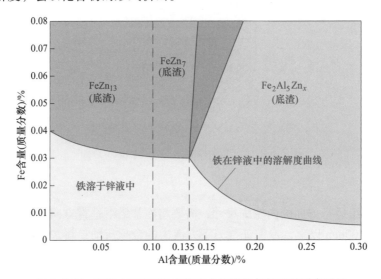

图2.6-23　锌液460℃时铁在锌液中的溶解与析出的平衡组织

从图2.6-23上可以看出含铝量为0.10%和0.135%是两个临界点。含铝量低于0.10%时，铁的溶解度随着铝量的增加以较大的斜率降低，而在0.10%~0.135%之间，铁的溶解度随含铝量的增加缓慢下降。当含铝量超过0.135%时，随含铝量的增加，铁的溶解度又以很快的速度下降。这是因为，在不同的含铝量下，铁饱和以后所形成的金属化合物不同，在含铝量小于0.10%时，近似于镀纯锌的成分，铁饱和后以含锌量较高的金属化合物$FeZn_{13}$的形式析出，密度大于锌液是底渣；有效铝含量在0.10%~0.135%之间时，铁饱和以后以含锌量略低的金属化合物$FeZn_7$的形式析出，密度也大于锌液，是另一种底渣；而当含铝量超过0.135%以后，铝主导铁、铝、锌之间的化合反应，铁、铝、锌三种金属反应生成的化合物为$Fe_2Al_5Zn_x$，在这种情况下，反应以铁与铝的结合为主，锌是参与元素，反应生成物是悬浮渣或顶渣。镀纯锌（GI）时锌液中的有效铝一般在0.15%~0.20%，就处在这一范围内。

C　有效铝波动带来的影响

如果锌锅的温度为460℃、锌液中的铁含量为0.017%，在有效铝含量为0.165%，即图2.6-24中的 B 点时，显然处于不饱和状态，铁溶解于锌液中；若有效铝含量提高到0.185%，即图2.6-24中的 B′点时，就处于过饱和状态，就会有浮渣产生。在锌液中，金属化合物固体颗粒的析出是单向的，即只能析出，不可能溶解。也就是说，锌渣一旦形成，就永久产生了，因而有效铝的波动会促进铁的溶解和析出。

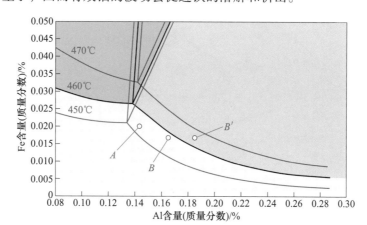

图 2.6-24 锌锅温度和铝含量对铁溶解度的影响

所以说，锌锅成分控制的对象是有效铝，不但要求控制在一定范围内，而且要求成分波动越小越好。而控制的目的是最大限度地减少铁析出成锌渣，以保证产品质量。

2.6.5.2 锌液的流动情况

为了准确控制锌液成分，必须根据锌液的流动情况设计加锌的位置。

由于锌锅内的辊子和钢带随着生产线而不断运行，所以锌液也是在不断流动的。根据大量理论仿真研究和实际情况分析，锌锅内锌液的流动情况在纵向中心剖面的分布如图 2.6-25（a）所示，从图中可以看出，在锌锅中心，锌锅内的锌液，整体上是在沉没辊的下方从入口方向向出口方向流动的。锌锅内锌液的整体流动情况的分布如图 2.6-25（b）所示，整体大循环的流动，是在沉没辊的下方从入口方向向出口方向流动，而在锌锅操作侧和传动侧靠近侧壁的地方，都是从出口向着入口方向流动的，这样就实现了整体流动的平衡。

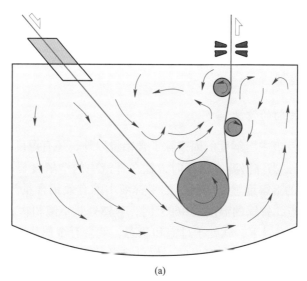

(a)

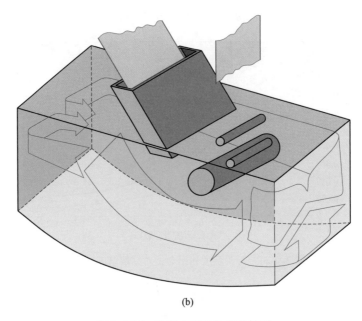

(b)

图 2.6-25　锌锅内镀浴的流动情况

2.6.5.3　加锌位置的选择

锌锅加锌位置有炉鼻后侧和靠近前锅壁两处。

在炉鼻后侧加锌，锌锭中的铝熔化以后，可以随着锌液的流动，流向沉没辊下方，以及稳定辊前侧，有利于锌锅成分均匀化。但是，在此处加锌距炉鼻很近，锌锭吸收热量，温度发生波动，会促进锌渣的析出，进入炉鼻内部；锌锭熔化时产生的氧化杂质也有可能进入炉鼻内部；这两方面的因素都有导致带钢发生粘渣缺陷的可能性。在炉鼻后的操作侧和传动侧加锌，不但有利于成分的均匀化，也可减小对炉鼻内锌液的影响，而且可以交替装锌锭保证液位稳定。

在靠近前锅壁处加锌，远离炉鼻造成带钢粘渣的可能性减小，但此处锌液是向上流动的，不利于锌锅成分的均匀化。

2.6.6　镀锅的温度控制

2.6.6.1　控制温度波动的意义

严重影响到铁在锌液中溶解度的因素除了含铝量以外，还有温度。

如图 2.6-24 所示，当锌锅温度提高时，铁在锌液中的溶解度显著增加；当锌锅温度下降时，铁在锌液中的溶解度显著降低。如果锌液中的有效铝含量为 0.142%、铁含量为 0.02%，即图中的 A 点，锌锅的温度为 460℃时，显然处于不饱和状态，铁溶解于锌液中；若锌锅温度下降到 455℃以下，就处于过饱和状态，就会有金属化合物固体颗粒析出，成为悬浮渣。而生成锌渣的反应是不可逆的，如果锌锅温度反复波动，就使得铁不断地溶解到锌液中，不断地析出成锌渣。而这种现象在生产实际中是经常发生的，所以说，锌锅温度波动是产生锌渣的一大影响因素。

2.6.6.2 锌锅内温度的分布

（1）锌锅温度不均匀。综合部分仿真结果和实际测试数据，锌锅内的温度分布很不均匀，如图 2.6-26 所示。

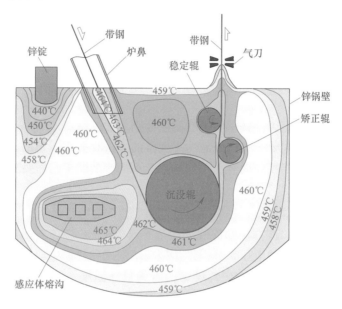

图 2.6-26 锌锅内温度的分布

（2）锌锭的熔化与加热。在加锌锭处锌液温度最低，密度大下沉，正好进入感应体的位置，锌液被加热，然后通过沉没辊下方进入锌锅前部。

从炉鼻后两侧的位置加锌锭，也有利于增加锌锅温度的均匀性。

（3）带钢与锌液的热交换。由于锌液的传热性能很好，且带钢与锌液接触面积大，带钢一旦进入锌锅就会迅速进行热交换，加热周围的锌液，而带钢温度很快下降到与锌液相似的温度。因此，在沉没辊位置的温度相对较高。

当然，在锌锅表面的温度相对较低。

2.6.6.3 锌锅温度控制的方式

A 感抗型负载的补偿

为了将锌锅线圈这样一种感抗型负载接到三相电路上，必须进行两个方面的调整：一是并联补偿电容，用来调整功率因素，二是增加平衡电抗器和平衡电容器，用来将单相负载转换成三相平衡负载，如图 2.6-27 所示。

B 功率调整的方法

一只有芯锌锅一般安装 2 只感应体，也有安装 3 只或 4 只感应体的，以满足高铝镀层的需要。感应体数量增多，可以减小单只感应体的工作强度，延长其寿命。但不管使用多少只感应体，都是采用每一只感应体配置一套独立的供电线路和控制系统的方案，以防止

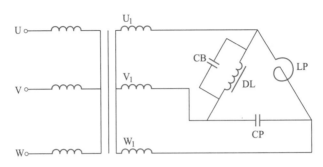

图 2.6-27　感应体电气原理简图

DL—感应体线圈；CB—补偿电容；CP—平衡电容；LP—平衡电抗器

感应体之间的相互影响，也可使锌锅两侧的温度分别单独控制。

锌锅温度的控制精度主要与锌锅电源功率调整的方法有关，调整的方法主要有有级调功控制模式和无级调功控制模式两种，可根据生产不同产品的工艺需要进行选择。

C　有级调功控制模式

根据感应加热原理，锌锅温度控制是通过调整感应体两端的电压，以产生不同的功率输入实现锌液温度的控制。该方法的原理如图 2.6-28 所示[48]，在三相自耦变压器的输出端设计 7 个抽头，对应不同的电压，分别设 7 挡功率输入到锌锅感应体线圈，其中有 2 挡低功率及 5 挡高功率。在正常工作中，设定所需的目标温度，并在自动位置设置控制开关，如果目标温度与传感器反馈回来的实际锌液温度相差一定的数值，则控制开关自动调整到相应功率的位置，当所输入功率产生的总热能大于锌锅的热损耗，锌液温度升高，达到设定的目标温度时，转换到保温状态，从而实现闭环控制的模式。这种有级调功模式，一般不参与生产线的控制，而实行单独控制，对温度的控制精度为 ±3℃，设备简单、操作维护方便，可以满足一般产品生产的需要。

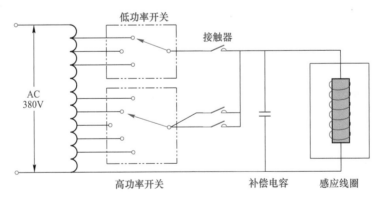

图 2.6-28　有级调功控制模式原理

D　无级调功控制模式

无级调功控制模式采用整流和逆变装置，通过变频调压方式调整感应线圈输入功率，从而实现对锌液温度的控制。无级调功控制模式原理如图 2.6-29 所示，由断路开关、整流器、逆变器、过电压保护装置、二次隔离变压器等组成。其脉冲全波整流单元采用晶闸管功率元件，将三相交流电整流成单向直流电；逆变单元通过晶闸管，再将单向直流电变成频率和电压可以调整的单相交流电；还配置过电压保护电容，用来过滤电网以及感应线圈产生的过电压；并通过二次隔离变压器，以 1：1 的比例输出电压，以确保安全、防止干扰；最终给感应体提供变频调压电源，在线圈内产生变频电流，使得锌液温度随着频率的调整而变化。该系统可以实现与生产线二级计算机的联网控制，其控制单元可通过接收机组 PLC 输入的 4~20mA 或 0~5V 信号，调整系统功率，从而实现锌锅温度系统性的控制，控制精度可达±1℃。此外其控制单元能够对感应体的线圈电压、电流及功率等进行实时监控。另外，该方式的整流控制柜和感应体线圈都必须采用水冷却方式。

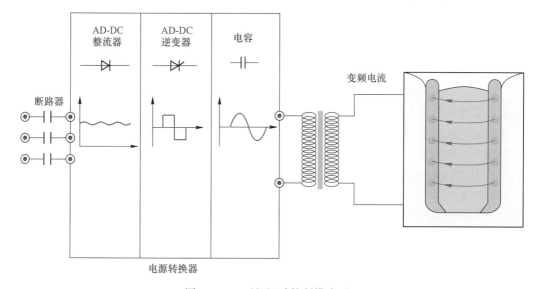

图 2.6-29　无级调功控制模式原理

这种控制方法技术先进、工作可靠，控制精度较高，锌锅温度控制精度可达±1℃，可以满足高档产品生产的需要。但是，设备复杂、投资较大，对维护人员的技术要求较高，维护费用也较高。

2.6.7　镀锌合金化处理

2.6.7.1　合金化处理及其目的

A　合金化处理的概念

热镀锌钢板的合金化处理是将含铝量为 0.11%~0.14% 的锌液生产的镀锌板，经过合金化炉重新加热到一定温度并保温一定时间，使纯锌层全部转换为铁锌化合物层后，获得合金化镀锌钢板（galvanneal，GA）的处理过程。合金化镀锌钢板有一系列优点，合金化是日系汽车板必不可少的处理流程[49]。

B　合金化镀锌钢板的组织特点

典型的锌铁合金钢板剖面组织如图 2.6-30 所示，其镀层相结构以 δ_1 相的 $FeZn_7$ 化合物为主，在 δ_1 相与钢基体之间含有少量的 Γ 相 Fe_3Zn_{10} 化合物和 Γ_1 相 Fe_5Zn_{21} 化合物，其表面为较薄的 ξ 相 $FeZn_{13}$ 化合物。

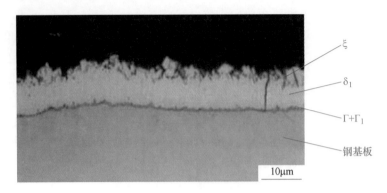

图 2.6-30　典型的合金化镀锌钢板剖面组织

C　合金化镀锌钢板的性能特点

（1）具有良好的焊接性能。这是合金化镀锌板最大的优越性，由于表面的镀锌层全部转变成了锌铁化合物，焊接时不会出现锌的燃烧现象，不会对焊接电极产生损伤，也不会产生锌的氧化物将两层钢带隔离开来的现象，而可以很好地熔合在一起，形成强度接近于母材的焊点。

（2）具有良好的耐蚀性能。经过合金化处理的热镀锌钢板表面有一层较厚的、很致密的、不溶解于水的非流动性氧化膜，它能阻止氧化进一步发生。同时，锌铁化合物的标准电极电位介于铁和纯锌之间，比铁活泼，比纯锌迟钝，也就是说电化学腐蚀速度比纯锌慢。

（3）具有良好的涂装性。经合金化处理过的热镀锌钢板，其表面比处理前粗糙，镀层表面显微特征凸凹不平，有显微疏松和孔洞，也有某些显微裂缝贯穿于镀层厚度方向，这样的表面能与涂料有良好的粘附性。

（4）具有较好的耐热性能。镀锌板表面的纯锌层转变为锌铁化合物层后，熔点由 419.5℃上升到 640℃左右，接近纯铝的熔点 650℃，可见合金化镀锌钢板的耐热性能得到很大的提高，而接近镀铝钢板。

2.6.7.2　合金化处理工艺流程

A　合金化处理流程

合金化处理工艺曲线如图 2.6-31 所示，是通过对镀锌板进行加热，使得基板内的铁原子获得能量，扩散到镀层内，使得纯锌层转化为化合物层。

加热和保温过程在冷却塔的上行段进行，并冷却到一定程度后进入塔顶辊，然后与纯镀层相似在下行段进一步进行空气冷却，再进行水淬。

B　工艺参数的选择

合金化温度与时间是相辅相成的，合金化温度高，合金化进程快；合金化温度低，合金化进程慢。或者说，当所生产的产品合金化度要求一定时，如果合金化温度高的话，所需的合金化时间就短，但是很难控制；如果合金化温度低的话，所需的合金化时间就要长一些，控制就比较方便。

合金化温度和时间与合金化镀锌板的锌液中有效铝含量关系很大，含铝量与合金化温

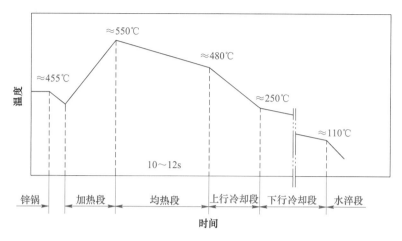

图 2.6-31 合金化处理工艺曲线

度和时间都成正比。如果有效铝含量较高，所需的合金化温度就要高一些或时间长一些；反之亦然。

合金化温度和时间还与镀层厚度有关。在已有生产线上，合金化处理的时间可以通过控制生产线的速度来调整，镀层厚度越厚，所需的合金化处理时间越长，机组的速度要适当降低。

一般要求合金化镀锌钢板的平均含铁量为 7%～15%，最好是 10%～13%，相应地将合金化板温控制在 500～550℃、时间控制在 10～12s 为宜。

2.6.7.3 合金化处理设备设计

A 加热段

合金化退火的加热段早期采用燃气加热，但由于时间长、控制困难，现已基本不再使用。

目前，合金化退火的加热段采用高频感应加热，因为从锌层退火工艺上看，加热时间越短对合金化过程越有利，感应加热方式可以在 1s 甚至更短时间完成加热过程，不仅对锌层退火工艺有利，同时也可降低整体设备乃至车间厂房的高度，而且感应加热控制方便，反应快速。

合金化感应加热炉加热功率是控制合金化度的一个重要控制指标，在实际控制中，必须综合各种影响因素，采用数学模型进行控制。

理论功率(kW) = {[带钢厚度(mm) × 带钢宽度(mm) × 机组速度(mm/min)]/60} × 0.55

在实际生产时，操作人员根据粉化试验对功率进行人工干预，当级别达到 1.5 级及以上时，要适当下调功率，每次调节 5%～10%；板面出现合金化不均，要适当上调功率，每次调节 5%～10%；合金化层铁含量超出 8%～12%时，适当上调或下调功率，每次调节 5%～10%。

B 保温段

保温段是将加热后镀锌带钢保温一段时间，生成锌铁合金层。保温段加热方式通常是电阻加热，炉温能量的来源分为两部分，第一部分来源于加热炉的感应加热区，包括加热区内传递过来的热量，以及带钢本身携带的热量，该部分是均热炉炉温能量的主要来源；第二部分是均热炉自身发出的热量，在均热炉各段安装了电阻加热系统，对均热炉炉温提供补偿。

C　炉压的控制

与退火炉有根本性不同的是，由于均热炉内的气体一直在运动着的带钢作用下不停地上升，所以其温度控制是一大难题。一般是在均热炉出口设置活动挡板，通过改变挡板的开口度，来控制均热炉内气体的流速，也就是说使得均热炉内的压力保持在一定范围内，从而实现控制其炉气温度的目的。

均热段炉气压力控制原理如图 2.6-32 所示，冷却段的风箱下出口正对均热段的上出口，两者之间有可以活动的挡板。生产时冷却风机打开，冷却风箱喷缝内喷出的冷空气，与带钢发生热交换以后，有部分会从冷却风箱下出口流出，并经活动挡板与风箱下出口之间的间隙进入空气中。与此同时，均热段内的热气流会在带钢作用下通过均热段上出口流出，也经过活动挡板与风箱下出口之间的间隙进入空气中。当活动挡板全部打开时，这两股气流能够顺利流到空气中，均热段和冷却风箱的压力接近为零。假如活动挡板适度关闭，两股气流受阻，就会相互作用而形成压力，均热段和冷却风箱都有了一定的压力；调整活动挡板的开口度，也就可以方便地调整均热段和冷却风箱的压力。虽然冷却风箱的压力升高，对冷却效果有所影响，但采用这种方法控制均热段的压力，进而控制炉气温度，却是我们所希望的结果。

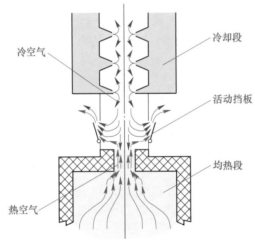

图 2.6-32　均热段炉气压力控制原理

2.6.7.4　合金化控制系统设计

由于合金化度的影响因素很多，波动较大，在现代化的热镀锌铁合金板的生产线中，安装了大量的检测仪器进行全面的监控。

（1）在气刀上方设置热态镀锌量测量仪，以最快的速度测量镀层厚度，为合金化工艺制定提供依据。

（2）在合金化炉的加热区和保温区之间设置镀层反射因素测定器，以测定镀层表面的合金化程度，并控制钢带温度保持在 δ_1 相稳定形成的温度区间内。

（3）在保温区和冷却区之间设置光学高温计和发射率测量器以便同时测量钢带温度和发射率。

（4）经冷却后的钢带在适当的位置设置合金化镀层相结构传感器，以测量镀层中各种相层的厚度及镀层中的铁含量。

（5）在镀层相结构测定器之后，钢带温度冷却到规定的范围以后，设置冷态镀层厚度测定仪，弥补热态镀层厚度测量仪精度波动的不足。

合金化工艺控制器系统如图 2.6-33 所示[50]。

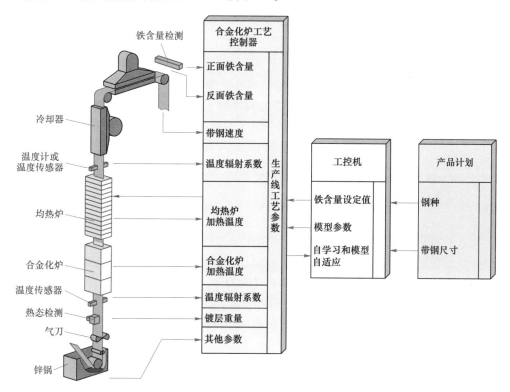

图 2.6-33　合金化工艺控制器系统图

第3章 基板材质与热处理工艺

3.1 退火和镀层基板的生产

3.1.1 总体流程

退火和镀层基板有轧硬板和热轧酸洗板两大类。总体工艺流程包括炼铁、预处理、炼钢、精炼、连铸、热轧、酸洗、冷轧等工序。另外，薄板坯连铸连轧可以部分取代连铸、热轧、冷轧工序，生产薄规格的热轧基板。以无间隙原子钢（IF）和双相钢（DF）两个钢种为例，工艺流程如图3.1-1所示，其中无间隙原子钢精炼采用RH，而双相钢精炼采用LF。

3.1.2 炼铁

3.1.2.1 高炉炼铁概述

炼铁是将金属铁从含铁矿物中提炼出来的工艺过程，主要有高炉法、直接还原法、熔融还原法、等离子法等。现代炼铁主要是在高炉中进行，其产量占世界生铁总产量的95%以上。

高炉炼铁把铁矿石经过还原并去掉杂质而得到铁水。炼铁的主要原料是铁矿石、焦炭、石灰石、空气等。铁矿石是铁的来源，有赤铁矿（Fe_2O_3）和磁铁矿（Fe_3O_4）等。焦炭的作用是提供热量并产生一氧化碳还原剂。石灰石是用于造渣，使冶炼生成的铁与杂质分开。

在高炉内的高温下，铁矿石中的铁氧化物通过还原反应炼出生铁。

$$Fe_2O_3 + 3CO \xrightarrow{\hspace{1cm}} 2Fe + 3CO_2 \uparrow（高温,还原反应） \tag{3.1-1}$$

$$Fe_3O_4 + 4CO \xrightarrow{\hspace{1cm}} 3Fe + 4CO_2 \uparrow（高温,还原反应） \tag{3.1-2}$$

铁矿石中的脉石、焦炭及喷吹物中的灰分与加入炉内的石灰石等熔剂结合生成炉渣，从出铁口或出渣口排出。

$$CaCO_3 \xrightarrow{\hspace{1cm}} CaO + CO_2 \uparrow（高温） \tag{3.1-3}$$

$$CaO + SiO_2 \xrightarrow{\hspace{1cm}} CaSiO_3（高温） \tag{3.1-4}$$

3.1.2.2 高炉炼铁设备

高炉炼铁主要工艺系统如表3.1-1所示。

表3.1-1 高炉炼铁主要工艺系统

序号	系统名称	作 用	组 成
1	矿焦上料系统	原材料存储、计量并运至高炉炉顶	铁矿石槽和焦炭槽、上料设施
2	高炉系统	主体冶炼过程	炉顶、炉体、风口平台
3	供风系统	鼓风、加热、供风	鼓风机、制氧厂、热风炉
4	喷煤系统	从风口喷入煤粉	制粉、喷吹

续表 3.1-1

序号	系统名称	作　用	组　成
5	出铁系统	出铁水、运铁水	炉前渣铁沟、铁水包、运输车
6	渣处理系统	冲制水渣、处理干渣	水渣冲制设施、渣场、干渣坑
7	煤气处理系统	煤气除尘	重力除尘、干法除尘或湿法除尘、余压余热发电 TRT、减压阀组、放散塔

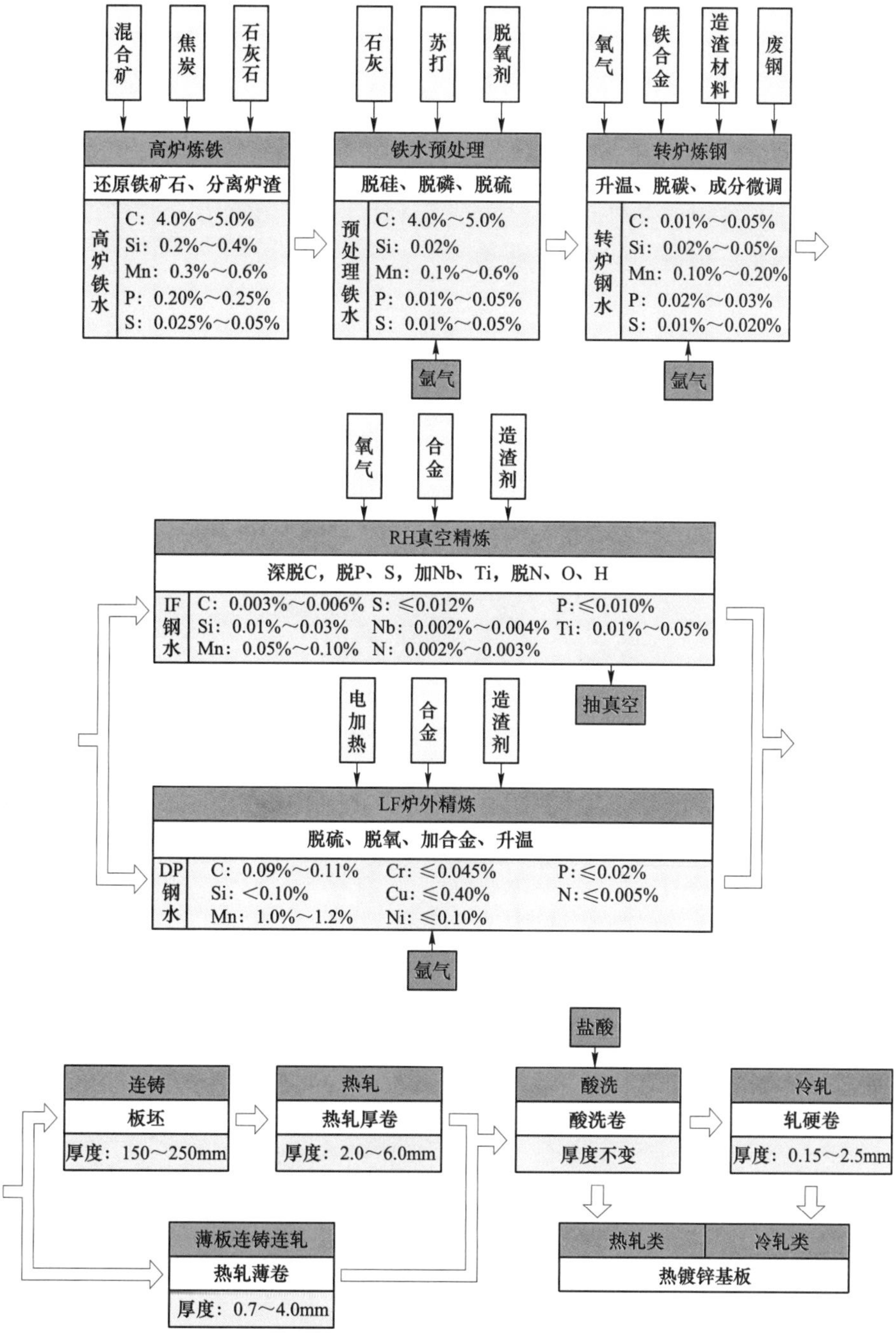

图 3.1-1　退火和镀层基板制造总体流程

3.1.2.3　高炉炼铁工艺流程

　　高炉炼铁工艺流程如图 3.1-2 所示，生产时将含铁原料（烧结矿、球团矿或铁矿）、燃料（焦炭）及其他辅助原料（石灰石、白云石、锰矿等）按一定比例自高炉炉顶装入高炉，并由热风炉在高炉下部沿炉缸的风口向高炉内鼓入热风助焦炭燃烧（有的高炉也喷吹煤粉、重油、天然气等辅助燃料），在高温下焦炭中的碳同鼓入空气中的氧燃烧生成一氧化碳。原料、燃料随着炉内熔炼等过程的进行而下降，下降过程中的炉料与上升的煤气相遇，发生传热、还原、熔化、净化作用而生成生铁，铁矿石原料中的杂质与加入炉内的熔剂相结合而成渣，炉底铁水间断性地放出装入铁水罐，送往炼钢厂。同时产生高炉煤气、炉渣两种副产品。高炉渣主要由矿石中不能还原的杂质和石灰石等熔剂结合生成，自渣口排出后，经水淬处理后全部作为水泥生产原料；产生的煤气从炉顶导出，经除尘后，作为热风炉、加热炉、焦炉、锅炉等的燃料。

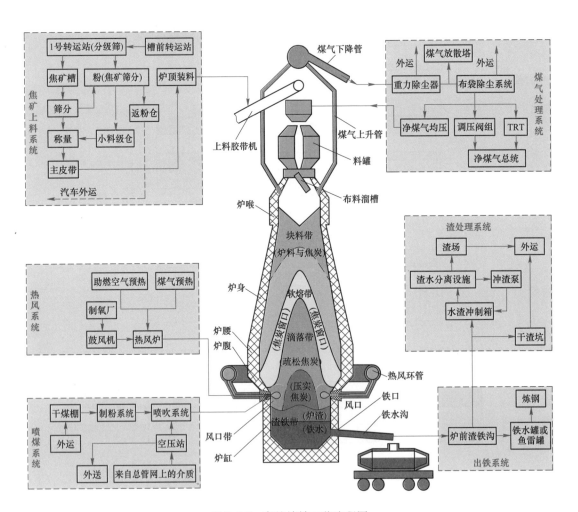

图 3.1-2　高炉炼铁工艺流程图

高炉冶炼过程依次在块料带、软熔带、滴落带和渣铁带内进行。

3.1.2.4 高炉本体

高炉是用于冶炼液态铁水的主要设备。其横断面为圆形的炼铁竖炉，用钢板作炉壳，里面砌耐火砖内衬。高炉本体自上而下分为炉喉、炉身、炉腰、炉腹、炉缸五部分。炉喉位于高炉本体的最上部分，呈圆筒形，既是炉料的加入口，也是煤气的导出口，它对炉料和煤气的上部分布起控制和调节作用。炉身是铁矿石间接还原的主要区域，呈圆锥台形，由上向下逐渐扩大，用以使炉料在遇热发生体积膨胀后不致形成料拱，并减小炉料下降阻力。炉腰是高炉直径最大的部位，它使炉身和炉腹得以合理过渡。炉腹是高炉熔化和造渣的主要区段，为适应炉料熔化后体积收缩的特点，其直径自上而下逐渐缩小，呈倒锥台形，炉腹的存在，使燃烧带处于合适位置，有利于气流均匀分布。炉缸是高炉燃料燃烧、渣铁反应和贮存及排放的区域，呈圆筒形，出铁口、渣口和风口都设在炉缸部位。

3.1.3 炼钢

3.1.3.1 炼钢流程简述

高炉冶炼获得的铁水如果浇注成坯料，性能硬而脆，几乎没有塑性，不能进行轧制、锻压等塑性变形加工。因此退火和镀层基板用钢需要进入炼钢车间进一步冶炼，使之成为具有高的强度、韧性或其他特殊性能的钢。

炼钢的方法主要有转炉、电炉和平炉三种。平炉炼钢因冶炼时间长，能耗高，已被淘汰。电炉炼钢以电能和氧气作为冶炼热源，原料可以是废钢、海绵铁和铁水，主要用于普通建筑用钢和特殊钢冶炼。转炉炼钢生产速度快、品种多、质量好，可大规模冶炼普通钢，也可炼特殊钢，当前大部分退火和镀层基板用钢采用转炉炼钢方式生产。

转炉炼钢生产工艺流程如图 3.1-3 所示，炼钢的基本任务可以归纳为：脱硅、脱碳、脱磷、脱硫、脱氧、去气、去夹杂物、调整成分和温度，需要通过复杂的化学反应才能实现，由于这些反应的条件不同，无法在同一容器内进行，为了反应的顺利进行，又分为铁水预处理、转炉冶炼、精炼三步进行。铁水预处理是指铁水在进入转炉炼钢之前，将铁水中的硅、硫、磷含量降低到所要求的范围，以简化炼钢过程，提高钢材的质量。转炉冶炼的目的是将铁里的硅、碳、磷及其他杂质等氧化，最终得到初炼钢水。精炼是将初炼的钢水在真空、惰性气体或还原性气氛的容器中进行脱气、脱氧、脱硫，去除夹杂物和进行成分微调等。

3.1.3.2 铁水预处理

A 铁水预处理的方法

铁水预处理主要目的是去除铁水里面的磷和硫两大有害元素。而脱磷前往往需要先脱

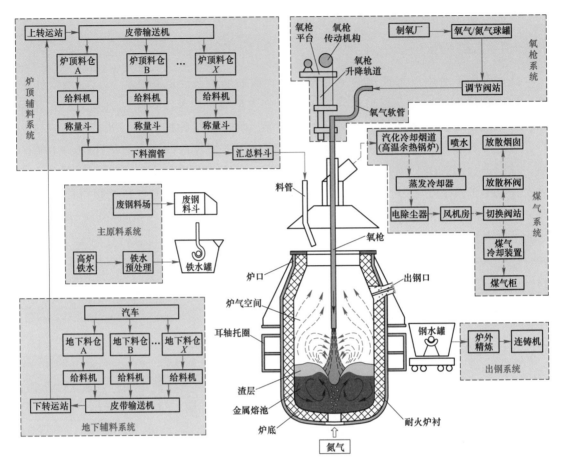

图 3.1-3　转炉炼钢工艺流程图

硅，所以称"三脱"。根据各企业的特点，有的只脱硫，有的先脱硅再脱磷，也有的先脱硅再脱磷和硫。

铁水预处理的方法总体上是在铁水里面加入各种粉料，与铁水发生反应，去除某一或某两个元素。为了使得粉料与铁水充分接触，必须将粉料加到铁水的内部，并进行充分的搅拌，常见的有喷吹法、机械搅拌法等方法，如图 3.1-4 所示。

B　铁水脱硫原理

铁水预处理脱硫一般在高炉出铁后、转炉之前的脱硫站进行，加入脱硫剂，使之与铁水中的硫反应造渣而去除。目前普遍使用的脱硫剂是石灰和镁，可用少量萤石改善炉渣流动性。早期也有少量使用碳化钙或硅化钙作为脱硫剂的，目前已较少使用，典型的脱硫反应如下：

$$
\begin{aligned}
Mg(s) + [S] &= MgS(s) \\
CaO(s) + [S] &= CaS(s) + [O] \\
Mg(s) + [S] &= CaS(s) \\
CaC_2(s) + [S] &= CaS(s) + 2[C] \\
CaSi(s) + [S] &= CaS(s) + [Si]
\end{aligned}
\tag{3.1-5}
$$

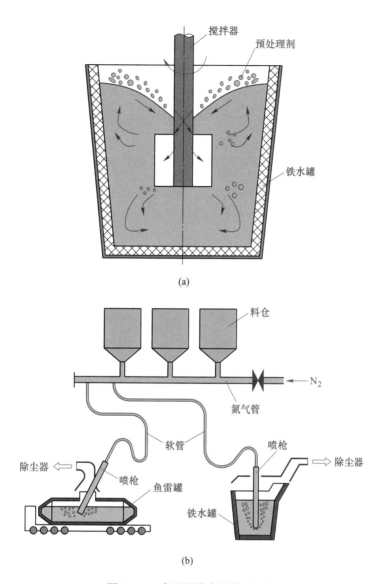

图 3.1-4　常见的铁水预处理方法
（a）机械搅拌；（b）在鱼雷罐或铁水罐内喷吹

C　铁水脱硅原理

铁水预脱硅技术是基于铁水预脱磷技术而发展起来的。由于铁水中硅的氧势比磷的氧势低得多，当脱磷过程加入氧化剂后，硅与氧的结合能力远远大于磷与氧的结合能力，所以硅比磷优先氧化。这样形成的 SiO_2 势必会大大降低渣的碱度。研究结果表明，脱磷前必须优先将铁水硅氧化到远远低于高炉铁水硅含量的 0.15% 以下，磷才能被迅速氧化去除。所以，为了减少脱磷剂用量、提高脱磷效率，开发了铁水预脱硅技术。

铁水中的硅与氧有很强的亲和力，因此硅很容易与氧反应而被氧化去除。常用的铁水脱硅剂均为氧化剂，主要有两种：

一是固体氧化剂，如高碱度烧结矿、氧化铁皮、铁矿石、铁锰矿、烧结粉尘，其脱硅反应如下：

$$[Si] + 2(FeO) = SiO_2(s) + 2Fe(l) \tag{3.1-6}$$

$$3[Si] + 2Fe_2O_3 = 3SiO_2(s) + 4Fe(l) \tag{3.1-7}$$

$$2[Si] + Fe_3O_4 = 2SiO_2(s) + 3Fe(l) \tag{3.1-8}$$

二是气体氧化剂，如氧气或空气，其脱硅反应如下：

$$[Si] + O_2(g) = SiO_2(s) \tag{3.1-9}$$

无论哪种类型的脱硅剂，加入脱硅剂后熔池都会产生熔解热和熔化热，使脱硅过程吸热，造成熔池温度降低。

D 铁水脱磷原理

铁矿石中的磷在高炉的还原气氛下将全部进入铁水中，而磷对大部分钢材来说则是有害元素。转炉炼钢脱磷效率高，但要加入较多的渣料和熔剂，并且延长冶炼时间，降低生产率，因此，也有将铁水脱磷安排在铁水进入转炉前进行的。

目前，各钢厂普遍采用氧化脱磷工艺。脱磷剂通常由氧化剂、固定剂和熔剂组成。氧化剂有氧气、氧化铁和其他氧化物质（$Fe_2(SO_4)_3$、$CaSO_4$、MnO_2 等），其作用是将铁水中的磷转化为 P_2O_5；固定剂是将 P_2O_5 固定在炉渣中，常见固定剂有 CaO 和 Na_2CO_3；助熔剂有 $CaCl_2$、CaF_2、B_2O_3 等。

3.1.3.3 转炉炼钢

A 转炉炼钢概述

转炉炼钢一般是以预处理过的铁水为原料，用氧气作为氧化剂，去除铁水中的碳、硅、磷、有害元素和杂质，并加入合金元素，还依靠铁水中元素的氧化过程产生的热量来提高钢水温度，从而实现炼钢的主要任务。

目前，一般采用碱性的耐火材料如镁碳砖、镁砂或白云石等制作炉衬，并采用在顶部吹氧的基础上，在底部同时吹入氧气和惰性气体的混合气体的顶底复吹转炉炼钢法。

炼钢的主要原材料是铁水和废钢。铁水占金属料装入量的70%~100%，炼钢时氧气与铁水里面的碳和金属合金反应，产生大量的热量。为了降温，可以加入适量的废钢作为冷却剂。在吹炼终点要脱除钢中多余的氧，并调整成分达到钢种要求，为此需在出钢过程中加入铁合金和脱氧剂以利于钢的脱氧和合金化。

炼钢的过程其实就是一个氧化反应过程，无论是脱碳，还是脱硅、锰、磷、硫，都是靠氧化反应去除的。其中脱碳的生成物是一氧化碳气体，会很方便地从钢水中去除，而脱硅、锰、磷、硫的生成物是这些元素的氧化物，必须靠一定的造渣反应，使这些生成物进入炉渣后去除。或者说，去除铁水中硅、锰、磷、硫的步骤分两步，第一步是使它们氧化，使其由熔解于铁水中的单质，变成不溶于铁水的氧化物，并上浮到熔池表面；第二步是使它们熔解于炉渣，即让生成的氧化物与加入的造渣材料反应，生成易于去除的炉渣，从而可以方便地排出炉外。

B 炼钢过程的反应

a 脱碳反应

脱碳是炼钢的中心任务，脱碳的方法是使溶解于钢水中的碳元素与氧气发生氧化反应，最终生成 CO 或 CO_2 后从铁水中去除，反应式如下：

$$[C] + \frac{1}{2}O_2 \longrightarrow CO(g) \tag{3.1-10}$$

b 硅、锰的氧化反应

铁水中的硅和锰是不可避免存在的元素，另外炼钢时加入的废钢中也存在一定的硅和锰。成品钢材中的硅一般要求很低，锰也有一定的范围要求，所以炼钢时必须脱硅和锰，这也是靠氧化反应去除的。其中硅对氧有很强的亲和力，氧化反应时放出大量热，因此在炼钢吹氧初期硅即可被氧化，反应式如下：

$$[Si] + 2[O] \Longrightarrow SiO_2(s) \tag{3.1-11}$$

锰的氧化是渣钢间的反应，即铁水中的锰与渣中的氧化铁反应，生成氧化锰再进入渣中，反应式如下：

$$[Mn] + FeO(l) \Longrightarrow Fe(l) + MnO(l) \tag{3.1-12}$$

c 脱磷反应

磷是铁水中的有害元素，脱磷是炼钢过程的重要任务之一。炼钢过程中磷既可以被氧化，又可以被还原，出钢时或多或少都会发生回磷现象，因此控制炼钢过程中的脱磷反应是一项重要而又复杂的工作。

炼钢过程中的脱磷一般采用碱性氧化的方法，如 CaO 就是强的脱磷剂，反应式如下：

$$2[P] + 5(O) + 3(CaO) \Longrightarrow 3(CaO \cdot P_2O_5) \tag{3.1-13}$$

或

$$2[P] + 5(O) + 4(CaO) \Longrightarrow 4(CaO \cdot P_2O_5) \tag{3.1-14}$$

但是，液态渣中的 P_2O_5 并不稳定，必须和碱性氧化物结合才能脱除。

d 脱硫反应

硫是钢中的有害元素，通常以单质态溶解于铁水中。转炉炼钢过程中脱硫较为困难，钢水中的脱硫主要靠转炉炼钢前的铁水预处理和转炉炼钢后的二次精炼来实现。

实际炼钢炉内的脱硫反应都是在渣—钢水间进行的，其反应式为：

$$[S] + (O^{2-}) \Longrightarrow (S^{2-}) + [O] \tag{3.1-15}$$

C 转炉炼钢设备

转炉本体是一个近似圆桶形的容器，外部炉壳用钢板制成，炉底部分做成圆角，炉口部分略有缩小，如图 3.1-5 所示。内用耐火材料砌成炼钢熔池，在炉口下方的侧面有出钢

图 3.1-5 炼钢转炉示意图

口，炉壳的两侧面有一对耳轴，架在一个水平的轴架上，整个转炉可以转动，以加料或出钢水，所以称转炉，如图 3.1-5 所示。

其实，转炉本体只是转炉系统内极小的一部分。转炉系统还包括：负责装入铁水和废钢的装料系统、负责出钢和运输的出钢系统、负责供应合金和造渣材料的辅料系统、负责供氧和氧枪移动的氧枪系统、负责炉气处理和储存的煤气系统，如图 3.1-3 所示。

D 转炉炼钢的过程

转炉炼钢的过程如表 3.1-2 所示。

表 3.1-2 转炉炼钢操作过程

过程	图 示	描 述
装料	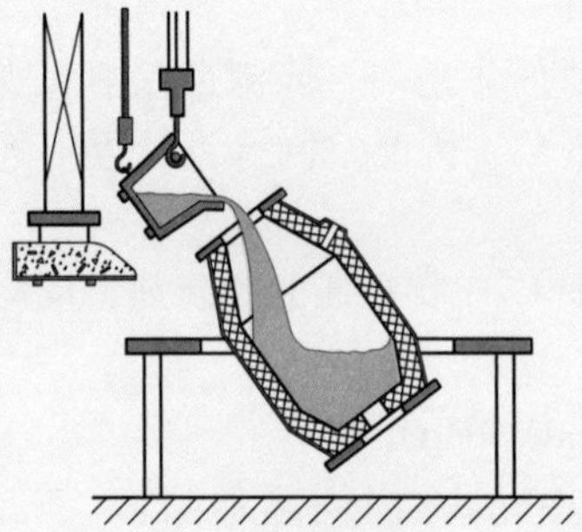	（1）上炉钢出完后倒掉炉渣，堵好出钢口，检查炉体，必要时进行补炉； （2）将转炉摇到倾斜状态，装料装置兑入铁水； （3）装入废料，将转炉摇到垂直位置
吹炼	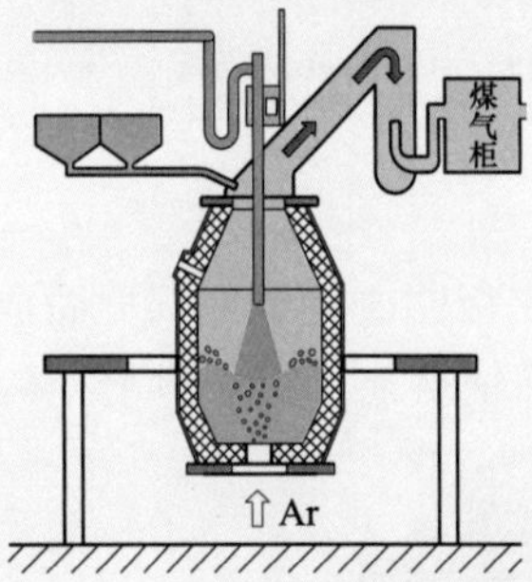	（1）降下氧枪，同时开始供氧； （2）氧枪降到吹炼枪位后，按规定的供氧强度开始吹炼； （3）加入第一批渣料，约为总重的 2/3； （4）开吹时，炉内噪声较大，从炉口会冒出赤色烟尘，随后喷出亮度较暗的火焰。当铁水中的硅氧化完后，碳的火焰急剧上升，从炉口喷出的火焰变大，亮度也随之提高，同时炉内的渣料熔化，炉渣形成，炉内的噪声随之减弱。开吹 4~6min 后，形成的炉渣起泡，有可能喷出炉口，第一批渣料完全熔化； （5）加入第二批渣料，约为总量的 1/3； （6）如炉内化渣良好，就不再加入第三批渣料（萤石），必要时可在开吹 10~12min 时加入炉内
出钢	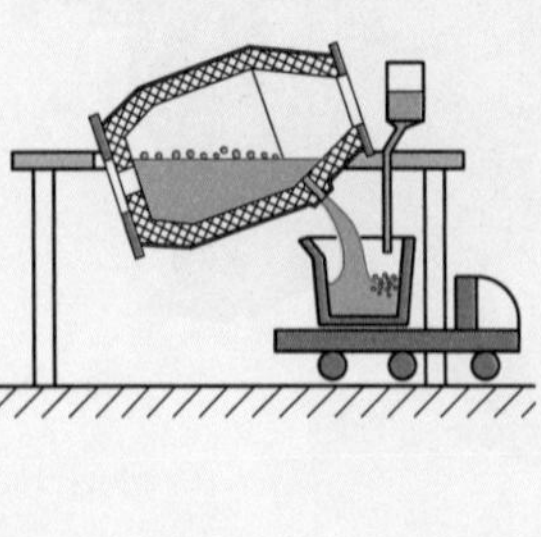	（1）随着熔池氧含量的降低，炉口燃烧的火焰减弱，此时便可停吹，倒炉测温、取样； （2）根据测温、取样的结果，可以决定补吹的时间或出钢； （3）当钢水成分和温度均已合格时即可倒炉出钢； （4）在出钢过程中，应将计算和准备好的铁合金加入到钢包中进行脱氧和合金化； （5）出完钢后，将炉渣倒入渣罐中

3.1.3.4 炉外精炼

A 炉外精炼概述

炉外精炼是在转炉炼钢以后、连铸机浇铸之前对钢水所进行的处理，包括按传统工艺炼钢时钢水的进一步处理和有意将传统工艺中本来可以在炼钢炉内完成的某些任务部分转移到炼钢炉以外来完成的钢水处理。最常见的有：在钢包中对钢水的温度、成分、气体、有害元素与夹杂物进行进一步的调整、净化，达到洁净、均匀、稳定的目的。

炉外精炼一般要完成以下任务：超低碳钢的深脱碳；深脱硫、深脱磷；控制钢水的温度，并保证钢水温度的均匀化；加入必需的合金元素，并保证钢水成分的均匀化；去除钢水中的氧和其他气体成分；去除固体杂质元素，提高钢水的清洁度。

炉外精炼的种类很多，大致可分为常压下炉外精炼和真空下炉外精炼两大类。

与退火和镀层基板有关的常见炉外精炼方法有：生产低碳钢或低碳合金钢的常压钢包精炼炉（LF）和超低碳低合金的真空循环脱气法（RH）或真空脱气装置（VD）。

B LF 钢包精炼

LF 基本构成包括电极加热系统、合金与渣料加料系统、底部透气砖吹氩搅拌系统、喂线系统、炉盖冷却水系统、除尘系统、测温取样系统、钢包及钢包运输系统等。其原理如图 3.1-6 所示。

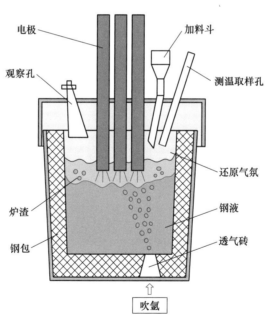

图 3.1-6 LF 钢包精炼炉

LF 精炼采用电弧加热、炉内还原气氛、造白渣精炼、气体搅拌等手段，强化冶金反应的热力学和动力学条件，使钢水在短时间内实现脱氧、脱硫、合金化、升温等精炼效果。确保达到钢水成分精确，温度均匀，夹杂物充分上浮，净化钢水的目的，同时很好地协调炼钢和连铸工艺，保证多炉连浇。

LF 炉在大气压下进行精炼时，靠钢包上的水冷炉盖特殊设计以及抽风制度配合，可以起到隔离空气的密封作用，再加上还原性渣以及加热时石墨电极与渣中的 FeO、MnO、Cr_2O_3 等氧化物作用生成的 CO 气体，增强了炉气的还原性，确保炉内的还原性气氛。钢水在还原条件下精炼可以进一步地脱氧、脱硫及去除非金属夹杂物，有利于钢质量的提高。

LF 炉精炼时进行全程吹氩操作，有利于钢和渣之间的化学反应，可以加速钢与渣之间的物质传递，有利于钢水的脱氧、脱硫反应的进行。

LF 精炼炉是采用三根石墨电极进行加热的。加热时电极插入渣层中采用埋弧加热法，这种方法的辐射热小，对炉衬有保护作用，与此同时加热的热效率也比较高，热利用率好。石墨电极与渣中氧化物反应，结果不但使渣中氧化物减少，提高了炉渣还原性，而且还可以提高合金元素的收得率。此外，不断生成的 CO 气体，也保证了炉内还原性气氛。

LF 炉是利用白渣进行精炼的，白渣在 LF 炉内具有很强的还原性，这是 LF 炉内良好的还原气氛和氩气搅拌互相作用的结果。一般渣量为金属量的 2%~8%。通过白渣的精炼作用可以降低钢中氧、硫及夹杂物含量。LF 炉冶炼时可以不用加脱氧剂，而是靠白渣对氧化物的吸附而达到脱氧的目的。

C　RH 真空精炼

与 LF 炉在常压下不具备脱碳的功能相比，RH 真空精炼不但可以脱碳，而且可以去除其他气体元素，因此超低碳的无间隙原子系列钢种必须采用 RH 真空精炼处理。RH 真空精炼设备包括真空室、浸渍管、氧枪及钢水罐、真空抽气系统、铁合金加料系统等，如图 3.1-7 所示。

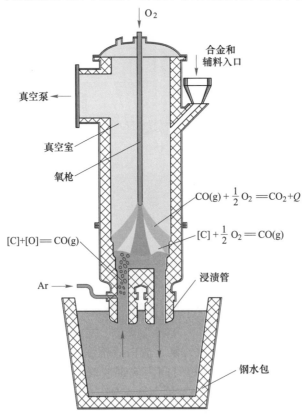

图 3.1-7　RH 真空脱气装置

RH 炉在真空室的下部设有两个开口管，即钢水上升管和下降管。处理钢水时，先将两管浸入钢包内的钢水中，使真空室排气，钢水在真空室内上升，当其上升到钢包液面处，管内压力相当于 1 个大气压时，向上升管中吹入氩气，则上升管内的钢水由于含有氩气泡而密度减小，钢水继续上升。与此同时，真空室内液面升高，下降管内压力增大，钢水沿下降管下降。这样，钢水便在重力、真空和吹氩三个因素的作用下不断在真空室和钢包内循环。

钢水进入真空室时，流速高达 5m/s 左右，氩气泡在真空室中突然膨胀，使钢水喷溅成极细液滴呈喷泉状，因而大大地增加了钢水和真空的接触面积，使钢水充分脱气。如此周而复始循环多次，最终获得纯净度高、温度和成分都很均匀的钢水。

为了生产超低碳的无间隙原子钢，可在 RH 真空室上安装一支氧枪，通过它向真空室内的钢水表面吹氧，使得氧与钢水中的碳反应，提高脱碳效果。同时，可以向真空室内加入铝、硅等发热剂，使钢水温度上升，从而生产低碳铝镇静钢、电工钢；或向真空室内加入铌、钛等元素，或其他合金元素，生产无间隙原子钢或低合金无间隙原子钢。

RH 精炼在短时间内就可达到较低的碳（< 0.0015%）、氢（< 0.00015%）、氧（<0.004%）含量；仅有略微的温度损失；不用采取专门的渣对策；可准确调整化学成分，Al、Si 等合金元素收得率在 90%~97%。汽车钢板以及电工钢等是 RH 钢生产的典型产品。

3.1.4 连铸

3.1.4.1 连铸生产概述

转炉生产的钢水经过炉外精炼后需要凝固成钢坯才能轧制。连铸就是将精炼后的钢水连续铸造成板坯的生产工序，钢水成为板坯需要经过浇铸、结晶、冷却、矫直、切割等工艺。

连铸主要设备包括：钢水包、回转台、中间罐、结晶器（一次冷却）、结晶器振动机构、二次冷却装置、拉坯矫直装置、切割装置和铸坯运出装置等。

生产时，将装有精炼后钢水的钢包运至回转台，回转台转动到浇铸位置后，将钢水注入中间罐，中间罐再由水口将钢水分配到各个结晶器中去。结晶器是连铸机的核心设备之一，它使钢水迅速凝固结晶出外壳。拉矫机与结晶振动装置共同作用，将结晶器内的铸坯外壳和内部的钢水拉出，经电磁搅拌、冷却完全凝固以后，切割成一定长度的板坯。

连铸过程中的钢水成分的均匀性和凝固的致密性对产品质量影响很大，可以利用电磁搅拌器产生电磁力控制钢水凝固过程，改善铸坯质量。电磁搅拌器的实质是借助在铸坯液相穴中感生的电磁力，强化钢水的运动。具体地说，搅拌器激发的交变磁场穿透到铸坯的钢水内，在其中产生感应电流，该感应电流与磁场相互作用产生电磁力，电磁力是体积力，作用在钢水体积元上，从而能推动钢水运动。电磁搅拌器的安装位置和搅拌器模式根据电磁搅拌器在铸机冶金长度上的不同大致有以下几种模式：（1）结晶器电磁搅拌：搅拌器安装在结晶器铜管外面；（2）二冷区电磁搅拌：搅拌器安装在未完全凝固的铸坯外面；（3）凝固末端电磁搅拌：用于方坯连铸，搅拌器安装在铸坯最终凝固处外面。

3.1.4.2　连铸机组设备

连铸机设备组成如图 3.1-8 所示。

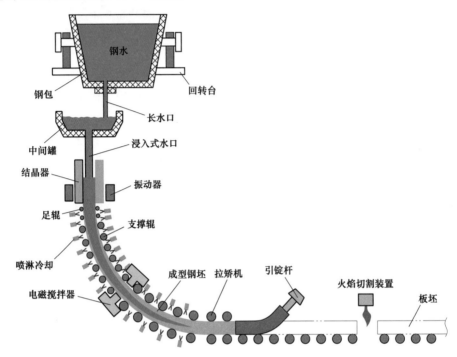

图 3.1-8　连铸机设备组成示意图

A　钢包回转台

钢包回转台是设在连铸机浇铸位置上方用于运载钢包过跨和支承钢包进行浇铸的设备。钢包回转台上有两个钢包的工位，一个处于接收跨一侧以停放预备钢包，一个处于中间罐上以向中间罐连续供给钢水，二者可以通过回转交替更换工位，实现多炉连浇，提高连铸机作业率。

B　中间罐

中间罐是一个固定的长方形耐火材料容器，用以接收从钢包浇下来的钢水，然后再由其下方的水口分配到各个结晶器中去，可以稳定钢流，减小钢流对坯壳的冲刷，以利于非金属夹杂物上浮，从而提高铸坯质量。

C　结晶器及振动机构

结晶器是连铸机的核心部件，是把液态钢水冷却成固态钢坯的部件，它是由一个内部不断通冷却水的长方形金属外壳组成，以使与之相接触的钢水冷却成固态。振动机构与结晶器相连，在生产过程中通过不断地带动结晶器一同振动，排除液态金属中的气体，并辅助凝结成固态外壳的钢坯从下方拉出。

D　引锭杆

引锭杆是连铸生产开始时使用的工具，由引锭头、过渡件和杆身组成。浇铸前，将引锭头和部分过渡件放进结晶器，成为结晶器可活动的"内底"。浇铸开始后，钢水凝固，与引锭头凝结在一起，由拉矫机牵引着引锭杆，把铸坯连续地从结晶器拉出，直到引锭头通过拉矫机后方与铸坯分离，进入引锭杆存放装置。

E　二次冷却装置

在结晶器出口到拉矫机的长度区间内必须对铸坯进行强制均匀冷却，这个区间称为二次冷却区。二次冷却段内设有喷水系统和按弧线排列的一系列夹辊装置。二次冷却的作用是对铸坯表面进行强制、均匀冷却，使铸坯在较短时间内凝固。

F　拉坯矫直及轻压下装置

拉矫机布置在二次冷却区导向装置的尾部，承担拉坯、矫直和送引锭杆的作用。

当连铸坯拉矫采用液芯矫直时，为了获得无缺陷铸坯，采用对带液芯的铸坯施加小的压力的工艺方法，即在铸坯凝固终端附近，对铸坯施加一定的压下量，使铸坯凝固终端形成的液相穴被破坏，以抑制浓缩钢水在静压力作用下所自然产生的沿拉坯方向上的移动。

G　切割机

拉矫机的后方是切割机，用以将连续铸坯切割成一块块板坯。板坯连铸一般使用与钢坯同步前进的火焰切割机。

3.1.4.3　连铸工艺流程

连铸生产工艺流程如图3.1-9所示。

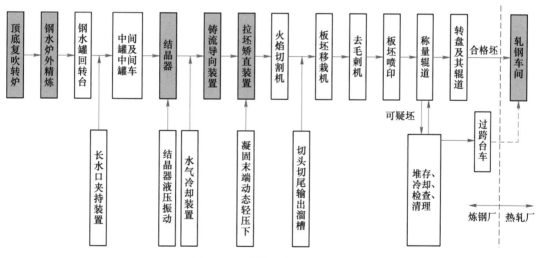

图 3.1-9　连铸生产工艺流程图

开始浇铸前，浇铸平台上的引锭杆车运行到结晶器前，引锭杆从结晶器上口装入，密封好引锭头。预热结束的中间罐及中间罐车运行至结晶器上方，中间罐下降，对中就位，回转台旋转180°，钢水包置于中间罐上方，接上长水口。

人工开启钢水包滑动水口，钢水经长水口注入中间罐，待中间罐内钢水达到一定重量后，人工打开中间罐塞棒，钢水通过浸入式水口流入结晶器内。

钢水在结晶器内上升，当钢水面超过浸入式水口流出侧孔后，结晶器保护渣自动加入装置开始向结晶器内加入保护渣。当液面达到一定高度后，结晶器液面检测装置检测到钢水液位达到正常液位后，结晶器内钢水开始凝固，振动装置和扇形段驱动辊启动，开始拉坯。

板坯跟踪系统跟踪板坯头部，逐段自动开启二次冷却水和压缩空气阀门，逐段控制内弧拉坯辊的提升与压下，转换内弧拉坯辊液压缸的压力。

引锭杆尾部出水平扇形段后，被卷扬机提升。当引锭头与板坯连接处出水平扇形段后，安装在切割前辊道上的脱头装置向上顶升，使引锭头与板坯分离。引锭杆被快速提升到浇铸平台上的引锭杆存放小车上，等待下个浇次使用。

板坯测长采用摄像定尺装置，火焰切割机根据检测信号分别对板坯头部、板坯和板坯尾部以及试样进行切割。切头、切尾掉入切头切尾收集斗内，用汽车运到废钢处理场。试样送连铸检验室进行分析检验。按设定长度切成的板坯，经过去毛刺、喷印后，送到下线辊道进行在线称量后，送往后续工序进行处理。

钢水包浇铸末期，当钢水包中钢水重量小于设定值时，钢水包倾动 3°，以便减少钢水包内残余钢水量，当下渣检测装置检测到下渣时，关闭钢水包滑动水口。在中间罐内钢水减少到设定值时，中间罐塞棒开闭机构自动关闭，连铸机转入拉尾坯方式，在拉尾坯过程中对尾坯进行跟踪，二冷水和压缩空气逐段自动关闭。当尾坯运行到规定位置时，可进行下一浇次上装引锭杆操作。

3.1.5　常规热连轧

3.1.5.1　常规热轧生产概述

常规热连轧（简称热连轧）是将厚度为 210~250mm 的板坯，在高温下轧制到所需厚度，一般为 1.2~6.0mm 黑皮卷的加工过程。

热轧机组主要设备包括：板坯加热炉、粗除鳞、定宽压力机、粗轧机、热卷箱、转鼓飞剪、精除鳞、精轧机、层流冷却、地下卷取机等。生产时，用连铸板坯作原料，经步进式加热炉加热，高压水除磷后进入定宽压力机、粗轧机，粗轧料经切头、尾，再进入精轧机，终轧后即经过计算机控制冷却速率的层流冷却后卷取。热轧生产工艺流程如图 3.1-10 所示。

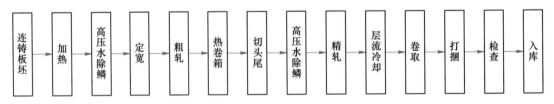

图 3.1-10　热轧生产工艺流程图

3.1.5.2　热轧机组设备

热轧机设备组成示意图如图 3.1-11 所示。

A　板坯加热炉

板坯加热炉的作用是将钢坯加热到适当的温度，使轧制过程在奥氏体温度范围内完

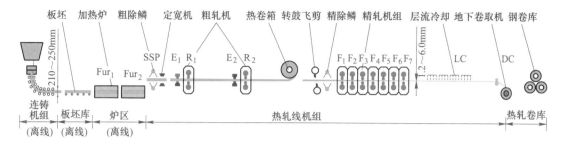

图 3.1-11　热轧机设备组成示意图

成，或部分在奥氏体温度范围、部分在铁素体温度范围内完成；通过加热过程的氧化，使板坯表面有缺陷的表层生成氧化皮，在后面的工序除鳞时去除，保证轧制板表面的质量；通过控制加热工艺，可以将连铸组织内形成的氧化物和碳化物固溶到奥氏体组织内，为在冷却时控制其固溶或析出打下基础，以保证冷轧产品的冲压性能。

B　粗除鳞装置

板坯在加热炉内加热的过程中表面会产生氧化铁皮，称为一次氧化铁皮，必须在热轧时去除，称为除鳞。高压水除鳞的机理为高压水通过一定的角度打击板坯表面，一方面通过高压水的冲击力对板坯表面进行敲击、吹扫，将表面松动的氧化铁皮除掉；另一方面，轧件表面与中心的瞬时温度差较大，由于轧件在不同温度下的线胀系数不同，造成表面氧化物的裂纹、破碎，再通过高压水将氧化铁皮带走。

C　定宽压力机

定宽压力机位于粗轧高压水除鳞装置后、粗轧机之前，用于对板坯进行全长连续的宽度侧压，达到所需要的宽度。

D　粗轧机

粗轧机将热板坯减薄成适合于精轧的中间带坯。粗轧机的工作方式分为可逆式和不可逆式两种。可逆式粗轧机的开口角度大，板坯在轧机上进行往复轧制，总的厚度压下量大；不可逆式粗轧机往一个方向对板坯进行一道次轧制。有的粗轧机平辊前带有立辊进行轧边、定宽，并辅助平辊咬入。粗轧立辊用 E 和序号表示，平辊用 R 和序号表示。

E　热卷箱

热卷箱是现代化板带轧制工艺中用于将中间坯卷取并开卷的设备，位于粗轧机之后切头飞剪之前。此工艺是将从粗轧机过来的高速中间坯卷成卷，然后再开卷将中间坯以低速送入精轧机组，可以缩短粗轧机和精轧机之间的距离。通过中间坯头尾转换，能减少头尾温差，降低精轧机的电机功率和负荷。

F　转鼓飞剪

转鼓飞剪位于精轧机组之前，由主传动、机架、上下转鼓与分配齿轮、同步齿轮、剪刀锁紧系统、废料收集装置等组成，用于在中间坯进入精轧机之前切除不规则的低温头部和尾部。

G　精除鳞

在轧制过程中，中间板坯因为表面积大，运输距离长，容易出现二次氧化，生成氧化铁皮，为了清除在轧制过程中产生的二次氧化铁皮，以满足生产要求，通常在精轧机之前设置精轧除鳞箱，对板坯进行除鳞，以满足现代工业对薄板表面的苛刻要求。精除鳞工作原理与粗除鳞相同。

H　精轧机组

精轧机组将中间坯轧至目标厚度，通常由 6~7 台轧机组成。为了适应市场需要，增大板形控制能力，实现自由程序轧制技术，现已研制出了许多新型轧机，如成对轧辊交叉 PC 轧机、连续可变凸度 CVC 轧机、支撑辊凸度可变 VC 轧机、弯辊和轴向移动（WRB+WRS）轧机等，精轧机组出现了单一或多种轧机形式的组合。精轧机用 F 和序号表示。

I　层流冷却

层流冷却装置位于精轧机组之后，地下卷取机组之前。为了控制带钢的冶金特性，在输出辊道上设有层流冷却装置。层流冷却，是采用层状水流对热轧钢板或带钢进行的轧后在线控制冷却工艺。将数个层流集管安装在精轧机输出辊道的上方，钢带热轧后通过时进行加速冷却。层流冷却装置能根据带钢厚度、温度、钢种及轧制速度等工艺参数，控制喷水组数、调节水量，将带钢由终轧温度冷却至所要求的卷取温度。

J　地下卷取机

该设备安装在热连轧线尾部，由于它位于辊道标高之下，所以被称为地下卷取机。在卷取过程中与夹送辊保持恒张力卷取，从而保证带钢的卷取质量。

3.1.5.3　热轧工艺控制

A　加热温度

热轧时的板坯加热温度关系到钢中第二相粒子 AlN 的溶解问题，连续退火和镀层的板坯适当降低加热温度，减少 AlN、MnS 等第二相粒子的溶解，在再结晶退火时不会妨碍再结晶粒的成长，可以提高屈服强度，增加 r 值。

B　终轧温度

为了得到细小而均匀的铁素体晶粒，镀层基板的终轧温度应略高于 A_{r3} 相变点，此时为单相奥氏体晶粒，组织均匀，轧后钢带具有良好的力学性能。一般终轧温度在 850℃ 左右，为 800~900℃。

C　冷却速度

钢带的冷却速度对金相组织和力学性能的影响很大。轧后冷却速度的大小决定了奥氏体组织相变的完成程度，以及相变后的组织和结构。冷却缓慢将出现粗大晶粒组织，加快冷却，可以获得细而均匀的铁素体组织和弥散较大的渗碳体组织。

D　卷取温度

退火和镀层基板必须在热轧的冷却阶段使 AlN 充分析出，提高卷取温度可以使 AlN 在卷取后进一步析出和长大，同时基体的铁素体晶粒也充分长大，碳化物聚集而粗大化。用这样的热轧卷来冷轧并经连续退火，铁素体晶粒才能长得足够大，碳化物的聚集和粗大化使对深冲不利的织构晶粒在碳化物附近减少。因此，宜采用高温卷取，卷取温度为 700~750℃，比罩退热轧板卷取温度高 100~150℃。

但是高温卷取也带来一些问题，比如氧化铁皮量增多，增加了酸洗负担；而最重要的问题是带来的最终钢带性能的首尾不均。为了减少这种现象，可以采用提高头尾温度来补偿钢卷内外因的温降，即在热轧层流冷却阶段采用钢卷头部少喷水、尾部不喷水的方法（即 U 形控制方式）来实现，某案例两种卷取温度控制方法的性能差异如图 3.1-12 所示。

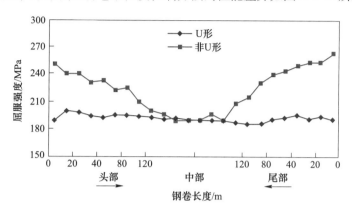

图 3.1-12　某案例两种卷取温度控制方法的性能差异

3.1.6　连铸连轧

3.1.6.1　连铸连轧的创新

连铸连轧是将连铸和热连轧两个完全分开的工序串联在一起，连续进行连铸和热连轧的工艺流程。

A　技术创新的背景

在全部退火和镀层板制造流程中，可以分为三个阶段。在连铸前的炼铁、炼钢都是采用化学反应的方法改善液态钢铁材料的成分；将钢水连铸成固态的板坯以后，热轧和冷轧都是采用物理的手段改变固态钢铁材料的厚度；而连续退火和镀锌则是钢铁制造的后续处理加工流程。从传统工艺上而言，连铸前后是两个完全不同的阶段，是在截然分开的两个工厂完成的，甚至可以是在两个企业进行。这样的优点是可以形成两个完全不相干的生产体系，缺点是连铸成的 1200℃ 以上的板坯需要先将温度下降到室温，而在热轧前又要升高到接近 1200℃，造成大量能源的浪费，虽然目前不少企业大力推广板坯热装技术，但从根本上解决这个问题还必须连续进行连铸和热连轧。

B　难点和对策

连铸连轧难在"连"字，不但"铸"要"连""轧"要"连"，"连铸"和"连轧"之间也要"连"。失去了连铸和连轧之间的缓冲，不但炼钢、炉外精炼的节奏一定要与连轧合拍，而且连铸的拉坯速度也要与连轧完全吻合，形成一个完全刚性的系统。为此，首先必须将板坯减薄、将连铸速度提高，所以称为薄板坯连铸连轧。另外，连接连铸和连轧之间的节点设备尤为重要，这就是均热炉。

C　薄板坯高速连铸

薄板坯连铸连轧技术开发之初，为了提高连铸坯的拉速以与热轧相适应，同时人们基于近终形连铸的思路，追求尽量薄的连铸坯，通常为 50~100mm，由于减小了铸坯厚度，增加了铸坯表面积，可以将连铸拉速提高到 3.5~7m/min。但近年来，随着人们对产品质量和产量提出更高的要求，所采用铸坯的厚度有所增加。

D　辊底式隧道均热炉

均热炉与原来热连轧前的加热炉有根本性的不同。首先是功能方面：加热炉的主要功能是加热，即将钢坯由常温升温到轧钢温度；而均热炉的主要功能是均热，即保持板坯的温度并实现均匀化，此外还在连铸和轧钢之间起到一定的缓冲作用。其次在与生产线的布置形式方面：加热炉与热连轧线是离线布置的，为了能力上的匹配，可以采用 1~3 座加热炉共同向热连轧线供влав；而均热炉与热连轧线在线布置，只有一座均热炉，提高生产效率靠增加均热炉的长度。另外是在自身结构方面：加热炉大多数采用步进梁式，钢坯在炉内横向移动，间断性一次出炉一个钢坯；而均热炉是采用隧道式辊底炉，钢坯从炉子一头进、另一头出，在炉内纵向移动，钢坯连续地一个接一个出炉，甚至不将铸坯切断连续运行。

3.1.6.2　连铸连轧的特点

A　环保和经济性

与传统连铸和热轧工艺相比，在节能环保方面：半无头轧制减少能源消耗 20%~25%、减少碳排放 25%~30%，无头轧制减少能源消耗 35%~40%、减少碳排放 50%~60%；在加工成本方面：半无头轧制降低 15%~25%，无头轧制降低 30%~35%。

B　产品规格和质量

连铸连轧无头轧制工艺可以在高温下充分利用连铸坯高温能量，实施较大的压下量，可以生产高品质超薄带钢，极限厚度达到 0.8mm 左右，部分可以代替冷轧产品，直接进行酸洗和镀锌，这是连铸连轧的核心竞争力。

连铸连轧薄板的尺寸精度远远优于普通热轧板带，而接近轧硬板。

随着高压水除鳞技术的进步，连铸连轧薄板的表面质量逐步提高，也正在向轧硬板的方向发展。

C　镀层基板特性

连铸连轧工艺钢中存在大量纳米尺寸的氧化物、硫化物、AlN 粒子，能起到沉淀强化作用等一系列特点，都会增加带钢的强度、但降低塑性，因此更加适宜生产高强度的结构钢退火板和镀层基板。如果采用这种工艺生产塑性要求较高的冲压钢，需要对成分提出更严格的要求。

3.1.6.3　连铸连轧的分类

连铸连轧生产线，不同供应商的命名不一样。如德国 SMS 的 ISP、CSP，我国鞍钢集成的 ASP、奥地利奥钢联的 CONROLL 技术、日本住友的 QSP 技术、意大利达涅利的 FTSR 技术、意大利阿维迪的 ESP 技术、POSCO 的 CEM 技术等。

根据连铸连轧的板坯是否分割、分割的长度，将连铸连轧分为单坯轧制、半无头轧制和无头轧制三种模式。如图 3.1-13 所示。

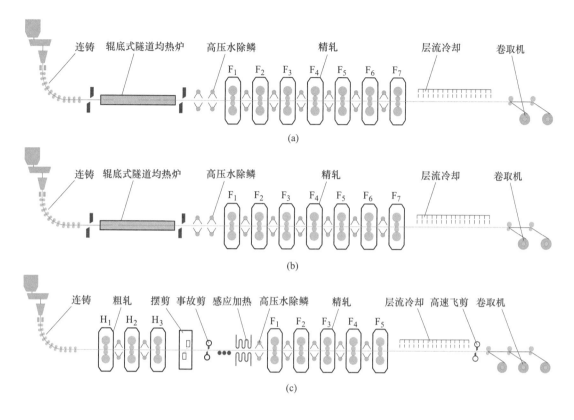

图 3.1-13　连铸连轧生产线工艺流程
（a）单坯轧制；（b）半无头轧制；（c）无头轧制

A　单坯轧制

单坯轧制与传统连铸一样，将连铸出来的连续板坯剪成一块块板坯后进入均热炉，一块板坯最后轧成一个热轧卷。这种情况下，均热炉在炼钢、连铸和热轧之间起到一定的缓冲作用，如图 3.1-13（a）所示。

B　半无头轧制

半无头轧制工艺将连铸坯定尺长定为规定卷重所需坯长的数倍，通常为 4~6 倍，可以对一块很长的薄板坯进行连续轧制，然后由一台与卷取机连在一起的高速飞剪将带钢切分成规定重量的钢卷，这样就大幅度减少了热轧过程中头尾的数量，如图 3.1-13（b）所示。

C　无头轧制

无头轧制工艺不对连铸出来的连续板坯进行分切，而直接连续进入均热炉和热轧机架进行轧制，直到最终成品时进行分切、卷取，因此称之为无头轧制，如图 3.1-13（c）所示。由于无头轧制的连续性，板坯保持了较高的温度，有的生产线直接取消了均热炉，也有的无头轧制技术先将连续板坯切断后粗轧成薄坯，再焊接后连续轧制。

3.1.6.4　CSP 生产线

A　CSP 的生产流程

CSP 即紧凑型热带线，是最早的薄板坯连铸连轧生产线，也是解决连铸连轧生产连续性的初步方案。其最大特点是采用均热炉取代了加热炉，而将连铸与连轧有效连接在一起实现了连续生产。

CSP 的生产流程一般为：电炉或转炉炼钢→炉外精炼→薄板坯连铸→板坯剪切→辊底式隧道均热炉→高压水除鳞→（小立辊轧机）连轧机→层流冷却→卷取机，如图 3.1-14所示。

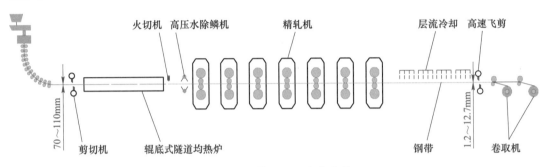

图 3.1-14　典型 CSP 生产流程

B　CSP 的生产模式

CSP 是最早实现连铸连轧的方案，因此在连铸和连轧的连接方面还留有余地，比如有的采用双流连铸成板坯并加热后并线轧制，很长的隧道均热炉也可以适当缓冲。在轧制的连续性上也是逐步提高，早期的 CSP 采用单坯轧制，后来经过改进大多采用半无头轧制。

C　CSP 核心技术

（1）漏斗形结晶器：漏斗形更长的结晶器是 CMS 在 CSP 方面的一项专利技术，是连铸机的核心部件，这种漏斗形状可使坯壳在结晶器出口处变为无应力凝固，使浇铸更加顺行。

（2）结晶器自动在线调宽：结晶器自动在线调宽与成品带钢宽度检测仪联锁实现闭环控制，同时可通过工艺先导系统对结晶器热流分布计算结果进行窄边锥度调节，以实现结晶器优化传热，提高铸坯质量。

（3）结晶器液面控制技术：运用 ^{60}Co 和涡流两种形式联锁进行控制，充分利用 ^{60}Co 检测范围大和涡流具有精确控制的特点，实现开浇与浇铸过程的液面自动监控，准确监控钢水液面波动情况，保证生产的稳定性和铸坯的质量。

（4）漏钢预报：在结晶器的两宽面（固定侧和活动侧）铜板上安装三排热电偶，在两窄面铜板上安装四排热电偶，组成一套漏钢预报监控系统；此系统通过监视结晶器中的温度变化，从而动态监控连铸过程，达到避免漏钢的目的。

（5）动态液芯压下：可在线将 90mm 厚的铸坯经液芯压下至 70mm，70mm 铸坯压下至 50mm，灵活地满足多品种多规格的需求；同时扩大了结晶器浸入式水口的操作空间，提高水口寿命且有利于稳定钢水面，改善铸坯质量。

3.1.6.5 MCCR 生产线

A MCCR 生产流程

首钢京唐 MCCR 多模式连续铸轧生产线的工艺流程包括：高拉速薄板坯连铸机→摆动式铸坯除鳞机→摆动式铸坯分切剪→隧道式均热炉→粗轧前除鳞机→三机架粗轧机→转鼓式切头剪→感应加热装置→精轧前除鳞机→五机架精轧机→加强型层流冷却段→高速飞剪→两台地下卷取机。如图 3.1-15 所示。

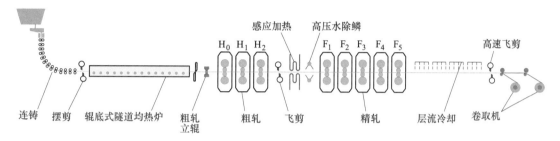

图 3.1-15 MCCR 生产流程

京唐 MCCR 生产线设计能力 210 万吨，产品规格 (0.8~12.7) mm×(900~1600) mm，以优质、高强、薄规格产品为主导方向。以薄规格低碳软钢为重点，替代传统冷轧中低端产品，同时生产薄规格耐候钢和薄规格结构钢。

B MCCR 生产模式

首钢京唐 MCCR 多模式连续铸轧生产线最大的特点就是可以采用三种模式生产，即无头轧制/半无头轧制/单坯轧制：

（1）无头轧制模式可生产 0.8~2.0mm 薄规格产品；

（2）半无头轧制模式可生产 2.0~4.0mm 的一般薄规格产品；

（3）单坯轧制模式用于头尾坯轧制、单卷取机生产条件下维持生产，可生产 1.5~12.7mm 的大纲覆盖的全部产品。

三种模式切换可以实现铸机不停浇，不剔坯换辊，提高成材率。

C MCCR 核心技术

MCCR 生产线的主要工艺设备特点：弧半径 5.5m 直弧型连铸机，板坯厚度为 110~123mm，根据钢种要求，设计最大拉速 6.0m/min；隧道式加热炉长约 80m，具有基本缓冲功能，设备操作更灵活；轧机分两组，分别是三机架大压下量粗轧机和五机架精轧机；专用高压水除鳞机；一个强制冷却系统；一个感应加热系统，用于在无头轧制模式下稳定地生产薄带钢和超薄带钢。

3.1.6.6 ESP 生产线

A ESP 生产流程

ESP 无头带钢铸轧生产线的工艺流程包括：高拉速薄板坯连铸机→大压下粗轧机→摆剪→事故剪→感应式加热炉→高压水除鳞→精轧机→层流冷却→高速飞剪→地下卷取机。

B　ESP 生产模式

ESP 工艺生产线不使用长的隧道均热炉，实现了连铸与连轧的完全刚性连接，全部实现无头轧制，生产线全长仅 190m，是世界上最短的连铸连轧生产线，能够在 7min 内完成从钢水直至成品热轧卷的全过程。

C　ESP 核心技术

a　连铸设备

ESP 产线连铸板坯与传统薄板坯连铸连轧生产线相比有较厚的铸坯厚度，因此可以获得更高的单机产量，铸机设计拉速达到 7.0m/min；铸机弯曲段配有液芯压下功能，可以优化结晶器流场，提高铸坯内部质量；扇形段配有轻压下功能，减轻中心疏松和中心偏析，进一步提高铸坯内部质量；二次冷却具有动态配水功能，实时监测在线铸坯的热履历，精确控制铸坯温度，满足后续轧机对铸坯温度的要求。

b　大压下量粗轧机

粗轧机选用三机架四辊不可逆式轧机，带坯在粗轧出口时厚度为 10~20mm；带钢芯部相比于采用传统轧制工艺更加致密，获得了更好的材料性能；大压下轧机区域采用反向温度分布模式，由于铸坯芯部温度高且较软，在轧制过程中节省了大量能量；反向温度分布，中心温度相对较高，可以获得更好的凸度和楔形调节。

c　摆式剪和推废辊道

粗轧机后的摆式剪用以处理粗轧及精轧事故，辊道主要功能一是为了引锭杆的安装及下线；二是设计为废料快速下线结构，生产灵活，为下游工序提供有效缓冲。

d　感应加热炉

带钢送入精轧机组前进入 12 组感应加热炉，带坯温度最大提升量为 300℃。感应加热炉的主要功能就是精确控制带坯进入精轧入口温度，为薄规格的轧制提供工艺基础；其次，感应加热炉可根据终轧温度进行适当的温度闭环控制，满足终轧温度的需求；感应加热炉全程长度只有 10m，带坯在传输过程中氧化铁皮生成量少，从而减少金属损失；并且，感应炉在空载和维护期没有能量消耗，能够提高能源利用效率，降低生产能耗。

e　带夹送辊的除鳞箱

除鳞机除鳞压力为 40MPa，特点是低流量、高压力，可减少中间坯温降。其功能为清除带钢表面氧化铁皮，设计为除鳞箱前后带有夹送辊封水，减少中间坯表面积水，同时防止水汽进入感应加热炉。

3.1.6.7　CASTRIP

A　CASTRIP 生产流程

沙钢 CASTRIP 即超薄带铸轧生产线，是一种直接铸轧出尺寸及质量特性满足最终产品要求的近终成形工艺，它的核心工艺过程包括：电炉炼钢→VD+LF 炉外精炼→铸带→轧制→卷取。

超薄带主线的工艺布局及设备配置见图 3.1-16。开浇之前，中间包、过渡包、侧封板等耐材均需要先预热；开浇时，钢水从钢包经长水口、中间包、过渡包逐步布流至由侧封板及两只铜辊形成的熔池中，铜辊中通入高速冷却水，钢水在铜辊表面逐渐凝固，在经过辊缝时，两只铸辊将两侧坯壳挤压成一定厚度的铸带，铸带的拉速一般为 50~120m/min。铸带经下方的扇形导板传送至夹送辊，由夹送辊送入四辊单机架轧机中，轧制到目标厚度后经层流冷却系统冷却至目标温度，然后进入卷取机成卷。因为铸带本身的厚度较薄，所以轧机可以采用较小的总压下量，轧制材的厚度范围为 0.7~1.9mm，并且可以通过加工不同的铸辊及轧辊辊型来控制带钢的板形。

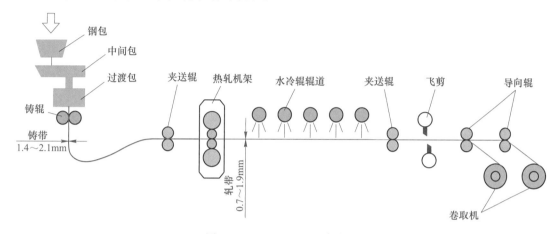

图 3.1-16　CASTRIP 生产流程

B　CASTRIP 生产模式

CASTRIP 是全新的全连续近终型铸轧模式。与常规热轧和连铸连轧生产工艺相比，超薄带工艺不但实现全无头轧制，而且省略了"钢坯"环节，钢水可直接铸轧凝固为最薄 1.4mm 厚的钢带。

鉴于超薄带产品的重点是实现"以热代冷"，在主线之后配备了一条切边拉矫线，将产品切至目标宽度并进一步调整板形。

目前，沙钢已经稳定使用的铸辊宽度有 1345mm 和 1680mm 两种，其他规格宽度的铸辊也在开发之中；目前铸带的厚度范围为 1.4~2.1mm，可实现商品材的厚度范围为 0.7~1.9mm，最大宽度可达 1580mm。年产量约为 65 万吨。

C　CASTRIP 核心技术

CASTRIP 核心铸轧技术如图 3.1-16 所示，钢水通过布流系统注入由侧封板及两个旋转方向相反的铜铸辊形成的熔池中，铜辊中通过的冷却水将钢水的热量带走，钢水在辊面凝固后从两辊的缝隙之间经挤压后，可直接连续生产出厚度 1.4~2.1mm 的铸带，再经一道次热轧生产出厚度 0.7~1.9mm 的热轧薄带钢。

这与传统热轧工艺相比可实现更薄规格产品的制造，铜辊中通过的高速冷却水可以瞬间带走大量的热量，冷却能力达 1000℃/s 以上，钢水可在不足 1s 的时间内完成从液态到固态的转变，快速凝固过程带来的直接作用之一是几乎不存在元素偏析；另外，在超薄带的连铸过程中，不使用保护渣，钢水与结晶辊直接接触急速冷却，避免了传统工艺的下渣风险，钢质洁净度更优。

D　CASTRIP 的优势

与其他热轧工艺相比，超薄带工艺最明显的一个特点就是工艺紧凑，主线长度仅 50m

左右。总能耗是传统热连轧工艺的 16%，是薄板坯连铸工艺的 32%，是无头轧制工艺的 45%；产生的 CO_2 排放量是传统热连轧工艺的 25%，是薄板坯生产工艺的 34%，是无头轧制工艺的 44%。与传统热连轧工艺相比，燃耗可减少 95%，水耗减少 80%。

超薄带工艺具有成卷时间短、连浇炉数灵活可控、生产准备简洁高效、厚度控制精确、成品命中率高等优势，意味着可以进行更灵活、更高效的生产安排，交货周期更短；特别是针对单一超薄规格订单，与无头轧制工艺、薄板坯连铸工艺以及传统热轧工艺相比，具备单浇次薄规格产出最大的优势，可在一天之内实现从炼钢到出成品钢卷的全过程，做到当天接单、次日成卷的销售模式。

超薄带产品横向和轧向性能均匀性更好，不同批次间强度的波动在 ±10MPa 以内，明显低于传统热连轧的 ±30MPa，伸长率的波动范围也明显小于传统产品，利于客户稳定进行加工。

超薄带产品在板形、厚度公差、厚度同板差等方面明显优于传统热连轧，实物质量接近或达到冷轧产品水平，可满足客户"以热代冷"产品的质量要求。

3.1.7　酸洗

3.1.7.1　酸洗生产概述

A　氧化铁皮的特性

酸洗是采用化学方法除去热轧带钢表面氧化铁皮的工序，为后续冷轧或镀锌工序做好准备。

热轧板表面的氧化铁皮主要由 FeO、Fe_3O_4、Fe_2O_3 组成，如图 3.1-17 所示。一般邻铁层是比较疏松的 FeO，呈蓝色；依次向外是比较致密的 Fe_3O_4 和 Fe_2O_3，分别呈黑色和红色，都是不溶于水的。酸洗生产时采用拉矫破鳞机的机械剥离和酸的化学溶解反应共同作用来除去氧化铁皮。

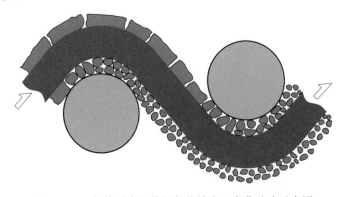

图 3.1-17　拉伸矫直机带钢氧化铁皮经弯曲破碎示意图

B　拉矫破鳞机

拉矫破鳞机除了具有改善板形的作用以外，还有一个重要作用就是机械破鳞。拉伸矫直机使带钢产生的巨大张应力与弯曲应力，迫使氧化铁皮组织与基铁组织之间由于延伸不一致而产生裂缝，促使带钢表面氧化铁皮更容易分离，为化学段酸洗气泡产生分离氧化铁皮创造了有利的条件，如图 3.1-17 所示。

大量的资料及实践表明，60%以上的氧化铁皮是依靠机械破鳞除去的。

C 化学溶解原理

由于盐酸酸洗的带钢具有表面洁净且光亮、金属消耗少、成本低等优点，加之废盐酸可以回收，因此当前碳钢大都采用盐酸紊流酸洗。

带钢表面的氧化铁皮溶解于酸中生成氯化物，从而把氧化铁皮从带钢表面除去，这种作用，一般称为溶解作用。

酸洗时在氧化铁和酸洗液之间的化学反应，可用下列局部过程的反应式表示：

$$Fe_2O_3 + 6HCl \longrightarrow 2FeCl_3 + 3H_2O \tag{3.1-16}$$

$$Fe_3O_4 + 8HCl \longrightarrow 2FeCl_3 + FeCl_2 + 4H_2O \tag{3.1-17}$$

$$FeO + 2HCl \longrightarrow FeCl_2 + H_2O \tag{3.1-18}$$

3.1.7.2 酸洗工艺流程

典型的连续式酸洗机组工艺流程示意图见图 3.1-18。

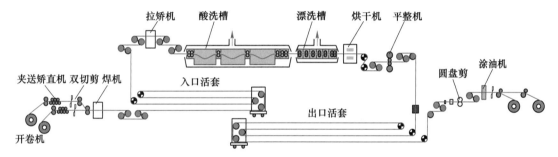

图 3.1-18 连续式酸洗机组简图

带钢先在酸洗槽入口端的拉矫破鳞机机械破鳞并改善板形，经过拉矫破鳞后的带钢进入盐酸酸洗槽酸洗，除掉带钢表面的氧化铁皮。酸洗后的带钢，再经过漂洗槽漂洗后送入热风干燥机内烘干，烘干后的带钢经过平整机平整，平整以后的带钢表面粗糙度更加均匀，对提高产品质量十分有利。

3.1.8 冷连轧

3.1.8.1 冷连轧生产概述

冷轧是采用热轧酸洗后的带钢为原料，在常温下进行轧制到所需厚度的加工过程，是生产高质量的薄规格镀层基板和退火板的关键工序。

冷轧有以下特点：

（1）冷轧过程中会产生加工硬化。导致带钢塑性下降和变形抗力提高，加工硬化达到一定限度将因带钢过度硬脆而不能继续轧制，或者不能满足组织性能的要求，因此绝大多数情况下必须经过退火以后使用。冷轧退火工艺有利于生产某些具有特殊结晶织构而热轧不易做到的产品，如深冲板、硅钢板等。

（2）须采取工艺冷却与润滑。冷轧时，钢带在常温下变形，会产生大量的热量，包括变形热和摩擦热，必须采用工艺冷却与润滑措施，降低辊子和钢带的温度，并减少钢带的变形抗力。

（3）须采取"张力轧制"。所谓"张力轧制"，就是带钢在轧辊中的轧制变形是在一定的前后张力作用下实现的。当卷取机的线速度大于工作辊的线速度时产生前张力，而当工作辊的线速度大于轧机入口张力辊时，则产生后张力。张力的主要作用，一是改变金属在变形区中的主应力状态，显著地减少单位压力，便于轧制更薄的产品并降低能耗，相应地增加了压下量，提高了轧机的生产能力；二是防止钢带在轧制中跑偏；三是在轧制过程保持板形平直，轧后板形良好。

3.1.8.2　冷轧机组设备

A　机组设备构成

冷轧设备有单机架、冷连轧、酸连轧等形式，因前面已经介绍了酸洗机组，这里主要介绍冷连轧机组。典型的五机架连续式冷轧机组工艺流程示意图见图 3.1-19。

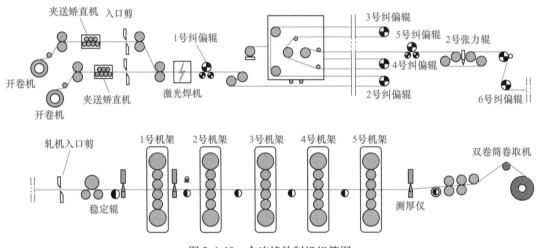

图 3.1-19　全连续轧制机组简图

B　轧机的形式

冷轧轧机主要有：二辊式、四辊式和六辊式。

（1）二辊式轧机：只要有两根工作辊，上下夹持住钢带，并施加压力就可以轧钢。二辊式轧机适用于轧制较厚的钢带或作平整之用。但如果轧制较薄的钢带，需要较大的压强也要较高的刚度，对于二辊式轧机就是一对矛盾。因为要压强大就必须辊径小，而要刚度高就必须辊径大，所以二辊轧机无法满足这一需要，目前已很少使用于轧制薄板。

（2）四辊轧机：四辊轧机就妥善地解决了二辊式轧机的这一矛盾，四辊轧机有一对工作辊给钢带施加轧制力，有一对支撑辊支承工作辊以增加整体的刚度。因此，四辊轧机可以将工作辊做得较细，以提高压强，将支撑辊做得较粗，以提高刚度。

（3）六辊轧机：随着对产品的板形要求的提高，四辊轧机就显得有很大的局限性，于是产生了六辊轧机。它在四辊轧机的工作辊和支撑辊之间加入了一个辊端带锥度的中间辊，并可做横向移动，以改善产品的板形。

3.1.8.3 冷轧工艺控制

A 产品厚度控制

对于冷轧工序而言，钢带最主要的形状、尺寸指标有厚度和板形两个方面。钢带在长度方向上厚度的偏差叫同条差，同条差是钢带质量十分重要的指标。

最基础的厚度自动控制系统是通过测厚仪对轧后钢带的厚度进行连续测量，借助于计算机程序，利用所涉及的数学模型公式进行计算，得出相应参数进行反馈，如压下位置、张力值、轧制速度等的调整量，通过调整机构进行调整，以把厚度控制在允许的偏差范围内，简称为 AGC 系统。

为了满足生产高精度产品的需要，现已出现各种形式的 AGC，如前馈 AGC、压力 AGC、张力 AGC、秒流量 AGC 等，调节的参数除了上述的辊缝外，也有张力、速度等参数，正是有了如此复杂的控制系统才保证了产品的同条差符合各种用途的需要，如图 3.1-20 所示。

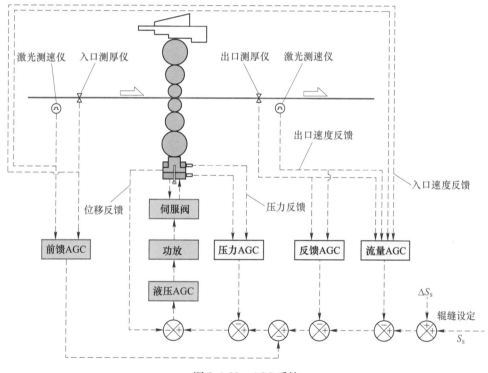

图 3.1-20　AGC 系统

B 产品板形控制

钢带质量的另一个重要指标是同板差，即钢带横截面上各点之间的偏差，它取决于钢带横截面的形状，而又以板形的形式体现出来。理想的钢带的截面是一个标准的矩形，其横向偏差为零。但实际上由于众多因素的影响，钢带截面的形状不可避免地会有各种不理想的形状，因此钢带有同板差在所难免。

同板差与板形有对应关系，而板形可以通过板形仪进行测量。最常用的接触式板形仪是一个辊式测量仪，与普通辊子不同的是：其辊面不是整体的，而是由若干个环组成，如图 3.1-21 和图 3.1-22 所示。工作时，钢带在辊面形成一定的包角，钢带的张力就会转化成辊面的压力。而在钢带整个横截面上，板形不同处的局部张力是不同的：有浪形处处于松弛状态，对辊面压力小；无浪形处处于张紧状态，对辊面的压力大。由于辊面是由一段段的小环组成的，所以各段小环上接收到的压力就不尽相同，通过压力传感器就可以将压力信号转换成电信号输送出来，从而测量出钢带横截面上各处的张力情况，也就是板形情况。

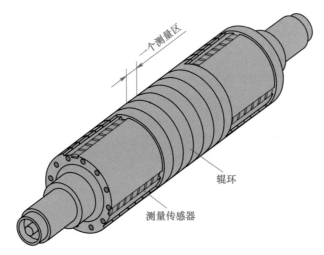

图 3.1-21 板形仪结构

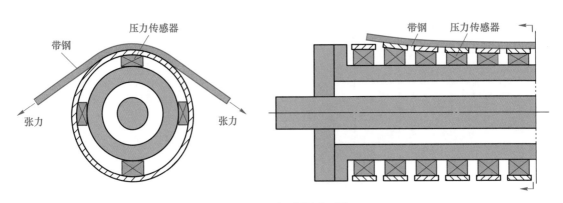

图 3.1-22 板形仪原理图

C 四辊轧机的辊形控制

（1）改变轧制力。改变压下规程，调整轧制力，改变轧辊实际辊形。这是因为工作辊在轧钢时的弯曲变形量是随轧制力增大而增大的。例如，钢带产生对称边浪，可通过减小压下量，减小轧辊本身的挠度来缓和或消除这种缺陷。

（2）采用分段冷却。即调节沿辊身长度方向上的温度分布，即改变热凸度。如在辊身长度方向上分段冷却轧辊，改变各段冷却液的流量和温度，便可改变轧辊的热凸度，从而也就改变了轧辊实际凸度，达到调整辊形的目的。此方法的优点是采用的设备和控制方法都很简单，但它的调整速度很慢，惯性太大，不能满足高速轧制的要求，且不能正常保持轧辊热凸度的对称性和稳定性。

（3）采用弯辊装置。即采用液压弯辊装置，使工作辊两端受一附加的弯曲力作用，可加大或减小轧辊在轧制过程中所产生的挠度，使轧辊实际挠度自动或人工地控制在最佳数值上。

D 六辊 UCM 轧机的辊形控制

在四辊轧机上，支撑辊辊身与工作辊辊身是在全长度方向上接触的，而另一边工作辊辊身仅与轧件在宽度部分相接触。由于工作辊上下两面的接触长度不相等，即工作辊与轧件的接触长度小于工作辊与支撑辊之间的接触长度，就会产生不均匀接触变形，即图 3.1-23（a）中指出的有害接触部分，使工作辊受到悬臂弯曲力而产生附加弯曲，轧出的带钢就会出现边降缺陷。

UCM 轧机也称为高性能轧辊凸度控制轧机，在工作辊和支撑辊之间，增设了可以沿着轴线移动的中间辊，可以将中间辊的辊身端部调整到如图 3.1-23（b）所示的，与钢带边缘相对应的位置。在工作侧，上工作辊上下两面的接触长度几乎相等，减少了压力分布不均匀的情况，弹性压扁分布变得均匀一致，上工作辊的挠度相应减小。在传动侧，情况是相同的，只是上下辊间的关系颠倒了一下。

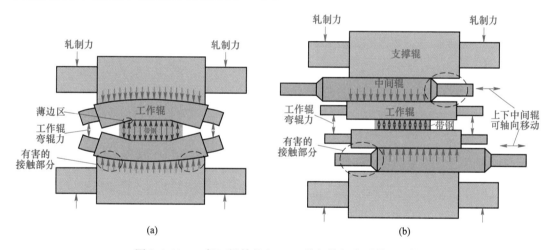

图 3.1-23 一般四辊轧机和 UCM 轧机轧辊变形情况比较

3.2 板带热处理基础理论

3.2.1 板带的组织与性能

3.2.1.1 板带用铁碳合金

A 铁碳合金中的钢部分

钢铁是由铁和碳组成的合金，其含碳量在 6.67% 以内。其中含碳量在 2.11% 以内的称之为钢，含碳量在 2.11%~6.67% 的称之为铁。

铁碳合金中钢的部分平衡状态如图 3.2-1 所示。根据组织的不同，钢又分为三大类，

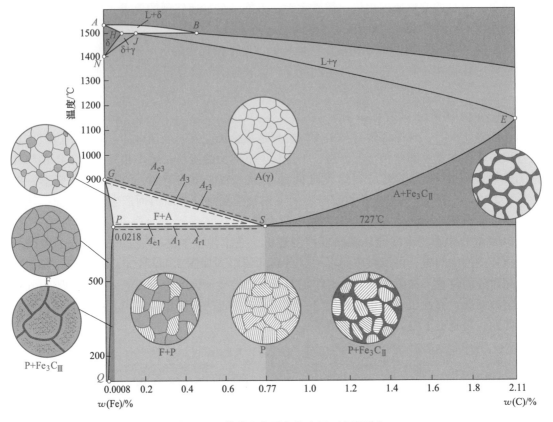

图 3.2-1　铁碳合金平衡状态图（钢部分）

含碳量在 0.77% 以下的为亚共析钢，含碳量为 0.77%（图中的 *S* 点）的是共析钢，含碳量在 0.77% 以上的为过共析钢。除了少量特种钢以外，常见钢材都属于亚共析钢的范畴。

　　B　板带材质成分范围

　　板带用材质大多是含碳量在 0.60% 以内的亚共析钢，如图 3.2-2 所示。其中：无间隙原子钢的含碳量低于 0.005%，处于图中 *Q* 点附近，属于工业纯铁范畴，常温组织为全铁素体，称之为超低碳钢；DQ 和部分 DDQ 级别的冲压钢的含碳量在 0.015%～0.03%，处于图中 *P* 点附近，常温组织为铁素体加极少量三次渗碳体，称之为微碳钢；结构钢含碳量都在亚共晶范围但接近 *P* 点附近范围，大约在 0.05%～0.25%，常温组织为铁素体加少量珠光体，称之为低碳钢，也有时将微碳钢和低碳钢统称为低碳钢。

　　除此而外，低合金钢以及汽车用先进高强钢钢种的含碳量也都在 0.60% 以内，但由于添加了一定数量的合金元素，状态图的温度有所变化，常温组织也呈现出多样性。

3.2.1.2　板带常见的组织

　　A　板带常见的组织的分类

　　板带常见的组织有：奥氏体、铁素体、珠光体、渗碳体、贝氏体和马氏体等。其中，奥氏体是高温组织，平衡状态下只在 727℃ 以上存在，温度下降以后就会转变成常温组织，但也可以通过工艺手段保留到常温，不过在常温也是一种不稳定组织，一旦获得能量就会

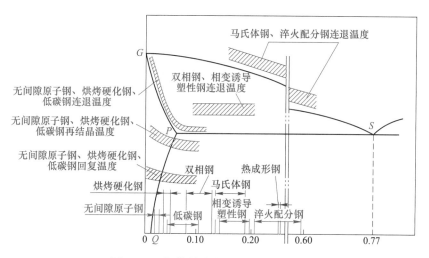

图 3.2-2　板带材质成分范围与加热温度

发生转变。由奥氏体转变而来的常温组织又分为平衡组织：铁素体、珠光体和渗碳体，以及非平衡组织：贝氏体和马氏体。如果奥氏体向常温组织转变时的速度很慢，就会发生接近平衡状态的转变，转变为平衡组织；如果奥氏体向常温组织转变时的速度很快，就会发生非平衡状态的转变，转变为非平衡组织。

在罩式退火热处理中，退火时的加热温度较低，一般不发生相变，组织都是常温组织，只是发生冷轧后的纤维组织的再结晶退火，即组织的形状发生变化，而组织结构不发生变化。

在低碳钢、超低碳钢以及传统高强钢的连续退火热处理中，退火时的加热温度较高，一般都加热到接近两相区，即铁素体和奥氏体区，会发生部分铁素体向奥氏体的相变，在保温以后的冷却过程中，先缓冷再快冷，缓冷的目的就是让高温的奥氏体缓慢转变成铁素体，所以得到的常温组织与罩式退火差不多，都是平衡组织。

先进高强钢的热处理转变与上述两种完全不同，在先进高强钢的连续热处理中，加热温度很高，完全加热到两相区，不同的是，在保温以后的冷却过程中，缓冷阶段的冷却速度就很快，而且在相对比较高的温度下就开始快冷，快冷的速度更快，发生奥氏体的非平衡转变，生成贝氏体和马氏体组织。

B　板带常见组织的特点

铁素体是碳溶解于体心立方结构铁中的间隙固溶碳，是一种低碳的常温组织，性能特点是硬度低、强度低但韧性好，是冷轧薄板的基本组织；渗碳体是铁和碳的化合物，是一种高碳组织，性能特点是硬度高、脆性大，在冷轧薄板中比例非常少，存在于晶界或在晶粒内部呈颗粒状。

珠光体、贝氏体和马氏体都是由奥氏体转变而来，含碳量比铁素体高一些。如果冷却速度很低就获得珠光体，它是铁素体和渗碳体呈片状组成的机械混合物，性能与铁素体相比硬度高、强度高，塑性差；如果冷却速度比较快，就获得贝氏体，它是铁素体和渗碳体组成的非层状组织，由于渗碳体形态的细化，性能与珠光体相比硬度更高、强度更高，塑性也要差一些；如果冷却速度更快，就获得马氏体，它是碳溶于体心立方结构中的过饱和间隙固溶体，由于碳处于过饱和状态，固溶强化作用非常强烈，所以比贝氏体硬度更高、强度更高，塑性也更差。各种组织的性能比较见表 3.2-1。

表 3.2-1　冷轧薄板常见组织力学性能对比

区　分	组织名称	符号	力　学　性　能			
			硬度	抗拉强度/MPa	伸长率/%	冲击韧性/kJ·m^{-2}
平衡组织	铁素体	F	80HB	270	50	1962
	珠光体	P	180HB	900	16	—
	渗碳体	Fe$_3$C	>800HB	—	—	—
非平衡组织	贝氏体	B	45HRC	1400	10	—
	马氏体	M	60HRC	1900	5	—

冷轧薄板常见组织金相照片如图 3.2-3 所示。

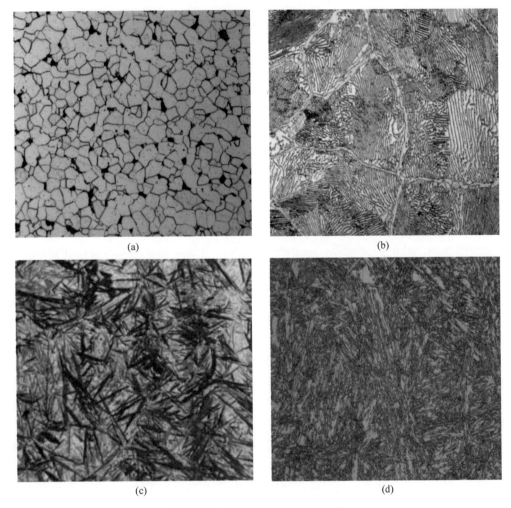

(a)　　　　　　　　　　　　　　(b)

(c)　　　　　　　　　　　　　　(d)

图 3.2-3　板带常见组织金相照片

（a）铁素体；（b）珠光体；（c）贝氏体；（d）马氏体

由此可见，冷轧薄板最基本的组织是韧性很好的铁素体基础上分布着强度比较高的珠光体。如果通过快速冷却，在铁素体的基础上，分布一定数量的贝氏体或者马氏体的话，就可以使得强度比铁素体加珠光体有大幅度提高。

3.2.1.3 板带生产过程组织形态的变化

A 热轧过程组织的变化

热轧时带钢是在高温之下产生变形的，虽然热轧以后晶粒的形状发生畸变，由近似圆形的等轴晶被轧成纤维状的晶粒，但终轧温度较高，为 850~900℃，带钢在这样高的温度下内部的能量较高，晶粒很快就会产生回复，进而产生再结晶，微观组织发生局部变形，晶粒的畸变消失，能量释放，晶粒又会形成新的等轴晶组织，最终的组织比较均匀，内应力较小，所以热轧产品的硬度较低，塑性较好，可以作为冷轧原料，也可作为最终产品来使用，如图 3.2-4 所示。

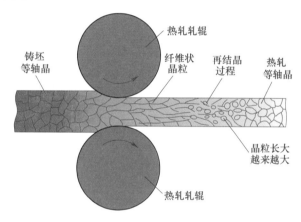

图 3.2-4 热轧过程组织的变化

B 冷轧过程组织的变化

冷轧时带钢是在常温之下受轧辊的高压作用产生变形的，原热轧板均匀一致的等轴晶粒经过压力变形产生畸变，晶粒被压扁、压碎，被拉长，成为椭圆形甚至纤维状的组织。与此同时，在晶粒内部产生一些相互平行的滑移，这样的晶粒内部缺陷较多，内应力较大，同时由于温度低，内部能量小，晶粒无法自动恢复到等轴晶组织，因而最终的产品就是冷轧时变形了的纤维状的组织，硬度较高，塑性较差。这种因压力加工而导致的组织变硬现象称为"加工硬化"现象，如图 3.2-5 所示。

C 退火过程组织的变化

由于轧硬板不能满足一般用途的需要，必须经过加热，使内部组织获得能量，从而发生回复，释放能量，然后再结晶成等轴晶组织，才能满足使用需要，如图 3.2-6 所示。

因此退火是冷轧后必须的工序，而退火也需要一定的冷轧变形量，给内部组织积蓄一定的再结晶能量。冷硬板的退火有周期性作业的罩式退火，也有连续生产线作业的连续退火，其产品称为冷轧板，可以作为最终产品，用于对耐蚀性要求不高的场合。在现代化的生产线上可以冷硬板为原料，连续进行退火和镀锌两大主要工艺流程，生产出镀锌板。

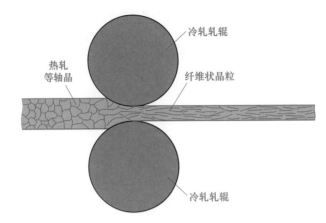

图 3.2-5　冷轧过程组织的变化

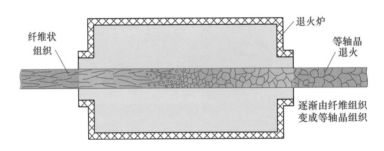

图 3.2-6　退火过程组织的变化

3.2.1.4　轧硬板的加热过程

含碳量在 0.77% 以内的轧硬板随着加热温度的升高，发生回复、再结晶、部分奥氏体化和全奥氏体化反应，如图 3.2-2 所示。

A　回复

将轧硬板加热到较低的温度，一般为 550℃ 以内时，温度不足以发生再结晶反应，只发生回复反应，即轧硬板纤维组织内部微细结构的改变，原子在微晶内只进行短距离扩散，使点缺陷和位错发生运动，从而改变了它们的数量和分布状态，带钢内部压力有所释放，板形略有改善，强度略有下降，塑性略有提高。

如果在此温度下退火，最终得到的产品称为全硬化板（FH）。

B　再结晶

再结晶是指轧硬板加热到一定温度，获得能量，轧硬板由原来的纤维组织转变为新的等轴晶粒组织的过程。没有相变，只是组织形态的变化，是再结晶过程的特点。再结晶的温度与轧硬板的变形量有关，变形量大，则再结晶温度低；反之亦然。如果温度不再提高，在此温度下保温，则新的等轴晶组织会长大。如果在此温度下退火，称为再结晶退火。再结晶退火以后轧硬板的加工硬化现象完全消除，得到完的等轴晶组织，强度和塑性也基本恢复到了热轧状态，并有所改善。罩式退火工艺就是再结晶退火过程。

一般情况下，再结晶温度是不超过奥氏体化 A_{c1} 线以上的温度。但是，低碳钢和无间隙原子钢，结构钢，以及低合金钢在镀锌和连退线进行的再结晶退火，由于加热速度较快，一般必须加热到极少部分奥氏体化温度，然后缓慢冷却，获得铁素体或铁素体和少量珠光体的组织，这种情况是快速加热的需要，而对奥氏体含量没有要求，还是再结晶退火的范畴，不是典型的部分奥氏体化热处理。

C 部分奥氏体化

将轧硬板加热到 A_{c1} 线以上、A_{c3} 线以下的两相区域，得到铁素体和奥氏体的混合组织。双相钢和相变诱导塑性钢在镀锌和连退线进行的淬火和等温淬火，加热时对奥氏体含量有一定的要求，就是部分奥氏体化处理。

D 全部奥氏体化

将轧硬板加热到 A_{c3} 线以上的区域，得到全部奥氏体组织。马氏体钢和淬火配分钢在镀锌和连退线进行的就是全奥氏体化淬火。

3.2.1.5 板带的拉伸形变过程

以退火状态的低碳钢为例，在拉伸试验过程中，应力 R 与应变 A 曲线如图 3.2-7 所示。整个过程分为以下几个阶段。

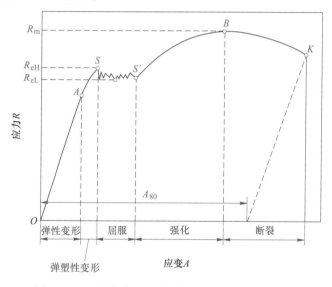

图 3.2-7　退火状态的低碳钢拉伸试验应力应变曲线

A 弹性变形阶段 OA

这一阶段试样的变形完全是弹性的，荷载全部卸除后，试样将恢复其原来的长度。应变与应力是完全成正比的，这个比例称为弹性模量 E。

B 弹塑性变形阶段 AS

这一阶段试样的变形也是弹性的，荷载全部卸除后，试样将恢复其原来的长度。但是，应变与应力是不成正比的。

C 屈服阶段 SS'

试样越过弹塑性变形阶段以后，伸长量急剧地增加，而荷载读数却在很小范围内波动，即应力基本不变而应变急剧增加，应力与应变曲线出现了一个锯齿状平台 SS'，称为屈服平台。屈服阶段最高应力称为上屈服强度 R_{eH}，最低应力称为下屈服强度 R_{eL}。有屈服平台是低碳钢的一大特点，对加工过程不利，必须采取措施加以消除。

D 强化阶段 $S'B$

试样经过屈服阶段后，随着应力的增加，应变再次增加，由于钢板在塑性变形过程中不断强化，对变形抗力不断增长，出现强化现象。钢材的强化现象对于使用过程中抵抗破坏有利，是钢材区别于其他材料的特长。强化阶段的最高应力称为抗拉强度 R_m。

E 颈缩阶段和断裂 BK

试样伸长到一定程度后，应力反而逐渐降低，此时可以看到试样某一段内横截面面积显著地收缩，出现"颈缩"的现象，一直到试样被拉断。试样断后的长度与原始长度之比称为断后伸长率，当原始标距为 80mm 时，记作 A_{80}。

3.2.1.6 塑性变形的不均匀性

A 塑性变形的根本特征

钢材的微观组织都是由晶粒组成的，而一个晶粒是由原子有规律排列成晶格的单晶体，如图 3.2-8（a）所示。原子之间有着排斥力抵抗外界的压力而不至被压缩，原子之间还有吸引力抵抗外界的拉力而不至被拉开。但是，当晶格受到剪切应力的作用时，晶格的原子层之间的位置就可能会变化，而产生变形。

当剪切应力较小时，晶格的原子层之间的位置发生一定的偏移，但没有产生滑动。一旦剪切应力除去，晶格还会回到原来的位置，这种变形就是弹性变形，如图 3.2-8 所示。弹性变形由于没有改变原子层之间的位置，因此不是永久性的，所以在拉伸试验的弹性变形阶段卸去载荷，试样还会恢复到原始状态。

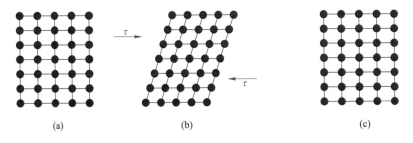

(a)　　　　　　　　　　(b)　　　　　　　　　　(c)

图 3.2-8 弹性变形特征

（a）规则晶格；（b）受剪应力晶格之间发生偏移；（c）剪应力除去恢复规则晶格

当剪切应力较大时，晶格的原子层之间发生了滑动，以致即使剪切应力除去，晶格也无法回到原来的位置，这种变形就是塑性变形，如图 3.2-9 所示。塑性变形由于改变了原子层之间的位置，因此是永久性的，所以在拉伸试验的塑性变形阶段即使卸去载荷，试样也不会恢复到原始状态。

B 拉伸变形产生滑移的原因

吕德斯带是由于带钢内部晶格之间产生了滑移。而滑移是钢材的一部分相对另一部分的剪切运动，但钢材在加工时很多情况下受到的是拉力，为什么拉力会产生剪切作用的结

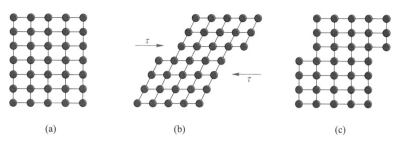

图 3.2-9　塑性变形特征
（a）规则晶格；（b）受剪应力晶格之间发生滑移；（c）剪应力除去恢复规则晶格

果呢？这就是力学的转化原理，即拉伸力也可以转化为剪切力。如图 3.2-10 所示，如果一个截面积为 A 的圆形单晶体试样受到轴向拉力 F 的作用，这时它的滑移方向与试样轴向呈 λ 角度，滑移面的法线与试样轴向呈 φ 角度，则在滑移面上的拉力有平行于滑移方向的分量 τ。

$$\tau = \frac{F\cos\lambda}{A/\cos\varphi} = \frac{F}{A}\cos\varphi\cos\lambda \qquad (3.2\text{-}1)$$

这就是说拉力同样可以使试样产生剪切分力，使试样产生滑移。同样的拉力使试样产生滑移的剪切分力随滑移面的角度不同而不同。当滑移方向与拉力平行或垂直时，剪切分力为零，这时无论外力多大，滑移的驱动力恒等于零，因此这个体系就不能滑动。当滑移方向与拉力呈 45°夹角时，剪切分力达到最大，因此滑移线往往与拉力方向呈 45°夹角。

C　屈服平台的实质

如果观察出现屈服平台拉伸试验试样的变形状态的话，可以看出带钢上的变形并不是均匀的，即不是在整个试样上各处均产生相同的变形，而是变形集中发生在带钢的某一区域，产生滑移带，如图 3.2-11 所示，在滑移带上钢板表面会出现粗糙不平、变形不均的痕迹，学名为吕德斯带。

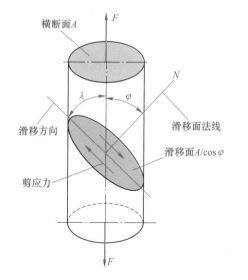

图 3.2-10　在单晶体某滑移系上的分剪应力

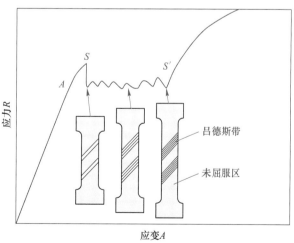

图 3.2-11　低碳钢屈服效应示意图

如果在带钢产生塑性变形时，尽管不是各部分均匀产生变形，但产生塑性变形的区域多，变形量分散，对产品表面质量基本没有影响。但如果产生变形的区域少，变形集中在几处产生，产生明显的橘皮样的缺陷，甚至在整个带钢的横面产生连贯的很明显的折印，则会严重影响产品的外观和使用性能。因此，吕德斯带是一种外观缺陷，如果使用屈服效应显著的低碳钢加工复杂拉延件，由于各处变形不均，在变形量正好处于屈服延伸区的地方，就会出现吕德斯带而使零件外观不良。

正是因为当带钢产生屈服时，拉力使得带钢局部内部晶格之间产生了滑移，长度迅速增加，但载荷无法增加，所以才出现了屈服平台。或者说，拉伸试验时有无屈服平台是带钢在加工时是否产生橘皮缺陷的标志。

D　吕德斯带产生的原因

如上介绍，带钢的塑性变形是带钢的一部分与另一部分的剪切滑移，这种相对剪切运动的距离是剪切方向上原子间距的数倍，剪切运动后不破坏晶体内原有原子排列规则性，因而滑移后晶体各部分的位向仍然一致。吕德斯带滑移线结构示意图如图3.2-12所示。

由于滑移是金属的一部分相对于另一部分沿滑移面和滑移方向的剪切变形，因此需要一定的驱动力来克服滑移运动的阻力，这个驱动力是外力在滑移面、滑移方向作用的分切应力。当此分切应力的数值达到一定大小时，晶体在这个滑移系统上产生滑移，能够引起滑移的这个分切应力称为临界切应力。

带钢变形时的临界切应力会受到晶格中缺陷的影响。如图3.2-13所示，如果晶格中存在刃型位错缺陷，则剪切应力产生滑移时，必须克服缺陷的能量，一步步地移动。

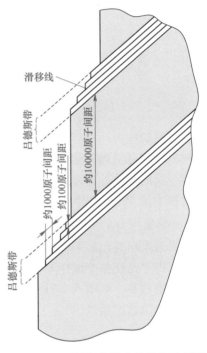

图 3.2-12　吕德斯带滑移线结构示意图

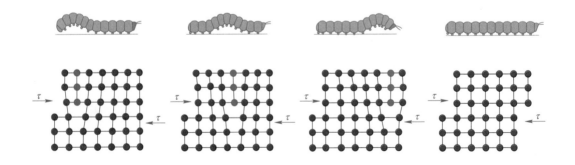

图 3.2-13　在剪应力作用下晶格刃型位错的移动

位错缺陷部位往往是在原子间间隙比较大的地方，也是游离原子藏身之处。低碳钢组织中的碳，除了以化合物即渗碳体的形式出现以外，还有大量的碳以原子形态存在于铁的晶格的间隙中，同时还有大量的氮原子，称为"间隙原子"，但碳和氮间隙原子在铁的晶格内的分布不是均匀的，而会在钢中有位错缺陷处聚集，形成一种原子云，称为"柯氏气团"。正是由于柯氏气团的存在，使得滑移时位错的运动受到阻力，似乎像"钉扎"作用一样，要使位错发生运动，就必须有较高的临界切应力，才能克服钉扎作用，使位错与气团分离，因而产生上屈服点，而当位错移动一段距离后，就可以摆脱气团的阻力，在较低的切应力下运动，这个应力就是下屈服点，因而柯氏气团的存在是产生吕德斯带的根本原因。

消除吕德斯带的方法有消除柯氏气团和预先变形处理等。前者是生产无间隙原子钢的基本原理，后者是拉矫、光整消除屈服平台的原理。

3.2.2　低碳钢的时效性

3.2.2.1　低碳钢时效性的特点

A　低碳钢时效性的概念

低碳钢和微碳钢不但在退火状态下会出现屈服平台，而且即使采取措施将屈服平台消除了，一段时间以后屈服平台还会出现，即所谓的时效性。

时效是指金属材料的性能随着时间的延长而改变的现象。低碳钢和微碳钢的时效性非常显著，用低碳钢和微碳钢生产的冷轧产品，不管是冷轧板、镀锌板还是彩涂板都有很强的时效性。低碳钢和微碳钢冷轧类产品的时效性表现在，生产一段时间以后，一是力学性能发生变化，强度上升、塑性下降；二是已经在生产过程中消除掉的屈服平台又重新出现。这两者都会影响板材的加工性能，一方面屈服强度的提高，会使冲压加工的难度增加，另一方面有屈服平台的板材，会在加工时产生局部不均匀变形，即加工滑移线或滑移带，学名吕德斯带，造成橘皮类缺陷，影响产品的表面质量和使用性能。

这种时效性随着生产以后时间的延长，越来越明显。因此，采用低碳钢和微碳钢生产的冷轧类产品必须在生产以后尽快加工，否则就会因时效问题而影响加工性能，但在实际中是很难做到随时生产随时加工的，从这一点来看时效性是制约铝镇静钢应用的一大因素。

B　低碳钢时效性的指标

考核低碳钢时效性大小的指标是时效指数（AI），检测的方法是先在拉伸试验机上使试样拉伸屈服，产生8%的拉伸预应变，同时产生一定的加工硬化（WH）值，然后卸载，这时一般情况下预应变的作用已经消除了屈服平台。接下来进行人工100℃加热和保温1h的人工时效热处理，然后再进行拉伸，此时由于时效硬化作用，屈服强度会有所提高，并产生屈服平台，提高后的屈服强度值与第一次拉伸时的屈服强度值及产生的加工硬化值之和的差，即为时效硬化值，即时效指数，如图3.2-14所示。

经验表明，为了保证钢板在夏季的3个月内不会因自然时效而出现性能恶化现象，必须要求应变时效指数在30MPa以下。

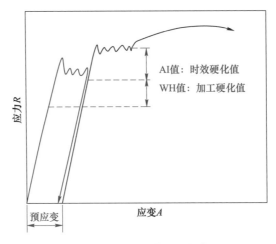

图 3.2-14　时效指数测量的方法

3.2.2.2　低碳钢时效性的原因

A　金属材料时效性的条件

金属材料产生时效性的条件有以下几个方面：

（1）金属材料中有合金元素，而且合金元素在金属材料中会形成固溶体，有一定的溶解度。

（2）合金元素在金属材料组织中的溶解度随着温度的下降而逐渐降低。

（3）在高温状态下合金元素处于固溶状态，急冷时由于来不及析出，而处于过饱和状态。

（4）在低温状态下，合金元素仍然具有一定扩散能力。

B　低碳钢时效性的原因

对于低碳钢和微碳钢来说，完全具备上述条件。钢中有最主要的元素碳，碳在退火过程的加热保温高温状态，部分溶解成为间隙固溶的间隙原子，溶解度相对比较高，在铁素体中，碳在平衡状态下，最大溶解度为 0.0218%，在冷却过程中碳在铁素体中的溶解度随着温度的下降而逐步下降，沿着铁碳平衡状态图中的 PQ 线变化，在 600℃ 时就下降到 0.0057%，到常温下，碳在铁素体中的溶解度只有 0.0008%。铝镇静钢中还有氮这个间隙原子，其在冷却时的溶解规律与碳极为相似。碳和氮这两个间隙原子的作用就使得低碳钢和微碳钢的时效性非常强烈。

3.2.2.3　低碳钢时效性的分类

A　连退过程的快冷时效

如果在退火冷却时，冷却速度非常慢，碳有足够的时间慢慢从铁素体中析出，生成 Fe_3C，基本沿着 PQ 线转变，到常温下，铁素体中的含碳量很低，接近平衡状态的 0.0008%，就不会有时效性。这种情况只有罩退才能接近达到，罩退时冷却速度非常慢，且有铝的作用，产品中固溶的碳很低，所以罩退产品的时效性很小。

但是，连续退火时，带钢在加热保温后，在很短的时间内冷却到常温，冷却速度很快，碳当然来不及析出，在常温下会处于过饱和状态，或者说是一种非平衡状态，必须向平衡状态自发地进行转变，就会产生时效现象，这种由于快速冷却造成的时效，称为快冷时效。

B　预变形后的应变时效

为了减小铝镇静钢的时效性带来的影响，一方面在退火时须增加过时效处理，最大限度地促进碳在退火冷却时析出；另一方面就是采取平整及拉矫的办法，给带钢预加一定的变形量，消除屈服平台，使得钢板在使用中加工再次变形时产生均匀变形，而不致产生局部变形。但是，这种采取预变形减小时效性的方法，能够发挥作用的时间极短，很快又会产生屈服平台。这种在塑性变形以后产生的时效现象称为应变时效或机械时效。

3.2.2.4　影响时效性的因素

A　时效性与含碳量的关系

时效性是超低碳钢和低碳钢一个非常重要的特性。试验的结果如图 3.2-15 所示，为了便于比较，将两个方面试验的结果放到了一起。图 3.2-15（a）是没有添加合金元素超低碳钢的时效性与含碳量的关系，图 3.2-15（b）是低碳钢的时效性与含碳量的关系。

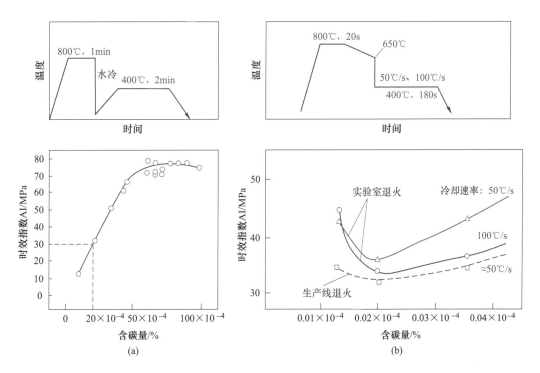

图 3.2-15　超低碳钢和低碳钢的时效性与含碳量的关系

图 3.2-15（a）表示了化学成分其他元素为：0.01%Si、0.15%Mn、0.008%P、0.005%N、0.04%Al，不同含碳量的超低碳钢，在实验室条件下退火，800℃保温 1min，快速水冷，并在 400℃保温 2min 过时效处理，然后检测时效指数与含碳量的关系。结果表明：随着含碳

量的增加，时效指数起初几乎是直线上升的，在含碳量达到 50ppm 时，时效指数达到了最大值，大约是 75MPa。

图 3.2-15（b）表示了化学成分其他元素为：0.10%Si、0.10%Mn、0.008%P、0.04%Al，不同含碳量的低碳钢，在实验室条件下退火，800℃ 保温 20s，先缓慢冷却到 650℃，再以 50℃/s 和 100℃/s 两种速度快速水冷，并在 400℃ 保温 3min 过时效处理，然后检测时效指数与含碳量的关系。结果表明：随着含碳量的增加，时效指数起初几乎是由高迅速降低，在含碳量达到 0.02% 时，时效指数达到了最低值，是 36~38MPa，然后，随着含碳量的增加，时效指数又逐渐增加。图 3.2-15（b）中还表示了在生产线试验的结果，趋势基本相同。

综合这两个方面试验的结果，时效指数随着含碳量的变化比较复杂，从零开始，起初是直线上升的，含碳量在 0.005%~0.01% 时达到了最大值，大约是 75MPa，然后迅速下降，在含碳量达到 0.02% 时，时效指数达到了最低值，是 36~38MPa，然后，随着含碳量的增加，时效指数又逐渐增加。从这里可以看出，含碳量在 0.005%~0.01% 这个范围对于时效性能来说是最差的，尽可能不要选择这样的成分。其实，在实际生产中，以这个数据为界划分低碳钢、微碳钢和超低碳钢。对于超低碳钢，一般将含碳量控制在 0.0008% 以下，含碳量越低抗时效性越好；对于低碳钢、微碳钢，一般将含碳量控制在 0.015% 以上，含碳量越低抗时效性也越好。而一般不选择含碳量在 0.005%~0.015% 范围内的成分。

B 时效性与固溶碳含量的关系

众所周知，时效指数对应铁素体基体内的固溶 C 和固溶 N 量。但如果热轧后采用高温卷取，使其后续冷轧及连退的钢板中的 N 几乎都被固定为 AlN。所以，一般认为应变时效值只能对应固溶 C。通过测量内耗峰值（Snoek's speakheight），可以表示基体内部的固溶碳含量，图 3.2-16 表示了不同时效指数的低碳钢和微碳钢内耗峰值测量结果，可见时效指数与内耗峰值相关性很强，也就是说与固溶 C 成正比，这就是时效性的实质。

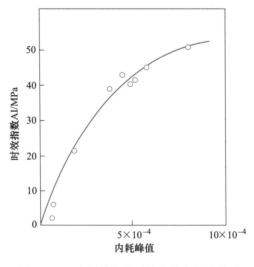

图 3.2-16 内耗峰值与时效指数之间的关系

3.2.3 过冷奥氏体的冷却转变

3.2.3.1 过冷奥氏体的两种转变

根据冷却方法的不同，奥氏体的冷却转变可分为两种：一是将奥氏体急冷到 A_{r1} 以下某一温度，在此温度下保温，在等温状态发生相变；另一种是奥氏体在连续冷却条件下发生相变。为了了解过冷奥氏体在冷却过程中的变化规律，通常采用等温冷却转变和连续冷却转变（图 3.2-17）来说明奥氏体的冷却条件和组织转变之间的相互关系。这对热处理工艺的确定、合理选择材料及预测性能具有重要的作用。

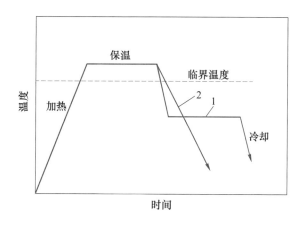

图 3.2-17　不同冷却方式示意图

1—等温冷却：2—连续冷却

3.2.3.2 过冷奥氏体的等温转变

A　过冷奥氏体的等温转变曲线图

下面以共析钢为例，说明等温转变图的建立过程。选用共析钢制成很多薄片试样，将试样均加热到727℃以上，经过保温完全转变为奥氏体后急冷至低于727℃以下的某一温度，这时奥氏体不会立即发生转变，需有一个孕育期后才开始转变，这种在孕育期暂时存在的奥氏体称为过冷奥氏体。在等温过程中观察不同过冷奥氏体的变化，测出奥氏体什么时候开始转变，什么时候转变终了，确定转变产物的组织特征与性能。然后将测试结果以温度为纵坐标，以时间为横坐标，画成曲线。例如将试样过冷到700℃（图 3.2-18），在此温度等温停留，在 a 点开始转变为珠光体，b 点完全转变为珠光体。如此类推，可获得一系列 a_1，a_2，a_3，…，b_1，b_2，b_3，…点。将所有开始转变点和终了转变点分别用光滑曲线连接起来，便获得该钢的等温转变图，叫做 TTT 曲线，由于其形状类似"C"，故亦称 C 曲线。

B　过冷奥氏体等温转变产物

奥氏体转变产物的组织和性能，决定于转变温度。在图 3.2-18 中 C 曲线可分为两个等温转变温度范围和一个快速冷却转变区域。

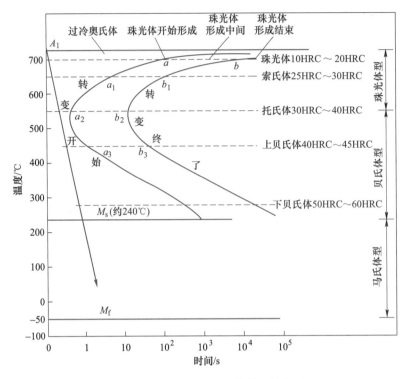

图 3.2-18 共析钢的奥氏体等温转变图

a 珠光体转变温度范围

过冷奥氏体在 $A_{r1} \sim 550℃$ 范围内，将转变为珠光体型组织。珠光体型组织又可分为三个小类：在 $A_{r1} \sim 650℃$ 温度范围形成一般珠光体（P），这时由于过冷度小，转变温度高，形成珠光体的渗碳体和铁素体呈片状；在 650~600℃ 温度范围，转变得到较薄的铁素体和渗碳体片，只有在高倍显微镜下才能分清此两相，称为索氏体，用符号 S 表示；在 600~550℃ 范围内，获得的铁素体和渗碳体片更薄，用电子显微镜才能分清此两相，称这种组织为托氏体，用符号 T 表示。珠光体型组织的力学性能，主要决定于其粗细程度，即珠光体层片厚度。珠光体型组织中层片越薄，则塑性变形的抗力越大，强度及硬度就越高，而塑性及韧性则有所下降。在珠光体型组织形态中，托氏体的组织最细，即层片厚度最小，因而它的强度和硬度就较高，如硬度可达 300~450HBW，比普通珠光体的硬度大得多。

b 贝氏体转变温度范围

在 C 曲线鼻部（约 550℃）与 M_s 点之间的范围内，过冷奥氏体等温分解为贝氏体，可用符号 B 表示。

贝氏体的形态主要决定于转变温度，而这一温度界限又与钢中含碳量有一定关系。含碳量>0.7% 以上的钢，大致以 350℃ 为界（钢的成分变化时，这一温度变化不大），高于 350℃ 的产物，组织呈羽毛状，称之为上贝氏体；低于 350℃ 的产物，组织呈针叶状，称之为下贝氏体。

从性能上看，上贝氏体的脆性较大，基本上无实用价值；而下贝氏体则是韧性较好的组织，是热处理时（如采用等温淬火）经常要求获得的组织。下贝氏体碳化物均匀弥散分布在铁素体针叶内造成沉淀硬化，以及铁素体本身过饱和造成固溶强化综合作用的结果。

c 马氏体转变区域

除了上述两种等温转变以外，还有马氏体转变。如果冷却速度非常快，不碰到等温转变开始线，就会碰到图 3.2-18 上的两条水平线，一条约为 240℃，一条约为 −50℃。若将奥氏体过冷到这样低的温度，它将转变为另一种组织，称为马氏体，可用符号 M 来表示。M_s 表示马氏体转变开始温度，M_f 表示马氏体转变终止温度。

马氏体转变是在低温下进行的，铁、碳原子均不能扩散，转变时只通过切变（原子间相对移动）过程来实现，而无成分的变化，即固溶在奥氏体中的碳，全部保留在 α-Fe 晶格中，使 α-Fe 超过其平衡量。因此，马氏体实际上是碳在 α-Fe 中的过饱和固溶体，其性能特点是硬度高、塑性低。

总之，综合过冷奥氏体等温转变的产物可以看出，随着冷却速度的增加，等温转变温度的下降，生成的组织按照珠光体→索氏体→托氏体→上贝氏体→下贝氏体→马氏体的顺序变化，最终生成物的硬度或强度是逐渐提高的，但塑性也逐渐下降。

3.2.3.3 过冷奥氏体的连续转变

A 过冷奥氏体的连续转变曲线图

在实际热处理生产的冷却过程中，无论是连续退火还是罩式退火，钢带通过相变温度发生转变时一般不是等温状态下进行的，大部分是连续冷却的。在连续冷却过程中，过冷奥氏体同样能进行等温转变时所发生的几种转变，即珠光体转变、贝氏体转变和马氏体转变等，而且各个转变的温度区间也与等温转变时大致相同。但是，奥氏体的连续冷却转变不同于等温转变。因为，连续冷却过程要先后通过各个转变温度区间，因此可能先后发生几种不同的转变。而且，冷却速度不同，可能发生的转变也不同，各种转变的相对量也不同，因而得到的组织和性能也不同。所以，连续冷却转变就显得复杂一些，转变规律性也不像等温转变那样明显，形成的组织也不容易区分。过冷奥氏体连续转变的规律可以用曲线表示出来，称为"CCT 曲线"，或者称为"连续冷却 C 曲线"。

B 过冷奥氏体的连续转变案例

下面以表 3.2-2 成分的试样为例，介绍过冷奥氏体的连续转变。

表 3.2-2 试样化学成分表

合金成分	C	Si	Mn	P	S	Als	Nb
含量/%	0.18~0.24	1.3~1.5	1.3~1.5	< 0.01	< 0.01	< 0.003	0.06

将表 3.2-2 所示的样板，以 30℃/s 的速度加热到两相区 840℃保温 4min，使其部分奥氏体化，然后分别以 0.5℃/s、1℃/s、7℃/s、15℃/s、30℃/s、45℃/s、60℃/s、80℃/s、100℃/s、150℃/s 等不同的冷却速度连续冷却，则会在一定的温度范围发生一定的转变。比如，以 0.5℃/s 的速度从 840℃开始冷却，当温度下降至 761℃时，开始发生奥氏体向铁素体的转变，当温度下降到 709℃时，奥氏体不再转变为铁素体，而是开始发生奥氏体向珠光体的转变，直到 578℃奥氏体的连续冷却转变全部结束，得到铁素体加珠光体的组织。如此，每一个冷却速度都有类似的，但组织不同的转变。将不同冷却速度下，

某一转变的开始温度和结束温度点连接起来，就成为某一转变的温度范围。

　　试验结果表明，该成分的样板，A_{c1} 为 762℃、A_{c3} 为 884℃，两相区温度跨度为 122℃ 左右，加热至 762~884℃ 范围内能得到铁素体和奥氏体的两相组织，且随着两相区加热温度的升高，两相区中的奥氏体含量增多，铁素体含量减少；连续冷却转变后的产物，从显微硬度上看，随着冷速的增大，硬度呈现逐渐上升的趋势。从静态 CCT 曲线（图 3.2-19）可以看出，相变区域包括铁素体转变区、珠光体转变区、贝氏体转变区和马氏体转变区。珠光体的转变冷却速度小于 15℃/s，在 0~15℃/s 之间随冷却速度升高，珠光体和铁素体的开始转变温度和结束转变温度线逐渐降低。当冷却速度大于等于 7℃/s 时会有贝氏体析出，随着冷却速度的升高，贝氏体开始转变温度呈现先增高后降低的趋势。当冷却速度大于等于 30℃/s 时会有马氏体析出，马氏体的析出量随着冷却速度的增加而提高，贝氏体的析出随着冷速的提高而减少。

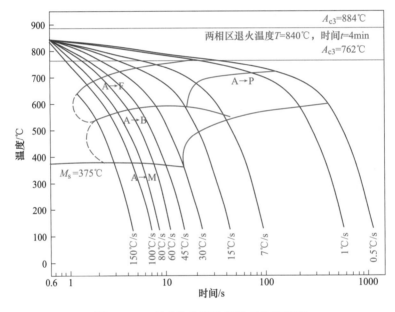

图 3.2-19　奥氏体连续冷却转变曲线案例

　　从 CCT 曲线上可以分析出不同冷却速度下获得的转变产物的组织。如本试验成分的样品，冷却速度为 0.5~7℃/s 之间，组织为多边形铁素体和珠光体，且随着冷速增大铁素体的含量逐渐增大，珠光体的含量逐渐降低。当冷速为 7~15℃/s 时，组织为铁素体、珠光体和贝氏体；当冷速增加到大于 15℃/s 时，组织为多边形铁素体和贝氏体，珠光体已经消失不见，且随着冷速的增大，贝氏体逐渐增多，在冷速为 30℃/s 时，会有马氏体析出，也含有少量的贝氏体组织，在铁素体、贝氏体基体上分布着马氏体组织。本试验只做到冷却速度为 150℃/s，如果冷却速度更加快到一定程度，过冷奥氏体到铁素体和贝氏体的转变都消失，只转变为马氏体，最终的组织为在保温过程中就存在的铁素体和新生成的马氏体。

　　总之，综合过冷奥氏体连续转变的产物可以看出，随着冷却速度的增加，生成的组织也是按照铁素体→珠光体→贝氏体→马氏体的顺序变化，而且组织的比例也是随着冷却速度连续变化的，最终生成物的硬度或强度是逐渐提高的，塑性也逐渐下降。

3.2.3.4 不同产品的加热和冷却路线

A 不同产品的热处理路线

由上分析可知，过冷奥氏体在冷却的过程中，随着冷却速度和等温温度的不同，最终的产物是由软到硬逐渐变化的，也就是说，如果我们要获得某种组织性能的产品，只要采用相应加热路线，获得不同数量的奥氏体，然后采取不同的冷却路线就可以生产出多种不同组织，也就是不同的强度和塑性的产品，如图 3.2-20 所示。

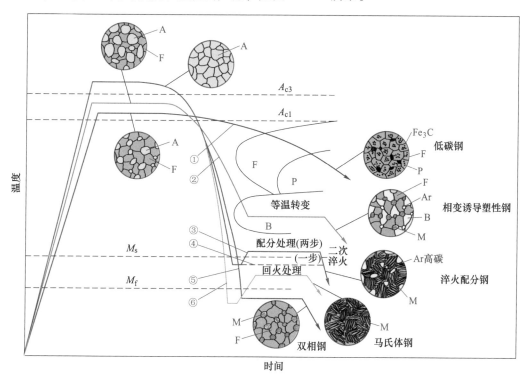

图 3.2-20 不同冷却路线获得的不同产品

B 再结晶退火处理

把轧硬板加热到略超过 A_{c1} 温度，高温组织为铁素体加极少量奥氏体。如果然后以图 3.2-20 中①的冷却路线，先缓冷发生部分奥氏体向铁素体的转变，然后的快冷过程中冷却速度较慢，进入珠光体转变区，则过冷奥氏体转变为珠光体，最终获得的组织为铁素体加珠光体，强度相对较低，是普通的退火板（低碳钢）。

C 部分奥氏体化淬火与贝氏体等温处理

把轧硬板加热到 $A_{c1} \sim A_{c3}$ 温度范围的两相区，高温组织为铁素体加一定比例的奥氏体。如果然后以⑤的冷却路线，一直以很快的冷却速度冷却，越过 CCT 曲线，进入 M_f 线以下再保温，实现淬火处理，奥氏体转变为马氏体后，再冷却到室温，最终得到的组织为铁素体加马氏体，综合性能较好，就是双相钢；如果然后以②的冷却路线，先以较快的速度冷却到贝氏体区，并进行保温，部分完成奥氏体转变以后，再快速冷却到室温，最终获得的组织为铁素体加贝氏体，以及部分残余奥氏体，具有相变诱导塑性效应，就是相变诱导塑性钢。

D　完全奥氏体化淬火与淬火后的碳配分处理

把轧硬板加热到 A_{c3} 以上温度范围，高温组织全部为奥氏体。如果然后以⑥的冷却路线，一直以很快的冷却速度冷却，越过 CCT 曲线，进入 M_f 线以下，实现完全淬火，奥氏体全部转变为马氏体，再适当升温进行回火处理，最终得到的回火马氏体组织，就是马氏体钢。如果同样一直以很快的冷却速度冷却，越过 CCT 曲线，进入 M_s 线以下、M_f 线以上，实现部分淬火，奥氏体部分转变为马氏体，再分为两个路线，路线④温度不变，直接保温进行碳的配分，再冷却到室温，最终得到的组织为马氏体加少量高碳残余奥氏体，就是一步法淬火配分钢；而路线⑤适当升温进行碳的配分，再冷却到室温，最终得到的组织为马氏体加少量高碳残余奥氏体，就是两步法淬火配分钢；显然两步法产品性能更好，但工艺更加复杂。

3.3　退火和镀层基板的材质

退火和镀层板的主要用途是建材、家电和汽车三大类。对材质的研究，早期是以建材板和家电板为主，目前以汽车板为主。汽车板基本都是根据不同汽车厂家的要求，采用专项标准定制生产；家电板含部分工业用冲压件，有一定的通用标准，但也以批量定制为主；而将汽车、家电以外的各种与建筑、建设有关的板材都归结为建材板的范畴。

3.3.1　家电建材板的材质

3.3.1.1　家电、建材板材质的分类

家电、建材板所用的材质主要有冷成形（D）类、高强度冷成形（H）类、结构（S）类、全硬化结构类（FH）。

其基本的加工形态以冷轧制态（C）为主，作为冷成形（D）类以及全硬化结构类（FH）的基板；也有少量热轧制态（D），作为结构（S）类基板；随着短流程轧钢技术的发展，目前又出现了 ESP 轧制态（E）、CASTRIP 轧制态（U）等表面质量接近于冷轧的热轧短流程板。

3.3.1.2　冷成形（D）类

冷成形（D）类钢板根据所能够达到的冲压级别分为商品级 CQ（01）和冲压级 DQ（02/03）、深冲级 DDQ（04）等，其中镀锌板基材保留了冲压级中的 02 级别，而由于连退板大量用于复杂冲压件，为了拉开商品级与冲压级的差距，防止混用带来的质量异议，已经取消了 02 级别。

商品级 CQ（01）是用途最广、用量最大级别的钢板，薄板可以进行机械咬合，但不能承受复杂冲压变形，有时为了采购方便也可用来代替低级别的结构钢，采用含碳量一般为 0.03%~0.08% 的低碳铝镇静钢（LC），因此有很强的时效性。冲压级 DQ（02）可以用来生产深度不大的冲压件，采用含碳量一般为 0.015%~0.05% 的低碳铝镇静钢（LC），因此也有很强的时效性，由于与商品级 CQ（01）差别仅仅是含碳量等化学成分方面，因此

也可以认为是商品级 CQ（01）的改良型。冲压级 DQ（03）以上级别的材质就是标准的冲压用板，采用含碳量一般为 0.005% 以下的超低碳钢，并加入 Nb、Ti 的无间歇原子钢（IF），因此不再有时效性。

3.3.1.3 结构（S）类

结构（S）类钢板用于建筑以及其他各种结构件，只能作折弯等简单的变形，对强度的要求较高，根据强度的高低分级，而对伸长率要求相对较低，采用含碳量一般为 0.06%~0.25% 的低碳钢（LC），随着级别的提高含碳量逐渐增加，但仅靠碳来增加强度，其程度是有限的，而且会急剧降低加工性能，所以要求高强度和高塑性的场合必须采用高强（H）类钢板。

3.3.1.4 高强（H）类

为了满足受力较大、形状复杂零件的需要或减少材料使用量，必须提高材料的强度，特别是在提高强度的同时还要保证一定的加工性能，因此诞生了高强类钢板，包括结构用和冷成形用。

在结构用方面，当要求材料的强度级别较高，一般超过 450MPa，且要求一定的塑性时，就要采用低合金钢（LAHS），适当增加 Mn、Si、P、Cr、Mo、Cu 等合金元素来提高强度。

在冷成形用方面，当要求强度超过 450MPa、且冲压性能超过 DQ 级别时，就要在无间隙原子钢内加入强化合金元素，成为高强度无间隙原子钢。除此而外，还有烘烤硬化钢、复相钢、双相钢、相变诱导塑性钢等特殊钢种，绝大部分应用于汽车板，也可以应用于建材和家电板。

3.3.1.5 全硬化结构类（FH）

全硬化结构类（FH）是利用冷轧时由于加工硬化原因，得到的强度提高、塑性下降的轧硬组织，在镀层生产线不进行完全退火，生产出的镀层板强度较高、塑性极低的材质，在应用中几乎不能变形加工，因此与完全退火后的结构（S）有根本性的区别。

3.3.2 汽车板的技术要求

3.3.2.1 时代发展对材料的要求

在不断严苛的排放法规、提高安全性和新能源汽车提高续航里程等要求的影响下，汽车轻量化技术需求迫切，对汽车用新材料的研发和应用提出了更高的要求。汽车轻量化技术包括轻量化材料应用、先进工艺和结构优化设计等方面。汽车轻量化始于 20 世纪 70 年代的美国，此后受到欧美日等发达国家和地区的高度重视，轻量化材料在汽车上的应用比例不断增加，汽车制造业在成形工艺和连接技术上不断创新，结构优化设计和零部件的模块化水平不断提高，使得发达国家的平均车重在过去的 20 年间降低了约 25%。先进高强钢、铝合金、碳纤维复合材料等轻质材料的使用，在保证汽车刚度和安全性能的基础上大大降低了车身轻量化系数，多材料轻量化车身成为轻量化技术的主流趋势。相比于其他材料，高强度钢可以在同密度、同弹性模量而且工艺性能良好的情况下，达到截面厚度减薄的效果。由于镁、铝合金等轻量化材料在制造成本、成形加工等方面的局限性，在现阶段甚至未来相当长的一段时间内，汽车制造中高强钢的使用量仍然占主导地位。

铝材以其密度低（2.7g/cm³）、耐腐蚀、高吸能性能等特点，成为汽车轻量化路线中重要的材料之一。目前用于车身上的铝合金主要有 Al-Cu-Mg 系、Al-Mg 系、Al-Mg-Si 系等，主要用于覆盖件和结构件，其中在前防撞梁和发动机罩盖的应用最为广泛，如图 3.3-1[51] 所示，铝制材料在奥迪 A8L 的车身上广泛运用。镁合金具有密度小（1.8g/cm³）、阻尼性能好、铸造流动性好等特点，在汽车上有着良好的应用前景，目前主要用于转向盘骨架、变速箱壳体等零部件的制造。此外，常见的轻量化材料包含非金属材料，如工程塑料和纤维增强复合材料等。工程塑料以其密度小、强度高的特性，正在由车身内外饰件向结构件方面扩展；纤维增强复合材料是由两种或两种以上不同性质的材料，通过物理或化学的方法在宏观上组成具有新性能的材料，例如玻璃纤维、碳纤维、硼纤维等，复合材料在车身骨架、四门两盖等零部件的运用正在研究中，与其他材料间的连接技术也有待进一步提高[52]。

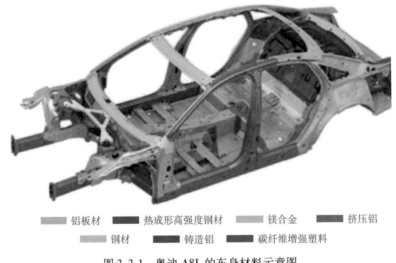

图 3.3-1　奥迪 A8L 的车身材料示意图

值得注意的是，与其他轻量化材料相比，钢铁制备过程中所产生的碳排放量远低于其他材料，World Auto Steel 提供的数据如图 3.3-2 所示。2020 年 9 月 22 日，中国政府在第七十五届联合国大会上提出："中国将提高国家自主贡献力度，采取更加有力的政策和措施，二氧化碳排放力争于 2030 年前达到峰值，努力争取 2060 年前实现碳中和。"钢铁材料的环境友好特性，使其在轻量化材料家族中具有不可比拟的优势。

3.3.2.2　节能减排对材料的要求

根据国际能源机构（International Energy Agency，IEA）统计，全球超过 15% 的 CO_2 排放来自于道路交通[52]。各国政府针对汽车能效及汽车轻量化颁布了一系列相关的政策，美国将 2017 年至 2025 年期间的汽车能效标准从之前的 35.5 英里/加仑提升至 54.5

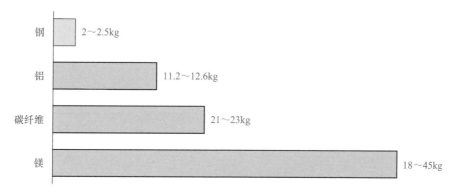

图 3.3-2 每制造 1kg 原材料的二氧化碳排放量

英里/加仑,为此美国能源部投资多个项目以加速下一代汽车用先进高强度钢和高强度
合金等材料的开发。欧洲 SSAB、日本新日铁以及韩国浦项等钢铁企业也加快了研发新
一代先进高强度汽车用钢的进程。用于乘用车车身材料上的高强钢级别不断提升,同时
占比逐年增加,部分新车型中高强钢的应用比例甚至超过 70%,相比而言我国高强钢的
应用比例仍具有发展空间[53]。

汽车的轻量化是减低油耗的主要途径,约占 50% 以上[54],因而也是减少二氧化碳排
放、废气排放的最有效对策。车辆自重对排放的影响如图 3.3-3 所示[55],通过对多种车型
样本的分析,车辆的自重与排放量基本呈线性关系。可见,无论在传统汽车上还是新能源
汽车上,轻量化都是重要的节能减排手段。因此,世界上不同国家和机构先后发起了不同
的汽车轻量化研究项目,提出了汽车轻量化目标,如新一代汽车合作伙伴计划(the
Partnership for a New Generation of Vehicles,PNGV)、超轻汽车计划(Super Light Car,
SLC)、超轻钢汽车覆盖件项目(ULSAC)、超轻钢汽车悬架项目(ULSAS)、超轻钢汽车

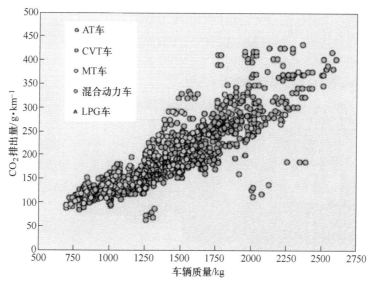

图 3.3-3 车辆自重与碳排放的影响

车身项目（Ultra Light Steel Auto Body，ULSAB）、超轻钢先进汽车项目（ULSAB-AVC）、阿赛洛车身概念（Arcelor Body Concept，ABC）、新型钢车身项目（New Steel Body，NSB）和未来钢结构汽车项目（Future Steel Vehicle，FSV）等。这些项目通过不同的技术路线及工艺侧重点，达到降低汽车质量的目标，如表 3.3-1[52] 所示。

表 3.3-1　国际上汽车轻量化研究项目和轻量化目标

项目名称	轻量化目标/%	技术路线	组织者	研发投入
PNGV	30	多材料	美国钢铁协会	2 亿美元
SLC	40	多材料	欧盟	1914 万欧元
Al	40	铝合金	国际铝协会	—
ULSAC	21~32	高强度钢	国际钢铁协会	880 万美元
ULSAS	20	高强度钢	国际钢铁协会	200 万美元
ULSAB	20	高强度钢	国际钢铁协会	2200 万美元
ULSAB-AVC	20	高强度钢	国际钢铁协会	1000 万美元
ABC	30	高强度钢	阿赛洛钢厂	—
NSB	20	高强度钢	蒂森钢厂	—
FSV	35	高强度钢	国际钢铁协会	6000 万欧元

汽车的轻量化设计主要分为以下三种形式，（1）结构轻量化，即采用优化设计方法对车身的拓扑结构、形状尺寸与厚度进行优化设计，实现轻量化；（2）工艺轻量化，即采用特殊的加工工艺方法，如激光拼焊板、柔性轧制差厚板、液压成形技术等；（3）材料轻量化，即采用高强度钢板、轻金属材料（如铝、镁）、非金属材料（高强度塑料、碳纤维复合材料）等[56]。

3.3.2.3　汽车制造对材料的要求

现代汽车通常由车身、底盘、发动机和电气设备四部分构成，其制造工艺由按照一定顺序排列的各个过程构成。原材料通过各种工序形成零件，零件再通过特定方式连接，然后依次通过装配成为汽车产品。汽车的制造生产工艺过程如图 3.3-4 所示[57]。

汽车的制造始于原材料，而在所有原材料中，按照重量来换算，现代轿车中钢铁材料占自重的 2/3，而重型载重货车上的钢铁材料则超过自重的 3/4[58]。理想的汽车钢板材料应具备好的焊接性、低成本（低合金量的添加）、高成形性、可回收、易于装配和维修等特点。汽车用钢主要包括汽车（轿车）面板、汽车内衬板、汽车大梁钢、车轮钢等，以及传动部分用齿轮钢等特殊钢，其中钢板的使用达到 50% 左右。目前全球汽车制造业所消费的钢材超过了 1 亿吨，加上生产汽车部件所消费的钢材，全球每年仅汽车行业消费的钢材就超过了 1.5 亿吨，这无疑快速拉动了汽车用钢市场的快速发展。

3.3.2.4　零件功能对材料的要求

高强钢由于兼顾安全性与轻量化，得到了愈发广泛的运用。通常，一辆汽车由约20000 个零部件组装而成，同时这些零部件采用了 4000 余种不同的材料加工制造。利用高强钢板制备零部件，鉴于零部件的功能性及零件的加工方式，对高强钢的品种提出了更为

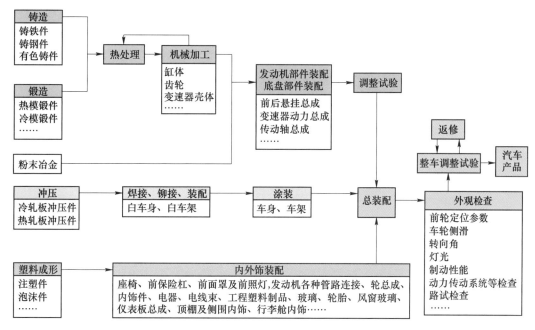

图 3.3-4 汽车制造生产工艺过程

细分的要求。例如：防撞梁及乘员舱框架结构要求材料具有更高的强度，以满足安全性及轻量化需求；白车身前后结构要求材料具有强度及伸长率的良好配合，以满足碰撞吸能需求；车身覆盖件则要求材料具有抗形变刚度和抗凹陷性；复杂形状部件则要求材料具有高的成形性，以满足冲压加工需求。采用不同的材料制备零部件并装配，既满足了性能的要求又降低了成本，是目前车辆材料设计的主流方式（图 3.3-5[55]）。

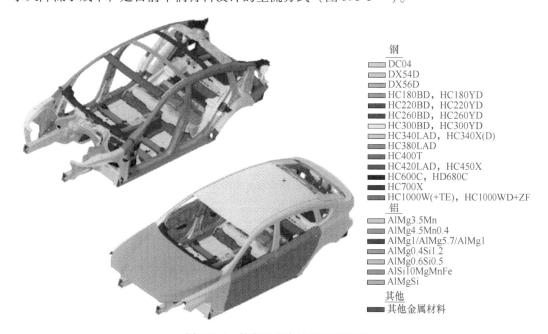

图 3.3-5 某车型车身结构材料分布

3.3.3　汽车板的材质

3.3.3.1　发展趋势与分类

A　汽车板材质发展趋势

20 世纪 50 年代以来汽车用钢的发展趋势如图 3.3-6[59] 所示。

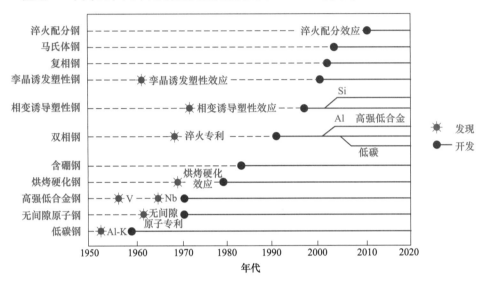

图 3.3-6　20 世纪 50 年代以来开发的新钢种

B　汽车板材质的分类

汽车板材质主要分为软钢、普通高强钢和三代先进高强钢三大类，如表 3.3-2 所示。

表 3.3-2　汽车板的强度划分

区　分	简　称	屈服强度 Y_S/MPa	抗拉强度 T_S/MPa
软钢	Mild Steel	$Y_S < 210$	$T_S < 340$
高强钢	HSS	$Y_S \geqslant 210 \sim 550$	$T_S \geqslant 340 \sim 590$
超高强钢	UHSS	$Y_S > 550$	$T_S > 590$

其中先进高强钢也按照钢种研发的先后分为三代，如表 3.3-3 所示。

表 3.3-3　高强钢研发时代划分

区　分	简称	主要基体组织	强塑积	钢　种
普通高强钢	HSS	铁素体	8GPa·% 以下	碳锰（C-Mn）钢、烘烤硬化（BH）钢、高强度无间隙原子（HSS-IF）钢和高强低合金（HSLA）钢
第一代 先进高强钢	AHSS	铁素体和马氏体 （贝氏体）	15GPa·% 以下	双相钢（DP）、复相钢（CP）、相变诱导塑性（TRIP）钢、马氏体（MS）钢、热成形（PH）钢

区　分	简称	主要基体组织	强塑积	钢　种
第二代 先进高强钢	U-AHSS	奥氏体	50GPa·% 以上	孪晶诱导塑性（TWIP）钢、高锰相变 诱导塑性（Mn-TRIP）钢
第三代 先进高强钢	X-AHSS	马氏体和 残余奥氏体	20~40GPa·%	淬火延性钢（QP钢）

C　汽车板材质性能的比较

到目前为止，汽车板主要钢种分类及性能比较如图3.3-7所示。

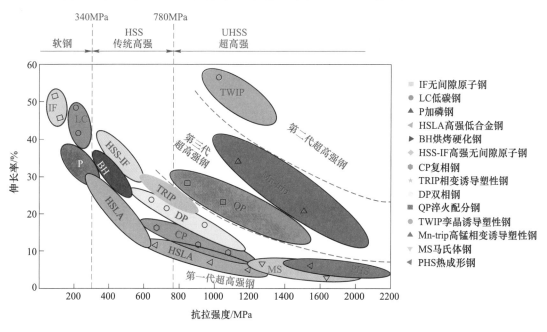

图3.3-7　汽车板主要钢种分类及性能比较

D　汽车板材质组织的比较

汽车板主要钢种分类及组织比较如图3.3-8所示。

3.3.3.2　汽车板的材质概述

A　软钢系列

软钢是针对冷轧汽车板发展初期受冲压加工技术的限制，以改善汽车板的加工性能为目标，在普通冷轧冲压钢的基础上发展起来的，主要手段是降低碳含量和P、S、N、O、H等杂质元素，获得低碳洁净钢，也有三代的划分。其中第一代沸腾钢早已被淘汰。

20世纪50年代，开发了低碳钢。汽车用冷轧板发展历程就是从低碳钢开始的，低碳钢冷轧板与热轧板相比有重量轻、加工方便等一系列优点，所以低碳铝镇静（LC）钢冷轧板很快取代了热轧板，成为汽车板的主要原材料。

20世纪70年代，随着汽车型号的更新换代，新车型的形状越来越复杂，对钢板的加工成形性能要求也越来越高，炼钢技术的发展也使得超低碳、高纯净度钢的生产成为可能，于

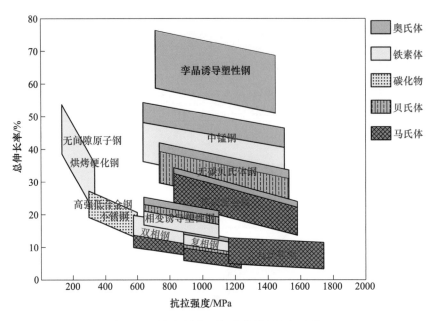

图 3.3-8 汽车板主要钢种分类及组织比较

是出现了第二代无间隙原子（IF）钢以及各向同性（IS）钢，加工成形性能大幅度提高。

LC、IF、IS 三种钢的抗拉强度都低于 340MPa，归类于软钢系列。

B 传统高强钢系列

20 世纪 80 年代，各种各样的汽车都可以使用无间隙原子钢生产出来，而且汽车产量大幅度提高以后，能源危机迫使汽车工业开始考虑节能性，汽车轻量化对汽车板的使用性能提出了新的要求，于是在低碳钢、无间隙原子钢中加入各种合金元素，采用固溶强化的手段提高钢板的抗拉强度，出现了低合金高强（HSLA）钢、高强无间隙原子（HSS-IF）钢、加磷（P）钢、碳锰（CMn）钢，以及合理利用低碳钢时效性的烘烤硬化（BH）钢等。这一类钢种的抗拉强度处于 340~780MPa 之间，属于传统高强钢。

C 第一代超高强钢

20 世纪 90 年代，随着汽车保有量的增加，交通事故也呈现上升的趋势，汽车的安全性能成为重中之重，同时随着加工技术的提高，不再完全依靠低的屈服强度来保证加工性能，于是在冷轧汽车板热处理过程中突破了再结晶退火的限制，大胆引进了淬火技术，使得汽车板产品组织由单一的铁素体，发展为多种组合的组织，有铁素体加马氏体的双相（DP）钢、铁素体加贝氏体和马氏体的复相（CP）钢、贝氏体加残留奥氏体的相变诱导塑性（TRIP）钢、全马氏体的马氏体（MS）钢，以及退火后是铁素体加珠光体，经过高温成形以后变成马氏体的热成形（PHS）钢。这一类钢种的抗拉强度超过了 780MPa，有别于传统高强钢，归类为超高强钢，又因为是最早研发出来的超高强钢，称为第一代超高强钢。

D 第二代超高强钢

进入 21 世纪，第一代超高强钢随着马氏体含量的增加抗拉强度逐渐增加，达到了很高的水平，但加工后的回弹很大，人们开始研究不但抗拉强度高，而且伸长率高的钢种，并提出了强塑积的概念，第一代超高强钢虽然抗拉强度很高，但强塑积还不到20GPa·%。于是研发出了在常温下是稳定的奥氏体组织，加工时发生孪晶强化的孪晶诱导塑性（TWIP）钢，但由于其高达20%左右的合金含量以及复杂的生产和加工工艺，至今尚未实现工业化大量生产。这种钢强塑积达到了40~80GPa·%，是第二代研发出来的超高强钢，称为第二代超高强钢。

　　E　第三代超高强钢

最近几年，为了解决第二代超高强钢合金含量高、生产和加工困难的问题，人们转向研究合金含量低，奥氏体含量也低一些，并通过提高退火时的冷却速度来提高强度的钢种，淬火配分钢应运而生，并已经开始少量投入工业化生产。这种钢强塑积达到了20~40GPa·%，是第三代研发出来的超高强钢，称为第三代超高强钢。与第二代超高强钢相比，第三代超高强钢不但抗拉强度高，而且伸长率也高，达到了加工与使用性能兼顾的目的，与第二代超高强钢相比，第三代超高强钢生产成本低、生产工艺简单，汽车零件加工制造也很方便。因此，是目前工业化生产技术研究的重点。

3.3.3.3　不同材质汽车板的用途

常见的汽车板材质的用途如表3.3-4所示。

3.3.4　汽车板的发展趋势

3.3.4.1　高强高韧与高成形性

高强高韧与高成形性是汽车用钢的重要发展方向，也是实现汽车轻量化、改善材料成形质量的重要指标。目前我国已经开发出吉帕级甚至2GPa级的高强钢，而如何在提高强度的同时得到理想的伸长率配合，是目前乃至今后的研发方向。

3.3.4.2　冷加工回弹

高强钢在冷加工后，弹性形变释放，导致零件回弹变形，这种形状改变与材料各向异性、材料特性、材料厚度、成形工艺、模具形状及尺寸等诸多因素相关[60]。近年来，国内外学者针对高强钢回弹问题做了大量的研究，研究方向包括研究成形工艺参数、各向异性屈服准则、包申格效应和加工硬化等方面对回弹的影响。同时，部分高强钢利用相变诱导塑性效应增塑，亚稳奥氏体在变形过程中发生相变和孪生使回弹行为更为复杂，值得深入研究。

3.3.4.3　连接技术

汽车的各大总成均离不开焊接工艺，常见的焊接工艺有：电阻焊、电弧焊等等。对于一些高强钢来说，更高的强度级别意味着更高的碳含量，高的碳当量会影响材料的焊接性能，碳纤维等合成材料的性质同样不利于焊接。目前也有一些研究聚焦于SPR自冲铆接、热熔自攻丝等新型连接方式，以规避焊接性能。随着多材料车身设计的应用，零部件之间的连接更趋向于多样化。高强钢与铝合金、复合材料的连接，需要更详细的材料测试和工艺输入。

表 3. 3-4　常见的汽车板材质的用途

大类	种类	简称	组织图片	组织成分特点	性能特点	用途
软钢	低碳钢	LC		主要组织为铁素体，少量珠光体，以及极少量的三次渗碳体	最常见和最普通的材料，有一定的时效性	一般冲压件
	无间隙原子钢	IF		组织为铁素体	冲压性能优良，无时效性，但强度较低	形状复杂但不受力的冲压件
	各向同性钢	IS		主要组织应变比（r 值）进行限定的钢	具有各向同性，因此具有良好的拉伸成形性能	适合汽车外覆盖件的制作
传统高强钢	高强度无间隙原子钢	HSS-IF		组织为铁素体	冲压性能较好，无时效性，强度高	形状复杂且需要一定强度的零件
	低合金钢	HSLA		主要组织为铁素体，少量的三次渗碳体	加入一定合金元素，强度略有提高	形状简单，但需一定强度的零件
	烘烤硬化钢	BH		主要组织为铁素体，以及极少量的三次渗碳体	加工性能较好，可以通过烘烤提高强度，时效性很强	形状复杂且需要一定强度的零件
	加磷钢	P		通过添加最大不超过 0.12% 的磷等固溶强化元素来提高铁素体的强度	具有高强度和良好的冷成形性能，且具备良好的耐冲击和抗疲劳性能	通常用于汽车覆盖件和结构件制作

续表3.3-4

大类	种类	简称	组织图片	组织成分特点	性能特点	用途
	双相钢	DP	铁素体　马氏体　10μm	主要为铁素体和马氏体,马氏体组织以岛状弥散分布在铁素体基体上。铁素体较软,使钢材具备较好的成形性。马氏体较硬,使钢材具备较高的强度,钢的强度随较硬的马氏体所占比例提高而增强	与普通高强钢相比,成分控制更精确,机械性能更稳定;具有较低的屈强比,因而冷成形后产生的回弹较小,可以对零件尺寸精度控制更为准确	应用于结构件,加强件和防撞件,比如车底十字构件,轨、防撞杆,防撞杆加强结构件等
第一代先进高强钢	复相钢	CP	铁素体　马氏体　10μm	铁素体,贝氏体和马氏体,少量的马氏体分布在细小的铁素体和贝氏体基体中	晶粒细小,抗拉强度较高。具有良好的弯曲性能,高扩孔性能,高能量吸收能力和优良的翻边成形性能	B柱,底盘悬挂件,保险杠,座椅滑轨,车门和防撞杆等
	相变诱导塑性钢	TRIP	铁素体　残余奥氏体　贝氏体　20μm	显微组织为铁素体,贝氏体和残余奥氏体,其中残余奥氏体的含量在5%以上	具有良好的成形性能,在成形过程中会逐渐转变为硬的马氏体,实现了强度和塑性较好的统一,较好地解决了强度和塑性矛盾。具备高碰撞吸收能力,高强度高塑性、高n值,高伸长率的特点	B柱加强板、前纵梁、保险杠、汽车底盘、汽车结构件及其加强的汽车零件,如深拉延的汽车零件,如机油盘、车门、罩壳等

续表 3.3-4

大类	种类	简称	组织图片	组织成分特点	性能特点	用途
第一代先进高强钢	马氏体钢	MS	10μm	显微组织几乎全部为马氏体组织	具备较高的抗拉强度，通常需要进行回火处理以改善其塑性，使得其在如此高的强度下仍具有足够的成形性能	主要应用在汽车的结构加强件和安全件，例如汽车前后保险杠、车门内的防撞杆和门槛板等关键部件
	热成形钢	PHS	50μm	在冷轧退火板和镀层板交货状态的组织由铁素体加珠光体组成，最终冲压出的零件成品的组织基本全部是均匀化的板条状马氏体	将钢板加热到高温奥氏体区后进行变形加工，这时钢板的塑性非常高，并通过保压和快速冷却淬火等工艺，最终在室温下获得尺寸精度稳定的超高强度零件马氏体组织	复杂形状的汽车安全件和结构件

续表 3.3-4

大类	种类	简称	组织图片	组织成分特点	性能特点	用途
第二代先进高强钢	孪晶诱导塑性钢	TWIP	20μm	高 C、高 Mn、高 Al 成分的全奥氏体钢	通过孪晶诱发的动态细化作用，能实现极高的加工硬化能力。TWIP 钢具有超高强度和超高塑性，强塑积可达 50GPa·% 以上，对冲击能量的吸收程度是现有高强钢的 2 倍	复杂形状的汽车安全件和结构构件
第三代先进高强钢	淬火配分钢	QP	5μm	贫碳的板条马氏体和富碳的残留奥氏体	马氏体组织保证了钢的强度，残余奥氏体由于在变形过程中发生了相变诱发的塑性，而提高了钢的塑性。因此具有高强度、高塑（韧）性	形状较为复杂的汽车安全件和结构件，如 A、B 柱加强件等

3.3.4.4　表面处理

汽车工业所采用的表面处理工艺主要分为热浸镀、电镀和有机涂层这三类。我国钢板表面处理技术的研发始于 20 世纪 80 年代后期，目前我国涂镀板卷总产能接近 1.6 亿吨，然而一些高端涂镀产品仍需进口，如汽车门槛加强件使用的 1500MPa 级马氏体镀锌板产品，国内尚无企业能够生产[61]。近年来，先进镀层超高强钢、锌铝镁镀层钢板和铝硅镀层热成形钢等高端新型镀层产品已全面进入产业化生产阶段。基于物理气相沉积（PVD）原理的涂镀技术和在线 UV 喷墨打印技术等新一代表面处理工艺也已由中试试验转入工业化生产。

3.3.4.5　氢脆研究及风险控制

高强钢强度级别的提升，氢脆（Hydrogen embrittlement）问题已成为制约 AHSS 应用的一个潜在威胁。氢的存在会导致钢铁材料的力学性能（尤其是韧性和伸长率）急剧恶化，而在远低于材料设计的强度极限时（甚至在屈服强度以下）发生不可预期的延迟断裂现象。如 1977 年美国通用（GM）汽车公司某车型的后悬挂调节臂所采用的 1200MPa 强度级别高强螺栓发生延迟断裂，导致前后发生了 27 次交通事故[62]。现如今氢脆问题已经成为评价高强钢性能的重要指标之一，氢脆的理论与应用逐渐成为汽车用钢领域的研究热点。

3.4　低碳钢

3.4.1　低碳钢概述

3.4.1.1　低碳钢的特点

A　低碳钢的定义

低碳钢（LC）一般是指含碳量在 0.015%～0.25% 的钢，是建材板、家电板和部分汽车板最为常用的材质。其强度和硬度以及塑性和韧性都处于比较适中的范围，因此也是最为普通的材质。其中含碳量在 0.015%～0.04% 的低碳钢又可以细分为微碳钢。

B　低碳钢的组织

低碳钢的退火状态常温组织如图 3.4-1 所示，主要由铁素体、少量珠光体和极少量的渗碳体组成。

微碳钢含碳量较低，组织中几乎没有珠光体。低碳钢随着含碳量的增加珠光体从无到有，并逐渐增加。相应地在性能方面强度增加、塑性下降。

渗碳体主要在铁素体晶界处，如果放大倍数进一步增加，还会看到在晶粒内部也分布着颗粒状的渗碳体。

3.4.1.2　低碳钢的分类

低碳钢根据性能和用途细分为三小类，商品级、一般冲压级和普通结构钢。

（1）商品级（CQ）：商品级（CQ）低碳钢是低碳钢的代表，也是板带用钢中用量最

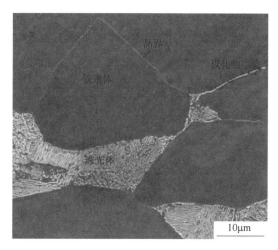

图 3.4-1　低碳钢退火状态常温组织（2000×）

大的钢种，含碳量为 0.03%~0.08%，退火组织为铁素体、很少量的珠光体和在铁素体晶界的少量三次渗碳体。CQ 板强度塑性适中，既有一定的冷成形性，可以采用卷边等方法进行冷成形，制造变形量不太大的冲压件，应用于汽车、家电、轻工、机械等行业；也有一定的强度，可以制造受力不太大的结构件。

（2）冲压级（DQ）：冲压级（DQ）低碳钢也叫微碳钢，含碳量为 0.015%~0.04%，退火组织为铁素体和在铁素体晶界的少量三次渗碳体。DQ 板塑性较好、强度略低，冷成形性良好，可以采用简单冲压等方法进行冷成形，制造有一定变形量的冲压件，应用于汽车、家电等行业。

（3）普通结构钢（S）：普通结构钢（S）含碳量为 0.06%~0.25%，增加含碳量是为了增加珠光体，从而增加强度。退火组织为铁素体、部分珠光体，以及在铁素体晶界的三次渗碳体。与商品级和一般冲压级低碳钢相比，强度较高、塑性较低，可以采用折弯、辊压等方法进行冷成形，制造受力不大的结构件，应用于建筑、建设用的结构件以及五金、机械用结构件。

3.4.1.3　低碳钢的时效性与对策

低碳钢有较大的时效倾向，既有淬火时效倾向，也有形变时效倾向，商品级低碳钢和冲压级微碳钢的时效性给变形加工带来很大的影响。为了改善时效性，可以采用以下方法。

A　预变形处理

采用平整轧制或拉矫处理，在产品出厂前赋予一定伸长率的预变形处理，消除屈服平台，在使用加工时就会产生均匀变形，而不至产生吕德斯带。这是一种简易的方法，也是保持时间最短的方法。连续镀锌线只能采取这种方法，所以镀锌板的时效性最为强烈，为了改善镀锌板的时效性，就必须采用含碳量较低的原材料。

B　使固溶碳最大化成固定碳

可以采用罩式退火工艺或在连续退火线设计足够长的时效段，保证固溶碳充分析出成固定碳，即渗碳体，当带钢基体组织晶格中固溶碳较少时，柯氏气团也会减少，时效性减弱。这是一种比较复杂的方法，也是效果比较好的方法，但不是根本性的方法。

C 使固溶碳彻底成固定碳

首先最大化减少碳含量，同时在钢中加入与碳结合成金属化合物能力很强的合金元素，如钛（Ti）和铌（Nb）等，与碳结合成金属化合物，与渗碳体一样存在于晶界或以颗粒状存在于晶粒内部，不再以间隙原子的形式固溶在晶格内，彻底消除柯氏气团，也就不再有时效性，也就是无间隙原子钢（IF）。这是一种最为复杂的方法，也是效果最好的根本性的方法。采用无间隙原子钢生产冲压钢时，可以不进行过时效处理；或者说由于连续镀锌线没有过时效段，生产高冲压性能的镀锌板，就必须采用无间隙原子钢。

3.4.2 低碳钢的成分选择

3.4.2.1 低碳钢成分的影响

A 碳（C）

C 是低碳钢的主要元素，是影响产品的力学性能、加工性能、时效性的最关键的元素。一般随 C 含量的增加，钢中组织晶粒会变细小，析出的碳化物数量增加，强度增加。不过，通过添加合金的方法来提高强度的效果更好，实际生产中不宜仅仅采用增加 C 含量来提高强度。C 含量降低有利于提高钢的伸长率和 r 值，加工性能提高。在时效性方面，降低 C 含量也有利于改善时效性。

B 硅（Si）和锰（Mn）

Mn 和 Si 都是固溶强化元素，通过固溶强化增加钢的抗拉强度和屈服强度，但是也影响加工性能，伸长率和 r 值随 Si、Mn 含量的增加而降低。Si 影响镀层附着力，称为圣德林效应，因此要尽量降低 Si 含量。由于 Mn 和 S 形成硫化物抑制热脆，所以钢中必须有一定的 Mn 含量，当 Mn 含量达到 S 的 5~10 倍时就能抑制热脆，综合说来 Mn 还是低一些为好。

C 磷（P）和硫（S）

P、S 是钢中的有害元素。随着 P 含量增加，钢的伸长性严重降低，但对提高强度有一定作用，生产伸长率高的钢要尽可能降低 P 含量。S 会在钢中产生严重偏析，即使有少量的 S 也会产生（Fe+FeS）共晶，严重影响力学性能。

D 氮（N）和铝（Al）含量

N 也是间隙原子，导致时效性的增强。在罩式退火的再结晶阶段 Al 与 N 反应析出的细小的 AlN，可促进（111）面的形成，有效提高冲压性。但对于连续退火而言，由于加热速度快，AlN 在再结晶阶段来不及析出，并且 AlN 会阻碍再结晶晶粒的长大。所以，为了获得冲压性能好的钢板，在炼钢阶段钢中的 N 含量要控制在最小限。一般情况下，Al 含量必须适中，连续退火处理的钢中 Al 含量要比罩式退火处理的钢中的 Al 含量略高。

3.4.2.2 低碳钢成分的选择

A CQ 和 DQ 级低碳钢

CQ 和 DQ 级低碳钢的使用性能主要是加工过程的塑性，因此在选择成分时必须根据有利于提高伸长率的原则。在成本允许的前提下，尽量降低含碳量，而且在同样伸长率要求下，镀锌基板比连退基板要低，连退基板要比罩退基板更低。一般 CQ 级控制在 0.03%~0.08%，DQ 级镀锌基板控制在 0.015%~0.04%，DQ 级连退基板控制在 0.02%~0.05% 的水平。含硅量也要尽量低，一般控制在 0.03%~0.05% 为宜，含锰量也要适当降低，一般控制在 0.15%~0.25% 为宜。磷和硫越低越好，一般控制在磷小于 0.020%，硫小于 0.025% 的水平。铝含量根据退火工艺不同而要求不同，连续退火工艺要求铝高一些，一般要求为 0.02%~0.04%，罩式退火工艺要求低一些，一般要求为 0.01%~0.02%。

相对而言，连续退火工艺对化学成分的要求更苛刻，要求碳、锰、磷、硫更低一些。有资料介绍在连续退火时，碳、氮、磷和锰的影响至少是罩式退火的两倍以上，而罩式退火工艺对化学成分的敏感就低一些。对于镀锌退火工艺，由于其工艺过程简单，可控参数很少，改善产品的加工性能只能从材料上入手，所以对原板的化学成分要求最为严格。

B S 级低碳钢

S 级低碳钢的使用性能主要是服役过程的强度，因此在选择成分时必须根据有利于提高强度的原则。适当增加含碳量，一般在 0.05%~0.25%。含硅量也要适当低，一般控制在 0.05%~0.08% 为宜。含锰量可以适当提高，一般控制在 0.35%~0.85% 为宜。磷和硫越低越好，一般控制在磷小于 0.025%，硫小于 0.030% 的水平。

3.4.3 低碳钢基板的生产

3.4.3.1 全流程关键技术控制

以采用 RH 真空处理的路线，生产微碳钢基板为例，低碳钢镀锌连退基板全流程关键技术控制点如表 3.4-1 所示。

表 3.4-1 低碳钢基板全流程关键技术控制点

工　序	关　键　技　术	控　制　目　标
铁水预处理	喷吹、KR 法粉剂脱硫	S 含量
转炉冶炼	炉渣碱度、ORP 技术	P 含量
	造渣剂 S、P 含量	S、P 含量
	铁矿石用量、底吹 Ar	N 含量
	终点控制技术	O、C 含量；适于 RH 精炼
	挡渣出钢、钢包渣改质	防止回 P、回 S；降低 T.O 含量
RH 精炼	真空度、环流量	脱碳速度
	脱碳后钢水氧含量控制	减少 Al_2O_3 夹杂物生成量
	净循环时间	促进 Al_2O_3 夹杂物上浮
	合金、覆盖剂 C 含量	防止增碳

工　序	关 键 技 术	控 制 目 标
连铸	钢包下渣检测	降低中间包渣氧化性、T. O 含量
	长水口、浸入式水口及接口 Ar 封 采用中间包密封、Ar 清扫	防止二次氧化、增 N
	中间包结构优化	促进夹杂物上浮去除
	碱性中间包覆盖剂、包衬	防止增 Si，控制洁净度
	中间包加热	钢水过热度控制
	中间包液位控制	防止卷渣、稳定拉速
	无碳中间包覆盖剂、结晶器保护渣	防止增 C
	浸入式水口结构	流场、液面波动控制
	Ar 流量控制	保护渣熔化与流入
	拉速控制	
	结晶器振动技术	防止卷渣
	高黏度结晶器保护渣	控制大颗粒夹杂物含量
热轧	低加热温度	防止 C、N 化物溶解
	稍高于 A_{r3} 的终轧温度	防止混晶
	高的卷取温度	促进 C、N 化物长大
冷轧	足够大压下率	促进 {111} 织构形成
退火	高的退火温度	再结晶晶粒长大和 {111} 织构形成
	连续退火技术	提高钢板性能均一性

3.4.3.2　热轧

热轧工艺对镀锌退火后产品性能的影响主要在组织和抗时效性两个方面。

A　组织

热轧板组织对退火后产品的影响主要是因为热轧板组织的遗传性，即热轧板冷却后的铁素体和渗碳体的形态对退火过程和结果产生的影响。热轧板的组织是由热轧时的终轧温度、卷取温度等参数决定的，它们对热轧产品铁素体晶粒的大小、形状及均匀程度，以及渗碳体的尺寸大小及分布的弥散程度产生很大的影响。

a　铁素体的晶粒度

不管是采用连续退火工艺还是罩式退火工艺，尽管中间经历了冷轧工序，但热轧板铁素体的晶粒度对退火后的产品的晶粒度表现出很强的遗传性。即热轧板的晶粒粗大，退火后的冷轧板晶粒也粗大；热轧板的晶粒细小，退火后的冷轧板的晶粒也细小；热轧板的晶粒不均匀，退火后的冷轧板的晶粒也不均匀。因而可以通过控制热轧板的晶粒度来控制冷轧板的晶粒度。

冷轧板的晶粒度过粗或过细均会影响冲压性能。如过于粗大，冲压加工后的零件表面会粗糙不平，甚至会在冲压时开裂报废；如过于细小，则抗拉强度提高但屈服强度也随之提高，难以产生变形。

热轧板的晶粒度是由终轧温度和卷取温度决定的。如终轧温度和卷取温度过高，则冷却时冷却速度很慢，会得到粗大的铁素体晶粒；如终轧温度和卷取温度过低，则冷却时冷却速度很快，会得到细小的铁素体晶粒。

b 渗碳体的形态

热轧板的渗碳体形态也影响到退火后的渗碳体形态。当冷轧后的再结晶退火温度低于680℃时，热轧得到的渗碳体尺寸及形状均未改变，只有当退火温度提高到690~710℃时，才开始发生渗碳体的溶解。渗碳体的尺寸取决于卷取温度，而渗碳体在钢组织中的分布是由终轧温度决定的，二者对渗碳体形态的影响如表3.4-2所示。

表 3.4-2 终轧温度和卷取温度对渗碳体形态的影响

情形	终轧温度	卷取温度	渗碳体形态
1	较高	较低	渗碳体有足够的时间聚集，但长大受到限制，就得到比较细小的渗碳体均匀地分布在钢的组织之中
2	较高	较高	渗碳体有足够的时间聚集，聚集度最高；且有足够的时间长大，尺寸最大
3	较低	较低	渗碳体聚集受到限制，但长大的时间较短，尺寸较小
4	较低	较高	虽然渗碳体聚集受到限制，但有足够的时间长大，所以相对分散，且尺寸较大

c 综合组织

以含碳量为0.06%~0.08%的低碳钢为例，不同终轧温度和卷取温度下的晶粒组织如图3.4-2所示。

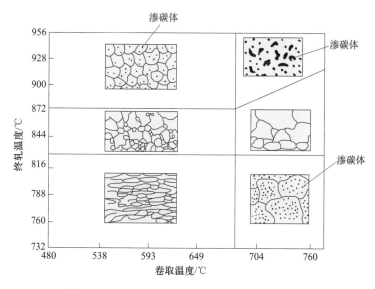

图 3.4-2 不同终轧温度和卷取温度下的晶粒组织

B 抗时效性

热轧加热温度对退火后的产品的抗时效性有很大的影响，主要是关系到碳、氮两个间隙原子析出化合物的倾向。

a　热轧加热温度对碳析出的影响

镀锌和连退加热和冷却的速度很快，加热时渗碳体尚能较快地溶解，但冷却时碳析出所需的时间较长，无法在连退过程中充分析出。连退尽管采取了过时效工艺，但这是不得已的办法，而且是不彻底的办法，连退后的冷轧板总会或多或少地存在间隙原子，在贮存和使用中慢慢析出，使钢带产生时效现象。所以，镀锌和连退材质一方面对含碳量的要求比较苛刻，要求越低越好；另一方面就与热轧有关，希望碳最好在退火加热时干脆不要溶解，以免碳在冷却时析出所带来的麻烦。这就要求热轧卷取温度高一些，热轧板中的碳化物充分聚集长大，在退火加热时难以溶解。为了减少因碳化物尺寸较大给性能造成的影响，可以通过冷轧时的大轧制率将渗碳体轧碎来实现。

b　热轧加热温度对氮析出的影响

氮在冷却时与铝共同析出 AlN 化合物比碳与铁共同析出渗碳体更为困难。在罩式退火时，较慢的冷却速度为 AlN 的析出创造了条件，如再加上热轧加热时使 AlN 充分溶解、冷却时过饱固溶的措施就基本上能使 AlN 在罩式退火冷却时全部析出，而且能促进有利于变形的组织形成，所以我们是希望 AlN 析出的，在热轧时采取高温加热、高温粗轧、高温终轧、低温卷取"三高一低"的工艺。

但是，氮在连续退火时的快速冷却时就很难析出，即使在过时效时也难以析出。针对这一特点，与其在冷却时难以析出，不如干脆使其在加热时不溶解，所以从热轧时就要采取防止 AlN 溶解的措施，这就是要加热温度低一些、保温时间短一些，尽可能防止钢坯中原有的 AlN 析出，热轧时大压下量很快轧制完成，然后高温卷取，缓慢冷却。让已溶解的氮以 AlN 的形式充分析出，尽可能减少固溶在钢基晶体间隙中的氮。所以"三高一低"的工艺在这里是不适用的，而是要采取加热温度低、卷取温度高的新工艺。由于连续退火工艺不能采取借助 AlN 析出促进有利于变形的织构形成的措施来改善钢板的加工性能，只能采取其他的措施来补救，如降低含碳量、提高纯度、优化退火温度和加大冷轧轧制率等。

3.4.3.3　冷轧

A　冷轧轧制率

冷轧工艺参数主要是钢带在冷轧时的轧制率，它是冷轧前后厚度的差与热轧原板的厚度之比的百分数，它表示了钢带在冷轧时的变形量。

冷轧会使热轧原板的等轴晶粒变成长条状的纤维组织，随着冷轧变形量的增加，带钢组织晶粒的长轴增加、短轴减小，晶粒尺寸总体上略有下降，强度、硬度逐渐增加，塑性急剧下降。冷轧变形量对轧硬板组织和性能的影响如图 3.4-3 所示。

正因为如此才需要进行再结晶退火处理，不过冷轧也给钢板的再结晶退火提供了动力，即只有钢带的变形达到一定的程度才能实现再结晶过程，所以冷轧是再结晶退火的原因，也是动力，而且对再结晶退火后的冲压性能有很大的促进作用。事实证明，经过冷轧和退火后，钢带的性能要显著好于热轧板的性能，这是因为冷轧过程对组织的优化有很大的作用。

B　冷轧的积极意义

a　冷轧细化晶粒

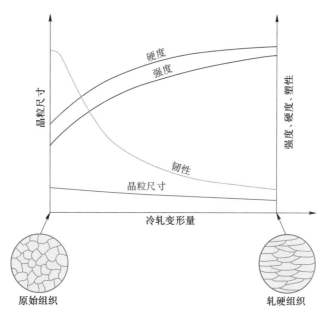

图 3.4-3 冷轧变形量对轧硬板组织和性能的影响

在冷轧的过程中，极大的轧制变形使原板的晶粒拉长、压扁，而且在晶粒内部产生了许多位错缺陷，这对组织晶粒的细化创造了条件，经过再结晶退火，纤维状的长条晶就有可能断裂成几个晶粒，从而使晶粒尺寸变小。由于热轧原板的晶粒往往比较粗大，这对提高冲压性能是有积极意义的。

图 3.4-4 为不同冷轧压下率下碳含量为 0.02% 的微碳钢连续退火后的显微组织[63]。在

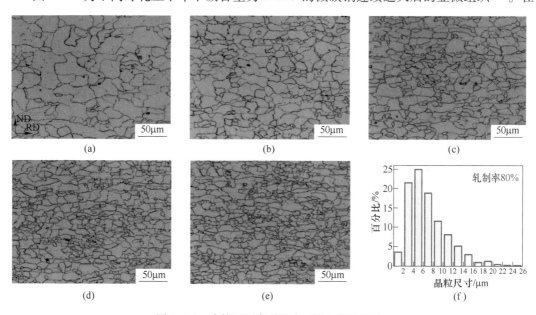

图 3.4-4 冷轧压下率对退火显微组织的影响

（a）50%；（b）55%；（c）65%；（d）75%；（e）80%；（f）晶粒尺寸分布（80%）

780℃退火后，其再结晶过程都已完成，且形成的再结晶组织为铁素体。随着冷轧压下率的增大，等轴状铁素体晶粒比例逐渐减少，而沿轧向拉长的铁素体晶粒数量增加，且组织均匀性变差。随着冷轧压下率的提高，退火板的平均晶粒尺寸明显减小，这是由于形核率的快速增大导致新形核的晶粒来不及充分长大所致。

b　冷轧改变织构

热轧原板的晶粒取向各异，所以表现出各向同性的特点，冷轧中产生了极大的变形，而变形是优先在有利变形的晶向产生的，且通过变形可以使晶粒产生转动和旋转，使原来不利于变形的取向转到有利于变形的取向，变形的结晶使得原来杂乱无章的晶粒取向变得取向一致，形成了有利于变形的织构，改善了钢带的冲压性能。

c　冷轧改变渗碳体的形态

冷轧能使渗碳体等夹杂物排列成条状并发生破碎。对于低碳钢，主要组织是铁素体，具有良好的塑性，但其中总有碳存在，会影响铁素体的性能。低碳钢平衡组织中含有少量的珠光体，在热轧后缓冷时，珠光体发生离异现象，渗碳体不是呈片状，而是游离于铁素体晶界上，呈网络状分布，三次渗碳体也依附其上。在冷轧时，这些渗碳体可被压碎成颗粒状并沿轧向分布，使渗碳体的影响降低。

C　轧制率对性能的影响

冷轧时的变形量太小，钢带内部的能量太低，再结晶退火动力不足，再结晶过程不能完全进行，当然钢带的冲压性能不好。如果变形量太大，钢带的组织恶化，内部缺陷增多，会影响到退火后的组织，所以冲压性能也不好。不过钢带的变形量过大，加工硬化严重，轧制无法继续进行，所以一般轧机都有极限轧制率，不可能超过95%以上。

总的说来，轧制率还是尽可能大一些为好，不但能改善性能，还能降低生产成本。所以选择冷轧原板时大多经仔细计算，确保一定的轧制率。但有时生产厚板就不太凑巧，可能轧制率不够，这时反而给退火带来困难。

a　冷轧轧制率对强度的影响

冷轧轧制率对含碳量为0.06%的退火板屈服强度和抗拉强度的影响如图3.4-5（a）和（b）所示。在各个卷取温度下，当轧制率在65%~75%时，随着轧制率的增加，退火后冷轧板的屈服强度、抗拉强度明显下降；当轧制率超过75%时，随着轧制率的增加，屈服强度和抗拉强度又呈上升趋势；当轧制率在75%时，屈服强度和抗拉强度最小。

b　冷轧轧制率对伸长率的影响

冷轧轧制率对含碳量为0.06%的退火板伸长率的影响如图3.4-5（c）所示。通过对比分析可知，对于无B的08Al冲压钢，在轧制率65%~75%的区间内，随轧制率的增加，伸长率增大；当超过75%以后，伸长率反而下降。

c　冷轧轧制率对n值的影响

冷轧轧制率对含碳量为0.06%的退火板n值的影响如图3.4-6（a）所示。从图中得知，在各个卷取温度下，n值在0.237~0.277之间波动，当冷轧轧制率在65%~75%之间时，n值呈单调上升趋势，在75%~85%时呈单调下降趋势。

d　冷轧轧制率对r值的影响

冷轧轧制率对不同含碳量的钢带r值的影响曲线如图3.4-6（b）所示，可见不同含碳

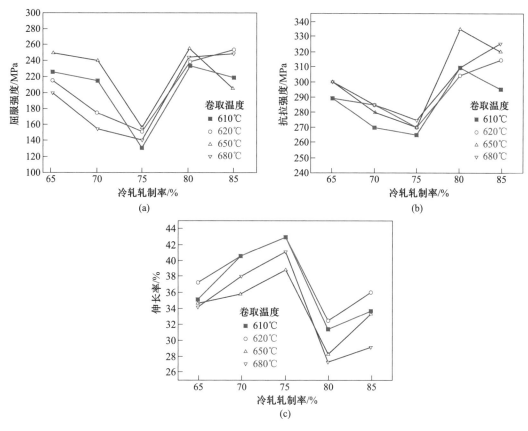

图 3.4-5 冷轧轧制率对力学性能的影响

量的钢带的 r 值对冷轧轧制率都有一个峰值，但峰值的位置有所不同，普通低碳钢的峰值约出现在 70% 左右，而随含碳量的下降，峰值向后推移。

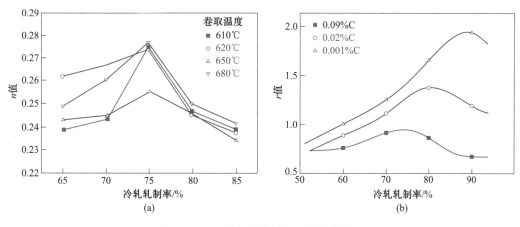

图 3.4-6 冷轧轧制率对加工性能的影响

e 冷轧轧制率对晶粒大小的影响

钢的冷变形程度是影响退火后晶粒大小的重要因素之一。在其他条件相同的情况下，晶粒大小与其冷变形程度之间的关系如图 3.4-7 所示。图中有一个非常明显的临界变形率,一般临界变形率大约在 5% ~ 10%。大于此变形率,变形越大,其退火后的晶粒越细小;低于此临界变形率,则几乎无再结晶现象,退火后仍保持其原始晶粒。大变形率所具有的细化晶粒现象,是由于大量的变形所引起的金属组织的严重破碎,致使再结晶时产生大量的均匀分布的晶核所引起的。而在临界变形率左右退火时所得到的粗大晶粒,则是由于变形程度不均匀,因而在退火时成核的数目少,在再结晶后得到不均匀晶粒,

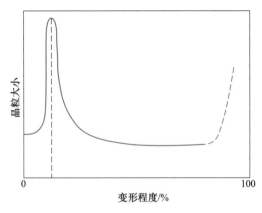

图 3.4-7　冷轧轧制率对晶粒大小的影响

有利于晶粒间的吞并,形成粗大晶粒。为了获得优质产品,必须避免采用临界变形,冷轧压下率一般大于 60%。

3.4.4　低碳钢的再结晶退火

3.4.4.1　再结晶退火原理

A　再结晶退火的目的

由于冷轧后的轧硬板硬而且脆,无法满足变形加工的需要,必须进行再结晶退火以后才能使用。同时,由于低碳钢有很强烈的时效性,也必须在再结晶退火时进行过时效处理。再结晶退火就是对轧硬板进行加热、保温、冷却、过时效,使原来轧硬板的纤维组织转变为新的等轴晶粒组织冷轧退火板的过程。再结晶过程没有大面积的相变,但是组织形态、碳的存在形态得到根本性的改变。

总结再结晶退火的目的,一是改善轧硬板的加工性能,二是改善低碳钢的时效性能。其中在再结晶退火的前部,即加热、保温过程,通过改变组织的形态来改善轧硬板的加工性能;在再结晶退火的中部即缓冷、快冷过程,既通过改变组织的形态来改善轧硬板的加工性能,也通过改变碳的形态来改善低碳钢的时效性能;在再结晶退火的后部,即时效过程,通过改变碳的形态来改善低碳钢的时效性能。如图 3.4-8 所示。

B　再结晶退火过程组织的变化

a　加热过程中组织的变化

在加热过程中会发生回复和部分再结晶的过程。回复是冷轧应力的释放和缺陷适当消除的过程。再结晶是一个不断形核和晶核不断长大,直至所有畸变晶粒全部消失的过程。最后形成的那部分晶核,来不及充分长大就与四周先形核并已长大的无畸变晶粒相接触。因此,刚完成再结晶时,铁素体晶粒平均尺寸较小,但尺寸不均匀较严重,所以必须均热处理。

b　均热过程中组织的变化

均热时钢带发生的转变有渗碳体溶解、铁素体晶粒长大和均匀化以及少部分铁素体转变为奥氏体。渗碳体溶解只需 40s 就能达到平衡,铁素体转变为奥氏体所需时间极短,因

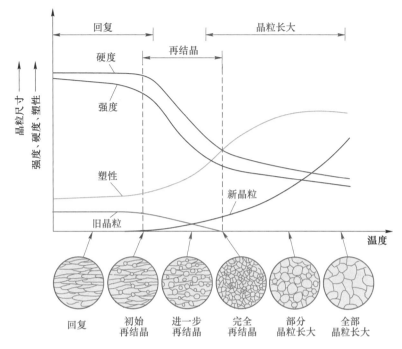

图 3.4-8　再结晶退火组织和碳形态变化示意图

此受工艺因素影响最大的是铁素体晶体长大。刚完成再结晶时的铁素体晶粒细小但不均匀。晶粒细小有助于提高塑性，但是金属组织不均匀会导致塑性变形量不均匀，使断裂前宏观塑性值减小，所以此时塑性值较低，这是因为伸长率受铁素体晶粒平均尺寸和晶粒尺寸不均匀性两个因素的共同影响。随着均热时间延长，铁素体晶粒逐渐长大。在晶粒长大过程中，小晶粒被大晶粒吞并，晶粒尺寸不均匀性逐步改善，塑性提高。当然，当铁素体晶粒过分长大时，塑性值也要下降。所以均热过程要控制铁素体晶粒适当长大。

　　c　缓冷过程中组织的变化

冲压用低碳钢在一次快冷前的缓冷有两层意义，不但有冷却速度慢的意思，也有缓冲的意思。在快冷前有一个冷却速度较慢的缓冲，一方面可以防止加热、均热后的极少部分奥氏体快速冷却转变为珠光体，降低冲压钢的伸长率；另一方面可以适当降低带钢温度，减轻快冷段的负荷，为在一个道次的很短的快冷段内使得带钢温度下降到时效开始温度打下基础。因此在缓冷段内发生极少量奥氏体向铁素体的转变，而原来的铁素体基本不变。

　　C　再结晶退火过程碳形态的变化

　　a　加热和保温过程中碳形态的变化

连续退火用热轧板一般采用高温卷取后缓慢冷却至常温。微碳钢的热轧组织主要是铁素体，在晶界有微量的渗碳体；除此以外的低碳钢热轧组织在铁素体基础上加极少量的渗碳体。经过冷轧，等轴晶的铁素体组织被压扁，渗碳体也被压碎。

在再结晶退火的加热和保温过程中，随着温度的上升，碳在铁素体中的溶解度逐渐增加，因此热轧缓慢冷却形成的渗碳体逐渐分解成碳和铁原子，碳就固溶于铁素体的晶格中。由于这一过程是在较高的温度下进行的，渗碳体的溶解与碳的扩散速度很快。当加热和保温结束时，固溶碳的浓度达到最大。

b 缓冷和一次冷却过程中碳形态的变化

如图 3.2-1 所示，在缓冷和一次冷却过程中，随着温度的下降，碳在铁素体中的溶解度逐渐下降。碳在铁素体中最大溶解度为 0.0218%（P 点），随着温度的下降沿着 PQ 线变化逐步下降，到常温下只有 0.0008%。因此，在退火的冷却过程中碳是有逐渐析出的趋势，成为三次渗碳体的。但是，由于温度较低，且越来越低，碳的扩散、聚集与渗碳体的产生速度较慢，都需要一定的时间，而冷却速度较快，碳的溶解度下降也很快，所以碳的浓度一直处于饱和状态。

c 过时效的原理和碳形态的变化

低碳钢的时效性是由柯氏气团造成的，而柯氏气团是晶格中固溶的间隙原子碳和氮浓度过饱和以后，在晶格缺陷处的集聚。但由于在退火冷却过程中很难达到平衡，一直处于饱和状态。如果不进行过时效处理，则带钢冷却到常温时铁素体晶格内部会有大量的过饱和固溶碳，产品加工结束后，随着时间的推移，组织中超过溶解度的碳，仍然会缓慢析出为三次渗碳体，使强度增加、塑性下降，而有相当大比例的碳以过饱和的状态存在于晶格缺陷处形成柯氏气团，导致屈服平台的产生，也就是时效现象。

过时效处理就是在完成再结晶以后的冷却过程中，在适当的温度下保温足够的时间，使得过饱和的碳最大化析出成三次渗碳体，最大化减少固溶于晶格中的间隙原子碳，从而减轻或消除在产品加工结束以后，随着时间的推移出现的时效现象，提高冲压板的加工性能。

3.4.4.2 再结晶退火工艺

A 加热温度

在再结晶退火加热过程中，随着加热温度的升高，在一定温度范围内产品的强度、硬度和塑性基本不变，而超过这个温度范围以后，产品的强度、硬度急剧下降，塑性急剧上升，但到一定程度之后就基本不再发生变化。这说明轧硬板有一个再结晶温度，低于再结晶温度临界点，再结晶不能进行，高于再结晶温度临界点，再结晶就结束了，只是使晶粒继续长大，强度硬度基本不变，但塑性性能反而变差。

B 保温时间

在加热的温度稍低一些的情况下，保温时间对产品性能的影响规律性与加热温度似乎一致，即在一定的范围内，随保温时间的延长，强度和硬度下降，塑性上升；超过一定的范围后，保温时间过长，强度和硬度基本不变，塑性反而下降。

其实保温的时间与加热的温度对轧硬板组织的转变有异曲同工之处，它们之间有一个配合问题。或者说再结晶温度不是一个固定的点，而是有一定的范围。如果加热时的温度低，组织转变的能量低，转变的时间当然就要长一些；如果加热的温度高，组织转变的能量高，转变的时间当然就可以短一些。稍低的加热温度、稍长的保温时间和稍高的加热温度、稍短的保温时间都可以使轧硬板完全达到再结晶的效果，因此形成了所谓的工艺窗口，如图 3.4-9 所示。

C 缓冷工艺

缓冷段是为生产冲压板而设计的，在缓冷段高温组织中极少的奥氏体在较慢的冷却速

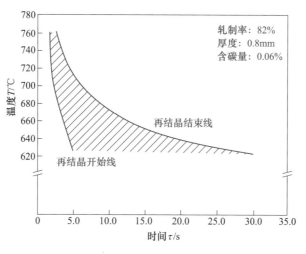

图 3.4-9　再结晶退火工艺窗口

度下转变为铁素体，而不致于转变为珠光体，降低冲压性能。对于生产结构钢而言，可以不采取缓冷工艺。

D　一次快冷速度

一次冷却速度是连续退火中的一个重要工艺参数，它对于结构钢而言，影响到产品的强度，而对冲压板来说也影响时效指数和塑性，低碳铝镇静钢的时效指数随冷却速度增加而呈线性降低。

在冷却段，随着温度的下降，碳会不断从铁素体中析出来。一次冷却速度不同，相应地达到碳浓度平衡所必需的过时效处理时间也不同，或者说在相同的时效处理时间下最终的产品性能不同。一次冷却速度越快，碳来不及析出，在铁素体中过饱和的碳浓度增加，过时效处理时过冷度越大，碳化物析出的驱动力越大，过时效处理需要的时间越短，析出的碳化物越密，在晶格内析出很多微细碳化物，对抗时效性有利，但伸长性变差；反之，一次冷却速度慢，产品晶格内基本无微细碳化物，而残留许多固溶碳，伸长性好但抗时效性差。

经过过时效处理后冷却下来的组织为基体是多边形的铁素体，沿晶界有粗大的条、块状的渗碳体，晶粒内部有细小的渗碳体颗粒，这就是连续退火板的正常组织。图 3.4-10 表示了不同一次冷却速度及过时效温度下的组织示意。从图上可以看出，随着一次冷却速度的增加，所需要的过时效温度降低，晶粒越来越小，而晶界和晶粒内部的碳化物越来越多。

因此，低碳铝镇静钢连续退火以中等速度冷却可获得良好的伸长率和较低的时效指数，一般一次冷却速度以 $40\sim80\,℃/s$ 为佳，广泛采用具有中等冷速的喷气冷却。

3.4.4.3　过时效工艺

A　过时效开始温度

一次冷却后的温度，也就是过时效开始温度，也是一个很重要的参数。一次冷却后的温度最好低于时效保温的温度，可以提高固溶碳的过饱和度，为过时效时碳的析出积蓄更

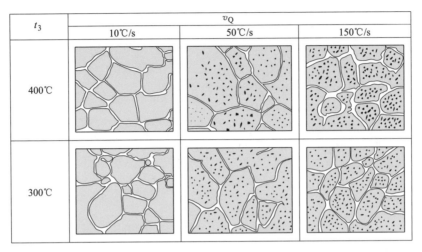

图 3.4-10 不同一次冷却速度及过时效温度下的组织

为充沛的能量，改善产品的时效性和加工性能。但这样在生产中不但会增加一次冷却的负荷，也增加在过时效时的加热负荷。所以一般均使一次快冷后的温度与过时效保温的温度相同，在过时效时仅进行保温，不需要加热。对产品的抗时效性能而言，最为不利的是在生产中使一次快冷后的温度高于过时效温度，让钢带在过时效段缓慢冷却，节省了保温所需的能源消耗，甚至在过时效炉内不安装加热元件，这样的结果当然达不到过时效应有的效果。有的企业采用这种偷工减料的方法，产品的抗时效性能一直不好，反而造成了大量的废品损失，后来，将一次冷却后的温度下降到了过时效温度，并在过时效段补装了辐射管保温，才使过时效处理达到了应有的效果。

B 过时效温度

a 对碳析出动力的影响

连续退火过时效处理的过程是过饱和的碳从固溶的状态以渗碳体的形态析出的过程，这一冶金反应过程的动力有两个方面，一是碳在铁素体中的过饱和度，过饱和度与温度有关系，碳之所以能过饱和是因为随温度的下降，碳的溶解度下降，所以过时效温度越低，碳的过饱和度越高，碳析出的动力就越大；二是碳的能量，碳要从固溶状态变成化合状态，无论是迁移还是化合反应，都需要一定的动能，因而要求温度高一些，温度越高，越利于碳的析出，或者说所需的时间越短。这两个方面是一对矛盾，必须达到统一，综合考虑两个因素。

b 对钢带时效性能的影响

如果过时效处理在较高的温度下进行，虽然碳的动能较高，能在较短的时间使过饱和的碳全部析出，使固溶碳量达到溶解度的平衡量，但由于高温下的碳的溶解度本身较高，析出的碳的总体数量少，随温度的下降还会有大量的过饱和碳不断析出，过时效处理的效果不好；如果过时效处理在很低的温度下进行，尽管碳的过饱和度很高，但温度低使其动能下降，析出的时间很长才能达到平衡，在退火线的过时效段有限的距离内不可能达到平衡，所以过时效处理的效果也不好；如果过时效处理在适当的温度下进行，碳在铁中的溶解度低，碳的过饱和度升高，且碳的动能也足够，过饱和度的升高也驱使碳在比较短的时间内析出，所以过时效处理的效果最好。

c 对力学性能的影响

过时效工艺对强度的影响并不大，但对断后伸长率有一定的影响。因为过时效处理后冷却到室温的固溶碳除影响时效性以外，还影响断后伸长率，即固溶碳高的时塑性就差。另外，过时效温度还影响到析出的渗碳体的形态，当过时效温度较高时，碳原子的扩散能力高，渗碳体以粗条状为主，分布在晶界上，呈断续网状，因而塑性较差；而在适当的过时效温度下，碳化物以颗粒状为主，碳化物主要分布在晶粒内部，不连成网状，晶内分布着细小的颗粒，数量不多，因而塑性较好。

试验结果表明，适当降低过时效温度，采用 370~400℃ 的温度进行过时效处理，不仅塑性较高，而且不需要增加过时效时间，因而是较理想的温度。

3.4.4.4 连续退火工艺参数选择案例

对上面理论分析的连续退火工艺对带钢性能的影响实际试验数据举例如下。连续铸造的 Al 镇静钢成分如表 3.4-3 所示。热轧时终轧温度为 870℃，卷取温度为 700℃，热轧板厚 2.8mm，热轧钢板在酸洗后进行冷轧，冷轧后板厚为 0.8mm。把该冷轧板表面的轧制油清洗干净后，使用不同工艺加热周期对其进行连续退火，如图 3.4-11 所示。退火后进行平整处理，平整轧制的伸长率为 0.8%。按 ASTM E517 对试样进行拉伸试验和 r 值测量。通过测量时效值，以对时效特性进行评价，时效值是对样品进行 7.5% 的预变形后，再进行 100℃、30min 的过时效处理，将实验前后抗拉强度和屈服强度差值作为评价指标。

表 3.4-3 试样化学成分 （%）

C	Mn	Si	P	S	Al	N	AlN 中的 N	AlN 中的 N 占总量百分比
0.031	0.20	0.018	0.014	0.015	0.033	0.0035	0.0030	86

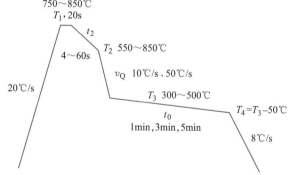

图 3.4-11 退火试验温度曲线

T_1—再结晶退火温度；t_2—缓冷时间；T_2—快冷温度；v_Q—快冷速度；T_3—过时效开始温度；
T_4—过时效结束温度；t_0—过时效时间

A 退火温度

退火温度（T_1）对性能的影响如图 3.4-12 所示，退火温度越高屈服强度和抗拉强度就越低，伸长率和 r 值越高。但退火温度若超出 850℃，奥氏体相体积分数急剧增加导致 r 值恶化。

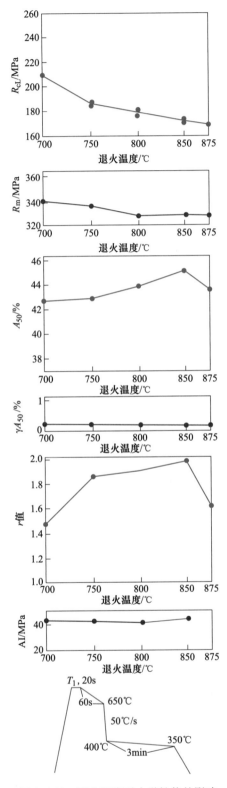

图 3.4-12　退火温度对力学性能的影响

B 缓冷时间

如图 3.4-13 所示，快冷前设置缓冷（t_2）有利于提高力学性能。但由于本实验中所使用的样品中碳含量较低，缓冷效果并不十分明显，如基体碳含量比本次试验的样品高时，

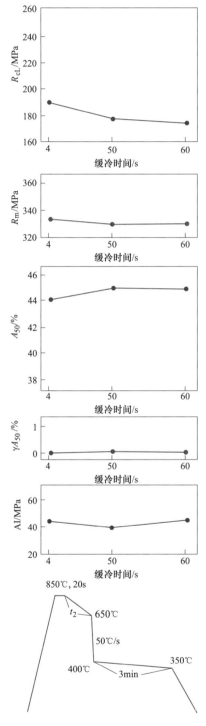

图 3.4-13 缓冷时间对力学性能的影响

缓冷对提高产品力学性能的作用更加明显。

C　快冷开始温度

如图 3.4-14 所示，快冷开始温度（T_2）不宜过高或过低，在 650~700℃之间开始快

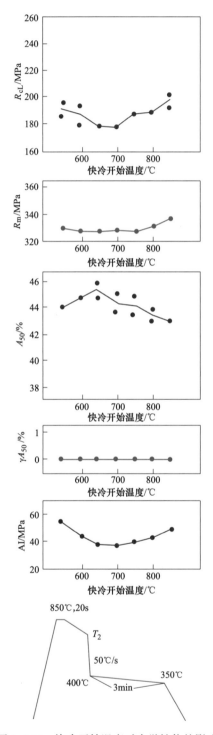

图 3.4-14　快冷开始温度对力学性能的影响

冷可使带钢获得最优力学性能。

D 过时效温度

如图 3.4-15 所示，过时效温度（T_3）不宜过高或过低，在 400℃左右进行过时效处理可使带钢获得最优力学性能。

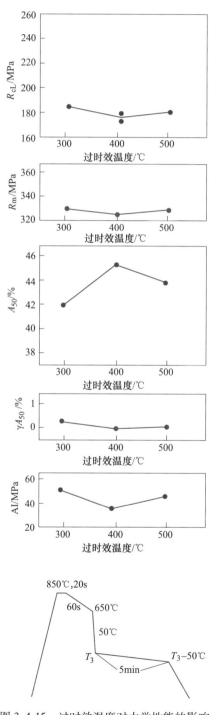

图 3.4-15 过时效温度对力学性能的影响

E 过时效时间

如图 3.4-16 所示，过时效时间（t_0）延长，能够提高性能，但当过时效时间超过 3min 后，继续延长过时效时间意义不大。

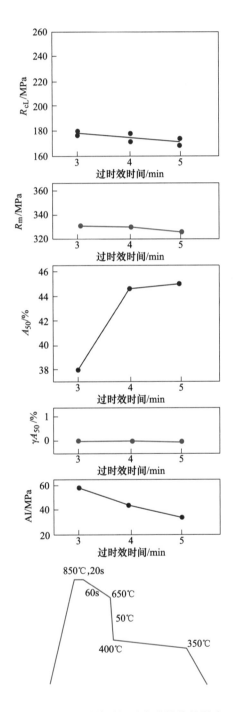

图 3.4-16 过时效时间对力学性能的影响

3.5　无间隙原子钢

3.5.1　无间隙原子钢概述

3.5.1.1　带钢加工性能的改善

A　带钢的加工性能要求

钢带的性能最为基本的有强度、塑性两个方面的指标，它们之间既相互联系，有时又相互矛盾。强度指标是抵抗外力作用而不被破坏的能力，主要有屈服强度、抗拉强度、硬度等，对于结构钢着重于强度指标，如要求屈服强度越高越好，这样能承受的载荷就可以高些。塑性指标是能够产生塑性变形而不被破坏的能力，主要有断后伸长率、断后断面收缩率等，对于冲压板着重于塑性指标，如要求伸长率越高越好，这样就能加工出更加复杂的零件。但是，仅仅考核塑性指标还不能满足冲压板的需要。

冲压板是需要经过冲压变形成为所需的形状后使用的钢板，在现代板带中的比例很大，如大量汽车用板、家电用板、机械和五金用板都是冲压板。由于冲压板必须首先进行冲压加工才能投入使用，所以冲压板除了强度和塑性以外，还有冲压性能指标的要求，而且冲压性能是第一位的。

同时，如上节介绍，低碳钢还有时效性能指标。所以，冲压板的考核指标包括：强度、塑性、时效性能、加工性能四个方面。

冲压板的加工性能指标常用的有屈强比 R_{eL}/R_m、加工硬化指标 n 值、厚向异性指标 r 值。

B　带钢的加工性能指标

a　屈强比 R_{eL}/R_m

屈强比指材料的下屈服点 R_{eL} 与抗拉强度 R_m 的比值，冲压板要求在加工成形时易产生屈服，而成形后不易损坏，所以要求 R_{eL} 小而 R_m 大，即屈强比要小，这对产品的加工性能和使用性能均有好处。一般冲压板的 R_{eL}/R_m 在 0.51 以下。

b　加工硬化指数 n 值

加工硬化指数反映了钢板在塑性变形中产生加工硬化的程度，如果加工硬化强烈，则钢板加工成形时即使截面收缩，但因实际的抗拉强度上升，收缩减缓，可以使变形均匀化而不易产生破坏，具有扩展变形区和增大极限变形参数的作用。一般冲压板的 n 值要求在 0.18 以上。

c　厚向异性指数 r 值

厚向异性指数 r 值指钢板试样在拉伸试验中，宽度方向的应变与厚度方向的应变之比。在加工成形时，钢板的断裂往往是由于厚度方向的变形量过大，厚度减薄造成的。相对厚度而言，宽度方向的减小的影响很小。所以我们希望厚度方向的减薄少一些，即使产生断面收缩，也以产生在宽度方向的收缩为好，即要求 r 大一些，一般要求 r 值在 1.5以上。

$r=1$ 时，板厚与板宽两个方向应变同性。$r \neq 1$ 时，则为各向异性。$r>1$ 说明板材的宽度方向比厚度方向更易变形。

C　带钢加工性能的级别

带钢根据其加工性能分为商品级（CQ）、冲压级（DQ）、深冲级（DDQ）、特深冲级（EDDQ）、超特深冲级（SEDDQ）五个级别，镀锌板国家标准分为 7 个级别，冷轧退火板国家标准分为 6 个级别。

3.5.1.2　无间隙原子钢的原理

A　无间隙原子钢研发的背景

在无间隙原子钢被发明之前，只能采用低碳、微碳的铝镇静钢生产冲压板，由于其具有极强的时效性和性能各相异性，只能生产形状简单的零件，不能满足生产汽车外板的需要。

低碳铝镇静钢的时效性和性能各相异性产生的最根本的原因是钢中存在间隙原子，主要是碳和氮这两个元素。相对铁来说，碳和氮的原子半径很小，在铁的晶格内是以间隙固溶状态存在的。如图 3.5-1 所示，图 3.5-1（a）在轧制状态下，基板铁原子的晶格畸变较多，碳和氮原子可以分散在各个畸变处。图 3.5-1（b）在退火以后，基板铁原子的晶格严重畸变消失，只有少量的位错，碳和氮原子只能集中在这少量的位错处，并且做无规则的运动，形成了所谓的"柯氏气团"，在受力变形滑移时产生不均匀屈服，即产生了"屈服平台"，加工的产品就容易产生橘皮缺陷。图 3.5-1（c）为了消除屈服平台，只能采用拉矫或平整的方法，即对带钢进行轻压下的轧制或拉伸变形，产生内压力，使得基体铁原子晶格产生大量的位错，碳和氮原子可以分散到各个位错处，柯氏气团消失，屈服平台消除，加工性能改善；但这种方法只能短时间有效，在屈服平台消除一段时间以后，随着时间的推移，内压力释放，位错减少，碳和氮原子又会再次集聚，产生新的柯氏气团，屈服平台恢复，这种现象即所谓的时效性。

低碳钢的时效性是一大顽疾，虽然在连续退火生产线上经过过时效处理，会使得时效性能有所改善，但还不能完全克服时效性。而对没有过时效段的连续镀锌线而言，改善时效性的措施仅仅靠光整和拉矫处理，有效期更短。

因此，从根本上消除时效性，就必须消除间隙原子。但是，生产实际表明，在钢中要根除碳和氮元素是不可能的，而且即使将这两个元素控制得十分的低，得到的钢的性能也很差，没有实用价值。要消除间隙原子碳和氮，最好的办法是加入能够与其反应的合金元素，将其转变成稳定的化合物。

B　无间隙原子钢的原理

基于这种理念，20 世纪中期开发了无间隙原子钢，简称 IF 钢。经过多年研究发现促进碳化物形成的最佳元素是钛 Ti 和铌 Nb。在含碳量低至 0.005% 的钢里，加入一定数量的 Ti、Nb，或者 Ti 和 Nb，都会与碳和氮原子全部结合成碳和氮的金属化合物，存在于铁的基体内部，成为第二相粒子，而不再是间隙原子，如图 3.5-1（d）所示。而且在再结晶退火的加热过程中的稳定性很强，基本不再分解成碳或氮的原子溶入基体中，这样退火的过程就不存在间隙原子的析出问题，也就没有必要进行过时效处理，生产出的产品也没有任何时效性，所以特别适合于退火工艺比较简单的镀锌线生产。镀锌线采用各种无间隙原子钢可生产出不同种类的汽车板，成为现代板材的佼佼者。

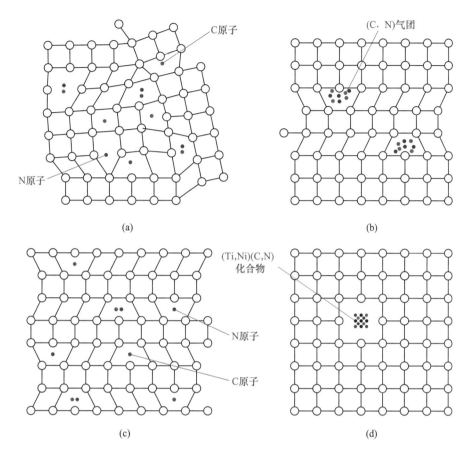

图 3.5-1 低碳钢和无间隙原子钢中 C、N 原子存在状态对比

（a）低碳钢硬轧板；（b）低碳钢退火后；（c）低碳钢平整后；（d）无间隙原子钢

3.5.1.3 无间隙原子钢打开新局面

A 冲压板的三种生产工艺的对比

冲压板有罩式退火（BA）、连续退火（CAL）和镀锌退火（CGL）三种生产工艺，三种工艺参数的比较见表 3.5-1。

表 3.5-1 罩式退火、连续退火、镀锌退火的工艺参数比较

加热和冷却参数	罩式退火（H_2）	连续退火	镀锌退火
加热速度/℃·s⁻¹	0.02~0.10	5~20	5~20
再结晶温度范围/℃	560~620	650~800	650~800
退火温度/℃	650~730	700~880	700~880
冷却速度/℃·s⁻¹	0.001~0.01	30~100	30~80
过时效时间	15~25h	2~5min	0
退火周期	2~3d	4~8min	1~3min

B 罩式退火的局限性

罩式退火工艺是早期开发的退火方法,其工艺最简单,从室温到400℃范围内的加热速度是不控制的,一般都是把已完成退火过程炉子的热加热罩直接吊扣到冷炉子上来,使钢卷很快地加热。从400℃开始,加热速度对钢带的性能会产生影响,所以一般升温速度控制在50~100℃/h之间,罩式退火炉的退火保温温度不要太高,一般不超过720℃,否则会造成钢卷层间粘结。冷却时起初不卸加热罩缓冷,保证产品的性能,称为一次冷却;一般在500~550℃吊去加热罩只留保护罩,在大气中自然散热;当温度下降到400~500℃时,就扣上冷却罩,同时启动快速冷却设备进行快速冷却,称为二次冷却,一直到110℃左右的出炉温度。然后吊走冷却罩,卸除保护罩,将钢卷吊到最终冷却台上,这时钢卷的实际温度往往会出现回弹,升高50℃左右,因此必须继续采用抽风机抽风冷却,使钢卷温度下降到35~45℃以利平整。整个工艺周期在早期需3~4天,而采用全氢和强对流技术以后,可以缩短到1~2天。

罩式退火工艺特别适合于铝镇静钢的生产,用罩式退火工艺生产的铝镇静钢比连续退火工艺质量更好,其机械性能均匀,r值、n值均高于连续退火产品。这种工艺也比较适合于小批量多品种产品的生产,具有较好的灵活性。

但是,罩式退火的生产率很低,投资成本、人工成本均较高,而且产品的表面质量不高,不适应现代化汽车工业发展的需要。

C 连续退火新机遇

连续退火工艺将钢卷的脱脂、退火、平整、拉矫、切边、涂油等工序综合到同一条生产线上,生产周期十分短,各种成本费用很低,是适应现代化工业大规模生产的新工艺。但对原料的化学成分、热轧工艺、冷轧工艺要求较严,若用低碳铝镇静钢生产冲压板,产品加工性能也不能满足汽车板的需要。

自从无间隙原子钢技术的诞生,为连续退火技术的全面推广创造了条件。采用无间隙原子钢作为原材料,不但能生产出加工性能远远优于罩式退火工艺的产品,而且通过添加不同的合金元素使连续退火产品的品种非常丰富,特别使连续退火较高的退火温度、非常高的冷却速度有了充分的用武之地,可以生产出许多罩式退火工艺无法生产的产品,在汽车板的生产中体现出了明显的优势。

D 镀锌退火不足成优势

镀锌退火工艺在退火方面比连续退火更为简单,所以在生产低碳铝镇静钢产品时的加工性能更差,与罩式退火差异更大。在镀锌线上,用一般铝镇静钢生产出冲压性能较好的产品是很困难的。但是,在连续镀锌线上除了连续退火线本来所具备的功能外,还具有镀锌的功能,使产品的耐腐蚀性能大幅度提高,在矿藏越来越紧张的今天,提高产品的使用寿命是很难能可贵的,这就是镀锌工艺的生命力所在。

无间隙原子钢使镀锌退火工艺的劣势不再存在,而优势更加显著。采用优质的无间隙原子钢原材料,在镀锌线上可以生产出几乎连续退火线上都能生产出的高冲压性或高强度的产品,表面质量能达到O5级的要求,所以镀锌退火工艺广泛应用于汽车板的生产。

3.5.1.4 无间隙原子钢的特点

A 无间隙原子钢的成分特点

无间隙原子钢的化学成分特点主要有三条：

（1）超低的碳、氮含量；

（2）加 Ti 或 Nb 微合金化；

（3）钢质纯净。

B 无间隙原子钢的组织特点

图 3.5-2 分别为含 C 量 0.0009%Ti-IF 钢的热轧、冷轧和退火试样的显微组织[64]。从图 3.5-2 中可以看出，无间隙原子钢热轧组织为粗大的等轴状铁素体，晶粒尺寸范围在 30~100μm 之间，平均直径约为 70μm；冷轧后晶粒被拉长，形成纤维状组织；连续退火后纤维组织转变为再结晶后的近似等轴晶，晶粒直径约 25μm；罩式退火的再结晶晶粒平均直径在 15μm 左右，晶粒尺寸较连续退火的细小，有部分晶粒沿轧向呈扁平形态，说明再结晶进行得不够充分。

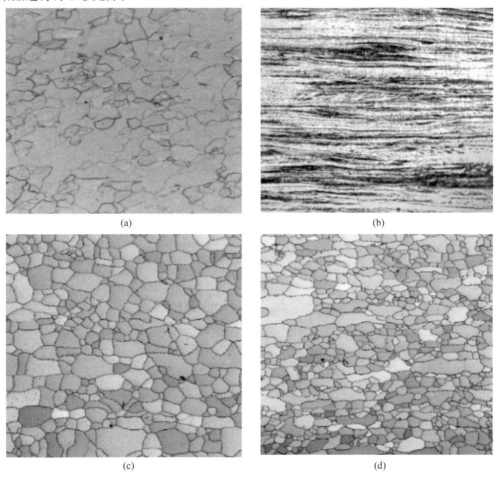

（a）   （b）

（c）   （d）

图 3.5-2 Ti-IF 钢典型金相组织

（a）热轧；（b）冷轧；（c）连续退火；（d）罩式退火

C 无间隙原子钢的工艺特点

无间隙原子钢是在一贯制生产流程中，依靠前端工序解决后端工序难题的典型。即通过改进炼钢工艺，来改善最终产品的加工性能，而使得后端的退火工序变得很为简单。以采用低碳钢、微碳钢和无间隙原子钢三种不同的材料，生产DDQ级冲压板为例，进行比较，如图3.5-3所示。

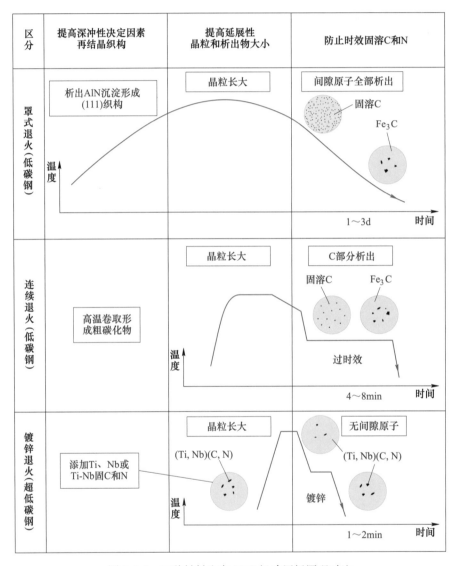

图3.5-3 三种材料生产DDQ级冲压板原理对比

a 低碳钢

采用低碳钢生产DDQ级冲压板必须采用罩式退火工艺，在很长的加热和保温过程中使得碳全部溶解成固溶状态，然后在很长的冷却过程中再全部析出成渗碳体，所以生产周期很长。而且不能生产出DDQ级镀层产品。

b 微碳钢

采用微碳钢生产 DDQ 级冲压板可以采用罩式退火工艺，也可以采用连续退火工艺。采用连续退火工艺时，在加热和保温过程中碳部分溶解成固溶状态，然后在较长的过时效处理过程中再全部析出成渗碳体，所以设备复杂、生产周期也较长。也不能生产出 DDQ 级镀层产品。

c 无间隙原子钢

采用无间隙原子钢生产 DDQ 级冲压板可以采用罩式退火工艺、连续退火工艺，也可以采用镀锌退火工艺。采用镀锌退火工艺时，碳和氮两种间隙原子都被固定成了金属化合物，在加热和保温过程中不会溶解成固溶状态，然后在冷却过程中，也就不需要过时效处理，所以能够以简单的设备、很短的生产周期，生产出冲压性能优良的 DDQ 级镀层产品。

D 无间隙原子钢的性能特点

如表 3.5-2 所示，无间隙原子钢不但没有时效性，而且是冲压性能最好的钢种。以无间隙原子钢为原料，采用镀锌退火（CGL）工艺，能够稳定生产出 DDQ 级以上的产品；采用连续退火（CAL）工艺，能够稳定生产出 EDDQ 级以上的产品；采用罩式退火（BA）工艺，能够稳定生产出性能超过 EDDQ 级的产品。

3.5.2 无间隙原子钢成分的选择

3.5.2.1 合金元素的选择

A 对组织的影响

工业生产上无间隙原子钢按照添加微合金元素的不同共分为 Ti-IF 钢、Nb-IF 钢和（Nb+Ti）-IF 钢三类。

Ti-IF 钢在高温下依次析出 TiN、TiS 及 TiC，Nb-IF 钢在高温下依次析出 MnS、AlN 及 NbC。把两种钢的析出物分为氮化物、硫化物、碳化物进行比较，不管哪种析出物，Ti-IF 钢在高温下的析出比 Nb-IF 钢都要容易。一般情况下温度越高，析出元素扩散越容易，析出物越粗大。所以，Ti-IF 钢的析出物多、组织粗大，而 Nb-IF 钢的析出物少、组织细小。在 Ti-IF 钢中添加微量 Nb 使热轧钢板细化晶粒，可抑制利于各相异性｛110｝晶面族的生长，这就是（Ti+Nb）-IF 超低碳钢可通过细化晶粒来改善各向异性的原因。

在冷轧后进行再结晶退火，再结晶晶粒长大时析出的沉淀相越细小，体积分数越大，则对再结晶的抑制作用就越强。由于 Nb-IF 钢的析出物分布细密，所以推断再结晶结束的温度比 Ti-IF 钢的高。

B 对性能的影响

a Ti-IF 钢

Ti-IF 钢的特点是：力学性能优异且性能稳定，工艺过程的可操作性强；力学性能平面各相异性大。但是这种成分体系的钢平面各向异性大而且镀层抗粉化能力较差，不适用于镀锌板。

表 3.5-2　三种材料和三种工艺所能够达到的冲压性能

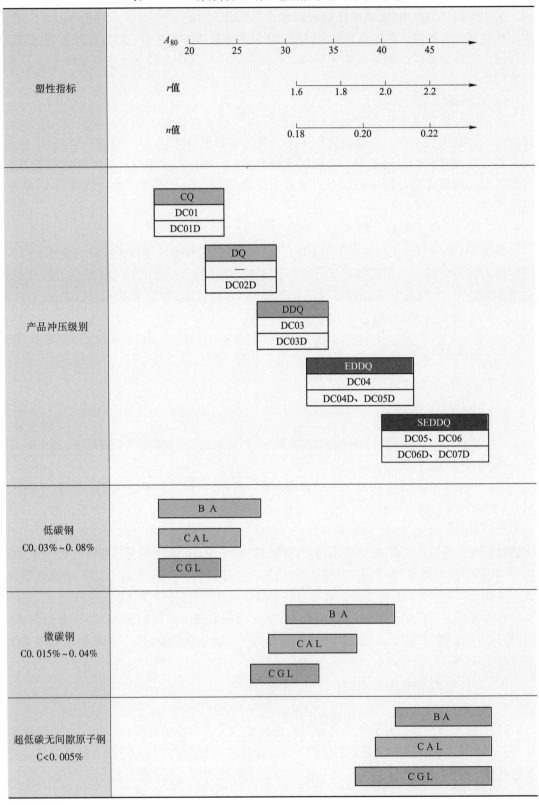

b Nb-IF 钢

Nb-IF 钢的特点是：镀层抗粉化能力较好，但 r 值和 δ 值不如 Ti-IF 钢好，且力学性能对工艺过程比较敏感，高温卷取时卷头尾性能较差，再结晶温度也高；力学性能平面各相异性（Δr、$\Delta \delta$）小。

c （Nb+Ti）-IF 钢

（Nb+Ti）-IF 钢的特点：r 值和 δ 值比 Nb-IF 钢好，且力学性能对工艺过程不敏感，整卷性能均匀。且镀层抗粉化能力良好，适合在连退工艺下生产 EDDQ、SEDDQ 级的超深冲冷轧板、高强无间隙原子钢和热镀锌板带。

3.5.2.2 含碳、氮量的选择

A 含碳量

工业生产连续退火的超低碳钢的碳含量与性能的关系如图 3.5-4 所示，从图中可以看出，C 在 0.005%~0.010% 范围内，时效指数有一个峰值，所以一般不选用这个范围的成分，C 在 <0.005% 时，几乎所有的性能指标都随着含碳量的下降而改善，所以降低含碳量是提高无间隙原子钢性能的主要因素，必须在克服成本和技术限制的前提下，最大限度地降低含碳量。

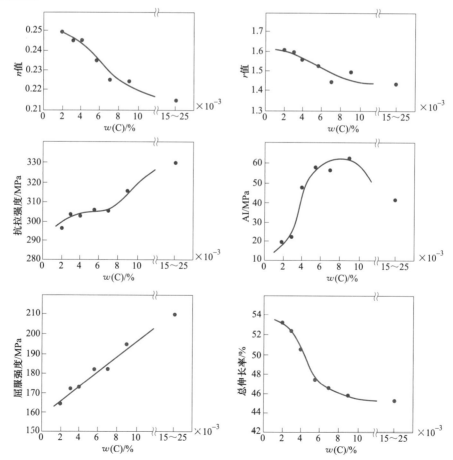

图 3.5-4 无间隙原子钢的碳含量与性能的关系

B　含氮量

氮在钢中一般使屈服强度和抗拉强度增加，硬度值上升，r 值下降并引起时效。对于无间隙原子钢，N 的作用和 C 一样，主要是造成屈服效应和应变时效。另外，如果工艺上控制不当，N 会和钛、铝等形成尖角的夹杂物，这对于冲压也是不利的。目前，无间隙原子钢通过真空脱碳脱氮可达到 C 含量 0.001%~0.003%，N<0.002% 的水平。

但必须提出，工业生产的超低碳钢若不经过 Ti、Nb 的处理，其 r 值并不高，所以无间隙原子钢中必须加入 Ti、Nb 微合金化元素，使钢中 C、N 原子被固定成碳化物、氮化物，由于钢中无间隙原子存在，得到纯净的铁素体基体才具备良好的深冲性能。

3.5.2.3　其他元素的选择

A　全氧 T [O] 含量控制

在炼钢过程中，控制钢水中的氧含量是非常重要的。钢中全氧为溶解氧与结合氧的总和。冷轧深冲钢在 RH 精炼中用铝脱氧，钢水中的溶解氧与钢中溶解的铝元素互相平衡，其含量很低且波动较小，结合氧则以夹杂物的形式分布在钢水中。因此全氧含量可以代表钢水中显微夹杂物的水平。值得注意的是，全氧含量代表钢中尺寸较小的氧化夹杂物的数量，而显著影响产品质量的是夹杂物的类别、尺寸、形貌以及分布等。全氧含量作为评价钢质的一项重要指标，只有在钢质相对纯净的条件下才有意义。

当结晶器中全氧含量（质量分数）低于 0.002% 时，冷轧板表面的线形和鼓包缺陷数量明显减少。关于冷轧板缺陷和中间包钢水中 T [O] 的关系，有人进行了实验，结果显示中间包 T [O]<0.003% 时，产品缺陷很少；T [O] 在 0.003%~0.005% 范围内时，产品可能会产生缺陷；当 T [O]>0.0055% 时，产品只能降级使用。

B　磷 （P）

一般而言磷是有害元素，会增加钢的脆性，随着钢中磷含量的增加，伸长率 δ、n 值和 r 值均降低。但磷也是提高钢强度最有效的元素，对于高强无间隙原子钢中适当加入磷，对成形性的影响不大，但可显著提高钢的强度，可以生产成形性优良的深冲高强度钢。

C　硫 （S）

硫在无间隙原子钢中是有害元素，应尽量降低控制在 0.008% 以下。

3.5.2.4　无间隙原子钢化学成分案例

国内外部分钢铁厂无间隙原子钢的化学成分举例如表 3.5-3 所示。

表 3.5-3　国内外部分钢铁厂无间隙原子钢的化学成分

厂名	质量分数/%								
	C	Si	Mn	S	P	Al	N	Ti	Nb
阿姆柯	0.002~0.005	0.007~0.025	0.25~0.5	0.008~0.02	0.001~0.01	0.003~0.012	0.004~0.005	0.08~0.310	0.06~0.25
新日铁	0.001~0.006	0.009~0.02	0.10~0.20	0.002~0.013	0.003~0.015	0.02~0.05	0.001~0.006	0.004~0.060	0.004~0.039

厂名	质量分数/%								
	C	Si	Mn	S	P	Al	N	Ti	Nb
神户	0.002～0.006	0.010～0.020	0.10～0.20	0.002～0.013	0.005～0.015	0.02～0.070	0.001～0.004	0.010～0.060	0.005～0.015
浦项	0.002～0.005	0.010～0.020	0.010～0.02	0.002～0.013	0.005～0.015	0.02～0.070	0.001～0.004	0.010～0.060	0.005～0.015
宝钢	0.002～0.005	0.010～0.030	0.010～0.02	0.007～0.010	0.003～0.015	0.02～0.070	0.001～0.004	0.010～0.040	0.004～0.010

3.5.3 无间隙原子钢的冶炼

3.5.3.1 无间隙原子钢冶炼的重要性

A 工艺流程及重要性

无间隙原子钢的生产工艺流程为：冶炼→连铸→热轧→冷轧→退火→平整。上述各个工艺过程对无间隙原子钢性能影响的程度也是不同的，按影响程度的大小依次是：冶炼>退火>热轧>冷轧。

B 组织控制原则

为了获得优异的深冲性能，下述三点原则最为关键：发展较强的｛111｝退火织构，以获得高的 r 值，获得良好的深冲性；获得足够粗大均匀的铁素体晶粒，以获得低的屈强比和高的加工硬化指数 n；控制第二相粒子（碳、氮化物）的析出，以控制时效效应，改善塑性。

C 控制的重点

从目前的研究来看，无间隙原子钢控制重点为：冶炼应尽可能降低 C、N 及非金属夹杂物（O、S、P）的含量，纯净钢质，一般要求 C≤0.005%、N≤0.003%，并加入适当的 Ti 或 Nb；热轧宜采用低的板坯加热温度，略大于 A_{r3} 的终轧温度，终轧后快速冷却和高温卷曲；冷轧压下率要尽量大；采用尽可能高的退火工艺温度。

3.5.3.2 无间隙原子钢冶炼工艺路线

A 主要工艺路线

无间隙原子钢对钢水纯净度有极苛刻的要求，其冶炼生产流程的选取直接影响到无间隙原子钢的品质和生产的顺利进行。无间隙原子钢的冶炼工艺主要解决脱碳和防止增碳、降氮和防止增氮，纯净度控制以及微合金化消除 C、N 间隙原子的问题[65]。当前无间隙原子钢的冶炼有三种典型的工艺流程：

（1）工艺路线 A：铁水脱硫→顶底复吹转炉冶炼→RH 真空处理→连铸。

（2）工艺路线 B：铁水脱硫→转炉冶炼→RH 真空处理→LF 精炼→连铸。

（3）工艺路线 C：铁水脱硫→转炉冶炼→LF 精炼→RH 真空处理→连铸。

B　工艺路线的选择

工艺 A 是目前国内外生产无间隙原子钢最常用的方法，适用于传统厚板坯连铸机，由于其不需要经过 LF 精炼处理，生产成本最低，工艺设备基本上能满足无间隙原子钢的生产需要。工艺 B 和工艺 C 由于采用了 LF 精炼，能使大包渣得到很好改性，有利于渣吸收夹杂物，净化钢水。目前马钢、本钢采用 LF-RH 双联法在薄板坯连铸机上成功实现了无间隙原子钢的批量生产，但是这两种工艺路线相对复杂，成本相对较高。

作为国内外最常用的无间隙原子钢生产方法，按工艺 A 生产无间隙原子钢的主要工艺流程为：铁水预处理→顶底复吹转炉冶炼→RH 真空精炼→连铸→热轧→冷轧→退火→平整。其中冶炼的关键工序为：铁水预处理、转炉冶炼、RH 真空精炼。

3.5.3.3　无间隙原子钢冶炼工艺

A　铁水预处理

生产优质无间隙原子钢必须进行铁水脱硫预处理，以减少转炉冶炼过程中的渣量，进而减少出钢过程的下渣量，同时降低转炉终点钢水和炉渣的氧化性，提高转炉终点炉渣的碱度。采用喷吹金属镁和活性石灰或使用复合脱硫剂对铁水进行脱硫，目前已能达到铁水硫含量控制在 0.001% 以下。

B　顶底复吹转炉冶炼

在转炉冶炼时，采用顶底复吹转炉进行无间隙原子钢的冶炼以降低转炉冶炼终点钢水的氧含量，采用高纯度的氧气使炉内保持正压，提高铁水比使入炉铁水的硫含量控制在 0.003% 以下；在转炉冶炼后期采用低枪位操作，同时增大底部惰性气体流量，加强熔池搅拌，并保持吹炼终点钢水中合适的氧含量，提高吹炼终点钢水碳含量和温度的双命中率，采用出钢挡渣技术；在出钢过程中不脱氧，只进行锰合金化处理；使用钢包渣改质技术降低钢包顶渣氧化性。

C　RH 真空精炼

RH 真空精炼是生产超低碳无间隙原子钢的关键工序，该工序的主要任务是降碳、提高钢水的洁净度、控制夹杂物的形态以及微合金化和成分微调。无间隙原子钢的真空精炼工序应严格控制真空精炼之前钢水中的碳含量、氧含量和温度；真空精炼前期根据碳含量、氧含量确定采用强制脱碳还是自然脱碳；真空脱碳后期应增大驱动气体流量，增加反应界面，减少真空槽冷钢，采用海绵钛替代钛铁合金；精炼过程采用动态控制模型和炉气在线分析。

通过铁水脱硫以及转炉冶炼进行超低碳、低氮控制，并采用 RH 循环脱气精炼方法，保证深脱 C 和钢中气体含量，同时加入适量的 Ti、Nb 微合金化，使钢中的 C、N 完全被固定为碳氮化物，从而使钢中无间隙固溶原子存在，确保优良的深冲性、低屈强比、高伸长率，高 r 值、n 值。

3.5.4 无间隙原子钢的轧制工艺

3.5.4.1 无间隙原子钢的热轧工艺

A 热轧工艺的重要性

无间隙原子钢的轧制工艺参数将影响无间隙原子钢产品的最终性能。卷取温度作为热轧生产过程中非常重要的工艺参数，其温度的目标及控制精度最终决定着带钢的组织形态和力学性能变化。

热轧板的组织和析出物的形态对无间隙原子钢的最终性能有很大的影响。热轧得到细小均匀的铁素体组织和粗大的析出物有利于 r 值和塑性的提高；细小弥散的析出物阻碍再结晶和晶粒长大，对 r 值不利。当成分不变时，热轧板的组织和析出物形貌取决于热轧参数，低的板坯加热温度、高温终轧、终轧后快冷、增大热轧压下率、增大变形速率、高温卷取等都有利于提高无间隙原子钢的深冲性能。

传统热连轧的生产工艺模式为：连铸坯→加热→粗轧→精轧→冷却→卷取。其中轧制阶段可分为奥氏体区热轧工艺和铁素体区热轧工艺。

B 热轧工艺对组织的影响

奥氏体区轧制的粗轧和精轧温度均在 A_{r3} 以上，且由于钢中 Ti/Nb 的存在使 $\alpha \rightarrow \gamma$ 转变温度升高，为使其充分奥氏体化，无间隙原子钢的出钢温度较普碳钢高 20℃ 左右；铁素体区轧制时粗轧温度在 A_{r3} 以上而精轧温度在 A_{r3} 以下，因此可以采用低温加热方式，节约能源，降低粗轧和精轧温度。

图 3.5-5 为含 C 量 0.0017% 的无间隙原子钢铁素体轧制与奥氏体轧制产品的显微组织对比[66]。铁素体轧制无间隙原子钢的组织为粗大的、沿轧制方向有轻微延伸的不规则形状铁素体，晶粒度为 5 级，而奥氏体轧制无间隙原子钢的组织为细小等轴晶，晶粒度为 8 级。铁素体相变一般在奥氏体晶界形核，采用铁素体轧制时，奥氏体变形总压下量减小，导致发生铁素体相变时奥氏体晶粒更粗大，铁素体形核位置减少；另一方面，形成的铁素

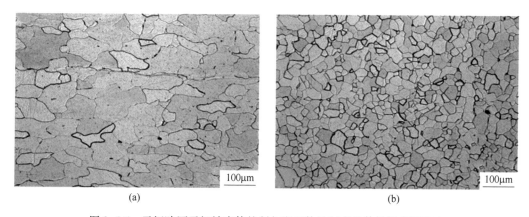

(a)　　　　　　　　　　　　　　(b)

图 3.5-5 无间隙原子钢铁素体轧制与奥氏体轧制产品的显微组织对比

（a）铁素体轧制；（b）奥氏体轧制

体晶粒在变形作用下产生大量的位错缺陷，该缺陷提高了体系的自由能，为降低系统的能量，铁素体晶界会自发向晶内的变形带迁移[63]，铁素体晶粒迅速长大，这就是铁素体轧制的晶粒较奥氏体轧制粗大的原因。

C　热轧工艺对组织的影响

对铁素体轧制和奥氏体轧制的钢卷进行横向拉伸性能对比，如表 3.5-4 所示，铁素体轧制钢卷的屈服强度、抗拉强度、屈强比比奥氏体轧制低，而伸长率和 n 值比奥氏体轧制高，这说明铁素体轧制热轧产品具有更好的塑性。由于采用铁素体轧制时，晶粒更为粗大，其屈服强度、抗拉强度和屈强比比奥氏体轧制低。

表 3.5-4　无间隙原子钢铁素体轧制与奥氏体轧制产品力学性能对比

项　目	屈服强度 /MPa	抗拉强度 /MPa	屈强比	断后伸长率 /%	n 值
铁素体轧制	122	283	0.43	42	0.31
奥氏体轧制	183	308	0.59	39	0.26

由此可见，采用铁素体轧制工艺比常规轧制工艺生产的无间隙原子钢力学性能平均值要更优，铁素体轧制工艺所生产的无间隙原子钢表现出较低的屈强比，较高的伸长率和较高的 r 值[67]。

D　热轧工艺对成本的影响

含 C 量 0.0017% 无间隙原子钢的铁素体轧制和奥氏体轧制钢卷的氧化铁皮厚度对比如图 3.5-6 所示。由于铁素体轧制的加热温度比奥氏体轧制低约 120℃，其氧化铁皮厚度比奥氏体轧制钢卷薄 1~2μm，氧化铁皮厚度减薄有利于酸洗时减少酸耗，提高后序工序产品成材率[68]。

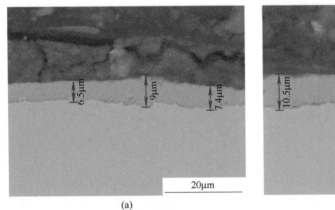
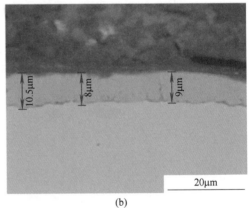

图 3.5-6　无间隙原子钢铁素体轧制与奥氏体轧制产品的氧化铁皮厚度对比（0.0017%C）
(a) 铁素体轧制；(b) 奥氏体轧制

3.5.4.2　无间隙原子钢的冷轧工艺

无间隙原子钢冷轧工艺的主要作用在于对 {111} 织构和 r 值产生较大影响，这个影响主要通过冷轧总压下率来实现。无间隙原子钢在冷轧过程中，晶粒被拉长甚至晶粒破碎以及位错、亚晶等缺陷积累的能量是退火过程回复和再结晶的基础。研究显示，退火过程中完全再结晶温度随冷轧压下率的增大而逐渐降低，主要原因也是由于冷轧压下率增大会使位错密度增高，畸变能增高，因此完成再结晶的动力也越大，而热轧形成的有利于退火 {111} 织构发展的组织起到良好的遗传作用，再结晶的晶粒生长趋向于对 r 值有利的 {111} 织构，因此无间隙原子钢的 r 值随冷轧总压下率的增加而单调增加，直至压下率到 90%。但在实际生产中，普遍采用大于 75% 的压下率，受设备能力所限，一般不会超过 85%[69]。

3.5.5 无间隙原子钢的退火及平整工艺

3.5.5.1 再结晶退火工艺

A 加热温度和保温时间

由于无间隙原子钢含碳量极低，加热时铁素体区很大而奥氏体区很小，再加上碳的金属化合物第二相粒子阻碍冷轧组织的回复和再结晶，因此所需的加热温度很高，而且保温时间也较长。这是无间隙原子钢再结晶退火唯一的特点和难点。

通过对不同退火工艺条件下冷轧无间隙原子钢组织特点和力学性能分析可以发现，提高退火温度和延长保温时间，均有利于再结晶晶粒充分长大，对深冲性能影响尤为突出，随着退火温度的提高，无间隙原子钢的抗拉强度降低，n 值、r 值和伸长率均提高。对于 r 值的提高，依据 Dillamore 的织构定向形核和定向生长理论[70]，可以解释为随着退火温度的升高无间隙原子钢的再结晶驱动力增大，使 {111} 取向晶粒在再结晶过程中的形核和长大几率增加。但当退火时间超过某一极值时，这些变化不再明显。

B 冷却速度和过时效处理

由于无间隙原子钢的间隙原子碳和氮基本都被固定住了，理论上，在加热和保温时没有间隙原子的溶解，在冷却时也没有间隙原子的析出，而且也不会生成珠光体。因此，无间隙原子钢的再结晶退火的后半段很简单，不需要缓冷，对冷却速度没有要求，也不需要进行过时效处理。

但是，在实际生产中发现，间隙原子碳和氮不可能完全被固定，还是有极少的以间隙原子的状态存在，在连退线的冷却和时效段还是按照低碳钢的工艺实施。

无间隙原子钢基本没有间隙原子，弥补了镀锌退火工艺没有过时效段的不足，使得镀锌产品的性能接近连退产品，而镀锌板优良的耐腐蚀性能使其得到更加广泛的应用。

3.5.5.2 拉矫和平整工艺

与冷却速度和过时效处理类似的还有拉矫和平整工艺。理论上，由于无间隙原子钢没有间隙原子，再结晶退火以后就不像低碳钢那样有屈服平台，也就没有必要采用拉矫和平整来消除屈服平台。但是，这并不意味着就不需要拉矫和平整，因为拉矫和平整除了消除屈服平台的功能以外，还可以改善板形。

对于改善板形而言，拉矫和平整都可以实现。而且，两者都会使得组织内部的位错密度加大，材料的变形抗力提高，导致屈服强度升高。但与拉矫相比，平整使得屈服强度上升量较小，而且平整可以精确调整板形，调整以后保持的时间更长，所以无间隙原子钢优先采用平整处理。

在 ≤1.2% 的平整伸长率下，随着平整伸长率提高，样品的断后伸长率和 n 值无明显变化，表明平整伸长率的变化不会影响试验钢塑性和应变硬化指数；样品的 r 值与平整伸长率变化呈线性关系，随着平整伸长率提高 r 值减小，表明过大的平整伸长率会降低材料的塑性应变比，影响深冲性能，使材料容易减薄开裂。

第4章 汽车用高强钢板原理与发展

4.1 高强无间隙原子钢、烘烤硬化钢及低合金钢

4.1.1 高强无间隙原子钢

4.1.1.1 高强无间隙原子钢概述

无间隙原子（interstitial-free，IF）钢是在超低碳钢中加入足够含量的钛和（或）铌，通过形成钛和（或）铌与碳、氮的化合物消除间隙原子[71]，从而提升材料的成形性，并体现出非时效性[72]，常用于各类汽车覆盖件的冲压生产。在轻量化的趋势下，汽车行业对材料强塑性的要求逐步提高，高强度无间隙原子钢应运而生。高强度无间隙原子钢通过在无间隙原子钢中添加磷、锰、硅等固溶强化元素，在提高强度的同时保证了良好的成形性能。目前，国内钢铁企业采用连续退火方式生产，商用 390MPa、440MPa 级别高强无间隙原子钢的技术愈发成熟，国内外也同时着手 490MPa 及更高级别高强无间隙原子钢的开发[73]。

4.1.1.2 高强无间隙原子钢的化学成分及制备工艺

高强无间隙原子钢的成分体系主要包括含磷高强无间隙原子钢、含硅高强无间隙原子钢、含铌高强无间隙原子钢、含铜高强无间隙原子钢等。其成分特点为超低碳、微合金化、钢质纯净，因此，对高强无间隙原子钢的成分控制至关重要。典型牌号高强无间隙原子钢的化学成分如表 4.1-1 所示。

表 4.1-1　典型牌号高强无间隙原子钢的化学成分

牌　号	化学成分（质量分数）/%							
	C	Si	Mn	P	S	Ti	Nb	Al
CR180IF	0.005	0.30	0.80	≤0.08	0.025	0.12	0.09	≥0.01
CR220IF	0.005	0.30	1.40	≤0.10	0.025	0.12	0.09	≥0.01
CR260IF	0.005	0.30	2.00	≤0.12	0.025	0.12	0.09	≥0.01

注：Nb、Ti 可单独或组合添加，V 和 B 也可以添加，但这 4 种元素总和不得超过 0.22%。

高强无间隙原子钢的碳含量很低，一般不超过 0.005%。这是由于较多的固溶碳原子会影响钢板的织构类型，使 {111} 织构急剧减弱，{100} 增强，r 值下降，成形性能变差，还会导致钢板的应变时效。

添加磷元素的目的是通过置换铁原子引起晶格畸变，从而阻碍位错运动，达到固溶强化的效果。但是过量的磷元素会加剧热轧和退火过程中 FeTiP 相的析出，弱化固溶强化，并阻碍连退中的再结晶过程，不利于钢板获得高 r 值和优异的深冲性能。同时，由于磷的

晶界偏析特性会提高韧脆转变温度并恶化韧性，导致二次加工脆性，生产中常添加硼元素来强化晶界，防止磷的偏析。但是较高的硼不利于 {111} 织构，会影响高强无间隙原子钢的深冲性能。

硅能够提高铁素体的化学位，促使碳原子析出，从而得到"干净"的铁素体组织。同时，作为一种固溶强化元素，硅可以提高钢的强度，但对 n 值有一定的不利影响，当硅的固溶量达到 15% 时，钢的 n 值就会降低 0.06[74]。此外，硅不利于钢的浸镀性，这主要是由于硅比铁活泼，在热镀锌退火炉的直接燃烧加热段中，很容易在钢的表面形成一层硅的氧化物，在还原段中又不能彻底还原，影响镀层的附着力。研究表明，当钢中的 Si 含量大于 0.3% 时，镀层的附着力就会明显下降[74]。

对于高强无间隙原子钢来说，相对磷而言锰的强化效果较弱，且必须有其他元素的配合加入，例如磷、锰复合添加，才能在不降低 r 值的同时提高强度。高强无间隙原子钢中锰的含量通常控制在 0.2%~1.6%，锰含量过高时，会得到针状铁素体组织，使伸长率和 r 值急剧下降；锰含量降到 0.04% 以下时，会因为硫的存在而导致热脆。

微合金元素铌、钛都能与碳、氮元素结合，一方面提高强度，另一方面降低碳与氮的固溶，消除间隙原子的不利影响。铌作为微量元素加入无间隙原子钢中，利用铌溶质拖曳以及细小 NbC 钉扎作用，使热轧过程中的晶粒湮灭和再结晶推迟，细化晶粒，促进后续的冷轧后退火过程中 γ-纤维织构 <111>//ND 的形核和生长；钛与碳、氧、氮亲和力很强，相结合可以形成高度弥散的钛的化合物，在一定程度上能提高钢的屈服点及屈强比，同时不降低钢的塑性。

稀土元素在钢中的作用一般有净化作用、变质作用及微合金化作用。微量的稀土元素在钢中的作用主要表现在：可大幅度降低氧和硫的含量，以及磷、氢、砷、锑、铋、铅、锡等低熔点元素的有害作用，稀土元素降低有害元素主要是通过抑制一些有害元素在晶界上发生偏聚，产生净化晶界的作用，或者在稀土脱氧、脱硫后，加入较高含量的稀土会与一些有害元素铅、锡、砷、锑、铋等的低熔点金属元素形成化合物，这些化合物的熔点较高会析出而除去，并且一部分形成稀土夹杂物而从钢液中除去，从而净化钢液。

在高强无间隙原子钢生产工艺流程中，从冶炼、RH 处理、连铸、热轧、冷轧到热处理工序，都影响着高强无间隙原子钢的组织、织构及性能。

4.1.1.3　热轧工艺对高强无间隙原子钢性能的影响

高强无间隙原子钢一般采用低温加热、低温终轧、较高温卷取、高的终轧压下率、轧后快冷的热轧工艺，从而有利于促进 {111} 织构的形成。

A　板坯加热温度对热轧高强无间隙原子钢性能的影响

板坯加热温度会显著影响原始奥氏体晶粒尺寸及 TiN、TiC 等第二相的固溶，并遗传到冷轧和连退成品中，从而影响力学及冲压性能。一般而言，较低的加热温度保留了连铸时形成的粗大析出物，从而使铁素体基体更加纯净；同时，较低的加热温度抑制了原始奥氏体长大，热轧后均匀细小的铁素体晶粒及粗大的第二相粒子可以使后续退火过程中 {111} 织构的发展阻力减小，有利于形成较强的 {111} 退火再结晶织构，从而获得较好的深冲性能。相反的，较高的加热温度会导致粗大的原始奥氏体组织，并使连铸时析出产生的第二相回溶，同时也增加了生产成本，不利于节能降耗[75]。

B 轧制温度对热轧高强无间隙原子钢性能的影响

高强无间隙原子钢多采用奥氏体区轧制工艺[76]。关晓光等[77]研究了终轧温度（900℃，920℃）对无间隙原子钢（0.0025C-0.55Si-0.6Mn-0.08P-0.037Als-0.036Nb-0.062Ti-0.0009B-0.0031N，质量分数）组织性能的影响，发现较高的终轧温度可以有效改善粗晶，当终轧温度较低时，试验钢板宽向边部的表层在轧制过程中转变成铁素体，这部分铁素体晶粒在轧制时积累形变能而发生异常长大，如图4.1-1所示。

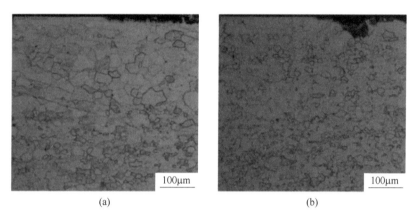

图4.1-1 不同终轧温度下无间隙原子钢热轧板边部表层显微组织
（a）终轧温度900℃；（b）终轧温度920℃

C 卷取温度对热轧高强无间隙原子钢性能的影响

卷取温度是控制高强无间隙原子钢热轧板晶粒尺寸及第二相析出的重要影响因素。较高的卷取温度促进碳氮化物析出及晶粒长大，从而降低了再结晶温度，提高了 r 值[78]，但过高的卷取温度会使晶粒过于粗大，从而降低强度；当卷取温度过低时，热轧板晶粒尺寸较细小，强度较高，但会恶化冲压性能。

4.1.1.4 冷轧工艺对高强无间隙原子钢性能的影响

冷轧工艺控制着组织的形变程度，从而影响连退过程中晶粒的形核点数量，控制织构演变。马多等[79]研究了不同冷轧压下率（70%，75%，80%）条件下高强无间隙原子钢的织构演变规律，更大的冷轧压下率使组织积累了更高的形变储能，增加了再结晶的形核位置，使退火阶段的再结晶更加充分，同时有利于 γ 纤维织构的形成（图4.1-2），进而提高了高强无间隙原子钢深冲性能。

4.1.1.5 连续退火工艺对高强无间隙原子钢组织性能的影响

退火工艺可以消除应力、控制显微组织、形成有利织构，从而达到改善高强无间隙原子钢性能的目的[80]。陈爱华等[81]研究了不同退火温度（760℃，790℃，820℃，850℃）对高强无间隙原子钢的组织、织构及力学性能的影响，更高的退火温度增加了晶粒尺寸且增强了组织的均匀性（图4.1-3）与成形性能。

罗磊[82]研究了保温时间对高强无间隙原子钢性能的影响，如表4.1-2所示，在840℃

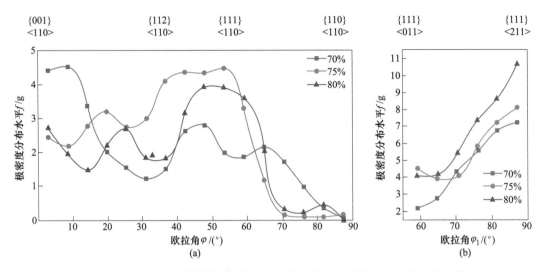

图 4.1-2　冷轧压下率对高强无间隙原子钢退火板 1/2 层厚 α 和 γ 取向线的影响

（a）α 取向线；（b）γ 取向线

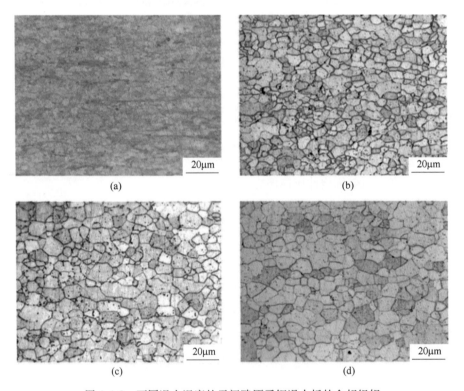

图 4.1-3　不同退火温度的无间隙原子钢退火板的金相组织

（a）760℃；（b）790℃；（c）820℃；（d）850℃

下保温时间从 30s 增大到 120s 过程中，试验钢再结晶愈发充分，强度变化不大，但伸长率逐渐升高，n、r 值变化不大。

表 4.1-2 不同保温时间的高强无间隙原子钢的力学性能

保温时间/s	屈服强度/MPa	抗拉强度/MPa	断后伸长率 A_{80}/%	r_{90}	n
30	250	378	25.0	2.002	0.2669
60	271	386	28.5	2.223	0.2670
90	223	382	32.5	1.903	0.2729
120	221	389	33	1.977	0.2842

宋新莉等[83]基于含 P、B 的高强 Ti-IF 钢研究了退火温度对再结晶织构（750℃、780℃、810℃、840℃）的影响，如图 4.1-4 所示，实验钢在不同温度退火 120s 均发生了完全再结晶，得到多边形铁素体，随退火温度升高，晶粒尺寸明显增大，但晶粒大小不均匀。冷轧实验钢在 750℃ 退火 120s 后，已经有比较明显的择优取向，大多数晶粒具有 <111>// ND 取向。810℃ 退火后，<111>// ND 取向最为显著。

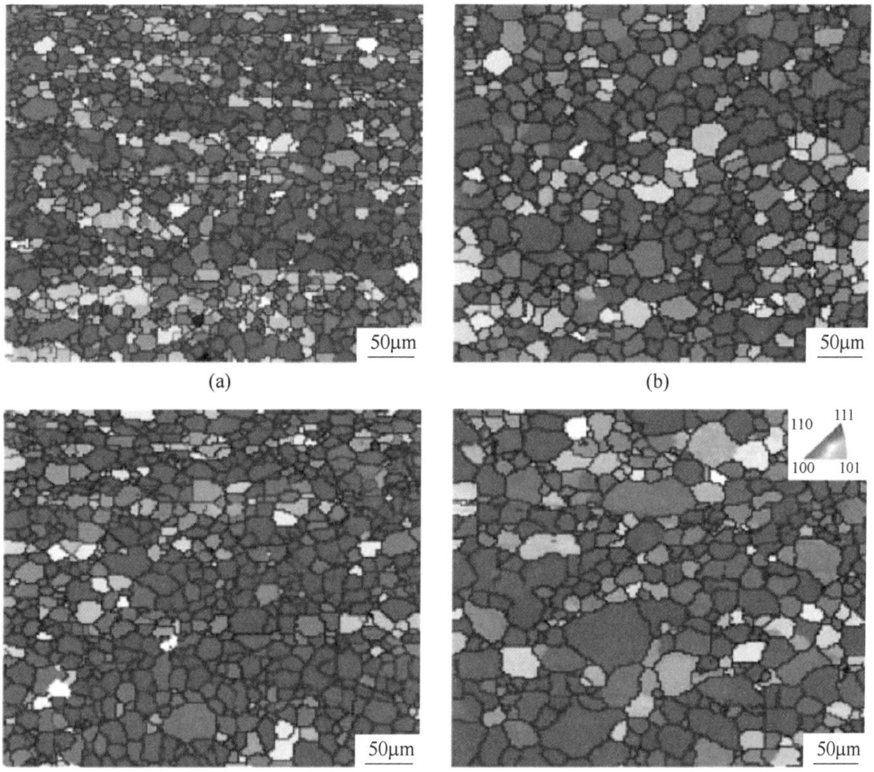

图 4.1-4 高强无间隙原子钢于不同温度下再结晶退火后的取向成像图
(a) 750℃；(b) 780℃；(c) 810℃；(d) 840℃

图 4.1-5 为无间隙原子钢再结晶退火后的主要织构组分（体积分数）含量图。随着退火温度由 750℃ 增加到 840℃，{111} 面织构含量先增后减，810℃ 时含量最高约为 75%，750℃ 时最低为 64.9%。冷轧高强无间隙原子钢在 810℃ 退火 120s 具有较高的 {111} 面织构强度及较低的晶界偏聚 P 含量，有利于实验钢获得优异的深冲性能及降低二次冷加工脆性。随着退火温度的升高，{111} <112> 晶粒发展得越好。根据定向形核理论，冷轧无间

隙原子钢再结晶退火以后, 有利于形成 {111}<110>和 {111}<112>再结晶织构。文献 [84] 指出在无间隙原子钢中虽然 {111}<110>形核早于 {111}<112>, 但是 {111}<112>晶核的形核率是最大的, 而且随着再结晶的时间延长, {111}<112>晶粒能够择优长大吞并掉其他取向的晶粒, 因此无间隙原子钢中往往能够得到 {111}<112>织构组分多于 {111}<110>织构组分。

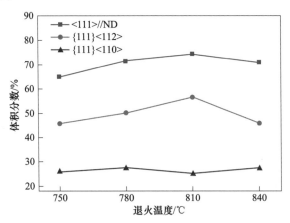

图 4.1-5　无间隙原子钢再结晶退火后的主要织构组分(体积分数)含量

4.1.1.6　罩式退火工艺对高强无间隙原子钢性能的影响

梁瑞洋[72]研究了罩式退火时间对高强无间隙原子钢组织织构及性能的影响, 试验钢以 5℃/s 的速率加热到 850℃后保温 5~60min 后空冷至室温, 随着保温时间的延长, 铁素体晶粒有逐渐长大的趋势, 形状由扁长状向饼形转变; 同时 γ 纤维织构中的 {111}<110>有向 {111}<112>转化的趋势 (图 4.1-6)。

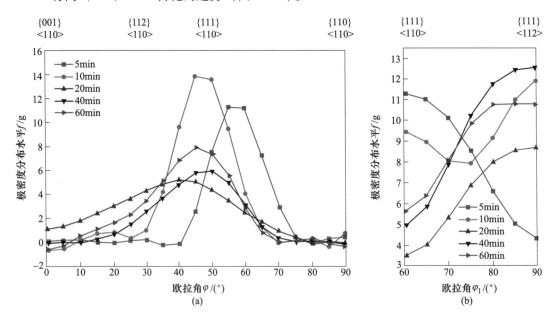

图 4.1-6　不同退火时间对无间隙原子钢 1/2 层 α 和 γ 取向线的影响

4.1.2 烘烤硬化钢

4.1.2.1 烘烤硬化钢概述

烘烤硬化（bake hardening，BH）钢，通过在钢中保留一定量的固溶碳、氮原子，同时可通过添加磷、锰等元素来提高强度，经过加工成形，并在一定温度下烘烤后，由于时效硬化使钢的屈服强度进一步提高，进而提升了其抗凹陷性能。烘烤硬化钢具有优良的深冲性能和高的烘烤硬化性能，广泛应用于汽车外板等覆盖件。

烘烤硬化性能的本质是"应变时效"，汽车板在冲压变形及涂装过程中，C、N 间隙原子向形变产生位错处扩散形成柯氏气团，钉扎位错的运动，这种效应能强化钢板提高抗拉强度 40~60MPa。烘烤硬化钢的最大特点是解决了成形性和抗凹陷的矛盾，具有很好的综合性能。烘烤硬化钢板还具有很好的焊接性能，Matsui 等[85]认为，采用激光焊接烘烤硬化钢板，焊接后经塑性变形和紧接其后的热处理，焊缝金属和基体金属都显示出了烘烤硬化性。

在德国蒂森钢铁公司开发的镀锌烘烤硬化钢化学成分和力学性能如表 4.1-3 所示[86]。目前国内某钢厂能够生产 180MPa、210MPa、240MPa、270MPa 和 300MPa 等五种强度级别的冷轧普板、电镀锌和热镀锌烘烤硬化钢板。国内新一代轿车的外板多采用这一系列的电镀锌烘烤硬化钢板，屈服强度的级别主要是 180MPa 和 220MPa，如上汽大众 Passat、一汽 Audi A6 和上汽通用 BUICK 等[87]。

表 4.1-3 德国的镀锌烘烤硬化钢板的化学成分和力学性能

| 钢 号 | 退火工艺 | 化学成分/$\times 10^{-3}$% | | | | | | | 力 学 性 能 | | | | | |
		C	Mn	Si	P	S	N	Al	Y_S/MPa	T_S/MPa	EI/%	BH/MPa	r_m	n
ZSTE180BH	BA	5	200	20	35	9	3.5	40	210	320	40	48	1.6	0.22
ZSTE220BH	BA	5	200	20	60	9	3.5	40	240	360	37	45	1.5	0.18
ZSTE260BH	CA	30	220	20	7	9	3.0	40	270	360	38	54	1.3	0.18
ZSTE300BH*	CA	30	220	20	35	9	3.0	40	330	440	25	55	1.3	0.18
ZSTE180BH*	HDG	2	220	20	7	9	2.0	40	190	300	40	40	1.5	0.19

注：退火工艺：BA—罩式退火；CA—连续退火；HDG—热浸镀锌；*—试生产；BH—预应变 2%，17℃烘烤 20min 屈服强度增加值。

4.1.2.2 烘烤硬化钢的化学成分

烘烤硬化钢中常利用烘烤硬化值来表征烘烤后屈服强度的上升，其稳定性水平是生产中重点控制的性能指标，一定量的固溶碳能够保证烘烤硬化值处于较高水平，在烘烤中碳原子通过扩散到位错处，钉扎位错，使得经过烘烤处理后强度得到提升。碳含量高的钢在烘烤中会具有较高的固溶碳含量，能够获得较高的烘烤硬化值和力学性能[88]。

添加磷元素的作用是实现固溶强化从而提高材料的性能，也有利于烘烤硬化性能的提升。王建平等[89]采用不同碳、磷含量的烘烤硬化试验钢进行显微组织与力学性能对比。结果表明，随着磷含量的增加晶粒度逐渐增加，晶粒尺寸逐渐减小，屈服强度和抗拉强度显著提高，烘烤硬化值显著提高。

烘烤硬化钢中常添加钛、铌等微合金元素来稳定碳、氮原子。吕成等[90]对比研究了不同微合金体系的烘烤硬化钢，发现相对于钛强化烘烤硬化钢而言，Nb+Ti 复合体系烘烤硬化钢具有更好的力学性能，且烘烤硬化值的稳定性更高。

4.1.2.3　退火工艺对烘烤硬化钢组织性能的影响

连续退火是目前生产烘烤硬化钢的主流生产工艺，退火工艺直接影响着再结晶程度，提高退火温度会使晶粒粗化，晶界面积减少，导致强度降低，伸长率增加。另一方面，当退火温度高于 NbC 的析出温度时，NbC 分解为铌与碳原子，由于加热时间较短，同时冷速较快，所以在冷却过程中碳原子以固溶形式存在于晶粒中，有利于烘烤硬化性能。

崔岩等[91]通过改变退火温度研究了退火温度对烘烤硬化性能的影响。研究表明，随退火温度从 790℃ 升高到 850℃，三种试验钢（1 号 0.0029%C，2 号 0.0030%C，3 号 0.0024%C，均为质量分数）的 BH 值都随着温度的升高而增大，如图 4.1-7 所示，增加退火温度能够有效提高烘烤硬化性能，且热轧板中固溶碳含量越低，退火温度对烘烤硬化性能的影响越大。

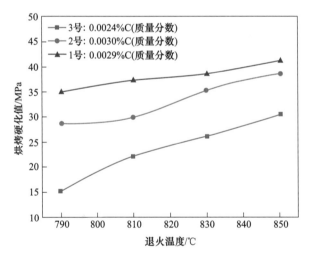

图 4.1-7　含有不同固溶碳含量的烘烤硬化钢退火温度和烘烤硬化值的关系

高洪刚等[92]研究了退火温度对烘烤硬化钢组织性能的影响，如图 4.1-8 所示，不同退火温度的试样显微组织均为铁素体，且随退火温度的升高，晶粒尺寸逐渐增大，屈服强度、抗拉强度下降，伸长率升高，r 值明显增大，烘烤硬化值逐渐升高。

李春诚等[93]研究了缓冷温度对 CR180B2 性能的影响，如表 4.1-4 所示，随着缓冷温度从 720℃ 提升至 760℃，试验钢强度下降，伸长率和 r 值增加，n 值几乎没有变化，BH 值显著增加。适当提高缓冷温度可以抑制 Nb、Ti 等碳氮化物的析出，从而提高固溶碳含量和烘烤硬化性能。

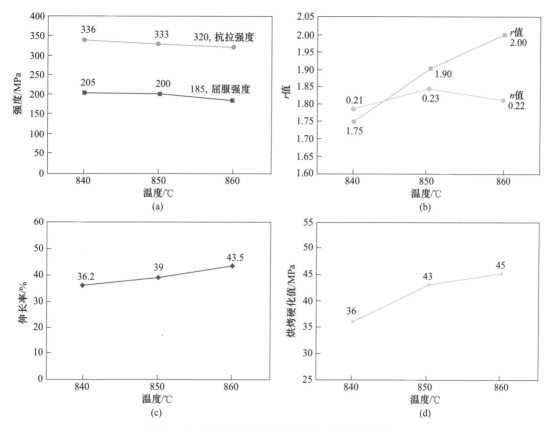

图 4.1-8 退火温度对烘烤硬化钢力学性能的影响

表 4.1-4 不同缓冷温度下烘烤硬化钢性能

缓冷温度 /℃	屈服强度 /MPa	抗拉强度 /MPa	伸长率 /%	$\bar{r}$	n 值	烘烤硬化值 /MPa
720	202	337	41.5	2.52	0.22	38.5
740	198	330	43.0	2.59	0.23	44.5
760	187	321	44.0	2.62	0.23	46.0

4.1.2.4 预变形对烘烤硬化钢性能的影响

预变形除了会对材料引入内应力之外，还会改变材料的位错密度，从而影响柯氏气团的形成，二者共同作用决定了预变形量对烘烤硬化钢烘烤硬化性能的影响。金兰等[94]通过对超低碳烘烤硬化钢进行了不同变形量的单向拉伸及烘烤处理，性能变化如图 4.1-9 所示，在 0~4%、8%~15% 的预变形范围内，烘烤硬化值随预变形量的增加而增大，变形引入大部分自由位错，促进了柯氏气团的形成；在 4%~8% 的预变形量范围内，烘烤硬化值随预变形量的增加而减小。这是由于新旧位错之间产生位错缠结，导致与碳原子交互作用的位错数量降低。

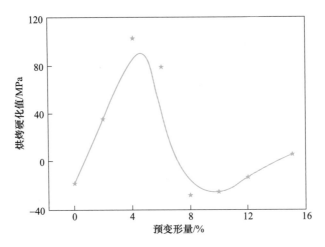

图 4.1-9　烘烤硬化钢预变形量与烘烤硬化值的关系

材料经过预变形会产生加工硬化，加工硬化值（WH）随预变形量的增加而增大。烘烤过程中内应力会释放，从而影响烘烤硬化值。所以说整个预变形对烘烤硬化值的影响受到内应力和位错密度的共同影响，但是不同阶段主要影响因素不同，如图 4.1-10 所示。

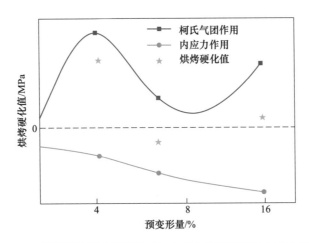

图 4.1-10　烘烤硬化钢中柯氏气团与内应力共同作用对内应力的影响

4.1.2.5　时效时间对烘烤硬化钢性能的影响

烘烤硬化钢的性能对时效比较敏感。达春娟等[95]研究了烘烤硬化钢的常温时效，研究表明，在经过一定时效时间后，试验钢的强度逐渐升高，同时伸长率逐渐降低；此外，试验钢的烘烤硬化值有增加趋势，这是由于随着时间的增长，碳原子逐渐偏聚到位错处形成柯氏气团，钉扎位错导致烘烤硬化钢性能的变化。王琳琳[96]对退火态的低碳烘烤硬化钢经 2% 预变形，并在 250℃ 分别时效 10～10000min，如图 4.1-11 所示，随时效时间的延长，试验钢的烘烤硬化值逐渐降低，且下降速率逐渐减缓。

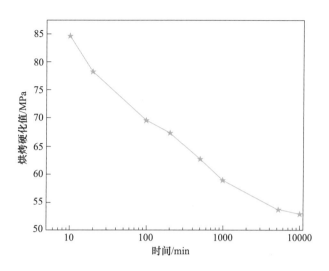

图 4.1-11 烘烤硬化钢不同时效时间下的烘烤硬化值曲线

4.1.3 高强度低合金钢

4.1.3.1 高强度低合金钢概述

高强度低合金钢是指在低碳钢中，通过单一或复合添加铌、钒、钛等微合金元素，形成碳氮化合物粒子析出进行强化，同时通过微合金元素的细化晶粒作用而获得高强度的一种高强钢[97]。高强度低合金钢的生产工艺较为简单，生产成本较低，同时具有较高力学性能和一定的成形性，是高强度汽车用钢中一个重要的产品系列，在工程结构用钢中备受青睐，主要应用部位是汽车车架，包括立柱、门窗框、各种纵横梁等安全构件。

高强度低合金钢的强化机理以析出强化、细晶强化和固溶强化为主。从近年的发展来看，高强度低合金钢不再依靠单一的合金元素强化，而是依靠成分和工艺的共同作用，发挥出材料本身的最大潜力[98]。特别是在对工艺的不断改进中，不仅能够提高钢的综合力学性能，而且有助于减少钢中合金元素的添加，在节约能源和控制成本方面有着很大的作用。近年来，对析出相的控制成为高强度低合金钢另一个研究热点。析出强化是高强度低合金钢主要的强化手段之一，尤其是 Nb、V、Ti、Cr 等强碳化物形成元素的加入，再辅以合适的轧制工艺与冷却手段，结合后续的冷轧和退火工艺，可以获得均匀的纳米级析出相，对强度的提高有明显的效果。

目前，国内外的一些大型钢铁企业已经能够稳定生产强度较高的冷轧高强度低合金钢产品，例如某钢厂生产的典型高强度低合金钢产品如表 4.1-5 所示。欧洲对冷轧高强度低合金钢的开发处于世界领先水平，其凭借着先进的生产技术，早已能够稳定地生产较高级别的冷轧低合金超高强钢，如瑞典 SSAB 公司已经可以批量生产屈服强度达 700MPa 以上的产品；日本新日铁可以生产屈服强度达到 550MPa 以上级别的冷轧产品[98]。

表 4.1-5 某钢厂产品手册中高强度低合金钢力学性能指标

牌 号	屈服强度①/MPa	抗拉强度/MPa	断后伸长率② ($L_0 = 50mm$, $b = 25mm$)/%			180°弯曲试验 ($b \geqslant 20mm$) 弯心直径
			公称厚度/mm			
			0.60~ < 1.0	1.0~ < 1.6	1.6	
B340LA	390~460	≥440	≥22	≥24	≥26	0.5a
B410LA	410~560	≥590	≥16	≥17	≥18	a

① 当屈服现象不明显时采用 $R_{P0.2}$，否则采用 R_{eL}。

② 试样为 GB/T 228 中的 P14 试样。

4.1.3.2 高强度低合金钢的化学成分

在低强度级别的冷轧 HSLA 钢产品中，以固溶强化和细晶强化为主要的强化方式，最终获得的组织也基本上以铁素体和珠光体为主，但 550MPa 级别以上的冷轧低合金超高强钢继续沿用铁素体珠光体组织，强度上可能难以达标，因此在开发更高强度的此类钢种时，引入新的强化相是必然的趋势，所以析出强化得到越来越广泛的关注。

碳是高强度低合金钢中添加的最廉价固溶强化元素之一，由于碳原子嵌入 α-Fe 晶格的八面体间隙中，形成间隙固溶体，使晶格产生不对称正方形畸变造成强硬化效应，提高了钢的强度。但随着碳含量的增加，塑性和韧性明显下降。目前的冷轧高强度低合金钢的碳含量大部分都在 0.1%（质量分数）以下，GB/T 20564.4—2010 中对于 CR420LA 的合金元素的含量也有了明确的要求，规定 Ti+Nb+V+B≤0.22（质量分数），在降低成本的同时也有效地提高了高强度低合金钢的焊接性能。

硅是高强度低合金钢中常见的强化元素之一，硅在钢中大部分溶于铁素体，使得铁素体得到固溶强化。硅还有延缓贝氏体形成的作用，可以特别强烈地阻碍贝氏体转变时碳化物的形成，促使尚未转变的奥氏体富集碳，因而使贝氏体转变减慢[99]。

钛与钢中的碳、氮元素形成的碳化物、氮化物、碳氮化物均匀弥散地析出在基体之中，尺寸达到了纳米级，钢中这些纳米尺寸的析出物主要有以下几个作用：通过阻碍晶界的滑移来限制奥氏体向铁素体的转变，进而阻碍了变形奥氏体的再结晶；纳米析出物很好地阻碍了可动位错的运动，使强度得到显著的提升[100]。采用钛微合金化技术，冷轧高强度低合金钢中可能存在一定数量的微量溶质原子。溶质原子与位错间存在交互作用，使溶质原子倾向于在位错及晶界处偏聚，对位错的滑移和晶界的迁移起着阻碍作用，阻碍了再结晶过程，使再结晶温度升高[101]。

铌在钢中与钛的作用大致相似，主要作用也是与钢中的碳、氮元素结合，形成碳氮化物，产生细小的沉淀析出强化，但与钛相比，铌的细化晶粒的作用更加明显，往往在含量为 0.05%时就能起到明显的细化晶粒的作用。铌原子与奥氏体的基体有较大的错配度，导致了其在奥氏体中有较低的溶解度，铌是铁素体稳定元素，在钢中通常有两种稳定存在的形式：固溶铌原子和 Nb(C,N) 的析出物[102]，同时铌还能延缓贝氏体转变。由于少量的铌元素对钢的显微组织和力学性能有明显的影响，因此含铌钢的工艺控制尤为重要。

4.1.3.3 工艺参数对高强度低合金钢组织性能的影响

A 退火温度对高强度低合金钢组织性能的影响

在高强度低合金钢的工业生产中，常利用连续退火工艺来消除钢板在冷轧过程中产生的纤维组织和高密度的位错。

利用连退模拟试验机研究退火温度对 1.8mm 规格 HC420LA 钢组织性能的影响。不同退火温度下试验钢的显微组织演变如图 4.1-12 所示，对应的力学性能如表 4.1-6 所示，结

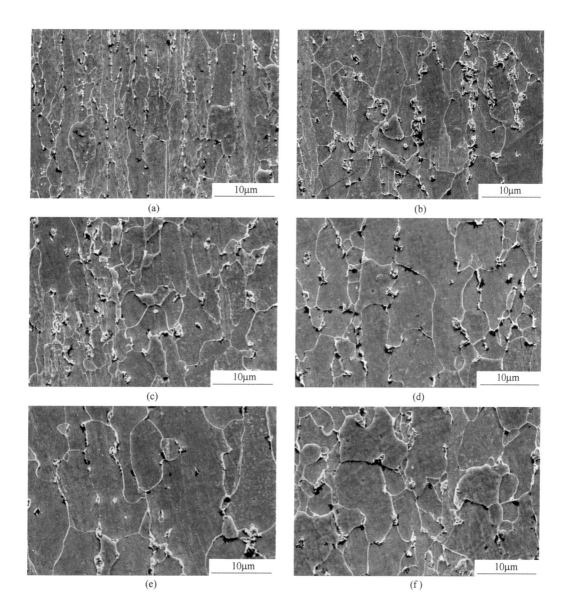

图 4.1-12　高强度低合金钢不同退火温度 SEM 组织（10000×）

(a) 710℃；(b) 730℃；(c) 750℃；(d) 770℃；(e) 790℃；(f) 810℃

果表明，随着退火温度的升高，试验钢的屈服强度和抗拉强度同时降低，伸长率上升。在710℃退火时，由于温度较低，大量未溶碳化物分布在基体组织上，导致试样强度较高，并且此时钢中的组织转变以轧态的铁素体再结晶、长大为主；随着退火温度的升高，在710~750℃范围内，铁素体再结晶长大过程基本完成，为等轴状，碳化物进一步溶解，导致铁素体晶粒内部位错密度降低，试验钢的强度下降；随着退火温度的进一步提高，在770~810℃范围内，铁素体晶粒尺寸变化不大，Nb、V、Ti等微合金元素的析出物粗大化或进一步溶解，降低了沉淀强化效果，故强度降低。

表 4.1-6 高强度低合金钢不同退火温度力学性能

退火温度/℃	屈服强度 R_{eL}/MPa	抗拉强度 R_m/MPa	伸长率/%
710	494	555	11.6
730	462	554	19.0
750	457	514	23.4
770	385	463	26.5
790	392	471	28.8
810	375	454	34.1

郭俊成等[103]研究了退火温度对含铌高强度低合金钢组织和力学性能的影响。利用 EBSD 分析可知，随着退火温度的升高，铁素体晶粒逐渐长大并且取向更为随机（图 4.1-13），同时局部平均取向差（KAM）数值减小（图 4.1-14），这说明位错密度随退火温度的升高而下降。

图 4.1-13 不同退火温度高强度低合金钢晶粒取向分布图
(a) 780℃；(b) 800℃；(c) 820℃

B 冷却速度对高强度低合金钢组织性能的影响

李春诚等[104]在780℃退火温度条件下，研究了冷却速度（16℃/s、20℃/s、24℃/s）对高强度低合金钢 HC300LA 组织性能的影响。如表4.1-7所示，随着试验钢冷却速度的提高，高强度低合金钢的屈服强度、抗拉强度提高，断后伸长率降低。造成这一现象的原因是随着冷却速度的增加，奥氏体向珠光体转变的速率提高，珠光体体积分数逐渐增加，在冷却速度提高的同时使得共析反应温度降低，导致先共析铁素体析出时间较短，铁素体体积分数较低，故最终造成 HSLA 钢的强度增加而断裂伸长率降低。

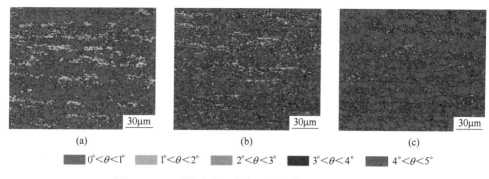

图 4.1-14　不同退火温度高强度低合金钢 KAM 图像
(a) 780℃；(b) 800℃；(c) 820℃

表 4.1-7　经不同冷却速度处理后高强度低合金钢的力学性能

快冷速度/℃·s⁻¹	屈服强度 R_{eL}/MPa	抗拉强度 R_m/MPa	伸长率/%
16	318	426	34.5
20	335	435	32.0
24	345	439	31.5

C　过时效温度对高强度低合金钢组织性能的影响

连退工艺中的过时效段起到改善冷轧板残余应力与位错密度，提高韧塑性的作用，同时过时效段的加入也能很好的改变已形成的铁素体中固溶碳的含量，优化钢的综合力学性能。因此选择合适的过时效温度对钢的最终组织和力学性能都是十分关键的。

康涛等[105]研究了不同过时效温度对试验钢组织和力学性能的影响。图 4.1-15 为不同过时效温度的高强度低合金钢 SEM 组织。试验钢 370℃过时效时，淬火态马氏体并没有发生明显的变化。升温到 390℃，马氏体发生明显的回火，其边缘变得模糊，内部的碳化物开始不断析出长大，从而造成了马氏体的软化。试样在 410℃过时效时，由于温度较高，马氏体发生明显的分解，与此同时，碳化物大量析出，弥散分布在铁素体基体上。

图 4.1-15　高强度低合金钢不同过时效温度 SEM 组织
(a) 370℃；(b) 390℃；(c) 410℃

表 4.1-8 为试验钢力学性能随过时效温度的变化趋势。随着过时效温度的升高，试样的抗拉强度逐渐减小，屈服强度不断增加。随着过时效温度的升高，试验钢的伸长率先升

高后下降。低温时效时，由于温度过低，钢中的马氏体未发生分解，导致材料强度高、塑性差。升温到 390℃时，由于过时效温度较高，马氏体软化效果明显，虽然马氏体的软化带来了抗拉强度的下降，但明显改善了试验钢的塑性。继续升温到 410℃，马氏体分解严重，碳化物大量析出，有效地阻碍了位错的运动，导致试样的伸长率大幅下降。

表 4.1-8　高强度低合金钢不同过时效温度力学性能

过时效温度/℃	屈服强度 R_{eL}/MPa	抗拉强度 R_m/MPa	伸长率/%
370	492	648	19.6
390	494	629	21.2
410	509	624	17.9

4.2　双相钢、复相钢及相变诱导塑性钢

4.2.1　双相钢

4.2.1.1　双相钢概述

双相（dual phase，DP）钢的两相通常指的是铁素体和马氏体，马氏体以岛状弥散分布在铁素体的基体上，达到强度和塑性的协调从而改善综合性能。双相钢具有屈服强度较低、加工硬化速率高、焊接性能好等优点，是汽车高强钢中用量最大的钢种，主要应用于汽车防撞结构或加强部位。

双相钢包括热轧、冷轧、镀锌等多种交货状态。其中传统热连轧技术受限于设备能力，存在冷速控制难度大、板厚较厚等短板。薄板坯连铸连轧技术则在组织性能方面比传统热连轧双相钢更具优势，部分短流程热轧双相钢产线如表 4.2-1 所示[106]。迄今为止，国内外短流程产线生产的双相钢强度级别仍以 600MPa 级为主，在汽车轻量化的驱动下，开发 DP780、DP980 等更高强度的热轧双相钢将是短流程热轧双相钢未来的发展趋势。

表 4.2-1　国内外部分生产双相钢的短流程产线

企业名称	产线	成分体系	强度级别	产品规格/mm
ACB 毕尔巴鄂	CSP	C-Mn-Si-Cr	DP600	1.6~4.0
Ezz Eldekhela 钢铁	CSP	C-Mn-Si-Cr	DP600	—
阿维迪 Cremona 厂	ISP	C-Mn-Cr	DP600	1.8~3.0
蒂森克虏伯	CSP	C-Mn-Cr	DP600	1.8~4.7
纽柯	CSP	—	DP600~DP780	1.5~5.0
塔塔钢铁	CSP	C-Mn-Si-Cr	DP600	—
鞍钢	ASP	C-Mn-Si-Cr	DP600	3.2~4.0
本钢	FTSR	C-Mn-Si-Cr	DP600	3.0
包钢	CSP	C-Mn-Si	DP540~DP590	4.0~11.0
涟钢	CSP	C-Mn-Si-Cr	DP600	3.0~4.0
武钢	CSP	C-Mn-Si、C-Mn-Cr	DP580	4.0

4.2.1.2　冷轧双相钢

A　冷轧双相钢的化学成分

目前双相钢的合金成分设计多以碳、硅、锰为主，另外根据需求适当加入铝、铬、钼、钒、铌等元素来提高材料的力学性能。常见的冷轧系列双相钢有 C-Mn-Si、C-Mn-Cr 系，以及在 C-Mn 成分基础上添加铌或铬、钼、硼的微合金化成分等。

碳在双相钢中主要对相变强化起作用。碳含量不仅会影响双相钢中马氏体的体积分数，还会影响马氏体的形态与分布，进而影响双相钢的性能。

锰可以降低 A_{c3}、A_{c1} 临界点、扩大限制晶粒生长的（α+β）相区、细化渗碳体晶粒、固溶强化后减少晶界移动，从而增加了晶粒的稳定性[107]。同时，锰元素还可以使铁素体更纯净，提高了双相钢的韧性和塑性。

硅影响碳元素的扩散及其他成分锰、铌等元素配分，并抑制碳化物的生成。同时，硅还可以改善马氏体的回火稳定性、形态和分布，对铁素体固溶强化，从而提高整个双相钢强度和塑性[108]。但是硅含量过高会影响钢板的表面质量，降低焊接性能和涂镀性能。

钼可以促进铁素体的析出，提升双相钢的塑性，同时，钼可以阻碍奥氏体在冷却的过程中转变成珠光体，但是钼元素相对较贵，会增加生产成本。铬是中强碳化物形成元素，能有效提高钢的淬透性，可以在实际生产中的冷却条件下，获得所要求的马氏体组织[109]。同时铬也能增强奥氏体的淬透性，细化晶粒，使双相钢的强度得到提高。

得益于连续退火生产线较强的冷却能力，在保证生产和产品性能的前提下，基于成本考虑，冷轧双相钢的合金成分可以相对简单。但当冷却能力不足时，通常需要添加铬、钼、硼、铌等元素来提高淬透性。

B　冷轧双相钢的组织性能特征

研究表明，双相钢的显微组织是由其化学成分和获得铁素体马氏体双相组织的方式决定的[110]。目前绝大部分双相钢从组织上来看都是无序组织的双相钢，可将无序的组织分为弥散分布型组织、纤维状双相混合型组织、高位错亚晶结构型组织 3 种情况[111]。

双相钢特定的组织结构决定了它具有良好的综合力学性能。与传统高强钢相比较，双相钢有以下性能特点[112]：（1）具有良好的强度和塑性的综合指标，其力学性能可以在较大范围内进行调节。目前已开发出 450~1600MPa 的双相钢[113]，且双相钢拥有两相协调变形能力，使得成品钢有更好的承载能力和成形能力。（2）具有较低的屈服强度和连续屈服特征，这使得双相钢拥有良好的成形加工性能，避免了模具的损耗和加工设备的限制，利于加工各种复杂零件。（3）具有较高的初始加工硬化速率，相比于高强度低合金钢等，较高的初始加工硬化速率使得双相钢有更好的均匀的应变分布能力，避免早期开裂和皱曲，因而有更好的成形性。（4）具有较小的平面各向异性，可以避免冲压不均匀而造成的缺陷。（5）合金含量低且焊接性能优良。

C　工艺参数对冷轧双相钢组织性能的影响

双相钢冷轧板的热处理工艺流程及组织示意图如图 4.2-1 所示，其中临界区奥氏体的形成和冷却过程中奥氏体向铁素体和马氏体的转变是冷轧双相钢在连续退火工艺下最为重要的两个阶段。

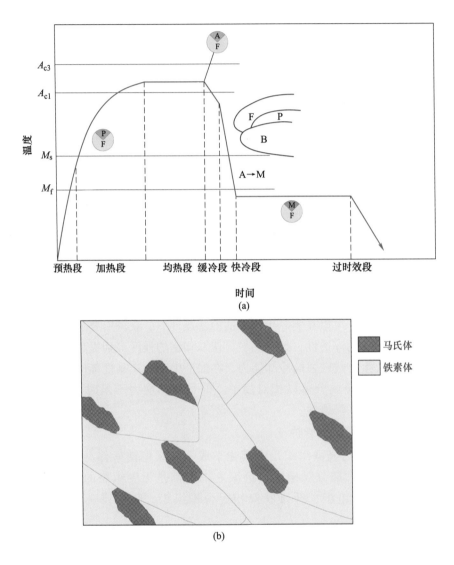

图 4.2-1　双相钢冷轧板的热处理工艺流程及组织示意图

（a）双相钢的热处理工艺流程示意图；（b）双相钢冷轧板的组织示意图

a　冷轧压下率对双相钢组织性能的影响

在带钢的实际生产过程中，冷轧压下率直接影响产品的组织和性能[114]。李守华等研究了冷轧压下率对双相钢组织性能的影响，图 4.2-2 显示了不同冷轧压下率下的退火显微组织，随着冷轧压下率的增加，晶粒更加细小，位错密度增加，畸变能增加，再结晶的动力增大，退火后的晶粒尺寸更加细小均匀。不同冷轧压下率所对应的力学性能影响如表 4.2-2所示，抗拉强度随冷轧压下率的增加而升高，屈服强度和 n 值变化不大，断后伸长率逐渐降低。

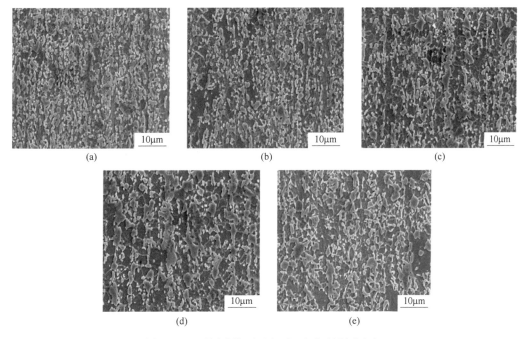

图 4.2-2 不同冷轧压下率下双相钢的退火组织

（a）压下率为 75%；（b）压下率为 70%；（c）压下率为 65%；（d）压下率为 60%；（e）压下率为 55%

表 4.2-2 不同冷轧压下率下双相钢的力学性能

冷轧压下率/%	屈服强度/MPa	抗拉强度/MPa	屈强比	A_{50}/%	n 值	r 值
55	413	878	0.470	15.30	0.22	0.92
59	414	884	0.468	14.82	0.21	0.92
65	412	902	0.457	14.04	0.21	0.90
67	416	902	0.461	14.04	0.22	0.93
75	420	910	0.461	13.84	0.22	0.94

b 退火温度对双相钢组织性能的影响

退火温度影响奥氏体的形成从而影响马氏体的体积分数，最终影响双相钢的组织和性能[115]。一定碳含量的双相钢，退火温度的高低直接影响了两相区奥氏体的含量，进而影响着合金元素的扩散行为，改变了奥氏体的淬透性，影响后续缓冷阶段奥氏体的分解及快冷阶段的马氏体相变。

康涛等[116]研究了两相区保温温度对冷轧双相钢组织性能的影响，结果表明（图 4.2-3 和图 4.2-4），试验钢屈服强度随温度的升高而不断增大，这是由于铁素体体积分数减小，位错滑移更加困难，变形更不容易发生；其次，随着温度的上升，回火马氏体比例逐步上升。两者的综合作用导致其在 850℃ 下具有最高的屈服强度。抗拉强度随退火温度的升高逐渐降低，这与组织中高密度的淬火马氏体比例有关。断后伸长率主要与铁素体的比例及铁、马两相的分布有关，等温度提升至 850℃ 时，铁素体相消失，试验钢塑性显著下降。

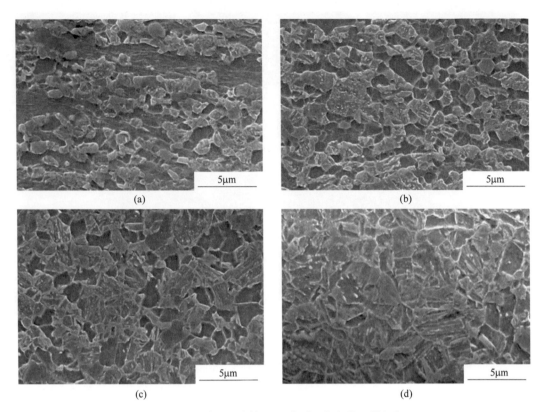

图 4.2-3　两相区不同保温温度时双相钢的显微组织

（a）775℃；（b）800℃；（c）825℃；（d）850℃

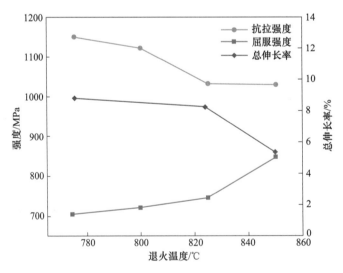

图 4.2-4　两相区保温温度对双相钢力学性能的影响

c　缓冷工艺对冷轧双相钢组织性能的影响

双相钢连续退火过程中的缓慢冷却阶段主要的作用是调节快速冷却前双相钢中奥氏体的数量和分布，并改善合金元素在两相中的分布形态，以使随后的快冷能得到适合比例的马氏体和铁素体组织[117]。提高缓慢冷却速度不仅能提升双相钢马氏体含量，还能使晶粒细化，提高冷轧双相钢的屈服强度。

王科强等[118]研究了缓冷速度对冷轧双相钢组织性能的影响，试验钢经过不同缓冷速度的退火组织如图4.2-5所示，不同缓冷速度的显微组织均由铁素体和马氏体组成，随着缓冷速度的增加，马氏体和铁素体晶粒尺寸逐渐减小，马氏体体积分数明显增多。相应的双相钢屈服强度和抗拉强度随缓冷速度的增加而提高，伸长率则随着缓冷速度的升高而下降。

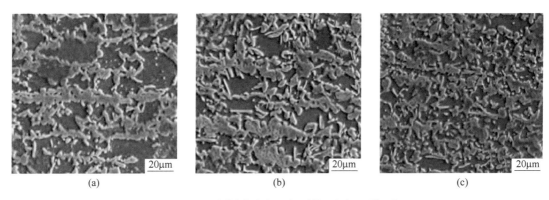

(a)　　　　　　　　　　(b)　　　　　　　　　　(c)

图 4.2-5　不同缓冷速度下得到的双相钢显微组织

（a）冷却速度为1℃/s；（b）冷却速度为9℃/s；（c）冷却速度为20℃/s

郭杰[119]研究了缓冷结束温度（640℃，670℃，700℃）对冷轧双相钢组织性能的影响（图4.2-6），研究表明，随着缓冷结束温度的升高，奥氏体比例增加，但由于这部分奥氏体的稳定性较差，在随后的快冷中转变成马氏体，导致室温组织中铁素体比例减少，马氏体含量逐渐增多，屈服强度和抗拉强度增加，总伸长率逐步降低。

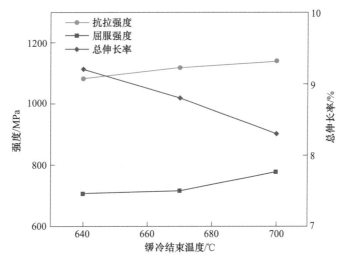

图 4.2-6　不同缓冷结束温度双相钢的力学性能

d　快冷速度对双相钢组织性能的影响

快速冷却速度直接影响着过冷奥氏体向马氏体的相变过程，在成分一定的情况下，冷却速度增加，奥氏体向马氏体转变越充分，但当冷却速度到达一定程度以使过冷奥氏体完全转化为马氏体后，提高冷速将对双相钢组织影响不大。

刘志桥等[120]研究了不同冷却速度对冷轧 DP590 组织性能的影响（图 4.2-7），研究表明，随着冷却速度的增加，试样的屈服强度缓慢上升，伸长率逐渐下降，抗拉强度呈上升的趋势，当冷速由 20℃/s 变为 30℃/s 时，开始发生马氏体相变，伸长率显著下降，抗拉强度显著上升。

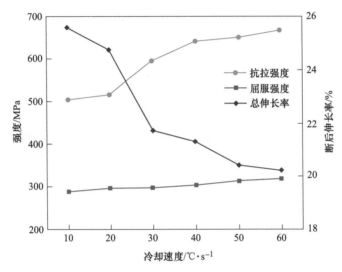

图 4.2-7　不同冷速下双相钢 DP590 的显微组织

e　过时效温度对冷轧双相钢组织性能的影响

过时效处理时双相钢会发生马氏体的回火、碳化物的析出及长大。肖洋洋等[121]研究了过时效温度对 980MPa 级冷轧双相钢组织性能的影响，试验钢的组织变化如图 4.2-8 所示，随着过时效温度的增加，马氏体的形貌由板条状逐渐转变为岛状，且马氏体岛晶界从清晰平滑演化成更加细密的多边形结构。当过时效温度增加至 350℃时，马氏体岛开始分解，同时伴随着一些粒状碳化物的析出。

图 4.2-9 表示了过时效温度对冷轧双相钢力学性能的影响，随着过时效温度的升高，抗拉强度逐渐降低，伸长率先升高后降低，并在 310℃时达到最高。

4.2.1.3　热镀锌双相钢

A　热镀锌双相钢的成分和性能特征

化学成分可以影响热镀锌双相钢的力学性能和镀层质量。碳元素能够有效地降低 M_s 点。但是为了获得具有塑性较好的双相组织，应降低碳含量，从而得到强韧的低碳位错马氏体，避免生成高碳的孪晶马氏体。其次，硅和锰对双相钢组织性能有积极的影响，但是添加过量，容易在钢带表面氧化，影响双相钢的表面质量，降低镀锌浸润性，造成漏镀点，降低镀锌板的焊接性能。钼元素能提高双相钢强度，在退火时不会损害钢板的表面质量，因此不会影响锌液的浸润性；其次，添加钼会使 CCT 曲线（过冷奥氏体连续冷却转

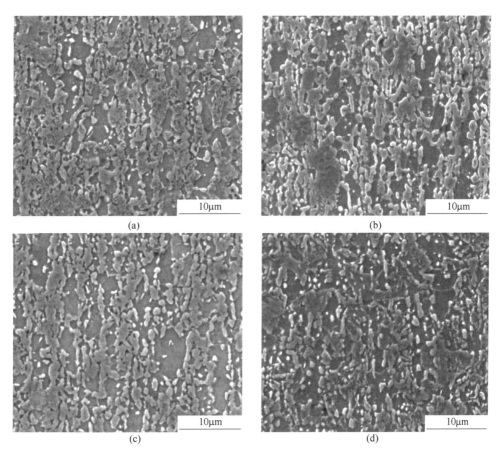

图 4.2-8 980MPa 级冷轧双相钢不同过时效温度下的显微组织（4000×）

（a）260℃；（b）290℃；（c）310℃；（d）340℃

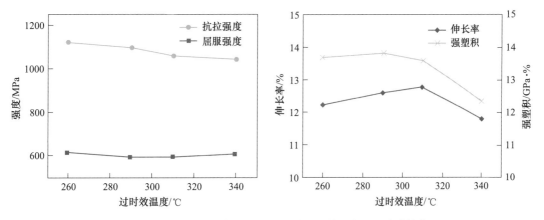

图 4.2-9 980MPa 级冷轧双相钢不同过时效温度下的力学性能

变曲线）右移，且扩大铁素体区域，有利于获得铁素体+马氏体双相钢组织[122]。表 4.2-3
所示为 C-Mn-Cr-Mo 系与 C-Mn-Cr 系双相钢退火后的力学性能[123]。相同退火温度下，钼元
素的添加可以显著提高热镀锌双相钢的强度，伸长率也有所提高，且钼元素对屈服强度的
影响更大。

表 4.2-3　高强度热镀锌双相钢的力学性能

成　分	退火温度 /℃	保温时间 /s	屈服强度 /MPa	抗拉强度 /MPa	伸长率 /%	屈强比	卷取温度 /℃
C-Mn-Cr	800	80	462	958	13.3	0.48	650
C-Mn-Cr	820	80	536	1013	15.0	0.53	650
C-Mn-Cr-Mo	800	80	695	1143	8.6	0.61	650
C-Mn-Cr-Mo	820	80	737	1157	9.2	0.64	650

B　工艺参数对热镀锌双相钢组织性能的影响

热镀锌双相钢技术，是指经过退火处理、热镀锌和合金化处理后获得的显微组织以铁素体加马氏体为主、表面覆盖镀锌层的工艺技术[124]，其中退火工艺是生产高性能热镀锌产品的关键[125]。热镀锌退火工艺与连续退火工艺有所不同。普通连续退火双相钢在临界区退火后立即冷却至 M_s 点以下进而得到双相组织；而连续热镀锌双相钢是在镀锌后的冷却阶段获得双相组织，因此在连续热镀锌双相钢中加入较高的合金元素，防止其在镀锌过程中产生珠光体、贝氏体等组织[126]。

双相钢的力学性能受铁素体和马氏体两相含量、形态及分布的影响。在其他参数不变的条件下，马氏体含量由两相区奥氏体化温度决定。为了确保马氏体的含量必须提高两相区退火温度，但随着温度的升高，奥氏体的淬透性会下降，缓冷阶段奥氏体分解，后面的快冷马氏体含量也会降低，这就需要找到一个平衡点，使得强度和塑性达到最佳的匹配。

a　退火温度对热镀锌双相钢组织性能的影响

关琳等[127]研究了退火温度对 800MPa 级热镀锌双相钢组织性能的影响（图 4.2-10 和图 4.2-11）。随着退火温度的升高，铁素体晶粒长大；过高的退火温度降低了奥氏体的稳定性，快速冷却后马氏体的含量较少，导致强度下降。

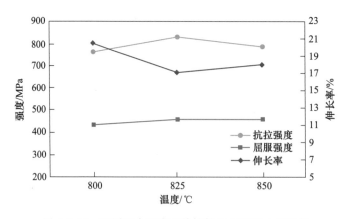

图 4.2-10　不同退火温度下热镀锌双相钢的力学性能

b　合金化热镀锌工艺对热镀锌双相钢镀层的影响

镀层的表面形貌、镀层结构和表面粗糙度影响合金化钢板的使用性能。齐春雨等[128]研究了合金化热镀锌工艺对热镀锌双相钢镀层的影响，图 4.2-12 显示不同合金化参数下

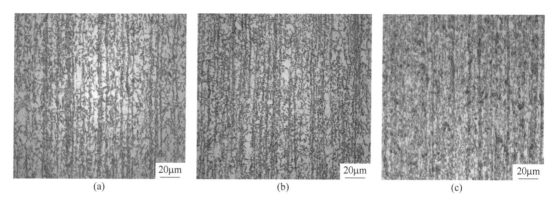

图 4.2-11 不同退火温度下热镀锌双相钢的显微组织
(a) 800℃；(b) 825℃；(c) 850℃

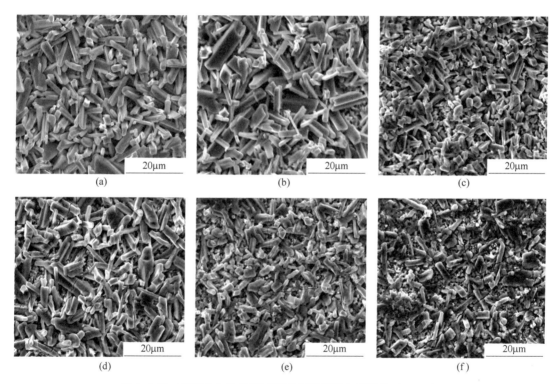

图 4.2-12 不同合金化参数下双相钢镀层的表面形貌 (5000×)
(a) 480℃, 20s；(b) 480℃, 25s；(c) 500℃, 20s；(d) 500℃, 25s；(e) 520℃, 20s；(f) 520℃, 25s

镀层表面的形貌，随着合金化温度升高和时间延长，合金化镀层表面 ζ 相减少，δ 相增多，出现小孔。温度升高，时间增加，合金化程度加深，当合金化温度为 520℃，合金化时间 25s 时，DP590 钢板热镀锌合金化镀层中出现 Γ 相。在 480℃热镀锌合金化处理时，镀层表面粗糙度随处理时间的延长而增加，500℃ 和 520℃处理时镀层表面粗糙度随时间延长而减小；当合金化时间为 25s 时，镀层表面粗糙度随温度升高而降低(图 4.2-13)。

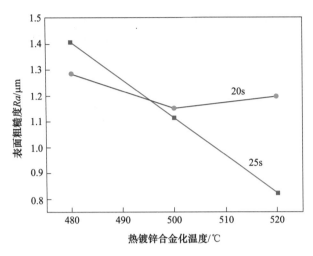

图 4.2-13　不同热镀锌合金化工艺对双相钢表面粗糙度的影响

4.2.1.4　增强成形性双相钢

增强成形性双相（dual phase steel with high formability，DH）钢，是显微组织主要为铁素体、马氏体，以及少量残余奥氏体或贝氏体的钢。与相同强度级别的传统双相钢相比，适用于对成形性能要求更高的零件[129]。

增强成形性双相钢在双相钢的化学成分基础上进行合金含量的微调，既不会大幅度改变双相钢成分，也不会引起因为化学成分的变化而对其生产工艺进行大幅度的调整，进而影响钢板产品的制造成本，力学性能上相同强度级别增强成形性双相钢的断后伸长率和加工硬化指数更高，表 4.2-4 和表 4.2-5 为鞍钢生产的几种不同强度级别的冷轧增强成形性双相钢的化学成分和力学性能[130-133]。

表 4.2-4　不同强度级别冷轧增强成形性双相钢的化学成分

牌号	化学成分(质量分数)/%							
	C	Mn	Si	Al	Cr	Nb	P	S
DH590	0.08~0.14	1.2~2.2	0.35~0.75	0.02~0.50	0.03~0.45	≤0.03	≤0.03	≤0.03
DH780	0.10~0.18	1.5~2.5	0.4~0.8	0.02~0.7	0.02~0.50	≤0.1	≤0.03	≤0.03
DH980	0.16~0.23	1.8~2.8	0.3~1.5	0.02~1.2	0.02~0.70	≤0.05	≤0.03	≤0.03
DH1180	0.18~0.25	1.8~2.8	0.5~1.4	0.02~1.4	0.03~0.60	≤0.1	≤0.03	≤0.03

表 4.2-5　不同强度级别冷轧增强成形性双相钢的力学性能

牌　号	屈服强度/MPa	抗拉强度/MPa	断后伸长率 A_{80mm}/%
DH590	350~430	590~700	30~35
DH780	450~550	780~880	≥21
DH980	550~700	980~1100	16~20
DH1180	850~1050	1180~1300	≥10

传统双相钢的显微组织为铁素体和马氏体，软相铁素体保证了塑性，硬相马氏体保证了强度，但是传统双相钢的塑性偏低成为制约其广泛应用的关键因素，其伸长率不能满足高拉延性零件的要求，使得此种材料难以满足复杂冲压结构件的要求[134]。因此，需要在满足高强度要求的同时，具有较高的伸长率，满足复杂成形性要求，且不增加合金含量，影响表面质量和焊接性能，增强成形性双相钢满足了以上性能要求。增强成形性双相钢[135]作为近几年发展较快的先进汽车用高强钢，在满足同等级普通双相钢强度要求的前提下，通过调整连铸、轧制、退火等工艺的时长和温度，在原有铁素体和马氏体的基础上，引入3%~7%的残余奥氏体，使其具备了相变诱导塑性效应，从而提高了传统普通双相钢的伸长率，以适应具有复杂拉延成形需求的汽车零件生产[136]，是非常具有推广前景的汽车用钢。图4.2-14为1300MPa级双相钢两相区不同保温温度下的EBSD组织[137]，反映了残余奥氏体的含量及分布。由图可知残余奥氏体主要分布于晶界处，且残余奥氏体含量随保温温度的升高而逐渐升高。

增强成形性双相钢含有一定量的残余奥氏体，提高了材料的伸长率。但是，也会在冲压过程中增加钢板的回弹量。针对于一些梁型件或者形状复杂的零件，如何控制好零件的回弹，是对比于双相钢的应用所必须多加注意的问题。

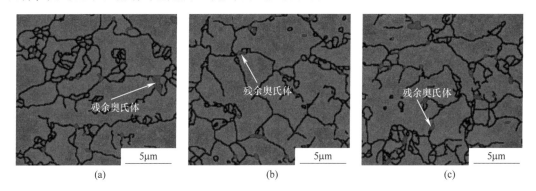

图4.2-14 增强成形性双相钢DH1300两相区不同保温温度下的EBSD图片
(a) 740℃；(b) 760℃；(c) 780℃

4.2.2 复相钢

4.2.2.1 复相钢概述

复相（complex phase，CP）钢的显微组织是铁素体或贝氏体基体上分布少量马氏体、残余奥氏体或珠光体。通过微合金元素细晶强化或析出强化。与同等抗拉强度的双相钢相比，具有较高的屈服强度和良好的弯曲性能[138]。

Spenger等[139]对比研究了780MPa级相变诱导塑性钢、复相钢和双相钢的力学性能，从图4.2-15和图4.2-16可以看出，与同级别的高强钢相比，复相钢具有更高的屈服强度、扩孔率及弯曲性能。一方面，复相钢各相之间的硬度差异较低，局部应变能力及抗破坏性能力较强；另一方面，残余奥氏体通过应变诱发马氏体相变或变形孪晶，在提高伸长率和应变硬化能力方面起着非常重要的作用。鉴于优良的成形性及较高的屈服强度，复相钢广泛应用于汽车底盘零件、座椅滑轨、门槛等形状复杂的零件及缓冲器、B柱加强板等吸能零件。

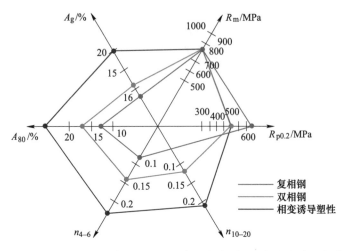

图 4.2-15　780MPa 级复相钢、双相钢、相变诱导塑性钢的力学性能

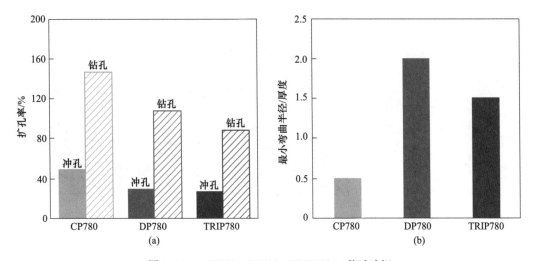

图 4.2-16　CP780、DP780、TRIP780 三种试验钢

（a）扩孔率；（b）最小弯曲半径

　　通过合理的成分设计和优化的生产工艺，国内外钢铁企业已实现 500~1200MPa 热轧、冷轧复相钢的批量化生产。2020 年 12 月，某钢厂制造出 1180MPa 级成形性增强复相钢（CH 钢）的普冷及热镀锌产品，利用细小均匀的微观组织结构及残余奥氏体的增塑机制，在保持传统复相钢优异的扩孔翻边性能基础上，进一步提高了产品的伸长率。典型的成形性增强复相钢显微组织如图 4.2-17 所示，在贝氏体基体上分布少量的铁素体、马氏体，并含有 7.4% 的残余奥氏体，其抗拉强度为 1100MPa，同时伸长率达到 15%。

4.2.2.2　复相钢的化学成分及制备工艺

　　选择合适的合金元素和制备工艺是获得理想的组织和力学性能的基础。复相钢的合金元素与双相钢和相变诱导塑性钢相同，如 C、Mn、Si，用 Al、P 部分替代 Si 改善钢的可涂覆性问题，但还含有少量的 Nb、Ti 和/或 V，其组织非常细小并形成细小碳化物和碳、氮

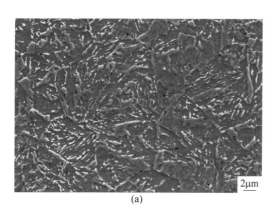
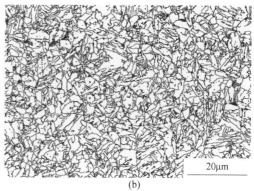

图 4.2-17 典型成形性增强复相钢组织的显微组织

(a) SEM 照片；(b) 残余奥氏体的 EBSD 分析

（蓝色为残余奥氏体，红线为>15°的晶界，黑线为2°~15°的晶界）

化物，起到细晶强化、析出强化的作用，以强化基体[140]。通过添加适当的合金元素（如 Si/Al/P）来限制碳化物的形成。因此，大部分碳元素更可能分配到奥氏体中，从而提高其稳定性。各钢厂不同强度级别复相钢的成分如表 4.2-6 所示。复相钢可通过热轧和冷轧后热处理工艺得到。

表 4.2-6 各钢厂不同强度级别复相钢的成分表

钢厂	强度/MPa	成分（质量分数）/%						
		C（最大）	Si（最大）	Mn（最大）	Cr+Mo（最大）	Ti+Nb（最大）	Al	S（最大）
安赛乐米塔尔	800	0.1	0.25	2.0	1.0	0.10		
	1000	0.14		1.7				
蒂森克虏伯	800	0.12	0.8	2.2	1.0	0.15	0.015~1.2	0.015
	1000	0.17						
韩国浦项	800	0.18	1.0	2.5	1.0	0.15	0.015~1.0	0.010
	1000	0.23	1.0	2.7	1.0	0.15	0.015~1.0	0.010
	1200	0.23	1.0	2.9	1.0	0.15	0.015~1.0	0.010
宝钢	980	0.12	1.5	2.0				0.020
	800	0.18	0.80	2.2	1.0	0.15	2.0	0.015

热轧复相钢的制备工艺与热轧相变诱导塑性钢相似，精轧后热轧板被快速冷却至铁素体转变区，之后快速冷却至贝氏体区温度卷取。应选取合适的卷取温度来控制贝氏体相变与第二相析出，从而细化微观结构。

Graux 等[141]利用试验钢（成分为 0.06%C-1.9%Mn-0.5%Si-0.1%Ti-0.04%Nb-0.2%Mo-0.05%Al-0.005%N，质量分数）进行终轧温度和卷取温度控制，设计开发了一种以贝氏体钢为基体的热轧复相钢，具有优异的扩孔性能，并且发现卷取温度对热轧复相钢的影响较大。最终，在工业试制中采取终轧温度 990℃，卷取温度 500℃，得到了均匀的板条贝氏体和粒状贝氏体微观组织，使得强度和拉伸翻边综合性能达到最优，抗拉强度为830MPa，扩孔率超过 70%。

　　冷轧复相钢的热处理工艺流程及组织示意图如图 4.2-18 所示，冷轧板首先在两相区保温一段时间后缓冷到 A_{c1} 以下，然后快速冷却到 M_s 以上的温度，在此温度下等温保持一段时间，最后冷却到室温。铁素体的体积分数由两相区退火温度和时间决定。在随后的冷却和等温过程中部分奥氏体转变为贝氏体，等温保温后残留的奥氏体在终冷阶段转变为马氏体，一些未转化的奥氏体可能在最终冷却步骤后保留至室温。

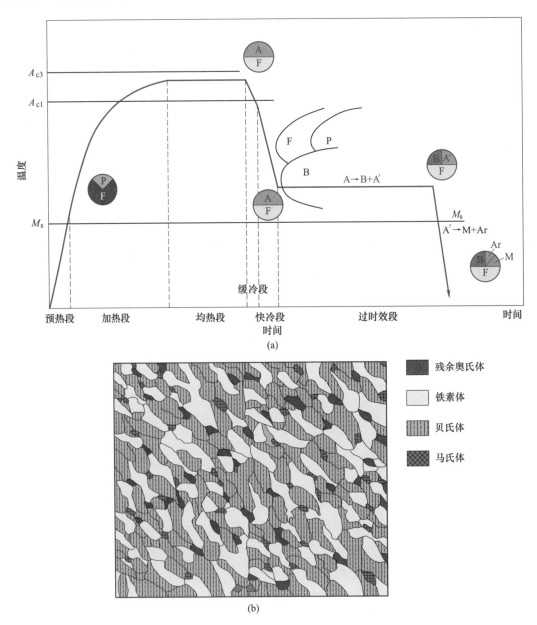

图 4.2-18　复相钢冷轧板的热处理工艺流程及组织示意图
（a）复相钢冷轧板的热处理工艺流程；（b）复相钢冷轧板的退火组织

4.2.2.3 工艺参数对冷轧复相钢组织性能的影响

A 退火温度对冷轧复相钢组织性能的影响

谢春乾等[142]研究了两相区温度（770℃，790℃，810℃，830℃）对780MPa级复相钢组织性能的影响，不同工艺下的试验钢的组织均为铁素体（灰色）+马氏体（白色）+少量贝氏体（黑色）三相组织，如图4.2-19所示。随着退火温度升高，组织中的马氏体、贝氏体含量逐渐增加，同时Nb、Ti碳氮化物析出相数量逐渐降低；同时随着退火温度的升高，屈服强度和抗拉强度逐渐增加，同时伸长率略有降低，在810℃退火时达到最佳性能。

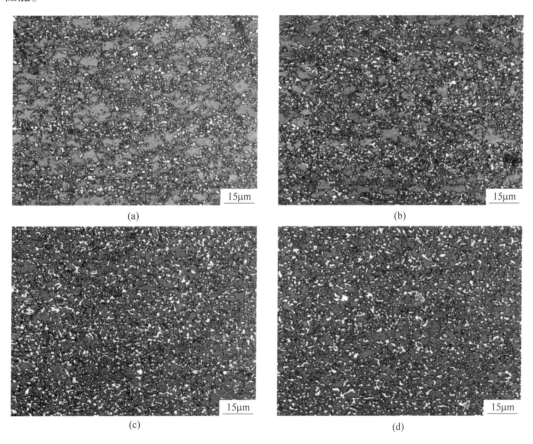

图4.2-19 复相钢CP780不同连退工艺的微观组织
(a) 770℃；(b) 790℃；(c) 810℃；(d) 830℃

邱木生等[143]采用连退模拟器研究了不同退火温度（760℃，780℃，800℃，820℃）对复相钢（0.09~0.12C-0.2~0.4Si-2.1~2.4Mn-0.02~0.06Al-0~0.8(Cr+Mo)-微量Nb-微量Ti，质量分数）组织性能的影响，研究表明试验钢的屈服强度和屈强比均随退火温度的增加而增加，伸长率在800℃时达到最大值14%。某钢厂依据实验结果开展工业试制，退火温度采取800℃，得到产品的微观组织特征为铁素体+贝氏体及细化分布的马氏体，如图4.2-20所示，屈服强度776MPa，抗拉强度1039MPa，断后伸长率

12%，扩孔率达到 62%，具有较为优良的扩孔性能，因此该产品能够适用于局部翻边扩孔而又兼顾冲压成形的零件需求，产品力学性能满足客户要求并成功应用于某畅销合资车型地板梁零件。

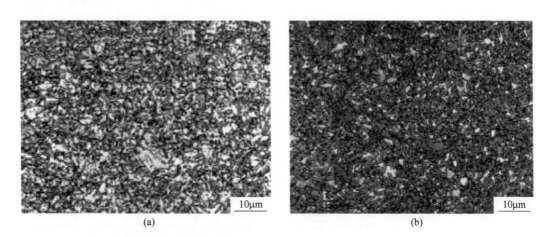

图 4.2-20　低碳含铌钛的 980MPa 级热镀锌复相钢微观组织

（a）硝酸酒精腐蚀；（b）Lepera 试剂腐蚀

B　贝氏体区等温工艺对冷轧复相钢组织性能的影响

Lu 等[144]利用膨胀仪研究了复相钢 0.20C-1.54Si-2.05Mn-0.21V 贝氏体区等温温度（380℃，410℃，440℃，470℃）对贝氏体相变的影响。不同工艺下的膨胀量及显微组织如图 4.2-21 所示，室温组织为铁素体、贝氏体、马氏体、残余奥氏体，贝氏体转变初期的速率随等温温度的升高而增加，但是更高的温度降低了贝氏体的相变驱动力，从而降低了贝氏体的最终转变量。

N. Fonstein[145]研究了不同工艺（贝氏体区等温温度、等温时间）对复相钢 0.1C-1.8Mn-0.3Si 的贝氏体含量及其力学性能的影响。研究表明，等温时间越长，等温温度越低，贝氏体含量越高，强度略有下降，但扩孔性能显著改善。

胥思伟等[146]通过控制等温温度和等温时间对冷轧复相钢中贝氏体的含量及形态，以致对复相钢力学性能的影响进行了分析，研究发现，在铁素体体积分数相近的复相钢中，随着保温时间的延长，贝氏体体积分数的增加，试验钢强度降低而韧性提高，应变硬化率降低。同时，在不同的贝氏体相变温度形成了不同的贝氏体形貌，当等温温度较低时形成具有高位错密度、板条宽度更窄的下贝氏体，比上贝氏体强度更高而韧性更低。

Hou 等[147]研究了等温温度对复相钢 0.22C-2.5Mn-0.47Si-0.41Cr-0.02Nb 组织性能的影响。如图 4.2-22 所示，等温温度升高至 350℃后开始发生贝氏体转变，室温组织由铁素体+马氏体+残余奥氏体转变为铁素体+贝氏体+马氏体+残余奥氏体；同时等温温度从 250℃升到 400℃过程中，残余奥氏体的体积分数从 7.0%±0.7% 提升至 14.4%±2.0%，残余奥氏体的碳含量从 1.15%±0.03% 提升至 1.30%±0.06%。随着残余奥氏体含量的增加、硬相含量的减少，伸长率从 15% 提高到 22%。在 400℃等温后试验钢的综合力学性能达到最优，强塑积为 22180MPa·%。

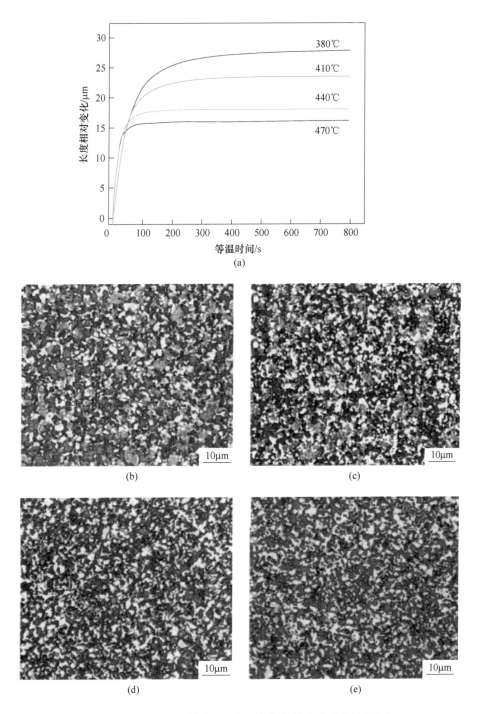

图 4.2-21 不同贝氏体等温温度下复相钢的膨胀量及显微组织
(Lepera 试剂侵蚀)
(a) 膨胀量；(b) 380℃组织；(c) 410℃组织；(d) 440℃组织；(e) 470℃组织

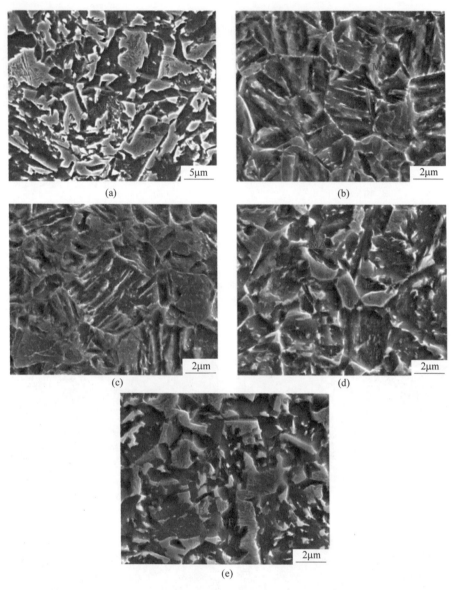

图 4.2-22　复相钢经不同等温温度处理后的显微组织
（a）热轧态；（b）250℃等温；（c）300℃等温；（d）350℃等温；（e）400℃等温

4.2.3　相变诱导塑性钢

4.2.3.1　相变诱导塑性钢概述

相变诱导塑性（transformation induced plasticity，TRIP）钢的典型显微组织包括 40%～60%的铁素体、20%～40%的贝氏体和 5%～15%的残余奥氏体[148,149]。在成形过程中，相变诱导塑性钢中的残余奥氏体可相变为马氏体组织，具有较高的加工硬化率、均匀延长率和抗拉强度。相变诱导塑性钢与同等抗拉强度的双相钢相比，具有更高的伸长率[150]。目前，工业化生产的相变诱导塑性钢主要涵盖 590MPa、690MPa、780MPa、980MPa 强度级别，具有优越的力学性能、成形性能，主要用于汽车的底盘部件、结构件、车门防撞梁等。

相变诱发塑性的机理如图 4.2-23 所示，形变诱导马氏体相变的驱动力为化学驱动力 ΔG_{ch} 和机械驱动力 U_{mech}。当形变温度较低时，马氏体相变的 ΔG_{ch} 大，此时施加一定应力即可发生相变，称为应力诱导马氏体相变；当形变温度较高时，奥氏体屈服强度下降，所以施加很小的应变就能促发马氏体相变，此阶段为应变诱发马氏体相变；化学驱动力随相变温度的增加线性减少，但温度高于马氏体相变最高温度 M_d 时，形变储存能不足以激发相变发生[151]。

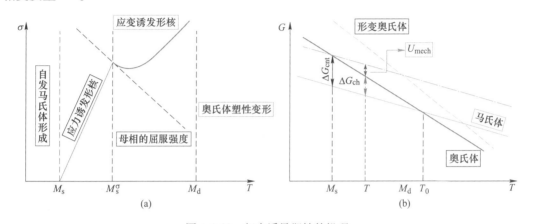

图 4.2-23 相变诱导塑性的机理

（a）温度和应力对马氏体形核示意图；（b）马氏体形成驱动力变化示意图

残余奥氏体的稳定性与其成分、形貌、取向等因素相关。Park 等[152]深入研究了相变诱导塑性钢不同尺寸和形貌的微观组织，化学成分对单个残余奥氏体的转变行为和机械稳定性的影响。APT 成像如图 4.2-24 所示。与薄膜状奥氏体相比，块状奥氏体的机械稳定性低于薄膜状奥氏体的机械稳定性，这意味着块状奥氏体很容易转变成马氏体。相反，高碳含量和硬质相包围薄膜状残余奥氏体可以增加抗剪切相变的能力，从而抑制了奥氏体向马氏体的相变。

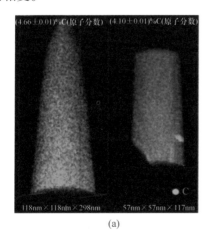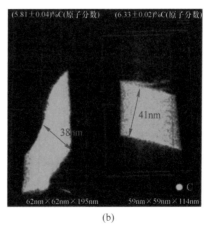

图 4.2-24 不同形态的残余奥氏体中的碳原子图和碳含量

（a）块状奥氏体；（b）薄膜奥氏体

此外，变形温度也会影响组织性能，Feng 等[153]阐述了相变诱导塑性钢通过淬火配分工艺处理后，由原位 EBSD 可得，随着变形量的升高，残余奥氏体的稳定度降低，导致抗拉强度增大而塑性降低。据计算，变形温度在 0~20℃时残余奥氏体的稳定性表现良好，能够产生较强的相变诱导塑性效应，使材料具有优异的力学性能，原位 EBSD 组织如图 4.2-25 所示。

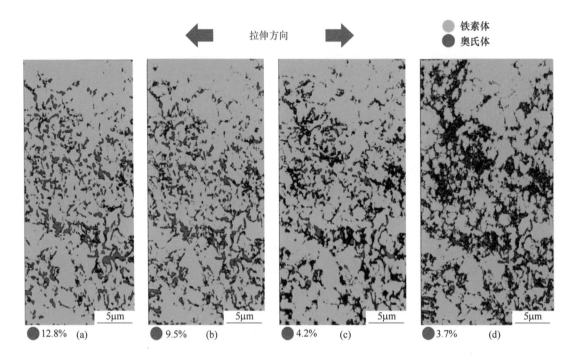

图 4.2-25 相变诱导塑性钢形变过程的原位 EBSD 分析
(a) $\varepsilon = 0\%$; (b) $\varepsilon \approx 5\%$; (c) $\varepsilon \approx 15\%$; (d) $\varepsilon \approx 25\%$

4.2.3.2 相变诱导塑性钢的化学成分

相变诱导塑性钢依靠残余奥氏体来提高塑性，而碳元素直接影响着残余奥氏体的稳定性。通常残余奥氏体中 C 含量越高，残余奥氏体的稳定性越好。然而，当 C 含量太高时会影响成形性能和焊接性能，一般来说，相变诱导塑性钢中 C 含量最高为 0.4%[154,155]。

刘敬广[156]研究了不同碳含量对相变诱导塑性钢组织性能的影响，图 4.2-26 为三种不同含碳量试验钢在 450℃保温 60s 时的显微组织，图中灰色或亮灰色的为铁素体，呈白色的为残余奥氏体。实验分析可知，随着碳含量的增加，残余奥氏体的含量也随之增加，而如果含碳量太低则使残余奥氏体的稳定性大幅降低，甚至没有相变诱导塑性效应出现。研究表明，对于抗拉强度为 600~800MPa 的相变诱导塑性钢，碳含量在 0.1%~0.2%较为合适。

锰元素是扩大奥氏体区和稳定奥氏体的元素，可以降低渗碳体开始析出温度，增加了铁素体中碳的稳定性。此外，锰元素亦可以通过固溶强化作用来提高铁素体基体的强度[157]。

  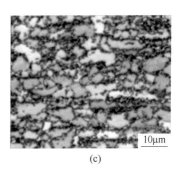

(a)　　　　　　　　　　　　(b)　　　　　　　　　　　　(c)

图 4.2-26　试验钢不同碳量的微观组织

（a）碳含量为 0.1%；（b）碳含量为 0.12%；（c）碳含量为 0.15%

硅元素增加了碳在奥氏体中的活度，起到净化奥氏体中碳原子的作用，使奥氏体富碳，增加了过冷奥氏体的稳定性。同时硅元素为非碳化物形成元素，在冷却过程中抑制碳化物的形核与析出，使珠光体转变"C"曲线右移，滞缓了珠光体的形成；在贝氏体转变区等温时，抑制贝氏体铁素体和过冷奥氏体中碳化物的析出。值得注意的是，在热镀锌相变诱导塑性钢的生产中，硅含量往往需要控制在 0.2% 以下，这是由于过高的硅会影响带钢表面质量及涂镀性能[158]。

铝元素是很强的铁素体稳定元素，但铝元素的添加升高了相变温度，使双相区退火的范围扩大，阻碍了双相区退火时的完全奥氏体化，导致马氏体的转变温度升高。当铝含量为 2% 时，钢板中有马氏体产生，使硬度显著提高。

钼元素可以提高碳在奥氏体中的溶解度，降低碳化物沉积时的驱动力，同时钼元素可以促进针状铁素体的形成，抑制多边形铁素体的形成，有利于抗拉强度的提升。

铬元素可以增加奥氏体的淬透性，延迟贝氏体相变，有助于获得马氏体组织，与残余奥氏体相互作用获得强度和塑性的良好匹配[159]。

微合金元素铌、钒、钛可以起到析出强化的作用。此外，铌能通过控制相变，影响奥氏体向铁素体和贝氏体中的转变及残余奥氏体的体积分数和稳定性[160]。相变诱导塑性钢中 V 的添加可以有效提升残余奥氏体的含量，这是由于退火时 VC 溶解使得奥氏体的形核驱动力变强，形核位点增多，从而导致奥氏体体积分数增加。0.1%V 的添加使得相变诱导塑性钢的强度提高了 60MPa，但使伸长率降低 10%[74]。

王超等[161]采用了 Nb、Mo 元素的复合强化来提高强度。图 4.2-27 为试验钢在 830℃ 退火后经过 400℃ 等温处理后析出物的形貌。从图中可以看出析出的（Nb,Mo）C 尺寸要比 NbC 小 2 个数量级。NbC 是在冷却过程中析出，而 Mo 元素可以降低碳化物的析出温度，所以（Nb,Mo）C 粒子不仅在冷却过程中析出，而且在随后的卷取过程中大量弥散析出，强化作用更加明显。Nb 的加入可实现细晶强化和弥散析出强化。而在含 Nb 钢中加入 Mo 可以提高 NbC 在奥氏体中的固溶度从而更加有效地抑制奥氏体晶粒长大以及提高钢的屈服强度。因此实验钢复合添加 Nb 和 Mo 对获得 1000MPa 级的相变诱导塑性钢有重要意义。

相变诱导塑性钢的成分体系如表 4.2-7 所示。

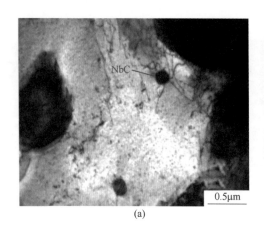
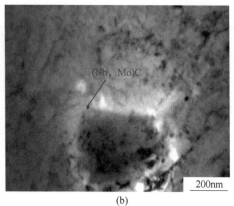

图 4.2-27　试验钢析出物的 TEM 照片

表 4.2-7　相变诱导塑性钢的成分体系

组别	序号	化学成分/%					残余奥氏体含量/%	力 学 性 能			
		C	Mn	Si	Al	P		R_{eL}/MPa	R_m/MPa	A_{80}/%	n
低碳高硅	1	0.20	1.20	1.20			15		700	34	
	2	0.12	1.20	1.20			9		580	33	
	3	0.20	1~2.5	1~2.5			6~14	约500	700~900	25~31	
	4	0.14	1.57	1.21			12	450	680	33	
	5	0.11	1.50	1.20			6	330	514	35	0.24
	6	0.10	1.04	2.07			4~11	470	690	30	0.20
	7	0.14	1.66	1.94			13	570	810	32	
	8	0.12	1.50	1.10	0.40		15	460	645	33	0.20
	9	0.19	1.42	0.55	0.92		21	421	620	35~36	
低碳中硅	10	0.12	1.58	0.53		0.07	9	470	730	33	
	11	0.15	1.50	0.60		0.10	0~10	470~500	725~790	19~26	
	12	0.3	1.50	0.30	1.20						
低碳低硅	13	0.20	1.49		1.99		11	约363	658	33	0.27
	14	0.21	1.50	1.00			8.5	370	654	27	0.23
	15	0.2	1.50	0.10	1.80						

4.2.3.3　工艺参数的影响

相变诱导塑性钢冷轧板的制备工艺过程主要分为加热、临界区退火、冷却、贝氏体转变和最终冷却五个阶段[74]，如图 4.2-28 所示，其中临界区退火和贝氏体等温转变阶段的参数设置尤为重要。

A　临界区退火工艺对形变诱导塑性钢组织性能的影响

吴静等[162]研究了退火温度对相变诱导塑性钢 TRIP980 组织性能的影响。显微组织随退火温度的变化如图 4.2-29 所示，当退火温度从 800℃ 降低至 760℃ 时，奥氏体化程度降低并且奥氏体稳定性增强，冷却后组织中硬相含量更低，残余奥氏体含量更高，宏观表现为拉伸强度降低、伸长率提高。

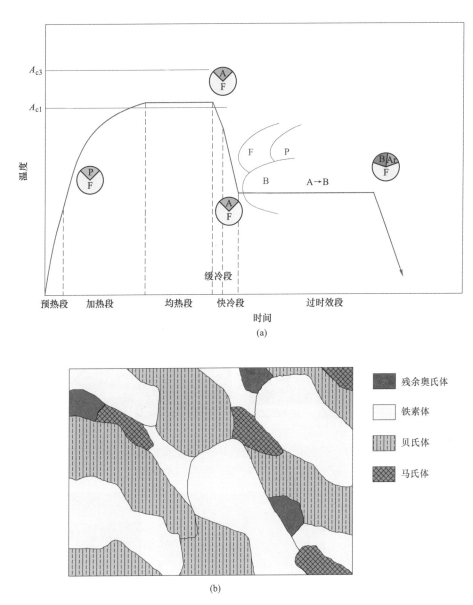

图 4.2-28 相变诱导塑性钢冷轧板热处理工艺流程及组织示意图
（a）相变诱导塑性钢冷轧板的热处理工艺流程；（b）相变诱导塑性钢冷轧板的退火组织

黄慧强等[163]研究了临界区退火温度（900℃，930℃，960℃）对相变诱导塑性钢微观结构和力学性能的影响，随着两相区退火温度的升高，试验钢中贝氏体含量逐渐降低，残余奥氏体含量先增大后降低，在930℃退火时抗拉强度为665MPa，伸长率达到峰值为30%，强塑积为20GPa·%。图4.2-30为不同两相区退火温度试验钢EBSD像分布图，从EBSD统计和拉伸试验的结果表明，两相区退火温度为930℃时，残余奥氏体稳定性适中，从而在拉伸过程中不断地提供加工硬化，推迟颈缩的发生，大幅度提高塑性。如图4.2-31所示，分别为透射电镜下观察到的块状残余奥氏体和孪晶马氏体。不同工艺处理后的试样在拉伸后的透射样品中都能观察到平行的细条状的孪晶马氏体，这些细小的马氏体之所以

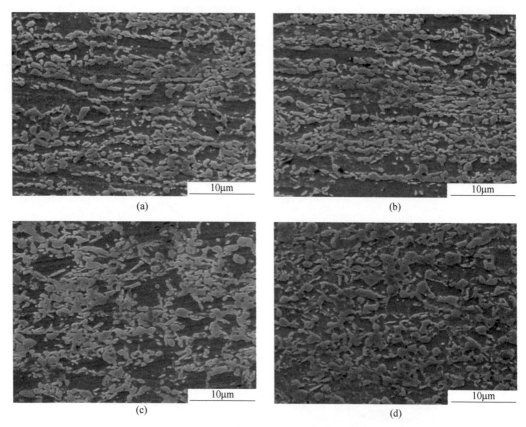

图 4.2-29　不同退火温度相变诱导塑性钢显微组织（4000×）
（a）760℃；（b）770℃；（c）780℃；（d）800℃

图 4.2-30　不同两相区退火温度下相变诱导塑性钢的 EBSD 相分布图
（a）900℃；（b）930℃；（c）960℃

呈现统一方向的平行状，是因为它们都是残余奥氏体在应变条件下通过切变的方式转变而来的。钢中残余奥氏体越多，均匀塑性变形阶段越长，钢的伸长率越大。

陈斌[164]研究了试验钢加热到不同两相区温度退火（贝氏体等温温度 410℃）的微观组织的变化规律，其中 820℃时试验钢的综合力学性能最佳。试验钢组织由铁素体、贝氏体、残余奥氏体和马氏体组成。820℃保温时，试验钢的 SEM、EBSD 和 TEM 像如图 4.2-32 所示。

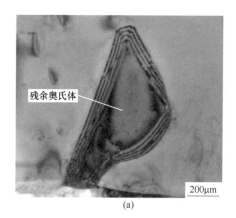
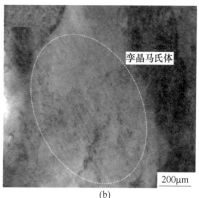

残余奥氏体

孪晶马氏体

(a)

(b)

图 4.2-31 透射电镜块状奥氏体和孪晶马氏体形貌

通过对照得出，图中 A 和 B 箭头所指分别是分布于多边形铁素体晶内和晶界的粒状残余奥氏体。箭头 C 指向分布于贝氏体铁素体内部的板条状残余奥氏体。而箭头 D 指向的是粒状贝氏体。820℃退火的试验钢可以观察到更多的板条状贝氏体和细小的残余奥氏体，这是因为随着温度的升高，临界区奥氏体比例不断增大，导致其平均的 C、Mn 含量降低，在贝氏体等温淬火过程中，贝氏体转变更为充分。

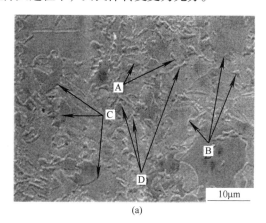
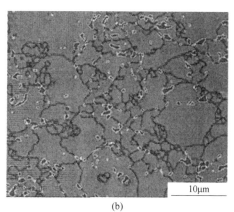

(a)

(b)

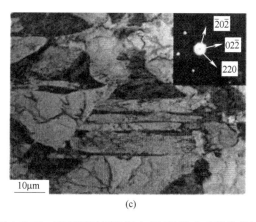

(c)

图 4.2-32 形变诱导塑性钢在 820℃退火后的微观组织

（a）SEM 照片；（b）EBSD 分析；（c）TEM 照片及对应的衍射斑

B 贝氏体等温温度对形变诱导塑性钢组织性能的影响

贝氏体等温转变阶段决定着残余奥氏体的碳含量、体积分数以及平均晶粒尺寸。在这一阶段，一部分亚稳奥氏体转变为无碳化物贝氏体（即贝氏体铁素体），碳原子通过长程扩散从贝氏体铁素体进入奥氏体，进一步提高了奥氏体的碳含量，从而提高了残余奥氏体在室温下的稳定性。

曾尚武等[165]研究了贝氏体区等温温度（370~470℃）对试验钢组织和力学性能的影响。不同温度处理后试验钢的微观组织如图 4.2-33 所示，在 370℃较低温度等温处理时，贝氏体相变动力学低，在相同时间内生成的贝氏体数量少。当等温温度升高到 410℃时，贝氏体转变量增加，残留奥氏体含量增加，大量的残留奥氏体呈细小的颗粒分布在基体上，保证了试验钢形变时能够发生相变诱导塑性效应，所以此时抗拉强度达到 890MPa，伸长率达到最大值 29.3%，强塑积高达 26.1GPa·%，综合力学性能最好。当等温处理温度达到 450℃时，高温使贝氏体相变动力学较快，贝氏体相变在很短时间内完成，产生较多贝氏体。

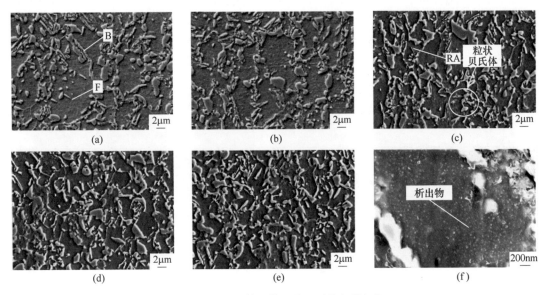

图 4.2-33 贝氏体区等温处理后的扫描组织
(a) 370℃；(b) 390℃；(c) 410℃；(d) 430℃；(e) 450℃；(f) 410℃

Zhang[166]和 Chiang[167]等研究通过控制贝氏体等温温度发现：贝氏体板条间薄膜残余奥氏体具有超细的板条宽度和相对高的碳含量，稳定性高，拥有更高的加工硬化率和抗拉强度，这是由于薄膜状残余奥氏体的相变速度较慢，在受力时能够实现逐步的转变，在较大的应变量时依然有残余奥氏体发生相变诱导塑性效应。Melero 等[168]利用先进的同步辐射手段表征了相变诱导塑性钢中残余奥氏体的稳定性，X 射线衍射图如图 4.2-34 所示。结果表明奥氏体的稳定性不仅受到碳含量的影响，也受到晶粒尺寸的影响，并提出了 M_s 温度受奥氏体中的化学成分和晶粒尺寸共同的影响。采用变形诱导铁素体相变工艺分别将碳素钢和低碳微合金钢的铁素体晶粒尺寸细化到 3μm 和小于 1μm，屈服强度分别提高到 400MPa 和 800MPa 以上。

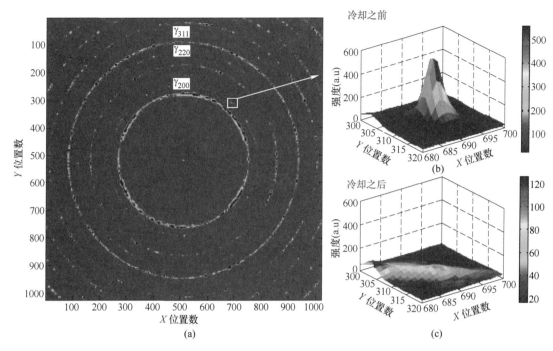

图 4.2-34 相变诱导塑性钢的同步辐射 X 射线衍射图

（a）铁素体和奥氏体衍射；（b）冷却前奥氏体 ｛200｝ 衍射；（c）冷却后奥氏体 ｛200｝ 衍射

4.3 马氏体钢与热成形钢

4.3.1 马氏体钢

4.3.1.1 马氏体钢概述

马氏体（martensitic steel，MS）钢的微观组织以马氏体为主，其屈服强度和抗拉强度高，屈强比较高，伸长率相对较低，主要适用于简单零件的冷冲压和截面相对单一的辊压成形零件，如保险杠、门槛加强板和侧门内的防撞杆等。

马氏体钢是目前商业化高强度钢板中强度级别最高的钢种之一[169]，目前已经实现工业化应用的强度级别有 1180MPa、1300MPa、1500MPa 和 1700MPa 等。马氏体钢的基本成分为 C-Si-Mn，其中碳元素提高了马氏体钢的强度，锰元素保证拥有优异的淬透性。马氏体钢首先通过淬火得到全马氏体组织，随后进行回火处理以改善其塑性，使其在如此高的强度下，仍具有优异的成形性能。马氏体的高强度主要是由于高密度的位错，细小的孪晶，碳的偏聚，以及马氏体正方度的间隙固溶等[170]。

图 4.3-1（a）和（b）为典型低碳马氏体钢（MS980）的 SEM 形貌图，可以看出均为板条马氏体组织，并且板条周围弥散分布着针状碳化物。图 4.3-1（c）为板条马氏体显微组织构成示意图，板条马氏体又称"位错马氏体"，具有较高的位错密度[171]，对先进高强度钢和马氏体钢的力学性能起着重要作用。板条马氏体的形态可分为板条束（packet）、板条块（block）和板条（lath）[172]。板条块是一组具有相同习惯平面的

板条束，一个板条块包含具有相同方向的板条。低碳马氏体钢的强度随马氏体板条块的变化而变化[173]。换言之，板条块尺寸可被视为马氏体的"晶粒尺寸"[174]。通过增加 C 或 Mn 含量或降低原有的奥氏体晶粒尺寸，可以细化马氏体块体尺寸[175]，提高马氏体钢的力学性能。

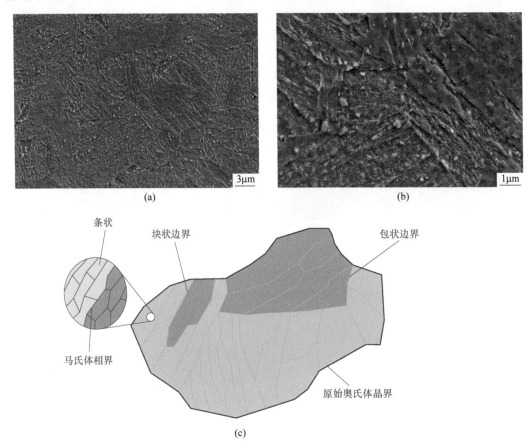

图 4.3-1　马氏体组织及显微组织结构

（a）低倍数马氏体组织；（b）高倍数马氏体组织；（c）板条马氏体显微组织构成示意图

马氏体相变是最典型的切变共格相变，相变过程中晶体点阵的重组通过切变即基体原子集体有规律的近程迁移完成，而新相与母相之间仍保持共格关系。原始奥氏体与新生马氏体的晶体学取向关系主要有 Kurdjumov-Sachs（K-S）关系、Nishiyama-Wassermann（N-W）关系和 Greninger-Troiano（G-T）关系等，如表 4.3-1 所示[176,177]。

表 4.3-1　钢中原始奥氏体(γ)与新生马氏体(α')之间的 3 种主要的晶体学关系

取向关系	晶　面	晶　向
Kurdjumov-Sachs（K-S）	$\{111\}_\gamma //\{011\}_{\alpha'}$	$<011>_\gamma //<111>_{\alpha'}$
Nishiyama-Wassermann（N-W）	$\{111\}_\gamma //\{011\}_{\alpha'}$	$<211>_\gamma //<011>_{\alpha'}$
Greninger-Troiano（G-T）	$\{111\}_\gamma \sim 1° //\{011\}_{\alpha'}$	$<011>_\gamma \sim 2° //<111>_{\alpha'}$

4.3.1.2　工艺参数对马氏体钢组织性能的影响

马氏体钢的制备工艺主要包括淬火和回火两个环节，钢在淬火后形成过饱和的马氏体和一定量的残余奥氏体，马氏体的界面能和应变能均较高，需要进行回火处理，从而提高钢的塑韧性，降低材料脆性，并进一步降低和消除内应力。

A　退火工艺对马氏体钢组织性能的影响

张翰龙等[178]研究了退火工艺对试验钢力学性能的影响。如图4.3-2所示，当水淬入口温度在710~750℃范围内变化时，试验用钢的抗拉强度均超过了1600MPa，屈服强度和断裂伸长率变化不大。值得注意的是，当水淬温度低于700℃时，试验用钢的抗拉强度和屈服强度均明显下降，这是试验钢生成了马氏体+先析出铁素体的双相组织，而非均一的马氏体组织，导致试验用钢屈服及抗拉强度下降。

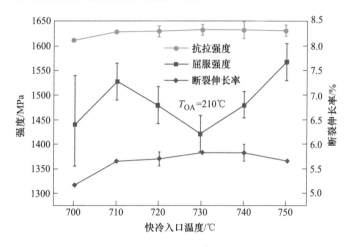

图4.3-2　水淬入口温度对马氏体钢力学性能的影响

B　冷却工艺对马氏体钢组织性能的影响

与普通冷轧板不同的是，生产马氏体钢的连续退火机组必须具备快速冷却装置以确保获得马氏体或贝氏体组织。随着冷轧高强钢连续退火工艺技术的发展，各种快速冷却技术不断被开发出来。到目前为止，已开发使用的冷却方法有：气体喷射冷却（GJC）、辊式冷却（RQ）、高速气体喷射冷却（HGJC）、气-水双相加速冷却（ACC）、热水冷却（HOWAC）、湍流冷水淬（TWICE）、辊冷和水淬复合冷却（RQ+WQ）、气体喷射和辊冷复合冷却（GJC+RQ）、高氢高速气体喷射冷却（H₂-HGJC）、冷水淬火（WQ）等[179]。

许克好等[180]将工业生产的900MPa级冷轧马氏体超高强钢作为试验钢，在连退快冷段采用高氢冷却工艺，进行不同冷却速度的试验，以研究900MPa级冷轧马氏体超高强钢连续冷却相变区转变规律和连退快冷工艺对钢的显微组织和力学性能的影响。研究发现，900MPa级冷轧马氏体超高强钢中连续冷却相变区由先共析铁素体转变区、贝氏体转变区和马氏体转变区组成，随着冷却速度的增加，先共析铁素体含量逐渐下降，贝氏体和马氏体含量逐渐上升。随着冷却速度的增加，900MPa级冷轧马氏体超高强钢的屈服强度和抗拉强度逐渐增加，断后伸长率逐渐下降，屈强比逐渐升高。

C 回火工艺对马氏体高强钢组织和性能的影响

朱晓东等[181]以冷轧 C-Si-Mn 钢板作为研究对象，研究了回火处理对淬火态超高强度马氏体钢板的弯曲性能和冲击韧性的影响，发现经过回火工艺处理后，试验钢的弯曲性能和冲击韧性有明显改善，但回火温度过高会出现强度下降。首先观察回火对试验钢强度的影响。图 4.3-3 中，试验钢在不回火的情况下抗拉强度最高，随着回火温度的提高，抗拉强度逐步下降。屈服强度则相反，在不回火的状态下，屈服强度较低，随着回火温度的提高，屈服强度逐步上升，在 200℃时达到峰值，继续提高回火温度，屈服强度开始下降。

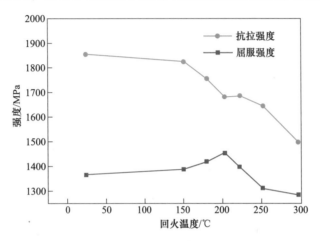

图 4.3-3 回火温度对马氏体钢强度的影响

弯曲性能是马氏体钢板重要的成形性能，图 4.3-4 为回火温度对试验用钢 90°弯曲性能的影响。可以看到，淬火后如果不进行回火，钢板的弯曲性能很差；进行低温回火后，钢板的弯曲性能有明显的改善；但当回火温度过高时，弯曲性能又变差。对试验钢而言，在 150~220℃之间回火对弯曲性能较有利。

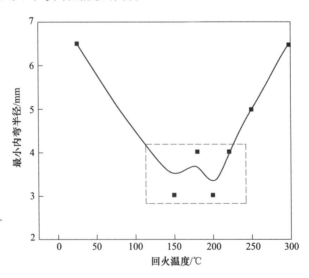

图 4.3-4 回火温度对马氏体钢 90°弯曲性能的影响

4.3.2 热成形钢

4.3.2.1 热成形钢概述

A 热成形钢工艺原理

随着汽车用钢强度的不断提升，一般情况下其塑韧性会随之下降，常规的冷冲压成形性能显著下降，当钢板的强度超过 1000MPa 级别时，形状较为复杂的零部件，冷冲压成形工艺几乎无法完成。在这一背景下，热成形（press hardened steels，PHS）钢应运而生。热冲压成形技术致力于超级高强度钢（1500MPa）且成形后无回弹具有完美的尺寸精度[182-185]，因此得到快速发展。典型的 22MnB5 钢抗拉强度为 1500MPa，伸长率可达 6%；30MnB5 抗拉强度为 1800MPa，总伸长率为 5%；35MnB5 的抗拉强度可达 2000MPa，总伸长率为 3.5%。随着汽车碰撞法规的日益严格以及轻量化标准的提升，依靠研究的深入与科技创新，更高强度（≥2000MPa）与优异服役性能的热成形钢将是其主要的研究方向。

高强度热成形零部件是采用热冲压成形技术在高温下进行成形，与传统的冷冲压成形相比，热成形后零部件的抗拉强度可提高到成形前的 2.5~3 倍。热成形技术的原理[186,187]是先将供货态钢板放入已经达到奥氏体结束转变温度及以上的均热炉中，待奥氏体化温度（850~930℃）稳定并保温一段时间（3~15min）后，将钢板完全奥氏体化后迅速送入带有冷却系统的模具内进行冲压变形，高温下的钢板其成形性能较为优异，可以一步完成在冷冲压成形需要多步工序完成的变形量，大大降低了设备投资和生产工序成本[188-192]，成形后需要保压一段时间使零件形状尺寸趋于稳定，期间模具接触钢板表面使变形和冷却同时发生，保压定型期间组织发生相变，由奥氏体转变成均匀的马氏体组织，从而得到具有超高强度的零部件，热成形工艺路线及组织如图 4.3-5 所示。

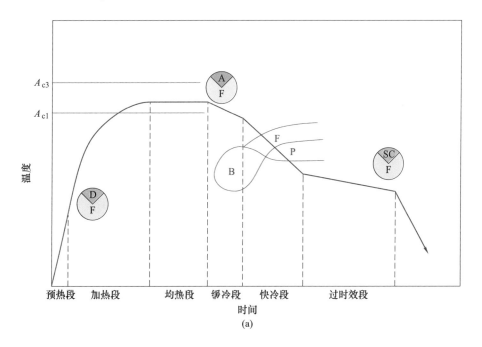

(a)

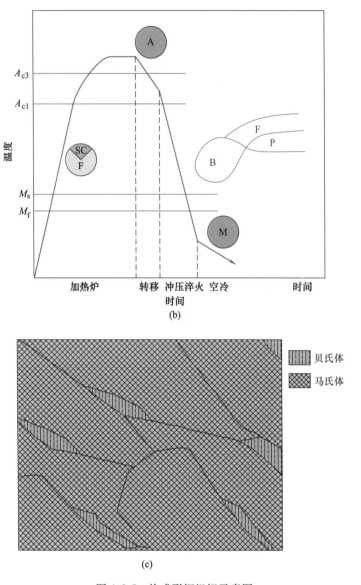

图 4.3-5　热成形钢组织示意图

（a）在钢厂再结晶退火制造冲压用钢板；（b）在零件加工厂热冲压淬火制造汽车配件；（c）组织示意图

B　热成形钢的现状与发展趋势

1973 年瑞典钢铁制造商 SSAB 公司开始进行热成形工艺研究，主要用于制造锯片和割草机的刀片。1984 年，瑞典 SSAB 汽车公司运用该技术首先开始制造汽车车身零部件门内防撞杆。到 1991 年，第一件热成形保险杠用于福特汽车。至此之后，热成形零部件在车身的应用逐年增加，其主要用于制作前/后保险杠、A/B 柱加强件、门内加强件、地板加强件、车顶加强件以及地板通道等车身安全件（图 4.3-6 中红色标记）[193]。

热成形技术在国内的发展起步（2000 年开始）较晚，于 2005 年 6 月建立了第一条热冲压生产线。某钢厂于 2007 年 12 月在国内第一个引进热冲压零部件。近些年，世界各大钢铁公司均对高强度热冲压钢开展大量的研究，德国 Thyssen Krupp 公司开发了基于

图 4.3-6 热成形零部件在车身上的应用

34MnB5 化学成分体系的 1900MPa（抗拉强度）级热冲压钢 MBW1900。POSCO、SSAB、Arcelor Mittal 等公司均开发出了 2000MPa 热冲压成形钢[194]。

2016 年，纳米析出 2GPa PHS 钢车门防撞梁热冲压件成功焊接装车，并于 2017 年用于北汽新能源纯电动两座车型"LITE"上。通过相关强韧化机理的深入研究，2019 年，北京科技大学开发了超高强韧热成形钢 38MnBNb，其抗拉强度不小于 2000MPa 的同时总伸长率可达 6%~9%。此后，某两钢厂分别实现了 2000MPa 级热成形钢试制与生产。

C 典型热成形零件的组织与性能

图 4.3-7（a）和（b）为 22MnB5 罩式退火后的金相照片，罩式退火后的组织为铁素

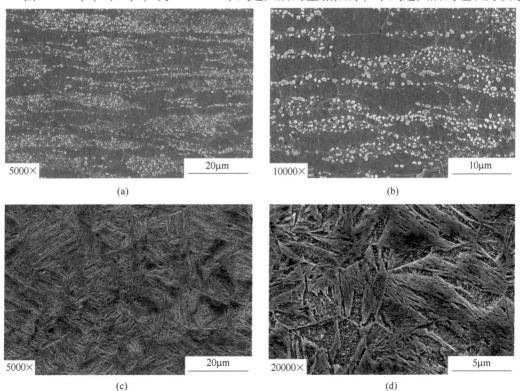

图 4.3-7 22MnB5 罩式退火态(a, b)和淬火态(c, d)显微组织

体基体上分布着均匀的球状碳化物，罩式退火后的钢板具有组织均匀、强度低和伸长率高等优点，为后续的预冷冲压提供了有利的组织基础。图 4.3-7（c）和（d）为 22MnB5 钢在 930℃保温 5min 并淬火后的金相组织，为全马氏体组织，淬火后抗拉强度不小于1500MPa，总伸长率不小于 5%。

热成形件防撞梁不同位置的力学性能如表 4.3-2 所示，可以看出不同位置的力学性能略有差异，抗拉强度可达到 2024MPa，屈服强度达到 1328MPa。

表 4.3-2　35MnB5 防撞梁的力学性能

位　置	屈服强度 $R_{p0.2}$/MPa	抗拉强度 R_m/MPa	断后伸长率 A_{50mm}/%
1	1328	2024	4.3
2	1284	2018	3.5

4.3.2.2　合金元素在热成形钢中的作用

热成形钢零部件的微观组织由马氏体组成，然而马氏体钢的强度与其固溶碳含量成正比，但是仅通过提高碳含量来实现强度的提升，带来最大的问题是试验钢的塑韧性以及焊接性能被恶化。碳元素在热成形钢中主要以固溶及化合物两种形式存在，固溶碳含量的增加可以显著提高试验钢强度和硬度。碳的化合物主要是一些纳米级微合金析出物，它们可以细化组织、钉扎位错和成为氢陷阱，从而改善材料的综合性能。

硅元素的添加主要是用来抑制渗碳体等碳化物的析出，从而保证马氏体中有一定的固溶碳含量维持高强度，并保证奥氏体中有足够的碳含量从而得到一定体积分数的残余奥氏体组织，有研究表明[195]过高的硅含量会导致表面氧化严重。目前商用热成形钢（22MnB5）中硅含量在 0.25% 左右。

锰和铬这两种元素均可显著提高热成形钢的淬透性，其中锰元素的主要作用是延迟珠光体和贝氏体的转变，而铬元素能强烈推迟珠光体转变和贝氏体转变，进而扩大了"卷取窗口"。铬虽是弱固溶强化元素，但能稳定残余奥氏体，从而改善了高强钢的塑韧性[196]。值得注意的是，锰元素的含量太高会恶化材料的焊接性能。

微量硼的加入能够显著提高钢的淬透性，在热成形钢中硼元素是保证淬透性的关键元素，但是过量的硼元素含量会使钢板强度显著提高而塑性很差，因此一般控制在 0.005% 以下。

铌、钒、钛微合金元素主要以固溶与析出这两种形式存在，微合金元素以固溶形式存在时可以阻碍晶界的移动，抑制再结晶从而细化晶界。与碳、氮元素形成的纳米级析出物，钉扎位错和晶界。同时，这些碳氮化物析出相亦是良好的高能氢陷阱，可以有效地抑制氢在钢中的扩散和聚集[197-199]，从而改善其氢致延迟断裂敏感性。

典型热成形钢的化学成分范围如表 4.3-3 所示，可以看出热成形钢的成分体系不尽相同，目前较为典型的 2000MPa 级超高强度热成形钢的成分是以 30MnB5 的成分体系为基础，适当提高碳含量和加入 Nb、V 等元素，提高碳含量的目的是增加马氏体中的碳当量，可以明显提升零部件的强度和硬度，加入微合金元素的目的主要是细化原始奥氏体晶粒以及马氏体板条，形成纳米级析出物，可作为不可逆氢陷阱改善超高强度热成形钢的氢脆敏感性能。

表 4.3-3　热成形钢 22MnB5 和 30MnB5 的成分体系

试样编号	成分(质量分数)/%							
	C	Si	Mn	Al	Cr	B	Ti	Nb
22MnB5	0.22~0.25	0.20~0.30	1.20~1.40	0.02~0.05	0.10~0.20	0.002~0.005	0.02~0.05	—
30MnB5	0.30~0.33	0.20~0.30	1.20~1.40	0.02~0.05	0.10~0.50	0.002~0.005	0.02~0.05	—
38MnBNb	0.30~0.50	0.5~1.7	1.0~2.0	0.01~0.07	0.5~1.5	0.001~0.01	0.03~0.1	0.01~0.05

4.3.2.3　热成形钢关键制造技术研究

热成形钢的制造全流程如图 4.3-8 所示,包括热轧、酸洗、冷轧、退火和热冲压等,热成形钢的供货态为厚度为 1.2~1.8mm 的退火板,组织为铁素体(ferrite,F)和球状碳化物(spherical carbide,SC)的复合组织,在热冲压时,重新加热到奥氏体区并保温一段时间使其完全奥氏体化后,进行热冲压成形、保压和淬火等。

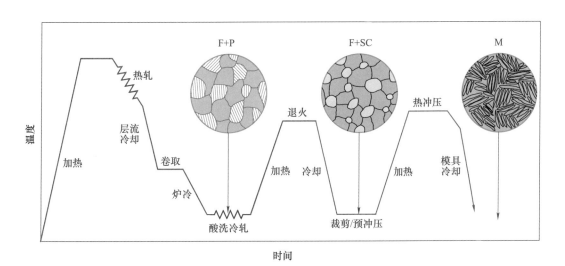

图 4.3-8　热成形钢轧制和加工过程示意图

A　热成形钢热轧态和冷轧态组织和性能

梁江涛[200]对比研究了含 Nb(38MnBNb)和不含 Nb(38MnB)试验钢的组织和性能。热轧工艺为:将锻造后的钢坯加热至 1200℃,保温 1h,开轧温度 1150℃,终轧温度 870℃,经 5 道次轧制,从 40mm 热轧到 6mm,终轧后采用层流冷却至卷取温度模拟卷取,卷取温度为 660℃,并保温 1h 后随炉冷却至室温。随后进行酸洗和冷轧实验,将 6mm 厚的热轧板经多道次冷轧至 1.5mm,冷轧压下率为 75%。图 4.3-9(a)~(d)为实验钢热轧后的显微组织,为珠光体和铁素体,并且珠光体的量≥85%,不含 Nb 元素的 38MnB 实验钢的组织更粗大,Nb 元素的加入不仅细化了珠光体的大小而且细化了珠光体的片层间距。图 4.3-9(e)和(f)为实验钢冷轧后的显微组织,可以明显看出,经过 75% 变形后,铁素体被拉长,呈纤维状分布,珠光体片层发生变形和不规则弯曲。

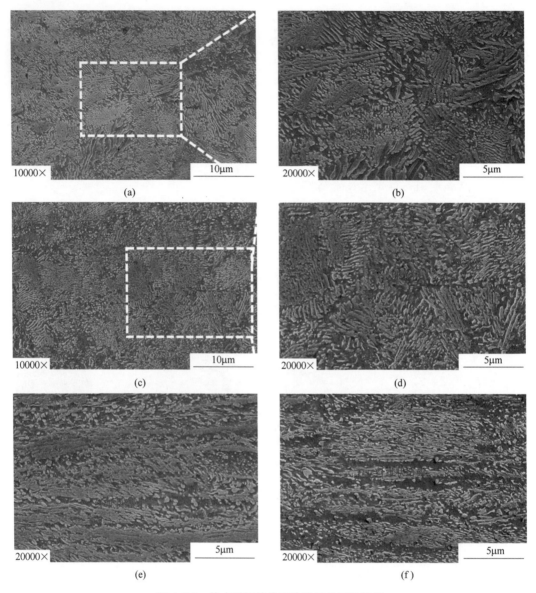

图 4.3-9　热成形钢热轧和冷轧后的显微组织

（a）38MnB 热轧组织；（b）为图（a）的局部放大图；（c）38MnBNb 热轧组织；

（d）为图（c）的局部放大图；（e）38MnB 冷轧组织；（f）38MnBNb 冷轧组织

图 4.3-10 为实验钢（38MnB 和 38MnBNb）热轧和冷轧后的工程应力-工程应变曲线，热轧后的屈服强度在 600MPa 左右，抗拉强度在 900MPa 左右，总伸长率在 12%～15%之间。实验钢冷轧后屈服强度在 1250MPa 左右，抗拉强度在 1400MPa 左右，总伸长率在 1%～3%之间，冷轧后显著的加工硬化使实验钢的屈服强度和抗拉强度都明显增大，伸长率显著降低。

B　退火工艺对热成形钢组织和性能的影响

退火的目的主要是起到释放应力、控制显微组织、细化晶粒等作用，根据不同的目

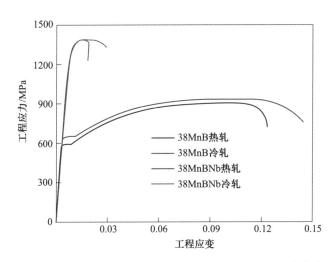

图 4.3-10　热成形钢热轧和冷轧后的工程应力-工程应变曲线

的，设计合理的退火工艺，是钢板提高综合力学性能的关键。一方面，在热成形之前钢板一般要根据成形后的零件尺寸进行精确冲裁；另一方面，在间接热冲压工艺流程中，在热冲压之前一般有一步常温下的预冷冲压。而冷轧态试验钢的抗拉强度在 1400MPa 左右，总伸长率在 3% 左右，高的强度使实验钢难以裁剪或预冷冲压，对预冷冲压的装备要求也会显著提高，增加工业生产的难度和成本，因此在冷轧后进行一步退火工艺显得尤为重要。

梁江涛[200] 在 38MnBNb 冷轧板上开展罩式退火工艺实验研究，罩式退火后的显微组织（见图 4.3-11）是由铁素体和球状碳化物组成，随保温时间延长，球状碳化物明显长大，球状碳化物的直径分别为 0.15μm、0.19μm、0.26μm、0.32μm 和 0.48μm。力学性能如表 4.3-4 所示，随着保温时间的延长，实验钢的屈服强度和抗拉强度均呈现降低的趋势，屈服强度从 693MPa 下降到 409MPa，抗拉强度从 805MPa 下降到 616MPa，保温 8h 后的抗拉强度保持恒定，总伸长率先升高后降低，保温时间为 5h 时，总伸长率达到最大值 22.88%。罩式退火后的力学性能主要是由铁素体中碳含量和晶粒直径决定的，随着罩式退火时间的延长，铁素体中碳元素逐渐富集到球状碳化物中，球状碳化物长大，导致铁素体中固溶碳含量的减少，可以降低屈服强度和抗拉强度，提高伸长率。综上所述，在 700℃ 罩式退火时，5h 保温后的性能为最优的力学性能，屈服强度为 464MPa，抗拉强度为 673MPa，总伸长率为 22.88%，低强度高伸长率的热成形基板利于卷取和预先冷冲压变形，为后续热冲压和淬火工艺做准备。

表 4.3-4　热成形钢在不同时间罩式退火后的力学性能

退火时间/h	屈服强度（$R_{p0.2}$）/MPa	抗拉强度/MPa	总伸长率（A_{50}）/%
1	693±6	805±8	11.63±0.2
2	589±5	760±7	22.65±0.3
5	464±6	673±8	22.88±0.3
8	424±4	616±6	21.17±0.2
20	409±5	616±7	18.77±0.2

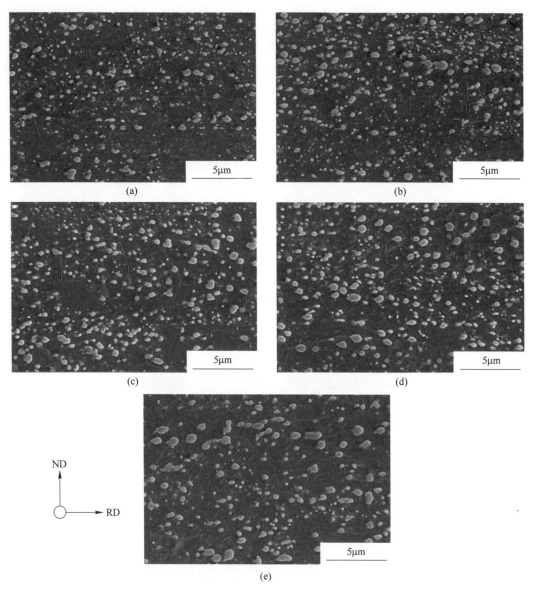

图 4.3-11　热成形钢在不同时间罩式退火后的显微组织

（a）1h；（b）2h；（c）5h；（d）8h；（e）20h

C　微合金化热成形钢的研究

Wu Huibin 等[201] 在成分为 0.3C-0.3Si-1.0Mn-0.5Cr 的 1800MPa 级超高强马氏体钢中发现，Nb 元素的加入后形成（Nb，Ti）C 析出，不仅细化了原始奥氏体晶粒，且细化了马氏体的板条群和板条块，显著提升了强度，第二相粒子可以起到析出强化和细晶强化的目的（见图 4.3-12）。

Wang Yingjun 等[202] 在成分为 0.66C-1.42Cr-0.4Si-0.42Mn-0.07VMS 钢的制备中，热轧后在 500℃保温并变形，工艺如图 4.3-13 所示，引入高密度位错和未溶碳化物，在拉伸过程中第二相粒子与位错发生相互作用，强度达到 2600MPa，总伸长率可达 7%。

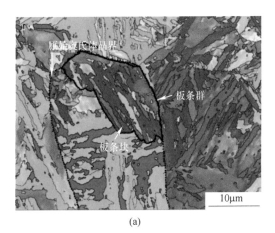

图 4.3-12　Nb 元素对 1800MPa 级马氏体钢晶粒的影响

(a) 无 Nb；(b) 含 Nb

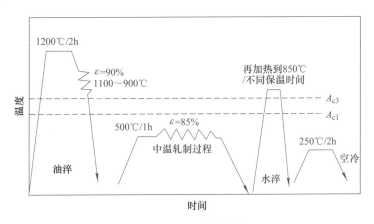

图 4.3-13　工艺路线图

惠亚军等[203]在成分为 0.06C-0.08Si-1.2Mn-0.03Nb-0.01Ti 的 600MPa 级汽车用钢中研究发现，随着位错密度的增大、析出物尺寸的减小和析出物密度的增大，实验钢的屈服强度和抗拉强度都显著增加，细晶强化和位错强化是实验钢的主要强化方式。在目前热成形钢中提高强度的最主要因素是固溶碳含量，但是微合金元素加入后，起到细晶强化等强化效果，会对塑性的提升起到积极的作用。Chen 等[198]设计了多梯度复合添加 Nb 和 V 微合金元素的热成形钢，并定性表征了随着微合金元素含量的增加，试验钢的原始奥氏体晶粒和马氏体板条均得到细化，并从细晶强化、固溶强化、位错强化和析出强化等多个方面定量计算了屈服强度的强化贡献值（如图 4.3-14 所示），研究结果表明位错强化是热成形钢的主要强化机制，析出强化和细晶强化为次要强化机制。

D　淬火工艺对热成形钢组织和性能的影响

梁江涛[200]在 38MnBNb 冷轧钢板上研究不同奥氏体化温度（850℃，900℃，950℃ 和 1000℃）对热成形钢的淬火态组织和性能的影响，研究结果表明，随着奥氏体化保温温度的升高，屈服强度和抗拉强度都呈现先增大后减小的趋势（如图 4.3-15 所示），当保温温

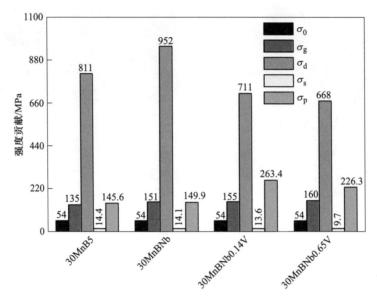

图 4.3-14　热成形钢不同强化机制贡献值

σ_0—纯铁晶格摩擦应力；σ_g—细晶强化；σ_d—位错强化；

σ_s—固溶强化；σ_p—析出强化

度为 900℃时，屈服强度和抗拉强度均取得最大值，屈服强度为 1119MPa，抗拉强度为 2121MPa。实验钢的力学性能与其微观组织密不可分，当保温温度为 850℃时，保温温度偏低造成组织不均匀，其强度和伸长率均较低。38MnBNb 冷轧钢板经过不同奥氏体化温度热处理后，试样最终组织大致相同，均由回火马氏体（tempered martensite，TM）和新生马氏体（fresh martensite，FM）组成，回火马氏体形成于淬火过程中，在冷却过程中发生自回火，变成回火马氏体，新生马氏体是冷却过程中由奥氏体转变而来的。奥氏体化温度

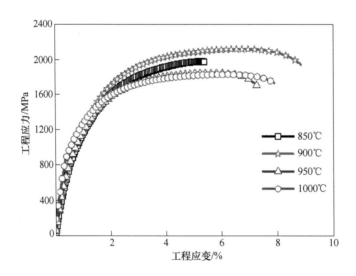

图 4.3-15　38MnBNb 不同奥氏体化温度处理后的力学性能

主要影响实验钢的原始奥氏体晶粒尺寸，如图 4.3-16 所示。原始奥氏体晶粒形状不规则，随着奥氏体化温度的升高，原始奥氏体晶粒呈现长大的趋势，实验钢在 850℃、900℃、950℃和1000℃保温后的原始奥氏体晶粒大小分别为 14.0μm、15.9μm、16.6μm 和 18.4μm，原始奥氏体晶粒越细小，在淬火过程中奥氏体向马氏体转变所得的最终马氏体板条也会越细小，根据 Hall-Petch 关系[202,204]可知，晶粒尺寸越细小，其强度和伸长率均可得到提高。

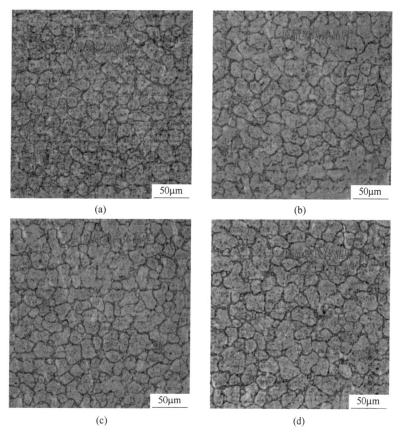

图 4.3-16　不同奥氏体化保温温度下的原始奥氏体晶粒照片
(a) 850℃；(b) 900℃；(c) 950℃；(d) 1000℃

4.4　淬火配分钢

4.4.1　淬火配分钢概述

淬火配分（quenching & partitioning，QP）钢是利用淬火-配分工艺实现残余奥氏体富碳并保留至室温，淬火配分钢以马氏体为基体相，利用残余奥氏体在变形过程中的相变诱导塑性效应实现较高的强度与塑性配合，同时具有较高的加工硬化能力，比同级别超高强钢具有更优的塑性和成形性。图 4.4-1 示意了相同强度级别下不同钢种的综合性能，与同等抗拉强度的双相钢相比，具有更高的伸长率与屈强比；与同等抗拉强度的相变诱导塑性钢相比，具有更低的碳当量，与同级别的复相钢与马氏体钢相比，具有更好的成形性能。

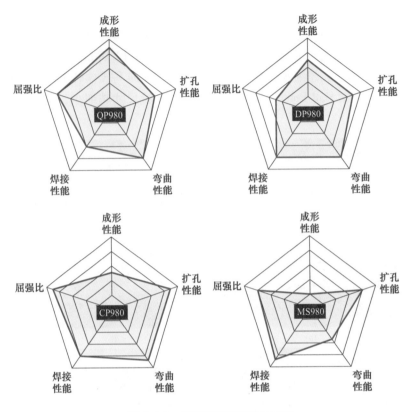

图 4.4-1　典型超高强钢特性对比

自从 2003 年淬火配分的概念提出以来，全世界的钢铁相关行业开展了大量的研究与实践，目前国内外众多钢铁企业已将淬火配分钢并入了自身先进高强钢的产品序列，某钢厂于 2004 年开展淬火配分钢研发工作，于 2013 年实现 QP980 全球首发。另外两钢厂亦先后开发了 QP980 汽车用钢。某钢厂现已能够提供公称厚度 1.0~2.0mm、强度级别 980~1180MPa、冷轧或者热镀锌的淬火配分钢，并正在研发 1500MPa 级别的商用淬火配分钢。同时，其力学性能特点决定了它特别适用于加工形状较复杂的车身结构件及安全件，下游厂商利用淬火配分钢制备出的 A 柱、B 柱加强板、车门铰链加强板等零件已经实现了商业化，图 4.4-2 为某钢厂淬火配分钢在国内某车型上的运用。

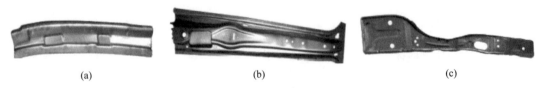

(a)　　　　　　　　　　　(b)　　　　　　　　　　　(c)

图 4.4-2　某钢厂淬火配分钢制备的商用零件

(a) A 柱内板（QP980, 1.0mm×950mm）；(b) B 柱内板（QP980, 1.2mm×1200mm）；

(c) B 柱加强板（QP980, 2.0mm×1100mm）

纪登鹏等[205]研究了 1500MPa 级淬火配分钢与其他高强钢组织与力学性能的差异。如图 4.4-3 所示，QP1500 的断后伸长率达到了 12.9%，高于同强度级别的马氏体钢 MS1500，但低于 QP980。QP1500 组织中少量的残余奥氏体在均匀应变时发生形变诱发马氏体相变，导致拉伸过程中的瞬时 n 值下降后在均匀应变的后期逐渐上升。

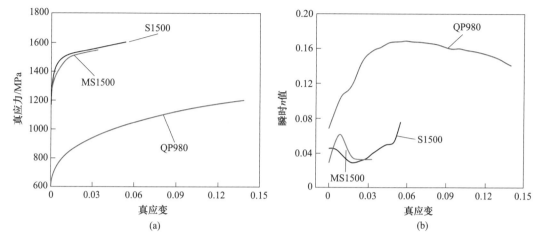

图 4.4-3　淬火配分钢与其他高强钢的力学行为
（a）应力应变曲线；（b）加工硬化行为

4.4.2　淬火配分钢的化学成分

淬火配分钢强度中的大部分由组织中的马氏体来提供，而碳是马氏体的强化元素[206]，故碳含量与淬火配分钢的强度息息相关。另一方面，碳原子在配分时扩散到奥氏体，在缺陷处偏聚形成柯氏气团，在提升强度的同时，扩大了 γ 相区，推迟了铁素体和贝氏体的转变，降低了 M_s 点，使奥氏体能够稳定到室温。但是当碳含量大于 0.3% 时，钢在淬火后不可避免地出现较多的孪晶亚结构，这有可能会增加淬火裂纹的倾向并有损韧性。此外，碳含量升高还会影响焊接性。因此，淬火配分钢的含碳量一般为 0.15%～0.30%。

锰可以降低马氏体转变温度 M_s[207]，较低的 M_s 可以在同等淬火速度与温度下得到更多的残余奥氏体，Seo 等[208]通过研究 Fe-0.21C-4.0Mn-1.6Si-1.0Cr 的淬火配分工艺，发现锰可以有效地抑制珠光体的转变，降低 A_{c1}，扩大奥氏体相区，从而提高了奥氏体的稳定性。Grajcar 等[209]发现锰含量每增加 1%，马氏体相变开始温度降低大约 30.4℃，室温下能获得更多的残余奥氏体，相变诱导塑性效应也更显著。梁驹华[210]利用 EBSD 研究发现，Mn 元素的偏析受到临界区等温温度的影响，在淬火配分工艺过程中，富锰区域形成了连续的马氏体岛（见图 4.4-4），从而恶化了力学性能。

马氏体中的碳在回火时会首先发生过渡碳化物（ε/η 或 ε′）的生成，进而渗碳体 Fe_3C 在 ε-碳化物与马氏体的界面处形核[211,212]，最后渗碳体粗化、球化。ε-碳化物和渗碳体的电子衍射花样[211]及 X 射线衍射特征峰如图 4.4-5 所示。为了保证基体的碳含量，淬火配分钢中常添加非碳化物形成元素硅和（或）铝来抑制 Fe_3C 的析出，但其作用机制不同。硅可以提高碳化物/基体界面的相干性（一致性），从而使 ε-碳化物更加稳定，延迟从 ε-碳化物向渗碳体的转变[213]。铝会在原始奥氏体晶界处偏析，从而减缓晶界处渗碳体颗粒的生长[214]。同时，机制受到温度的控制，在较低的温度或较短的时间下，硅元素对 Fe_3C 的抑制效果更显著（见图 4.4-6）[215]。

图 4.4-4　临界区奥氏体化的 EBSD 组织及偏析组织示意图

（a）~（d）720℃临界区等温；（e）~（h）740℃临界区等温

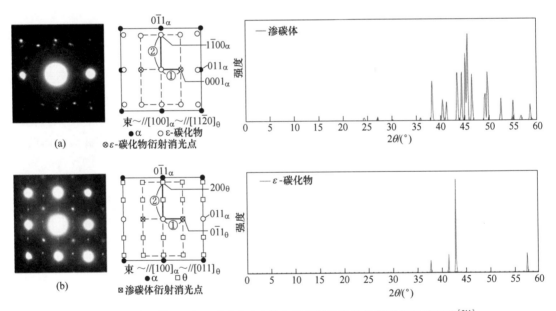

图 4.4-5　渗碳体（a）与 ε-碳化物（b）的电子衍射花样及 X 射线衍射特征峰[211]

4.4.3　淬火配分钢的工艺及组织演变

淬火配分钢诞生时的工艺路线如图 4.4-7 中（a）→（c）所示，即在 A_{c3} 以上完全奥氏体化之后，淬火至 M_s~M_f 之间的某一温度（此温度称为淬火温度），此时形成一定数量的马氏体和残余奥氏体；再升温至 M_s 以上的某一温度进行碳的配分，此时自由的碳原子由马氏体向残余奥氏体进行扩散，最终获得马氏体+残余奥氏体的微观组织结构。如今，淬火配分工艺按加热温度可分为完全奥氏体（a）与临界区加热（b），按配分温度可分为一步法处理（d）与两步法处理（c）。

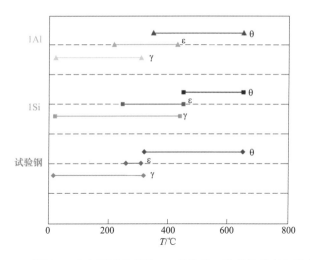

图 4.4-6　不同 Si、Al 含量下奥氏体、ε-碳化物、渗碳体的存在温度范围

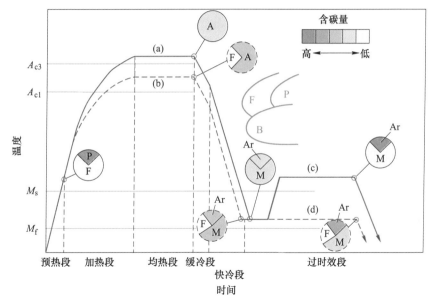

图 4.4-7　淬火配分工艺示意图

（a）完全奥氏体淬火配分处理；（b）临界区退火淬火配分处理；

（c）两步法处理；（d）一步法处理

　　考虑到生产成本及产品性能，在实际工业生产中常采用临界区加热的工艺引入一部分铁素体，达到调节塑性的作用[216]。某钢厂利用临界区退火配合两步法淬火配分工艺，实现了淬火配分钢在国内的首发，其组织特点为铁素体+马氏体+残余奥氏体，微观组织如图 4.4-8 所示，从图中可以清晰地分辨出原始奥氏体（A）晶界，在原始晶界内部可以分辨出马氏体（M）和残留奥氏体。原始晶界内部被细分为几个不同的区域，每个区域内部分布有呈束状平行排列，方向相同的板条马氏体。其中亮灰色板条状的为一次淬火马氏体，经过了配分处理，含碳量比较低；暗灰色的是一次淬火时的残留马氏体在经过配分处理后，二次淬火时部分奥氏体生成的二次淬火马氏体。彩色晶粒是最终的残留奥氏体，夹在马氏体板条之间，大多呈薄膜状。

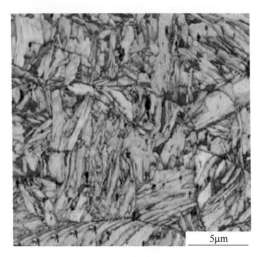

图 4.4-8 某钢厂淬火配分钢的典型显微组织照片

　　淬火配分钢的强度和伸长率与残余奥氏体的体积分数及稳定性有关。康涛等[217]观察到淬火配分钢中存在两种类型的残余奥氏体，尺寸稍大的等轴状及尺寸较小的薄膜状。高鹏飞等[218]利用准原位 EBSD 研究了形变过程中残余奥氏体的转变规律，如图 4.4-9 所示，相对于薄膜状残余奥氏体，等轴状残余奥氏体的稳定性更弱，在屈服阶段便开始大量转变。同时，碳在奥氏体中的扩散系数导致晶粒内存在碳梯度，等轴状残余奥氏体的晶粒边缘部分表现出更强的稳定性。

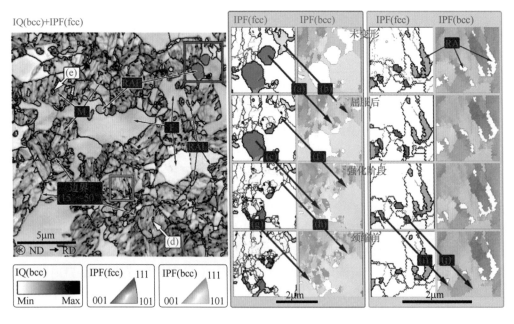

图 4.4-9 试样 2.5Si-800 形变诱发马氏体相变 EBSD 分析

F—铁素体；RAE—等轴状残余奥氏体；RAL—薄膜状残余奥氏体；M—马氏体

4.4.4　工艺参数的影响

4.4.4.1　加热工艺对淬火配分钢组织性能的影响

朱帅[219]研究了奥氏体化加热时间对淬火配分钢 QP1270 钢力学性能的影响，试验钢在 900℃完全奥氏体化加热，淬火至 250℃保温 5min，完成残余奥氏体的富碳过程，使之形成马氏体和残余奥氏体双相组织，接着将试样放入高于淬火温度的配分温度盐溶液中，并在该温度保温设定时间，完成配分过程，最后水淬到室温。各项力学性能指标随着奥氏体化时间的变化趋势如图 4.4-10 所示，随着奥氏体化时间的延长，抗拉强度和屈服强度基本不变，伸长率有所降低，当奥氏体化时间从 2min 延长到 10min 后，伸长率下降 2%~3%；强塑积在保温 2min 时最高，为 26.8GPa·%，奥氏体化时间延长到 5min 和 10min 时，强塑积分别为 23.9GPa·%和 22.9GPa·%。

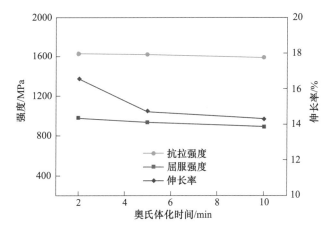

图 4.4-10　配分温度对淬火配分钢 QP1270 钢力学性能的影响

加热工艺直接影响着淬火配分钢的显微组织构成，De Cooman 等[220]研究发现当加热温度控制在 A_{c3} 附近时，可以细化原始奥氏体晶粒尺寸（图 4.4-11），从而导致淬火配分钢板条马氏体微结构细化，塑性增强。Wang X 等[221]研究了加热温度对 0.2C-2.0Mn-1.5Si 钢组织性能的影响，与完全奥氏体加热工艺相比，临界间等温淬火配分钢具有相似的抗拉强度，但伸长率更高，这是由于临界区等温生成了更多的残余奥氏体与铁素体，这种显微组织结构对加工硬化率与伸长率有额外的贡献。

目前的工业连续生产线多采用燃气辐射加热，随着新型快速加热技术的发展，直火加热、横磁感应加热等技术将加热温度由 5~10℃/s 提升至 100~1000℃/s。加热速率的提升直接影响着钢材加热过程中的再结晶行为与显微组织的演变规律。Muljono 等研究发现加热速率能够提高再结晶温度，降低了晶粒尺寸；Chbihi 等研究发现加热速率有利于再结晶组织的细化。

刘赓[277]研究了加热速率对于冷轧淬火配分钢连续加热过程中的铁素体再结晶过程，研究表明，加热速率的升高推迟了变形铁素体再结晶起始和完成温度，使铁素体再结晶与奥氏体相变过程发生重叠。当加热速率提高到 300℃/s 时，变形铁素体的再结晶行为则基

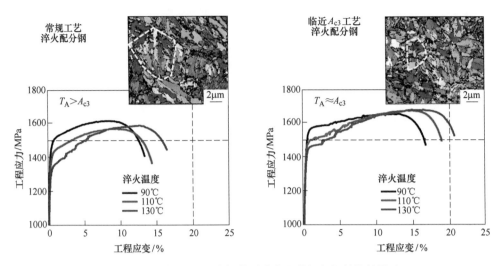

图 4.4-11　临近 A_{c3} 温度加热对淬火配分钢组织性能的影响

本被完全抑制。慢速加热条件下，奥氏体相变发生前，碳化物在铁素体基体中基本呈弥散分布；快速加热条件下，原珠光体区域被保留。慢速加热，奥氏体在再结晶铁素体晶界处形核并沿着再结晶晶界快速长大，奥氏体晶界处富碳；快速加热，奥氏体在晶体缺陷及渗碳体处爆发式形核，导致奥氏体内部碳浓度较高。如图 4.4-12 所示，加热速率改变了淬

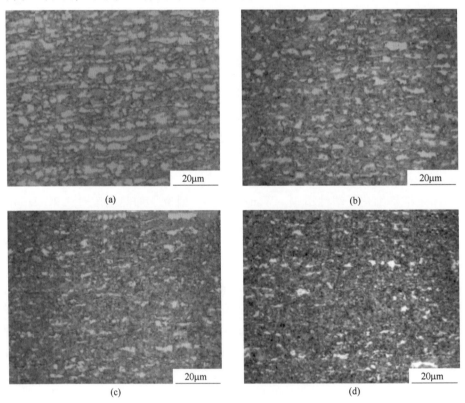

图 4.4-12　不同加热速率下淬火配分钢的显微组织

（a）0.5℃/s，790℃，60s；（b）5℃/s，790℃，60s；（c）50℃/s，790℃，60s；（d）300℃/s，790℃，60s

火配分钢的显微组织特征，快速加热淬火配分钢中形成了细小且多形态的残余奥氏体，可在变形过程中产生连续的相变诱导塑性效应，提高了淬火配分钢的强度（图4.4-13）。

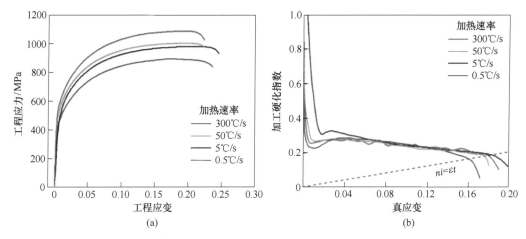

图4.4-13　不同加热速率下淬火配分钢的力学性能

4.4.4.2　淬火温度对淬火配分钢组织性能的影响

淬火配分工艺中的淬火温度决定了马氏体的体积分数，进而影响着碳元素从马氏体向残余奥氏体的配分过程。淬火温度过低时，淬火时生成的奥氏体体积分数太少；淬火温度过高时，虽然淬火时生成的奥氏体较多，但是稳定性较差，无法在室温稳定存在。高鹏飞[223]研究了淬火温度对淬火配分钢组织性能的影响，如图4.4-14所示，残余奥氏体体积分数受到淬火温度的影响，残余奥氏体体积分数最高时，淬火配分钢表现出最佳的力学性能。

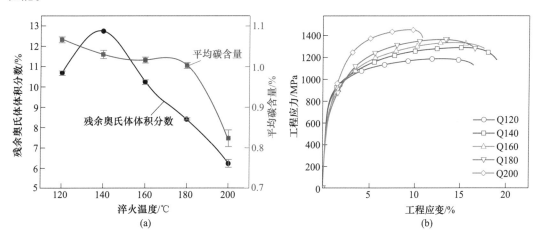

图4.4-14　淬火温度对淬火配分钢残余奥氏体及力学性能的影响

（a）残余奥氏体体积分数及其平均碳含量；（b）工程应力-应变曲线

借助Speer等[224]提出的"约束条件碳平衡"（constrained carbon equilibrium，CCE）可

以计算出淬火温度的最佳值。如图 4.4-15 所示，Sun 等通过实验比较了 0.2C-1.5Si-1.9Mn 的实际最佳淬火温度与 CCE 计算的理论值[225]。康人木等[226] 使用 Al 代替 Si 来抑制渗碳体析出，试验测试了 0.23C-1.79Al-1.50Mn-1.09Cr-0.27Mo-1.06Ni 在经过不同淬火温度 QP-T 工艺后的奥氏体体积分数，当淬火终冷温度为 185℃时，试验钢 f_{RA} 达到最大值，且试验值与 CCE 理论值的趋势相一致。高鹏飞等[223] 考虑到淬火配分钢在临界区等温时的显微组织特征及合金元素扩散，对经典的最佳铁素体预测模型进行了优化，将最佳淬火温度的预测方法扩展到了临界区等温工艺，并提高了预测的准确性（图 4.4-16）。

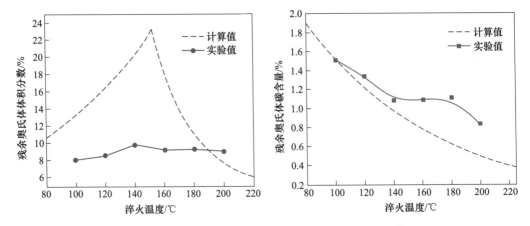

图 4.4-15　淬火配分钢最佳淬火温度的理论值与实验值
（a）体积分数；（b）碳含量

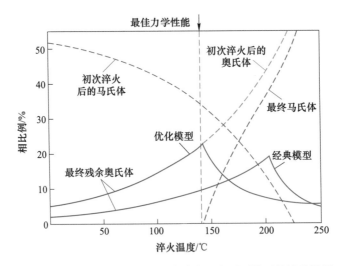

图 4.4-16　经典和优化 CCE 最佳淬火温度预测模型的计算结果

　　胡俊等[227] 研究了淬火温度及保温时间对一步法淬火配分钢 0.25C-1.5Si-2.5Mn 组织性能的影响，工艺对试验钢残余奥氏体的影响如图 4.4-17 所示，淬火温度太低，如 290℃ 和 320℃，淬火形成了马氏体组织，并且温度较低不利于碳的扩散配分，从而形成的残余奥氏体较少。而淬火温度升高至 350℃和 380℃，有利于 C 的扩散配分，从而形成更多的残余奥氏体（体积分数分别为 10.4% 和 11.9%）。但是在淬火温度 410℃ 时，残余奥氏体含量又有所降低，这是由于在高温下奥氏体晶粒尺寸变大，奥氏体稳定性降低，室温下获得的奥氏体反而减少，也有另外一种可能就是在这个温度下残余奥氏体会发生分解。随着保温时间的延长，残余奥氏体含量逐渐增加。这是因为保温时间短（30s）时，碳还未完全向奥氏体中配分。随着保温时间延长至 120s 和 300s，有越来越多的碳配分到奥氏体中形成了更多的残余奥氏体。

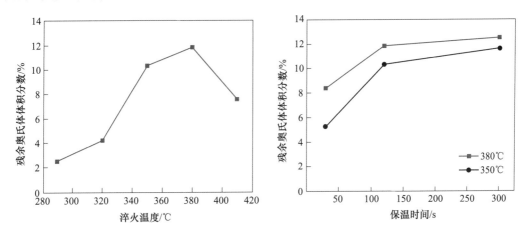

图 4.4-17 不同工艺下试验钢残余奥氏体的体积分数变化

（a）不同淬火温度；（b）不同淬火保温时间

4.4.4.3 配分工艺对淬火配分钢组织性能的影响

配分工艺过程中微观组织会发生马氏体回火、碳元素向奥氏体配分、奥氏体分解成贝氏体这些过程。Huyghe 等[228] 通过分析配分时间对 0.2C-1.4Si-2.3Mn-0.2Cr 钢组织的影响发现，贝氏体的体积分数随着配分时间的增加而增加。刘赓[222] 研究发现，试验钢的强度随配分时间的升高而下降，当配分超过一定时长后，试验钢的组织达到稳定平衡。庄宝潼[229] 研究发现，在 400℃ 的配分温度下，碳元素很快就能够完成配分，过长的配分时间反而降低了残余奥氏体的含量。Edmonds 等[230] 利用 DICTRA 软件模拟了 0.19C-1.59Mn-1.63Si 钢在配分温度为 400℃ 时碳从马氏体扩散到奥氏体所用的时间，结果表明，马氏体失去所有的碳原子仅用时 1s，而奥氏体中碳的均匀化需要 10s。朱国明等[231] 研究了配分温度对 0.28C-1.5Si-1.5Mn-0.03Nb-0.09Ti 钢组织性能的影响，如图 4.4-18 所示，随着配分温度的升高，强度下降伸长率上升，在 430℃ 配分的强塑积达到极值，残余奥氏体体积先增后降。

吴腾等[232] 研究了配分温度对淬火配分钢 0.2C-1.0Si-2.0Mn-0.04Al 组织性能的影响，试验钢在不同配分温度（300℃，350℃，400℃）下等温 30s 处理后的室温组织如图 4.4-19 所示，试验钢的显微组织主要包括板条马氏体和一定量的残余奥氏体。随着配分温度增加，马氏体含量减少，且组织中的马氏体由块状向条状转变；同时残余奥氏体的体积分数逐渐增加，配分温度为 300℃、350℃、400℃ 时，残余奥氏体体积分数分别为76%、11.5% 和 12.7%。试验钢表现出较好的强韧性和冷加工成形性能，配分温度由

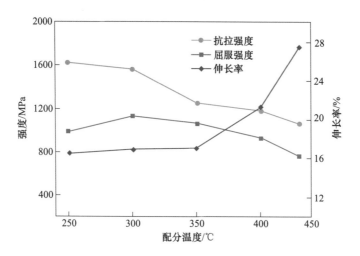

图 4.4-18　配分温度对淬火配分钢力学性能的影响

图 4.4-19　试验钢不同配分温度的显微组织
（a）300℃；（b）350℃；（c）400℃

300℃增加至400℃时，试验钢的抗拉强度由1196MPa降至1012MPa，屈服强度由756MPa降至636MPa，伸长率由15.0%升至23.5%，屈强比由0.65降低到0.62，n值由0.12增加至0.15，强塑积由17.34GPa·%增加至23.78GPa·%。淬火配分钢的力学性能与残余奥氏体体积分数密切相关，因此通过控轧控冷工艺使淬火配分钢中得到较多的残余奥氏体是获得高强塑积淬火配分钢的关键。

4.4.4.4 淬火配分工艺的探索

2008年，徐祖耀院士在淬火配分钢的成分基础上加入碳化物形成元素Nb或Mo，使马氏体基体上析出碳化物，提出淬火—配分—回火（QP-T）工艺。在QP-T处理方面，上海交通大学进行了大量的基础性实验研究。对Fe-0.2C-1.5Si-1.5Mn-0.053Nb-0.13Mo进行两步法QP-T处理后，抗拉强度可达1500MPa，伸长率大于15%；类似的，试验钢Fe-0.485C-1.2Si-1.2Mn-0.21Nb-0.98Ni经过QP-T处理后抗拉强度大于2000MPa，强塑积达到24GPa·%[233]；Fe-0.25C-1.48Mn-1.20Si-1.51Ni-0.05Nb的QP-T钢在-70～300℃下变形均具有良好的强塑性[234]。钢铁研究总院研究了含大量残余奥氏体（约27.3%）钒微合金化（1.68%）超高强QP钢，总伸长率达19%，抗拉强度达1835MPa[235]。

在软、硬相合理配比的前提下，提出了多相亚稳多尺度的M³（multiphase-metastable-multiscale）组织设计思路，图4.4-20为理想的M³组织示意图[233]，其"多相"指的是复杂的多相组织，利用板条状马氏体、次生马氏体及碳化物提高材料的强度，同时利用岛状及薄膜状的残余奥氏体提高材料的成形性；"亚稳"主要指的是残余奥氏体在室温下经形变诱导相变转为马氏体组织；"多尺度"指的是各相基体组织具有不同的大小和形貌。

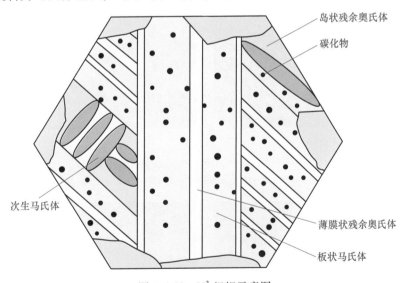

岛状残余奥氏体
碳化物
次生马氏体
薄膜状残余奥氏体
板状马氏体

图4.4-20 M³组织示意图

北京科技大学的尚成嘉教授[236]针对碳含量不同的两种成分分别采用了图4.4-21（a）淬火—临界区再加热—淬火—中低温等温处理和图4.4-21（b）正火—临界淬火—二次临界区再加热—淬火—中低温等温处理工艺，利用两步退火工艺很好地调控临界区再加热逆转变奥氏体的组织形貌、比例以及碳含量，进而通过后续处理来实现对钢中多相组织的控制（图 4.4-22），分别得到了强塑积高达 30GPa·% 和 27GPa·% 的高性能钢。丁然[237]同样利用双重的临界区退火工艺处理低合金钢发现预先形成少量的板条间的残余奥氏体，有利于消除块状残余奥氏体，同时生成更多的薄膜状残余奥氏体（图 4.4-23），获得了强塑积超过 30GPa·% 的高强韧钢。

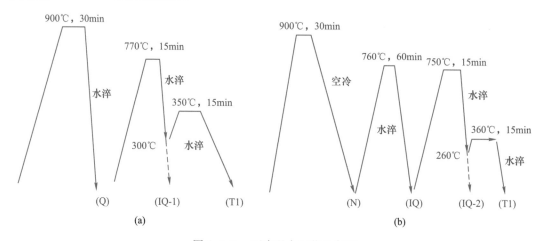

图 4.4-21　两步退火工艺示意图
（a）Fe-0.22C-1.32Si-1.91Mn；（b）0.17C-0.94Si-1.85Mn

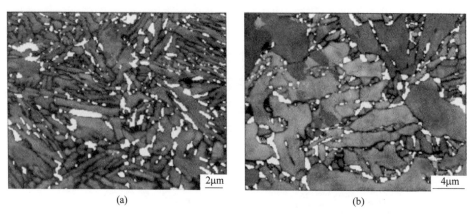

图 4.4-22　两步退火工艺后的残余奥氏体的分布
（a）Fe-0.22C-1.32Si-1.91Mn；（b）0.17C-0.94Si-1.85Mn

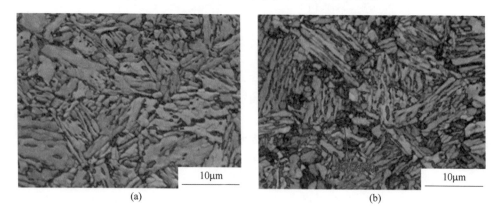

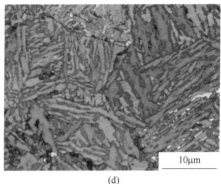

(c)   (d)

图 4.4-23　一次退火预处理与两步退火预处理工艺后的残余奥氏体分布

（a）740℃；（b）780℃；（c），（d）740℃ + 780℃双重处理

4.5　汽车用高强钢板的应用

4.5.1　汽车板的种类

4.5.1.1　轿车的车身

A　轿车车身特点

汽车是由发动机、底盘、车身和电气系统四大部分组成的，汽车板主要用于制造汽车车身。一般轿车都采用承载式车身结构，货车、越野车和某些高级轿车采用的是非承载式车身结构。

承载式车身是靠车身本体承受载荷，因此其特点是没有与之相配套的车架。承载式车身由底板、骨架、内外蒙皮等组焊成刚性框架结构，整个车身构件全部参与承载，发动机、传动系统、前后悬挂等部件都装配到车身上，所以称为承载式车身，车身的负载通过悬挂系统传给车轮。承载式车身结构如图 4.5-1 所示。

图 4.5-1　承载式车身结构

B　车身的制造组成

车身的组成按照制造装配工艺分为车身本体、四门（前后、左右四个车门）、两盖（前面的发动机盖和后面的行李箱盖）、左右翼子板等部分组成。

制造时先在部件生产厂将车身本体制造完成，并完成涂装，形成基本完整的车身本体框架，再在总装厂将同样涂装好的四门、两盖、左右翼子板安装到车身本体框架上，如图 4.5-2 所示。

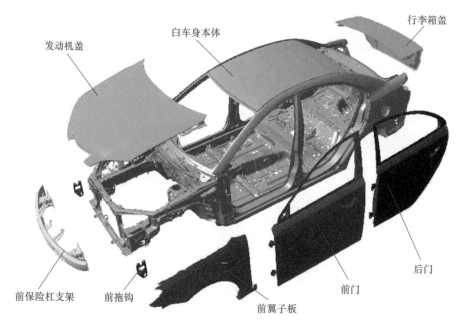

图 4.5-2　车身的组成

由于白车身中的顶盖和侧围外板又属于外板的范畴，白车身本体根据其组成构件的特点，又分为白车身架和顶盖以及侧围外板。

C　车身的结构组成

车身按照内外结构分类，又分为车身覆盖件和结构件。

a　车身覆盖件

车身覆盖件主要起封闭车身的作用，形成汽车外部轮廓和内部空间，同时也能辅助增加车身的强度和刚度。

b　车身结构件

结构件包括梁、支柱和结构加强件。

梁和支柱主要起受力作用，是保证车身所要求的结构强度和刚度的基础件。

结构加强件起到加强板件刚度的作用，提高各结构件的连接强度。

4.5.1.2　车身覆盖件

A　分类

车身的组成按照成车后能否看到分为：外板和内板。外板即外部人眼可以看到的覆盖件，内板即内部看不到的结构件及内部覆盖件。这也是汽车板外板和内板的分类，外板除了包括独立于车身本体的四门、两盖、左右翼子板的外板以外，还包括与车身本体连在一起的车顶、侧围等外板。外板和内板在作用和要求方面有着很大的区别。

B 外板

外板起到美观和遮风挡雨的作用，而对车身的强度影响不大，一般都由厚度不超过 1.0mm 的钢板冲压而成，我们通常所说的某种车型钢板的厚度就是指这些部分钢板的厚度。

C 内板

内板在汽车的内部，又包括结构件板和内覆盖板，汽车结构件构成了汽车的骨架，内覆盖板包围起了相对密封的汽车内部空间，与外覆盖件有所不同的是，为了美观的需要，汽车外表是完整的外覆盖件，而内腔部分区域直接由结构件构成，省去了内覆盖件。

4.5.1.3 车身结构件

A 结构特点

车身结构件构成了车身的骨架，对于承载式车身来说，车身结构件基本承载了汽车全部的载荷，因此是决定汽车安全性能的一大要素。一般小客车或休旅车的车身均为笼型车体结构，也有人称之为安全笼型车厢。其概念可追溯自 1944 年，是将汽车车体与鸟笼构造联想运用后所发展出来的汽车结构。

对于三维空间的车身来说，汽车结构件基本上也是由水平方向和高度方向的各种杆件组成，横向的叫"梁"，纵向的叫"柱"。"梁"又分为横向（或左右方向）的"横梁"和纵向（或前后方向）的"纵梁"，"柱"从前向后分别叫"A 柱""B 柱""C 柱"和"D 柱"。车身在前后方向上有上下、左右四根连续的纵梁，椭圆周方向上由横梁和柱组成封闭环，四个纵梁和由前到后若干个封闭环组成了像笼一样的骨架结构。连续纵梁和封闭环之间有牢固的接头。这种结构不但重量轻，而且强度高，可以满足汽车安全性能的需要。

B 安全性设计

车身前部是敞开的发动机舱，能承受比较大的集中力，主要由前纵梁支撑，并尽可能吸收纵向碰撞能量。

车身中部是乘坐舱，结构强度要求很高，主要起到承受侧面撞击力，保护乘员生存空间的作用。

车身尾部是行李箱舱，主要承受燃油箱、备胎和行李的重力，由后纵梁承担和吸收纵向撞击载荷。

4.5.2 汽车板的选材

4.5.2.1 汽车板的典型用途

在供给侧，不同种类不同性能的高强钢的典型用途如表 4.5-1 所示。

表 4.5-1 不同种类不同性能的高强钢的典型用途

强度级别	DP	TRIP	CP	MS	FB	PHS	TWIP	QP
300	车顶外饰、车门外饰、杂物箱、底板	车架纵梁、纵梁加强板			轮缘、制动踏板臂、座椅横梁、悬架臂			
350								
400								
450		车架梁、纵梁加强板、侧轨、防撞箱			轮缘、座椅臂、制动踏板臂、架横梁、下控制臂、保险杠、轮缘、底盘部件、后扭梁			
500				—				
590	底板、引擎盖外板、车身侧外板、整流罩、挡泥板、底板加强板				下控制臂、保险杠横梁、后扭梁件			
690	车身侧面内饰、后侧板、后减震器	侧轨、防撞箱、B柱上部、车顶纵梁、发动机支架、前后纵梁、骨架	框架轨道、B柱加强板、车架纵梁、底盘部件、管道加强板				A柱、车轮罩、前侧制动臂、下控制臂、前后保险杠横梁、B柱、底盘横梁、轮毂、驾驶室、车门防撞梁	侧围前部门环内板、前纵梁外板
780	安全系统绑筋(B柱、底板、发动机支架、前副车架杂物箱、座椅)	B柱上部、车顶纵梁、发动机支架、纵梁、前后纵梁、骨架			—		车轮、前后保险杠梁、B柱、轮毂、车门防撞梁	
980	B柱上部	后车架轨道加强板、摇臂外侧	后悬架梁、挡泥板支架	横梁、侧面防撞梁、保险杠横梁、保险杠加强板			车门防撞梁	前围加强板、前纵梁后段
1180	B柱上部		后车架轨道加强板、摇臂板、保险杠横梁	横梁、侧面防撞梁、保险杠横梁、保险杠加强板、摇臂		A柱、B柱、横梁成形后热处理		门槛加强板
1300	—	摇臂板、保险杠横梁						—
1400								

4.5.2.2　汽车零件的选材要求

在需求侧，一般汽车不同零件的选材总体要求如下。

A　外覆盖件

包括翼子板、侧围外板、车门外板、发动机罩外板、行李箱盖外板等汽车暴露部分的零件。外板是汽车板中对表面质量要求最高的钢板，必须达到 O5 级板；要具有良好的抗腐蚀能力，使用表面有镀层的镀锌或锌铁合金钢板；同时有一定的强度和刚性的要求，具有良好的抗凹陷性，以及良好的成形性。一般选用厚度在 0.6~1.0mm 之间的薄板，当前多采用烘烤硬化钢 BH，或者 DP450 双相钢；一般抗拉强度 $\geqslant$ 300MPa、$n \geqslant 0.21$、$r \geqslant 1.3$、$A_{80} \geqslant 34\%$、屈强比 $\leqslant 0.61$，这样也达到减轻车体重量的效果。

B　内覆盖件

内覆盖件变形复杂，深拉延较多，因此对塑性应变比和伸长率要求高，由于变形大，对变形均匀性也要求较高。一般选用厚度为 0.8~1.2mm 的钢板，$n \geqslant 0.24$、$r \geqslant 1.5$、$\delta \geqslant 42\%$、屈强比 $\leqslant 0.61$，同样也需要具备一定的防腐能力。

C　加强板类零件

加强板零件一般有三种：一是作为一些局部受到集中载荷作用零件的辅助件，增加强度可分担部分载荷，提高该部位的刚度；二是作为具有吸振功能的加强件，以起到减振作用，保证整车安全性；三是一些加强板本身同时也是结构件，如挡泥板、下边梁等，需要良好的抗腐蚀功能。这类零件对强度要求也较高，要求在 300MPa 以上，$n \geqslant 0.21$、$r \geqslant 1.3$、$A_{80} \geqslant 34\%$，屈强比 $\leqslant 0.66$。

D　功能件

功能件如门柱、门框、横梁、加强梁等，这类零件需要承受较高的载荷甚至受到冲击作用，既要保证有良好的成形性，也要求有足够的强度和刚度。其中如门柱、窗柱等结构件，抗拉强度要求在 600MPa 以上，当前多选择双相（DP）钢、相变诱导塑性（TRIP）钢等高强度钢，$n \geqslant 0.24$、$r \geqslant 1.4$、$A_{80} \geqslant 45\%$。

E　底盘类零件

主要是汽车结构件、安全件和加强件，如车轮、保险杠、横梁、纵梁、座椅导轨等零件。一般选用双相（DP）钢，其屈服强度在 500~900MPa；也可选用相变诱导塑性（TRIP）钢，强度为 600~1000MPa，其特点是初始加工硬化指数小于双相（DP）钢，但在很长的应变范围内仍保持较高的加工硬化指数，因此特别适合于挤胀成形。

汽车不同结构件所需材料的强度级别如图 4.5-3 所示。

4.5.3　汽车板的成形

4.5.3.1　冲压成形概述

A　冲压的概念

冲压成形把钢板冲压成汽车制造所需要的形状和尺寸，是汽车板加工成零件的最为常见的方法。薄板的冲压成形是一个非常复杂的过程，是靠压力机和模具对板材等施加外

车顶高强度中间横梁，与B柱连成一个封闭整体，从而提高了车辆在侧撞和侧翻等事故中的安全性能

保险杠横梁、纵梁等组成纵向承载系统仅能吸收碰撞能量，以保证乘坐区域的刚性和抗变形能力，乘员的生存空间不受侵入

180～280MPa
280～380MPa
380～800MPa
>800MPa
铝

A、B、C柱以及门槛梁和车门防撞杆组成的侧面承载系统，保证侧面受撞击时的抵御能力和将碰撞力迅速传递，提高对乘员的保护

图 4.5-3　车身安全设计

力，使之产生塑性变形或分离，从而获得所需形状和尺寸的工件的成形加工方法。冲压和钢板的自身性能、钢板与模具之间的接触摩擦条件、模具及压力机的功能等都有关系。

B　冲压工艺特点

（1）冲压是一种高生产效率、低材料消耗的加工方法。冲压工艺适用于较大批量零件制品的生产，便于实现机械化与自动化，有较高的生产效率，同时，冲压生产能做到少废料和无废料生产，即使在某些情况下有边角余料，也可以充分利用。

（2）冲压操作工艺方便，不需要操作者有较高水平的技艺。

（3）冲压出的零件一般不需要再进行机械加工，具有较高的尺寸精度，且能制造出其他金属加工方法难以加工出的形状复杂的零件。

（4）冲压件有较好的互换性。冲压加工稳定性较好，能获得强度高、刚度大而重量轻的零件，同一批冲压件，可相互交换使用，不影响装配和产品性能。

（5）由于冲压件用钢板作为材料，它的表面质量较好，为后续喷漆表面处理工序提供了方便条件。

C　冲压工艺简介

冲压工艺包括分离工序和成形工序两大流程。而两个流程又有不同的加工方法的分类，如图 4.5-4 所示。

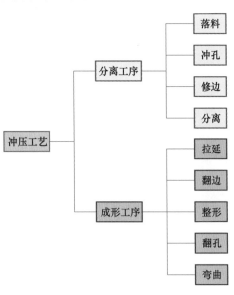

图 4.5-4　冲压加工流程和分类

a　分离工序

分离工序指钢板在外力作用下沿一定的轮廓线分离而获得一定形状、尺寸和切断面精度的成品或半成品。分离的条件是，变形材料内部的应力超过强度极限。

落料：用冲模沿封闭曲线冲切，冲下部分是零件。用于制造各种形状的平板零件。

冲孔：用冲模沿封闭曲线冲切，冲下部分是废料。有正冲孔、侧冲孔、吊冲孔等几种形式。

修边：将成形零件的边缘修切整齐或切成一定形状。

分离：用冲模沿不封闭曲线冲切产生分离。左、右件一起成形时，分离工序用得较多。

b　成形工序

成形工序指坯料在不破裂的条件下产生塑性变形而获得一定形状和尺寸的成品或半成品。成形的条件是，屈服强度<材料内部应力<强度极限。

拉延：把钢板毛坯成形制成各种开口空心零件。

翻边：把钢板或半成品的边缘沿一定的曲线按一定的曲率成形成竖立的边缘。

整形：为了提高已成形零件的尺寸精度或获得小的圆角半径而采用的成形方法。

翻孔：在预先冲孔的钢板或半成品上或未经冲孔的钢板制成竖立的边缘。

弯曲：把钢板沿直线弯成各种形状，可以加工形状极为复杂的零件。

D　冲压设备器具

压力机按驱动滑块力的种类，可分为机械压力机和液压机两大类。

模具按工作原理可以分为：拉延模具、切边冲孔模具和翻边整形模具。冲模通常由上、下模或凸、凹模两部分构成。

检具是一种用来测量和评价零件尺寸质量的专用检验器具。

4.5.3.2　冲压受力分析

A　钢板与模具的作用力

在汽车板的选材、工艺和模具设计、汽车板加工缺陷分析时，都需要对汽车板与模具之间的受力作用情况进行分析。

使用 AutoForm 软件可以分析钢板和模具的接触压力分布情况。钢板在模具表面滑动过程中的受力分成两大类：一类是正压力，通过模具施加到钢板，力的方向垂直于模具表面；另一类是摩擦剪应力，这类应力在钢板滑动过程中由摩擦引起，力的方向为滑动的切向。冲压过程钢板的受力状况，如图 4.5-5 所示。

B　钢板受力分布计算

下面以一个缺陷分析案例进行介绍。某汽车厂采用镀锌板加工一个轿车侧围零件时，模具表面出现了由镀锌钢板表面摩擦下来的锌粉和模具表面摩擦下来的铁粉与润滑油组成的混合物，对此进行了分析。

通过有限元软件计算钢板在模具中成形过程的接触应力和摩擦力分布情况。模拟条件为：压边力 200t，摩擦系数 0.15。图中的单位为 MPa。

冲压过程钢板的接触压力分布情况计算结果如图 4.5-6 所示。从图中可以看出，钢板流动时的接触正应力主要存在于模具入口线附近，压力数值在 20~25MPa 左右。

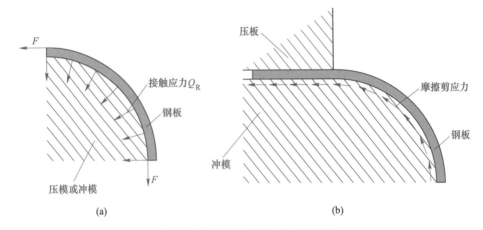

图 4.5-5　冲压过程钢板的受力状况

（a）钢板和模具间的接触应力；（b）钢板和模具间的摩擦应力

图 4.5-6　冲压过程钢板的接触压力分布情况

冲压过程钢板的摩擦剪应力分布情况计算结果如图 4.5-7 所示。从图中可以看出，钢板流动的摩擦剪应力主要分布在拉延筋及模具入口线附近，剪应力的大小约 3~5MPa。

图 4.5-7　冲压过程钢板的摩擦剪压力分布情况

从以上的模拟可以看到，侧围零件冲压过程的主要正压力和摩擦力都在模具的入口线及零件尖锐圆角处附近，其正压力值可达到 20MPa，拉延筋附近和圆角处的剪应力也达到

3MPa 以上。

一般认为，冲压时，合适摩擦状况下的正压力极限为 2MPa。根据上述模拟分析，以及摩擦实验结果，模具入口线圆角部位钢板与模具表面的接触力非常高，钢板与模具表面的力学条件已经远超了合适摩擦状态范围。因此，这些部位是关注的重点。

C 镀锌层受力分析

继续分析钢板在模具入口线圆角过渡处受拉的力学状态，如图 4.5-8 所示。从图中可以看出，钢板在冲压时圆角附近的部分材料受力比较大，而且比较复杂。因此，钢板流经圆角时，也经历了复杂的变形过程，在接触模具的一侧和自由表面侧都会因受压和受拉，而出现较大的塑性变形。

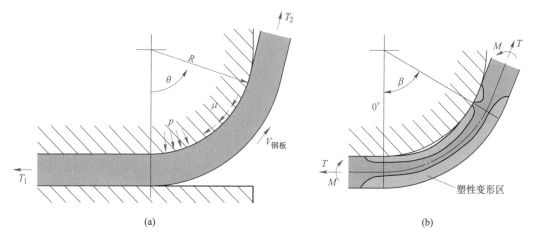

图 4.5-8 钢板在模具入口线圆角过渡处受拉的力学状态示意图
（a）受力情况；（b）塑性变形情况

可见，钢板在塑性变形的同时承受巨大的正压力，是在较大反向摩擦力拉扯的情况下滑动。此处的力学条件对锌层的要求相当苛刻，锌层同时承受模具和基板之间的、方向相反的摩擦力作用。由于基板和锌层的力学性能不同，锌层的延展性能弱于基板，塑性变形较大时就容易产生裂纹和脱落。

现场跟踪调查证实了理论模拟分析研究的结果。根据现场跟踪和了解的情况，本案例镀锌板主要是在拉延筋和模具入口线附近脱锌，脱落后的脱粉在随后的冲压过程通过钢板表面带入到模腔，并局部堆积结瘤。

D 受力状态的影响因素

影响圆角处钢板受力状态的因素主要有钢板受到的正压力、圆角直径以及摩擦条件。因此，可以采用有限元模拟的方法改变压边圈的压力和摩擦系数，进行成形模拟。

该案例模拟结果显示，模具压边圈的压边力从 1500kN 上升到 2000kN 和 3000kN 时，压边面及附近圆角处的正压力线性上升，从 14~26MPa 增加到 17~26MPa 和 21~27MPa；摩擦剪应力也从 2.9~4.7MPa 增加到 3.1~5.0MPa 和 4.0~6.0MPa。

图 4.5-9 为冲压过程的受力分布模拟结果，（a）图为接触正压力分布，（b）图为摩擦剪应力分布。

图 4.5-9 表示的模拟条件 I 为：压边力 3000kN，摩擦系数 0.16；图中的单位为 MPa。

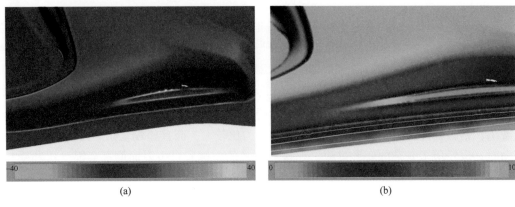

(a)　　　　　　　　　　　　　　　　(b)

图 4.5-9　条件Ⅰ冲压过程的受力分布模拟结果

（a）接触正压力分布；（b）摩擦剪应力分布

图 4.5-10 表示的模拟条件Ⅱ为：压边力 1500kN，摩擦系数 0.14；图中的单位为 MPa。

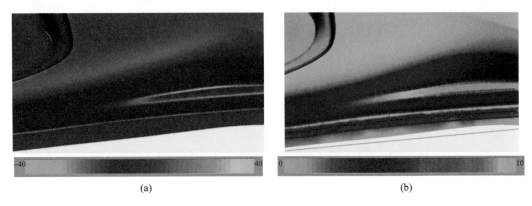

(a)　　　　　　　　　　　　　　　　(b)

图 4.5-10　条件Ⅱ冲压过程的受力分布模拟结果

（a）接触正压力分布；（b）摩擦剪应力分布

E　分析结论

a　模具异物产生的过程

理论模拟分析研究显示，模具表面出现异物产生过程为：汽车板冲压时，钢板在模具内发生拉延变形，在拉延筋和压边处产生锌粉和铁粉脱落，随着冲压时金属的流动，锌粉和铁粉被带到钢板表面，一部分留在冲压件上，另一部分就印到模具上。随着冲压片数的增加，锌粉和铁粉在模具上不断积聚，便形成异物。

b　影响异物产生的因素

影响模具表面异物的因素包括：一是与普冷板相比，镀锌板表面锌层比钢基要软，镀层与模具发生相互摩擦时更容易掉落粉末；二是镀锌板的表面缺陷，如锌灰、夹杂、划伤等突起状缺陷区域与正常镀层相比，其镀层和钢基的结合力相对较弱，冲压时存在应力集中，因而缺陷较大、较多的镀锌板更易产生模具表面异物；三是带钢表面粗糙度 Ra 以及涂油量的多少与冲压时的摩擦系数相关，而冲压时的摩擦系数直接影响着摩擦力的大小，匹配的粗糙度 Ra 和涂油量可以降低热镀锌钢板和模具之间的摩擦系数。

F 改进措施

从钢厂来说，改进措施主要是：提高镀层附着力、减少镀锌轿车外板表面缺陷的数量、优化表面缺陷在线识别技术、优化表面粗糙度、优化热镀锌轿车外板检查放行标准。

从汽车厂来说，改进措施主要是：优化零件结构和尺寸、优化冲压参数、提高擦模频数、加强钢板的润滑、减少摩擦力等。

4.5.3.3 热冲压成形

A 热成形技术的特点

热冲压成形技术将钢板加热到高温奥氏体区后进行变形加工，并通过保压和快速冷却淬火等工艺，最终在室温下获得尺寸精度稳定的具有马氏体组织的超高强度零件。采用热冲压技术制造的汽车零件的强度、尺寸精度和表面硬度等指标，得到了大幅度的提高。

热冲压成形技术的特点：一是对冲压坯料进行加热，二是在冲压成形以后快速冷却，达到淬火的目的。

热冲压成形的模具比较复杂，除一般模具具有的结构以外，还有冷却水管，如图4.5-11所示。

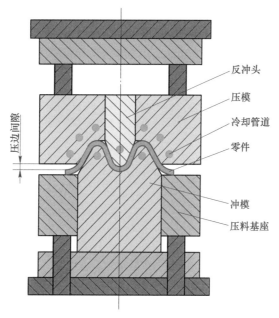

图 4.5-11 热冲压成形模具

B 热成形技术原理

图4.5-12示意了热成形钢强化过程的工艺原理与强度和塑性变化，图中综合了加热—冲压生产过程、加热—保温—冷却温度曲线、组织变化过程、热成形钢的TTT曲线、性能变化情况等信息。从图中可以看出，热成形钢板经过冷轧、退火后，在常温下的组织为铁素体加珠光体（或索氏体），强度和塑性与低合金钢差不多，加工前先进入炉内加热到奥氏体区，并经过保温实现全奥氏体化，此时强度很低塑性很高，然后出炉移至冲压模具，在高温下冲压成形，并快速冷却淬火，将奥氏体转变为马氏体，从而获得高强度的零件。

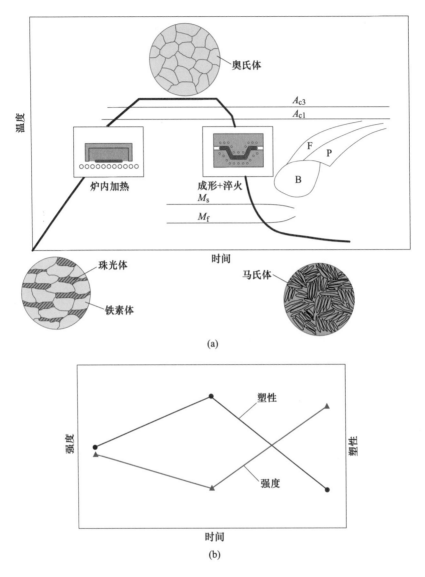

(a)

(b)

图 4.5-12　热成形工艺原理与强度和塑性变化

（a）热成形工艺原理；（b）强度和塑性变化

C　热成形工艺的分类

如图 4.5-13 所示，热冲压工艺可以在高温一步完成，称为直接热冲压法；也可以分为常温和高温两步完成，称为间接热冲压法。图 4.5-13（a）为在直接热冲压加工中，钢板坯料在炉子里加热到奥氏体化后转移到冲床上，一次性在高温状态冲压成形并继续在封闭的模具中快冷淬火。图 4.5-13（b）为间接热冲压加工，特点是预先在常温将钢板坯料冷冲压完成接近 90%的变形量，生产出接近最终零件形状的半成品，这个过程与其他高强钢生产的零件一样，会发生回弹，所以必须对其加热到奥氏体化之后，送入冲床模具内进行矫正并淬火，获得尺寸和形状精确、强度很高的最终零件。

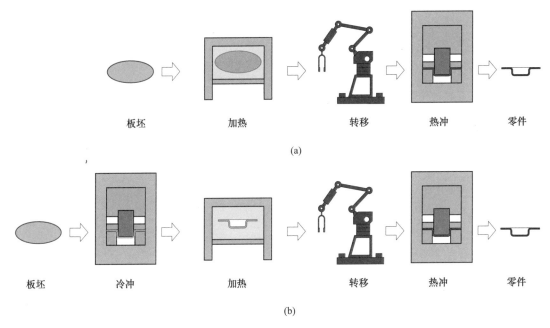

图 4.5-13　热成形工艺的分类

（a）直接热冲压；（b）间接热冲压

D　热成形工艺的要求

热冲压成形钢将提高强度的重点转移到了零件的加工过程，对热成形工艺要求很高，主要有以下要求：

（1）高温加热、适当保温，确保均匀奥氏体化。要得到高强度的最终产品，就必须使钢板完全淬火，获得全部的马氏体组织，前提条件是在淬火前全部是奥氏体组织，而且要有一定的稳定性。而热成形钢的含碳量比较高，再加上合金元素较多，铁素体向奥氏体的转变过热度高、时间长，为此，必须保证加热的温度和时间，才能获得完全、均匀、稳定的奥氏体组织。

（2）快速转移、高速冲压，保证相变前完成形变。板坯一旦出炉进入空气，就会很快冷却，必须保证在发生奥氏体向低温组织转变前完成转移和冲压的过程，确保是在奥氏体状态，材料的塑性非常好的情况下，进行冲压变形，才能取得应有的效果。如果是退火板的话，还会发生脱碳、氧化，脱碳会影响材料的性能，氧化物会增加模具的磨损，从这一点来说，也要尽快转移和冲压。

（3）适度变形、快速冷却，获得完全马氏体组织。冲压时的应变量会影响到奥氏体晶粒的变形程度，应变量越大，奥氏体变形量也加大，产生的位错越多，晶体结构扭曲越严重，获得的畸变能越高，产生相变的内在动力增加，奥氏体稳定性下降，越容易产生相变，影响组织和性能。同时，若冲压时的应变量过大，在变形速率相同的情况下，变形过程的时间延长，温度下降严重，可能会越过奥氏体相变临界点，进入贝氏体区。所以，冲压件的变形量必须进行确认，控制在一定范围内，在冲压后必须采用通水冷却模具的方法，实现热成形钢的快速冷却，完成淬火处理。

E　热成形参数的选择

在进行热成形工艺设计时，必须充分进行仿真和试验，才能获得最佳的工艺窗口。一般冲压件热成形工艺参数参考范围如表4.5-2所示。

表4.5-2　热成形工艺参数参考范围

项　目	数　据
奥氏体化加热温度	870~930℃
保温时间	5~10min
保温介质	N_2
坯料转移时间	≤10s
变形温度范围	≥780℃
变形量	≤40%
变形速度	0.4~0.8m/s
变形压力	500~700t
成形时间+保压时间	8~15s
通水冷却速度	≥30℃/s
通水冷却结束温度	≤200℃

F　热成形工艺流程

热冲压成形生产线的工艺流程是：开卷下料成冲压毛坯→带电磁吸盘的机械手往加热炉送料→在氮气保护下加热并保温达到全奥氏体化→带挂钩的机械手快速转移到模具内→快速冲压成形→保压并在模具内通水快速冷却→脱模进入空气冷却→带电磁吸盘的机械手出料→激光切割→抛丸除锈→涂防锈油或涂料→零件成品入库。

4.5.3.4　其他成形方法简介

A　辊压成形

辊压成形是将卷板通过多组顺序配置并且渐变的成形轧辊，不断地进行横向弯曲变形，加工成所需的特定断面形状零件的成形工艺。辊压成形工艺原理如图4.5-14所示。

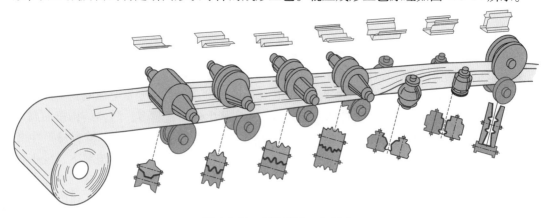

图4.5-14　辊压成形工艺原理

辊压成形技术的主要特点是生产效率高、适合大批量生产、加工产品的长度基本不受限制、可实现连续化生产、可较好地控制回弹、成形产品表面质量好、尺寸精度高等，另外生产线中可集成冲孔焊接等工艺，材料利用率高，较其他工艺节约材料 15%~30%、生产过程噪声低污染小。

辊压成形技术的发展方向有：等截面辊压成形向变截面柔性辊压成形发展，传统冷辊压成形向热辊压成形发展。变截面柔性辊压成形技术克服了等截面零件的应用局限，可以生产变截面的复杂零件，扩大了辊压成形技术的应用范围。热辊压成形工艺可以提高高强度钢纵截面形状尺寸精度。

B　液压成形

管件液压成形的原理是用均匀厚度的管坯（或按需求先压扁、压弯），通过在管坯内部施加液体压力，并在轴向施加载荷作用，使管坯产生塑性变形，外表面与模具内表面完全贴合，形成所要求的形状和尺寸成形工件。

管件液压成形的工艺过程如图 4.5-15 所示，包括模具准备、放入管件、合模、充液排气、密封加压、增压成形等阶段。

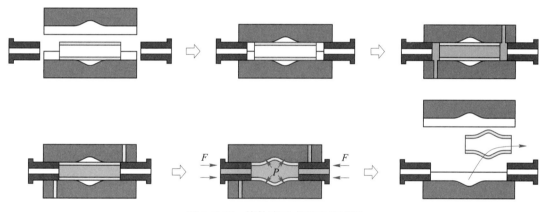

图 4.5-15　管件液压成形工艺过程

管材液压成形以空心替代实心、以变截面取代等截面、以封闭截面取代焊接截面，与冲焊件相比可减重 15%~30%，且可大幅提高零件的刚度和疲劳强度。

C　气压成形

板件热气压成形是在热成形工艺中采用压缩气体代替刚性凸模传递载荷，使板件在压缩气体的压力作用下贴靠凹模，通过控制气体的压力和压边力使板材成形为所需形状的曲面零件。板件热气压成形原理如图 4.5-16 所示。

板件热气压成形具有成形极限高、尺寸精度高、工艺可控、制造成本低等优点，在高精度、复杂形状、薄壁曲面件的成形方面显示出巨大的潜力。

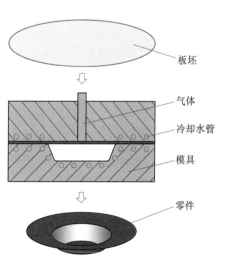

图 4.5-16　板件热气压成形原理

4.5.4　汽车板的连接

4.5.4.1　电阻点焊

电阻点焊作为薄板连接的一种重要焊接方法在机器制造业有广泛的应用，尤其是在汽车行业。以轿车为例，每一辆轿车上都有几千个焊点，而这些焊点的质量直接影响汽车的使用性能。镀层钢板与无镀层冷轧钢板在点焊工艺性方面有着不同的特性，随着镀层钢板在轿车工业的大量使用，研究不同镀层汽车板的点焊工艺及性能就显得非常重要。

　　A　电阻点焊原理

电阻点焊技术属于熔融焊接，是将焊件装配成搭接接头，并压紧在两电极之间，通电后利用电阻热熔化母材金属，形成焊点的焊接方法。点焊过程通常有 3 个彼此衔接的阶段，分别是：焊件在电极间预先压紧；通电后把焊接区加热到一定温度；在电极压力作用下冷却。点焊时由于一定直径电极的加压，使被焊工件变形，且仅在焊接区紧密接触形成电流通道，而其他部分不构成电流通道，从而在焊接区域得到极高的电流密度，如图 4.5-17 所示。

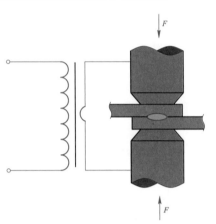

图 4.5-17　点焊示意图

　　B　材料对焊接性能的影响

镀锌钢板与普通冷轧钢板在点焊时表现出不同的工艺性能，这种差异主要是因镀层的影响而造成的。

对镀锌板而言，由于锌镀层先熔化，并产生锌环，从而使焊件实际的接触面积扩大，电流密度减小，所以为得到同样尺寸的熔核，焊接镀锌钢板的焊接电流要比无镀层钢板的大。在其他参数相同而镀层厚度不同时，随镀层厚度的增加，最小焊接电流 I_{min} 需要增加，最大焊接电流 I_{max} 需要减小，因而可焊电流范围减小。在其他参数相同而钢板厚度不同时，则焊接电流随板厚的增加而升高，虽然可焊电流范围变化不大，但焊点的拉剪强度增加较大。

　　C　工艺对焊接性能的影响

焊接电流对焊点静载强度的影响显著，在可焊电流范围内焊点静载强度随焊接电流增加而增大。在靠近电流下限的区域，随电流的增加焊点强度的增长速度比靠近电流上限时快。

为了得到合格的熔核尺寸和焊点强度，焊接时间与焊接电流在一定范围内可以互补。为了获得一定强度的焊点，可以采用强规范，即大焊接电流和短时间，也可以采用弱规范，即小焊接电流和长时间。选用强条件和弱条件，取决于金属的性能、厚度。

　　D　电极对焊接性能的影响

在增大电极压力的同时，增大焊接电流或延长焊接时间，以弥补电阻减小的影响，可以保持焊点强度不变。采用这种焊接条件有利于提高焊点强度的稳定性。电极压力过小，将引起喷溅，会使焊点强度降低；电极压力过大，使焊接区压痕太深，减薄严重，也会使焊点强度降低。

当其他参数不变时，电极端面尺寸增大，则电极与试样接触面积增大、电流密度减小、散热效果增强，均使焊接区加热程度减弱，因而熔核尺寸减小，使焊点承载能力降低。实际生产中，随着电极端头的变形和磨损，接触面积将增大，焊点强度将降低。

4.5.4.2 激光焊接

A 激光焊接原理

激光焊接技术与电阻焊一样属于熔融焊接。是将焊件装配成搭接接头或拼接接头并压紧，采用激光作为焊接热源，通过光学系统传导、聚焦在焊件板材、钎料的局部区域，在极短的时间内形成一个能量高度集中的热源区，板材或焊丝迅速熔化、冷却，最终形成焊点的焊接方法。

与电阻搭接焊不同的是激光焊接用激光照射母材，当激光光斑上的功率密度足够大（>106W/cm^2）时，金属在激光的照射下迅速加热熔解，而且其表面温度在极短的时间内升高至沸点，金属发生气化。金属蒸气以一定的速度离开金属熔池的表面，产生一个附加应力反作用于熔化的金属，使其向下凹陷，在激光斑下产生一个小凹坑。随着加热过程的进行，激光可以直接射入坑底，形成一个细长的"小孔"。当金属蒸气的反冲压力与液态金属的表面张力和重力平衡后，小孔才不再继续深入。因此，只要光斑密度足够大，所产生的小孔将贯穿于整个板厚，形成深穿透焊缝。

焊接时小孔随着光束相对于工件而沿着焊接方向前行，金属在小孔前方熔化，并绕过小孔流向后方，冷却凝固后即形成焊缝，如图4.5-18所示。激光热源的特殊优势在于，它有着超乎寻常的加热能力，能把大量的能量集中在很小的作用点上，所以具有能量密度高、加热集中、焊接速度快及焊接变形小等特点，可实现薄板的快速连接。

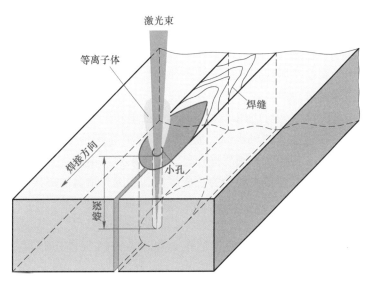

图 4.5-18 激光焊接示意图

B 激光焊接特点

激光焊接可以用于汽车板冲压前的拼焊，也可以应用于冲压件的组焊。其特点如下：

（1）能量密度高、适合于高速焊接；

（2）焊接时间短、材料本身的热变形及热影响区小，尤其适合高熔点、高硬度材料的加工；

（3）无电极、工具等的磨损消耗；

（4）对环境无污染；

（5）可通过光纤实现远距离、普通方法难以达到的部位、多路同时或分时焊接；

（6）很容易改变激光输出焦距及焊点位置；

（7）很容易搭载到机器人装置上。

C 激光拼焊

拼焊板是将不同表面处理、不同钢种、不同厚度的钢板采用激光焊接技术组合成整体毛坯件。最初用于提供超大尺寸坯料，解决市场现有钢板尺寸不足的问题，而目前主要用于节省材料、减轻重量。激光拼焊板可以将不同的厚度、材质、表面涂层的汽车板拼接在一起，可以减少零件的数量、减轻零件的重量、降低生产成本，提高材料利用率，增加结构的整体性和尺寸精度。

以 B 柱为例，采用在受力大的部位选用厚板，受力相对小的部位选用薄板的方案，就可以减轻重量。如果采用差厚轧制技术，则难度很大，如图 4.5-19 所示。

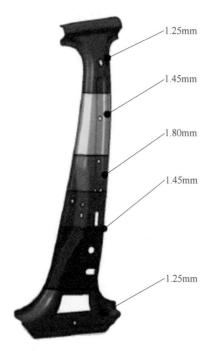

图 4.5-19 B柱差厚轧制方案

而采用激光拼接的方法，就很方便地解决了这一问题。

D 激光组焊

激光组焊技术是将已冲压或切割成形的各种车身构件，先两两零件组焊，然后再多件组焊。从而形成白车身分总成，各自车身分总成，再总装成白车身总成。激光组焊是车身制造流程中的重要技术环节，可应用于大批量、小批量和新的样车生产。白车身激光焊接虽然目前尚存在设备投资及维护成本高，使用条件苛刻等问题，但由于其具有焊接精度高、零件变形小，焊接结构强度与刚度提升显著等一系列突出的优点，仍然被世界各大汽车厂商所应用。车身的激光焊接主要分为总成焊接、侧围与顶盖的焊接、后续焊等。

4.5.4.3 混合气体保护焊

混合气体保护焊是用可以熔化的焊丝作为电极，并以气体进行保护的电弧焊，如图 4.5-20 所示。

供给的电能是由焊接电源提供的。焊丝供给有着双重目的，既可以为电极传输电流，也为焊缝提供填充金属。从焊枪喷嘴中流出的保护气对电弧和熔池金属进行保护，保护气有可能全部是惰性气体（MIG），也可能是活性气体（MAG）即在惰性气体中加入少量氧化性气体。在焊接过程中，惰性气体不会和熔敷金属发生化学反应，而活性气体会与熔敷金属进行化学反应。活性气体保护气，一般是由惰性的氩气加少量氧化性的 CO_2 或 O_2 组成的，加入少量氧化性气体的目的，是在不改变或基本上不改变惰性气体电弧特性的条件下，进一步提高电弧稳定性，改善焊缝成形和降低电弧辐射强度等。

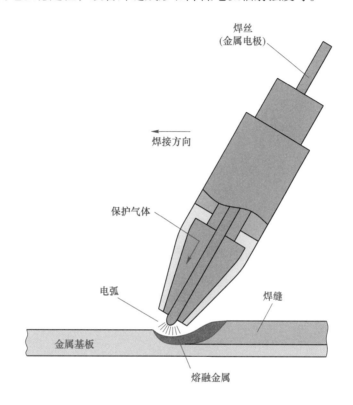

图 4.5-20 混合气体保护焊示意图

4.5.5 汽车板的涂装

4.5.5.1 涂装的流程

一般轿车车身表面涂装流程，如图 4.5-21 所示。

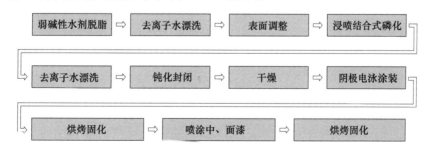

图 4.5-21 轿车表面涂装流程

4.5.5.2　车身的磷化

A　涂装前处理

为了提高白车身的涂装性能，必须进行涂装前的预处理，典型的轿车涂装前处理工艺流程有：预脱脂→脱脂→水洗→纯水洗→表调→磷化→水洗→封闭→水洗→纯水洗→烘干→下件→检测。典型的白车身涂装前处理工艺流程如图 4.5-22 所示。

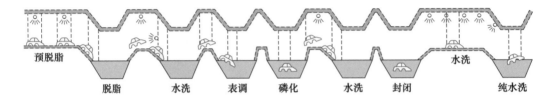

图 4.5-22　典型的白车身涂装前处理工艺流程

B　磷化的作用

在车身涂装前的预处理中，磷化是前处理的核心工艺。它通过使钢板或镀锌层表面与酸性磷酸盐溶液反应生成一层非金属的、半导电的多孔磷酸盐无机转化膜。该转化膜的主要功能是提高基板与漆膜的结合力，并改善涂层的膜下防腐和耐水性。由锌、锰、镍三元改性磷化体系通过浸喷结合工艺处理得到的低锌伪转化型磷化膜作为电泳底漆的底层，已在汽车行业广泛应用了 40 余年，并在全球范围内成为标准化的前处理模式。

C　磷化的反应

磷化膜的沉积是一个复杂的化学反应加上电化学反应的过程，可用以下的一系列化学方程式简单表述。

冷轧板磷化过程：

$$Fe + H^+ \longrightarrow Fe^{2+} + H_2 \uparrow \tag{4.5-1}$$

$$Me(H_2PO_4)_2 \rightleftharpoons MeHPO_4 + H^+ \rightleftharpoons Me_3(PO_4)_2 + H^+ \tag{4.5-2}$$

$$Fe + Me(H_2PO_4)_2 \longrightarrow MeFe(HPO_4)_2 + H_2 \uparrow \tag{4.5-3}$$

$$Me(H_2PO_4)_2 + Fe(H_2PO_4)_2 + H_2O \longrightarrow Me_3(PO_4)_2 \cdot 4H_2O + Me_2Fe(PO_4)_2 \cdot 4H_2O + H_3PO_4$$

$$\tag{4.5-4}$$

镀锌板磷化过程：

$$Me(H_2PO_4)_2 + H_2O \longrightarrow Me_3(PO_4)_2 \cdot 4H_2O + H^+ \tag{4.5-5}$$

式中，Me 为 Zn、Mn、Ni、Ca。

D　磷化膜特点

典型的磷化膜显微照片如图 4.5-23 所示。不同种类汽车板磷化膜的结构特点见表 4.5-3。

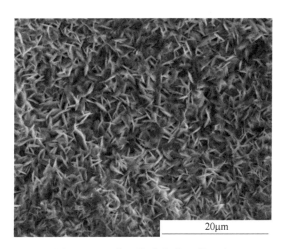

图 4.5-23 典型的磷化膜显微照片

表 4.5-3 不同种类汽车板磷化膜的结构特点

汽车板种类	晶粒尺寸/μm	膜重/g·m^{-2}	磷化膜特性
冷轧板 CR	3~7	2~5	磷化膜含 Fe，成膜物质为：$Me_2(PO_4)_3 \cdot 4H_2O$ 和 $Zn_2Fe(PO_4)_2 \cdot 4H_2O$，磷比 > 90%，具有优异的耐水性和抗碱性
热镀锌板 GI	3~7	2~5	磷化膜不含 Fe，成膜物质为：$Me_2(PO_4)_2 \cdot 4H_2O$，其中 Me 为：Zn、Mn、Ni，膜下防腐性能较差，通过 Mn、Ni 改善
热镀锌铁合金板 GA	3~7	3~8	磷化膜含少量 Fe，膜下防腐性能优于 GI 板
电镀锌板 EG	3~7	1~3	为钢厂提供的预磷化膜，结构和性能与车厂的磷化膜一致，车厂磷化后基本不改变形貌

4.5.5.3 车身的涂装

为了获得汽车优良的耐蚀、耐候性和高装饰性外观，以延长使用寿命、提高商品价值，车厂有一项非常重要的工序，就是对白车身实施涂装工艺。

A 对汽车板的要求

涂装对汽车板提出了特殊的要求，首先，涂装后的汽车板应具备高度的功能性，即良好的耐蚀性、耐候性、抗机械冲击性等，其性能的优劣取决于被涂装材料自身的防腐性能和涂装特性，以及覆盖于其上的有机、无机复合涂装层的综合性能。同时，涂装后的汽车板还应具有很好的装饰性，一般用肉眼结合仪器测定的外观评估法来表征。主要有涂层表面的橘皮值以及反映反射影像的鲜映性 DOI 值等。

B 车身涂层结构

一般轿车车身表面涂层的结构如图 4.5-24 所示。

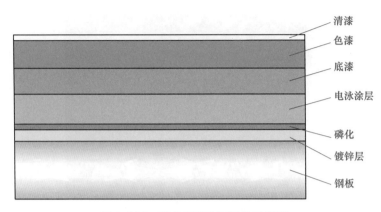

图 4.5-24　轿车表面涂层结构示意图

C　涂装流程的演变

车身涂装流程的演变如图 4.5-25 所示。

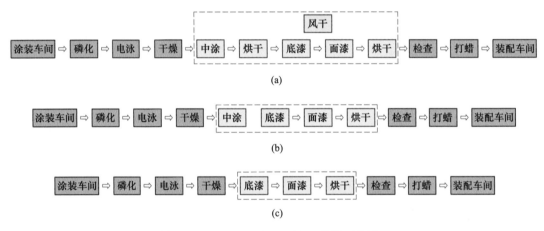

图 4.5-25　3C2B、3C1B、2C1B 涂装工艺流程

(a) 3C2B；(b) 3C1B；(c) 2C1B

早期的主机厂涂装工艺流程，主要为：磷化→电泳→干燥→中涂→烘干→底漆→面漆→烘干→检查→打蜡。电泳底漆的膜厚在 20μm 左右，随后喷涂中涂底漆，膜厚在 35μm 左右，然后是喷涂底色漆，膜厚一般在 15~25μm。最后一道涂层是清漆，膜厚通常在 30~40μm。在电泳底漆之后，通常工艺在喷涂完中涂底漆之后要进行高温（140~165℃）烘烤固化，然后在底色漆喷涂完成后进行低温闪干，再和清漆一起进行高温（130~145℃）烘烤固化，因此传统体系工艺被称为三涂两烘（3C2B）体系。

经过几年的演变发展，之后的工艺采用喷涂中涂层漆闪干或低温烘干，直接喷涂金属底色漆、罩光清漆，取消了中涂漆烘干工序，故被称为 3C1B 工艺。

当前最新的工艺为 2C1B 的二涂层涂装工艺，2C 是指喷底色漆工序、喷清漆工序，1B 是指使底色漆和清漆一同烘干工序。其中最大的差别是两涂一烘取消中涂工艺，涂料商通过改进涂料工艺，使底漆具备原来中涂层所具备的防紫外线，抗砂石冲击等功能。新的涂装工艺取消了中涂。中涂层作用是阻挡紫外线对电泳底漆层的光氧化分解和粉化，造成电泳与面漆结合力降低，最终导致漆层龟裂和剥离。新涂装工艺采用改进后的底漆具备抗紫外线功能，可防止紫外线对电泳层的影响。通过取消中涂，改善底漆和面漆的力学性能、耐候性能和表面装饰性能，达到三涂层涂装工艺的功能。与以前涂装工艺比较，当前工艺显著降低了设备投资，增强了节能减排，减少了工艺使用面积和生产运行成本，代表了当今世界汽车涂装的最先进技术发展方向，目前已被各大主机厂纷纷采用。这些采用最新技术路线的涂装线的 VOC 排放和能源消耗水平，都能够达到当前世界汽车涂装先进水平。努力采用各种紧凑型涂装工艺，尽量减少投资和土地占用，着力节能降耗，并降低 VOC 排放，已经日益成为中国汽车涂装行业的共识，成为今后相当一段时间内汽车涂装的技术方向。

4.5.5.4　车身的电泳涂装

A　电泳涂装原理

电泳涂装法在汽车涂装中获得应用已有 30 多年历史，它是汽车工业中普及最快、技术更新最多的金属件涂漆方法。

电泳涂装是一种特殊的漆膜形成方法。其基本原理类似于金属的电镀，只不过镀在磷化膜表面的是有机高分子物质，电泳后得到的湿膜再通过加热进行交联固化。

20 世纪 70 年代开发的阴极电泳涂料具有泳透率高、涂层耐腐蚀性高的优点，加之无铅、无锡环保型阴极电泳漆的开发成功，形成了阴极电泳涂装替代阳极电泳涂装之势。至今在技术上已形成了 5 代阴极电泳产品。目前所有的高级轿车均采用阴极电泳进行第一层有机涂层的涂装。

阴极电泳涂装原理示意，如图 4.5-26 所示。阴极电泳涂料所含的树脂带有碱性基团，经酸中和后成盐而溶于水。通直流电后，树脂离子及其包裹的颜料粒子带正电荷向阴极移动，就会沉积在阴极车身上，形成漆膜。电泳涂装是一个很复杂的电化学反应，一般认为至少有电泳、电沉积、电解、电渗这四种作用同时发生。

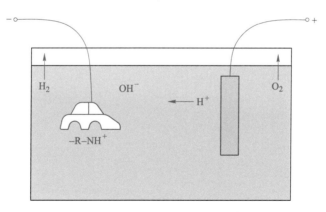

图 4.5-26　阴极电泳涂装原理示意图

在阴极电泳涂装时，带正电荷的粒子在阴极上凝聚，带负电荷的离子在阳极上聚集。当带正电荷的树脂和颜料胶体粒子到达阴极车身表面区域后，得到电子，并与氢氧根离子反应变成水和不溶性物质，沉积在阴极车身上。

在车身和极板上发生的反应如下：

阴极（车身）：

$$2H_2O + 2e \longrightarrow 2OH^- + H_2 \uparrow \tag{4.5-6}$$

$$R\text{-}NH^+ + OH^- \longrightarrow R\text{-}H + H_2O \tag{4.5-7}$$

阳极（极板）：

$$2H_2O \longrightarrow 4H^+ + 4e + O_2 \uparrow \tag{4.5-8}$$

B　电泳涂装优点

电泳漆膜具有涂层丰满、均匀、平整、光滑的优点，电泳漆膜的硬度、附着力、耐腐蚀、冲击性能、渗透性能明显优于其他涂装工艺。

（1）采用水溶性涂料，以水为溶解介质，节省了大量有机溶剂，大大降低了大气污染和环境危害，安全卫生，同时避免了火灾的隐患。

（2）涂装效率高，涂料损失小，涂料的利用率可达 90%~95%。

（3）涂膜厚度均匀，附着力强，涂装质量好，工件各个部位如内层、凹陷、焊缝等处都能获得均匀、平滑的漆膜，解决了其他涂装方法对复杂形状工件的涂装难题。

（4）生产效率高，可实现自动化连续生产，大大提高劳动效率。

C　电泳涂装局限性

（1）设备复杂，投资费用高，耗电量大，其烘干固化要求的温度较高，涂料、涂装的管理复杂，施工条件严格，并需进行废水处理。

（2）只能采用水溶性涂料，在涂装过程中不能改变颜色，涂料贮存过久稳定性不易控制。

（3）电泳涂装设备复杂，科技含量较高，只适用于颜色固定工件的生产。

第5章　高强钢板热处理工艺流程

5.1　退火炉的分类与结构

钢带连续退火炉是钢带连续退火生产线或钢带连续镀锌生产线的核心设备，其运行状况直接影响到产品的产量和质量、生产的安全和成本等至关重要的各个方面，因而退火炉是生产线设计的重点，也是企业生产管理、技术管理的关键环节。

现代连续镀锌生产线的退火炉按加热方式不同，可分为直接加热的改良森吉米尔法退火炉和间接加热的美钢联法退火炉，按结构形式不同，又可分为卧式炉和立式炉，这样就有卧式改良森吉米尔法退火炉、卧式美钢联法退火炉、立式改良森吉米尔法退火炉、立式美钢联法退火炉四种主要炉型的组合。除此而外，有些炉型同时结合了卧式炉和立式炉的结构，设计出了折叠炉、"L"型炉、"凹"型炉等卧立混式炉。

5.1.1　改良森吉米尔退火炉

在连续镀锌或退火生产线上，退火炉担负着以下功能，一是要除去带钢表面残余的轧制油等杂质，二是要还原带钢表面的氧化杂质，三是对带钢进行再结晶退火。除此而外，镀锌退火炉还必须将带钢温度调整到与锌锅接近的温度。

5.1.1.1　森吉米尔系列退火炉

A　森吉米尔退火炉

最早的带钢连续镀锌线是没有前处理段的，除去带钢表面残余轧制油的工作都是靠退火炉来完成，当时森吉米尔设计的退火炉分为氧化炉和还原炉两部分，两者之间采用一个炉喉联结起来，称为森吉米尔法，如图 5.1-1 所示。森吉米尔法氧化炉（OF）采用明火加热，由于当时燃烧技术的限制，空气过剩系数大于 1.0，也就是氧化性质的明火加热，其优点是可以将带钢表面残余的轧制油通过燃烧去除，缺点是也会在高温和有残余氧气的环境下，造成带钢表面的氧化。这层氧化膜必须在后续的间接加热的辐射管还原炉（RTF）内还原，还原炉采用氨分解的 $75\%H_2$、$25\%N_2$ 作为还原气体，尽管采用如此高的氢气浓度，也需要较长时间的还原，才能达到镀锌的要求，因此生产线速度很慢，低至 10m/min 左右。带钢继续经过喷气冷却段（JCF）和炉鼻段（TDS）进入锌锅镀锌。森吉米尔退火炉带钢表面残余轧制油、氧化膜、温度变化曲线如图 5.1-1 所示。

B　改良Ⅰ型森吉米尔退火炉

为了提高生产线速度，森吉米尔对退火炉进行了第一次大的改进，整体工艺流程没有变化，主要是围绕明火加热技术进行的，最大的进步是将燃烧的空气过剩系数由大于 1.0，调整到了小于接近于 1.0，使得原来的氧化炉（OF），改进为所谓的无氧化炉（NOF）。经过第一次改进，带钢在无氧化炉内产生的氧化膜大幅度减少，即使在后续的辐射管还原炉内的氢

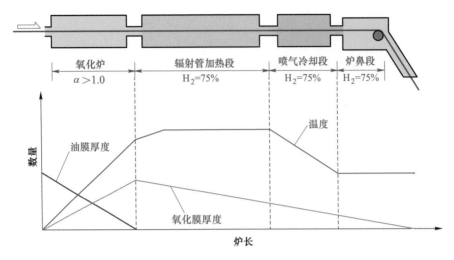

图 5.1-1　森吉米尔退火炉原理

气浓度下降到 25% 左右的情况下，也能很快还原，生产线速度大幅度提高，可以达到 90m/min。改良 I 型森吉米尔退火炉带钢表面残余轧制油、氧化膜、温度变化曲线如图 5.1-2 所示。

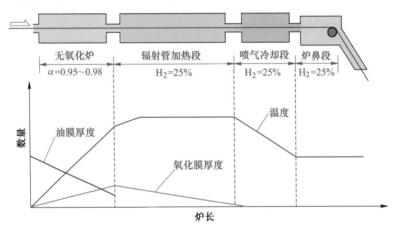

图 5.1-2　改良 I 型森吉米尔退火炉原理

C　改良 II 型森吉米尔法镀锌技术

　　为了提高产品质量，森吉米尔对退火炉进行了第二次大的改进，增加了前处理工序，形成了一种完整的镀锌技术。虽然森吉米尔退火炉的氧化炉能够使轧硬板表面的残余轧制油通过燃烧去除，但经过第一次改良以后，无氧化炉内的气氛变成了无氧化或微氧化性质，脱脂作用大为下降，而且轧硬板表面的铁屑、灰尘无法在炉内燃烧去除，会进入锌锅，转变成大量的锌渣，在带钢表面产生粘渣、漏镀等缺陷，不能满足高档建材板、家电板等产品的要求。因此在炉前增加了脱脂过程，采用碱洗的方法，去除轧硬板表面绝大部分残余轧制油、铁屑、灰尘，并经漂洗、烘干以后，以洁净的状态进入炉内加热退火，这样使得产品质量大幅度提高。改良 II 型森吉米尔镀锌技术带钢表面残余轧制油、氧化膜、温度变化曲线如图 5.1-3 所示。通过这次改进，森吉米尔镀锌技术已基本成熟，目前统称的改良森吉米尔镀锌法就是指改良 II 型森吉米尔镀锌技术，具有炉区短、能耗低等一系列优点，在建材板、家电板生产线得到较为广泛的应用。

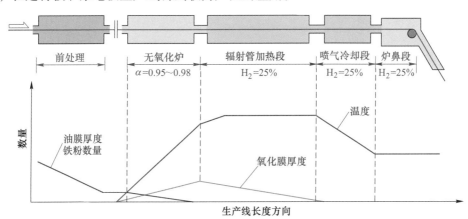

图 5.1-3　改良Ⅱ型森吉米尔退火炉原理

5.1.1.2　改良森吉米尔退火炉的特点

A　改良森吉米尔退火炉的预热段

改良森吉米尔退火炉预热段原理如图 5.1-4 所示。

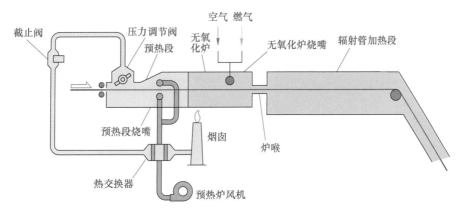

图 5.1-4　改良森吉米尔退火炉预热段原理

无氧化炉的炉温很高，而且燃烧后的炉气中有部分未完全燃烧的成分，因而无氧化炉的前面必须配置预热段，在预热段内通入预热过的二次燃烧空气，能使炉气中未完全燃烧的 CO 进一步燃烧变成 CO_2，再次放出热量。在预热段内，炉气自身的热量也进一步与钢带进行热交换，使钢带由常温上升到 250~350℃。预热段的气氛是氧化性质的，事实上在钢带表面温度较低的情况下，钢带在预热炉中的氧化并不严重，不会给产品质量带来大的影响。而预热段的氧化性气氛有利于钢带表面的脱脂反应。为了进一步利用余热，预热段的炉气经过炉压调节阀以后再经热交换器，加热辐射管加热段的助燃空气和预热段的二次燃烧空气，使炉气温度下降到低于 200℃时再排放到空气中。预热段和辐射管加热段的炉压由压力截止阀进行自动控制，压力超过设定值时，压力截止阀开度加大，流量提高；压力低于设定值时，压力截止阀开度减小，流量降低。正常生产时，废气管道上的截止阀处于常开状态，但当生产线停机时，废气管道上的截止阀自动关闭，以防止炉压太低，炉外空气进入炉内。

B　氧化与还原的平衡

目前的改良森吉米尔退火炉包括预热段（PHF）、无氧化加热段（NOF）、辐射管加热段（RTF）、均热段（SF）、喷气冷却段（JCF）、炉鼻段（TDS）（见图 5.1-5）。

图 5.1-5　改良森吉米尔退火炉氧化与还原分区

预热段是在炉内直接通入助燃空气，将废气中的 CO 燃烧，使得带钢预加热。虽然预热炉内板温较低，带钢被氧化情况不太严重，但实际上还是存在一定的氧化。

同样，虽然无氧化炉炉内烧嘴喷出的燃烧气体中的燃气和空气的比例经过严格的控制，保证空气处于缺少状态，但是这只能说明燃烧完成后没有剩余的氧气，有富余的 CO，而在燃烧的过程中还是存在氧气的，还是会引起带钢的氧化。所以说，无氧化只是相对的，而氧化是绝对的。

除了这两个区以外，后面的辐射管加热段、均热段、喷气冷却段、炉鼻段内氧气都极少，而且充入氢氮保护气体，都是处于还原状态。所以，可以把改良森吉米尔退火炉分为氧化和还原两大区域。正是这两种气氛炉区的组合，在氧化区域造成的带钢氧化，在还原区域得到还原，保证了最终进入锌锅前带钢表面是处于还原状态的。

在整个退火炉中，氧化区域与还原区域长度比例的设计，即氧化与还原的平衡把握是一大重点和难点，如图 5.1-6 所示，能耗和产品质量像跷跷板一样是一对矛盾。如果氧化区域较长、无氧化炉板温偏高，固然会提高热效率，但是造成的带钢氧化、炉辊结瘤等产品质量问题也增多；相反，如果氧化区域较短、无氧化炉板温偏低，有利于提高产品质量，但不能最大限度地发挥无氧化炉热效率高的优越性。

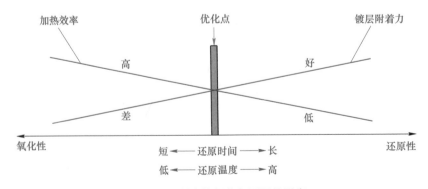

图 5.1-6　退火炉氧化与还原的平衡

C 改良森吉米尔退火炉发展的趋势

在21世纪初期，由于空前的能源危机，提高退火炉的热效率成为主要矛盾，所以在改良森吉米尔退火炉设计时，在总长度不变的情况下，增加了氧化区域的长度，而缩短了还原区域的长度。

近几年以来，能源危机得到了缓解，但钢铁产品市场竞争更加激烈，下游家电用户对产品的表面质量和冲压性能要求越来越高，同时，铝锌镀层、含镁镀层等新产品迅速发展，对退火炉的还原性和带钢温度的均匀性要求越来越高，所以在设计改良森吉米尔退火炉时，不但将无氧化炉缩短了，而且增加了均衡段（FHH），使得还原区以致整个炉子长度增加了。退火炉长度演变过程如图5.1-7所示。

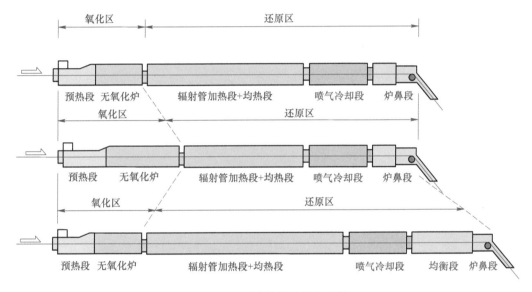

图 5.1-7　退火炉长度演变过程

对于家电面板，一般要求：生产镀锌产品时，无氧化炉板温须控制在610~680℃范围内；生产镀铝锌产品时，无氧化炉板温须控制在620~650℃范围内。而生产铝硅的生产线，不宜采用无氧化炉。

5.1.1.3　森吉米尔退火炉的适用性

改良森吉米尔退火炉的特点有：

（1）用高温的火焰直接快速加热钢带，加热速度可达到40℃/s以上。

（2）利用高温火焰直接使钢带表面的轧制油挥发燃烧去除，具有一定的脱脂作用，早期的改良森吉米尔生产线因此而不设前处理系统。但随着产品质量的要求越来越高，现在的改良森吉米尔生产线开始增加前处理系统。

（3）钢带在直接加热时不可避免地会产生微氧化现象，必须严格控制空气和燃气的比例，调节炉内的气氛，将钢带的氧化控制在最低的范围。

（4）为了消除钢带表面原有的氧化和在直接加热段新增加的微氧化，必须在直接加热段后继续采用辐射管间接加热，并在炉内通入高浓度的氢氮混合气，使钢带表面的氧化膜还原，满足镀锌的需要。

改良森吉米尔退火炉的主要优点有：

（1）加热速度快，能在较短的时间内使钢带温度上升到接近再结晶温度。

（2）热效率高，节省能源，退火炉的运行成本低。

（3）具有一定的脱脂效果，对于要求不高的产品，可简化前处理设施。

（4）生产线距离短，投资少，占地面积小，厂房建设简单。

（5）炉温调节快，在改变品种、改变规格时调节比较灵活。

（6）炉辊、辐射管数量少，维护、维修工作量小。

改良森吉米尔退火炉的主要缺点有：

（1）炉温高达 1200℃以上，一旦生产线故障停机，极易烧断炉内钢带。

（2）对控制系统要求高，对操作人员素质要求高，稍有不当就会造成钢带的严重氧化，产品质量的稳定性不好。

（3）对燃气的要求高，最好使用天然气，高炉煤气、焦炉煤气要经严格处理，要求燃气的热值波动在±2.0%以内。

改良森吉米尔退火炉的主要用途：改良森吉米尔法退火炉一般用于生产需要大量快速加热的厚板，特别是热轧基板的加热炉。为了保证退火炉的稳定运行，也要求产品的厚度最好在 0.4mm 以上，在品种方面最适用于建材产品。

5.1.2　美钢联法镀锌退火炉

5.1.2.1　美钢联法镀锌技术

为适应越来越高的产品质量要求，美钢联法退火炉去除了直接加热的无氧化炉段，以全辐射管实现间接加热。由于美钢联法退火炉对冷轧板基本没有脱脂作用，在带钢进入退火炉前必须进行严格的前处理，一般采用带有电解脱脂的清洗系统，使得冷轧板表面的残余轧制油和铁屑、灰尘全部清洗干净。同时，由于不产生带钢氧化，而且还原时间较长，炉内所需还原气体的氢气浓度可以适当降低。美钢联法镀锌技术带钢表面残余轧制油、氧化膜、温度变化曲线如图 5.1-8 所示。

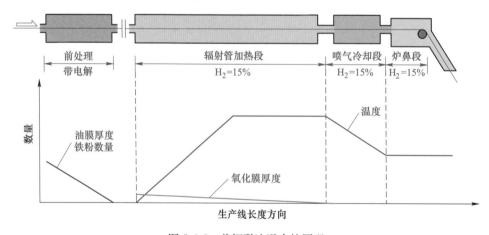

图 5.1-8　美钢联法退火炉原理

5.1.2.2　美钢联法退火炉的特点

美钢联法退火炉主要的特点有：

（1）采用全辐射管对钢带进行间接加热，杜绝了钢带的氧化现象，而且还原距离长，产品质量好而且稳定。

（2）炉内温度在980℃以下，加热速度慢，所以炉子较长。

（3）对钢带表面轧制油基本无脱脂作用，必须配置功能齐全的前处理，一般需电解脱脂，使钢带表面的轧制油和铁粉低于双面20mg/m² 以下才能进入炉内退火。

美钢联法退火炉主要的优点有：

（1）产品质量好，表现在镀层的附着性好、板形好、表面质量好，各种镀锌不良类缺陷少。

（2）燃烧的范围宽，对控制系统的精度、操作工人的素质要求不高。

（3）不易产生断带等故障，停炉、开炉操作简单。

（4）无氧化铁皮、铁粉等进入锌锅，锌锅内锌渣少，有一系列优越性。

（5）对燃气质量的要求低，对保护气体的浓度要求低。

美钢联法退火炉主要的缺点有：

（1）需要复杂的前处理相配套，加上本身的退火炉较长，辐射管数量多，投资较大。

（2）热效率稍低，运营成本较高。

（3）设备的检修维护工作量大，费用高。

5.1.2.3　美钢联法退火炉主要用途

美钢联法退火炉特别适用于对产品质量要求高的汽车板、家电板的生产，有深冲要求的镀铝锌生产线以及镀铝硅生产线，也最好采用美钢联法退火炉。在规格上，适用于较薄规格产品的生产。

5.1.3　镀锌退火炉的形式

5.1.3.1　卧式退火炉

卧式退火炉是最早用于镀锌线的退火设备，目前的比例还远远大于立式炉。典型的卧式改良森吉米尔法退火炉由预热段、无氧化加热段、辐射管加热段、辐射管均热段、缓冷段、快冷段、热张紧辊室、炉鼻段等组成，美钢联法卧式退火炉去掉了其中的无氧化加热段，而增加了辐射管加热段的长度。

A　卧式退火炉的特点

卧式炉的特点是钢带在炉内只有一个水平方向的通道，炉子高度低、长度长，因而一般与卧式清洗段和卧式活套相配套，设置于二层之上，炉子下面可以设置卧式活套或卧式清洗段，有的公司设计成三层，炉子上方还可设置镀后冷却系统，以充分利用厂房面积。

B　卧式退火炉的优点

（1）炉子结构简单，制作安装容易，使用维修方便，对厂房高度空间要求不高。

（2）操作难度低，出现故障后处理方便，时间较短，损失较小。

（3）厚板和薄板均能够生产。

C　卧式退火炉的缺点

（1）炉内钢带长度短，不适应高产量、高速度的生产线。

（2）炉子长度长，占地面积大，单位产能的投资费用高。

（3）散热面积大，热效率低，能耗高，运营成本高。

（4）卧式炉的炉底辊处于炉膛内较高温度环境中，而且炉底辊与钢带为线性接触，极易出现相对滑动，这样会划伤钢带表面，并将钢带表面的铁粉刮落，污染炉内，且易使炉辊结瘤，直接影响了镀锌板表面质量。

（5）由于炉子长度短，为了保证还原性，炉内氢气浓度较高，危险性大，管理难度大。

（6）一般难以设置过时效段，不能满足对加工性能要求较高的产品。

D　卧式退火炉的适用性

卧式炉一般用于产能低、产品规格厚的场合，也可专用于生产厚度在 0.25mm 以下极薄板的场合。

5.1.3.2　立式退火炉

立式炉又叫塔式炉，像立式活套一样，钢带在炉内上下有很多个道次，炉子高度增加，长度大大缩短，钢带长度很长。立式炉子可以采用改良森吉米尔法，也可以采用美钢联法，其工艺组成可以包含卧式炉所能具备的所有区域功能，除此之外还可以设置较长的过时效段，满足高冲压性能材料的生产，是现代化镀锌线的代表性技术。

A　立式退火炉的特点

立式退火炉的最大特点是长度大大缩短，而向高度发展，因而与立式入口活套和立式清洗段相配套比较理想，使厂房建得高而短。

B　立式退火炉的优点

（1）炉内钢带长，生产线速度快，可以达到 250m/min 以上，生产线的产能高，可以达到 50 万吨/年以上。

（2）可以对钢带进行复杂过程的热处理，可以增加较长的过时效段，产品的加工性能好。

（3）炉内钢带温度均匀，应力低，板形好。

（4）减少了占地面积，节省了设备投资和厂房投资。

（5）炉内辊子可以处于辊室内温度相对较低的地方，不易结瘤，而且与钢带的包角达 90°～180°，不易产生相对滑动，不易划伤钢带表面。

（6）由于立式炉的长度较卧式炉短，结构材料少，表面积也小，因而热量散失比卧式炉要少。

（7）炉内氢气含量低，安全性好，便于管理。

C　立式退火炉的缺点

（1）结构复杂，制作安装困难，使用维修不便，对厂房的高度要求高。

（2）炉子的控制精度要求高，对操作工人的素质要求高。

（3）炉辊直径与钢带的厚度有关，不宜于生产厚度较厚的原料板。

（4）炉内钢带长，易跑偏，必须采取炉内纠偏措施。

（5）影响运行的因素多，炉子调试难度大。

（6）出现故障后处理的难度大，时间长。

D　立式退火炉的用途

立式退火炉主要用于生产规模大、产能高的生产线，生产厚度适中，加工性能要求高，板面质量要求高的产品，是现代化镀锌线必备的设备，推广立式炉是镀锌技术进一步发展的趋势。

5.1.3.3　混型退火炉

卧式退火炉和立式退火炉各有所长，有时为了需要，可以设计混型退火炉。

A　L型退火炉

某公司的年产45万吨镀锌线的L型退火炉的结构简图如图5.1-9所示。它是在卧式炉的基础上增加了2个道次的垂直段，钢带先经过垂直段再进入水平的卧式炉。

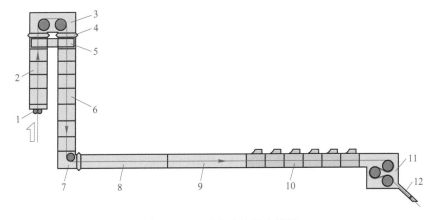

图5.1-9　L型退火炉结构简图

1—进口密封辊；2—预热段；3—顶部转向辊室；4—膨胀节；5—旁通烟道；6—无氧炉；7—底部转向辊室；
8—辐射管加热段；9—辐射管均热段；10—保护气体喷射冷却段；11—热张辊室；12—炉鼻子

钢带在进入炉子垂直段的上升道次中预热，利用无氧炉约1250℃的高温烟气，直接预热钢带。同时，因在无氧炉中不完全燃烧，烟气中存在一部分可燃成分，在预热段通过喷入二次热空气，使可燃成分进一步燃烧，放出全部的化学热。

钢带在预热到约300℃以后，通过垂直段顶部的两个转向辊进入下降道次，在此进行无氧化加热。因是垂直的炉型，便于无氧化烧嘴的布置，而且炉内气氛均匀，温度分布更为合理，炉气的流动方向与钢带的运动方向相反，有利于热交换。炉气到达无氧炉的顶部后，不经过转向辊，直接通过无氧化加热段和预热段之间的通道，进入预热段预热钢带。这样减少了对上部转向辊的热作用。钢带在无氧炉加热到约680℃左右后，经过底部的转向辊进入卧式炉继续进行辐射加热，以后各工序与一般卧式炉相仿。

另外，从预热段底部排出的约800℃的高温废气进入烟道，在烟道内有助燃空气预热器，将助燃空气预热到450℃左右进入无氧炉和预热炉，而废气温度下降到约200℃以下排出，充分利用了热能。

这种炉型可以以 0.3~2.0mm 的轧硬板或 0.8~2.0mm 的热轧薄板为原料，生产 CQ、DQ、高强低合金钢种的建材板和家电板。它既有卧式炉操作简单的优点，又有立式炉占地面积小的优点，很受欢迎。与卧式炉相比，它少用了大量的水冷辊，不但节省了投资，而且避免了炉辊结瘤对产品质量带来的影响，整个炉子没有水冷辊，减少了热量的损失，具有一系列的优越性。

B 凹字形退火炉

某公司的镀铝锌线退火炉在卧式炉的两头都各增加了一段垂直段，在炉子的入口段是预热段和无氧化加热段，与上述的 L 形加热炉基本相同，在炉子的出口段还有一段垂直段，是特别增加的后热段，主要为了满足镀铝锌的工艺需要。由于镀铝锌的温度较高，钢带入锌锅的温度也较高，但如果钢带在冷却时的冷却速度太慢或冷却后的温度太高，就会影响产品的内在力学性能，为了解决这一矛盾，就采用了先按照钢带性能要求快速冷却到较低的温度，再加热到镀铝锌的温度的办法。同时，该生产线将后热段顶部的辊子设计成纠偏辊，保证了钢带在正确的位置进入锌锅，再加上炉前的纠偏辊，钢带的运行得到很好的保证。另外，该生产线炉前有炉内张力调整辊，炉内有热张辊，张力控制也很方便。

C 折叠式退火炉

某公司产能为年产 28 万吨，生产 0.6~2.0mm 较厚规格的铝锌硅生产线采用了折叠式的退火炉，其工艺流程及结构如图 5.1-10 所示。

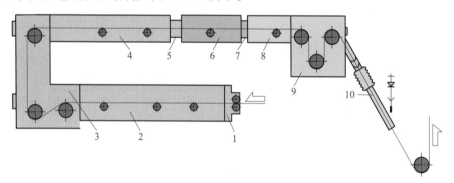

图 5.1-10 折叠式还原退火炉结构及工艺流程

1—入口段；2—下层加热段；3—折叠室；4—上层加热段；5—长补偿器；6—均热段；7—短补偿器；
8—均衡段；9—热张辊室；10—炉鼻子

钢带经入口段进入下层加热段，再由折叠室到上层加热段、均热段，接着进入快冷段，经喷射冷却后，达到进入镀液锅前所要求的温度 580~600℃，进入均衡炉使钢带温度均匀化，再经过热张辊室、炉鼻子，在密闭的状态下进入镀液锅，完成热浸镀工艺。

该退火炉主要技术参数：最大产量 82t/h，钢带最高运行速度 150m/min，钢带规格为 (0.6~2.0)mm×(800~1250)mm。产品性能等级为 CQ、DQ。加热、均热段最高炉温 900℃，钢带最高温度 780℃。加热段、均热段炉底为电阻带加热，钢带上方为电辐射管加热，折叠室为电辐射管加热，热张辊室为炉墙电阻带加热。退火炉总加热功率 15000kW。

该折叠退火炉有以下特点：

（1）为节省炉体占用车间的长度，总长 220m 的炉体分成上下两层，下层入口段前需要设置转向辊和穿带平台，所以下层炉体总长 100m，上层炉体总长（不含炉鼻子）120m，这样炉体占用长度与一般卧式炉近似，满足了生产线在现有车间的布置要求。上下两层各采用独立炉体，安置在双层钢结构平台上，两层之间留有适宜的空间，以便施工及维修，其中折叠室实现钢带分层反向功能。为满足穿带要求，采取了图 5.1-10 中所示的三辊式热张辊并配有穿带孔。

（2）卧式炉快冷段的循环冷却风机一般设置在该段的炉顶，炉体热膨胀时随炉体一起运动。而由于折叠炉炉体为上下两层，对吊车轨高只有 11m 的高度空间，快冷段的循环冷却风机（高度占用 2.2m）不能设置在炉顶，而把风机设置在炉体两侧的钢结构平台上，又会使炉体热膨胀时风机不能随炉体一起运动。为解决这个问题，不仅把折叠室和热张辊室设置为固定端，还把快冷段的中部也设置为固定，在快冷段两端设置长、短补偿器各 1 个，使快冷段两端的热膨胀量达到最小。各风机的出、入风道端均设有补偿器，使其补偿量能补偿该处炉体的热膨胀。这样全炉各段也合理解决了热膨胀的问题。

（3）全炉段设置了 2 套炉内纠偏系统，在折叠室的下层，两个炉辊组成自动闭环纠偏机构（±100mm），保证钢带在炉内的对中运行；在热张辊室由 3 个热张辊组成手动纠偏机构（±35mm），保证钢带进入镀锅时的对中运行。两套纠偏系统均设置摄像系统予以监控。一般炉内纠偏执行机构无实际摆动旋转轴，是由炉体两侧各自分离的按几何旋转中心设置圆弧轨道的摆动机构实现纠偏辊系的摆动旋转。此时，两侧摆动机构各需要一个驱动油缸（或电动推杆），并要严格保证同步。而该折叠炉上的两套纠偏机构均把炉体两侧的摆动机构刚性连接成为一体，只由一个驱动油缸（或电动推杆）驱动，两侧完全同步。

5.1.3.4 退火炉炉型的选择

选择热镀锌的连续退火炉的炉型，应从它所处理产品的品种、规格、年处理量、热处理要求、表面质量要求等，从炉子的操作、维护、消耗、对厂房的要求等方面综合考虑。

A 产品的规格

（1）极薄规格的薄板所需加热的时间短，且易发生断带故障，所以选择卧式炉比较方便实惠。

（2）中等规格的产品，一般需要大批量的生产，生产线产能高，所以选择立式炉比较理想。

（3）厚规格的产品，不宜用立式炉生产，采用卧式炉比较合理。

B 机组的年处理量

一般来说，机组的年处理量在 20 万~25 万吨或以下，多选择用卧式炉；年处理量在 20 万~25 万吨或以上，多选择用立式炉。

C 钢带热处理要求

退火周期的长短、机组工艺速度的快慢直接影响钢带在炉内的长度，有些品种需要较长的均热时间或较长的过时效时间，也需要炉内钢带有较长的长度。

从钢带长度的角度考虑，对应的炉型见表 5.1-1。

表 5.1-1　退火炉炉型与炉内钢带长度对应表

炉　型	炉内钢带长度/m
卧式炉	<200
L 形炉	180~250
折叠炉、凹字形炉	200~300
立式炉	>500

D　钢带表面质量要求

卧式炉生产的钢带表面易产生结瘤、划伤、压印等缺陷，钢带的板形也较差，立式炉钢带表面质量较好，板形也较好。

因此，仅从对钢带表面质量的要求角度来看，在以建筑、家电业为主要服务对象的连续热镀锌机组的原板退火多采用卧式炉，在以汽车板为主的连续热镀锌机组的原板退火多采用立式炉。

E　厂房的要求

卧式炉炉子长，所需厂房的长度较长，但厂房吊车的轨顶标高相对较低。立式炉虽然钢带在炉长度很长，但由于上、下炉辊间距大（一般为 18~22mm），因而炉子长度很短，所需厂房的长度较短，但厂房吊车的轨顶标高较高。

5.1.4　立式镀锌退火炉

立式镀锌退火炉的结构复杂，对设计、制造、安装的要求很高，如果在这些环节中稍有偏差，就会给调试和运行带来很大的影响，往往会造成很多的废品损失，所以每个细节都必须认真行事，才能确保立式退火炉的稳定运行。

立式退火炉的工艺流程比卧式炉更为全面、复杂，以满足高品质产品的需要。立式炉一般由预热段、加热段、均热段、缓冷段、快冷段、均衡段、热张辊室等组成。有美钢联法和改良森吉米尔法两种，主要区别在于预热段和加热段的加热方式不同，其余部分基本相似。

5.1.4.1　美钢联法立式炉的特点

一个美钢联法退火炉案例如图 5.1-11 所示，其特点是预热段和加热段都是采用间接加热的方法。

A　预热段

美钢联法退火炉设置预热段是近年为了节省能源的新设计，在预热段也是采用的间接加热法。这种方法将加热段燃烧的废气，采用热交换器加热保护气体，再由循环风机抽出，通过带有喷孔的气体喷吹风箱，把热保护气体强制喷吹到钢带表面，将钢带预热到大约 150~200℃。温度降低后的保护气体，采用风机从风箱的侧缝中抽出，再经过热交换器加热，对钢带进行循环喷吹加热。这种方式既能节约大约 7%~8% 的燃料，又能减少对加热段第一根转向辊的热冲击，在延长辊子寿命的同时可以避免钢带升温速度太快而引起的钢带变形。

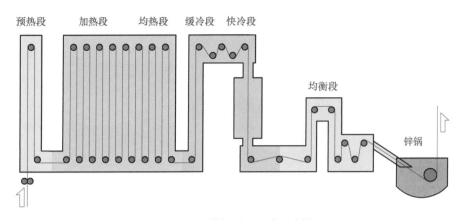

图 5.1-11　美钢联法立式退火炉

B　加热段

钢带经过预热段和加热段之间的通道进入加热段。加热段主要采用 U 型或 W 型辐射管间接加热方式，有利于防止钢带表面氧化。辐射管交错布置在钢带两侧，可保证带钢均匀受热。整个燃烧系统由辐射管、烧嘴、助燃风机、热交换器、废气风机等组成，分区控制，该段最高炉温约 980℃。为了防止辐射管在发生破裂时，燃烧气体不慎漏入炉内引起钢带氧化，辐射管内需保持负压操作。目前，辐射管的气流控制方式一般为抽鼓式，即使用排烟风机抽吸辐射管内的废气，又用助燃风机往辐射管内鼓入助燃空气，这种方式可以保持辐射管内气体压力的稳定。目前大量使用高热效率、低 NO_x 排放的烧嘴和废气热交换系统，以达到节能和环保的目的。

5.1.4.2　改良森吉米尔法立式炉的特点

一个改良森吉米尔法立式炉案例如图 5.1-12 所示，其特点是预热段和加热段是采用直接燃烧的加热方法。

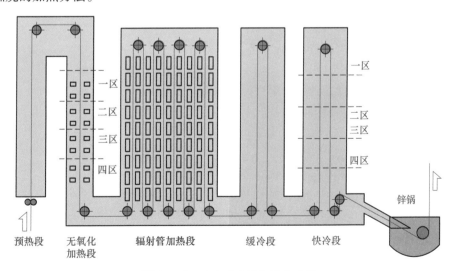

图 5.1-12　改良森吉米尔法立式炉

A　预热段

预热段是利用后面的无氧化加热炉的废气采用直接对流的方式来预热钢带的，原理如前面所述。

B　无氧化加热区

无氧化加热区采用燃烧后产生的高温气体直接加热钢带，钢带升温速度快，所以热效率高。但是钢带宽度方向温度的均匀性，就成了必须考虑的重要问题。影响钢带表面温度均匀性的因素有：烧嘴结构、烧嘴布置方式、烧嘴燃烧状况、炉温控制方式。一般烧嘴结构为直火焰结构，每一对烧嘴在钢带宽度方向两侧交错布置，平行于钢带表面两侧进行加热。从烧嘴结构和布置方式分析，烧嘴火焰长度必须达到钢带宽度且温度均匀，才能保证钢带加热温度的均匀性。目前，炉温控制方式是以区为控制单位，通过调节每个区的空、燃气流量，实现目标温度闭环控制。但随着空、燃气流量的调节，气体喷出速度改变，火焰长度会发生变化，有可能造成温度不均。因此减少热负荷时，应按一区、二区、三区、四区的顺序关闭部分烧嘴以降温，同时保证开启烧嘴在最佳额定状态下工作，以避免因调节炉温而出现的横向温度不均问题。另外，在调节一种温度制度后，对每个烧嘴的燃烧状态应进行微调，尽可能保证各区烧嘴燃烧状态接近，提高区内温度均匀性的控制精度。

C　还原炉区

无氧化炉不可避免地会使钢带产生轻微的氧化，再加上钢带原有的氧化现象，必须配备还原炉进行还原。另外无氧化炉加热速度很快，板面中心和表面、中间和边部的温度均匀性较差，必须进行温度均匀化处理。所以单独采用无氧化加热是不行的，必须与间接式的辐射管加热配合起来才行。即先采用无氧化炉迅速地将钢带加热到接近再结晶退火的温度，然后再利用辐射管缓慢加热到再结晶退火温度以上，并在间接加热炉内通入浓度较高的氢气，来强化还原钢带表面的氧化，这样就能起到良好的综合效果。

5.1.4.3　立式炉的共同点

改良森吉米尔法和美钢联法立式炉除预热、加热以外，在后面的还原和冷却部分，即均热段、缓冷段、均衡段、热张辊室、炉鼻段等都是基本相同的。

A　均热段

由于钢带在加热过程中升温较快，板面温度的均匀性差，对板形和组织均带来一定的影响，在加热以后必须在规定的退火温度区间保温一段时间，以使钢带各个部分，以及内外部温度均匀化，并实现再结晶的过程，一般保温时间在30s以上。无论是改良森吉米尔法，还是美钢联法的立式炉，均热段均采用辐射管来补充热量，保持温度的恒定。有的炉子均热段与前面的辐射管加热段隔开，以保持炉内的炉气温度均匀，对钢带的均热有利，也有的炉子将加热段和均热段连为一体，中间不再设置隔墙，加热和均热除辐射管设置数量不同外，其他没有严格界限，这样结构简单，便于维护和检修，能调控各区炉温，适应不同规格和品种钢带的生产需要。

B　缓冷段

钢带在均热段完成再结晶退火以后，一般在快速冷却之前，有一个缓慢冷却的缓冲区，以保证钢带内部组织的均匀性。缓冷区的冷却速度很慢，一般不高于20℃/s，使钢带温度下降到约680℃左右。一般采用水冷却器和循环风箱将炉内的保护气体冷却后喷到钢带表面冷却。

缓冷段的炉温必须保持在400~500℃左右，在退火炉停炉后再恢复运行时，炉内温度低于正常的温度，会使钢带迅速冷却，温度低于镀锌所需的温度，不利于减少废品的产生。为此，须在缓冷段设置电阻加热系统，专门用于开机时使炉温上升到正常的范围，以尽快使退火炉进入稳定状态。

C　快冷段

钢带在缓冷段冷却到680℃左右以后，就进入到快冷段，达到钢带的入锅温度。快冷段采用循环风机将炉内气体抽到水冷换热器中，冷却后再进入炉内，通过喷射装置直接喷到钢带表面。由于气流流速高，对流传热快，钢带能够快速冷却，最高冷却速率可达到100℃/s。

钢带的入锅温度对产品质量的影响较大，因此控制快冷后的板温十分重要，一般采用变频调速风机，调整冷却的风量来达到控制板温的目的。

与缓冷段一样，考虑到炉子升温及处理一些超薄钢带的需要，通常在冷却段两侧及炉辊室设置电加热器。由于电加热器布置在侧墙上，为防止钢带断带时受损，还设有保护措施。

5.1.4.4　直焰加热退火炉

A　直焰加热退火炉的特点和用途

直焰加热退火炉简称DFF，是近年来为了实现快速加热设计的新炉型，有以下几个方面的特点：

（1）可以实现快速加热，一直达到高温区。因而炉子设备大幅度地缩小，降低了建设费用。仅退火炉部分与辐射还原炉相比就可降低30%以上的设备费用，与无氧化炉相比可降低10%以上的设备费用。

（2）由于炉子小型化，使热惯性变小了，有利于在升温降温过程中节省能源，也有利于处理各种事故。另外，用直焰式加热方式，对燃烧量变化时炉温的响应快，提高了在钢板规格变更、目标温度变化等情况下的温度控制性能。

（3）可以适应不同板宽的产品进行加热，因而节约能源。直焰加热退火炉在板宽方向配置了许多烧嘴，可以通过适当微调，适应不同板宽产品的加热，尤其是可防止宽度较窄的钢板加热时炉子的过热负荷。

（4）在直焰加热退火炉出口，钢板为光亮的状态，无轧制残留物和氧化杂质。因而，不必担心在后继生产线上造成辊子粘结，也没有必要在后续的还原段特别采用高浓度氢气的强还原保护气氛。

根据以上特点，直焰加热退火炉一般用于快速加热的大型镀锌或者连退生产线。与无氧化炉一样，直焰加热退火炉处于欠氧燃烧状态，而且炉气温度很高，因此必须增加预热段，进一步利用炉气中的物理热和化学热。产量较低的镀锌生产线可以设计1个行程的直焰加热退火炉+预热段，产量较略高的镀锌或连退线可以设计1个行程的直焰加热退火炉+1个行程的预热段，产量较高的连退线可以设计2个行程的直焰加热退火炉+2个行程的预热段。

B　单行程直焰加热退火炉

单行程直焰加热退火炉的案例如图 5.1-13 所示，带钢从上部进入炉子，炉子入口有水冷密封辊，炉子顶部是排烟与炉压控制系统以及预热区，其结构和原理与无氧化炉相似。加热区由上向下依次是直焰加热一区、直焰加热二区和直焰加热三区，然后通过转向辊进入辐射加热区。

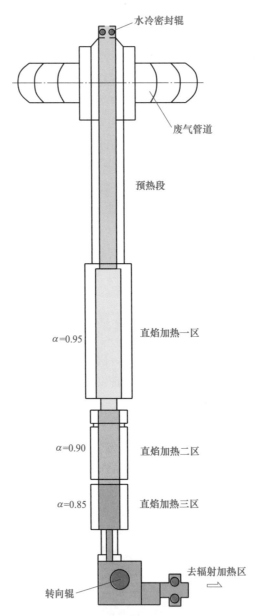

图 5.1-13　单行程直焰加热退火炉设备布置简图

直焰加热一区炉温较高，因此该案例采用了不带点火器的烧嘴内预混式烧嘴，在退火炉升温的初期或生产要求炉温较低的产品时，该区不使用，只有产品要求炉温较高且在炉温已经较高时才投入使用。这时，预热过的高温助燃空气可以使混合气体在炉内的高温下能够自动燃烧。

直焰加热二区和直焰加热三区采用了带点火器的烧嘴前预混式烧嘴，在退火炉升温的初期就投入使用，即使是冷炉膛、冷助燃空气，点火器的作用也能保证烧嘴正常工作。

因此，该案例在炉子升温结束后的正常生产中，需要提高炉温时，由下向上依次投入工作；需要降低炉温时，由上向下依次停止工作。

另外，一般直焰加热炉各区采用不同的燃烧空气系数。在直焰加热三区，由于带钢温度较高极易氧化，因此需要采用 0.90~0.95 较低的燃烧空气系数；在直焰加热一区，由于带钢温度较低不易氧化，而且从下部流进该区域的炉气还原性较强，因此可以采用 0.98~1.02 较高的燃烧空气系数；直焰加热二区处于它们之间，可采用 0.95~0.98 中等的燃烧空气系数。这样，就形成了一定的氧化还原梯度。

带钢经过直焰加热后，通过转向辊进入辐射加热段。为了防止烧嘴内和烧嘴气流冲击带钢表面脱落下的粉尘掉到带钢与转向辊之间，在带钢表面产生压印，在该处设计了"人"字形氮气气刀，将粉尘吹出带钢宽度范围。为了防止直焰加热带有氧化性和大量水分的炉气进入辐射加热段，影响辐射加热段的还原效果，在直焰加热区与辐射加热区之间设计了密封辊。

C　双行程直焰加热炉[238]

双行程直焰加热炉的案例如图 5.1-14 所示，带钢从下部进入炉子，依次经过 1 个行程的预热段和 1 个行程的直焰加热段，然后通过转向辊进入辐射加热段。

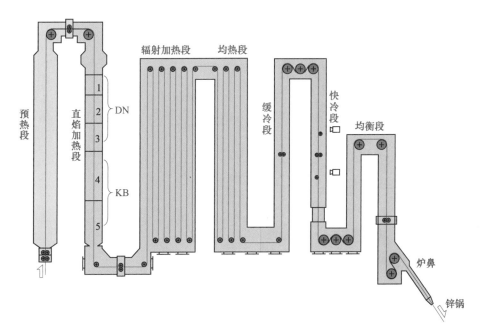

图 5.1-14　双行程直焰加热炉设备布置简图

直焰加热段从上至下分为 5 个控制区，前 3 区为 DN 烧嘴区，每区设 12 个烧嘴，带钢每侧各 6 个，共 36 个烧嘴；后 2 区为 KB 烧嘴区，每区各 54 个烧嘴，带钢每侧各 27 个，再按带钢宽度方向分为 3 个控制回路，边部两组各 6 个烧嘴，中间 15 个烧嘴，可根据带钢宽度不同选择烧嘴数量，烧嘴负载增加从底部区域开始，减少从顶部开始。DN 区烧嘴为烧嘴内预混型烧嘴，且不带点火烧嘴，其特点为烧嘴呈碗状，面向带钢表面，错位排列，空气与燃气的混合在喷嘴进行；KB 区主烧嘴为烧嘴前预混型，且带控制盘，每区各设 2 套点火烧嘴（包括 UV 火焰检测、点火电极），KB 区同时具备清洁带钢功能，要求烧嘴压力在 0.90~1.15MPa 之间。

　　D　5 行程直焰加热炉[239]

对于设计一座年产量为 100 万吨级的大型连退线的退火炉而言，如何使钢板稳定地通过加热炉变成了一大难点。原来的辐射管还原炉间接加热方式使用很多转向辊，带钢在经过这些辊子时的形状很容易被破坏，在再结晶温度区运行不稳定。即使采用单通道结构的直焰式加热炉，也需要 50m 以上的炉长，这是不现实的。因此，本案例将直焰式加热炉建成由两个加热通道构成的结构，并在设备技术、控制技术方面取得了突破性的进展。

5 行程直焰加热炉的案例如图 5.1-15 所示，带钢从上部进入炉子，依次经过 2 个行程的预热段 1、1 个行程的预热段 2、1 个行程的直焰加热 1 和 1 个行程的直焰加热 2，然后通过转向辊进入辐射加热段。

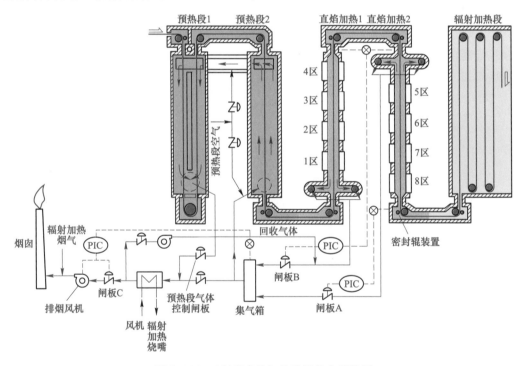

图 5.1-15　5 行程直焰加热炉设备布置简图

直焰加热分为四个控制区，与前面两个案例类似，除了在直焰加热 1 最后的 4 区、直焰加热 2 最后的 8 区配置了烧嘴前预混合型辐射杯口烧嘴，以实现低燃烧空气系数（0.85~0.95）的还原加热外，其余区配置了大功率的烧嘴内预混型辐射杯口烧嘴，以实现略高燃烧空气系数（0.95~1.02）的微氧化燃烧。

在 5 行程直焰加热炉的设计方面，控制废气的流向和排出方法是很重要的。这是因为，在烧嘴燃烧排出的废气中含有大量的水分，不但要防止含有水分的废气流向后面辐射加热段的保护气体，也要避免直焰加热 2 含有水分的废气流向前面直焰加热 1，还要防止含有水分的废气流进辊室。因此，一是在直焰加热的各个通道上下都设计了起密封作用的炉喉，在转向辊处都设计了密封辊，保持各个炉膛的炉气相互独立；二是在预热段 1 和预热段 2 之间设计有联结通道，炉气不会进入上部的辊室；三是各直焰加热通道单独地在相对钢板运行反方向的末端装配了抽吸废气的炉压控制系统，即各炉膛压力独立控制。

在各个炉膛压力控制方面。首先，用烟道闸板 A 控制直焰加热 2 的炉压，目的是使该炉的下部炉压保持一恒定值。其次，为了使直焰加热 1 的上部压力与直焰加热 2 的上部压力相等，用烟道闸板 B 进行控制，但是，有时会出现直焰加热 1 输出功率低的情况，这时直焰加热 1 燃烧产生的废气量少，不足以保持直焰加热 1 的炉压，需要通过废气返回风机，在烟道闸板 B 的上游侧返回一部分废气，以维持直焰加热 1 的炉压控制在某一恒定的数值。进而，为了保证 A、B 两烟道闸板的开度在有效控制范围内，用烟道闸板 C 和排烟风机转数控制集气箱的压力。通过这套系统，可以稳定控制预热段 1、预热段 2、直焰加热 1 和直焰加热 2 四个炉区的压力，有效防止炉外气体进入炉区，造成带钢的氧化，以及废气进入辊室，造成炉辊的结瘤。

5.2 钢种及热处理工艺发展

5.2.1 汽车板的发展趋势分析

5.2.1.1 现有高强钢钢种竞争状况分析

汽车用高强钢目前使用量最大的是什么钢种？今后到底往哪个方向发展？通过三代高强钢汽车板的力学性能曲线比较，或许会找到答案。

图 5.2-1 是某钢厂生产的三代高强钢汽车板力学性能曲线比较[238]。图中黑色的是第一代高强钢汽车板的性能曲线，强度可以高达 1700MPa，但相应的断后伸长率最大只能达到 4%；蓝色的是第二代高强钢汽车板的性能曲线，最大断后伸长率达到了 60%；红色的是第三代高强钢汽车板的性能曲线，最大强度和最大断后伸长率都介于第一代与第二代之间。

在目前已经成熟了的第一代高强钢汽车板中，包括复相钢、双相钢、相变诱导塑性钢、马氏体钢和热成形钢。从力学性能比较可以看出，马氏体钢的强度很高但断后伸长率低，相变诱导塑性钢的断后伸长率高但屈服强度低，双相钢在强度和塑性两个方面的综合性能很好，而且没有屈服平台。从加工性能中的扩孔性能对比可以看出，相变诱导塑性钢的断后伸长率高且屈服强度低，但扩孔性能最低，扩孔性能最高的是复相钢。热成形钢在冲压时的塑性很好，加工以后强度很高，看起来最为科学合理，所以在现阶段占有一定比例，但由于其两次加热，在整个生命周期碳排放较高，加上其塑性极低，所以未来使用领域不会增加。

第一代高强钢过于强调强度而忽略塑性，材料的成形性能和使用的耐久性能不好，因此目前开始注重强度与塑性并举汽车板的开发，并提出了强度与塑性乘积即强塑积的概念，来衡量汽车板的综合性能。

第二代高强钢孪生诱发塑性钢的强塑积很高，但其大批量工业化生产还未有突破，而且高的断后伸长率主要是靠相变诱导塑性效应，有着很长的屈服平台，加工性能还有待进一步研究。

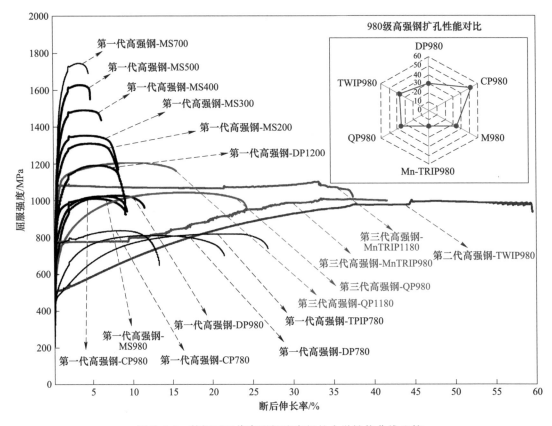

图 5.2-1　某钢厂三代高强钢汽车板的力学性能曲线比较

在第三代高强钢中，淬火配分钢的变形曲线与双相钢最相似，强度也达到了双相钢所能够达到的最大值，而断后伸长率有了大幅度提高，几乎可以生产所有用途的冷轧汽车板，应该是未来近期在工业化应用方面研究的重点。

5.2.1.2　目前汽车板生产主要钢种

目前汽车板生产和使用的主要有：无间隙原子钢主要应用于制造中低档次的汽车外板；高强度无间隙原子钢和烘烤硬化钢主要应用于制造中高档次汽车外板；双相钢主要应用于制造汽车内板、中低档次汽车结构件；热成形钢主要应用于制造汽车受力较大的结构件。

除此以外，相变诱导塑性钢由于其加工性能的限制，实际使用量不大；马氏体钢由于其制造过程中极高的冷却速度，板形得不到保障，加上加工过程中的回弹问题，也没有得到大量的应用。

5.2.1.3　近期将会得到大量生产的钢种

淬火配分钢的使用性能很好，而且中试结果表明，可以在连续机组大批量生产，国内外各大先进企业都将淬火配分钢作为生产和应用开发的重点。

5.2.1.4 不同钢种的竞争力综合分析

不同钢种的性能比较见表 5.2-1。

表 5.2-1 不同钢种的性能比较

钢 种	强 度	塑 性	生产工艺性能	竞争力分析
马氏体钢	★★★★★	★	冷轧板可以生产，但板形难以控制	生产应用比例不会大幅度增加
相变诱导塑性钢	★★★	★★★★	可以生产但需要长时间的等温淬火处理，比较复杂	生产应用比例不会大幅度增加
热成形钢	★★★★★	★★★★（加工）★（使用）	分别在钢厂和冲压厂进行两次加热，碳排放高；冲压工艺复杂；涂层产品受到专利限制	生产应用比例不会大幅度增加
双相钢	★★★★	★★	生产工艺简单、成熟，综合力学性能良好，加工性能优良	是目前主流产品，占比约85%
孪生诱导塑性钢	★★★	★★★★★	暂时无法投入大批量工业化生产	暂时无应用意义
淬火配分钢	★★★★★	★★★	使用性能与双相钢相似，力学性能更加优越，中试已经成功，可以投入大批量工业化生产	是未来发展的方向，生产应用比例将迅速提高

5.2.2 钢板热处理技术发展

目前，汽车板热处理技术的发展正处于承上启下的时间节点，现有钢种生产技术已经成熟，生产线产能已经严重过剩，新的钢种即将大批量投入工业化的生产，有必要对汽车板热处理设备的发展历程进行总结，对未来近期的发展进行展望。

钢板热处理设备的发展历程是随着汽车板的发展而发展的，根据生产的产品和技术特点，可以分为三个阶段，如图 5.2-2 所示。

5.2.2.1 第一阶段汽车板生产设备

20 世纪 60 年代前，汽车生产还是采用沸腾钢 08F 热轧板。20 世纪 60 年代，冷轧类汽车板开始大量生产，初期的钢种以低碳铝镇静钢 08Al 为主，后来引进了日本牌号 SPCC，再后来引进了欧洲牌号 DC01，热处理技术研究的重点有：加热技术、冷却技术、过时效技术、快速通板技术。

由于低碳钢时效性很强，因此必须进行过时效处理，在连退线设计很长的过时效段，而在镀锌线无法进行过时效处理，所以低碳钢镀锌产品的使用受到制约。为了解决这一问题，20 世纪 80 年代，无间隙原子钢应运而生，无间隙原子钢没有时效性，因此可以在镀锌线大量生产，不但冲压性能大幅度提高，而且耐腐蚀性能非常好，但需要加热的温度更高，研究的重点转移到了镀锌线，包括镀锌 O5 板生产技术、高温加热技术等等。20 世纪 90 年代，虽然大量生产高强度低合金钢，但生产技术没有发生根本性的改变，在设备上

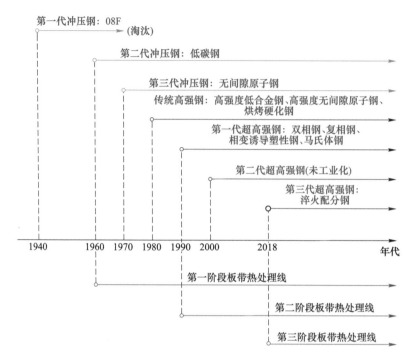

图 5.2-2　钢板热处理设备的发展历程

还是属于软钢一类。所以，可以把这个时期划分为第一阶段汽车板生产设备。

我国在第一阶段的汽车板生产设备主要以引进为主，生产线由国外企业设备成套供货。

目前，我国可以自主设计、制造供货这类生产线，用于生产一般汽车板和家电板。

5.2.2.2　第二阶段汽车板生产设备

21 世纪以来，为了大量生产第一代高强钢，热处理技术取得了根本性的进步，首先是镀锌连退线都要用到的快速冷却技术，以及为了解决高合金成分镀锌问题而采取的预氧化技术，另外还有我国刚刚开始采用的预镀镍技术，主要生产的产品有双相钢和少量的相变诱导塑性钢，另外还有镀铝硅热成形钢。这阶段先进生产线的形式也出现了软钢和高强钢的分化，各自在专业化的生产线生产。

我国在这阶段的生产设备主要以外商供货为主，钢厂积累了大量的经验和数据，对生产线设计的影响力增加，生产线有国内集成也有国外企业成套供货，在国内集成的生产线中，国内的知识产权很少。

5.2.2.3　第三阶段汽车板生产设备

从现在开始，第三代汽车板将大量投入工业化生产，第三代汽车板的热处理工艺与第二代汽车板有根本性的不同，因此也开创了生产技术和设备的新时代。第三阶段汽车板生产技术以淬火配分钢为主，主要包括横磁高温快速加热技术、高速冷却技术、纵磁再加热技术、淬火配分钢配分处理技术等。在生产线的形式上，软钢和高强钢完全分化，但镀锌和连退两用柔性线将增多，生产线速度较低、产能较小。

我国在这阶段的核心单体设备仍然主要从国外进口，但由于生产线的设计将由钢厂主导，工程公司协助共同完成，所以以国内集成为主，少部分国外企业成套供货。以钢厂为依托的工程公司的竞争力更强，国内自主知识产权显著增多。

5.2.3 现有成熟钢种生产工艺

5.2.3.1 现有钢种代表牌号的化学成分

现有钢种代表牌号的化学成分见表5.2-2。

表 5.2-2 现有钢种代表牌号的化学成分

钢种等级	化学成分（质量分数）/%							
	C	Si	Mn	P	S	Al	Cr	B
DP780	<0.18	<0.80	<2.5	<0.08	<0.015	<1.5	<1.0	<0.005
TRIP590	<0.20	<0.1	<1.8	<0.04	<0.015	<1.5	<0.5	<0.005
TRIP780	<0.22	<0.1	<1.8	<0.04	<0.015	<2.0	<0.5	<0.005
DP980	<0.20	<1.0	<2.6	<0.08	<0.015	<2.0	<1.4	<0.005
TRIP980	<0.21	<0.1	<1.8	<0.02	<0.015	<2.0	<0.5	<0.005
DP1180	<0.25	<1.0	<2.9	<0.08	<0.015	<2.0	<1.4	<0.005
QP980	0.15~0.20	<0.1	<2.0	<0.02	<0.015		<0.5	<0.005
PHS	0.20	0.25	1.20	0.02	0.01			0.002~0.005

5.2.3.2 成熟钢种生产工艺概述

制定所有钢材热处理工艺的依据都是冶金学相变温度，高强钢也不例外，为了研制一个新高强钢种的热处理工艺，必须进行冶金学相变温度试验，绘制CCT曲线。加热时，在CCT曲线上有奥氏体开始转变温度A_{c1}和结束转变温度A_{c3}。加热到A_{c1}以下温度时，不发生奥氏体的转变，只发生再结晶反应；加热到A_{c1}与A_{c3}之间温度时，发生部分奥氏体的转变，组织由铁素体和奥氏体组成；加热到A_{c3}以上温度时，组织全部是奥氏体。冷却时，在CCT曲线上分别有铁素体、珠光体、贝氏体组织转变区域，在冷却过程中，某一时间的温度下降到某一区域进行保温时就会发生相应的转变，从中可见，发生铁素体转变前的冷却速度很慢，珠光体其次，贝氏体最快。如果冷却速度很快，以致不发生贝氏体转变，就会在温度下降的过程中碰到马氏体转变开始温度线M_s和马氏体转变结束温度线M_f，如果冷却温度处于M_s线与M_f线之间进行保温，则得到部分马氏体，有部分奥氏体残余下来，如果冷却温度在M_f线以下，就基本全部得到马氏体。在铁素体、珠光体、贝氏体、马氏体四种组织中，强度或硬度是逐步升高而伸长率是逐步下降的，所以连续冷却速度越快，得到的组织硬度越高塑性越低。如果不是连续冷却到常温，在某一温度下保温，获得残留奥氏体，则可以提高塑性。

总结起来，高强钢不同的生产工艺，其实就是在时间和温度上与高温A_{c1}和A_{c3}两条线，保温铁素体、珠光体和贝氏体三个区，淬火M_s和M_f两条线之间关系的不同组合，正是这些不同的组合，可以获得不同的冷却组织，也就是不同性能钢种产品。常见的双相钢、相变诱导塑性钢、马氏体钢、淬火配分钢是定型了的产品，其实还可以采用除此以外其他的组合，生产出其他的产品。

到目前为止，软钢、传统高强钢、第一代超高强钢的各钢种生产工艺都已基本成熟，在新设计生产线时必须全部纳入生产纲领。这些钢种包括淬火配分钢在内的部分钢种的退火工艺原理如图 3.2-20 所示。在退火工艺方面各有自身特点，以下分别分析。

5.2.3.3　低碳钢

低碳（LC）钢的冶炼工艺最简单，是最原始的成形用钢种，由于其含碳量在 0.01% ~ 0.08% 范围内，处于铁碳合金平衡状态图的 P 点附近，在退火冷却过程中，铁素体含碳量会沿着 PQ 线由 0.0218% 下降到 0.0008%，这就导致了低碳钢具有强烈的时效性，必须在退火冷却过程中进行过时效处理，在罩式退火过程中，有足够的时间冷却达到过时效的目的，但在连退线，如何在短时间内使得碳尽可能地从铁素体中析出成 Fe_3C，成为低碳钢连退最大的难点。

可以说，起初连退线是为了生产低碳钢设计的，而设计冷却原则的核心都是围绕着过时效进行的。为了使冷却过程中先让碳过饱和，在过时效过程中有足够的动力析出，必须保证一定的冷却速度；而为了防止冷却开始时奥氏体发生 P 转变，又必须先有一段缓冷的过程；为了碳有足够的时间析出，必须设计尽量长的时效段；为了碳的顺利析出，时效温度必须适当，过高则碳饱和度不够，过低则动能不足。这就是连退线必须设计缓冷区、快冷区和很长时效段的历史原因。

5.2.3.4　无间隙原子钢

无间隙原子（IF）钢的特点是无固溶的 C 和 N 原子，其成分特点是超低碳、高纯度和微合金化。由于含碳量超低，只有 0.003% ~ 0.006%，在铁碳合金状态图中接近 G 点，A_{c1} 温度很高，所以需要加热到 850℃ 左右，在不考虑淬火配分钢生产的连退线上，无间隙原子钢是退火温度要求最高的钢种，是决定退火炉最高温度的依据。

无间隙原子钢中的碳全部固定成了金属化合物，在退火过程中加热不分解、冷却不析出碳化物，没有固溶状态的碳和氮，不存在时效问题，也就不需要过时效处理，在冷却过程中对冷却速度没有任何要求，往往由生产计划前后的钢种决定。

5.2.3.5　相变诱导塑性钢

相变诱导塑性（TRIP）钢的强化机理是相变诱导塑性效应，常温组织为 50% ~ 60% 的铁素体（F）、25% ~ 40% 的贝氏体（B），以及 5% ~ 15% 的残留奥氏体（A）。因此，可以加热到 A_{c1} 与 A_{c3} 温度之间的铁素体和奥氏体两相区，在冷却过程中，为了防止奥氏体大量转变为铁素体，必须在略加缓冷后以较快的冷却速度进入贝氏体区，进行贝氏体等温转变处理，在这个等温过程中，不但发生奥氏体向贝氏体的转变，而且，由于奥氏体中碳处于未饱和状态，而贝氏体中碳处于过饱和状态，会发生贝氏体中的碳向奥氏体中转移，使得未发生转变的奥氏体中的含碳量不断升高，正是由于这一点，使得奥氏体在低温时的稳定性提高，可以在后续的终冷过程中部分保留下来，直至在加工成零件的过程中获得能量，才转变成马氏体（M），获得所谓的相变诱导塑性强化效应。在生产相变诱导塑性钢时，连退线为低碳钢设计的过时效段被赋予了新的作用，就是贝氏体等温转变处理，这也是相变诱导塑性钢退火的特点所在，可以说连退线虽然是按照低碳钢的要求设计的，但对于相变诱导塑性钢来说也是恰到好处。

5.2.3.6　双相钢

双相（DP）钢的强化机理是在软的铁素体（F）组织基体上，引入硬度高的5%～20%马氏体（M）组织，成为（F+M）双相组织，铁素体负责提供好的伸长率，马氏体负责提供高的强度，软中有硬，综合性能优良。双相钢是首次将淬火概念引入钢板的生产工艺中，其工艺过程是围绕着淬火和淬火后的不稳定马氏体组织的保持而进行的。先将双相钢加热到铁素体和奥氏体两相区，获得部分奥氏体，在冷却过程中，必须在略加缓冷后以比相变诱导塑性钢更快的冷却速度，躲过铁素体和贝氏体两个区域，直接冷却到 M_f 线以下，使得奥氏体基本全部转变成马氏体，便获得了（F+M）双相组织，所以说快速冷却是双相钢生产工艺的核心。就双相钢而言，淬火结束以后，再冷却到常温就大功告成了，但在连退线上还有很长的过时效过程，由于马氏体是一种碳过饱和的组织，在过时效段有一定温度的情况下，马氏体中的部分碳会析出成渗碳体，马氏体发生分解反应，转变成回火马氏体，强度下降，虽然塑性略有提高，但在双相钢中马氏体扮演的是提供强度的角色，所以在连退炉过时效段发生的马氏体回火转变，会牺牲部分宝贵的强度，在这里过时效段反而起了反作用。

5.2.4　淬火配分钢生产工艺分析

5.2.4.1　淬火配分钢的组织分析

淬火配分钢的实验室研制是在近几年才基本成功的，目前国内现有的退火线设计时都没有考虑淬火配分钢的生产，少数几家的工业化试生产都是对淬火配分钢的工艺进行了简化，以适应现有退火炉已经固化了的流程，并没有将淬火配分钢的最大特点充分发挥出来。

淬火配分钢的典型组织如图 4.4-7 所示，其组成在现有认知条件下，可以说达到了极致，由强度最高的马氏体和塑性最好的残留奥氏体组成，残留奥氏体可以在加工时产生相变诱导塑性效应，这就是淬火配分钢强度高塑性也好的根本原因。

5.2.4.2　淬火配分钢的生产工艺特点

淬火配分钢是以热处理工艺命名的，其热处理过程可以分为淬火（Q）和配分（P）两个过程。

为了获得马氏体+奥氏体（M+A）的组织，首先必须将淬火配分钢加热到 A_{c3} 温度以上，以便在冷却前获得全部的奥氏体，因此加热温度相对很高。如果受设备条件的限制，只能加热到 A_{c1} 与 A_{c3} 温度之间的铁素体和奥氏体两相区，铁素体会保留到室温，最终获得的组织为 M+A+F 的组织，会牺牲部分强度。淬火需要高的冷却速度是淬火配分钢热处理的第二个关键点，必须以极快的冷却速度躲过冷却过程中遇到的铁素体、珠光体、贝氏体转变，使得奥氏体全部一直保留到马氏体转变开始温度线 M_s 以下，发生部分马氏体转变，并保留部分奥氏体。

　　由于奥氏体是一种高温组织，在常温下是很不稳定的，极易发生马氏体转变，因此为了能将奥氏体保留下来，还必须继续进行配分处理，是淬火配分钢热处理的第二个过程。碳在马氏体和奥氏体两种组织之间配分的根本动力是二者碳的饱和度差异，在配分处理前，虽然马氏体和奥氏体两种组织的含碳量一致，但由于碳在马氏体中的溶解度低，处于过饱和状态，有一定的转移出的动力，而碳在奥氏体中的溶解度低，处于不饱和状态，有一定的转移入的动力，所以只要碳原子有一定的能量，就可以从马氏体转移到奥氏体中，马氏体中的碳含量下降而奥氏体中碳含量上升。理论分析和实验结果都表明，奥氏体中含碳量上升以后，其稳定性得到提高，有资料介绍只要奥氏体中含碳量达到 0.9%，就可以在室温下长期保留下去。在配分以后的二次冷却淬火过程中，除有部分奥氏体转变成二次马氏体以外，还有一定数量的奥氏体残留下来了。也就是说，配分处理使得马氏体和奥氏体的稳定性都得到了提高，配分的温度和时间是淬火配分钢热处理的第三个关键点。

　　淬火配分钢热处理原理如图 5.2-3 所示，从图中可以看出：加热以后的组织全部为 γ 相的奥氏体；淬火以后为板条状的马氏体和数量比较多的 γ 相的奥氏体，二者含碳量一致；经过再加热到一定温度并保温的配分处理，板条状的马氏体颜色变浅，表示含碳量下降，而 γ 相的奥氏体颜色变深，表示含碳量上升；在最终冷却的二次淬火中，部分奥氏体转变成二次马氏体，如图中尺寸较细但颜色较深的板条。最终得到的组织是：由相对粗大的低碳板条状马氏体、相对细小的高碳板条状马氏体和在板条间的残留高碳 γ 相的奥氏体三部分组成。

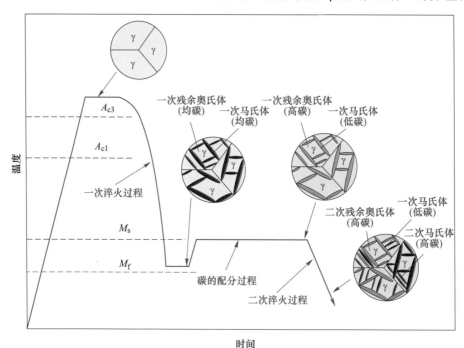

图 5.2-3　淬火配分钢热处理原理

5.2.4.3　淬火配分钢的两种工艺路线

　　淬火配分钢的生产工艺路线，根据配分的温度不同分为两种。如果淬火结束以后，在 M_s 温度以下继续保温，进行配分处理，这样的工艺路线称为一步法；如果淬火结束以后，

在 M_s 温度以下的基础上进行二次升温到某一温度，再进行保温配分处理，这样的工艺路线称为两步法。

对于一步法而言，淬火温度等于配分温度，但两者是两个不同过程的工艺参数，要统一控制到一个水平就很难实现两者的兼顾。淬火温度影响到淬火以后马氏体的数量，即淬火温度低，马氏体比例高，抗拉强度高。配分温度影响到配分过程中碳原子扩散的能量，进而影响到残留奥氏体的含量，即伸长率，配分温度高，残留奥氏体的含量亦高，伸长率高。这两个方面有些冲突，很难达到强度高且塑性好的效果。可见一步法虽然工艺简单，对退火炉要求不高，但不能达到最佳效果。

对于两步法而言，淬火温度和配分温度分别控制，一般采用适当低至 210~240℃ 左右的温度淬火，保证足够的马氏体或强度，采用适当高达 400~410℃ 左右的温度进行配分处理，保证足够的残留奥氏体或伸长率，可以达到淬火配分钢应有的效果。但是，对退火炉提出了新的要求。

5.2.4.4　淬火配分钢热处理炉设计要求

从上分析可知，淬火配分钢给退火炉带来的新要求，一是钢带加热和保温温度提高了，二是冷却速率提高了，三是过时效段的前端需要再加热。

在钢带最高允许加热和保温温度方面，淬火配分钢要求加热到 A_{c3} 线以上的奥氏体区，如果淬火配分钢中加入的合金元素比较少的话，理想的温度应该在 900℃ 以上，总体上已经大幅度突破了无间隙原子钢的要求，为了生产淬火配分钢，必须将热处理炉所允许的钢带最高加热和保温温度进一步提高。为此，采用现有的辐射管加热技术是不能满足的，必须在辐射管加热到 860℃ 的基础上，进一步采用横磁感应加热的方法，加热到所需的温度，这也是新一代汽车板生产线的一大特点。

在钢带最高冷却速度方面，情况也比较类似，淬火配分钢淬火需要的冷却速度总体上已经突破了双相钢的要求，必须进一步提高。不过，目前比较成熟稳定且控制方便的，是喷缝式冷却系统加高氢气氛的方法，提高氢气浓度最大冷却速度可以达到 120℃/s，基本可以满足生产 QP980 的需要。

在普通退火炉的时效段，一般没有配置大功率的加热装置，只是小功率的保温装置，所以如果不加以改进就生产淬火配分钢，只能采用一步法，目前国内几家进行试产的企业基本都是采用这种方法。为了最大限度地实现淬火配分钢的潜力，最好的方案是在时效段的前端增加感应加热装置，以满足将钢带从一般 210~240℃ 的淬火温度，提高到 400~410℃ 的配分温度，然后保温进行配分处理。

5.3　钢板热处理炉设计

5.3.1　现有热处理炉的设计

5.3.1.1　各钢种连续退火工艺曲线

现有连退线生产的五种主要钢种代表牌号一般成分的参考热处理工艺曲线如图 5.3-1 所示，从图中可以看出：

（1）加热温度：对于不生产淬火配分钢的生产线，由于无间隙原子钢的含 C 量很低，相变温度很高，加热温度最高的是无间隙原子钢，设计参考值在 850℃左右。

（2）保温时间：各钢种基本一致，最短保温时间设计参考值一般在 30~40s。

（3）缓冷温度：缓冷区是在均热段与快冷区之间增加一个缓慢冷却的过程，先将钢带以低于 10℃/s 的速度冷却到一定的温度，然后再进入快冷区。由于低碳钢对过时效要求严格，因此必须进行缓冷，且温度控制得比较严格。相反，烘烤硬化钢要求高的时效性，所以基本不进行缓冷。对于双相钢而言，先进行缓冷，可以净化铁素体，增加奥氏体的碳含量，提高淬透性。

（4）快冷速率：各钢种要求的最小快冷速率的差异性最大，对于高强钢而言，不同合金含量的原料对最低冷却速率要求不同，一般确定一个基本的设计冷却速率来确定工艺流程，当工艺流程固化以后，若最大冷却速度还不能满足要求，就通过调整合金含量来保证产品的性能。如当设计的最大抗拉强度是 1000MPa 时，比较理想的冷却速率要达到 100℃/s 以上。

（5）快冷温度：各钢种也有不同的要求。最早的退火炉时效段都没有加热功能，所以只能快冷到时效温度。相变诱导塑性钢是快冷到马氏体等温淬火的保温温度。双相钢必须深冷淬火到 M_f 以下的温度，但若生产牌号略低的双相钢，深冷温度还不是最低的。

（6）过时效段：低碳钢的过时效段是控制碳析出的过时效处理，要求温度相对其他钢种要高，时间也要长。相变诱导塑性钢的过时效段是马氏体转变的等温处理，温度略低，要求的时间略短。双相钢最好没有过时效段，在这一段是被动进行的回火处理，为了使得

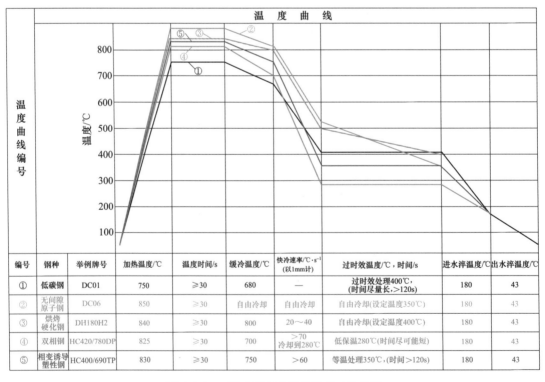

编号	钢种	举例牌号	加热温度/℃	温度时间/s	缓冷温度/℃	快冷速率/℃·s⁻¹ (以1mm计)	过时效温度/℃,时间/s	进水淬温度/℃	出水淬温度/℃
①	低碳钢	DC01	750	≥30	680	—	过时效处理400℃,(时间尽量长,>120s)	180	43
②	无间隙原子钢	DC06	850	≥30	自由冷却	自由冷却	自由冷却(设定温度350℃)	180	43
③	烘烤硬化钢	DH180H2	840	≥30	800	20~40	自由冷却(设定温度400℃)	180	43
④	双相钢	HC420/780DP	825	≥30	700	>70 冷却到280℃	低保温280℃(时间尽可能短)	180	43
⑤	相变诱导塑性钢	HC400/690TP	830	≥30	750	>60	等温处理350℃,(时间>120s)	180	43

图 5.3-1　五种主要钢种的热处理工艺曲线

影响最小，温度要尽量低。淬火配分钢是在这一过程进行配分处理，理想的状态是从淬火后的低温提高到配分温度，要求的时间比低碳钢略短。总之，炉子设计的最长时效时间是按照低碳钢所要求的参考值确定的。

（7）终冷和水淬：各钢种都是通过二次风冷到 180℃进入水淬，水淬到 43℃以下。但是，由于高强钢不易进行拉矫和大伸长率的拉伸，与低碳钢相比，对出炉板形要求更高，所以对二次风冷和水淬过程冷却作用的均匀性要求更严，这也是不能忽略的一大特点。

5.3.1.2　炉子的分区与炉喉位置

A　炉子分区的总体原则

炉塔的设计，为了提高各炉区气氛和温度隔离的效果，现代高强镀锌退火炉须分更多的炉塔，这样也可以减小各炉塔钢结构因为工作温度不同，热胀冷缩不同带来的影响。

在分区设计方面，除了考虑炉内温度的不同以外，还要考虑炉内的气氛和气体的流动。预热段和快冷段炉气流动速度都很高，必须单独设计，并采取炉内无尘处理措施；缓冷段炉内气体流动速度比较快，也要单独设计，并适当考虑减少炉内灰尘。加热段内露点较高，必须与后面要求还原效果好的炉区隔离；快冷段炉内 H_2 浓度较高，须与其他炉区相对隔离。快冷段炉气温度很低，为了减少对炉辊凸度的影响，也必须与辊室隔离。

B　炉喉位置对炉压的影响

退火炉的分区首先涉及炉压问题，必须保证炉膛的每一点都处于一定的正压状态，但由于不同区域炉内气体的温度不同，炉压也就不同，而炉喉是在上部还是在下部，对炉压的影响是不一样的。

如图 5.3-2 和图 5.3-3 所示，炉膛下部的压强 $p_{下}$ 为炉膛上部的压强 $p_{上}$ 加上炉膛高度方向气体在下部形成的压强 p，即炉气密度 ρ、g 与高度 H 的乘积，根据保护气体热胀冷缩的原理，高温炉膛炉气密度低、低温炉膛炉气密度高。

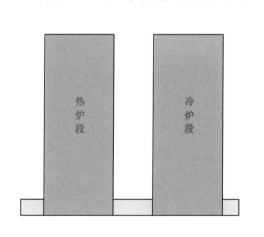
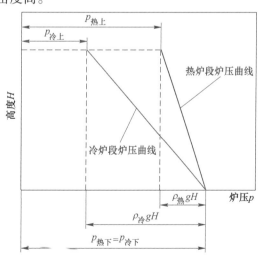

图 5.3-2　炉喉在下部时炉压与高度的关系曲线

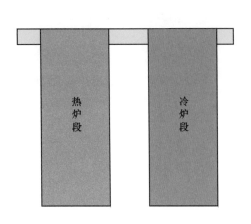
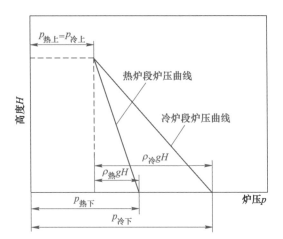

图 5.3-3　炉喉在上部时炉压与高度的关系曲线

如果两个炉塔炉气的温度不同，炉喉在下部，则：

$$p_{热下} = p_{冷下} \qquad\qquad (5.3\text{-}1)$$

$$p_{热上} + \rho_{热} \cdot g \cdot H = p_{冷上} + \rho_{冷} \cdot g \cdot H \qquad\qquad (5.3\text{-}2)$$

由于
$$\rho_{热} < \rho_{冷} \qquad\qquad (5.3\text{-}3)$$

所以
$$p_{热上} > p_{冷上} \qquad\qquad (5.3\text{-}4)$$

即高温炉膛内部的压强大于低温炉膛内部的压强。

如果两个炉塔炉气的温度不同，炉喉在上部，则：

$$p_{热上} = p_{冷上} \qquad\qquad (5.3\text{-}5)$$

$$p_{热下} = p_{热上} + \rho_{热} \cdot g \cdot H \qquad\qquad (5.3\text{-}6)$$

$$p_{冷下} = p_{冷上} + \rho_{冷} \cdot g \cdot H \qquad\qquad (5.3\text{-}7)$$

由于
$$\rho_{热} < \rho_{冷} \qquad\qquad (5.3\text{-}8)$$

所以
$$p_{热下} < p_{冷下} \qquad\qquad (5.3\text{-}9)$$

即高温炉膛内部的压强低于低温炉膛内部的压强。

C　快冷段炉喉位置对前后炉膛炉压的影响

快冷段前面连接缓冷段，后面连接过时效段，三者温度一般是缓冷段>过时效段>快冷段，常常只有一个行程，所以炉喉有两种形式。快冷段炉喉位置对炉压的影响如图 5.3-4 和图 5.3-5 所示。

当缓冷段与快冷段之间的炉喉在下部、快冷段与过时效段之间的炉喉在上部时，由缓冷段→快冷段→时效段的炉膛静压强是逐渐减小的。

当缓冷段与快冷段之间的炉喉在上部、快冷段与过时效段之间的炉喉在下部时，由缓冷段→快冷段→时效段的炉膛静压强是逐渐增加的。

D　炉喉位置的优化

炉喉内的辊子所处的环境条件最为复杂，上部炉喉辊子所受到的炉气温度和炉内辐射的影响最强，对辊子热凸度的影响大；下部炉喉辊子受到炉气内杂质的影响大，易于产生结瘤缺陷；炉喉设计于上部，有利于将转向辊设计成纠偏辊。

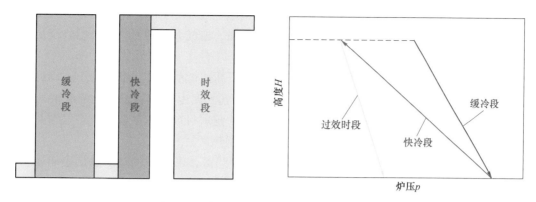

图 5.3-4 快冷段炉喉位置对炉压的影响（一）

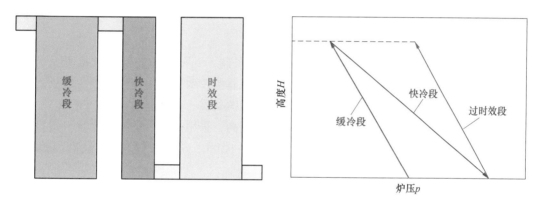

图 5.3-5 快冷段炉喉位置对炉压的影响（二）

加热段和均热段之间炉温基本一样，分成两个炉塔，可有效避免气流横向窜动；均热段和缓冷段之间的炉温相差约 200℃，带温相差 50~150℃，常规设计是它们之间的炉喉通道比较长，且位于炉室底部，如果将该炉喉通道布置在炉区顶部，对预防该炉喉通道炉辊结瘤大有裨益；同样缓冷段和快冷段之间由于炉温差和带温差较大，考虑到带钢张力差较大，常规设计是在这两个炉段之间配置张力辊用于张力隔断，张力辊室就是两炉段的炉喉通道，同样的道理，将该张力辊室配置在炉顶部分，对预防炉辊产生结瘤必有效果，但是目前大多采用高氢快冷系统，倾向于快冷段由下而上一个行程，所以缓冷段和快冷段之间的炉喉往往处于下部；对于快冷段和过时效段之间的炉喉通道，根据快冷段的带钢最终冷却效果，可以设在顶部和底部，当然设置在顶部对于生产的适应性更强一些；过时效段之后的终冷段和出口段由于炉温和带温已经不是很高，因此对于炉喉通道位置的设置没有特别要求，主要考虑炉段总体设备布置即可。

5.3.1.3 炉区设计要领

A 预热段

预热段的作用主要是利用燃气炉余热对钢带进行预热。从整个燃烧系统来说，这是一级余热利用，一级余热利用是在辐射管内部进行的，为什么不在一级进行最大化的余热利用，而设计专门的预热区？这是因为一般辐射管助燃空气预热有一定的限制，如果助燃空气预热温度过高的话，就会造成燃烧区域的温度很高，造成大量的氮气参与燃烧反应生成氮氧化物，超过国家规定的排放指标。

最近投入商业化应用的双 P 型辐射管，采用了高速燃烧技术和内部烟气回流技术，50%的废气返回燃烧区参与燃烧，使得燃烧区的氧气浓度也下降到了空气浓度的三分之二，可以在很高的燃烧温度下产生很少的氮氧化物，这就可以将辐射管助燃空气预热到较高的温度，排放出的烟气温度很低，也就可以省去预热区。

如果采用传统的 W 型辐射管，则还需要设计预热区，采用喷气对流热交换的原理使钢带预热。与加热区和均热区不同的是，由于炉内气流速度很快，为了防止气流吹起炉内灰尘，粘附到带钢表面，因此必须采用无尘炉膛设计，即炉内不允许安装耐火材料，而把耐火材料安装在炉膛外部。为此，一般将炉膛设计成圆筒形的，既减小散热面积，也增加炉塔的刚度。

B　加热段的设计

加热段和保温段的最高温度受到两个方面的限制，一是炉膛内部内衬板所承受的温度，二是辐射管材料所承受的温度。对于前者，目前的技术是采用高致密性的轻质耐火材料，免去内衬板，就取消了这个限制。对于辐射管的材质，在目前的技术条件下，一只 W 型辐射管的四根支管中，第一和第二支管的温度最高，采用高牌号的铬镍合金，最高可以达到的使用温度是 1100℃，炉气的温度在 920～950℃，所以钢带设计最高温度不超过 860℃。

C　缓冷段的设计

缓冷段的最大冷却速度要求不高，一般不大于 10℃/s。必须具备保温功能，一方面可以在开机时能够很快加热到所需的温度，另一方面可以在生产特殊钢种时，用作保温模式。

D　快冷段的设计

快冷段是退火炉技术的核心，是能够生产出高强度产品的关键。虽然快冷方法很多，比如戊烷冷却、气雾冷却、水冷辊冷却、水淬等等，但目前用于汽车板生产线比较成熟的还是高氢喷气冷却。

由于作为冷却介质的气体与钢带作用以后，紧靠钢带的部分会被钢带带走，在钢带表面形成速度接近钢带的气垫层，因此要提高对流热交换的效率，就必须一方面最大限度地减薄这一气垫层，另一方面冲破这一气垫层，使得冷气能够直接与钢带接触。喷箱的设计主要有两大要领，一是在喷出的冷气流方面，速度要快、气束直径或厚度要小，才能冲破气垫层，对钢带热交换的作用才强烈；二是排出热气流方面，冷气流与钢带作用变成热气流以后，必须以最快的速度、最小的压差、最佳的路径流出钢带附近的作用区域，因此排出的距离要短，空间要大，最好是从垂直于钢带的方向排出，没有钢带横向的分量，以免对左右邻近气流造成干涉。

喷气装置的形式一般有喷缝和喷管两种。喷缝是垂直于钢带运行方向的、类似于气刀的偏型喷嘴，从钢带表面反弹的热气流从偏型喷嘴之间的空间流出，中部的热气流必须从钢带两边方向流出。喷管结构是在横向的支管上连接垂直于钢带表面的若干喷管，从钢带表面反弹的热气流通过喷管之间的空间垂直离开钢带，并从横向的支管之间流出，有资料介绍，这样可以防止因钢带横向温度不均匀造成的冷瓢曲。

为了调整钢带横向的温度，必须设置不同的风道，并采用挡板调节各个风道气流的大小。为了提高冷却效果，风箱与钢带的距离设计成可变的。对于喷缝结构的风箱，钢带容易产生飘动，必须设置稳定辊。

为了提高快冷速率，必须提高快冷区的 H_2 含量，这对安全性能提出了新的要求，必须采取特殊的安全措施。包括：炉膛压力的特殊控制；提高炉体的密封性与耐压性能；提高炉塔之间膨胀节的密封性与耐压性能；增加炉气成分的检测取样点和检测仪器；增加炉外的 H_2 泄漏检测与报警装置；所有电机、加热元件、仪表和控制阀等均采用防爆等级；所有安全方面的控制功能通过硬件连接实现，防止软件连接出现故障；循环风机轴采用 N_2 密封；部分炉辊轴承采用 N_2 密封；电辐射管采用 N_2 保护。

E 过时效段的设计

最早的过时效段是为低碳钢的过时效处理而设计的，距离长，保温功率低。高强钢的生产，赋予了过时效段更多的功能，也要求不同的温度。

F 终冷段的设计

最终的风冷和水淬，都要考虑钢带温度的均匀性，特别是水淬过程中，不能只进行浸泡水冷，要先进行喷水冷却，温度下降后进行浸泡，以保证产品板形良好。

5.3.1.4 现有热处理炉设计案例

现有热处理炉设计案例如图 5.3-6 所示。

5.3.2 新一代汽车板热处理炉的设计

新一代汽车板连退镀锌线主要是为了增加淬火配分钢的生产功能而进行的改进设计，由于目前在用的高强钢以双相钢为主，因此新一代汽车板生产线专为双相和淬火配分高强钢设计，不再同时生产软钢，也不考虑相变诱导塑性钢和马氏体钢等小品种钢。

5.3.2.1 新一代汽车板热处理曲线

A 新一代汽车板连退热处理曲线

如图 5.3-7 所示，从图上可以看出，双相钢和淬火配分钢生产工艺存在比较大的差异，主要矛盾点在于双相钢在淬火以后最好立即进入水淬，而淬火配分钢需要进行比较长时间的配分。解决这个矛盾的方法，一是将双相钢在刚刚开机时的冷炉膛状态下生产；二是在淬火配分钢向双相钢转换时，重新穿带不经过过时效段；三是在过时效段增加冷却系统，在淬火配分钢向双相钢转换时，将炉温冷却到180℃左右。从这里也可以看出，最好是建设淬火配分钢专用生产线，虽然在目前有一定的风险，当淬火配分钢工艺成熟以后，是可能出现这样的生产线的。

B 新一代汽车板镀锌热处理曲线

如图 5.3-8 所示，增加了淬火配分钢以后，由于配分温度低于镀锌温度，过时效段必须两次加热，先由淬火温度加热到配分温度，然后再次由配分温度加热到镀锌温度。

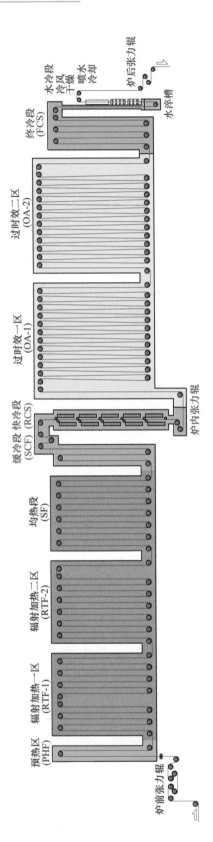

图 5.3-6　热处理炉设计案例

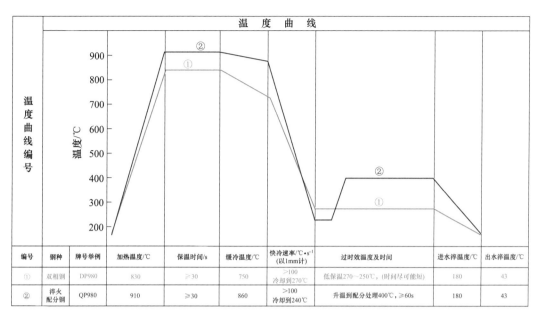

编号	钢种	牌号举例	加热温度/℃	保温时间/s	缓冷温度/℃	快冷速率/℃·s⁻¹ (以1mm计)	过时效温度及时间	进水淬温度/℃	出水淬温度/℃
①	双相钢	DP980	830	≥30	750	>100 冷却到270℃	低保温270～250℃，(时间尽可能短)	180	43
②	淬火配分钢	QP980	910	≥30	860	>100 冷却到240℃	升温到配分处理400℃，≥60s	180	43

图 5.3-7 双相钢和淬火配分钢连退热处理工艺比较

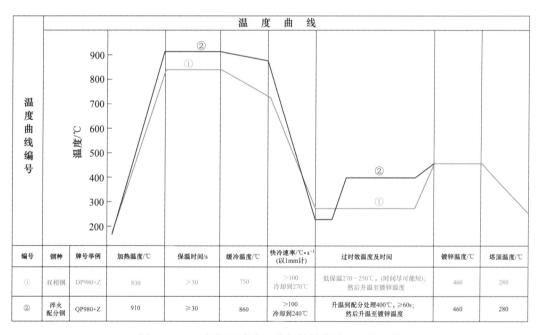

编号	钢种	牌号举例	加热温度/℃	保温时间/s	缓冷温度/℃	快冷速率/℃·s⁻¹ (以1mm计)	过时效温度及时间	镀锌温度/℃	塔顶温度/℃
①	双相钢	DP980+Z	830	≥30	750	>100 冷却到270℃	低保温270～250℃，(时间尽可能短)；然后升温至镀锌温度	460	280
②	淬火配分钢	QP980+Z	910	≥30	860	>100 冷却到240℃	升温到配分处理400℃，≥60s；然后升温至镀锌温度	460	280

图 5.3-8 双相钢和淬火配分钢镀锌热处理工艺比较

5.3.2.2 新一代镀锌热处理炉的设计

A 加热段

由于辐射管加热方法只能将钢带加热到860℃左右，仅仅采用辐射加热的生产线，由于不能完全实现奥氏体转变，会牺牲产品的部分强度性能。

淬火配分理想的温度应该在 900℃ 以上，必须在辐射管加热到 860℃ 的基础上，进一步采用横磁感应加热的方法，使得钢带由 860℃ 继续加热到 900℃ 以上，但是必须采取措施防止横磁感应加热方法在钢带宽度方向上产生温度不均匀性问题。

新一代汽车板热处理炉比较重视快速加热技术，快速加热可以提高 A_{c3} 转变温度，使得铁素体在较高的过热度下发生奥氏体转变，因为积累了大量的能量，会产生大量的奥氏体晶核，转变后奥氏体晶粒度大幅度降低，而且均匀性提高，晶界效应显著，经过很短的均热后快速冷却，马氏体晶粒也很细，晶界效应显著，就可以同时提高强度和伸长率。因此，除了采用电磁加热（本身就是一种快速加热方法）以外，还可以采用直焰加热炉取代全辐射管加热炉，不但可以实现快速加热，还可以同时实现预氧化。

B 缓冷段

对于淬火配分钢，在淬火快冷终点温度一定的情况下，如果先缓冷到一定的温度，降低了快冷的起点温度，对冷却速率的要求也就略有降低；如果将缓冷区作为保温模式，则可以避免奥氏体向铁素体的转变，保证最终的马氏体+奥氏体的组织。

C 快冷段

淬火配分钢淬火需要很快的冷却速率，对于连退线可以采取辊冷、水淬等方法。不过，对于镀锌线而言，目前比较成熟稳定且控制方便的，还是采用高氢喷气冷却的方法，通过提高氢气浓度可以使最大冷却速率达到 120℃/s，基本能满足生产 QP980 的需要。

D 过时效段

新一代汽车板热工炉在过时效段的前端增加纵磁感应加热装置，将钢带从一般 210~240℃ 左右的淬火温度，提高到 400~410℃ 左右的配分温度，进行保温配分处理。对于镀锌线还必须在配分处理以后采用纵磁加热继续将带钢加热到镀锌温度，一般为 460℃。

某公司的新一代汽车板镀锌热处理炉如图 2.5-13 所示，该生产线没有采用直焰加热炉和横磁加热系统，而是采用了预氧化箱。在过时效前段采用了一台纵磁加热设备，在进入锌锅前设置了两台纵磁加热设备，确保了淬火配分钢配分工艺的实现。

5.3.2.3 新一代汽车板柔性生产线

A 镀锌/连退两用线设备布置

现代汽车企业对汽车板要求的差异化愈来愈明显，同时汽车板镀锌退火炉引入了过时效段，这两个方面的因素使得 GI/CR 两用线的需求和可能都得到大幅度提高，实现镀锌板和冷轧板的柔性制造很有必要。

GI/CR 两用线锌锅位置的布置，可以有两种形式。如图 5.3-9 所示，如果以生产淬火配分钢为主的话，可以将锌锅布置在热工炉的最末处，以确保淬火配分钢配分处理有足够的时间，但生产双相钢时，淬火以后的低温过渡时间过长，会对强度带来一定的影响。

在现阶段，使用中的高强钢以双相钢为主，淬火配分钢的生产和应用刚刚开始，因此还是要充分考虑双相钢的生产，可以将锌锅设置在两个过时效区之间，以缩短双相钢淬火后低温过渡的时间，淬火配分钢的配分时间可以通过降低生产线速度来保证，如图 5.3-10 所示。这是现阶段这类生产线的主流，下面就分析这种生产线。

B GI 通道工艺流程

生产镀锌板时，接通镀锌通道，如图 5.3-11 所示，从冷却塔下来的钢带，通过过时

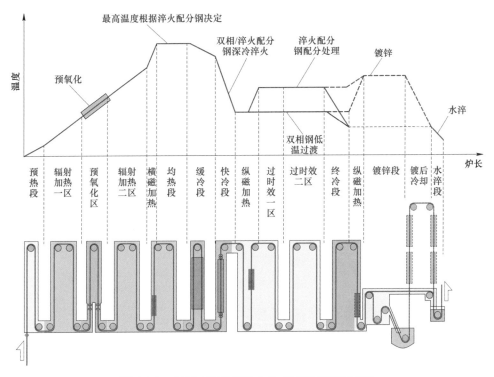

图 5.3-9 以淬火配分钢为主的 GI/CR 两用线布置

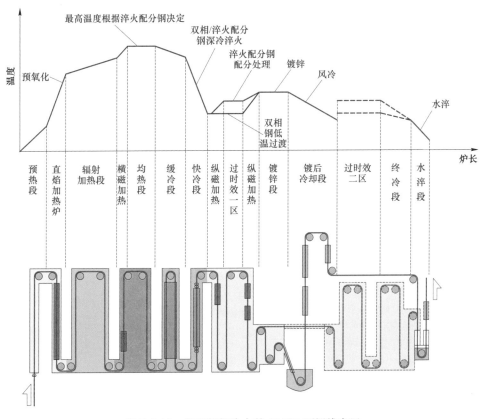

图 5.3-10 以双相钢为主的 GI/CR 两用线布置

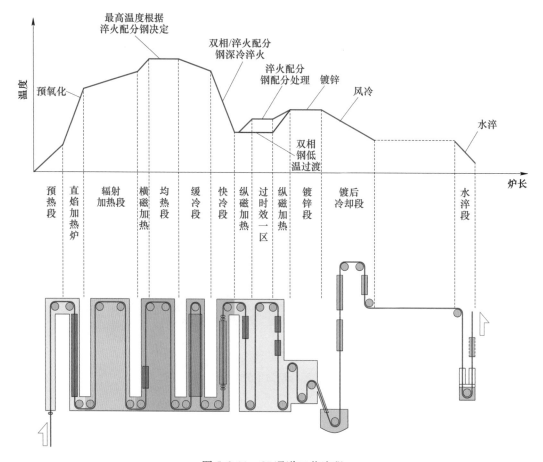

图 5.3-11　GI 通道工艺流程

效炉顶部的通道进入水淬槽。将直焰加热炉调整为一定程度的氧化性气氛，发挥预氧化的作用。其中，生产淬火配分钢时，过时效一区的第一纵磁加热器打开，将带钢加热到配分温度，由于过时效一区带钢长度有限，必须通过降速保证配分时间，同时将第二纵磁加热区也打开，继续将带钢加热到镀锌温度。生产双相钢时，将过时效一区温度下降到 280℃ 以下，过时效一区的第一纵磁加热器关闭，使得钢带在淬火后低温通过过时效一区，第二纵磁加热器打开到最大功率，直接将带钢由 280℃ 以下加热到镀锌温度。

C　CR 通道工艺流程

生产冷轧板时，接通连退专用通道，如图 5.3-12 所示，带钢从过时效一区出来以后，进入过时效二区和终冷段，将直焰加热炉的空燃比调整到还原状态，终冷区冷却风机打开，第二再加热感应器关闭。当生产淬火配分钢时，第一再加热感应器启用。

5.3.2.4　新一代汽车板热处理炉总结

（1）新一代汽车板生产线出现了专业生产超高强钢、速度略低、宽度偏窄、厚度偏厚的趋势。

（2）现阶段汽车板生产和应用的超高强钢以双相钢为主，未来淬火配分钢将是发展方

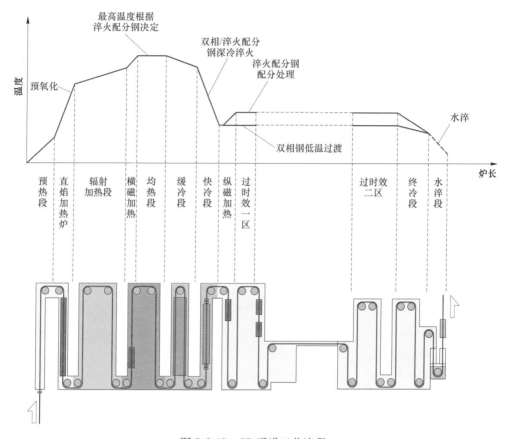

图 5.3-12　CR 通道工艺流程

向，新一代超高强钢汽车板生产线主要考虑这两类钢种。

（3）淬火配分钢的加热温度超过 900℃，必须增加横磁加热方法；采用快速加热有利于提高综合性能，可以优先采用直火火焰加热技术，达到快速加热和预氧化的效果。

（4）淬火配分钢的淬火冷却速度超过 120℃/s，采用高氢和优化的喷嘴实现快速冷却比较适用。

（5）淬火配分必须先淬火到低于 240℃，再采用纵磁加热到 400℃进行碳的配分处理，对于镀锌线还需进一步采用纵磁加热到镀锌温度。

（6）淬火配分钢生产 GI 和 CR 产品的工艺流程很接近，可以设计 GI 和 CR 两用线，实现柔性生产工艺，见图 5.3-13。

5.3.3　某钢厂多功能中试机组分析[240]

最为典型的现代钢板热处理工艺设计案例是某钢厂设计制造的多功能机组，下面做一简单的介绍。

5.3.3.1　机组情况

A　技术开发背景

2009 年以前，国内汽车板生产企业最高只能生产 780MPa 级别以下的产品，国外虽然

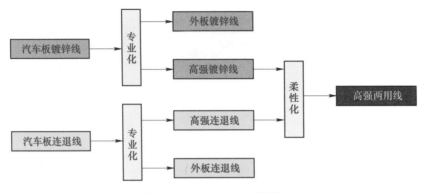

图 5.3-13　GI 和 CR 两用线

已经成功生产出 1400MPa 级别的超高强钢，但由于设备无法满足淬火配分钢特殊的热处理工艺，也无法生产出淬火配分钢，淬火配分钢还仅仅是美国人提出的一个提高汽车板性能的概念。为了实现全球生产淬火配分钢的突破，同时为了能够实现多种产品的中试，某钢厂于 2009 年 3 月建成了中国唯一一条超高强钢 CR/GI 两用生产线。

B　机组主要参数

该机组有 300 多米长，主要参数如下：

产品厚度 0.5~2.1mm、宽度 700~1280mm；

机组速度 120m/min；

年设计产量冷轧板 112820t、热镀锌板 92308t，合计 205128t。

该机组可以生产抗拉强度 340~1500MPa 的普冷钢板和 340~1200MPa 的热镀锌钢板，特别适合于生产超高强钢。

C　机组工艺组成

该机组的简单流程如图 5.3-14 所示，主要包括：开卷→激光焊接→入口活套→清洗→退火炉→酸洗→锌锅→镀后处理/过时效→最终水冷→中间活套→平整→化学后处理→出口活套→卷取。

5.3.3.2　机组柔性制造路径

A　品种路径和模式

该中试机组可以实现多种工艺路径的柔性制造是最大的特色，为了实现多种产品的中试，通过巧妙布置的切换通道和转向设备，能灵活地实现 3 种产品、3 种工艺路径、5 种生产工艺模式的快速切换。3 种产品为：CR、GI、GA（预留），3 种工艺路线为：常规冷却工艺、高氢冷却工艺和（连退）水淬工艺，5 种生产工艺模式为：CR 常规冷却工艺模式、CR 高氢冷却工艺模式和 CR 水淬工艺模式、GI 常规冷却工艺模式、GI 高氢冷却工艺模式。

B　热处理曲线

该机组最大的突破是可以生产淬火配分钢 CR 产品和 GI 产品，也可以生产双相钢 CR 产品和 GI 产品，马氏体钢和相变诱导塑性钢的 CR 产品，如图 5.3-15 所示。

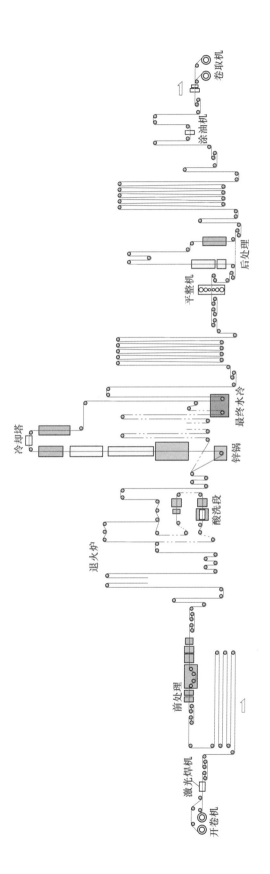

图 5.3-14 某钢厂多功能中试机组流程简图

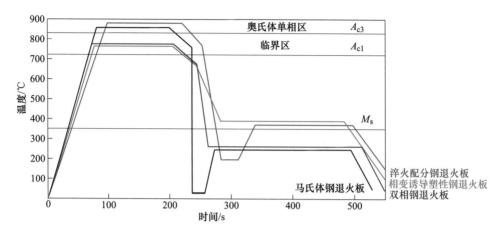

图 5.3-15 四种高强退火板工艺曲线

C 5种生产工艺模式

5种工艺模式是：CR 常规冷却工艺模式、CR 高氢冷却工艺模式和 CR 水淬工艺模式、GI 常规冷却工艺模式、GI 高氢冷却工艺模式，如图 5.3-16 所示。

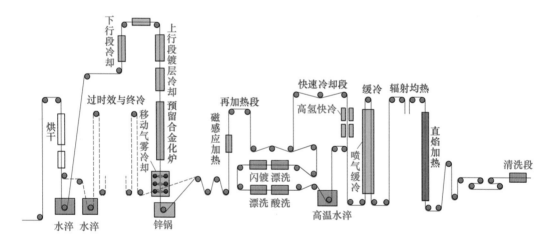

图 5.3-16 中试机组热处理工艺流程

5.3.3.3 技术创新点

A 采用技术总述

该机组与一般普通机组有所不同，除了设计了生产模式的切换通道以外，还有以下特点：

（1）直焰加热技术；

（2）辐射管均热技术；

（3）喷气缓冷技术；

（4）高氢高速喷气冷却技术；

（5）磁感应再加热技术；

（6）新型高温水淬技术；

（7）水淬后的酸洗、漂洗、闪镀技术；

（8）镀后可移动超细气雾冷却技术；

（9）预留镀后合金化处理系统。

其中主要创新点是三大先进高强度薄带钢连续热处理快速冷却技术：高氢高速喷气冷却技术、新型水淬技术和可移动超细气雾冷却技术。这些冷却技术冷却均匀，快冷后带钢板形优良。

B　高氢高速喷气冷却技术

高氢高速喷气冷却技术氢气浓度可超过 60%，平均换热系数可达 780W/(m² · K)，可使 0.8mm 的带钢从 700℃ 快冷到 250℃，平均冷速可达 155℃/s（0.8mm 钢带），冷却速率为同类技术中全球最高，而且操作便利、安全可靠。

包括均匀喷气及其控制技术、高氢段气体密封技术、氢气浓度控制技术、带钢稳定技术和高氢安全使用技术等一整套技术。

技术开发过程中采用的模拟设备及研发成功的高氢、高速喷气喷箱实物见图 5.3-17。

(a)

(b)

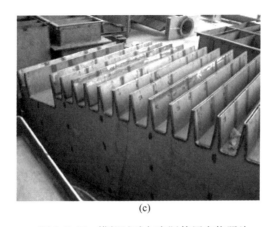
(c)

图 5.3-17　模拟试验与实际使用实物照片

（a）氮氢气体单孔冲击射流换热实验；（b）多排狭缝冲击射流换热实验；（c）高氢、高速喷气冷却喷嘴

C　新型水淬技术

对于 0.8mm 厚度的带钢，冷速可达 1000℃/s，该技术与世界其他水淬技术相比冷速相当，但本项目的新型水淬技术在冷却均匀性方面更有优势。

包括水淬均匀化技术、炉内蒸气密封技术、循环水喷射与过滤系统设计技术及带钢水淬后酸洗技术等一整套技术，图 5.3-18 和图 5.3-19 为开发的新型水淬设备系统原理及新型水淬喷箱实物照片。

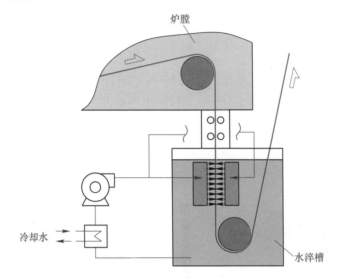

图 5.3-18　新型水淬原理

图 5.3-19　新型水淬喷箱照片

D　可移动超细气雾冷却技术

率先成功实现可移动超细气雾冷却技术的工业应用，可采用超细气雾对高强钢 GI 产品在气刀上方 4m 范围之内进行及时快冷，提高材料强度。

包括气雾冷却均匀化技术、带钢稳定技术、气刀密封技术、气水分离技术和气雾冷却安全联锁控制技术等整套技术。图 5.3-20 为可移动气雾冷却原理及设备位置示意图。

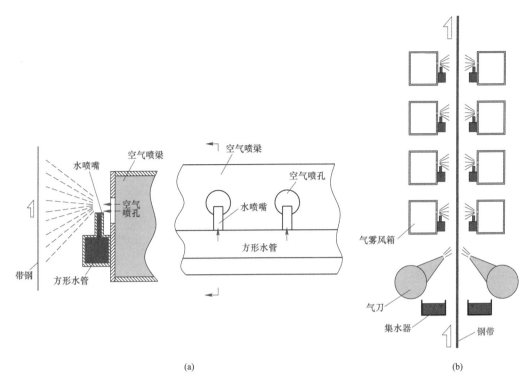

(a)   (b)

图 5.3-20   可移动气雾冷却原理及设备示意图

(a) 气雾冷却原理；(b) 设备位置示意

5.4   电磁感应加热技术

5.4.1   现有加热技术的局限性

目前，钢带的热处理主要有罩式退火和连续退火两种。

5.4.1.1   罩式退火的局限性

现有罩式炉退火工艺，退火时间长（一般几十小时或几天）、效率低，板带表面质量不良，目前大型钢铁企业开始大幅度采用连续退火工艺替代罩式炉退火，但仍有不少民营钢厂或小型企业，因投资规模和产品批量的限制继续采用罩式退火工艺。目前，虽说罩式退火工艺对低碳钢等钢种仍有一定的适用性，但随着技术的不断进步和钢铁行业集中度的不断提升，罩式退火工艺不论从钢种、投资、小批量处理以及产品质量等方面均已没有太多优势可言。

5.4.1.2   连续退火的局限性

现有的板带钢连续退火工艺，起源于 20 世纪 70 年代的日本，生产效率相比罩式退火提高近百倍以上，产品表面质量良好，经过几十年的发展，现代连退技术发展成熟，被越来越多的钢铁企业采用。但现代连退工艺也存在较大不足，主要表现在加热速度慢和最高加热温度的限制。

现代连退工艺是建立在传统加热方式，如气体直接加热、燃气辐射管加热、电阻丝辐射管加热等的基础上。这些加热方式在低于 500℃ 低温段的加热效率比较高，加热速率最快能达到 30℃/s 左右，而在 600~850℃ 左右的高温段，尤其在材质再结晶温度区间，其加热速率一般在 10℃/s 以下。而且，传统加热方式能够达到的最高温度在 860℃ 左右，无法超越这个限制。

A　加热速度慢导致带钢行程多

加热速度慢带来的局限性首先是带钢行程多，因而造成现代连退机组非常长，少则十几个行程多则几十个行程才能满足加热工艺的要求。连退机组越长运行越复杂，带钢在炉内长时间高速运行易瓢曲、跑偏，甚至断带，给生产和操作维护造成较大困难；同时，带钢在炉内接触设备繁多，容易造成表面划伤等诸多问题，对于高表面质量的钢板，如 O5 板，成材率较低；而且，炉子体积大、散热快、能耗高、排放多，加上占地和投资较大，均限制了企业经济效益和社会效益的提高。

B　加热速度慢导致热惯性大

加热速度慢带来的局限性其次是热惯性大。而随着社会需求的发展，对小批量柔性生产的要求也越来越高，大型连退炉热惯性大温控精度差，规格品种过渡困难，使得所能实现的加热温度的调节速度远远低于冷却温度的调节速度，造成在带钢规格或钢种退火温度切换时，容易出现实际带钢加热温度偏离控制目标的现象。需要降温时，由于加热炉的惯性大，降温速度慢，实际温度高于目标温度；需要升温时，由于加热炉的惯性大，降温速度慢，实际温度又会低于目标温度。这样升、降温时都会产生很长的过渡时间，期间带钢温度不符合控制目标，进而造成带钢性能不符。为解决此问题，实际生产中一般采用在成品生产计划中插入过渡用料的做法，这不但占用了生产线的产能，还消耗了大量不必要的能源介质，经济性不高。

C　加热速度慢导致材料性能差

加热速度慢带来的局限性也体现在最终产品的性能方面。由于加热速度慢，奥氏体转变温度低，奥氏体晶粒尺寸较大，最终产品的晶粒度也受到限制，力学性能也就无法进一步提高。根据最新的研究成果，带钢产品在再结晶温度段快速加热，并配合短时均热和快速冷却（称为快速热处理，英文缩写 RTA），可实现对材料组织的干预和力学性能改善。

D　加热温度有限不能满足新钢种的需要

由于传统加热方式和辐射管材料的限制，带钢所能够达到的最高温度在 860℃ 左右，而不锈钢再结晶退火温度必须超过 1000℃，即使是碳钢，第三代高强钢淬火配分钢的奥氏体转变温度也需要超过 880℃，这是传统加热方式所无法实现的。

因此，有必要寻求一种能够实现加热速度快且切换也快的方式，满足提高产品质量、开发新产品和提高经济效益的需要。一般辐射管加热方法的加热速度为 20~30℃/s，直焰加热方法的加热速度为 50~100℃/s，而纵磁感应加热方法的加热速度为 100~250℃/s，横磁感应加热方法的加热速度高达 150~300℃/s。针对带钢产品现有生产流程中热处理工艺的不足，国内外研究者开展了大量的快速热处理技术研究，其中涉及的横磁快速加热技术是当前的一个研究热点。

5.4.2 带钢的快速加热理论

5.4.2.1 金属材料的晶界强化

金属材料的强化方法有固溶强化、相变强化、析出强化和晶界强化等。人们往往比较重视前几种强化，晶界强化技术并没有得到广泛应用，而带钢的快速加热就是采用了晶界强化的机理。

晶界强化是一种能够同时提高强度而不损失韧性的有效地强化的手段。晶界强化的本质在于晶界对位错运动的阻碍作用。

通常金属是由许多晶粒组成的多晶体，晶粒的大小可以用单位体积内晶粒的数目来表示，数目越多，晶粒越细、晶界比例越高。由于晶界部位的自由能较高，而且存在着大量的缺陷和空穴，在低温时，晶界阻碍了位错运动，因而晶界强度高于晶粒本身。实验表明，在常温下的细晶粒金属比粗晶粒金属不但有更高的强度、硬度，而且有更好的塑性和韧性。这是因为细晶粒受到外力发生塑性变形可分散在更多的晶粒内进行，塑性变形较均匀，应力集中较小；此外，晶粒越细，晶界面积越大，晶界越曲折，越不利于裂纹的扩展。

因此，晶界强化可以在保证良好塑性的同时提高材料的强度，这是晶界强化的优越性。

5.4.2.2 加热速度对组织的影响

通常把钢加热获得奥氏体的转变过程称为"奥氏体"化。加热时所形成奥氏体的化学成分、均匀化程度及晶粒大小直接影响钢在冷却后的组织和性能，因此必须控制过程中奥氏体的形核和长大过程。影响奥氏体的形核和长大因素，除了有材料的原始组织和成分以外，加热的速度、温度和保温时间也有着很大的影响。

A 加热速度

一般来讲，在一定的加热速度范围内，相变临界点随加热速度的增大而升高，奥氏体形成的开始温度及终了温度均随加热速度增大而升高，奥氏体转变时的过热度越大，使得奥氏体的实际形成温度更高，形核率也随之提高，此时奥氏体不仅可以在铁素体和渗碳体的相界面上形核，也可在铁素体内的亚晶界上形核。据测定，铁素体亚晶界处的碳浓度可达 0.2%~0.3%，在 800~840℃以上即可能形成奥氏体晶核。所以，加热速度越快，所得到的奥氏体晶粒也越细。

B 加热温度

随着加热温度的升高，原子扩散系数增大，特别是碳在奥氏体中的扩散系数增大，加快了奥氏体的形核和长大速度；另一方面，随着加热温度的升高，使得构成原始组织的相间自由能差增大，相变驱动力增大，也就使得奥氏体的形核的孕育期和转变所需时间显著缩短。研究表明，在影响奥氏体形成和长大的诸因素中，温度的影响最为显著。

C 保温时间

奥氏体形成刚结束时的起始晶粒，一般很细小但不均匀，界面弯曲，晶界面积大，界面能高而不稳定，因而必将自发地向减少晶界面积、降低界面能的方向发展，其宏观的体现就是晶粒长大过程。在一定温度下，随保温时间延长，奥氏体晶粒长大，且总体上呈现一种先快后慢的抛物线式的长大过程。若保温时间短，则可以在奥氏体晶粒未来得及长大的情况下获得细晶粒组织。

因此，可以通过增大加热速度、提高加热温度、减少保温时间来细化晶粒，实现晶界强化，同时提高钢材的强度和塑性。

5.4.3　带钢的快速加热试验

为了验证带钢快速加热对组织和性能的影响，东北大学杜林秀老师进行了实际试验[241]。

5.4.3.1　试验材料

试验材料的化学成分如表 5.4-1 所示。

表 5.4-1　实验钢参考化学成分

牌号	化学成分（质量分数）/%								
	C	Si	Mn	P	S	Al	Nb	V	Ti
Q460q	0.08	0.31	1.53	0.018	0.008	0.028	0.042	0.055	0.01

试验材料的热轧和冷轧工艺如表 5.4-2 所示。

表 5.4-2　冷轧态初始组织实验钢轧制工艺

牌号	热轧开轧温度/℃	热轧冷却方式	热轧压下规程/mm	冷轧温度/℃	冷轧压下规程/mm
Q460q	1200	空冷至室温	30-23-20	240	20-18-16-13-12-10-9

试验材料的热轧和冷轧态金相组织如图 5.4-1 所示。

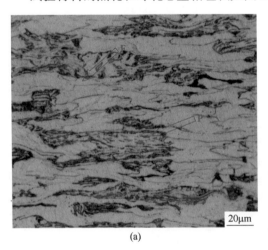
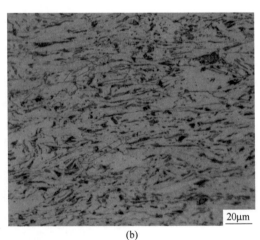

图 5.4-1　试验材料的热轧和冷轧态金相组织

（a）热轧态；（b）冷轧态

5.4.3.2 加热速度对奥氏体相变温度的影响

将实验钢冷轧态试样分别以不同的加热速度 5℃/s、20℃/s、50℃/s、100℃/s、200℃/s、500℃/s，加热至 1150℃，保温 1s，然后水淬以 50℃/s 的冷却速度冷却至室温，同时热模拟实验机自动记录实验钢的温度-膨胀量数据，以测定加热速度对实验钢相变点的影响。工艺参数见图 5.4-2。

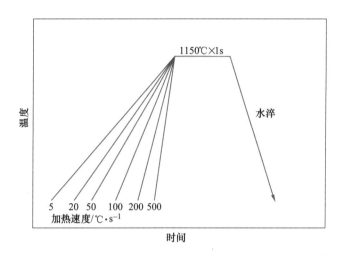

图 5.4-2　不同加热速度工艺曲线

实验结束后，将热模拟试验机自动记录的温度-膨胀量数据绘制成温度-膨胀量曲线，利用切线法确定实验钢的相变点 A_{c1} 和 A_{c3}，结果如图 5.4-3 所示。

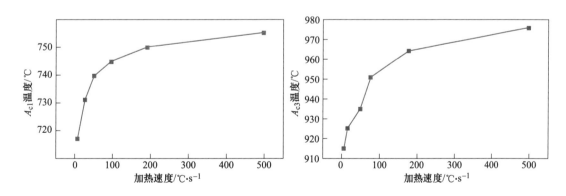

图 5.4-3　相变点温度与加热速度的关系曲线

从图上可以看出，总体上实验钢奥氏体相变点 A_{c1} 和 A_{c3} 都随着加热速度的提高而升高，在 5~100℃/s 的加热速度范围内，相变点提高的速率较高，加热速度由 5℃/s 提高到 100℃/s 时，A_{c1} 和 A_{c3} 大约提高了 30~40℃；但加热速度提高到 100℃/s 以后，相变点提高的速率明显降低，加热速度由 100℃/s 提高到 500℃/s 时，A_{c1} 和 A_{c3} 大约提高了 10~15℃。

5.4.3.3　加热速度对奥氏体晶粒尺寸的影响

为了研究加热速度对高温奥氏体晶粒尺寸的影响，分别以 5℃/s、20℃/s、50℃/s、100℃/s、200℃/s、500℃/s 的加热速度升温至 1150℃保温 1s，然后水淬，实验工艺如图 5.4-4 所示。

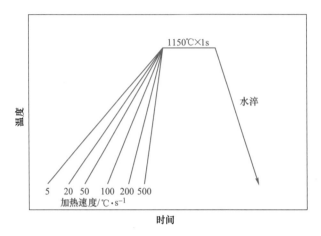

图 5.4-4　实验工艺制度

不同加热速度下的高温奥氏体晶粒光学显微组织如图 5.4-5 所示。

(e)　　　　　　　　　　　　　　(f)

图 5.4-5　实验钢不同加热速度下的高温奥氏体晶粒光学显微组织

（a）5℃/s；（b）20℃/s；（c）50℃/s；（d）100℃/s；（e）200℃/s；（f）500℃/s

实验钢不同加热速度下的高温奥氏体晶粒尺寸曲线如图 5.4-6 所示。

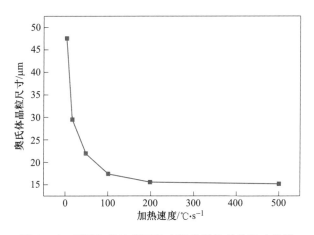

图 5.4-6　不同加热速度下的高温奥氏体晶粒尺寸曲线

从图 5.4-6 可以观察出：对于冷轧实验钢，在 5~500℃/s 升温速度范围内，随着升温速度的提高，初始奥氏体晶粒总的趋势是进一步细化。在 5~100℃/s 范围内，奥氏体平均晶粒尺寸从 47.7μm 细化到 18.3μm，细化的程度比较显著。在 100~500℃/s 范围内，晶粒细化程度变化不明显，仅从 18.3μm 细化到 16.2μm。

5.4.3.4　加热温度对奥氏体晶粒尺寸的影响

为了研究加热温度对奥氏体晶粒尺寸的影响，实验工艺如图 5.4-7 所示。以 20℃/s 的加热速度升温至不同温度 900℃、950℃、1000℃、1050℃、1100℃、1150℃，保温 1s，然后水淬。

不同加热速度下的高温奥氏体晶粒光学显微组织如图 5.4-8 所示。

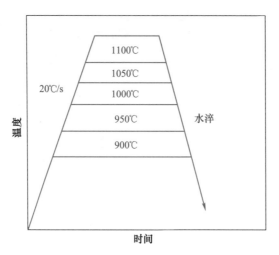

图 5.4-7　实验工艺制度

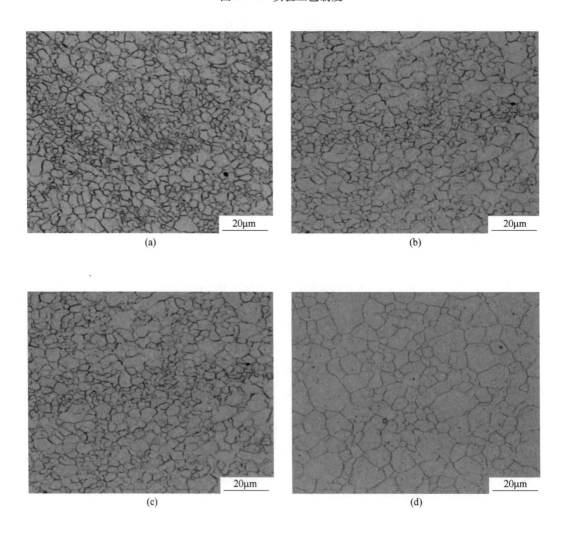

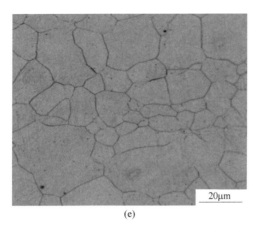 

(e)　　　　　　　　　　　　　　　　(f)

图 5.4-8　实验钢连续加热过程奥氏体晶粒光学显微组织

(a) 900℃×1s；(b) 950℃×1s；(c) 1000℃×1s

(d) 1050℃×1s；(e) 1100℃×1s；(f) 1150℃×1s

实验钢连续加热速度为 20℃/s 时，加热过程中在 900~1150℃ 区间不同温度下奥氏体晶粒尺寸演变曲线如图 5.4-9 所示。

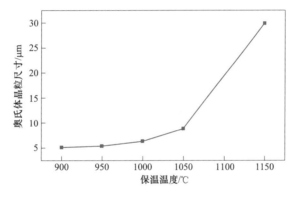

图 5.4-9　不同温度下奥氏体晶粒尺寸演变曲线

从图 5.4-9 可以发现，以 20℃/s 速度加热过程中的奥氏体晶粒长大具有显著的速率拐点，当温度高于 1050℃ 时，实验钢的奥氏体晶粒长大速率急剧增大，且长大速率基本稳定在一个较高的值，而在 900~1050℃ 温度之间则以相对低的恒定速率值长大。

5.4.4　感应加热简介

5.4.4.1　电磁感应加热的分类

电磁感应加热根据磁力线方向与带钢长度方向的关系分为纵磁加热和横磁加热两种。

图 5.4-10 所示是目前比较常见的纵磁加热的原理，带钢从线圈的中间通过，线圈形成的磁力线与带钢长度方向平行，或者说是从纵向穿过带钢横截面的。

如图 5.4-11 所示，横磁加热至少有两个线圈，分别布置于带钢的两个表面，而且与所通交流电的瞬时方向一致，两个线圈所产生的磁力线相互叠加，垂直于带钢的表面，或者说是横向穿过带钢竖截面的。

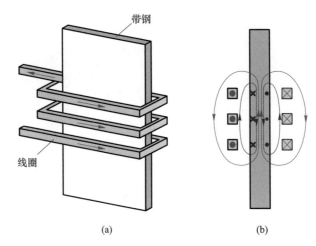

(a)　　　　　　　　　　　　　(b)

图 5.4-10　纵磁加热原理

（a）线圈及带钢关系；（b）电流及磁力线方向

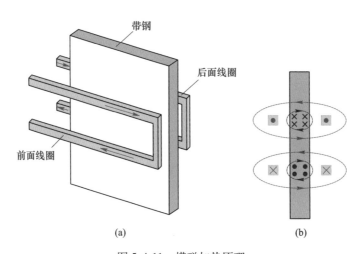

(a)　　　　　　　　　　　　　(b)

图 5.4-11　横磁加热原理

（a）线圈及带钢关系；（b）电流及磁力线方向

5.4.4.2　纵磁加热的特点及用途

　　纵磁加热感应器是由一个或几个封闭式矩形或椭圆形的线圈组成，带钢从线圈中间穿过，线圈通上交流电后产生的磁场，垂直穿过线圈也穿过钢带横截面，在钢带横截面上产生感应电流，从而使带钢产生焦耳热而提高温度，是热效率很高的加热方法（见图 5.4-12）。在居里点温度以下，带钢有磁性，磁场基本都是沿着带钢传导，在带钢的横向均匀分布，横向的温度差比较小。但由于感应电流产生的磁力线方向与线圈产生的磁力线方向相反，在带钢心部磁场相互抵消，并由此产生所谓的"趋肤效应"，使得电流集中于带钢的表面，结果产生带钢表面与心部加热不均匀的现象。因此，纵磁加热在带钢加热领域比较适合于镀锡线的软熔炉、镀锌线的合金化处理炉和后处理烘干炉等给带钢表面加热的场合。带钢不同位置的电流与温度分布曲线如图 5.4-13 所示。

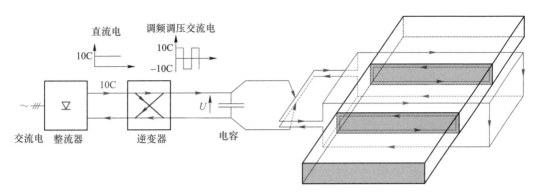

图 5.4-12 纵磁感应加热器原理

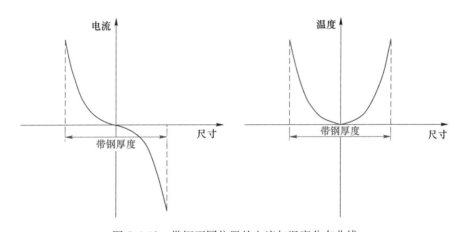

图 5.4-13 带钢不同位置的电流与温度分布曲线

纵磁加热有一个最大的局限性，就是被加热的带钢必须有良好的导磁性，才能保证磁力线在被加热的带钢内传导，否则必须靠提高所加交流电的频率，才能达到加热的效果，这就使得电源制造很不经济，对于大功率的电源制造甚至无法实现，因此在带钢加热领域一般只用于加热居里点以下的带钢，不适用于高强钢热处理的加热。

5.4.4.3 横磁加热原理及两者比较

为了解决居里点以上的带钢加热问题，目前一些领先企业开始研究采用横磁加热技术，横磁加热技术在 1977 年已经开始应用于无磁性的铝带的连续退火，但应用于带钢加热还是这几年的事，我国日照钢铁 2017 年投产的 ESP 机组就采用了横磁加热技术。

横磁加热技术的线圈位于带钢的前后两个表面，同一高度上两个侧面线圈的导线高度一致，且所通的交流电在同一瞬时方向一致，共同作用的结果是产生的磁力线方向也一致，垂直穿过夹在其中那部分的带钢前后表面，即使被加热带材没有导磁性也能保证完全穿过两个线圈，形成回路，在与线圈导线对应位置的带钢局部产生与导线内的电流方向相反的电流，电流在带钢的横向，由操作侧或传动侧的一侧流向另外一侧，再由另外一侧流向这一侧，形成回路。与纵磁加热不同的是，在整个带钢的厚度方向上电流大小一致，不存在"趋肤效应"。带钢温度超过居里点以后，就必须采用横磁加热技术。但其线圈结构复杂，投资费用较大。两种带钢加热方法对比如表 5.4-3 所示。

表 5.4-3　两种带钢加热方法对比

项　　目	纵向磁通	横向磁通
加热温度区间	居里点以下	全部温度范围
交流电频率/kHz	10~100	0.1~4.0
功率密度/kW·m^{-2}	1200	600
带钢横向温度均匀性/%	1	3
总热效率/%	75	40~70

5.4.4.4　横磁加热的应用技术

A　横磁加热的温度均匀性问题

由于在带钢内形成的感应电流区域，基本处于横磁加热线圈在带钢上的投影位置，这就会影响带钢加热的均匀性，在长度方向上由于带钢一直在运动，基本没有问题，但是在带钢横向上的温度均匀性与线圈和钢带两者的相对位置有很大关系。横磁加热温度均匀性关系曲线如图 5.4-14 所示。

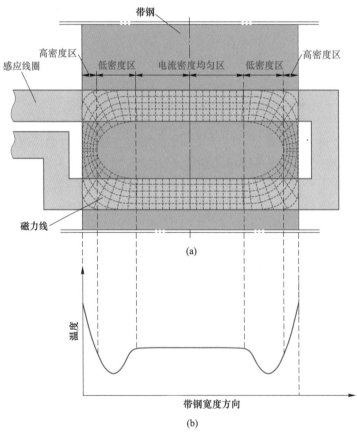

(a)

(b)

图 5.4-14　横磁加热温度均匀性关系曲线

a 线圈宽度问题

线圈宽度对温度均匀性的影响如图 5.4-15 所示。（1）如果线圈的宽度小于带钢的宽度，则会在带钢的边部出现加热不足；（2）如果线圈的宽度大于带钢的宽度，则会在带钢的边部出现温度过热；（3）如果线圈的宽度正好等于带钢的宽度，则会在带钢的边部出现一个较窄的、持续的低温带。在实际应用中，带钢宽度规格不可能一直不变，因此这个问题必须采取措施补救。

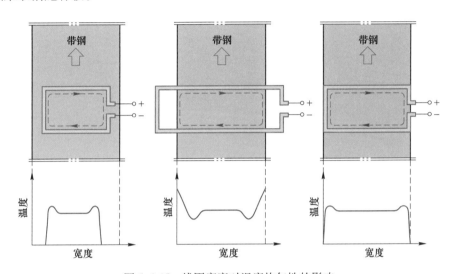

图 5.4-15 线圈宽度对温度均匀性的影响

b 带钢跑偏问题

上面是在带钢位置与线圈位置很准的情况下出现的问题，事实上还有带钢走偏的问题，则会出现上述问题的叠加。如果线圈宽度大于带钢，带钢由于跑偏偏向了线圈的一侧，则会出现该侧带钢加热不足而另一侧温度过热的现象。在实际应用中，带钢跑偏是不可避免的，也必须采取措施解决。

B 一般解决措施

通过两组错位线圈解决温度均匀性问题如图 5.4-16 所示，为了解决这两个问题，一般在带钢高度方向上布置两组线圈，并将这两组线圈的位置相对错开，一组偏向带钢的一侧，一组偏向带钢的另一侧，这两组线圈在带钢内产生的感应电流在带钢横向的分布情况正好相反，两组线圈的叠加，就得到了比较优化的曲线。

从图 5.4-16 可以看出，最终带钢边部温度较高，而在后续冷却时，边部冷却速度也是大于中心部位，所以边部温度略高是允许的，这个温度差与两个线圈错开后与带钢边部的距离有关，为了适应产品宽度规格的变化，防止边部温度过高，可以将两对线圈做成可以移动的，如图 5.4-17 所示的就是由窄带钢向宽带钢转换时，减小两组线圈错开距离的情况。

C 达涅利专利技术

上述解决温度不均匀性的措施必须采用偶数组线圈，有时需要奇数组线圈就不能采用这种方法，于是达涅利提出了一种专利方案。

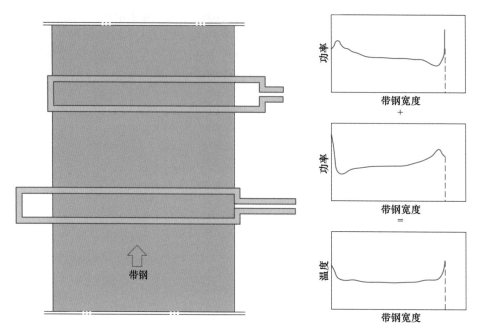

图 5.4-16　通过两组错位线圈解决温度均匀性问题

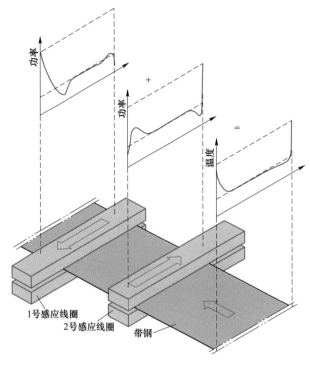

图 5.4-17　通过两组可移动线圈解决温度均匀性问题

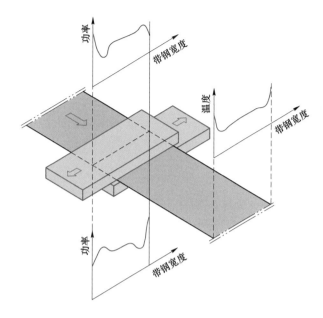

图 5.4-18　达涅利专利技术示意图

达涅利专利技术示意图如图 5.4-18 所示，这一专利将一组线圈中带钢前后两侧的线圈错开，就能够产生类似的效果。在带钢宽度规格变化时，也可以通过调整两个线圈错开的距离来适应。

5.4.5　某钢厂最新研究进展

5.4.5.1　纵横磁复合感应加热技术

图 5.4-19 为某钢厂提出的针对碳钢薄板热处理的纵横磁复合感应加热系统专利技术。其中，图 5.4-19（a）为纵横磁复合感应器，由纵磁感应器（下方）、横磁感应器（上方）和马弗等复合构成。该纵横磁复合感应加热系统，分别利用了纵磁感应加热温度更均匀和横磁感应高温段加热更高效的优点，也避开了各自的缺点，从而满足带钢连退快速和均匀的加热要求。

5.4.5.2　中试情况

图 5.4-19（b）为某钢厂研发的纵横磁复合感应加热中试试验装置示意图。可看出，带钢通过 3 个直径 800mm 的辊子构成一个闭环的运行机构，其中顶辊为驱动辊，驱动带钢的最大速度为 10m/min；底辊为液压伺服阀控制的纠偏辊，带光电式跑偏检测传感器，跑偏控制范围约±20mm；装置的左侧辊为气缸控制的张力辊。该纵横磁复合感应系统安装于中试装置中驱动辊和纠偏辊构成的垂直段，带水冷套的红外线扫描仪安装在横磁感应器单元上方，用以实时测量带钢表面的温度，通过信号转换传送给 TDC PLC 进行分析处理，对屏蔽磁极和可移动磁极的位置进行调节控制，以适应不同带钢宽度的变化，并改善带钢宽度方向的温度分布均匀性。同时，TDC PLC 处理的数据和跑偏、焊缝检测传感器的触发

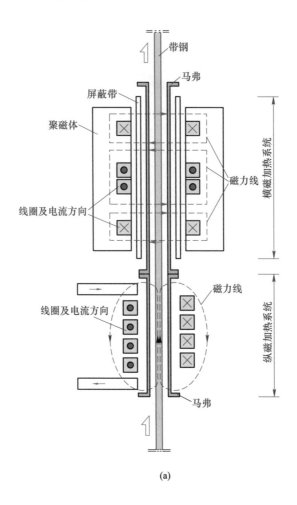

(a)

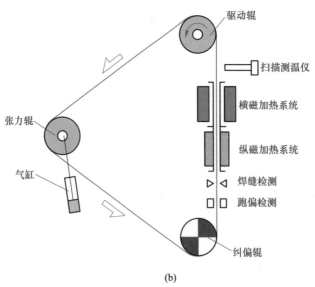

(b)

图 5.4-19　某钢厂纵横磁复合感应加热系统及中试试验装置

（a）纵横磁复合感应加热器；（b）中试试验装置构成示意图

信号被上传到系统的主控程序，用以调节供电电源的功率输出，防止带钢的过加热或欠加热。该试验装置的纵磁感应加热单元的电源最大功率为 200kW，额定频率为 20kHz，而横磁感应加热单元的最大电源功率为 1MW，额定频率在 800~2500Hz 之间可调。此种电源配置条件下，该试验装置适合厚度 0.5~2.0mm、宽度 600~1250mm 碳钢薄板的快速热处理工艺试验研究。

以上试验结果表明，某钢厂研发的纵横磁复合感应加热系统能获得较好的温度均匀性（带钢宽度方向的温度均匀性指标在 840℃ 条件下 <±2%），带钢的加热速率约 70℃/s。

5.4.5.3 生产线方案设想

某钢厂提出了完全采用快速加热进行高强钢热处理的紧凑型细晶高强板带钢生产线柔性制造生产线方案，并申请了专利[242]：紧凑型细晶高强板带钢生产线柔性制造方法。该方案采用直焰加热、纵磁加热、横磁加热、快速均热、快速冷却的方法生产高强钢镀锌板或冷轧板。该生产线包括开卷预处理段、清洗段、直焰加热段、纵横磁复合感应加热段、快速均热段、快速冷却段、张紧矫直平整段以及后处理卷取段。试图采用纵、横磁复合感应加热技术，根据不同钢种和生产能力灵活采用多种加热工艺组合，改善产品表面质量和综合机械性能，而且这种生产线与现有技术相比更加紧凑灵活，操作控制方便。

A 快速加热和冷却工艺组合

该方案生产线的热处理炉，带钢在采用直焰加热以后，进入纵、横磁复合感应加热段，这是由纵向磁通感应加热和横向磁通感应加热复合而成的纵、横磁复合感应加热炉，作为退火炉的高温快速加热段。

加热曲线可以分为 3 个阶段。阶段 I 为气体直焰预加热段，加热区间为 600℃ 以下；阶段 II 为纵磁感应加热段，加热区间在 600~700℃ 之间；阶段 III 为横磁感应加热段，加热区间在 700~900℃。这种组合加热方式既兼顾了低温段气体燃烧加热的经济性，又充分发挥了纵横磁复合感应加热快速均匀的特性，即纵磁感应加热在 700℃ 以下加热又快又均匀，而横磁感应加热在大于 700℃ 的高温段更高效。两者开始加热的起始温度根据钢种和生产加热能力灵活组合，用以实现板带钢的再结晶高温段的快速加热，加热速率在 100~350℃/s 之间。

均热段包括辐射管加热或电阻丝带加热，以及喷气加热设备，实现带钢的高效快速均热，快速均热的时间为 10~40s。快速冷却段包括喷气冷却设备、气雾或水淬冷却设备，对板带进行快速冷却，平均冷却速度 100~500℃/s。

纵、横磁复合感应加热工艺曲线如图 5.4-20 所示。

B 核心创新点

该技术的核心是：利用纵、横磁复合加热段负责板带材的高温段快速加热，带钢在上述温度区间的快速加热会对基体的再结晶温度和相变产生影响，具体表现为在加热速率为 100~350℃/s 时，带钢的再结晶温度大幅度提高，又因快速加热使得带钢在再结晶区的时间大幅度缩短，晶粒来不及长大，获得晶粒均匀、细小的奥氏体组织。紧接着经过短时均

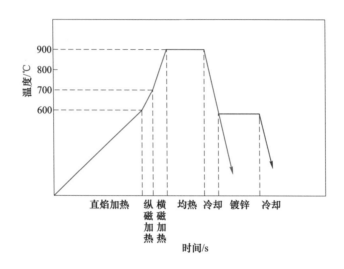

图 5.4-20　纵、横磁复合感应加热工艺曲线

热段后，进入喷气、气雾或水淬冷却段，使得再结晶过程在快速冷却条件下进行，组织晶粒细化。对深冲型低碳钢、无间隙原子钢等而言，加热速度提高到 50～100℃/s 以上，即可实现基体的晶粒大幅细化，从而改善材质韧性，大幅提高深冲性能；对传统高强钢而言，在钢种成分不变的条件下，使得产品力学性能大幅提升，实现产品升级。对双相等高强钢而言，在快速加热并配合短时均热和快速冷却条件下，通过晶界强化机理，在获得高强度马氏体等组织的同时，又保持了良好的韧性和延伸性能，即获得了较高强塑积的综合性能。另外，这种工艺还可以拓宽钢种成分的窗口，有利于实现整个钢铁流程的一贯制生产的稳定性，进而提高产品经济效益。能获得较现有退火工艺更高的强塑积性能，既提高材质的机械强度，同时不降低材质韧性。

C　生产线的布置

细晶高强板带钢镀锌或连退生产线与普通生产线一样，需要开卷和卷取等必要的机组运行设备，不同的是由直焰加热和纵横磁复合感应加热构成立式炉的上行段，再由喷气、气雾或水淬冷却段构成下行段，然后再经过矫直平整即可生产镀锌或退火板成品。与现有的镀锌或连退机组相比，该技术的生产线仅由 1 个行程或 2 个行程实现了带钢的加热和冷却的快速热处理，整个机组灵活紧凑、占地小、投资小，且整个机组的热惯性小，热效率高，机组辊列大幅度减少，降低了维护成本并能够有效减少带钢划伤。因此，不但产品的性能好，而且可以提高产品表面质量。

该方案的冷轧板生产线工艺流程如图 5.4-21 所示。

该方案的镀锌板生产线工艺流程如图 5.4-22 所示。

设想通过直焰炉将带钢由常温加热到 600℃ 左右，继续采用纵磁加热技术加热到 700℃ 左右，最后采用横磁加热技术加热到所需的最高温度，采用辐射管或电阻丝或喷气加热技术对带钢进行快速均热，然后采用喷气或气雾或水淬对带钢进行快速冷却。

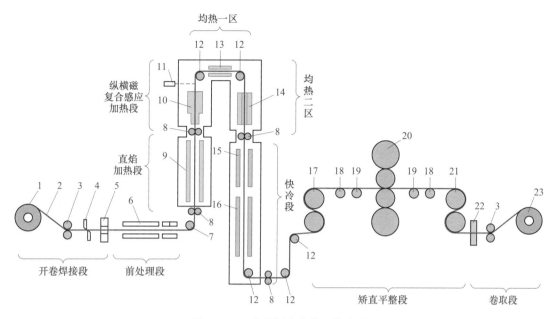

图 5.4-21　冷轧板生产线工艺流程

1—开卷机；2—带钢；3—夹送辊；4—切头机；5—焊机；6—清洗设备；7—纠偏转向辊；8—密封辊；

9—直焰加热炉；10—纵横磁复合感应加热炉；11—扫描温度仪；12—转向辊；13—电阻丝带均热带；

14—喷气均热设备；15—喷气冷却设备；16—气雾或水淬冷却设备；17—平整前张力辊；18—测张辊；

19—防颤防皱辊；20—平整机；21—平整后张力辊；22—涂油机；23—卷取机

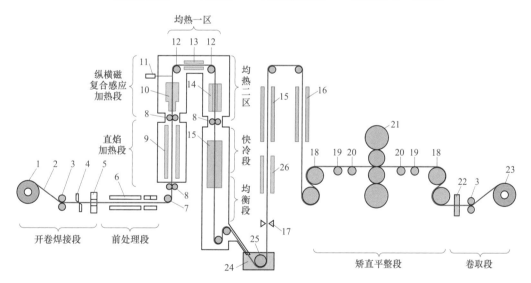

图 5.4-22　镀锌板生产线工艺流程

1—开卷机；2—带钢；3—夹送辊；4—切头机；5—焊机；6—清洗设备；7—纠偏转向辊；8—密封辊；

9—直火加热炉；10—纵横磁复合感应加热炉；11—扫描温度仪；12—转向辊；13—电阻丝带均热带；

14—喷气均热设备；15—喷气冷却设备；16—气雾或水淬冷却设备；17—气刀；18—入口张力辊；

19—测张辊；20—防颤防皱辊；21—平整机；22—涂油机；23—卷取机；

24—锌锅；25—沉没辊组件；26—合金化炉

第6章 高端钢板生产与运行原理

6.1 汽车外板生产操作要领

6.1.1 汽车板生产前检修的准备项目

在汽车外板生产前必须进行停机检修，除了对设备进行检修和保养以外，生产方面也必须做一系列的准备工作。

6.1.1.1 生产总体项目

汽车板生产前检修，生产项目主要包括通道线卫生清理、挤干辊和刷辊的检查更换、刮刀清理检查更换、光整机机架冲洗和喷嘴检查更换、光整机备辊等，包括焊机、清洗段、锌锅、光整拉矫、涂油机等28个项目，如表6.1-1所示。

表 6.1-1 汽车板生产前检修的生产项目

岗位	序号	要 求
沿线卫生	1	停机期间，各班组清洁好各段卫生，尤其检查台带钢底部卫生，辊面清洁、无异物，设备清洁
焊机	2	检修期间组织焊接试验，完成新钢种焊接参数库维护。焊接试验100%合格
清洗段	3	停机期间，各班组清洁好各段卫生，所有辊系、设备卫生清洁、不污染带钢，无异物造成辊印或硌伤
	4	检修期间组织清洗段过滤器清理，过滤器保持通畅
	5	组织清洗段槽盖卫生清理，清洗段槽盖内保持清洁
	6	组织磁过滤器渣槽清理，磁过滤器内无铁渣
	7	组织排液更换，碱液罐、电解罐内清洁，无沉淀物，检查电极板是否有损伤
	8	刷辊无脱毛，挤干辊状态正常，开盖检查刷辊、挤干辊状态
退火炉	9	对弹跳辊辊面进行清洁保养
	10	停机前用软钢物料（无间隙原子钢）检查炉辊辊印并在检修时处理
	11	氮气加湿装置检修处理，确认露点检测正常且在控制范围内
锌锅	12	检修期间提前调整铝含量、铁含量。锌液铁含量：≤0.01%，铝含量：0.22%±0.02%
	13	塔顶辊上部夹送辊轴承油脂清理
	14	锌渣泵装置运行控制良好；挡板与液位控制满足排渣要求
	15	检查冷却塔通道并进行清理
	16	烘干设备正常运行
	17	检查、更换气刀，确保气刀无粘锌、堵塞

岗位	序号	要　　求
水淬槽	18	检修期间对水淬槽进行检查、清理，水淬槽干净无沉淀物
挤干辊	19	检查、更换挤干辊，挤干辊无损伤、无异物
光整拉矫	20	检查喷嘴状态正常
	21	检修保养时要对镀锌以后的所有辊面及刮刀板进行彻底的清洁和检查，必要时需要修理或更换
	22	检修保养时彻底清理光整机和拉矫机，要对光整机机架内侧彻底进行高压清洗，同时认真检查支撑辊表面及高压清洗和光整乳化液系统，保证其处于良好工作状态
	23	清理光整喷嘴并检查堵塞； 检查刮刀和光整前后辊无杂物
	24	提前一天备好至少两套光整工作辊； 工作辊：$Ra2.2\mu m$；$RPC>120$ 点/cm
涂油机	25	涂油机刀梁、过滤器、挡板清理，正常投用，无漏涂
	26	提前对冲压型防锈油进行更换、加热，涂冲压型防锈油
质检	27	检查清洗模拟冲压机，生产 O5 之前做冲压试验检查
	28	检查清理检查台后的辊，避免再次损伤

6.1.1.2　生产项目落实

汽车板生产前检修，根据检修时间和作业区安排、落实生产项目，将28个项目按区域分解分配到作业区由各班完成，生产项目落实的实例如表 6.1-2～表 6.1-4 所示。

表 6.1-2　镀锌作业区入口启停车任务落实

项　目	任　　务
停车准备	入口活套到最低位置
操作检修项目	抽出入口段带钢
	更换焊轮，离线修磨，焊机区域点检维护和卫生清理
	清洗段刷辊维护
	清洗段挤干辊检查维护
	清洗段槽罐全部排空，卫生清理
	清洗段喷嘴检查、喷洒正常
	清洗段磁过滤器的清理
	清洗段槽盖卫生清理
	入口段至炉区入口设备，地面，护栏等卫生清理
	碱液仓库卫生清理
	入口穿带
启车准备	入口备料
	检修完成确认（摘牌）
	确认焊机状态
	确认入口液压站运行正常
	确认步进梁、开卷机、横切剪正常
	确认清洗段正常
	入口试车

表 6.1-3　镀锌作业区工艺段启停车任务落实

项　　目	任　　务
停车准备	中间活套到最低位置
	停炉，停氮气、煤气、氢气
	沉没辊更换准备
操作检修项目	抽出工艺段带钢
	氮气吹扫锌锅浮渣 2h，当班捞完
	更换气刀
	更换沉没辊
	清理锌锅区域和锌锅地下室卫生
	水淬沉没辊面清理
	水淬挤干辊检查清理
	炉区高温计放水放气
	检修期间对水淬槽进行检查、清理，水淬槽干净无沉淀物
	锌锭库卫生清理
	清炉，耐火材料修复
	光整液收集槽清理
	光整机机架用高压水清理冲洗
	光整液喷嘴检查清理
	采用压缩空气清理光整拉矫烘干箱
	拉矫机内部油污清理。拉矫内托辊辊面清理无异物
	湿拉矫喷嘴检查清理
	光整入口至辊涂设备表面及内部卫生清理
	辊涂机清理
	光整机至后处理塔区护栏设备卫生清理，光整机至后处理塔地面、地下室清理
	检查光整入口至后处理塔刮刀、刮刀收集槽是否有异物，并清理，并确定刮刀是否可用
	光整液仓库卫生清理
	炉区入口至光整机前区域卫生清理，设备、护栏卫生清理
	检查炉区入口至光整机前，刮刀、刮刀收集槽是否有异物，并清理，同时确定刮刀是否可用
	穿带
启车准备	确认退火炉正常
	确认锌锅、气刀正常
	确认光整机、拉矫机正常
	确认辊涂机正常
	确认光整液压站正常
	确认后处理烘干、冷却风机正常
	检修工作完成确认（摘牌）
	单体试车

表 6.1-4 镀锌作业区出口段启停车任务落实

项 目	任 务
停车准备	出口活套留至最低位置
操作检修项目	更换圆盘剪及碎断剪刀片
	圆盘剪更换标定
	圆盘剪支撑辊修磨
	涂油机清理维护
	出口活套至步进梁设备、地面、护栏等卫生清理
	模拟冲压机内部锈蚀、灰尘清理
	检查出口刮刀、刮刀收集槽是否有异物，并清理，同时确定刮刀是否可用
	防锈油，钝化剂仓库卫生清理
	穿带
启车准备	检查涂油机是否正常
	检查圆盘剪、碎边剪是否正常
	确认飞剪与卷取机是否正常
	确认出口液压站是否正常
	确认出口步进梁、打捆机是否正常
	检修完成确认（摘牌）
	单体试车

6.1.2 汽车板生产条件的确认

6.1.2.1 48h 前生产条件确认

汽车板生产 48h 前须做一系列确认工作。确认汽车板生产前检修项目完成情况，确保后续生产连续性；检查清洗段喷嘴有无堵塞；检查清洗段槽盖清洁，是否冲洗干净；检查光整机湿平整系统喷嘴有无堵塞；检查全线刮刀有无锌渣及杂质；提前稳定锌液成分，稳定控制 Al 含量 0.20%~0.24%；提前稳定锌液温度，稳定控制在（460±2）℃。汽车板生产 48h 前生产条件确认如表 6.1-5 所示。

表 6.1-5 汽车板生产 48h 前生产条件确认

序 号	镀锌汽车面板生产条件要求
1	汽车板前检修情况（检修项目完成），确保后续生产连续性
2	检查清洗段喷嘴有无堵塞，刷辊有无脱毛
3	检查清洗段槽盖清洁，是否冲洗干净
4	检查光整机湿平整系统喷嘴有无堵塞
5	检查全线刮刀有无锌渣及杂质
6	锌液成分控制稳定（Al 含量 0.20%~0.24%），提前稳定锌液状态
7	锌液温度控制稳定（460℃±2℃），提前稳定锌液状态

注：记录前 48h 内停机大于 1h 的事故时间及情况经过。

6.1.2.2 24h 前生产条件确认

汽车板生产 48h 前开始生产大于汽车板宽度的前导料，从计划排程、锌锅温度和成分、表面打磨、清洗段功能投入、光整机功能投入、仪表、烘干设备、涂油机功能等 12 个项目进行确认，如表 6.1-6 所示。

表 6.1-6 汽车板生产 48h 前生产条件确认

序号	镀锌汽车面板生产条件要求
1	GI 外板生产前必须至少安排两个班用 GI 锌锅生产厚度<1.2mm、宽度大于将生产 GI 外板的 GI 内板
2	锌液温度稳定控制在 460℃±1.5℃
3	锌液成分稳定控制 Al 含量 0.20%~0.24%
4	产品表面目测并打磨（每 2 卷进行打磨，记录压印及缺陷情况及程度）
5	清洗段各备用泵要保证功能正常，磁过滤、消泡剂添加设备、挤干辊、烘干箱等设备功能正常
6	检查光整机备用工作辊。检查湿光整系统的状况，确保喷嘴无堵塞喷射均匀。吹扫装置吹扫效果进行 8h 测试，确认板面无带水现象
7	对全线所有仪器、仪表进行确认，尤其是板温计、张力测量装置、测厚仪、粗糙度仪、气体分析柜等关键设备必须进行检查确认，有误差的仪器、仪表要进行校正
8	检查烘干机功能，烘干系统不漏水，保证烘干效果
9	全线刮刀刀片无损伤、刀面无脏物并能正常投入使用
10	确认炉子段炉压、氢气含量、露点是否达到要求
11	检查水淬槽中的脱盐水是否洁净，如果影响带钢表面洁净度，要更换脱盐水
12	检查涂油机使用状况，保证涂油均匀、涂油量正常

注：记录前 24h 内停机大于 1h 的事故时间及情况经过。

6.1.2.3 投入前生产条件确认

在汽车外板投入生产前，还必须进行原料条件确认、入口、退火炉、锌锅气刀、出口条件确认，如表 6.1-7 所示。

表 6.1-7 汽车外板投入前生产条件确认

项目	序号	镀锌汽车面板生产条件要求
原料条件确认	1	原料条件：外板原料外观质量情况（表面质量、反射率、板形等），以汽车板原料标准为依据
	2	普通前导料：为确认机组状态，调整机组运行，为正式生产创造良好条件
	3	宽幅前导料：以确认预生产汽车板质量，保证外板生产连续、合格
	4	过渡扒渣料：每生产 3~5 卷外板后，要生产不少于 1 卷的内板
入口条件确认	1	入口段设备运行情况（小车升降移动情况、开卷机运行状态、双切剪运行状态），确保连续生产
	2	焊机：确认焊机工作情况，备用焊轮准备情况，确保连续生产
	3	清洗段：碱液电导率（浓度）、碱液温度、漂洗水、烘干温度等参数，以生产计划要求为依据
	4	挤干辊表面及运行状态、烘干箱整洁情况检查，不合格及时处理或更换
	5	活套清洁

项目	序号	镀锌汽车面板生产条件要求
炉区条件确认	1	温度控制，以生产计划为依据
	2	气氛等其他控制参数条件，以生产计划为依据
	3	炉子段炉压、氢气含量、露点是否达到要求
	4	炉鼻子氮气加湿系统正常投入，无明显锌渣和锌灰
锌锅气刀条件确认	1	锌液温度达到要求，生产前一天内锌液温度控制稳定（455℃±1℃）
	2	锌液成分达到要求，生产前一天内锌液成分控制稳定（Al 含量 0.20%~0.24%）
	3	锌锅辊系无抖动，锌面情况良好
	4	气刀调节正常（无任何故障报警），氮气正常投入使用
	5	在线锌层测厚仪-气刀闭环控制正常投入使用
	6	镀后冷却风箱工作正常
出口条件确认	1	光整机工作辊及支撑辊辊面正常，另备两套辊（辊面粗糙度：2.5μm±0.2μm）
	2	光整机轧辊高压清洗系统工作正常（压力≥9.5MPa），光整出口挤干辊辊面正常，挤干效果良好
	3	拉伸矫直机无滴油现象
	4	烘干机正常投入使用
	5	辊涂：确认是否需要，不需要则保证无异物污染
	6	卷取机工作正常
	7	产品表面打磨后质量符合要求
	8	带钢全线无跑偏现象
其他	1	全线刮刀无锌渣及异物并能正常投入使用
	2	在生产外板前需有 2 次以上对表面质量进行打磨检查，符合外板生产条件方可进行外板生产
	3	生产外板前，机组必须连续稳定运行 8h 以上

6.1.3 汽车板生产作业指导书

6.1.3.1 入口岗位

A 原料

入口岗位在外板计划生产前，岗位人员到现场确认计划钢卷表面质量和锈蚀情况，来料存在夹杂、划伤等缺陷时，要及时取得原板样，并将确认情况记录在交接班本中。边裂、边损、松卷、卷内径大于 610mm 等异常情况要及时反馈给当班班长并记录。要对每卷来料切去板头后的带钢厚度和宽度进行测量，测量后记录，并与生产计划中的规格进行核对，两者若冲突必须退料并填写异议单。

对来料边损或分层等可能对光整辊造成伤害的缺陷，如果来不及剪切或者在卷中不具备切除条件的，要第一时间通知锌锅岗位，并将其具体位置描述清楚，方便后续岗位采取挽救措施，避免影响到后续生产。汽车板原料条件如表 6.1-8 所示。

表 6.1-8　汽车外板原料确认标准

序号	分类	项目	标　准
1	信息	标识	不允许无材料信息、混钢（信息与实物不一致、描号不清等）
2		重量	≥6t
3	尺寸	卷长	厚度<0.8mm；卷长≥1000m；
			0.8mm≤厚度<1.5mm；卷长≥900m；
			厚度≥1.5mm；卷长≥700m
			备注：优先考虑卷重，卷重合标再考虑卷长
4		厚度超差长度	卷头尾厚度超差小于 20m
5		厚度偏差	生产计划内订单公差
6		宽度	酸轧剪边料宽度超差：要求同剪边规范
7	外形	外径	镀锌料：≥1000mm
8		扁卷、散卷、松卷	不允许
9		塔形/内外溢出边	单侧≤30mm/≤5mm
10		边浪	<10I（头尾总长度<20mm/m）
11		中间浪	<10I（<10mm/m）
12		梗印	厚度小于 0.6mm 规格触摸无手感，侧光不打磨不可见
13	边部质量	单个边裂	≤1.5mm
14		锯齿边或边裂	深度<1mm，且 10m 内不超过 5 个
15		剪边毛刺	小于 0.5mm
16	表面质量	表面反射率	反射率≥70%
17		表面残留物	光辊轧制：残油≤200mg/m²/面，残铁≤50mg/m²/面
18			毛化辊轧制：残油≤300mg/m²/面，残铁≤70mg/m²/面

B　开卷

开始生产汽车板前和生产过程中，入口的钢卷数必须尽量少，即每个开卷机上保留一个钢卷，同时在入口鞍座上保留一个钢卷，不能将鞍座占满，小车上不允许占有钢卷，确保在机组运行中出现设备故障和质量缺陷时生产计划能够迅速切换；并对上下通道各夹送辊的运行情况进行确认跟踪。

必须严格执行两个开卷机上各保留一个钢卷，入口鞍座一个钢卷的上料要求，要求30min 能完成切换退料。

案例：某生产机组生产中由于炉内带钢跑偏，确认需要退卷。此时开卷机及鞍座上共有 8 卷料，退卷用时 110min。

C　焊接

在焊接前，要确认焊接带钢的表面质量，如果发现锈迹或其他脏污要将其切掉，再进行焊接；焊接时要确认对中情况，对中偏离超过 5mm，必须重新对中；焊缝质量检测系统的参数曲线是否正常；焊接完，采用球冲法检查确认焊缝质量，确认焊缝质量正常后启动，并于启动后跟踪焊缝 200~300m。

焊机焊接时当班人员要到操作室外观察焊接情况，发现焊机对中不好等异常情况时要及时处理，避免造成停车。

D　清洗

必须随时监控清洗段工艺参数的设定值和实际值及挤干辊的运行情况，生产外板过程中，每班对清洗段挤干辊和刷辊状态以及电极板电压电流值进行检测并须如实记录，遇异常状态须纳入交班并通知锌锅交班。

每两个小时配合设备维保人员对清洗段设备进行检查，发现磁链过滤器堆积铁粉、油污时，通知设备维保人员进行清理。加强对设备的点巡检，发现问题及时通知设备人员处理，并将处理情况详细记录在入口交接班本上，将每2h的磁链式过滤器点检与清理情况填写在"入口交接班本"上，入口岗位人员与清洗段维保人员同时签字。

E　设备点检

对于设备故障必须及时发现并通知设备人员处理，并将处理情况详细记录在交班本上。每一个小时要到现场进行点巡检。

6.1.3.2　炉区岗位

A　机组速度

汽车外板机组速度90~110m/min，保持恒定。对于机组异常情况需要减速时，将减速时间及所生产的钢卷号交班，说明减速原因。

B　退火工艺

确认退火炉工艺参数设定值按照钢种退火工艺表执行，监控退火炉实际工艺参数，保证带钢的退火温度控制在±5℃范围内。

C　张力控制

根据来料钢种、规格等因素适当地调节各段张力，避免带钢抖动产生划伤、锌灰等缺陷；前处理至入口活套张力差不能大于20%。

6.1.3.3　镀锌岗位

A　锌锅成分

在生产外板之前生产前导料时，将锌渣小心清理干净。同时保证锌锅中的铝含量达到工艺要求。

锌锅锌液成分在外板检修开机后，面板宽幅前导料生产前，锌液成分含量按照0.22%~0.23%进行控制，Fe含量按照≤0.015%进行控制；宽幅前导料与面板生产过程中，锌液成分Al含量按照0.22%进行控制，Fe含量按照≤0.013%进行控制。

根据生产计划，在面板生产过程中，锌液成分按照以下指导进行生产：锌液成分Al含量控制在0.21%~0.23%之间，选择添加0.35Al锭，或者0.355Al、0.55Al锭混合添加。

B　加锌锭

采用两套自动系统均匀加锌锭，锌液面高度误差控制在±1mm。

C　扒渣

在生产汽车板过程中，必须保证锌液面的稳定，因此要控制捞渣时间，最好采用电磁撇渣。每生产 3~5 卷汽车外板，生产 1~2 卷内板，在生产内卷期间进行捞渣作业，内板带头过气刀即开始捞渣，进行这种操作需要格外小心，拔渣要轻、缓、慢，动作不要太大，避免锌液的波动，保证液面平稳；后半卷保证带钢稳定运行，不对锌锅做任何扰动动作。同时必须保证一直让锌渣远离带钢。

D　温度

锌锅感应器必须保持连续低功率运行状态，带钢入锌锅温度以保证锌液温度偏差在 ±1℃为目标进行控制。

对于以上工艺参数在生产过程中如需改动，必须经过作业区和技术人员同意，并进行签字确认，并且详细交接改动原因。

E　气刀

在外板前机组检修完成开机时，切换开始使用氮气介质气刀。气刀距带钢的距离、角度、高度根据锌液飞溅、带钢板形、带钢抖动和带钢表面质量情况进行调节。控制目标：气刀距带钢的距离 7~9mm、气刀角度 −0.5°~−0.8°、气刀高度 200~250mm。

在每次外板生产前一次机组停机检修时，做好更换气刀编号记录，同时做好锌锅三大件辊系编号记录，并将相关记录填写在班长交接班本上，以便后续进行跟踪和统计。

F　锌液取样

（1）取样时间：每班接班 30min 内取样，2h 后再取一次（或根据生产计划），每班组送 6 块样。取样后让其自然冷却或水冷。锌液样冷却后，立即送检验室。

（2）取样地点：固定位置，带钢前（下表面）、深度大于 300mm。

G　刮刀

（1）锌锅三大件沉没辊刮刀必须投入使用。

（2）镀后辊系刮刀功能完好可以投入。

（3）生产前导料前三卷时在检查台打磨，发现压印出口张力辊刮刀均须投入。

H　故障停机

遇较长时间设备故障停机时，设备人员处理故障期间工艺岗位要视板面情况开抽锌泵，清理炉鼻子锌灰并清洗炉鼻子凝锌，开始加锌锭、扒渣捞渣作业。

I　设备点检

每班锌锅主操必须至少进行设备点检 8 次，对于设备故障必须及时发现并及时通知设备专业人员处理，并将处理情况详细记录在交班本上。

6.1.3.4　捞渣作业

A　作业频率

（1）生产内板时每 1h 进行一次扒渣，每 2h 进行一次捞渣。

（2）停机状态下每 4h 进行一次扒渣和捞渣，开机前 1h 内必须进行扒渣。

（3）在生产高等级表面等级汽车板过程中，为了保证锌液面的稳定，每生产 3~5 卷汽车外板或高等级内板，使用 1~2 卷内板进行扒渣作业，并在此期间，进行捞渣作业，捞渣作业要求每班 1~2 次。

B　作业注意事项

（1）安全注意事项：进行锌锅扒渣、捞渣作业时必须佩戴防护面罩、防护手套、挂安全带。

（2）质量注意事项：在进行捞渣扒渣作业时，动作应平稳缓慢，严禁在锌锅带钢周围使用捞渣耙或捞渣勺剧烈振动锌液面，以免造成漂浮的锌渣波荡到带钢表面。

C　捞渣作业

（1）捞渣地点：锌锅捞渣地点在炉鼻子后方，捞渣应先捞鼻子后方锌渣，由近及远进行。

（2）手动捞渣操作：将锌渣捞入废渣斗的过程中，保证捞渣勺停止在锌锅上方至少5s，以捞渣勺中无锌液从瓢下方孔内滴落为基准；操作时操作工可手握捞渣勺尾端，将捞渣勺斜靠在锌锅沿上，让捞渣勺稍高于锌液面，让捞渣勺中锌液自动滤回锌锅中，然后倒入废渣斗。

D　扒渣作业

（1）作业顺序：炉鼻子后方锌渣捞干净后，再将带钢附近锌渣轻轻扒到锌锅边部。

（2）手动扒渣操作：将拔到锌锅边部的锌渣轻轻向锌锅后方推移。

（3）继续捞渣：将推移的锌渣移动到炉鼻后面以后，拔渣人员站立在炉鼻子下方锌锅边部，用捞渣瓢轻轻拉锌渣使其集中，继续捞渣，直至捞干净为止。

6.1.3.5　光整拉矫

A　准备备用辊

生产前确认光整机工作辊一用二备，粗糙度 $Ra = 2.5\mu m \pm 0.2\mu m$。

B　新辊检查

对新到的工作辊辊面情况要做好确认，提前通知磨辊车间备好光整辊。

C　现场监控

变钢种、变规格时焊缝出锌锅必须对光整进行现场监控，确认光整机伸长率设定值，监控光整机实际伸长率，发现异常做好记录。跟踪到出光整至尾部活套后，确认板形情况。

D　情况记录

面板生产过程中，每班组光整岗位人员，每小时负责对光整机等相关设备运行情况进行检查，并在岗位交接班本上做好相应记录，光整拉矫岗位记录的内容包括：

（1）光整机轧制力与伸长率波动情况（实时跟踪）。

（2）光整机湿光整压力 0.35MPa 以上，高压喷嘴是否达到 9MPa 以上（每小时跟踪）。

（3）光整机高压清洗拖链运行情况，软管有无破裂（每小时跟踪）。

（4）带钢出光整机挤干辊表面带水情况（每小时跟踪）。

（5）光整机入出口测张辊、防跳辊、防皱辊辊面情况。

E　拉矫机

每小时对拉矫机及其辊组进行检查，检查是否存在漏油影响板面的异常情况，发现问题及时通知相关专业人员处理。

F　后处理

关闭所有风箱；涂辊开到维修位置，生产前导料时对辊涂机进行清洗。

G　故障停机

光整拉矫区域检查支撑辊和工作辊辊面，检查是否有脱落的大块锌皮堆积，并清理干净，以免后续生产伤及辊系。

6.1.3.6　检查岗位

A　目测检查

必须全程跟踪板面质量，每 30min 到检查台观察板面质量，出现异常及时通知生产人员，并做好详细记录。

B　打磨检查

（1）从外板生产前导料开始，出口人员负责对每卷带钢进行两次打磨；

（2）打磨检查在水平检查平台进行，分下表面和上表面，要求上、下表面同时停机打磨检查，带头打磨下表面、带尾打磨上表面；

（3）打磨油石应均匀贴合在钢板表面，打磨力度不宜过重；

（4）采取边打磨边发现缺陷的检查方法，发现疑似缺陷时应及时在缺陷处做上记号。

C　信息反馈

如发现有周期性的压印时，应测量边距和两点间的距离，并对打磨后的产品表面质量情况做好记录，向班长和锌锅岗位人员反馈打磨情况。

若发现存在影响产品表面质量的缺陷（辊印、压印、振痕等）应及时通知班长进行查找，并对影响质量的设备进行清理。

6.1.3.7　出口岗位

A　涂油

根据生产计划或控制方案，设定涂油量，并随时进行检查；

B　分卷取样

根据计划进行表面质量确认和卷取分卷、取样。

C　送检与处理

（1）确保送样及时正确，每班接班后的第一卷及改变品种、规格后的第一卷，必须特别注意，及时送加急样到检验室，并通知炉区岗位加急样已送。

（2）将检验结果汇报班长和炉区岗位，由班长负责确认检验结果并作出相应调整。

D　称重、打捆和标识

（1）及时确认称重、打捆质量。

（2）确保钢卷标识正确，每卷贴标签时检查钢卷内径情况，并在出口记录台账上记录检查情况。

（3）及时输入钢卷信息。

E　设备点检

（1）出口人员在外板生产过程中严密监控出口岗位设备运行情况，遇到设备问题及时与锌锅、设备人员联系。

（2）圆盘剪及各部位发生故障不能剪边时，立即卷大卷，保证机组平稳正常运行。

（3）交接班时必须对生产过程中可能出现的设备问题进行检查。

F　生产记录

出口岗位记录的内容包括：

（1）出口区域 S 辊检查有无压印、擦伤。

（2）涂油机后转向辊传动侧边部穿带甩尾时，检查带钢有无印痕。

（3）检查飞剪处护板有无松动、翘起，避免造成板面擦伤。

（4）检查 1 号卷取机转向辊面有无产生擦伤。

（5）检查飞剪到 2 号卷取机传输皮带有无产生划伤。

（6）出口容易产生需要关注的产品缺陷，如梗印、内径擦伤、内径褶皱、捆带压印、打磨后压印等。

6.1.4　汽车外板生产排程

6.1.4.1　材料准备

A　总体要求

虽然在一个生产周期内，汽车外板的生产只有很短的几天，但准备过程很长，从换辊检修前两天就要开始准备，因此汽车外板生产计划的排程包括从检修前至外板生产完整个过程。在检修前需要安排前导料，在换辊检修以后要安排过渡料，正式生产汽车外板过程中要安排扒渣料，在防止生产线出现异常情况时要准备备用料。汽车外板生产所需的原材料如图 6.1-1 所示。

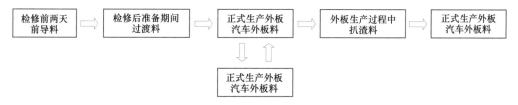

图 6.1-1　汽车外板生产所需的原材料示意图

a　前导料

在锌锅内辊子更换检修前两天内，为了消除炉辊表面的麻点等杂质，就必须开始生产前导料。根据消除麻点的要求，前导料屈服强度必须很低，且材料合金成分越少越好。因此，前导料优先安排顺序为：无间隙原子系列钢→低碳系列钢→超低碳 180 级烘烤硬化钢→高强 220 和 260 级烘烤硬化钢→超低碳 180 低合金钢，而尽量不生产：高强低合金钢、结构钢、双相钢、相变诱导塑性钢等含碳量高或合金含量高的钢种。

b　过渡料

在进行了锌锅内辊子更换和检修后，生产线还不太稳定，如锌锅辊子轴套与轴瓦之间还需要进行磨合，才能达到最佳运行状态，锌锅的成分需要进行调整，生产线其他区段也还有大量的调整、确认工作，因此必须安排生产过渡料。

过渡料也必须跟前导料一样，保证在不增加炉辊麻点的情况下，而且要减少麻点的数量，所以过渡料必须采用低碳、少合金的钢种。同时，为了防止带钢边部对锌锅辊子和其他辊子带来的影响，要求过渡料的宽度大于即将生产的汽车外板的宽度。

c　扒渣料

由于汽车外板生产时需要锌锅液位非常稳定，因此在汽车外板正式生产过程中，如果没有电磁扒渣系统的话，是不允许扒渣的，必须每生产 5 卷左右，生产扒 2 卷左右的渣料，专门进行扒渣。

扒渣料也必须采用低碳、少合金的钢种，而且宽度大于即将生产的汽车外板的宽度。

d　备用料

在汽车外板生产期间，要求生产线运行非常稳定，如果出现不可控因素，需要减速等情况时，必须停止生产汽车外板，投入备用料，生产备用产品。

为了便于备用产品的销售，备用料以用途广泛的低碳钢为好，但要求宽度大于即将生产的汽车外板的宽度。

在操作时也必须注意，不能在入口步进梁的鞍座上放满汽车外板原料，而是只放一卷待产料，其他鞍座空着，一旦生产线出现波动，可以立即换上备用料，以减少损失。

B　排程案例

检修前准备、检修后准备、生产过程扒渣、生产意外备用等所需的材料排程案例如表 6.1-9 所示。

表 6.1-9　排程案例示意

用途	序号	材质	热轧原料		轧后下线		镀锌下线	
			厚度/mm	宽度/mm	厚度/mm	宽度/mm	厚度/mm	宽度/mm
前导料（换辊前）	1	DC53+Z	4.50	1300	0.881	1285	0.893	1270
	2	DC53+Z	4.50	1300	0.881	1285	0.893	1270
	3	DC53+Z	4.50	1300	0.881	1285	0.893	1270
	4	DC53+Z	4.50	1300	0.881	1285	0.893	1270
	5	DC53+Z	4.50	1300	0.881	1285	0.893	1270
过渡料（稳定化）	6	DC54+Z	3.50	1285	0.681	1270	0.693	1250
	7	DC54+Z	3.50	1285	0.681	1270	0.693	1250
	8	DC54+Z	3.50	1285	0.681	1270	0.693	1250
	9	DC54+Z	3.50	1285	0.681	1270	0.693	1250
	10	DC54+Z	3.50	1285	0.681	1270	0.693	1250
	11	DC56+Z	3.50	1285	0.681	1270	0.693	1250
	12	DC56+Z	3.50	1285	0.681	1270	0.693	1250
	13	DC56+Z	3.50	1285	0.681	1270	0.693	1250
	14	DC56+Z	3.50	1285	0.681	1270	0.693	1250

用途	序号	材质	热轧原料		轧后下线		镀锌下线	
			厚度/mm	宽度/mm	厚度/mm	宽度/mm	厚度/mm	宽度/mm
扒渣料 (中途扒渣)	15	DC56+Z	3.50	1285	0.681	1270	0.693	1250
	16	DC56+Z	3.50	1285	0.681	1270	0.693	1250
	17	DC56+Z	3.50	1285	0.681	1270	0.693	1250
	18	DC56+Z	3.50	1285	0.681	1270	0.693	1250
汽车板 正式料	19	DC56+Z	3.50	1285	0.681	1270	0.693	1250
	20	DC56+Z	3.50	1285	0.681	1270	0.693	1250
	21	DC56+Z	3.50	1285	0.681	1270	0.693	1250
	22	DC56+Z	3.50	1285	0.681	1270	0.693	1250
	23	DC56+Z	3.50	1285	0.681	1270	0.693	1250
	24	DC56+Z	3.50	1285	0.681	1270	0.693	1250
	25	DC56+Z	3.50	1285	0.681	1270	0.693	1250
	26	DC56+Z	3.50	1285	0.681	1270	0.693	1250
备用料 (以备波动)	27	DC53+Z	4.50	1275	0.881	1260	0.893	1250
	28	DC53+Z	4.50	1275	0.881	1260	0.893	1250
	29	DC53+Z	4.50	1275	0.881	1260	0.893	1250
	30	DC53+Z	4.50	1275	0.881	1260	0.893	1250

6.1.4.2 排程原则

在汽车板生产过程中，为了保证生产的稳定性，确保炉温和炉辊凸度稳定过渡，不导致产品性能的不合格和运行故障，在规格变化过渡时必须严格遵守一定的规则。

A 规格限制排程规则

规格过渡必须同时控制宽度差、厚度差、断面差不超过一定的范围，同时须保证前后带钢钢种的退火温度差不能超过 20℃。安排规格过渡料时，需要安排两卷连续过渡料，保证规格能顺利过渡。

a 宽度由宽变窄时

带钢的宽度由宽变窄时，规格过渡必须同时控制宽度差、厚度差、断面差不超过表6.1-10 的要求。

表 6.1-10 宽度由窄变宽时的限制值

前后带钢厚度规格 /mm	宽度差/mm		厚度差/mm	断面差
	<1500	≥1500		
2.0, 2.5	250	200	≤0.5	≤30%×较小的断面
1.5, 2.0	250	200	≤0.5	≤30%×较小的断面
1.0, 1.5	250	250	≤0.5	≤30%×较小的断面
0.7, 1.0	250	250	≤0.3	≤30%×较小的断面
0.5, 0.7	250	200	≤0.2	≤30%×较小的断面
0.4, 0.5	100	100	≤0.1	≤20%×较小的断面
0.3, 0.4	100	100	≤0.05	≤20%×较小的断面

b 宽度由窄变宽时

在排程时，应该最大限度避免带钢的宽度由窄变宽转换，在不可避免的情况下，宽度由窄变宽规格过渡必须同时控制宽度差、厚度差、断面差不超过表 6.1-11 的要求。

表 6.1-11 宽度由窄变宽时的限制值

前后带钢厚度规格 /mm	最大宽度差/mm		最大厚度差/mm	最大断面差
	板宽<1500mm	板宽≥1500mm		
2.0, 2.5	250	200	≤0.5	≤30%×较小的断面
1.5, 2.0	250	200	≤0.5	≤30%×较小的断面
1.0, 1.5	250	200	≤0.5	≤30%×较小的断面
0.7, 1.0	200	200	≤0.3	≤30%×较小的断面
0.5, 0.7	200	150	≤0.2	≤30%×较小的断面
0.4, 0.5	100	100	≤0.1	≤20%×较小的断面
0.3, 0.4	100	100	≤0.05	≤20%×较小的断面

B 未执行规则排程实例

a 不规范的排程计划

某排程计划表如表 6.1-12 所示，计划通过两卷过渡料，由 DC53D+Z 牌号、0.98mm×1160 的产品过渡到 S350GD+Z 牌号、1.17mm×1108 的产品，厚度与温度过渡超过了厚度差≤0.3mm、退火温度差≤20℃的钢种过渡规范，给在生产过程中出现问题埋下了隐患。

表 6.1-12 钢种过渡不良排程计划案例

牌 号	原 料 规 格				目标温度/℃	存在问题
	厚度/mm	宽度/mm	钢带长度/m	钢卷重量/t		
DC53D+Z	0.97	1169	2156	18.9	810	
DC53D+Z	0.96	1181	2616	22.9	810	
DC53D+Z	0.97	1167	2148	18.9	810	
DC53D+Z	0.97	1165	2149	19.0	810	
DC53D+Z	0.97	1160	2145	18.9	810	
DC51D+Z（过渡料）	0.79	1106	3052	20.8	760	温降 Δ=50℃
DC51D+Z（过渡料）	1.20	1176	1891	20.8	700	温降 Δ=60℃
S350GD+Z	1.17	1108	1727	17.5	700	

b 造成运行故障

由于该排程计划厚度与温度过渡不合理，实际生产中造成目标板温由 810℃经过 2 卷 DC51+Z 料过渡至 700℃。在实际生产中，第一卷过渡料均热段板温从 802℃降温到 770℃用时 15min，第二卷过渡料均热段板温从 770℃降温到 723℃用时 6min，由于降温速度过快，快冷段带钢对炉辊造成降温冲击，实际凸度形成负凸度，造成带钢在炉内的跑偏，如图 6.1-2 所示，带钢偏向了右侧，不得不停机处理。

图 6.1-2 因排程不符合规则造成的炉内带钢跑偏

6.2 生产线特殊运行技术

6.2.1 基于降温除湿的烘炉方法[48]

6.2.1.1 现有技术介绍

退火炉烘干的主要目的就是将炉壁隔热材料内部空间内所含的水分和氧气排出，取而代之的是干燥的起保护作用的惰性气体——氮气，和还原性质的气体——氢气。现有对新建退火炉或对长期停炉暴露在空气中的退火炉进行烘干的方法，采取的都是升温除湿的方法，具体讲是将退火炉进行"加热—保温—升温—保温—升温—保温……"直至工艺需要的温度，辐射管加热炉一般为 1000℃ 左右，无氧化加热炉一般为 1200℃ 左右，试图通过将炉壁隔热材料加热升温，使得隔热材料内部空间内所含的水分和氧气，由靠近炉壳的一侧，向炉腔内迁移，排到炉腔里，被置换排出炉外。从而使得隔热材料内部干燥无水汽、氧气，保证在正常生产时，不出现水分和氧气迁移，影响炉腔内的保护气体露点，进而影响产品质量的现象。升温除湿烘干原理如图 6.2-1 所示。

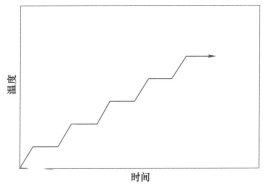

图 6.2-1 升温除湿烘干原理

6.2.1.2　现有技术的局限性

由于退火炉的隔热材料传热很慢，在加热时隔热材料内部的温度梯度很大，如即使炉膛内部的气体被加热到 400℃，隔热材料内侧的温度也为 400℃，但靠近炉壳外侧的温度也不会超过 60℃。换而言之，接近内侧的隔热材料中的水已经大量蒸发，水蒸气的压力很高，而外侧的隔热材料中的水还没有开始蒸发，水蒸气压力很低，这样就会造成隔热材料内侧的水向外侧迁移的现象，但由于退火炉钢板炉壳的作用，无法挥发出去，只能留在耐火材料与钢板之间，这与我们烘干隔热材料所希望的水分由外侧向内侧迁移的方向正好相反。正因为如此，采用这种烘干方法，往往不能将隔热材料彻底烘干，造成隔热材料内侧已经烘干，但外侧还含有大量水分的现象，尽管炉内气体的露点已经降到了规定的温度，但这是假象，在随后的生产过程中，外侧隔热材料中的水分聚集到一定程度后，就会向炉膛内迁移，造成局部炉气中水分含量不能满足工艺要求的现象，影响产品质量。退火炉不同位置的温度和压力变化如图 6.2-2 所示。

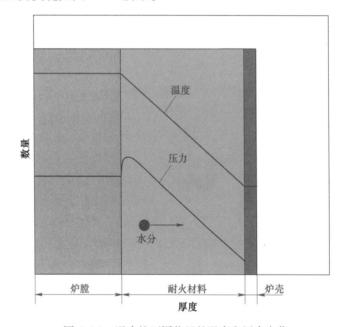

图 6.2-2　退火炉不同位置的温度和压力变化

6.2.1.3　改进的目的与方法

鉴于以上所述现有技术的缺点，改进的目的在于提供一种基于降温除湿的退火炉烘干方法，用于解决现有技术中烘炉方法无法烘干设备外侧耐材，进而无法达到降温除湿的目的等问题。降温除湿烘干原理如图 6.2-3 所示。

为实现上述目的及其他相关目的，改进方法提供一种基于降温除湿的退火炉烘干方法，包括如下步骤：

（1）向退火炉中通入保护气体，然后依次进行加热升温、保温。

（2）保温结束后，继续通入保护气体，使退火炉降温冷却。

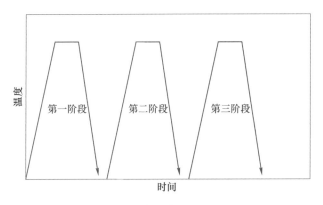

图 6.2-3　降温除湿烘干原理

重复步骤（1）和（2）至退火炉内露点保持稳定，且达到设计规定的露点范围时，烘炉结束。

上述各步骤采用加热—保温—冷却工艺循环，在冷却降温过程中实现退火炉隔热材料中的水汽、氧气排出，置换成干燥的保护气体。

根据实际需要，循环的次数可以是 2 次、3 次、4 次、5 次或者更多。

改进后退火炉不同位置的温度和压力变化如图 6.2-4 所示。

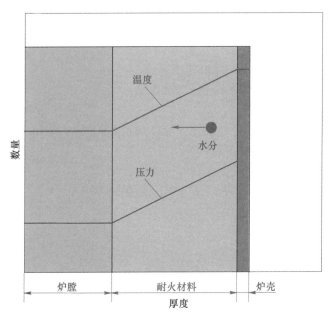

图 6.2-4　改进后退火炉不同位置的温度和压力变化

如上所述，改进的一种基于降温除湿的退火炉烘干方法，至少具有以下有益效果：采用降温除湿原理对新建退火炉或对长期停炉暴露在空气中的退火炉烘干的方法，能够使得退火炉的隔热材料烘透、烘干，在随后的生产过程中，炉膛内气体中的水蒸气含量稳定处于工艺规定的范围内，确保产品质量的稳定。

6.2.1.4　具体实施方式

在一个案例中，改进烘炉方法包括如下步骤：

步骤一，在通入露点低于-40℃的氮气的情况下，将退火炉加热到 900℃并保温 10h 以后，检测到炉外壳钢板温度稳定在 64℃不再升高，于是停止保温，继续通入露点低于-40℃的氮气，使炉内温度下降到接近环境温度，保持 8h，检测到炉内气体露点为-19℃，不再上升；

步骤二，在通入露点低于-50℃的氮气的情况下，再次将退火炉加热到 900℃并保温 9h 以后，检测到炉外壳钢板温度稳定在 62℃不再升高，于是停止保温，继续通入露点低于-50℃的氮气，使炉内温度下降到接近环境温度，保持 10h，检测到炉内气体露点为-33℃，不再上升；

步骤三，在通入露点低于-60℃的氮气的情况下，再次将退火炉加热到 900℃并保温 9h 以后，检测到炉外壳钢板温度稳定在 61℃不再升高，于是停止保温，继续通入露点低于-60℃的氮气，使炉内温度下降到接近环境温度，保持 10h，检测到炉内气体露点为-41℃，不再上升；达到了设计规定的露点低于-38℃的要求，烘炉成功，开始生产。

本案例没有出现因为炉气露点高而产生的缺陷。前后共用 5.5 天，比一般需要的 8~15 天大为减少。

在本案例后续的生产过程中，炉内露点一直稳定在-39℃以下，并且有下降的趋势，生产的产品没有任何由于炉气氧化性造成的缺陷。

6.2.1.5　改进的有益效果

采用改进方法进行烘炉的时间通常为 5~7 天。事实证明，不但使得烘炉时间减少，而且效果更好，实用性更高。

综上所述，改进方法在通入干燥的保护气氛的情况下，按照设计规定的升温速度，将退火炉加热到设计的最高温度并保温一段时间，并同时检测炉表钢板温度，在炉表钢板温度稳定不再上升以后，停止保温，继续通入干燥的保护气体，使炉内温度下降到接近环境温度。如此循环进行加热保温和冷却，直至在冷却到接近环境温度时，炉内露点达到所规定的数值为止。由于本发明不是连续加热和保温，而是有几个温度下降的过程，正是在温度下降的过程中，会出现隔热材料外侧的温度高于内侧温度的情况，就使得外侧的水分能够顺利向内侧迁移，而进入炉膛，排出炉外，也就能够使外侧的隔热材料被有效烘干。

6.2.2　辐射管检漏和燃烧调整作业[45]

6.2.2.1　辐射管检漏作业

A　概述

（1）为保证辐射管正常工作，防止辐射管破裂对燃烧及炉内气氛造成影响，要定期对辐射管进行检漏作业，并对不合格的辐射管进行处理或更换。

（2）当发现炉内气体露点和含氧量发生超标时，或每次定期大修前可以重点进行检漏。

（3）辐射管检漏作业必须在炉子处于工作状态下，且炉内氢气含量在控制标准范围内（≥5%）的条件下进行。

B 辐射管检漏标准

（1）采用氢气分析方法时，辐射管内氢气含量在0.3%以下为合格。

（2）采用氧气分析方法时，辐射管内氧气含量在19%以上为合格。

C 氧气分析检漏操作步骤

（1）关闭主烧嘴的主煤气手动阀。

（2）关闭点火烧嘴的点火煤气阀。

（3）用软管将一段不锈钢细管与氧气分析仪连接，将不锈钢细管插入辐射管下部的取样孔。

（4）打开氢气分析仪，开始取样分析，待氧气分析仪的读数稳定后，读取测量数据。

（5）根据检漏标准判断该辐射管是否泄漏，如果氧气含量在19%以上，则说明由辐射管泄漏到炉内的氧气很少，判断辐射管没有泄漏。

D 氢气分析检漏操作步骤

（1）关闭主烧嘴的主煤气手动阀。

（2）关闭点火烧嘴的点火煤气阀。

（3）用软管将一段不锈钢细管与氢气分析仪联接，将不锈钢细管插入辐射管下部的取样孔。

（4）打开氢气分析仪，开始取样分析，待氢气分析仪的读数稳定后，读取测量数据。

（5）根据检漏标准判断该辐射管是否泄漏，如果氢气含量在0.3%以下，则说明炉内泄漏到辐射管内的氢气很少，判断辐射管没有泄漏。

6.2.2.2 燃烧调整作业

A 概述

（1）辐射管的燃气和助燃空气是分区控制的，控制系统保证每一个区总体上的燃气和助燃空气的流量和比例处于一定范围内，但在每一区内部，各个辐射管的燃气和助燃空气的流量和比例是否处于合理范围，就必须靠手动进行调整。

（2）为保证辐射管的燃烧状况处于良好状态，应定期进行燃烧调整作业；每次定期大修后也须进行检测、调整。

（3）燃烧调整作业必须在炉子处于相对较高的负荷状态下，所以应安排生产一些厚规格的带钢，一般应在1.0mm以上。

B 燃烧调整标准

（1）每个烧嘴的额定流量按照设计标准调整。

（2）每个烧嘴的主煤气压力差调节的目标值按照设计标准，偏差小于100Pa。

（3）每个烧嘴主助燃空气的压力调节的目标值按照设计标准，偏差小于200Pa。

（4）每个烧嘴废气氧含量调节目标值是3%，偏差小于1%。

（5）烧嘴燃烧调整的最终的要求是以氧含量为准。

C 操作步骤

（1）燃烧调整应从 1 区到最末区分别进行调整。

（2）首先测量某区所有主空气的压力，算出平均值，然后以平均值为目标值，调节各烧嘴的主空气流量控制阀，调节到偏差要求范围内即可，调节完成后将该区的每个烧嘴流量控制阀固定。

（3）将该区温控系统流量控制阀的 PI 调节器的设定值模式打到 INT 模式，设定该区的流量为该区烧嘴的额定流量乘以烧嘴的数量。

（4）将压差测量表的两个橡皮管套到某烧嘴的主煤气流量孔板的两个测压小管上，注意两个橡皮管的正负不要接反。读取测量表上的数据，然后调节烧嘴的主煤气流量控制阀直到测量值达到标准。逐个测量并调节该区的各个烧嘴，直到该区所有烧嘴调节完毕。

（5）将氧含量分析仪和一根 1m 左右不锈钢细管用硅胶软管连接，将不锈钢细管插入某烧嘴下部的测量孔，插入深度在 60cm 左右，待氧含量分析仪的测量结果稳定后读取测量数据，然后调节烧嘴的主空气流量调节阀，直到氧含量测量结果达到标准。逐个测量调节该区的烧嘴，直到该区所有烧嘴调节完毕。

（6）以上调节完成后，将该区温控系统的流量控制阀的 PI 调节器的设定值模式打到 EXT 模式，使该区恢复到正常的自动控制状态。

（7）按照以上方法逐个调节其他各区辐射管烧嘴。

6.2.3 炉子的正常启动和停止[49]

6.2.3.1 炉子段张力控制

（1）机组停机时，取消炉内张力，将炉前 S 辊点动送料至补偿辊 1~2m。

（2）最佳做法是采用渐次停车法。镀锌退火炉按照由出口到入口的顺序，连退炉分别按照由快冷到入口和由出口到快冷的顺序，依次停止炉辊，各段炉辊停止位置相差一定的角度，保持炉内带钢松弛一定长度，用于补偿冷却收缩。

（3）在开机建张前，手动适当降低炉内和炉子出口的张力，然后建张，以免因张力太大拉断炉内受热带钢。

（4）在爬行速度稳定后，逐步提高炉内和炉子出口的张力设定值，直到和工艺规定设定值一致，并随时观察炉内张力是否稳定。

6.2.3.2 启动作业条件确认

（1）广播通知全线人员炉子即将启动、全体注意安全，确认炉子上没有检修或其他无关人员。

（2）炉子段操作画面正常、无警报，全线带钢穿带完毕，现场确认正常、无警报。

（3）所有人孔、炉底盖、炉顶盖及穿带孔均关闭完好，螺栓已紧固。

（4）确认电源、压缩空气、氮气、氢气、燃气、蒸汽、冷却水供应正常，事故水箱已经注满。

（5）确认淬水槽液位正常，循环正常。

（6）确认炉顶放散阀处于打开状态。

6.2.3.3 启动作业步骤

(1) 启动排废气风机、点火空气风机和主空气风机。

(2) 将入口密封辊、喷冷段导向辊打开、转动，并切换到自动模式。

(3) 进行点火煤气的供应及点火作业，进行主煤气的供应及点火作业。

(4) 进行混合气站的准备作业，启动氮气模式，然后切换到氮气吹扫模式。

(5) 相继启动喷冷段的各台风机。

(6) 观察炉内氧含量，当氧含量小于0.1%时，停止氮气吹扫，切换到氮气模式。

(7) 关闭炉顶的各放散阀，开始控制炉压。

(8) 启动炉子各段的电加热，设定炉子温度，投入炉温控制，开始升温。

(9) 当炉子温度上升到600℃时，将氮气模式切换到保护气体模式。

(10) 当炉温升高到生产所需温度时，即可准备开机作业。

6.2.3.4 炉子停止作业

(1) 入口投入降温停机料，将炉子切换到最小火模式。

(2) 当炉温降低到600℃时，机组可停止运行。

(3) 关闭主烧嘴及点火烧嘴，关闭电加热。

(4) 现场关闭燃气手动切断总阀，并进行管道的氮气吹扫。

(5) 当炉温降低到500℃时，将保护气体模式切换到氮气模式，现场关闭氢气手动切断总阀。

(6) 当炉温降低到300℃、且氢气浓度低于0.5%时，停止氮气吹扫，现场关闭氮气手动切断总阀。

(7) 在停止氮气吹扫之前，必须将炉子气体分析仪关闭。

(8) 在进行停机确认后，停止所有的风机，必要时可以打开炉底盖。

6.2.3.5 安全注意事项

(1) 必须由专人负责确认现场燃气、氢气、氮气手动总阀关闭情况。

(2) 确保防护装备能正常使用，轴流风机要定点吹扫，人员站在上风口。

(3) 进行能源介质操作时，严格按标准执行置换作业，氮气置换煤气、空气置换氮气后必须测氧含量，氧含量低于19.5%方可动火作业。

(4) 所有动过的人孔、炉底盖、炉顶盖及穿带孔螺栓，在炉子加热以后48h左右须再次紧固一次。

6.2.4 特殊产品运行技术

6.2.4.1 薄板在缓冷段稳定运行技术[50]

A 问题的提出

某连退线缓冷段如图6.2-5所示，有两个行程，上行段有2组风箱、1对稳定辊，下行段有3组风箱、2对稳定辊。

在生产薄板时，发现缓冷段运行很不稳定，经常出现带钢冷瓢曲断带、带钢刮风箱断带，以及稳定辊压印等问题。

B 冷瓢曲问题的预防

a 发生原因分析

经过事故报告统计分析，冷瓢曲主要出现在缓冷上转向辊上，发生的原因主要是因为炉辊温度低，而带钢温度高，两者温度差较大，炉辊在长度方向上中部与两端温差也较大，形成的热凸度较大，带钢受到的对中力较大，而带钢较薄，对中应力较大，超过其屈服强度时，就会产生冷瓢曲。

b 采取措施分析

要解决冷瓢曲问题，在退火炉设计时可以采取很多措施，但在已经建成的生产线，只能从操作方面着手。一方面可以提高带钢的屈服强度，另一方面可以减小炉辊凸度。但是，必须科学合

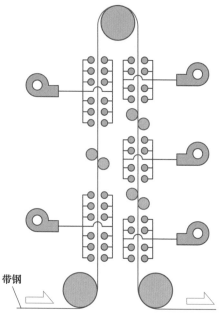

图 6.2-5 某连退线缓冷段示意图

理才能达到最佳效果，如果简单地提高带钢的屈服强度，即降低带钢温度，就必须增加风机的流量，特别是 2 号风机的流量增加了，就会造成大量的冷气进入转向辊炉室，增加炉辊凸度，形成两者的矛盾。因此，必须统筹兼顾。

c 解决问题的最佳方案

其实，对于薄板而言，缓冷能力是有些多余的。因此，最佳方案是，将 1 号、3 号、4 号、5 号风箱开到最大，而尽量减小 2 号风机的负荷，2 号风机尽量不开或小功率运转，这样就可以减轻缓冷炉室内冷炉气对炉辊室的影响，减小热凸度，从而解决冷瓢曲问题。

C 刮风箱断带预防

a 发生原因分析

经过对几起断带事故的带钢断口进行仔细分析，都是带钢在边部刮到风箱撕开的。带钢为什么会擦到风箱呢？于是薄板生产时到窥视孔蹲守观察，发现带钢的状态很差，既有 C 形弯曲严重。可以想象，正是这种板形，造成了带钢接触到风箱，并且造成刮伤断带。

b 通过张力调整减小 C 形弯曲

解决 C 形弯曲问题主要通过调整张力来解决，带钢张力与带钢与风箱接触问题有两种倾向。张力过小时，带钢在风箱吹动下，产生飘动，极易刮到风箱；张力过大时，带钢产生 C 形弯曲，边部位置偏移中心线，也会刮到风箱。因此，张力必须大小合适。本案例在设计张力时，是根据单位张力计算的，薄板是不是采取相同的单位张力，等比例地减小张力，还是要根据具体情况。从本案例的情况来看，是张力偏大，可以适当降低。

c 通过挡板调整减小 C 形弯曲

带钢冷却时的边缘效应也会增加 C 形弯曲，由于带钢在宽度方向上边部散热快、中间散热慢，所以带有一定的中浪，也会导致 C 形弯曲。在这方面主要通过调整风箱挡板，增

大风机风管中间的风量，减小边部的风量，来减小带钢中部和边部温度差，就能到达减小带钢 C 翘的目的。

d 问题的解决

于是，调整张力表，减小薄板在缓冷段的张力，并且增加冷却风箱中部的开口度、减小边部的开口度，在窥视孔观察带钢的板形大幅度改善，再也没有出现因此而断带的事故。

6.2.4.2 薄规格钢卷的重退技术

A 问题的提出

在连退机组生产过程中经常会出现由于平整机故障未平整、规格过渡性能不合格或炉内锈蚀等问题，从生产线下线的产品必须进行重新退火才可放行，否则由于表面质量或性能不符合要求而改判。

但是，不是所有规格的产品都能够重新退火的，由于薄规格钢卷退火难度大，基本不能进行重新退火处理。连退机组能够进行重退火钢卷的规格，根据钢种的不同，允许的范围也不同。在原有技术条件下，某机组就规定对于 CQ 料而言，将厚度小于 0.5mm 或厚度为 0.5mm 而宽度大于 1120mm 的带钢列为重退的"禁区"。但在实际生产过程中却往往有为数可观的在"禁区"范围内需要重退的不良产品出现，因此研究薄规格产品的重退技术很有必要。

薄规格的涂油板难以穿带、易于出现瓢曲缺陷、易于出现力学性能不合格等问题。

B 穿带困难问题的对策

厚度小于 0.5mm 或厚度为 0.5mm、宽度大于 1120mm 的薄（宽）规格的下线钢卷，由于带钢表面涂有防锈油加上材质变软，在重退上卷时会出现打滑、穿行困难等问题。

为了解决这一问题，车间规定有可能要重新退火的钢卷，在下线前带头尾 100m 以内不涂油，以方便重新退火时穿带作业。

C 重退时带钢温度的确定

对于厚度小于 0.5mm 或厚度为 0.5mm、宽度大于 1120mm 的薄（宽）规格的下线钢卷，进行重新退火时，根据不同的情况设定不同的退火温度。

（1）对于未平整的钢卷，如果第一次退火的温度已经达到或超过了生产计划单中规定的工艺要求，重新退火温度应该小于等于生产计划单中的工艺温度；如果第一次退火的温度低于生产计划单中工艺要求的下限，重新退火温度应该按照生产计划单中的工艺温度执行。

（2）对于因炉内氧化重退的钢卷，重退是为了将带钢表面的锈蚀还原，如果重退温度偏高，必将造成晶粒的异常长大，带钢屈服强度的降低，性能不符合用户要求。为此，对典型牌号 0.5×1268BLC-JD3 的下线卷进行了实验，结果如表 6.2-1 所示。

表 6.2-1 带钢经过不同重退温度下的屈服强度

退火次数	第一次		第二次		
退火温度/℃	671	602	629	665	691
屈服强度/MPa	254	248	227	206	197

此牌号的屈服强度要求为 200~260MPa，从表 6.2-1 数据可以看出，随着重新退火温度的提高，带钢的屈服强度逐渐下降。当重退温度为 665℃ 时，屈服强度接近标准要求的下限；当超过 690℃ 时，带钢的屈服强度仅为 196MPa，不符合标准要求。因此，对于因炉内氧化重退的钢卷的退火温度规定小于等于 670℃。

D　重退时速度的确定

由于薄板易在炉内出现热瓢曲，一旦出现热瓢曲问题，影响很大，因此选择速度时必须首先保障不出现热瓢曲，在此前提下，考虑其他因素。生产线速度决定了带钢在炉时间，而时间与温度是互补的，可根据需要灵活掌握。

（1）对于力学性能偏低的重退卷，重点考虑力学性能问题。一般采取与一次退火差不多的速度和温度。

（2）对于因炉内氧化重退的钢卷，重点考虑还原问题，必须保证足够的还原时间，必要时采取低温度、慢速度来达到充分还原的效果。

（3）对于未平整的重退卷，重点是考虑平整问题，为了防止意外发生，一般采用较低的温度，适当快的速度。

E　重退时张力的确定

给带钢施加张力的目的是为了防止带钢跑偏，张力带来的最大影响是产生热瓢曲问题。对于重退卷而言，由于经过了第一次退火，屈服强度很低，产生热瓢曲的危险性加大，不过屈服强度低也会改善带钢与辊子接触的均匀性，加上板形比轧硬板好多了，跑偏的危险性减小。所以，可以采取比第一次退火更小的张力，一般为第一次退火时规定的 80%~90%。

6.2.4.3　高强钢卷的重退技术

A　问题的提出

在连退线生产高强钢时，经常在生产过程中出现带钢在炉内氧化或平整机故障未平整等问题，必须进行重退才可以放行。由于高强钢的材质特性以及高的性能要求，对机组工艺参数控制要求较高，而重退技术更是难上加难，必须解决一系列技术难题。

B　氧化色重退技术

a　重退的原因与难题

高强钢退火板主要用于车体内侧板，厚度范围通常为 0.5~1.6mm，通常在低碳钢中添加了 P、Mn 等元素形成强化机制，而 P、Mn 等元素属于易氧化元素，和氧的结合力很强，在实际生产过程中容易产生氧化色，必须经过重退消除氧化色后才可以放行。

高强钢重退必须解决焊接工艺、炉内气氛的控制和重退速度选择等难题。

b　焊接工艺的调整

带钢焊接必须要求带钢表面没有氧化，才能保证焊接牢固，但因氧化重退的带钢表面不可避免地存在氧化物，因此焊接很困难，必须通过工艺参数的调整来解决这一难题。经过大量试验结果表明，采取适当增加焊接电流，可以增加焊缝的强度，减少焊接缺陷。同时，为了防止虚焊，还必须加强焊缝质量的检查。为了防止氧化物粘附在焊轮上影响焊缝质量，每次焊接完后必须进行焊轮修磨。

c 炉内气氛的控制

为了保证高强钢的氧化色在重退时得以还原，必须先控制好炉内气氛，保证炉气的还原性，氢气含量和炉压保持上限，氧气含量和露点保持下限。

d 生产线速度的控制

氧化色重退时生产线速度必须合理选择。若速度过快，可能会因为带钢在炉内时间太短，表面氧化色得不到还原；若速度过低，则带钢组织发生变化，高强钢性能达不到应有的要求。经过试验表明，生产线速度控制在正常工艺速度的90%为宜。

C 未平整重退技术

a 带钢经水冷辊冷却后的板形特点

该连退线退火炉的快冷段采用了水冷辊技术，由于带钢在宽度方向上与水冷辊接触的紧密度是不一样的，所以冷却以后的温度也不一样，根据多次观察测量曲线发现，带钢温度曲线呈"W"形，两边和中心部位温度高，两端1/4处温度最低。因此，带钢在边部有明显的边浪。

b 未平整卷重退的难题

正常生产时，带钢经过平整作用，可以消除边浪，但是未平整的带钢就仍然有边浪问题。这样，在重新退火时，由于水冷辊作用造成的边浪问题就是两次叠加，板形更差，边浪更加严重，在过时效段极易跑偏，这是一大难题。

c 重退时影响带钢边浪的因素

为了寻找解决问题的方法，进行了退火温度、张力和速度对边浪影响的试验，结果发现这三个因素对边浪都有显著的影响，特别是张力。

d 重退时生产工艺的调整

由于退火温度和生产线速度是根据产品的性能确定的，因此对带钢在快冷段的张力进行了调整，适当降低了张力设定值。经过长期运行，基本满足了产品质量的要求。

6.2.4.4 重退卷生产时防止炉内划伤技术

A 问题的提出

某公司连退线在生产时发现重退卷的炉内划伤比例很高，在生产O5板时达到30%~40%，给生产计划的完成和经济效益带来了很大的影响。

B 发生划伤区域查找

为了寻找炉内划伤发生的具体区域，对划伤形态进行了分析，经过有经验的人员辨别，发现不是辊子表面造成的密集的短划伤，而是间隔几米偶尔出现的划伤，很有可能是带钢在风箱造成的擦伤。

首先想到的是快冷风箱，但是将快冷风箱全部关闭后，划伤仍然存在。再将缓冷风箱关闭，也排除了。最后终于发现是预热风箱造成的。

C 划伤原因分析

为什么正常生产时没有划伤，偏偏在重退时产生划伤？原来，正常生产时原材料是轧硬卷，带钢很硬，在预热段风箱的吹动下，产生飘动、抖动的幅度不太大，不会擦到风箱产生划伤。但是，重退时原材料变成了退火板，屈服强度很低，在预热段风箱的吹动下，产生飘动、抖动的幅度较大，就有可能会擦到风箱产生划伤。

D　问题的解决

为了解决这一问题，采取了增加预热区张力和减小风量的做法。在重退卷进入炉区前，就将张力控制设定为人工调整，在工艺规定的基础上，增加 10%~20%，并将风机流量减小 40%~50%。

通过采取以上措施，重退卷划伤问题基本得到了解决。

6.3　运行意外情况的处理

6.3.1　运行时的故障处理

6.3.1.1　入口、出口出现问题的处理

A　问题出现的情况

正常生产时，每一次换卷入口必须停机进行焊接，出口必须停机卷取。入口停机时退火炉使用入口活套内的带钢，出口停机时退火后的带钢储存于出口活套。但是，往往会发生意外情况，如：入口焊接不顺利、出现故障、需要重新焊接，或者因为开卷、前处理等设备出现故障停机；如果出口卷取不顺利，超时等需要停机，这种情况下会给退火炉的正常运行带来影响，必须认真对待、谨慎操作。

B　对炉区运行影响分析

入口、出口故障对炉区运行的影响可能有三种危害程度：

（1）产品降级。如果因为入口、出口故障，炉区不得不减速运行，运行速度低于产生合格品的最低速度，就会产生不良品，造成一定的损失，有的企业统计的结果为损失在 2 万元以内。

（2）短时间停车。如果因为入口、出口故障，炉区即使减速，活套也无法供应带钢，炉区不得不停止运行，但是停止时间很短，不致产生断带，但会产生大量废品，造成较大的损失，有的企业统计的结果为损失在 5 万~10 万元。

（3）断带事故。如果因为入口、出口故障，炉区不得不停止运行，而且停止时间较长，炉区出现瓢曲、走偏等问题，产生断带，就需要降温、打开人孔处理，造成很大的损失，有的企业统计的结果为损失在 30 万~100 万元。

C　处理问题的原则与原理

根据以上分析，可见不同的情况有不同的结果，造成损失的差距非常之大。根据损失最小化原则，必须尽最大的努力防止事故的升级。

从上分析可知，只要不出现断带事故，损失基本是有限的。因此，应该以防止发生断带为原则。

要防止断带，即要防止发生带钢过热，产生瓢曲或走偏，就必须保证炉内带钢以一定的速度运行，进而要求入口活套要有一定的带钢，或出口活套要有一定的空间。只要满足这两点，就有可以调整的余地，否则炉区带钢动弹不得，就束手无策，只能眼看着断带。

由于活套的储量是固定不变的，要做到这一点，就必须提前采取对应的措施，即降温、降风机、降速。

由于降速、降温、降风机的过程也有出现瓢曲的风险，因此必须缓慢进行，从这一点讲提前应对是很可贵的。

但是，事情是两个方面的，如果本来入口、出口出现的问题不大，很快就会解决，不需要早采取措施也能够过去，提前采取措施反而会因为降温降速而造成损失，似乎是人为造成了不必要的损失。

提前采取措施可能因为信心不足而会造成不必要的损失，不提前采取措施可能会因为过于自信造成更大的损失，这就是处理问题的复杂性，考验操作人员智慧的问题。

从稳妥起见，还是及早采取措施为好，有的单位鼓励早采取措施，容许因此而产生少量的损失，不允许因为大意造成更大的损失。

D　处理问题的方法

生产线主操人员必须时时刻刻注意入口、出口的操作情况和设备运行情况；

在入口停车焊接、出口停车卷取时，需要特别注意入口、出口的操作情况，将焊接和卷取进行的进度，与活套储量进行对比，只有保持同步并且有一定的余量，才是稳妥的。

如果入口、出口的操作出现异常，焊接和卷取进行的进度落后于活套储量变化，必须提前做好准备；

如果在活套储量变化已经过半，入口、出口的操作还是不顺利，预计会出现超时的话，就开始进行减速操作，第一步慢慢降温、降风机、降速到能够出正品的水平；

如果已经减速到能够出正品的水平，入口、出口的操作仍然不顺利，就进一步降温、降风机、降速，预计当活套储量达到20%时，生产线以 20~30m/min 的速度运行。

当加热区和均热区炉温下降到400℃以下，活套储量低于10%，问题还不能处理好时，炉区停机，每 10min 点带 10m。

6.3.1.2　升速带钢跑偏的处理

造成炉内带钢跑偏的原因很多，相应处理方法也很多，这里主要介绍操作生产中因升速出现跑偏的处理。

A　发生位置

炉内带钢跑偏主要是发生在加热区前段，主要原因是由于带钢的板形不好造成的。如果带钢板形不好，带钢与辊子的接触面积较小，由于炉辊凸度产生的对中力较小，极易跑偏。特别是带钢的操作侧与传动侧板形不同时，钢带两侧接触炉辊面积比例不同产生的对中力也不同，对中力之差会导致偏移发生。如果纠偏辊不能将跑偏的带钢纠正，就会产生刮边问题，造成带钢边部受损，甚至断带。

随着带钢温度的升高，带钢屈服强度下降，板形改善，与炉辊接触面积增加，获得的对中力增加，跑偏现象会减少。

B　易发生规格

炉内带钢跑偏最容易发生的是厚且窄规格的带钢。窄规格的带钢本来与炉辊的接触面积就小，而且炉辊中部凸度小、端部凸度大，所以获得的对中力小，容易跑偏。同样，厚规格的带钢在炉辊表面的弯曲率低，与炉辊的接触面积较小，获得的对中力也小，也容易跑偏。

C 发生情形

在炉内升温，但没有达到应有的炉温，急于提升速度时，极易造成带钢走偏。这种情况下，虽然炉温正在升高，但因为速度急剧加快，带钢在炉内停留时间变短，带钢温度下降，炉辊产生负的热凸度，所以极易发生走偏。

D 处理对策

当出现加热区带钢走偏时，必须降低生产线速度，以使钢带在炉内停留时间加长，钢带温度升高，一方面板形改善，与炉辊接触面积增加，另一方面炉辊中部的热凸度加大，这两个方面都会增加带钢获得的对中力，促进带钢走正。同时，随着带钢行走速度的下降，带钢在炉辊轴向走偏的分速度也会下降，也会减小走偏的趋势。

在手动操作的情况下，在生产线速度下降的同时，也要相应减小快冷风机的功率，以免使得过时效段带钢温度过低，造成炉辊中部的热凸度减小，产生新的走偏问题。

目前，部分生产线开始应用带钢走偏策略模型，一旦发生走偏，只要按下走偏按钮，会自动投入处理模型，会根据炉温、板温、计算出相应的速度，自动调整速度和风机功率。这种方法比人工控制更加精确、可靠，可以有效防止断带事故的发生。

6.3.1.3 降速造成热瓢曲的处理

A 热瓢曲发生情形

退火炉最理想的状态是稳定运行，但在实际生产过程中，往往会出现各种各样的原因，不得不降低生产线运行速度。在这种情况下，由于炉温不能随着带钢速度的变化发生突变，因此稳定状态会被打破，就会出现各种异常情况，其中最难以解决的就是热瓢曲。

B 速度对炉辊凸度的影响

生产线运行速度对加热区炉辊的实际凸度影响很大。

以带钢在焊接时降速的情况为例，如图 6.3-1 所示，最下面的是生产线速度曲线，如果每次入口焊接都要降速，生产线速度随着时间的变化会出现一次次下降。而加热区和保温区的炉温基本不变，如图中最顶部的曲线所示。这样，带钢温度就随着每次速度的下降而上升，如图中上部向下第二条曲线所示。

对于炉辊而言，端部的温度和中部的温度就有不同的变化。端部的温度基本与炉辊室内的温度相同，由于温度屏蔽板的作用会低于炉温，也是基本不变的，如图中上面一条黄线所示。而炉辊中部由于与带钢接触的原因，会与带钢发生热交换，随着带钢温度的每次升高而升高。所以，实际炉辊的热凸度是在不断升高、下降变化的，如图 6.3-1 所示。

C 热瓢曲发生原因

如上所述，在生产线速度下降时，炉辊热凸度增加，带钢受到的对中力增加，带钢两侧向中间的挤压分力也随之增加。同时，带钢的屈服强度随着生产线速度的下降，即带钢温度的升高而下降。当挤压分力增加到超过带钢在高温下的屈服强度时，就会发生屈服现象，就会产生变形，中部凸起，即所谓的热瓢曲。

D 热瓢曲易发生规格

与炉内带钢走偏恰恰相反的是，炉内带钢热瓢曲最容易发生的是薄且宽规格的带钢。

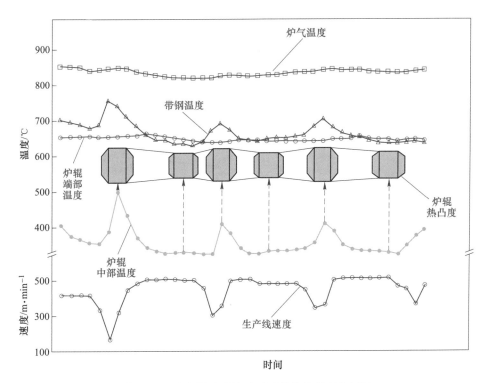

图 6.3-1　生产线速度波动时炉辊热凸度变化情况

宽规格的带钢本来与炉辊的接触就大，而且炉辊中部凸度小、端部凸度大，所以获得的对中力大，挤压分力也大，容易产生瓢曲。同样，薄规格的带钢在炉辊表面的弯曲率高，与炉辊的实际接触面积较大，获得的对中力也大，也会增加热瓢曲的风险。

E　热瓢曲的危害

理论上，当由于生产线不得不降低速度出现加热区带钢热瓢曲时，必须降低带钢张力，以使钢带受到的对中力下降，挤压分力随之下降，减小热瓢曲的趋势。

但是，在实际生产中，一旦出现热瓢曲，带钢挤到了炉辊的中部，要想让其在炉辊上铺平，会受到炉辊表面摩擦力的制约，所以热瓢曲产生以后要消除的话会有一定的惯性。另外，出现热瓢曲以后，带钢在炉辊表面的位置会发生偏移，而且宽度会下降，对中力也会减小，极易走偏。如果减小张力的话，会增加走偏的倾向。走偏后会造成带钢的刮边，引起断带。再者，炉内带钢很长，瓢曲后的带钢有一定的刚度，在炉辊表面反反复复折弯时，瓢曲处会被折断，也会引起断带。

据某公司统计，一旦炉内出现热瓢曲，如果处理不当，出现断带的概率几乎是100%。

F　热瓢曲处理对策

一旦出现热瓢曲，就要以防止断带为重点开展操作，先关闭烧嘴、风机，再降张力、降速度，并随时从工业电视画面观察炉内带钢运行情况，如果发现走偏，就要急停处理。

由于这一套处理流程起来很复杂，部分单位已经将这些流程实行标准化、程序化，设计了一键处理热瓢曲的程序。

6.3.1.4　降速造成冷瓢曲的处理

A　冷瓢曲发生情形

在实际生产过程中，不得不降低生产线运行速度时，如果快冷段风机功率不能随着带钢速度的下降而及时减小，也会打破快冷和过时效段的稳定状态，也会出现各种异常情况，其中最为难以解决的是冷瓢曲。

B　速度对炉辊凸度的影响

生产线运行速度对快冷段炉辊的实际凸度影响同样很大。当生产线降速时，如果快冷段风机功率不随之下降，则会使得快冷段的炉内气体温度快速下降，有的生产线快冷段前后没有密封辊，有的生产线即使有密封辊也密封不严，快冷段炉内过冷的气体会进入前后的张力辊室，导致张力辊两端温度下降，两端与中部的温差加大，热凸度增加。

C　冷瓢曲发生原因

如上所述，在生产线速度下降时，张力辊热凸度增加，带钢受到的对中力增加，带钢两侧向中间的挤压分力也随之增加。与加热区相比，虽然带钢的温度略低，屈服强度有所提高，但是由于快冷段的张力很大，是整个炉子内部张力最高的区域，而且随着产品强度的提高，要求快冷段的张力越来越大，所以也经常会出现冷瓢曲问题。

容易发生冷瓢曲的规格，也是薄而宽的带钢。

冷瓢曲的危害同样很大，极容易发生断带事故。

D　冷瓢曲处理对策

一旦出现冷瓢曲，也要以防止断带为重点开展操作，先关闭烧嘴、风机，再降张力、降速度，在瓢曲部分的带钢通过后，关闭快冷段前后的密封辊，提高炉辊室的温度，并随时从工业电视画面观察炉内带钢运行情况，如果发现走偏，就要急停处理。

由于这一套流程处理起来很复杂，部分单位已经将这些流程实行标准化、程序化，设计了一键处理冷瓢曲的程序。

6.3.2　意外停机后的处理

6.3.2.1　停机时的消张技术

A　问题的提出

生产线在正常运行时由于各种故障需要停机是时常发生的，停机时和停机以后如何处理非常重要，操作稍有不当就会出现断带事故，带来很大的影响。如果做好停机以后炉内带钢防瓢曲工作，恢复运行时选择适当的炉温、张力、炉加速度，就能够顺利恢复运行，避免不必要的损失。

B　现有技术的局限性

停机后防止炉内带钢瓢曲，是一项重要工作。由于热胀冷缩的原因，生产线停止以后，加热和均热炉内带钢的温度很高，随着炉温不断下降，长度收缩，如果得不到补偿的话，就会因为张力增加，而造成瓢曲，发生断带事故。在炉子设计时，就在炉子入口设计了跳动辊，不但是为了正常运行时减少炉内张力的波动，也是为了在停机时向炉内提供带钢。停机时，跳动辊自动退回，带钢松弛，可以在冷却收缩时拉进炉内，补偿带钢的收缩。但是，由于炉子太长，辊子很多，炉门口的这点补偿是无法发挥应有的作用的，可以说杯水车薪。

C 初期的操作方法

为了防止停机后炉内带钢因为降温收缩而造成瓢曲断带，人们进行了大量的理论分析和实际尝试，采取了一定的补救措施。初期形成的操作方法是，将炉内张力调整得很低，在 2kN 左右，将张力自动控制模式打开，然后点动入口活套与炉子之间的 2 号 BR →炉内的 3 号 BR，由炉子的入口向炉内前半段点动送带钢，并在点动炉辊运转过程中，发挥张力闭环的作用，自动调整各个炉辊运行的速度，达到各区设定的张力，使炉内张力下降，带钢松弛。

但是，采用了这种操作方法以后，尽管发生瓢曲断带的比例大幅度下降，但是实际上还没有完全消除瓢曲断带问题。经过观察和分析，原因是炉内带钢的张力是分区检测和控制的，某段带钢的显示张力值，仅仅是该段出口处的张力计的测量值，而不能代表该段内部各个炉辊上带钢的张力实际数值，在点动运行的情况下，这种差距是很大的，再加上点动后炉温下降造成的收缩，则有可能存在足以引起带钢瓢曲的张力。

D 操作方法的改进

为了保证各个炉区内部各个炉辊处带钢的张力能够降下来，将原来向炉子前半段 1 次性点送带钢的方法，改为 4 次点动，具体描述如下：

第一步点动 2 号 BR →辐射加热 1 区中部，停止 2min；

第一步点动 2 号 BR →辐射加热 1 区出口，停止 2min；

第一步点动 2 号 BR →辐射加热 2 区中部，停止 2min；

第一步点动 2 号 BR →3 号 BR。

事实证明，采用这样的操作方法，可以保证炉内每个炉辊上的带钢张力都得到充分松弛，能够达到有效防止炉内热瓢曲发生的目的。

6.3.2.2 故障停机后的启动条件

A 问题的提出

生产线有时会出现意外故障停机，对于大型连退线而言，由于炉内带钢在停机期间一直处于加热状态，可能会出现温度过高的现象，在故障排除以后，贸然启动还有出现热瓢曲断带的可能。必须进行确认，符合一定的条件才能启动恢复运行。

下面介绍两条不同的连退线故障停机以后的启动条件，两个案例虽然规定略有不同，但原理基本一致，有异曲同工之妙。

B 第一个案例

该案例按照带钢规格的不同，将带钢产生热瓢曲的危险性划分为三类，根据不同的危险性和不同的成分确定不同的启动条件。

a 断带危险性分类

在启动时产生断带的危险性与厚度、宽度，炉区温度和停机时间有关，为了精确控制，先根据厚度、宽度，以及停机时间进行分类。按照危险性由低到高，分为以下三类：

A 类：不用降低辐射加热段的炉温，可以随时启动。

B 类：停机时间 ≤10min 时，不用降低辐射加热段的炉温可以随时启动；

停机时间 ≥10min 时，须将炉温降低到 700℃ 以下才能启动。

C 类：辐射加热炉的炉温须降低到 550℃ 以下时，才能启动。

b　低温时危险性与规格的关系

当加热、均热段钢板温度低于 760℃ 时，对于无间隙原子钢以外的产品而言，三类不同危险性的厚度和宽度区域如图 6.3-2 所示。

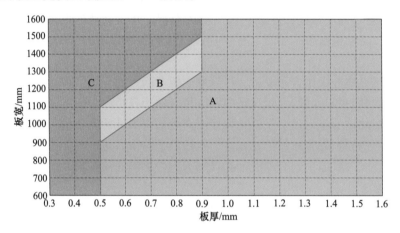

图 6.3-2　温度低于 760℃ 时三类不同危险性的厚度和宽度区域

c　高温时危险性与规格的关系

当加热、均热段钢板温度高于等于 760℃ 时，对于无间隙原子钢以外的产品而言，三类不同危险性的厚度和宽度区域如图 6.3-3 所示，可见要求更加严格。

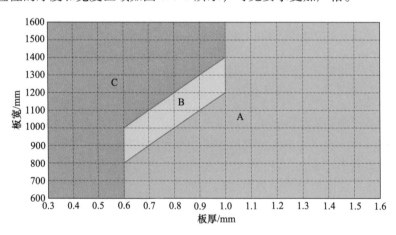

图 6.3-3　温度高于等于 760℃ 时三类不同危险性的厚度和宽度区域

d　无间隙原子钢的处理

对于无间隙原子钢，由于其高温屈服强度特别低，极易出现瓢曲断带，所以厚度在 0.9 以下的规格，均以 C 类处理，0.9 以上的规格，均以 B 类处理。

C 第二个案例

该案例先按照带钢成分的不同，将带钢分为非无间隙原子钢和无间隙原子钢两大类，其中非无间隙原子钢包括高强无间隙原子钢和其他钢种，然后根据不同的规格确定不同的启动条件。

a 非无间隙原子钢的开机条件

非无间隙原子钢的开机条件如图6.3-4所示，从图中可以看出：

对于规格薄且宽的带钢在出现故障以后不允许直接开机，必须待板温下降以后才能开机。其中，对于宽度在1450mm以下的带钢，必须使带钢温度下降到550℃以下；对于宽度在1450mm以上的带钢，必须使带钢温度下降到450℃以下。

对于规格厚且窄的带钢，在出现故障以后没有条件限制，可以直接开机。

对于介于两者之间的带钢，在出现故障以后，不同的厚度和宽度搭配，允许停机一定的时间后启动。

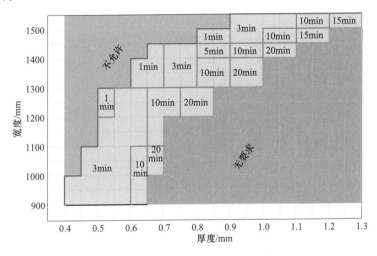

图 6.3-4 非无间隙原子钢的开机条件

b 无间隙原子钢的开机条件

无间隙原子钢的开机条件如图6.3-5所示，从图中可以看出：开机条件随带钢规格变化的趋势基本相同，不同的是开机条件更加严格。

对于规格薄且宽的带钢在出现故障以后不允许直接开机，必须待板温下降以后才能开机。其中，对于宽度在1450mm以下的带钢，必须将带钢温度下降到500℃以下；对于宽度在1450mm以上的带钢，必须将带钢温度下降到400℃以下。

对于规格厚且窄的带钢，在出现故障以后没有条件限制，可以直接开机。

对于介于两者之间的带钢，在出现故障以后，不同的厚度和宽度搭配，允许停机一定的时间后启动。

6.3.2.3 停机后的恢复运行技术

A 选择合适的启动张力

某案例表明，在恢复启动，以30m/min速度运行初期，预热段到缓冷段张力设定非常

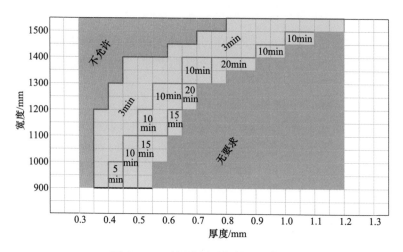

图 6.3-5 无间隙原子钢的开机条件

重要，总体上是要在正常张力的基础上下降一定的百分比。如果张力太大，必然会增加瓢曲断带的危险；如果张力太小，又会增加跑偏刮伤断带的危险。经过大量的研究和实践，预热段到缓冷段采用表 6.3-1 所示的降低系数比较合适，快冷段和过时效段不需要做调整。

表 6.3-1　启动时预热段到缓冷段张力减小率　　　　　　　（%）

板厚/mm	板宽/mm					
	≤1000	≤1100	≤1200	≤1300	≤1400	≤1500
≤0.4~0.5	−40	−50	−50	−50	−50	−50
≤0.5~0.6	−40	−40	−50	−50	−50	−50
≤0.6~0.7	−30	−40	−40	−40	−50	−50
≤0.7~0.8	−30	−30	−40	−40	−40	−40
≤0.8~0.9	−30	−30	−30	−30	−40	−40
≤0.9~1.0	−20	−20	−30	−30	−30	−30
≤1.0~1.1	−20	−20	−20	−20	−30	−30
≤1.1~1.2	−20	−20	−20	−20	−20	−30
≤1.2~1.3	−10	−20	−20	−20	−20	−20
≤1.3~1.4	−10	−10	−20	−20	−20	−20
≤1.4~2.0	0	0	0	0	0	0

B　中央段启动加速度的改进

a　原操作方法的问题

一般的操作方法是，机组恢复运行启动时全部采用 10m/min/s 的加速度，发现在启动的过程中带钢在辐射加热段张力波动很大，极容易引起带钢瓢曲。

b　张力波动原因分析

为了找到张力波动的原因，在启动时采用不同的加速度进行了试验，试验钢种为普碳钢，带钢规格为0.5mm×1219mm，正常运行时辐射加热1区张力为5.0kN，恢复运行启动时为正常的90%，即4.5kN。结果如图6.3-6所示。

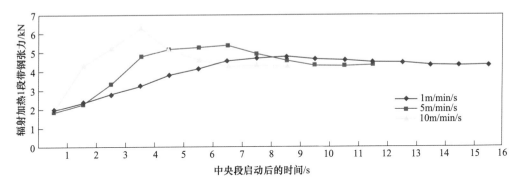

图6.3-6　中央段启动的加速度和辐射加热1段带钢张力变化的关系

从图6.3-6可以看出，随着加速度的增加，带钢张力波动也大幅度增加，当以10min/s² 的加速度加速时，在短时间内张力达到了6.6kN，是设定值4.5kN的1.5倍，比正常运行时的张力也要大30%，可见是不允许的。

　　c　解决问题的措施

为了解决这一问题，引进了加加速度的概念。原来速度的增加只有一次加速度，即加速度是一个固定的数值。如果加速度很小，则加速时间很长；如果加速度较大，则又会造成张力波动。直线型加减速控制算法如图6.3-7所示。

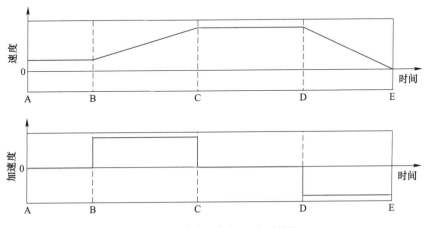

图6.3-7　直线型加减速控制算法

因此，必须引进加加速度，采用变化的加速度，在加速的前半段加速度随着时间增加，在加速的后半段加速度随着时间减小。这种情况下，速度曲线不再是直线，而是一道曲线，前半段上凹，越来越大，后半段下凹，越来越小。当然，这项措施必须靠修改程序才能实现。S型加减速控制算法如图6.3-8所示。

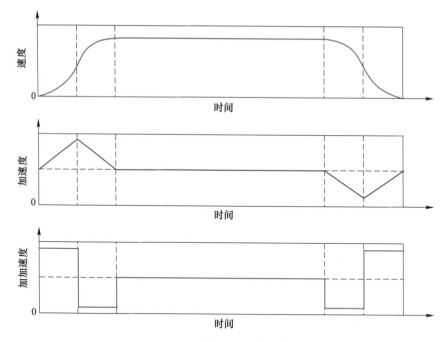

图 6.3-8　S 型加减速控制算法

C　中央段启动的升速步骤

（1）经各方面确认，完全满足条件后方可以升速。

（2）在停机时，炉内纠偏辊会自动打到对中位置，由于停机时带钢往往会偏移中心线，启动后不宜立即打到自动位置，以免纠偏辊动作幅度太大，引起张力增加，产生瓢曲断带，必须在 30m/min 速度下运行 1min，让带钢自然走正一段时间，在窥视孔看到带钢偏离中心不太严重时，才能打到自动状态。

（3）第一步主要目的是顺利启动，设定加速度在 2m/min/s 以内，将速度升到 30m/min，升速时应边监视炉内带钢跑偏和瓢曲的情况边进行升速，在 30m/min 稳定运行 3~5min。

（4）第二步主要目的是拉钢带、稳炉气，设定加速度在 5m/min/s 以内，升速到 30m/min，宽度大于 1200mm 的料将速度升到 60~80m/min 之间，宽度小于 1200mm 的料将速度升到 100~120m/min 之间，直到将炉内受停机影响的带钢拉出炉外，稳定运行几分钟。这个过程也是炉内气氛稳定化的过程，直至炉气成分达到规定的要求。在低速状态调整炉气成分，有利于减少不合格品数量。

（5）第三步主要目的是出合格品，设定加速度在 10m/min/s 以内，再继续提升到正常速度一定百分比的水平，这个比例以尽量能够出合格品为宜，稳定一段时间。

（6）第三步主要目的是恢复产能，待一切稳定正常以后，再提升到正常速度运行，确保产量最大化运行。

D　最危险类产品特别注意事项

对于前述 C 类的薄板、宽板，以及无间隙原子钢，需要更加谨慎地处理。

（1）关于启动时带钢的温度，不能高，也不能低，高了炉内带钢极易瓢曲断带，低了也会造成后续进入炉内的带钢板形不良而跑偏。上述操作方法要求温度在 550℃ 左右，不能超过 600℃。

（2）关于降温，如果温度过高，不能大量吹进氮气降温，反而要减小氮气注入量，如果炉压偏低要关闭炉顶部放散阀。这是因为降温速度过快，会导致炉辊温度不均匀，启动的时候更加容易走偏。

（3）如果温度过高，降温时间太长，可以在 650℃ 起缓慢运行，加速度设定为 1，运行速度设定为 5~10m/min，待稳定以后，再升速到 30m/min。

（4）关于张力，启动时可以在上述表格基础上再略作向下调整，在炉子入口的轧硬板进入高温区以后，再慢慢向上调整。

（5）关于拉带速度，可以一直采用 30m/min 的速度，直到炉内受热影响的带钢全部拉出炉外。

6.3.3　炉内断带处理

6.3.3.1　应急处理

（1）事故发生后因工艺段断带失张，机组自动停机。
（2）现场操作人员按照规定的流程报告相关人员。
（3）管理人员组织生产线人员按照相关规定全面确认事故情况、分析带来的影响，研究处理方案、做好处理准备。

6.3.3.2　停炉作业

（1）主操立即进行炉子熄火作业，并在相应面板上挂牌。
（2）在 HMI 上关闭氢气主阀门，保护气体切换成 N_2 吹扫模式。
（3）在 HMI 上关闭燃气主阀门、关闭加热电源，关闭喷冷段风机，关闭炉内纠偏辊检测系统，打开炉顶放散阀。
（4）现场关闭煤气切断阀、氢气总阀，打开炉顶放散阀。
（5）当炉子最高炉温降到 300℃ 以下时，关闭炉子预热段循环风机。

6.3.3.3　开炉盖作业

（1）根据炉内监视器判断断带的位置，确认打开断带处的炉盖。
（2）当炉子最高炉温降到 200℃ 以下，且氢气含量小于 0.5% 时，方可打开炉盖。
（3）开炉盖前先关闭现场氮气手动阀门，关闭炉气检测系统。
（4）注意开炉盖的顺序，先开炉顶盖，后开底盖。
（5）打开炉盖和穿带孔时，均要远离炉孔，防止热气喷出伤人或氮气喷出造成人员窒息。
（6）开上炉盖前确认炉子下无人作业，确认吊具完好，遵守"十不吊"原则。
（7）开底盖小车行走时，注意地源线被小车辗坏，人员距小车 2m 外。

6.3.3.4　入炉处理作业

（1）当炉内通风 30min 以上，炉子内气氛氧气含量大于 18% 以上、氢气含量在 0.05%

以下，最高温度35℃以下时，方可进入炉内。

（2）进入炉内前，必须仔细确认：氮气、氢气、燃气和电加热器处于自动和手动关闭状态，再次确认炉内温度、氢气含量、氧气含量，并保持通风良好状态。

（3）进入炉内前，必须仔细确认：人员精神状态，劳保安全用品（如眼镜、口罩、手套、安全带等）穿戴完好，必备的工具拴在安全带上，禁止带无关的东西（如钱包、手机等）。

（4）只允许进入炉盖开放且空气流动区域，严禁进入炉盖未开放和炉内角落空气不流动区域。

（5）进入炉内时要小心，避免被炉壁、炉辊、带钢灼伤。

（6）在炉内作业时必须有两人以上配合作业，并设有安全监护人员。

（7）在炉内作业时须注意安全站位，禁止站在炉辊上，防止转动摔倒。

（8）在穿带或拉断带头时，如在下方进行仰望应戴好防护面罩，以免炉内的杂物掉下。

（9）必须当心废钢断裂、穿带绳断裂以及点动时配合不好引起的带钢坠落。

（10）将炉内断带处理好并按照要求焊接带钢，并做好现场确认和清理工作。

（11）作业完毕后确认全部人员撤离现场，清点作业人数，并确认炉内无断带头、余留工具等杂物。

6.3.3.5　恢复生产

（1）带钢焊接好后，班长必须检查焊接质量，如有漏焊必须返工。

（2）由班长指挥各岗位人员将炉子段带钢绷紧。

（3）炉盖盖好后进行炉内氮气吹扫。

（4）按照规定的流程恢复生产。

6.3.3.6　安全确认

在整个事故处理前、处理过程中和处理后，均必须进行严格仔细的安全确认，安全确认流程和项目包括但不局限于图6.3-9所示。

6.3.4　公辅供应问题的处理

6.3.4.1　炉压低问题的处理

A　炉压的重要性

退火炉保持正压状态是确保安全的最重要的措施之一，操作人员必须随时密切注意炉压情况。在正常生产时，炉压应该稳定处于80Pa以上的正压水平。如果炉压低的话，炉外的空气有可能会进入炉内，轻则会造成带钢的氧化，影响产品质量，重则会发生氢气爆炸，造成严重的事故。

B　可能造成炉压低的原因

可能造成炉压低的原因有以下几种，必须做好事前预防。一旦出现炉压低时，也可以从以下方面入手寻找原因。

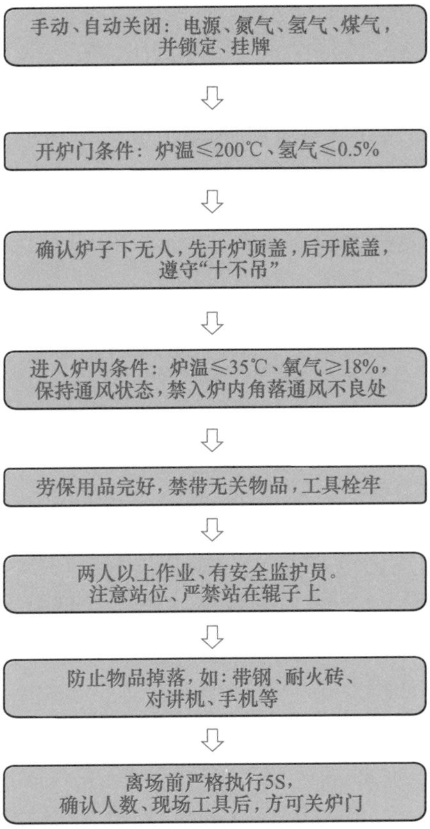

图 6.3-9 安全确认流程图

（1）退火炉预热区入口的密封辊被意外打开；

（2）水淬槽水位失去控制，水位低于水封线以下；

（3）炉内大功率风机开始转动，且一下子投入满负荷运转时；

（4）氢氮气体的供应压力低、流量下降；

（5）各处人孔关闭不严，或受震动松开，或密封垫破损；

（6）炉辊端部波纹管损伤；

（7）炉壁损伤、焊缝开裂等原因；

（8）放散阀失去控制，意外大量发散。

C　炉压的自动控制

正常生产时炉压是靠自动输入保护气体，自动发散来保证炉压的稳定，以及炉气成分的还原性的。

万一出现炉压低于30Pa情况的话，是很严重的异常事故，会由应急供氮系统自动向炉内吹进大量的氮气，保持正压。但是，操作人员千万不能完全依赖自动控制系统的动作，需要提前准备人工干预。即使在自动控制系统正常工作的情况下，也要密切注意应急氮气的流量、压力变化情况，和炉内压力变化情况。

D　炉压低的预防与处理

退火炉作为一个大体积的密闭容器，炉压是不会突变的，在生产中必须随时观察炉内气体压力、露点、H_2 含量、O_2 含量的变化，一旦发现异常波动，必须立即处理，根据以上可能造成炉压低的因素，逐一进行排查，消除隐患。

万一炉压下降，在供应了紧急用的氮气，炉压还是不能达到 30Pa 以上的情况下，首先需停止 H_2 供应，进行吹扫，并紧急查找原因。

如果一时查找不到原因，炉压得不到稳定提高，就需要转入停炉操作。

6.3.4.2　氢气压力降低问题的处理

这里指如果发现氢气压力低报警时的处理方法，一般有供气压力低和管道泄漏两种情况，供气压力低主要影响生产，而管道泄漏不但会影响生产，还有出现爆炸的危险。

A　氢气压力低的处理

当发现氢气压力低报警时，需向公辅人员确认是不是由于供气压力低造成的，经确认证实后，采取以下措施：

（1）通知公辅供应人员，切断氢气、燃气供应阀，转入氮气吹扫模式。

（2）关闭燃烧器、电加热，转入氮气吹扫模式。

（3）逐渐减小快冷风机，生产线速度缓慢下降，并随时通过工业电视观察炉内带钢情况。

（4）关闭氢氮气体供应阀门，炉内通入精氮，必要时关闭发散阀，保持炉压正常。

（5）确认预热区进口炉门密封辊处于关闭和运转状态，确认水淬槽水位高于水封位置。

（6）将排烟风机开到最大，将辐射管内余气抽尽，保持辐射管内负压状态。

（7）与公辅供应人员联系确认压力低的原因，判断恢复的时间。

（8）如果短时间能够恢复，则根据炉温下降情况，继续缓慢降速，等待。

（9）当快冷段炉温高于 200℃ 时，保持风机最低速度运转状态、稳定辊和密封辊处于运转状态，当快冷段炉温低于 200℃ 时可以停止快冷风机、稳定辊和密封辊。

（10）如果需要长时间才能恢复，则考虑换成备用原料，继续降速，或考虑停机。

（11）做好恢复运行前的各项准备工作。

B　氢气泄漏的情形

当发现氢气压力低报警时，需确认是不是由于管道泄漏造成的。当发现氢气管道泄漏报警时，需确认是不是误报警。

如果管道破损不太严重时，氢气会发生泄漏，在空气中燃烧，火焰呈泛红色，这种情况危险性略低。如果管道破损严重，氢气会大量泄漏，虽然氢气密度小，会上浮，但也有可能在钢结构或房屋的空间下方集聚，引起爆炸事故。

C　氢气泄漏的处理

当确认是氢气管道泄漏时，采取以下措施：

（1）立即通知公辅供应人员，切断氢气供应阀。

（2）广播通知全体人员，出现氢气泄漏险情，立即远离氢气管道。

（3）根据安全规程做好防火、防爆工作。

（4）在氢气管道压力下降以后，开始组织抢修。

（5）在氢气管道内通入氮气进行吹扫，将氢气置换成氮气。

（6）当氢气管道内氢气完全置换，泄漏的氢气完全发散，没有燃烧和爆炸危险以后，进行管道维修。

（7）在氢气管道维修结束，进行试压、氮气吹扫，并进行全面的检查确认。

6.3.4.3 氮气压力降低问题的处理

这里指如果发现氮气压力低报警时的处理方法。由于氮气不会爆炸，且密度比空气略小，发生泄漏时主要是防止窒息事故，如果管道在室外，空气流动性好的环境下，发生的概率较小。氮气压力低事故主要是对炉区安全和产品质量带来影响。

A 氮气压力低事故的影响

氮气压力低事故对炉区的影响，可以分为短时供气压力低和长时间无法正常供应两种情况。如果短时供气压力低，很快能够得到恢复的，不致使得炉内压力降低到30Pa以下的话，影响并不是很大。但是，出现长时间无法正常供应的情况时，带来的影响很大，下面主要谈这个问题。

保持退火炉的正压状态，是确保安全生产和产品质量的前提条件，而炉内压力的保持，是靠源源不断地注入氮气，一旦氮气停止供应，不能保持炉内压力超过30Pa以上，不能将炉内氢气置换的话，炉外的空气就有可能进入炉内，轻则会造成带钢的氧化，重则有爆炸的危险。因此，必须备有事故氮气储备，以保障在正常氮气供应出现停气事故时，能够将炉内的氮气置换，保持炉内的正压状态。

B 长时间无法正常供应氮气的处理

（1）经确认长时间无法正常供应氮气的话，必须考虑停炉处理。

（2）通知公辅供应人员，切断氮气供应阀；切断氢气、燃气供应阀，转入事故氮气吹扫模式。

（3）关闭燃烧器、电加热，明火烧嘴转入事故氮气吹扫模式，辐射管转入空气吹扫模式。

（4）逐渐减小快冷风机，生产线速度缓慢下降，并随时通过工业电视观察炉内带钢情况。

（5）关闭氢氮气体供应阀门，炉内通入事故氮气，关闭发散阀，保持炉压高于30Pa。

（6）确认预热区进口炉门密封辊处于关闭和运转状态，确认水淬槽水位高于水封位置。

（7）将排烟风机开到最大，将辐射管内余气抽尽，保持辐射管内负压状态。

（8）当快冷段炉温高于200℃时，保持风机最低速度运转状态、稳定辊和密封辊处于运转状态，当快冷段炉温低于200℃时可以停止快冷风机、稳定辊和密封辊。

（9）确认冷却水处于正常供应状态。

（10）入口换成穿带原料，继续降速，直至停机。

（11）做好恢复运行前的各项准备工作。

6.3.4.4 空气压力降低问题的处理

这里指如果发现压缩气压力低报警时的处理方法，一般有压缩空气压力低和停气两种情况。

A 空气压力低的处理

当发现压缩空气压力低报警时，需向公辅人员确认是不是由于供气压力低造成的，经确认证实后，首先关闭生产线边吹等用压缩空气吹扫带钢或设备的阀门，因为对于安全运行来说，这些用途是最不重要的。

如果关闭了这些阀门，还不能保证压力，就要按照停气的情况处理。

B 停气带来的影响

在生产线各种程序设计时，就已经考虑到压缩空气停止供应以后，各种设备和仪表处于安全状态：

（1）燃气主切断阀：闭；

（2）H_2 主切断阀：闭；

（3）N_2 主切断阀：开；

（4）冷却水控制阀：开；

（5）气动缓冲辊：闭。

但是，不能绝对依靠仪表，还必须进行现场确认。

C 停气事故的处理

当发现压缩空气停气报警时，需向公辅人员确认是不是由于供应压力低造成的，经确认证实后，采取以下措施：

（1）通知公辅供应人员，切断氢气供应阀，转入氮气吹扫。

（2）关闭燃烧器、电加热，转入氮气吹扫模式。

（3）逐渐减小快冷风机，生产线速度缓慢下降，并随时通过工业电视观察炉内带钢情况。

（4）关闭氢氮气体供应阀门，炉内投入氮气吹扫，必要时关闭发散阀，保持炉压正常。

（5）确认预热区进口炉门密封辊处于关闭和运转状态，确认水淬槽水位高于水封位置。

（6）将排烟风机开到最大，将辐射管内余气抽尽，保持辐射管内负压状态。

（7）确认冷却水处于正常供应状态。

（8）与公辅供应人员联系确认停气的原因，判断恢复的时间。

（9）如果短时间能够恢复，则根据炉温下降情况，继续缓慢降速，等待。

（10）当快冷段炉温高于 200℃时，保持风机最低速度运转状态、稳定辊和密封辊处于运转状态，当快冷段炉温低于 200℃时可以停止快冷风机、稳定辊和密封辊。

（11）如果需要长时间才能恢复，则考虑换成备用原料，继续降速，或考虑停机。

（12）做好恢复运行前的各项准备工作。

6.3.4.5 燃气压力波动问题的处理

A 燃气压力波动问题

无论是煤气、天然气，还是其他种类的燃气，由于都是属于易燃易爆气体，所以一旦发生异常情况千万不能掉以轻心，必须严格认真对待。

燃气压力波动有两种不同的情况，一是由于气源供应造成的压力波动，二是气源供应压力稳定但管道泄漏造成的压力波动。

气源供应造成的压力波动经常发生，可以通过压力传感器测量出来。一旦发生，使得烧嘴连锁条件失去，阀门自动关闭，烧嘴自动熄火。可见这种情况主要是影响生产，处理得当不会造成安全事故。

管道泄漏造成的燃气压力波动很少发生。泄漏大时压力传感器可以测量出来，燃气泄漏报警仪可能会报警，也可能不报警；泄漏小时压力传感器可能测量不出来，燃气泄漏报警仪可能会报警，也可能不报警。燃气管道泄漏虽然对生产的影响是有限的，但是极易造成安全事故，属于重大安全事件。

B　气源供应造成的压力波动

当燃气压力传感器检测到压力下降以后，会自动关闭阀门，烧嘴自动熄火，转换成氮气吹扫模式。燃气气源供应造成的压力波动也有短时间和长时间之分。短时间的燃气压力波动，可以缓慢降速，在燃气压力正常以后，进行确认检查，如果一切正常，可以重新点火升温、运行；长时间的燃气压力下降，则要考虑换成备用原材料，进行长时间的处理。

燃气气源供应造成的压力波动处理方法如下。

（1）确认烧嘴是否自动熄火，转入氮气吹扫模式。

（2）逐渐减小快冷风机，生产线速度缓慢下降，并随时通过工业电视观察炉内带钢情况。

（3）关闭氢氮气体供应阀门，炉内投入精氮，必要时关闭发散阀，保持炉压正常。

（4）确认预热区进口炉门密封辊处于关闭状态，确认水淬槽水位高于水封位置。

（5）将排烟风机开到最大，将辐射管内余气抽尽，保持辐射管内负压状态。

（6）与公辅供应人员联系确认燃气压力波动原因，判断恢复的时间。

（7）如果短时间能够恢复，则根据炉温下降情况，继续缓慢降速，等待。

（8）如果需要长时间才能恢复，则考虑换成备用原料，继续降速，或考虑停机。

（9）做好恢复运行前的各项准备工作。

C　管道泄漏造成的压力波动

如果燃气气源供应正常，但由于管道泄漏造成压力波动，是很重大，也很复杂的安全事故，处理的重点不再是退火炉的问题，而是泄漏事故的处理问题。

泄漏事故的处理必须按照重大安全事故处理的流程，向上级汇报，由上级采取安全管制和抢修措施。

退火炉的操作与气源供应造成的压力波动相仿，按照长时间恢复的方案处理，一般需要停线维修。

以下是处理管道泄漏造成的压力波动事故注意事项：

当发现燃气压力低报警时，确认有没有燃气泄漏报警，如果同时有泄漏报警，则立即与公辅人员联系关闭送气阀门；如果没有泄漏报警，则立即与公辅人员联系确认供气压力是否正常；如果供气压力正常，则要求公辅人员关闭送气阀门，按照燃气管道泄漏事故处理；

（1）立即将漏气事件通知安全、生产管理、维修等部门。

（2）立即用广播通知工厂所有人员发生险情，进行紧急避险。

（3）沿线检查管道情况，找到泄漏点。

（4）设立禁区，保证无关人员不得进入。

（5）做好泄漏区域防火、通风工作。

（6）确认关闭送气总阀门以后，打开放空阀，通入氮气，将管道内的燃气置换成氮气。

（7）确认管道内的燃气置换成氮气后，通入空气，将管道内的氮气置换成空气。

（8）取样分析管道内的氧气浓度，当超过18%以后，停止置换。

（9）一直保持放空阀的打开状态。

（10）在做好充分的安全确认和准备后，开始维修。

（11）维修结束后，进行试压、氮气置换。

（12）在做好充分的安全确认和准备后，恢复供应燃气。

（13）以上每个过程都必须有安全监督人员进行监督和详细记录。

6.3.4.6 停电问题的处理

A 停电时的机械电气状态

连退线在正常生产中如果发生意外停电，机械电气会自动转入以下状态：

（1）电气驱动设备失电以后，会自动进入异常紧急停止状态，比如有的抱闸会抱紧，有的缓冲辊会压上，防止出现安全事故。

（2）在炉子方面，预热段入口密封辊会自动关闭，放散阀会自动关闭，事故氮气自动供应，保持炉内压力，防止炉外空气进入炉内，发生爆炸事故。烧嘴控制阀会因压力低而自动关闭，自动吹扫系统工作，防止剩余燃气发生爆炸。快冷段密封辊会自动关闭，尽量控制 H_2 在炉内的扩散。

（3）在公辅供应方面，总燃气电磁阀、总 H_2 电磁阀、总氢氮气体电磁阀等要害气体供应阀会失电自动关闭。

（4）电气PLC与紧急控制系统会自动转入不间断电源（uninterruptible power supply，UPS）供电，因此会保持程序运行、储存数据，并保证紧急控制系统的运行。

B 没有紧急电源的操作

在停电以后，不管有无紧急电源供应，作为应急确认与处理，必须做好以下工作：

（1）确认预热段入口密封辊是否关闭，如果没有关闭，利用储气包内的余压，手动关闭。

（2）确认放散阀会是否关闭，如果没有关闭，则关闭手动阀门。

（3）确认水淬槽水位是否超过密封线，如果低于密封水位，则手动加满。

（4）确认事故氮气是否自动供应，炉内压力是不是大于30Pa。

（5）确认烧嘴自动吹扫系统是否工作，如果没有工作，则打开手动阀门吹扫。

（6）不管总燃气、总 H_2、总氢氮气体等要害气体供应电磁阀是否关闭，都要关闭串联的手动阀门。

C 在紧急电源供应后的操作

在停电以后，无论是镀锌线还是连退线都会在短时间内提供紧急电源，自动开启紧急水源，确保部分设备的安全。

在紧急电源供应后，要做好以下确认工作：

（1）镀锌线锌锅感应体是否投入低功率运行，锌锅温度是否正常。

（2）确认紧急冷却水是否投入供应。

（3）确认预热段入口密封辊、快冷段密封辊是否低速运转。

（4）确认炉内风机是否以最低转速运转。

（5）关闭前处理、水淬槽、光整机等处的纯水供应阀门。

（6）关闭前处理、干燥机等处的蒸汽供应阀门。

（7）做好生产线的巡查工作，仔细检查异常情况，一旦发现，立即处理。

D　恢复运行前的准备工作

停电以后，根据停电事故发生的原因，可能停电时间的长短，集中讨论决定相应的恢复运行的方案，但以下准备工作都是必备的：

（1）为了保证生产线现场确认的需要，必须打开车间照明，进行现场确认：

1）确认镀锌线锌锅感应体是否投入低功率运行，锌锅温度是否正常；

2）确认紧急冷却水是否正常运行；

3）确认预热段入口密封辊、快冷段密封辊是否低速运转；

4）确认炉内风机是否以最低转速运转。

（2）将紧急电源切换到正常电源，再进行现场确认：

1）确认镀锌线锌锅感应体是否投入低功率运行，锌锅温度是否正常；

2）确认紧急冷却水是否正常运行；

3）确认预热段入口密封辊、快冷段密封辊是否低速运转；

4）确认炉内风机是否以最低转速运转；

5）从工业电视内确认炉内带钢情况；

6）从炉内张力计显示的数值确认带钢张力情况。

（3）启动部分现场设备：

1）启动各废水坑的排污泵；

2）启动排烟风机；

3）启动液压站，并确认液压设备是否运行正常；

4）将钢卷小车上的钢卷移动到安全的位置。

（4）由专业人员启动电气控制柜，由专业人员启动控制系统和CPU，并进行确认：

1）各种模式是否正常，设定值有无异常；

2）确认Level 2、Level 3是否正常；

3）要再次从Level 2向Level 1传送设定值；

4）各检测仪表、传感器零位是否正常，信号传输是否正常。

6.3.4.7　停水问题的处理

A　停水事故的影响

退火炉属于高温设备，明火加热的水冷炉辊、辐射管加热的炉辊轴承座、工业电视摄像头、纠偏辊传感器、板温计等都要采用水冷，确保设备不因温度过高，造成损坏。因此，配备事故冷却水，确保在正常冷却水停水的情况下，能够保证部分设备的冷却。

一旦停水，必须立即转入事故水源供应，但由于压力低，不能保证正常生产，必须考虑停炉处理。

B　停水事故的处理

经确认长时间无法正常供应冷却水的话，必须考虑停炉处理。

（1）通知公辅供应人员，切断氢气供应阀。

（2）关闭燃烧器、电加热，明火烧嘴转入氮气吹扫模式，辐射管转入空气吹扫模式。

（3）逐渐减小快冷风机速度，生产线速度缓慢下降，并随时通过工业电视观察炉内带钢情况。

（4）关闭氢氮气体供应阀门，炉内吹扫氮气，关闭发散阀，保持炉压高于 30Pa。

（5）确认预热区进口炉门密封辊处于关闭和运转状态，确认水淬槽水位高于水封位置。

（6）将排烟风机开到最大，将辐射管内余气抽尽，保持辐射管内负压状态。

（7）当快冷段炉温高于 200℃时，保持风机最低速度运转状态、稳定辊和密封辊处于运转状态，当快冷段炉温低于 200℃时，可以停止快冷风机、稳定辊和密封辊。

（8）入口换成穿带原料，继续降速，直至停机。

（9）做好恢复运行前的各项准备工作。

C　停水以后的恢复供应

假如冷却水完全停止的话，明火加热的水冷炉辊、辐射管加热的炉辊轴承座、工业电视摄像头、纠偏辊传感器、板温计等，甚至包括热交换器的冷却水管内的水会产生沸腾现象而烧干，如果水管内完全没有水的话，当冷却水恢复供应时，冷水进入高温的管道内，会急剧沸腾，导致管道破裂。

为了防止这种现象发生，假如冷却水完全停止后，恢复供应时必须慢慢通入冷却水。

6.4　炉区运行事故案例分析

6.4.1　双相钢退火前后过渡问题[243]

由于双相钢的生产工艺与一般生产的低碳钢差异很大，某连续退火机组试产双相钢初期，在双相钢前后过渡时，多次发生炉内带钢跑偏、瓢曲的事故，造成机组降速甚至断带，机组的正常生产受到了严重影响。

6.4.1.1　双相钢生产前过渡跑偏问题

A　过渡时跑偏情况

由于双相钢冷轧板生产工艺要求的快冷段及过时效段温度比低碳钢低 100℃ 左右，因此在生产低碳钢过渡到双相钢之前，需使用过渡材将炉温逐步冷却，过渡至双相钢生产要求。某公司在生产初期，由于对温度调整、张力控制等方面的操作经验欠缺，多次发生带钢炉内跑偏的事故。

例如：某次双相钢生产前采用普碳冷轧板卷 01 钢种过渡，过渡卷采用 1.5mm ×

1250mm 和 1.8mm×1250mm 规格，后接第一卷双相钢为 1.6mm×1250mm。结果带钢发生了严重跑偏擦边事故，不得不停机处理，造成了很大的损失。

B 过渡跑偏原因分析

过渡料在过时效段的设定温度及实际温度、快冷风机开度等相关参数的过程趋势变化曲线见图 6.4-1。

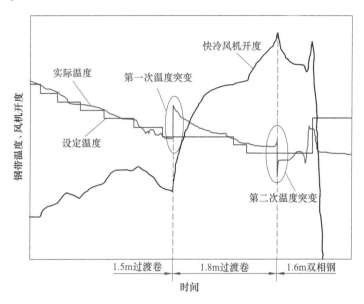

图 6.4-1 过渡料在过时效段相关参数的过程趋势变化曲线

一般情况下，入炉带钢规格发生变化时，工艺速度均是在焊缝进入加热段前调整到位，以保证退火加热温度。当 1.5mm 和 1.8mm 间焊缝到快冷段时，生产线速度已经调整到位，因带钢厚度的突然增加，带钢温度出现瞬时上升，快冷风机开度随之快速加大，又造成带钢急剧冷却。相反，当 1.8mm 和 1.6mm 间焊缝到快冷段时，因带钢厚度的突然降低，带钢温度出现瞬时下降，快冷风机开度随之快速减小，带钢温度再一次波动，炉温和如此剧烈的变化导致炉辊凸度的严重不稳定性，造成带钢在过时效段发生了炉内跑偏。

6.4.1.2 双相钢生产后过渡瓢曲问题

A 过渡时带钢瓢曲情况

当双相钢的生产结束以后，根据工艺要求，操作人员需使用过渡卷将快冷段和过时效段的区域温度逐步提高至低碳钢的要求，即带钢温度提高约 100℃。在生产初期，由于排产、操作等因素，薄规格产品提速过快，导致板温与炉辊温度相差较大，又出现了瓢曲现象。

例如：该机组某次生产 1.0mm×1286mm 规格的 DP600 后，采用 DC01 过渡，前三卷带钢为 0.8mm×1500mm 规格出炉，第四卷为 0.6mm×1500mm。在加热炉内的过时效段，该钢卷出现了严重的瓢曲现象，当操作人员随后进行机组降速拉带时，瓢曲的带钢发生跑偏，导致带钢被断带，机组长时间停机处理（见图 6.4-2）。

图 6.4-2　瓢曲的带钢跑偏导致断带

B　过渡瓢曲原因分析

该机组连续退火炉的过时效段炉辊选用单锥度辊形，过时效段安装了电辐射管，通过出快冷段带钢自身热量传导和电辐射管加热来提高炉区和炉辊温度。生产完双相钢后，根据工艺要求，操作人员需将快冷出口及过时效段带钢温度逐步提高100℃以上。在这次过渡过程中，3 卷 0.8mm×1500mm 的钢卷后紧接 0.6mm×1500mm 的钢卷，因规格变薄，为避免加热区域出现热瓢曲，炉区逐步提速以保证均热段温度。正是在这加速过程中，在快冷段风机功率不变的情况下，导致进过时效段的带钢温度突然增加，带钢温度高于过时效段炉辊温度过多，使得炉辊凸度瞬速增加，对中力随之增加，带钢的横向应力超过了屈服强度，出现严重热瓢曲。

6.4.1.3　双相钢稳定过渡方法

通过分析带钢跑偏、瓢曲的原因，可见最好采用模型自动过渡，在没有过渡模型控制的情况下，总结出了以下生产双相钢前后稳定过渡的控制方法。

A　低碳钢向双相钢过渡方法

（1）板形要求。生产前，提前确认来料板形 IU 值。根据板形情况，在入口剔除板形欠佳的钢卷或适当将原料的头尾分别多切一些。

（2）过渡卷排产。相邻过渡卷规格变化要求<0.3mm；尽量避免由薄规格到厚规格过渡，最好安排 4 卷以上同规格过渡卷，以保证生产过程稳定控制。

（3）温度调整。提前 4~6 卷钢开始缓慢降低冷却段及过时效段的温度，要求每卷钢温降控制在 20℃ 以内，并始终保持带钢的温度设定值与实际值之差≤5℃。若因过渡卷规格变换较大，导致焊缝前后带钢温度在快冷段有较大幅度波动，要及时调整设定温度，使两者温差≤5℃，以保证风机负载的稳定控制。

（4）速度调整。不同规格带钢入炉后，待焊缝到冷却段后再小幅逐步调整带钢速度，以保证冷却风机开度的稳定。

（5）张力控制：在过渡卷开始降温后，将炉内冷却段和过时效段张力适当增加，提高带钢的运行稳定性。

（6）快冷风箱间距调整：密切观察炉内带钢运行情况，若出现跑偏，需逐步降速，同时加大快冷风箱间距，避免急冷带钢形成冷瓢曲。

B 双相钢向普材过渡的控制方法

为了避免过渡带钢进入过时效段后与炉辊存在较大温差，应逐步升高过渡带钢在快冷段出口的温度，使过时效段有足够的升温时间，保证带钢温度、炉区温度及炉辊温度均呈逐步上升的趋势。

（1）温度调整。为保证过时效段有足够的升温时间，双相钢生产后，需排产足够数量的过渡料来逐步升高快冷段出口温度和过时效段温度，保证过时效段炉区、炉辊与带钢同步升温。

（2）过渡卷排产。因无间隙原子钢无时效期限，无间隙原子钢是过渡料的最佳选择。过渡卷尽量保证为同规格（宽度、厚度）过渡。钢卷规格要求大于 0.8mm，宽厚比小于 2000。

（3）张力调整。在第一卷过渡卷进入过时效段后，将此段张力适当增加，以提高带钢的运行稳定性，待双相钢全部出炉后，再恢复二级张力控制。

（4）生产组织。为减少过渡料卷，避免升降温次数过多，双相钢每次尽量安排超过 1000t 以上的批量集中生产。

6.4.2 连退线快冷段降温太快事故

6.4.2.1 事故经过

某连退生产线在焊接时发生带头板形不良重焊情况。13:02 导致中央段约 2min 的短时间停机，机组冷却风机全部自动停止，13:04 机组重新启动，机组运行速度 80m/min，13:13 当班主操发现快冷段温度达到 189℃，远高于目标温度 120℃，于是直接启动风机，13:14 突然听到炉内有声音，立即查看监视画面和工业电视，发现带钢在 8 号 CPC 处发生严重跑偏擦边，紧接着传来一声巨响，当即按下快停按钮，但带钢已经在 8 号 CPC 断开，分两段分别掉落在上下两个通道内。

6.4.2.2 事故时工艺参数确认

事故发生后，对主要相关的工艺参数进行了检查，具体情况参见表 6.4-1。

表 6.4-1 事故机组的主要相关工艺参数情况

时 间			10:10	10:11	10:12	10:13	10:14	10:15	10:16
机组速度/m·min⁻¹			0:00	0:00	0:00	80	80	0	0
快冷段出口	目标板温/℃		150						
	实际板温/℃		183	199	210	219	227	225	198
过时效段	入口	入口带温/℃	356	262	369	375	380	377	371
		炉温/℃	277	277	278	281	282	284	283
	出口	目标带温/℃	290						
		实际带温/℃	281	284	287	291	296	295	286

时　间		10:10	10:11	10:12	10:13	10:14	10:15	10:16
7 号 CPC	带钢跑偏量/mm	-2.3	-2.4	--2.2	-3.5	--0.4	-3.7	--1.6
	液压缸位置/mm	-52.4	-52.4	-71.3	-63.4	-46.3	-22.4	-7.7
8 号 CPC	带钢跑偏量/mm	0.4	0.4	-1	-5	-2.7	-46.1	-104
	液压缸位置/mm	-30.3	-41.5	-36.3	-15.1	-38.8	130	130

6.4.2.3　事故原因分析

（1）机组因焊接故障停机后，快冷段风机自动停机，造成快冷段板温自动控制系统失效。

（2）在操作人员恢复开机时，未同时启动快冷段风机，机组逐步升速至 80m/min 的情况下，快冷段带钢没有得到及时冷却，所以出口板温高于目标温度。

（3）这种情况下，带钢温度高于快冷段炉辊的温度，造成炉辊中部温度升高，凸度增加，且逐渐使得整个炉辊温度升高。

（4）操作人员在发现快冷段出口板温高于目标温度时，不假思索地进行打开风机的操作，没有意识到可能造成的后果，未能同时观察带钢的跑偏情况，丧失了操作过程的主动权。

（5）由于带钢实际温度高于目标温度且偏差较大，在启动快冷风机后，风机输出负荷较大，造成带钢过冷，带钢温度低于快冷段炉辊的温度，又开始降低炉辊凸度，炉辊凸度变化不稳定易发生跑偏，是造成本次事故跑偏擦边的直接原因。

6.4.2.4　系统方面改进措施

（1）修改快冷段带温控制系统，不管带钢实际温度与目标温度的差距大小，均采用转速逐步变化的模式，防止出现风机负荷快速上升和下降的情况，导致带温急速变化，影响炉辊凸度。

（2）增加带钢跑偏预报警系统，当检测到带钢跑偏到一定幅度时，发出警报提醒操作人员加以注意，防止操作人员在忙碌期间出现忽略监视的现象。

（3）分析并优化 CPC 检测报出辊的判断方法，在确保稳定运行的前提下，提前预报，尽可能减少断带后再报出辊的情况。

6.4.2.5　操作方面改进措施

（1）重点进行带钢温度对炉辊凸度影响的教育培训，让大家深刻认识其巨大影响，在进行加热或冷却系统操作时，特别意识到带钢温度变化会影响到炉辊的凸度，可能造成跑偏甚至断带，同时要密切监视带钢的运行情况。

（2）要注意防止带钢温度的剧烈波动，在需要降低冷却段带钢温度时，应该分步下降，每次下降幅度不能过大，以小于 20℃ 为宜，每次温度稳定后再继续下调。

（3）在投入带钢温度自动控制系统，需要进行启动风机操作时，尽可能在带温略大于设定温度时启动；若实际温度与规定的温度差异过大，则可通过改变设定温度，使其略低于实际温度后启动，稳定后再逐步下调设定温度至目标温度。以防止出现风机负荷增加过快，造成带钢温度相应波动太大的现象。

6.4.3 钢种规格转换不规范事故

6.4.3.1 事故描述

还是上个案例的连退线。一次在生产完双相钢高氢料后，转生产低碳钢料，需要切换到低氢冷却和过时效模式，规格也由 1.5mm×900mm 跳到 1.0mm×1269mm。为了尽快将过时效段温度提升，当班主操停止过时效段冷却风机，将电加热器全功率运转，机组运行速度在 90m/min 左右。然而机组在如此操作约 10min 后，10:46 带钢在 7 号 CPC 处发生跑偏。由于在上个案例事故发生后增加了跑偏报警系统，主操第一时间发现了跑偏问题，立即减速运行，7 号 CPC 处带钢未擦边，但板形受到影响。当此段带钢运行到 8 号 CPC 时，虽然减速运行，然而因跑偏严重导致擦边，机组停机进行处理。

6.4.3.2 事故时工艺参数确认

事故发生后，对主要相关的工艺参数进行了检查，具体情况参见表 6.4-2。

表 6.4-2 事故机组的主要相关工艺参数情况

时 间		10:31	10:39	10:41	10:46	10:48
速度/m·min⁻¹		92	83	90	90	64
快冷段	目标炉温/℃			370		
	实际炉温/℃	250	262	307	323	342
	带钢温度/℃	339	348	354	349	355
过时效1段	目标炉温/℃			400		
	实际炉温/℃	282	305	348	396	404
	带钢温度/℃	323	336	349	354	365

从表 4.6-2 中可以看出：

（1）操作工对运行速度不断进行调整，生产线处于不稳定运行状态。

（2）快冷段炉温迅速上升，随着生产线速度的变化，带钢温度也随之波动起伏。

（3）对照某一时刻快冷段和过时效 1 区，炉温相差很大，也就是说带钢由快冷段进入过时效 1 区时，温度变化非常快。

（4）过时效 1 区炉温升高更快，过时效 1 区带温由快速降温转为升温。

6.4.3.3 事故原因分析

（1）在安排生产计划时，同时存在牌号和规格两种大幅度的转换，由高氢快冷转低氢冷却，由低温过时效转高温过时效，由窄板转宽板，跨度太大，没有充分考虑炉温的变化。

（2）操作人员在由高氢切换低氢和规格转换时，也对炉温变化缺少应有的认识，不但炉温调整过快，而且存在运行速度调整，造成生产线状态的混乱和不稳定。

（3）带钢宽度在 1260mm 以上，接近生产线的极限规格 1300mm，一旦发生跑偏极容易发生擦边。

（4）经过上次擦边断带事故的整改，增加了跑偏预警系统，操作人员对跑偏比较敏感，没有造成断带事故，说明整改有了成效。

6.4.3.4 改进措施

（1）在制定作业计划时，避免钢种和规格的同时转换，只能单项转换，高氢料转低氢料时，先安排窄板生产，等炉温和速度稳定以后，再转换成宽板；双相钢转换成低碳钢时，最好中间安排无间隙原子钢过渡料。

（2）操作人员在高氢切换到低氢时，一定不能急于求成，保证炉温缓慢变化，最大限度地保证生产线稳定运行。

（3）在过时效段升温时，尽可能保证带温高于炉温，即不要使得带钢一下子由降温转为升温，造成带钢温度不均匀、板形不良；在炉温过高时，降低电加热器功率甚至将其关闭，或降低快冷段功率，提高入过时效段带钢温度。

6.4.4 镀锌线厚板焊缝断带事故

6.4.4.1 事故发生情况

某公司镀锌线采用的是窄搭接焊机，一次焊接前行带钢规格为 2.346mm×863mm，后行带钢规格为 1.8mm×1100mm，焊缝在退火炉 5 号 CPC 发生断带事故（如图 6.4-3 所示）。

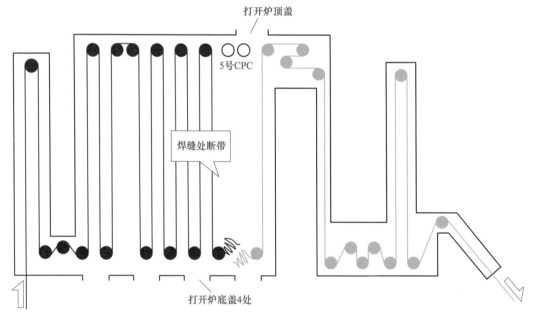

图 6.4-3 断带位置示意图

6.4.4.2 焊接过程调查

A 断口形貌

首先查看了断带后的断口的宏观形貌，如图 6.4-4 所示，断口首先从操作侧焊缝撕裂，传动侧是瞬间被拉断的。可见主要是操作侧的焊接质量问题。

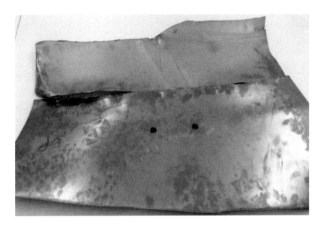

图 6.4-4 焊缝断口形貌

B 焊接温度

调查焊接温度情况，并结合带钢实际情况对焊缝温度曲线进行分析，如图 6.4-5 所示。

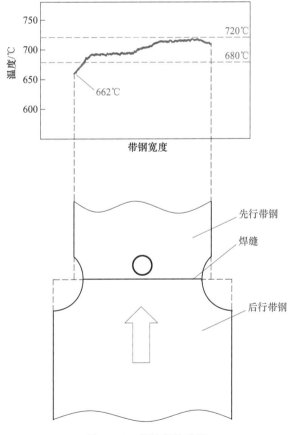

图 6.4-5 焊缝焊接曲线

对焊缝焊接曲线分析可知，焊缝剪过月牙弯后，焊缝操作侧的最低温度为662℃，低于合格范围680~720℃。

C　焊接参数

经对焊接工艺进行调查，数据如表6.4-3所示，符合焊接规程的规定。

表6.4-3　焊接工艺参数

总厚度/mm	焊接电流/kA	焊接速度/m·min^{-1}	电极压力/kN	设定搭接量/mm	搭接补偿/mm	辊压压力/kN
4.001~4.200	18.1	6.9	8.7	1.3	0.7	34.3

6.4.4.3　断带原因分析

A　模拟试验

为了找到在按照焊接工艺进行操作的情况下，还会出现温度偏低的原因，找到了一段先行带钢尾部的废料和一段后行带钢头部进行试焊接，试焊接时对工艺参数不做任何调整。通过对试焊接焊缝操作侧和传动侧焊缝试样进行拉伸试验分析，焊缝拉伸样品断裂形貌如图6.4-6所示。发现操作侧试样首先是从焊缝裂开，抗拉强度小于基材本身，焊缝质量不合格；传动侧试样从母材断裂，焊缝未裂开，抗拉强度大于基材本身，焊缝质量合格。

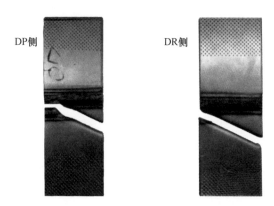

DP侧　　　　DR侧

图6.4-6　焊缝拉伸样品断裂形貌

B　断裂原因分析

电阻焊接是通过给工件通以较大的电流，使工件之间接触面发热，温度升高，直至达到带钢的熔点，使带钢接触面局部熔化，并在一定的压力下，融为一体，冷却以后达到或略高于带钢基体的强度。从拉伸试验结果分析，在焊缝操作侧检测到的表面焊接温度为662℃的情况下，先行和后行两块钢板接触面的温度并没有完全超过带钢的熔点，熔核尺寸太小甚至未熔化，只是达到了塑性状态，经过碾压作用以后貌似结合在一起，看上去焊好了，实际上未能完全焊合，所以强度很低，小于基材本身，造成断带。

C 虚焊原因分析

由于这种规格是生产线的极限，生产计划很少，为了找到操作侧虚焊的根本原因，进行了集体讨论，有经验的焊工提出了可能是由于原材料轧硬板头尾板形不好，在正常压力下，刚刚开始焊接的操作侧先行带钢和后行带钢两者之间的紧密程度达不到应有的状态，所以焊接不好。而传动侧在前面已经焊接的情况下，可以很好地接触，所以焊接良好。

经过现场确认，确实存在板形不好的现象，于是调整工艺进行试验。

D 改进试验

为了验证分析得出的，由于板形不好，操作侧接触不良，导致虚焊的结论，改进工艺参数进行了试验。分别采用增加电流 1kA 和增加电极压力 2kN 两种方案，各试验 2 次，结果都获得成功。说明分析是准确的。

6.4.4.4 改进措施

（1）当搭接厚度大于 4.0mm 时，焊接之前先确认轧硬板板形，如果板形不良，则调整程序内的工艺参数，增加焊接电流 1kA。

（2）加强对焊缝温度的控制。当焊缝温度低于 720℃ 时，应立即对焊缝进行检查，检查合格则运行，检查不合格则重焊，直至焊缝合格方可运行；当焊缝温度低于 680℃ 时，直接进行重焊，直至焊缝合格方可运行。运行之后需对焊轮进行检查。

6.4.5 连退线瓢曲断带事故

下面的一个连退线过时效段出现的瓢曲断带案例很典型，值得做仔细分析。

6.4.5.1 事故过程描述

2019 年 7 月 23 日，某连退线处于正常生产之中并进行焊接，前行卷为深冲级钢材、规格为 0.8mm×1566mm，后行卷为超深冲级钢材、规格为 0.6mm×1617mm。前行卷生产时机组速度控制在 240m/min，焊接后模型自动机组升至 275m/min。张力均是工艺规定 -10% 控制。正常运行一段时间后，操作工看到加热段带温偏高但板形良好，各 CPC 均无变化，且板温较高，遂将机组升至 294m/min 运行。6：35 时，突然带钢在过时效 2 区 10 号 CPC 处向操作侧急剧跑偏，立即调整速度，机组以 20m/min 速率降速，但带钢仍在 OA2 区 10 号 CPC 处擦边断带。

6.4.5.2 事故过程工艺参数调查

机组的瓢曲跑偏监控系统自动记录下了这次瓢曲跑偏的过程，通过播放视频，可完整的显示断带全过程及参数的变化情况。以下截取了几个时刻的视频画面。

（1）6：32：57 事故开始发生，首先在过时效 1 区出口出现瓢曲现象，此时过时效 1 区带钢张力为 5400N（见图 6.4-7）。

（2）6：33：05 过时效 1 区出口明显瓢曲，持续出现约 30s，长约 150m（见图 6.4-8）。

（3）6：33：57 过时效 1 区张力降至 4620N，此时过时效 1 区瓢曲开始消失（见图 6.4-9）。

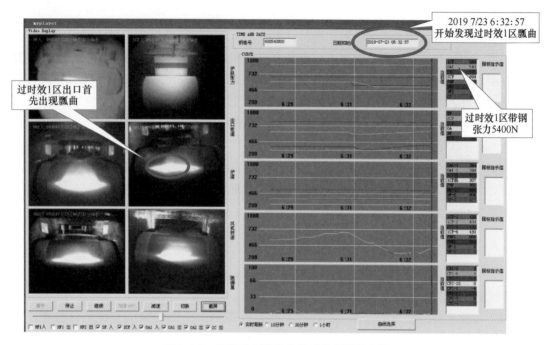

图 6.4-7　开始发生瓢曲跑偏时的实况及参数

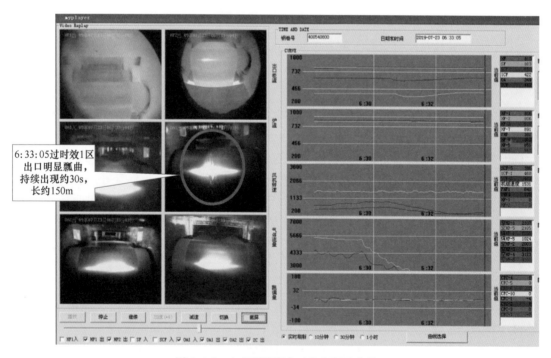

图 6.4-8　出现明显瓢曲时的实况及参数

（4）6:35:11　已经产生瓢曲的带钢到达过时效 2 区出口，热瓢曲更加严重（见图 6.4-10）。

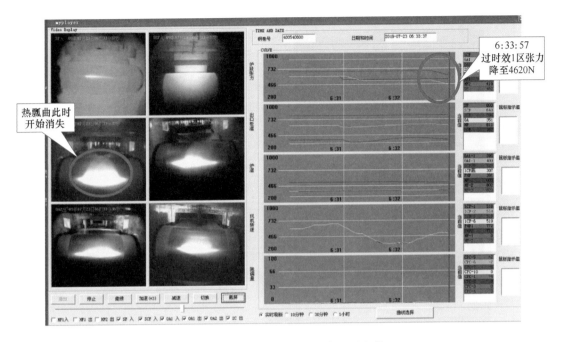

图 6.4-9 瓢曲开始消失时的实况及参数

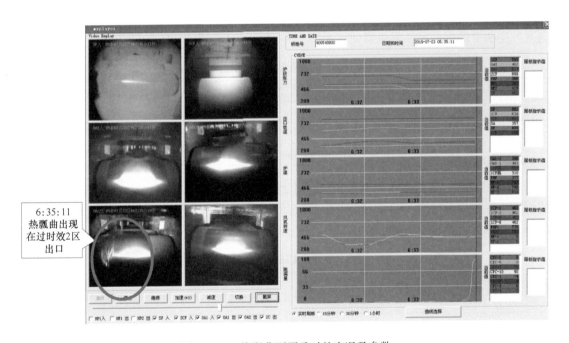

图 6.4-10 热瓢曲更严重时的实况及参数

（5）6:35:17 过时效 2 区瓢曲更加严重、翻起擦边，造成断带（见图 6.4-11）。

6.4.5.3 断带原因分析

（1）该卷规格极易发生瓢曲。在前期的生产中，该连退机组曾多次发生宽度在

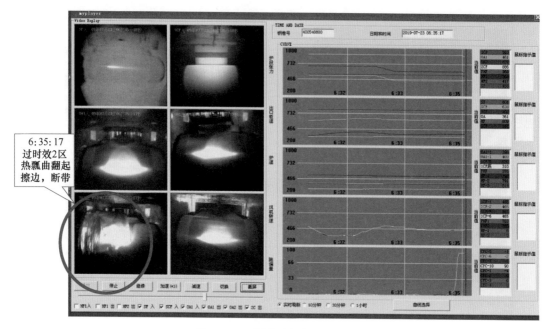

图 6.4-11 断带时的实况及参数

1700mm 以上的超深冲级钢宽料产生热瓢曲的问题，与最近前两次产生瓢曲的规格相比，这次发生断带的钢卷更易发生瓢曲（见表 6.4-4）。

表 6.4-4 最近三次热瓢曲断带材质规格比较

次　数	钢　种	规　格	宽厚比	备　注
第一次	超深冲级钢	0.8mm×1760mm	2200	根据经验，宽厚比达到2500以上极易出现瓢曲
第二次	超深冲级钢	0.8mm×1792mm	2240	
第三次	超深冲级钢	0.59mm×1617mm	2722	

（2）过时效 1 区带钢张力偏大。通过对比生产过程的工艺参数，发现过时效 1 区出口是否发生瓢曲与过时效 1 区张力大小关系较大，与其他时间相比，过时效 1 区发生瓢曲时的张力也偏大（见表 6.4-5）。

表 6.4-5 过时效 1 区张力与瓢曲的关系

过时效 1 区张力		前卷 （0.8mm×1566mm）	后卷 （0.59mm×1617mm）	说　明
工艺规定值		6940N	5180N	过渡部分张力是前后卷的平均值
焊缝过渡规定值		6060N		
实际操作控制值	6:31:19	6180N		带头瓢曲
	6:31:43	5390N		带头瓢曲
	6:33:41	4550N		无瓢曲
	前期生产	4700~5000N		无瓢曲

如图 6.4-12 所示，6:31:43 时过时效 1 区张力为 5390N，带头出现瓢曲；6:31:43 时过时效 1 区张力为 4550N，已经发生的瓢曲消失。

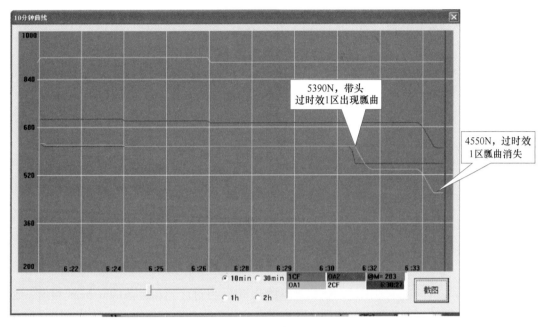

图 6.4-12　瓢曲变化过程

如图 6.4-13 所示，前期生产同规格产品时，过时效 1 区张力比较稳定，在 4700~5000N 范围内，未出现瓢曲。

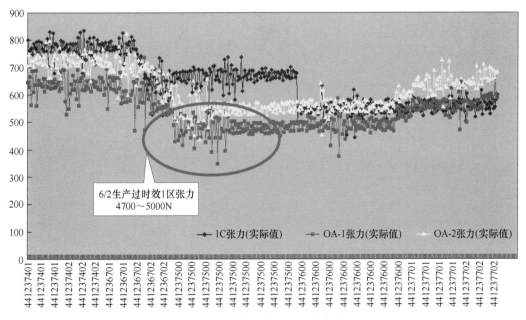

图 6.4-13　产品的张力变化曲线

（3）退火温度偏高。这次断带发生在由 0.806mm×1646mm 的深冲级钢材过渡到 0.594mm×1617mm 超深冲级钢材的过程中，退火工艺规程规定超深冲级钢材加热温度比深冲级钢材高 10℃，但实际上在焊缝过去后，0.594mm×1617mm 带头在加热段（HF）的板温上升了 28℃，在均热段（SF）的板温上升了 15℃。带温变化曲线如图 6.4-14 所示。

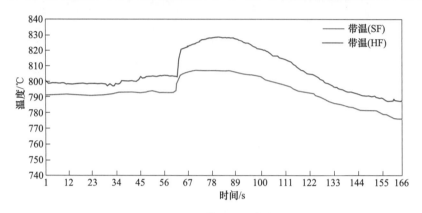

图 6.4-14　带温变化曲线

出现板温异常的根本原因是，在相对厚的 0.8mm 板过渡到相对薄的 0.6mm 板时，加热炉 4 区和 6 区的煤气流量下降滞后，基本没有变化，直到断带停机，才自动关闭供应阀门（见图 6.4-15）。

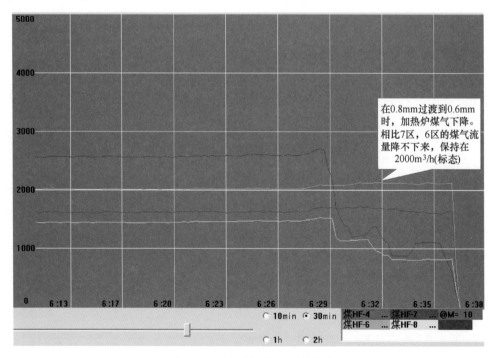

图 6.4-15　出现板温异常的原因

（4）断带原因总结。本次产生炉内带钢瓢曲断带的根本原因有两个方面，一是加热炉 4、6 区煤气流量阀开关不灵活，在厚板向薄板转换过程中，带钢温度偏高，强度偏低；

二是操作人员在厚板向薄板转换过程中，对过时效 1 区（OA1）的张力设定偏大。正是由于这两个方面的因素，使得带钢在过时效 1 区（OA1）的横向压应力超过其产生瓢曲的极限应力，生产瓢曲，并逐渐加重、跑偏，在 10 号 CPC 处擦边断带。

其实，这种情况在加热段和均热段也是很危险的，当时带钢的强度更低，但由于张力没有超过极限，所以没有出现瓢曲。

6.4.5.4　改进措施对策

（1）优化规格转换时带钢张力设定。考虑到厚、薄规格切换，前后卷张力存在偏差时，既要考虑防止跑偏，又要防止瓢曲，故在规格过渡期间，原规定张力设定值为前后卷张力的平均值。但针对薄宽料不易跑偏，张力大易瓢曲的特点，对 1400mm 以上宽料修改张力设定程序，在规格过渡时的设定值在平均值的基础上，适当减小。

（2）完善瓢曲处理和风险预控措施。对宽厚比大于 2200 以上的薄且宽的料，总结操作经验，发现瓢曲时，及时转换到"发生瓢曲"模式，能最大限度地减少断带事故。对宽厚比大于 2500 的极限规格，制定风险预控措施。

（3）生产计划组织优化。对于深冲级钢～超深冲级钢材质，板厚 0.6mm 以下、板宽 1500mm 以上的宽料，前后卷过渡的板厚差达到 0.2mm 时容易产生炉内瓢曲，因此必须将板厚过渡控制在 0.15mm 以下，甚至 0.1mm 以下更为理想，确保炉况稳定过渡。

6.4.6　冷却水管泄漏事故

6.4.6.1　事故处理过程

事故处理过程及采取措施记录如表 6.4-6 所示。

表 6.4-6　事故处理过程及采取措施记录

天次	时间	生产线情况及采取措施记录
D1	10:10	正常生产 DP690 过程中发现辐射加热炉辊结瘤
D1	10:30	经过在线磨辊，无效
D1	11:20	经过换料、停线磨辊，无效
D1	12:30	停机、降温，置换炉气
D2	14:10	辐射加热炉温在 210℃ 左右时，打开炉辊端盖，拆下并检查炉辊，不小心将炉辊端部水冷管损坏，造成炉内漏水，立即关闭水管
D2	22:20	更换完炉辊，修好冷却水管，检修完毕
D2	23:10	开始烘炉，按照检修恢复生产的烘炉曲线，升温、保温……
D3	全天	整天烘炉
D4	09:20	辐射加热炉温达到 980℃ 左右，露点在 -5～-15℃ 之间变化；其他炉区露点稳定小于 -32℃
D4	10:40	车间领导决定准备恢复生产，一边慢慢运行，处理恢复过程中的各种问题，一边观察辐射加热露点波动。

续表 6.4-6

天次	时间	生产线情况及采取措施记录
D4	11:10	正式开机
D4	12:30	启动后第一个过渡卷发现有光整机的小辊产生 $\phi300$ 的辊印，用砂纸及时处理
D4	12:50	钢板表面有较少的小颗粒锌粒压印，查找原因，解决
D4	13:30	第三个过渡卷上下表面整个板面出现白斑痕，同时镀层附着力不良。分析炉气状态，辐射加热露点在 $-10\sim-18\,^\circ\!C$ 之间变化，认为对产品质量没有影响，即使辐射加热发生氧化，在后面也会被还原
D4	13:40	处理白斑痕，调整前处理酸洗、碱洗浓度，更换漂洗水，确保前处理后带钢表面无氧化和油污残留
D4	14:00	HSS440 正式材上线后缺陷仍存在，中央降速处理，同时调整退火炉参数
D4	15:00	中央停止，查找缺陷产生原因，怀疑是炉鼻内造成的
D4	18:30	清理炉鼻后启动，缺陷仍存在，降速处理并且调整生产命令顺序，停止生产高速钢，改生产低碳钢
D4	22:45	缺陷一直未能解决，辐射加热露点在 $-4\sim-16\,^\circ\!C$ 之间变化，开始怀疑炉气问题，决定停机、降温，用精氮置换，做好再次开炉检修冷却水管的准备
D5	12:00	辐射加热炉温下降到了 $400\,^\circ\!C$ 左右，露点在 $-5\sim-18\,^\circ\!C$ 之间变化
D5	18:00	辐射加热炉温下降到了 $250\,^\circ\!C$ 左右，露点在 $-10\sim-21\,^\circ\!C$ 之间变化
D5	23:00	辐射加热炉温下降到了 $210\,^\circ\!C$ 左右，露点在 $-19\sim-22\,^\circ\!C$ 之间变化。经过讨论，决定暂缓检修继续观察 RTF 露点
D6	08:00	辐射加热炉温下降到了 $160\,^\circ\!C$ 左右，露点在 $-21\sim-24\,^\circ\!C$ 之间变化。经过讨论，决定准备开机运行
D6	09:10	正式开机、升温。辐射加热炉内 O_2 为 0.0054%，决定增加 H_2 流量，减少 N_2 流量，至炉内 H_2 达到 7%
D6	13:10	辐射加热露点在 $-23\sim-28\,^\circ\!C$ 之间变化，正式生产出 CQ 级的合格品
D6	20:00	辐射加热露点在 $-23\sim-28\,^\circ\!C$ 之间变化，决定开始生产 HSS440 钢种，生产出合格品
D7	00:30	辐射加热露点在 $-23\sim-28\,^\circ\!C$ 之间变化，决定开始生产 DP690 钢种，生产出合格品。从此开始正常运行

6.4.6.2 事故发生的教训分析

处理一起炉辊结瘤产生压印缺陷问题引起的事故，花费了 1 周的时间才能最终恢复高强钢生产，可见立式退火炉事故处理，以及生产高强钢的困难性。

在炉辊结瘤经过在运行时在线磨辊和停机在线磨辊不能解决问题的情况下，不得不停机换辊子。但操作不当，意外损坏冷却水管，就会带来很麻烦的事情，可见任何操作都要谨慎小心，马虎不得。特别是这种与水有关的事故，一旦出现就是严重事故。如果在换辊前进行认真的计划和研究，将冷却水管关闭，就不会发生这一系列问题。

6.4.6.3　事故原因查找的过程分析

连续运行的生产线出现质量问题的处理是不容等待或逐项排除的，必须以最快的速度找到发生缺陷的最根本的原因，才能迎刃而解。

镀锌线出现白斑缺陷后，先怀疑是前处理，后怀疑是炉鼻灰，是最常见的做法，因为这两种原因导致镀锌不良类缺陷的概率是最大的，很多情况下产生的漏镀、白斑、白条、锌化不良类的缺陷可以通过调整前处理或炉鼻解决。前处理原因造成的缺陷有两大类，一种是普遍的清洗效果不好，带钢清洗后反射率、光泽度很差，导致整个带钢镀层附着力不好，普遍性的大面积小点状漏镀；一种是在带钢表面局部的油污斑块、油污带等，导致产品在相应处产生漏镀。但是，前处理出现的缺陷，在入炉前是能够看到的，产品上镀锌不良缺陷产生的部位与炉前看到的清洗不良是一一对应的，如果在入炉前检查带钢表面没有问题，就可以大胆地将前处理排除掉。

关于炉鼻内气氛和灰渣对产品质量的影响，以前人们不太重视，现在大家基本都充分认识到了其重要性，采取了大量的措施，解决了很多问题。但是，也不能走向另外一个极端，不管什么缺陷都怀疑是炉鼻问题。事实上，如果排除炉鼻加湿控制不当，炉鼻内主要是炉鼻灰或炉鼻渣带来的影响，往往在带钢表面有粘灰或粘渣，也是在带钢表面局部存在的。本案例里在整个带钢表面出现白斑，伴随着还有镀层附着力不强问题，是炉鼻造成的可能性不大。

6.4.6.4　炉气问题影响的复杂性

在本案例里，排除了前处理和炉鼻问题后，才开始怀疑炉内气体问题，也就是漏水在烘炉之后造成的后遗症。这是最不愿意的原因，因为排除非常复杂；也是最难以确定的原因，因为情况很为复杂。同时，也往往以为在辐射加热段造成氧化，与无氧化炉一样，在后面的过程中也会得到还原，因此有侥幸心理。

（1）关于辐射加热段造成氧化，在后面的过程中能否得到还原的问题，要看氧化的温度和程度。Fe 与 O 反应的产物随温度的不同，有根本性的不同。辐射加热炉的温度很高，跟热轧过程的氧化差不多，也类似于带钢发蓝处理，Fe 与 O 反应的产物是 Fe_3O_4，这是一种非常致密性的组织，在后面的均热、冷却和均衡段是不能够还原的，因此会影响镀层附着力。

（2）关于烘干耐火材料内的水分对露点的影响问题。理论上在炉膛的内部，各部分炉气的成分基本是一致的，比如露点是相同的。但实际上，炉膛里的炉气也像山里一样，气体是一团团的，各处的成分或露点不尽相同，特别是在不稳定状态下。理论上耐火材料内部的水分，不断均匀地挥发出来，使得整个炉内的露点均匀地稳定地升高，实际上是一阵阵挥发出来，造成炉气露点的波动，忽高忽低。在耐火材料接近炉膛的表面，与接近炉壳钢板处的内部，两者之间存在温度差，由于耐火材料隔热的特性，这个温度差很大，水分挥发产生的压力差也很大。在加热的初期，离表面较小的距离内，温度高、压力大，水蒸气向内部迁移，随着内部压力的增加，也会冲破表面的压力，窜到表面，进入炉膛，如此重复进行，产生一股股水汽进入炉膛，形成局部露点的升高。这就是本案例中露点在一定范围内波动的原因。

（3）关于如何有效烘干耐火材料内的水分问题。有效烘干耐火材料内部的水分，最好的办法是使得水汽迁移的方向与我们希望的一致，即由内部到表面。这就要形成内部温度高，表面温度低的温度梯度，也就是冷却的过程，这种情况下，热量迁移与水分迁移方向一致，水分在热量的带动下，能很顺利地从内部迁移向表面，烘干效率大幅度提高。这就是本案例在降温过程中露点有所下降的原因，而且，随着耐火材料内水分逐渐减少，形成的露点波动也越来越小，最终趋于平稳，保持在较低的范围内，达到我们所需的要求。

6.5　综合运行事故案例分析

6.5.1　光整机轧皱缺陷的教训

6.5.1.1　事故经过描述

某镀锌线在检修后恢复运行时，炉况和生产线逐渐稳定，准备生产镀锌成品卷，于是操作光整机在焊接后的带头合上工作辊，合辊后发现传动侧严重轧皱，于是操作工立即调整工作辊倾斜度，但光整机出口单侧轧皱的带钢在过烘干机时撕裂断带，只能打开工作辊，停机处理。光整机断带形貌如图 6.5-1 所示。

图 6.5-1　光整机轧皱断带形貌

6.5.1.2　相关工艺参数确认

经确认，光整机伸长率、轧制力和张力等工艺参数由系统自动设定，与正常生产时没有差异，没有问题。但是，意外发现光整机 HMI 倾斜控制模块显示，断带后工作辊两侧的倾斜值为-1.534mm。

6.5.1.3　断带原因分析

A　断带直接原因

再检查光整机 HMI 倾斜控制模块，发现开机前工作辊倾斜度设定值为-1.8mm，合辊过程中减小到了-1.6mm。可见，发生事故的直接原因是意外设定光整机工作辊倾斜值，工作辊是在倾斜状态合辊工作的，造成了传动侧单侧压力过大，将带钢轧皱，在过风箱时撕断。在这个过程中，虽然操作工对其进行了干预，但未能调整回来，这从断带后的设定倾斜值和实际倾斜值相比可以看出来。

B 误操作原因分析

经过调看程序发现，在检修时，机修工对光整机工作辊倾斜度进行了矫正，最后调整时设定了工作辊倾斜度设定值为-1.8mm，就没有归零。

操作工在投入光整机合辊时，未对光整机倾斜度设定值进行确认，就投入合辊操作，导致光整机工作辊误在倾斜状态投入使用，造成了事故的发生。

6.5.1.4 改进措施

（1）修改光整机倾斜度控制程序，在合辊前，如果倾斜量设定值超过0.2mm，则会清零处理，只有再次设定倾斜值，才有效。

（2）对全体操作人员进行教育，在合辊前必须"确认、确认、再确认"！在操作台上贴上合辊前需确认倾斜度设定值的提醒标志。

（3）不允许在操作室内进行合辊作业，必须到光整机前的现场操作台进行操作，出现异常情况时及时处理，尤其在出现严重轧皱时不是调整工作辊倾斜度，而是直接打开工作辊。

6.5.2 薄宽料平整机后起筋问题

6.5.2.1 起筋问题的提出

A 研究薄宽料平整问题的意义

随着连续退火冷轧板用途的拓展，厚度在0.3mm以下，宽度在1400mm以上的薄宽料的需求越来越多，而且这类产品对板形和冲压性能要求也很高，因此必须经过高要求的平整处理，才能交货。

B 薄宽料平整机后起筋问题

薄宽料的生产难度很大，不只是在炉内，平整也是很困难的。某连退线在生产薄宽料期间，经常在过焊缝合辊后，带头在过平整机后的张力辊时发生起筋问题，长度在50~300m不等，严重时带有起筋的带钢在过活套时由于反复折弯，从起筋处断开，产生断带事故，造成了严重的经济损失。

6.5.2.2 起筋问题分析

A 薄宽料平整的特点

薄宽料的平整是一大难题，因为在平整这类产品时，平整机的上下工作辊之间的辊缝很小，工作辊端部与带钢不接触的部分在工作时由于振动和变形等原因极易发生高频率的碰撞，工作辊表面硬度很高，相互碰撞的影响是很致命的，会产生内部应力，甚至辊面开裂、脱落，造成工作辊报废。因此，必须采用带有凸度的工作辊，特别是辊子的端部带有一定的锥度，当工作辊工作时，尽可能地让接触带钢的部分给带钢施加轧制力，而不接触带钢的端部，即使发生一定的振动，也不会相互接触，不会发生碰撞，提高工作辊的使用寿命。

B　发生起筋问题的原因

采用带有凸度的工作辊平整薄宽料虽然解决了轧辊碰撞问题，但也带来了薄宽料平整机后的起筋问题。采用带有凸度的工作辊平整薄宽料，带钢中部受到的轧制力大于边部，会造成平整后的带钢有一定的中浪，带有中浪的带钢在经过平整机后的张力辊时，就很容易将带钢中部区域凸起的部分集中到中心很窄的位置，在张力辊上发生变形，发生起筋问题。

C　带头大量发生的原因

由于带钢焊缝过平整机时工作辊要打开以后合上，在这个过程中，工作辊两侧的油缸动作不可能绝对一致，先接触带钢的部位必定会造成比较大的浪形。再加上带钢头部往往存在板形问题、厚差问题，加重了中浪问题的发生。这就是带钢头部起筋问题发生的原因。

6.5.2.3　解决问题的措施

A　减小过焊缝时的张力

平整机在过焊缝时是将正常工作时的伸长率模式转到张力模式，经过大量的观察和分析，发现薄宽料在平整后产生中浪的程度与张力大小关系很大，张力大，则总体变形量增加，中浪增加，因此，可以通过减小过焊缝时的张力来解决这一问题。具体操作方法是，生产薄宽料时，预先手动设定张力值为规定值的 65%～80%，在焊缝进入平整机之前由自动设定转换为手动设定，使得实际张力减小。

B　降低防皱辊和防横弯辊位置

通过观察还发现，在过焊缝合辊时，降低防皱辊和防横弯辊的位置，当合辊完成且光整机正常工作以后再恢复到原有的位置，可以避免起筋的发生。

事实证明，经过采取以上措施，薄宽料平整机后起筋的问题得到了顺利的解决，基本没有再次发生。

6.5.3　薄宽料出口活套瓢曲断带

6.5.3.1　断带事故描述

某公司的连退线设计的最薄极限规格为 0.3mm，但市场上缺少厚度为 0.25mm 的极薄板，价格很贵，领导要求生产 0.25mm 的极薄板。在研究工艺方案时，认为极薄板生产的难点在退火段，容易在炉内出现瓢曲、走偏等缺陷，大家把重点放在炉子段，做了严格仔细的分析和工艺调整后开始生产。结果炉区确实没有出现瓢曲等问题，但谁也没有想到，在出口活套内出现了瓢曲，而且非常严重，最后竟然在出口活套断带了。

6.5.3.2　断带问题调查

A　断口的形貌

经对断口的情况进行分析，是由于先产生瓢曲，带钢中部起皱，形成了一定的抗弯刚度，在活套辊子上反复转向时从中部被折断，且折断越来越厉害，最后从中部开裂，断带。

B 断带发生的位置

经过调看出口速度曲线和焊缝位置对比，断带发生的位置并不是在焊缝后带钢的头部，距头部有 300 多米的长度，说明是在卷取了一段时间后发生的。生产薄宽规格的带钢时，出口操作人员还是很谨慎的，在卷取时小心翼翼，担心头部进入卷取机时卷取不良，正常卷取后，待稳定运行了一段时间才开始加速放套。后来经过推算，正是在卷取完成，出口加速放套时产生的。

6.5.3.3 断带原因分析

A 操作过程分析

经过对出口速度曲线进行分析，发现出口操作工完全按照规程进行操作，在出口卷取结束，并与工艺段同步稳定运行了 4min 后，开始升速放套，加速度是常规设置的 20m/min/s，没有超过设计的最大加速度 30m/min/s。另外，张力等参数也是完全按照工艺规程执行的，没有问题。

B 瓢曲原因分析

由于断带的过程是先瓢曲，后断带，所以从瓢曲产生的原理入手。炉内瓢曲问题大家很重视，做了大量的研究和分析，做了大量的预防措施，但炉外瓢曲却没有引起人们足够的重视。炉外瓢曲与炉内瓢曲的原理是一样的，虽然炉外温度很低，带钢屈服强度相对炉内高许多，但当张力过大，超过一定极限时，同样会出现瓢曲。

那么，为什么会出现在出口已经稳定运行后，进一步加速放套时呢？这是因为，本来出口活套内的所有辊子都是匀速运转的，带钢的张力除了保持带钢张紧以外，仅仅需要克服轴承的摩擦阻力，所以实际张力很小。但在加速时就不一样了，加速时所有辊子都要从匀速状态进入一定的加速状态，由于辊子质量很大，需要一定的拉力才能推动其加速。而程序里是采用的速度控制模式，也就是说要保证 20m/min/s 的加速度，至于张力并没有进行控制，所以这个时候，带钢之间的实际张力比匀速运行时大很多。对于厚板而言，虽然张力加大，但由于厚度大，带钢断面的张应力还是比较小，在可以承受的范围内，不会出现瓢曲。但是，对于薄板而言，采用同样的加速度，张应力就可能超过极限，出现瓢曲。

6.5.3.4 解决问题的措施

根据以上分析，可以采取以下措施：

（1）在程序没有做调整期间，生产薄宽料时，减小放套时的加速度，由 20m/min/s 降低到 10m/min/s。经过采用这种方法，基本解决了断带问题，但放套时间太长，不利于处理出口紧急情况。

（2）对程序进行调整，引入加加速度的概念，即改变原来采用固定加速度的做法，使得加速度由低到高，再由高到低，缓慢变化，解决加速度过高造成的加速过程中拉力过大问题。采取这种方法，就从根本上解决了问题。

6.5.4 镀锌铁板黑线缺陷

6.5.4.1 发生缺陷情况

一天，某公司汽车板镀锌线生产 1.2mm×1040mm 规格、强度牌号 440 的镀锌铁内板时，出口检查人员在钢板表面发现黑线，粗细在 1.5~2.0mm，长度在 150~300mm 不等，在整个板面断断续续出现 2~3 条，正反面都有，方向与运行方向基本一致。镀锌铁板黑线缺陷如图 6.5-2 所示。

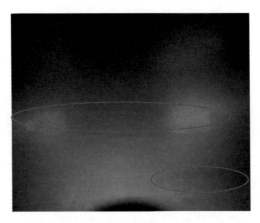

图 6.5-2 镀锌铁板黑线缺陷

6.5.4.2 第一阶段分析及处理情况

于是，对缺陷钢板进行取样观察，并采用盐酸洗去镀层，发现基板上也有轻微的痕迹，但基体没有严重划伤损伤的现象。由此，初步判断是前处理辊面粘附油污造成的。基板缺陷痕迹如图 6.5-3 所示。

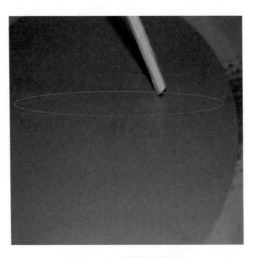

图 6.5-3 基板缺陷痕迹

经对前处理所有胶辊进行检查，没有发现辊面粘附油污的情况，再在炉前对入炉的带钢进行检查，未发现板面有条痕状印迹。但对应的带钢到了出口后，出口板面黑色条状缺陷仍然存在。

为了从根本上确定是不是前处理造成的，经检查确认原材料板面油污很少，于是将前处理停用，将所有与带钢接触的辊子打开。但对应的带钢到了出口后，出口板面黑色条状缺陷仍然存在。排除是前处理造成的问题。

6.5.4.3 第二阶段分析及处理情况

排除了前处理，就开始在炉子方面进行分析。怀疑是炉子密封辊或炉内辊子造成的，经仔细检查，炉子密封辊运转良好，炉内辊子的电流、速度和扭矩等运转参数正常，基本排除是炉辊造成的。

又怀疑是炉鼻内的锌渣或炉鼻灰收集槽造成带钢擦伤，于是生产线降速，调整炉鼻角度，轻轻来回摆动，发现出现了一段密集的黑线，以后就没有再次发生，于是初步判断是炉鼻擦伤造成的，恢复正常速度运行。

6.5.4.4 第三阶段分析及处理情况

在认为找到了问题的原因，生产线基本正常的情况下，投入生产 0.7mm×1350mm 规格、强度牌号深冲级钢的镀锌铁外板，生产线基本正常，产品质量良好。

但是，经过不到 1 天的时间，出口钢板表面又出现了黑线，又摆动炉鼻，还是密集出现一批后减轻，但不能消除。说明情况比较复杂，陷入迷茫之中。由于面板要求很高，决定停机处理。

停机后，发现未经过镀锌铁感应加热器的带钢表面也有缺陷，但不是黑色的，而是白色的，如图 6.5-4 所示，原来在未合金化处理前是白色的。仔细观察缺陷情况，发现白线的方向相互之间不完全一致，与带钢长度方向也不完全一致。问题显得越来越复杂。

图 6.5-4 镀锌铁板白线缺陷

停机后，把能够想到的影响因素都做了处理，将前处理进行了换水，将炉子入口密封辊进行了更仔细的检查，打开炉鼻清理孔，对炉鼻进行了手工清理。

6.5.4.5 第四阶段分析及处理情况

在觉得没有其他可以做的工作以后，决定开机，恢复运行，停用合金化设备，改生产镀纯锌内板。出口产品恢复正常，没有任何缺陷。继续生产镀纯锌内板。

但是，在生产了 1.5 天左右的时间以后，出口钢板表面出现了点状漏镀，呈一条带状排列，露出带钢基板。

经过对露钢的形态进行仔细分析，结合该生产线在没有增加锌灰泵以前发生露钢的经验，开始怀疑是炉鼻灰造成的。于是，仔细通过炉鼻摄像画面观察炉鼻内的情况。

经过对缺陷样板取样化验，结果如图 6.5-5 和表 6.5-1 所示。

图 6.5-5　缺陷样板化验结果

表 6.5-1　缺陷部位的化学成分情况

取样部位	采集位置	元素成分（质量分数）/%				
		C	O	Al	Fe	Zn
缺陷表面	能谱 1	15.96	6.5	0	2.96	91.38
	能谱 2	16.49	7.1	0	3.51	82.16
正常表面	能谱 1	4.86	3.83	0.17	0	96.2
	能谱 2	4.8	3.83	0.14	0	98.14

从结果可以发现，缺陷部位的化学成分与正常部位相比含 C、O、Fe 量较高，而含 Al 量较少，说明缺陷部位没有 Fe_2Al_5 化合物层，属于典型的漏镀，而漏镀造成的原因，就是炉鼻内成分比较单一的锌和氧化锌组成锌灰，锌液没有能够直接接触到基板，就先接触到了锌灰，所以无法形成 Fe_2Al_5 化合物层，露出了铁的基体。

于是，将锌灰泵和集灰炉鼻供应商找来进行分析，锌灰泵运转正常。经过对炉鼻内情况进行仔细观察发现，锌液面液位忽高忽低，炉鼻集渣槽的围堰处的三角形露出液面的高度也忽高忽低。高的时候集渣槽与炉鼻内的锌液连在一起，起不到集渣的作用；低的时候集渣槽与炉鼻内的锌液隔离开来，也起不到集渣的作用。所以不能及时将炉鼻灰排出炉鼻之外，炉鼻灰粘附到带钢表面，形成了线状粘灰，或点状粘灰。

6.5.4.6 最终原因确认与解决

那么为什么会出现锌锅液位波动，以致炉鼻集渣围堰无法正常工作呢？经过排查发现，原来是自动加锌系统故障，只能手工加锌，人工控制不准确，造成加锌不均匀。于是，立即修复自动加锌系统。在修复期间，制作了一个锌锅液位卡板，测量锌锅液位，确保液位准确、稳定。

经过采取以上措施以后，再也没有发现这种黑条或漏镀缺陷。

参 考 文 献

[1] 褚春光，李建英，马德刚，等．铝硅镀层结构特点以及性能检测分析 [J]．冶金与材料，2020，40（6）：5-8，11.

[2] Chen R Y, Willis D J. The behavior of silicon in the solidification of Zn-55Al-1.6Si coating on steel [J]. Metallurgical and Materials Transactions A, 2005, 36A（1）：117-128.

[3] 刘蔚．热浸镀 Al-Zn-Si-Mg/La 镀层组织及耐蚀性研究 [D]．上海：上海大学，2018.

[4] 张艳艳，张延玲，李谦，等．合金元素对 Zn-Al 系热浸镀层结构与性能的影响机理 [J]．过程工程学报，2009，9（S1）：465-472.

[5] Wataru, Kazuhiko. Solidification structure of coating layer in hot-dipZn-11%Al-3%Mg-0.2%Si-coated steel sheet and phase diagram of the system [J]. Nippon Steel Technical Report No. 102 January, 2013.

[6] 谢英秀，金鑫焱，王利．热浸镀锌铝镁镀层开发及应用进展 [J]．钢铁研究学报，2017，29（3）：167-174.

[7] Chen Y R, Zhang F. PandatTM simulation of the solidification sequence and microstructure development of the 2 Pct Mg-55 Pct Al-1.6 Pct Si-Zn coating on steel [J]. Metallurgical and Materials Transactions A, 2020, 51（10）：5228-5244.

[8] Monojit Dutta, Arup Kumumar Halder, Shiv Brat Singh. Morphology and properties of hot dip Zn-Mg and Zn-Mg-Al alloy coatings on steel sheet [J]. Surface & Coatings Technology, 2010, 205（7）：2578-2584.

[9] Reza Amini, Ziadolla Obidov, Izatulla Ganiev, et, al. Potentiodynamical research of Zn-Al-Mg alloy system in the neutral ambience of NaCl electrolyte and influence of Mg on the structure [J]. Journal of Surface Engineered Materials and Advanced Technology, 2012, 2（2）：110-114.

[10] Yao C, Tay S L, Yang J H, et al. Hot dipped Zn-Al-Mg-Cu coating with improved mechanical and anticorrosion properties [J]. Int. J. Electrochem. Sci., 2014, 9：7083-7096.

[11] 李锋，吕家舜，杨洪刚，等．锌铝镁镀层在 NaCl 体系中的腐蚀行为 [J]．中国表面工程，2011，24（4）：25-29，87.

[12] Hosking C, Ström M A, Shipway P H, et al. Corrosion resistance of zinc-magnesiumum coated steel [J]. Corros Sci., 2007, 49：3669-3695.

[13] 童晨，苏旭平，王建华，等．Mg 对 Zn-6%Al 镀层凝固组织的影响及耐腐蚀性的研究 [J]．热加工工艺，2012，41（12）：99-103.

[14] Selvarani Ganesan, Ganesan Prabhu, Branko N Popov. Electrodeposition and characterization of Zn-Mn coatings for corrosion protection [J]. Surface & Coatings Technology, 2014（238）：143-151.

[15] Boshkov N, Petrov K, Raichevski G. Corrosion behavior and protective ability of multilayer Galvanic coatings of Zn and Zn-Mn alloys in sulfate containing medium [J]. Surface & Coatings Technology, 2006（200）：5995-6001.

[16] Boshkov N. Galvanic Zn-Mn alloys—electrodeposition, phase composition, corrosion behaviour and protective ability [J]. Surface and Coatings Technology, 2003（172）：217-226.

[17] Youbin Wang, Jianmin Zeng. Effects of manganese addition on microstructures and corrosion behavior of hot-dip zinc coatings of hot-rolled steels [J]. Surface & Coatings Technology, 2014（245）：55-65.

[18] Srinivasulu Grandhi, Raja V S, Smrutiranjan Parida. Effect of manganese addition on the appearance, morphology, and corrosion resistance of hot-dip galvanized zinc coating [J]. Surface & Coatings Technology, 2021（421）：127377.

[19] Youbin Wang, Jianmin Zeng. Effects of Mn addition on the microstructure and indentation creep behavior of the hot dip Zn coating [J]. Materials and Design, 2015（69）：64-69.

［20］Godzsák M，Lévai G，Vad K，Coloring hot-dip galvanization of steel samples in industrial zinc-manganese baths［J］. J. Min. Metall. Sect. B-Metall. ，2017（53（3）B）：319-326.

［21］Bo Zhang，Hai-Bo Zhou，Enhou Han. Effects of a small addition of Mn on the corrosion behaviour of Zn in a mixed solution［J］. Electrochimica Acta，2009（54）：6598-6608.

［22］冯丽萍，刘正堂. 薄膜技术与应用［M］. 西安：西北工业大学出版社，2016.

［23］Bernd Schuhmacher，Christian Schwerdt，Ulf Seyfert，et al. Innovative steel strip coatings by means of PVD in a continuous pilot line：process technology and coating development［J］. Surface and coatings technology，2003（163/164）：703-709.

［24］彭继华，肖新生，苏东艺，等. 涂层结构对 Ti-Al-N 涂层氧化行为的影响［J］. 真空科学与技术学报，2013，33（3）：208-213.

［25］王福贞，马文存. 气相沉积应用技术［M］. 北京：机械工业出版社，2006.

［26］刘昕，邱肖盼，江社明，等. 真空蒸镀制备 Zn-Mg 镀层的研究进展［J］. 材料保护，2019，52（8）：133-137.

［27］郑宇城，洪锡俊，南庆勋，等. Zn-Mg 合金镀层钢板及其制造方法：CN201280077973［P］. 2012-12-28.

［28］邱肖盼. 真空蒸发制备锌镁合金镀层的沉积工艺与机理研究［D］. 北京：钢铁研究总院，2021.

［29］李金花，宋宽秀，王一平，等. 中高温太阳光谱选择性吸收涂层的研究进展［J］. 化学工业与工程. 2004，6：432-437.

［30］曹宁宁，卢松涛，姚锐，等. 太阳光谱选择性吸收涂层［J］. 化学进展，2019，31（4）：597-612.

［31］齐慧滨. 带钢的连续真空镀膜技术［J］. 世界钢铁，2004（3）：13-16.

［32］Babbit M. Some Highlights on New Steel Products for Automotive Use［J］. Steel Research International，2006，77（9/10）：620-626.

［33］罗晔. 韩国 WPM 项目智能涂层钢板材料研究进展［J］. 工程研究：跨学科视野中的工程，2018，10（1）：49-55.

［34］张启富，俞钢强，仲海峰，等. 钢带连续热镀锌与镀锌镁合金的联合机组及其生产方法：CN201510548452［P］. 2015-08-31.

［35］邱肖盼，刘昕，刘秋元，等. 退火工艺对真空蒸镀 Zn-Mg 镀层耐蚀性的影响［J］. 真空科学与技术学报，2019，39（6）：460-465.

［36］Bruno Schmitz. Development of Zn-Mg alloy coatings by JVD［J］. Steel Research，2001，72（11/12）：522-527.

［37］张启富，习中革，江社明，等. PVD 技术沉积锌镁合金镀层的研究时展［J］. 钢铁研究学报，2012，24（8）：1-6.

［38］Daniel Chaleix，Eric Jacqueson，Cécile Pesci，et al. Jet vapour deposition：a technical economic alternative to electro-galvanizing for Zn coatings of future steels［C］// AISTech 2021. Nashville，Tenn. ，USA. 2021：1134-1143.

［39］浦项推出高耐腐蚀性表面处理钢板 PosPVD［N］. 世界金属导报，2018-10-09（B01）.

［40］Cao C，Yao G，Jiang L，et al. Bulk ultrafine grained/nanocrystalline metals via slow cooling［J］. Science advances，2019，5（8）：eaaw2398.

［41］Cao C，Yao G，Sokoluk M，et al. Molten salt-assisted processing of nanoparticle-reinforced Cu［J］. Materials Science and Engineering：A，2020，785：139345.

［42］Javadi A，Cao C，Li X. Manufacturing of Al-TiB2 nanocomposites by flux-assisted liquid state processing［J］. Procedia Manufacturing，2017，10：531-535.

［43］李九岭. 带钢连续热镀锌［M］. 4 版. 北京：冶金工业出版社，2019.

［44］ 刘邦津．钢材的热浸镀铝［M］．北京：冶金工业出版社，2010.

［45］ 许秀飞．钢带连续热镀锌技术问答［M］．北京：化学工业出版社，2007.

［46］ 刘灿楼，李远鹏，俞钢强，等．钢板连续热浸镀铝生产工艺技术［J］．中国冶金，2016，26（6）：45-50，64.

［47］ 张启富，刘邦津，黄建中．现代钢带连续热镀锌［M］．北京：冶金工业出版社，2010.

［48］ 许秀飞．钢带连续涂镀和退火疑难对策［M］．北京：化学工业出版社，2010.

［49］ 许秀飞．高档钢板生产工艺与控制［M］．北京：化学工业出版社，2018.

［50］ 张雨泉，杨芃，许秀飞．汽车板生产技术与管理［M］．北京：化学工业出版社，2018.

［51］ 蔺宏涛．高强度钢 QP980 焊接接头的组织性能与氢脆敏感性研究［D］．北京：北京科技大学，2020.

［52］ 王登峰．中国汽车轻量化发展战略与路径［M］．北京：北京理工大学出版社，2015.

［53］ 高鹏飞．1300MPa 级淬火配分钢的组织调控及形变机制研究［D］．北京：北京科技大学，2021.

［54］ 康永林．现代汽车板工艺及成形理论与技术［M］．北京：冶金工业出版社，2009.

［55］ 陈吉清，兰凤崇．汽车结构轻量化设计与分析方法［M］．北京：北京理工大学出版社，2017.

［56］ 史国宏，陈勇，杨雨泽，等．白车身多学科轻量化优化设计应用［J］．材料工程学报，2012，48（8）：110-114.

［57］ 陈丁跃．现代汽车设计制造工艺［M］．陕西：西安交通大学出版社，2015.

［58］ 白树全，高美兰．汽车应用材料［M］．北京：北京理工大学出版社，2013.

［59］ 刘小燕．汽车用钢的研发进展［N］．世界金属导报，2018-01-23（B11）．

［60］ 杨永刚．高强塑中锰钢亚稳奥氏体稳定性及回弹行为研究［D］．北京：北京科技大学，2020.

［61］ 李俊生，宋志超．带钢涂镀新技术的研究与应用［J］．河北冶金，2020，9：58-61.

［62］ 朱旭．基于 TRIP 效应的第 3 代先进高强汽车用钢氢脆机制的研究［D］．上海：上海交通大学，2016.

［63］ Bruna R G. Effects of hot and warm rolling on microstructure, texture and properties of low carbon steel［J］. Rem: Revista Escola de Minas, 2011, 64（1）: 57.

［64］ 常文晗，余伟．铁素体区轧制 IF 钢组织性能［C］//第十二届中国钢铁年会论文集，2019.

［65］ 郭小龙，郑之旺，孙力军．超深冲 IF 钢的生产技术与发展概况［J］．上海金属，2008，30（1）：42-46.

［66］ 蔡珍，梁文，汪水泽，等．Ti-IF 钢铁素体轧制实践及工艺探讨［J］．物理测试，2020，38（3）：7-12.

［67］ 王建功，夏银锋，周旬，等．铁素体轧制工艺对 Ti-IF 钢酸洗效果的影响［J］．中国冶金，2017，27（7）：54-57.

［68］ 王建功，赵虎，夏银锋，等．常规热连轧线 Ti-IF 钢铁素体轧制工艺研究与应用［J］．钢铁，2017，52（10）：65-71.

［69］ 刘战英，周满春，王涛．IF 钢两次冷轧压下率分配对 {111} 织构的影响［C］//2007 年河北省轧钢技术与学术年会，2007.

［70］ 魏承炀．再结晶织构形成机理的研究进展［C］//2014 年建筑科技与管理学术交流会论文集，2014.

［71］ 马鸣图．我国汽车钢板研究与应用进展［J］．钢铁，2001（8）：64-69.

［72］ 梁瑞洋．细晶高强 IF 钢退火工艺及二相粒子析出对织构的影响［D］．鞍山：辽宁科技大学，2012.

［73］ 王云平，赵小龙．卷取温度对高强 IF 钢再结晶及织构的影响［J］．中国冶金，2018，28（10）：14-18.

［74］ 唐荻，赵征志，米振莉，等．汽车用先进高强钢［M］．冶金工业出版社，2016.

［75］ 王林，于洋，王畅，等．IF 钢热轧加热温度和连退温度对连退成品质量的影响［J］．首钢科技，

2019（1）：12-16.

[76] 潘竟忠，王艳东．IF 钢热轧生产工艺分析［J］．河北冶金，2009，（3）：11-13.

[77] 关晓光，刘丽萍．板坯加热温度和终轧温度对加磷 IF 钢板组织性能的影响［J］．热加工工艺，2020，49（21）：83-84，88.

[78] 肖利．高强 Nb-IF 钢的深冲性能研究［J］．金属热处理，2012（5）：94-97.

[79] 马多，张红梅，孙成钱，等．冷轧压下率对含 Nb 细晶高强 IF 钢织构形成机制的影响［J］．材料热处理学报，2015，36（2）：91-96.

[80] 韩玉龙，周乐育．罩式炉退火温度对 Nb-Ti 复合 IF 钢组织及性能的影响［J］．金属热处理，2018（3）：171-176.

[81] 陈爱华，霍昌军，岳重祥，等．连续退火温度对高强 IF 钢组织及力学性能的影响［J］．锻压技术，2018，43（7）：192-196，208.

[82] 罗磊．退火工艺对高强 IF 钢组织织构和性能的影响［D］．成都：西华大学，2015.

[83] 宋新莉，彭堃，练容彪，等．退火温度对高强 IF 钢再结晶织构及磷，硼晶界偏聚的影响［J］．材料热处理学报，2015，36（12）：110-115.

[84] Nagataki Y，Hosoya Y，Origin of the recrystalzalion texture formationin in an interstitial free steel［J］．ISIJ International，1996，36（4）：451-460.

[85] Matsui F，Shibao M，Yoshida N，et al. Property of Laser Welded Bake-Hardening Steel in Tailored Blanks for Automobile［C］//Materials Science Forum，2004.

[86] 姚贵升．采用烘烤硬化钢板（BH 钢）改善汽车车身外表零件的抗凹陷性能［J］．宝钢技术，2000（4）：1-7.

[87] 王利，陆匠心．宝钢冷轧汽车板品种开发、应用及发展［J］．China Metallurgy，2003（8）：23-25.

[88] 关小军，潘伟，周家娟，等．成分对超低碳高强度烘烤硬化钢板性能的影响［J］．特殊钢，1999（6）：19-21.

[89] 王建平，高洪刚．C、P 含量对烘烤硬化钢组织性能的影响［J］．金属世界，2015（2）：13-16.

[90] 吕成，胡吟萍，孙方义．不同成分体系对超低碳烘烤硬化钢性能的影响［J］．钢铁研究，2011，39（2）：59-62.

[91] 崔岩，王瑞珍，魏星，等．连续退火工艺对超低碳烘烤硬化钢烘烤硬化性能的影响［J］．钢铁，2010，45（9）：86-90.

[92] 高洪刚，康海军．连续退火工艺对冷轧烘烤硬化钢组织性能的影响［J］．轧钢，2018，35（2）：42-44，84.

[93] 李春诚，李霞．连退工艺对烘烤硬化钢 CR180B2 力学性能的影响［J］．轧钢，2017，34（4）：26-29.

[94] 金兰，李维娟，张永衡．预变形量对超低碳钢烘烤硬化性能的影响［J］．机械工程材料，2012，36（12）：37-39，44.

[95] 达春娟，王建平．C 含量和时效时长对冷轧烘烤硬化钢性能的影响［J］．金属世界，2019（2）：31-33，37.

[96] 王琳琳．低碳烘烤硬化钢 Cottrell 气团的形成及对 BH 值的影响［D］．鞍山：辽宁科技大学，2015.

[97] 全国钢标准化技术委员会．汽车用高强度冷连轧钢板及钢带 第 4 部分 低合金高强度钢：GB/T 20564.4—2010［S］．北京：中国标准出版社，2011.

[98] 潘殿军．冷轧低合金超高强钢的组织与性能研究［D］．北京：北京科技大学，2013.

[99] 缪鹏飞，童彦刚，郭彦兵．超低碳贝氏体钢中合金元素的作用及其对焊接性的影响［J］．材料热处理技术，2010，39（20）：29-35.

[100] Suarez M A，Alvarez-Pére M A，Alvarez-Frego O. Effect of nanoprecipitates and grain size on the

mechanical properties of advanced structural steels [J]. Materials Science and Engineering A, 2011:
4924-4926.

[101] 吕盛夏，陈事，毛新平，等. Ti 微合金化冷轧高强钢的再结晶温度研究 [J]. 钢铁钒钛，2011，
32（2）：43-47.

[102] Deardo A J. Fundamental metallurgy of niobium in steel [C]//Niobium Science & Technology,
Proceedings of the International Symposium Niobium 2001, Orlando: TMS, 2001: 427-500.

[103] 郭俊成，张超铸，杨续跃. 退火温度对含铌微合金高强钢力学性能的影响 [J]. 热加工工艺，
2020，49（20）：149-152.

[104] 李春诚，佟铁印，王亚东，等. 连退工艺对低合金高强钢 HC300LA 力学性能的影响 [J]. 中国冶
金，2017，27（3）：28-31，53.

[105] 康涛，陈斌，赵征志，等. 600MPa 级低合金高强钢的组织调控与工艺优化 [J]. 中国冶金，2019，
29（9）：45-50.

[106] 蔡珍，汪水泽，徐进桥，等. 短流程热轧双相钢的生产现状及发展趋势 [J]. 轧钢，2018，
35（2）：59-64.

[107] Calcagnotto M, Ponge D, Raabe D. On the effect of manganese on grain size stability and hardenability in
ultrafine-grained ferrite/martensite dual-phase steels [J]. Metallurgical & Materials Transactions A,
2012, 43（1）：37-46.

[108] Drumond J, Filho J F D S, Fonstein N, et al. Effect of silicon content on the microstructure and
mechanical properties of dual-phase steels [J]. Metallography Microstructure & Analysis, 2012, 1（5）：
217-223.

[109] 庞海轮，张学辉，洪永昌. 铬对冷轧双相钢组织和性能的影响 [J]. 热处理，2009，24（1）：
46-50.

[110] Sun S J, Pugh M. Properties of thermomechanically processed dual-phase steels containing fibrous
martensite [J]. Materials Science and Engineering A, 2002, 335: 298-308.

[111] 党淑娥. 双相钢的研究现状及应用前景 [J]. 山西机械，2002，117（4）：14-18.

[112] Al-Abbasi F M, Nemes J A. Micromechanical modeling of dual phase steels [J]. International Journal of
Mechanical Sciences, 2003, 45: 1449-1465.

[113] Mazaheri Y, Kermanpur A, Najafizadeh A. A novel route for development of ultrahigh strength dual phase
steels [J]. Materials Science & Engineering A, 2014, 619: 1-11.

[114] 李守华，卢琳，江海涛. 冷轧压下率对高强度热镀锌双相钢组织性能的影响 [J]. 轧钢，2014，
31（5）：6-8.

[115] Rocha R O, Melo T, Pereloma M, et al. Microstructural evolution at the initial stages of continuous
annealing of cold rolled dual-phase steel [J]. Materials Science and Engineering A, 2005, 391:
296-304.

[116] 康涛，郭杰，周伟，等. 退火温度对冷轧 DP980 钢力学性能的影响 [J]. 金属热处理，2020，
45（1）：6-10.

[117] Kyong S P, Kyung-Tae P, Duk L L, et al. Effect of heat treatment path on the cold formability of drawn
dual-phase steels [J]. Materials Science and Engineering A, 2007, 449/450/451: 1135-1138.

[118] 王科强，刘仁东，王旭，等. 缓慢冷却工艺对高强度冷轧双相钢组织性能的影响 [J]. 钢铁研究
学报，2012，24（2）：44-48.

[119] 郭杰. 工艺参数对冷轧双相钢 DP780 和 DP980 组织性能的影响研究 [D]. 北京：北京科技大
学，2019.

[120] 刘志桥，陈刚，张志建，等. 退火工艺对 DP590 双相钢组织与力学性能的影响 [J]. 金属热处理，

2019, 44（10）：87-90.

[121] 肖洋洋，詹华，刘永刚，等．过时效温度对 980MPa 级冷轧双相钢组织及力学性能的影响［A］. 中国金属学会．第十一届中国钢铁年会论文集——S07. 汽车钢［C］．中国金属学会：中国金属学会，2017：5.

[122] 潘恩宝．高品质冷轧汽车钢退火工艺与组织性能控制［D］．沈阳：东北大学，2017.

[123] 金光灿．800MPa 级热镀锌双相钢热处理工艺及其断裂行为的研究［D］．北京：北京科技大学，2009.

[124] Lin K，Lin C S. Effect of Silicon in Dual Phase Steel on the Alloy Reaction in Continuous Hot-dip Galvanizing and Galvannealing［J］. ISIJ International，2014，54（10）：2380-2384.

[125] 张清辉，陈冷，毛卫民，等．钢带热镀锌技术研究进展［J］．金属热处理，2009，34（12）：78-82.

[126] 李佳彧．汽车用 980MPa 级双相钢退火及热镀锌工艺研究［D］．沈阳：东北大学，2018.

[127] 关琳，王建平，李沈洋，等．不同退火工艺对 800MPa 级热镀锌双相钢组织特征的影响［J］．金属世界，2020（1）：59-61.

[128] 齐春雨，王贺贺，李远鹏，等．热镀锌工艺对 DP590 钢板表面镀层性能的影响［J］．金属热处理，2015，40（10）：151-154.

[129] 全国钢标准化技术委员会．汽车用高强度冷连轧钢板及钢带 第 12 部分 增强成形性双相钢：GB/T 20564. 12—2019［S］．北京：中国标准出版社，2020.

[130] 林利，张瑞坤，刘仁东，等．一种高延展、高成形性能冷轧 DH590 钢及其生产方法：CN111979490A［P］. 2020-11-24.

[131] 张瑞坤，刘仁东，林利，等．一种 780MPa 级高塑性冷轧 DH 钢及其制备方法：CN111979489A［P］. 2020-11-24.

[132] 张瑞坤，林利，刘仁东，等．一种 980MPa 级高成形性冷轧 DH 钢及其制备方法：CN112048681A［P］. 2020-12-08.

[133] 张瑞坤，刘仁东，林利，等．一种超高强度冷轧 DH1180 钢及其制备方法：CN112095046A［P］. 2020-12-18.

[134] 张伟，李春光，林兴明，等．基于压溃试验增强成形性双相钢吸能特性分析［A］．中国金属学会．第十二届中国钢铁年会论文集——大会特邀报告 & 分会场特邀报告［C］．中国金属学会：中国金属学会，2019：7.

[135] Ennis B L，Jimenez-Melero E，Atzema E H，et al. Metastable austenite driven work-hardening behaviour in a TRIP-assisted dual phase steel［J］. International Journal of Plasticity，2017，88：126-139.

[136] Ennis B L，Bos C，Aarnts M P，et al. Work hardening behaviour in banded dual phase steel structures with improved formability［J］. Materials Science & Engineering A，2018，713：278-286.

[137] 梁江涛，赵征志，刘锟，等．1300MPa 级 Nb 微合金化 DH 钢的组织性能［J］．工程科学学报，2021，43（3）：392-399.

[138] 全国钢标准化技术委员会．汽车用高强度热连轧钢板及钢带 第 6 部分 复相钢：GB/T 20887. 6—2017［S］．北京：中国标准出版社，2018.

[139] Spenger F，Hebesberger T. Pichler A，et al. AHSS steel grades：strain hardening and damage as material design criteria［J］. International Conference on New Developments in Advanced High Strength Sheet Steels，AIST，Orlando，Florida，2008：39-49.

[140] Ehrhardt B，Gerber T，Hofmann H，et al. Effect of alloying elements on microstructure and mechanical properties of hot rolled multiphase steels［J］. Ironmaking & Steelmaking，2013，32（4）：303-308.

[141] Graux A，Cazottes S，Castro D D，et al. Design and development of complex phase steels with improved

combination of strength and stretch-flangeability [J]. Metals - Open Access Metallurgy Journal, 2020, 10 (6): 824.

[142] 谢春乾, 杨瑞枫, 李振, 等. 退火工艺对 780MPa 级复相钢组织与性能的影响 [J]. 金属热处理, 2018, 43 (7): 171-174.

[143] 邱木生, 张环宇, 韩赟, 等. 980MPa 级热镀锌复相钢研究及生产实践 [A]. 中国金属学会. 第十一届中国钢铁年会论文集——S07. 汽车钢 [C]. 中国金属学会: 中国金属学会, 2017: 5.

[144] Lu J, Yu H, Duan X N, et al. Investigation of microstructural evolution and bainite transformation kinetics of multi-phase steel [J]. Materials Science & Engineering A, 2020 (774): 138868.

[145] Fonstein N, Jun H J, Huang G, et al. Effect of bainite on mechanical properties of multiphase ferrite-bainite-martensite steels [C]//AIST Steel Properties and Applications Conference Proceedings Combined with MS and T'11. Materials Science and Technology, Columbus, Ohio, USA, 2011: 333-341.

[146] 胥思伟, 王智文, 孙垒. 贝氏体对复相钢机械性能的影响 [J]. 汽车工艺与材料, 2021 (4): 48-52.

[147] Zi Y H, Di W, Shu X Z, et al. Effect of Holding Temperature on Microstructure and Mechanical Properties of High-Strength Multiphase Steel [J]. Steel Research International, 2016, 87 (9): 1203-1212.

[148] Pereloma E V, Timokhina I B, Hodgson P D. Transformation behaviour inthermomechanically processed C-Mn-Si TRIP steels with and without Nb [J]. Materials science and engineering Lausanne A, 1999, 273/274/275: 448-452.

[149] Perlade A, Bouaziz O, Furnémont Q. A physically based model for TRIP-aided carbon steels behavior [J]. Materials Science & Engineering A, 2003, 356 (1/2): 145-152.

[150] 全国钢标准化技术委员会. 汽车用高强度冷连轧钢板及钢带 第 6 部分 相变诱导塑性钢: GB/T 20564.6—2010 [S]. 北京: 中国标准出版社, 2011.

[151] Shin H C, Ha T K, Chang Y W. Kinetics of deformation induced martensitic transformation in a 304 stainless steel [J]. Scripta Materialia, 2001, 45 (7): 823-829.

[152] Park H S, Han J C, Lim N S, et al. Nano-scale observation on the transformation behavior and mechanical stability of individual retained austenite in CMnSiAl TRIP steels [J]. Materials Science & Engineering A, 2015, 627: 262-269.

[153] Feng W, Wu Z, Wang L, et al. Effect of Testing Temperature on Retained Austenite Stability of Cold Rolled C-Mn-Si Steels Treated by Quenching and Partitioning Process [J]. Steel research international, 2013, 84 (3): 246-252.

[154] Osamu, Matsumura, Yasuharu, et al. Effect of retained austenite on formability of high strength sheet steels [J]. ISIJ International, 1992, 32 (10): 1110-1116.

[155] Sugimoto K I, Kobayashi M, Hashimoto S I. Ductility and strain-induced transformation in a high-strength transformation-induced plasticity-aided dual-phase steel [J]. Metallurgical Transactions A, 1992, 23 (11): 3085-3091.

[156] 刘敬广, 景财年, 甘洋洋, 等. TRIP 钢中合金元素对相变诱发塑性的影响 [J]. 山东建筑大学学报, 2012, 27 (4): 422-425.

[157] Kim H, Suh D W, Kim N J. Fe-Al-Mn-C lightweight structural alloys: a review on the microstructures and mechanical properties [J]. Science & Technology of Advanced Materials, 2013, 14 (1): 014205.

[158] 李大光. 汽车用热镀锌先进高强钢 TRIP690 生产工艺探究 [A]. 中国金属学会. 第十一届中国钢铁年会论文集——S04. 表面与涂镀 [C]. 中国金属学会: 中国金属学会, 2017: 6.

[159] Kim S J, Chang G L, Lee T H, et al. Effect of Cu, Cr and Ni on mechanical properties of 0.15 wt.%

C TRIP-aided cold rolled steels [J]. Scr Mater, 2003, 48 (5): 539-544.

[160] Yang C X, Shi W, Li L, et al. Static and dynamic mechanical properties of low carbon low silicon TRIP steel containing aluminum and vanadium [C] // Iron & Steel Supplement 2005 vol. 40: The Joint International Conference of HSLA Steels 2005 and ISUGS 2005. 2005.

[161] 王超, 丁桦, 姚春发, 等. 合金元素及热处理工艺对1000MPa级TRIP钢性能的影响 [J]. 东北大学学报 (自然科学版), 2012, 33 (7): 953-957.

[162] 吴静, 董欣欣, 刘丽萍. 退火工艺对TRIP980冷轧钢板显微组织和力学性能的影响 [J]. 金属热处理, 2020, 45 (12): 102-105.

[163] 黄慧强, 邸洪双, 张天宇, 等. 两相区退火温度对高铝低硅TRIP钢组织性能的影响 [J]. 东北大学学报 (自然科学版), 2019, 40 (12): 1700-1706.

[164] 陈斌. 1000MPa级超高强冷轧相变诱导塑性钢组织性能调控研究 [D]. 北京: 北京科技大学, 2019.

[165] 曾尚武, 赵征志, 赵爱民, 等. 贝氏体区等温温度对含钒TRIP800钢组织性能的影响 [J]. 材料热处理学报, 2014, 35 (1): 120-124.

[166] Zhang S, Findley K O. Quantitative assessment of the effects of microstructure on the stability of retained austenite in TRIP steels [J]. Acta Materialia, 2013, 61 (6): 1895-1903.

[167] Chiang J, Lawrence B, Boyd J D, et al. Effect of microstructure on retained austenite stability and work hardening of TRIP steels [J]. Materials Science and Engineering A, 2011, 528 (13): 4516-4521.

[168] Jimenez-Melero E, Dijk N, Zhao L, et al. Martensitic transformation of individual grains in low-alloyed TRIP steels [J]. Scripta Materialia, 2007, 56 (5): 421-424.

[169] Matlock D K, Speer J G. Third generation of AHSS: Microstructure design concepts [C]// Haldar A, Suwas S, Bhattacharjee D. Microstructure and texture in steels. London: Springer, 2009: 185-205.

[170] 李文斌, 费静, 曹忠孝, 等. 鞍钢低合金耐磨钢研发现状及发展 [C]// 第八届 (2011) 中国钢铁年会, 2011.

[171] Qi L, Khachaturyan A G, Morris J W. The microstructure of dislocated martensitic steel: Theory [J]. Acta Materialia, 2014, 76: 23-39.

[172] Morito S, Huang X, Furuhara T, et al. The morphology and crystallography of lath martensite in alloy steels [J]. Acta Materialia, 2006, 54 (19): 5323-5331.

[173] Morito S, Yoshida H, Maki T, et al. Effect of block size on the strength of lath martensite in low carbon steels [J]. Materials Science and Engineering A, 2006, 438/439/440 (25): 237-240.

[174] He B B, Huang M X. Revealing the intrinsic nanohardness of lath martensite in low carbon steel [J]. Metallurgical and Materials Transactions A, 2015, 46: 688-694.

[175] Morito S, Tanaka H, Konishi R, et al. The morphology and crystallography of lath martensite in Fe-C alloys [J]. Acta Materialia, 2003, 51 (6): 1789-1799.

[176] Kitahara H, Ueji R, Ueda M, et al. Crystallographic analysis of plate martensite in Fe-28. 5 at. % Ni by FE-SEM/EBSD [J]. Materials Characterization, 2005, 54 (4/5): 378-386.

[177] Kitahara H, Ueji R, Tsuji N, et al. Crystallographic features of lath martensite in low-carbon steel [J]. Acta Materialia, 2006, 54 (5): 1279-1288.

[178] 张瀚龙, 朱晓东, 薛鹏. 退火工艺对超高强冷轧马氏体钢板力学性能的影响 [J]. 宝钢技术, 2017 (5): 27-32.

[179] 王凯, 张贵杰, 周满春. 冷轧高强钢热处理工艺技术的发展 [J]. 金属世界, 2009 (4): 52-57.

[180] 许克好, 周娜, 惠亚军, 等. 冷却速度对900MPa级冷轧马氏体钢组织性能的影响 [J]. 中国冶金, 2020, 30 (8): 30-34.

[181] 朱晓东, 薛鹏, 李伟. 回火对超高强度马氏体钢力学性能的影响 [J]. 宝钢技术, 2019 (6): 1-5.

[182] Guler H, Ertan R, Ozcan R. Investigation of the hot ductility of a high-strength boron steel [J]. Materials Science and Engineering A, 2014, 608: 90-94.

[183] 金学军, 龚煜, 韩先洪, 等. 先进热成形汽车钢制造与使用的研究现状与展望 [J]. 金属学报, 2020, 56: 411-428.

[184] 易红亮, 常智渊, 才贺龙, 等. 热冲压成形钢的强度与塑性及断裂应变 [J]. 金属学报, 2020, 56: 429-443.

[185] 康永林, 陈贵江, 朱国明, 等. 新一代汽车用先进高强钢的成形与应用 [J]. 钢铁, 2010, 45: 1-6, 19.

[186] 余海燕, 蒋忠伟. A柱加强板热冲压延迟开裂机理 [J]. 锻压技术, 2017, 42 (3): 40-44.

[187] Fan D W, Kim H S, De Cooman B C. A review of the physical metallurgy related to the hot press forming of advanced high strength steel [J]. Steel Research International, 2009, 80 (3): 241-248.

[188] Bariani P F, Bruschi S, Ghiotti A, et al. Testing formability in the hot stampingof HSS [J]. CIRP Annals-Manufacturing Technology, 2008, 57: 265-268.

[189] Mori K, Maki S, Tanaka Y Warm and hot stamping of ultra high tensile strength steel sheets using resistance heating [J]. CIRP Annals-Manufacturing Technology, 2009, 54: 209-212.

[190] Kopeck R, Veit R, Hofmann H, et al. Alternative heating concepts for hot sheet metal forming [C] // Proceedings of the 1st International Conference on Hot Sheet Metal Forming of High-performance Steel, Kassel: GRIPS media, 2008: 239-246.

[191] Behrens B A, Hubner S, Demir M. Conductive heating system for hot sheet metal forming [C] // Proceedings of the 1st International Conference on Hot Sheet Metal Forming of Hign-performance Steel, Kassel: GRIPS media, 2008: 63-68.

[192] 林建平, 王立影, 田浩彬, 等. 超高强度钢板热冲压成形研究与进展 [J]. 热加工工艺, 2008, 37 (21): 140-144.

[193] Galan J, Samek L, Verleysen P, et al. Advanced high strength steels for automotive industry [J]. Revista De Metalurgia, 2012, 48 (2): 118-131.

[194] Billur E. Hot Formed Steels [M]. Woodhead Publishing, 2017: 387-411.

[195] Bansal G K, Rajinikanth V, Ghosh C, et al. Microstructure-property correlation in low-Si steel processed through quenching and nonisothermal partitioning [J]. Metallurgical and Materials Transactions a-Physical Metallurgy andMaterials Science, 2018, 49 (8): 3501-3514.

[196] Suzuki T, Ono Y, Miyamoto G, et al. Effects of Si and Cr on bainite microstructure of medium carbon steels [J]. Tetsu to Hagane-journal of the Iron and Steel Institute of Japan, 2010, 96 (6): A392-A399.

[197] Zhang S Q, Huang Y H, Sun B T, et al. Effect of Nb on hydrogen-induced delayed fracture in high strength hot stamping steels [J]. Materials Science and Engineering a-Structural Materials Properties Microstructure and Processing, 2015, 626: 136-143.

[198] Chen Y S, Lu H Z, Liang J T, et al. Observation of hydrogen trapping at dislocations, grain boundaries, and precipitates [J]. Science, 2020, 367 (6474): 171-125.

[199] Wei F G, Tsuzaki K. Quantitative analysis on hydrogen trapping of TiC particles in steel [J]. Metallurgical and Materials Transactions a-Physical Metallurgy and Materials Science, 2006, 37 (2): 331-353.

[200] 梁江涛. 2000MPa级热成形钢的强韧化机制及应用技术研究 [D]. 北京: 北京科技大学, 2019.

[201] Wu H, Ju B, Tang D, et al. Effect of Nb addition on the microstructure and mechanical properties of an 1800MPa ultrahigh strength steel [J]. Materials Science and Engineering: A, 2015, 622: 61-66.

［202］Wang Y, Sun J, Jiang T, et al. A low-alloy high-carbon martensite steel with 2.6GPa tensile strength and good ductility ［J］. Acta Materialia, 2018, 158: 247-256.

［203］惠亚军, 潘辉, 刘锟, 等. 600MPa 级 Nb-Ti 微合金化高成形性元宝梁用钢的强化机制 ［J］. 金属学报, 2017, 53 (8): 937-946.

［204］Zhang C, Wang Q, Ren J, et al. Effect of microstructure on the strength of 25CrMo48V martensitic steel tempered at different temperature and time ［J］. Materials & Design, 2012, 36: 220-226.

［205］纪登鹏, 连昌伟, 韩非. 1500MPa 级超高强钢的成形特性研究 ［C］//第十二届中国钢铁年会论文集——5. 金属材料深加工. 中国金属学会, 2019: 1-5.

［206］Ehrhardt B, Gerber T, Schaumann T W. Approaches to microstructural design of TRIP and TRIP aided cold rolled high strength steels ［C］//International Conference on Advanced High Strength Sheet Steels for Automotive Applications. AIST, Winter Park, CO, USA. 2004: 39-50.

［207］Kim D H, Speer J G, De Cooman B C. The Isothermal transformation of low-alloy low-C CMnSi steels below MS ［J］. Materials Science Forum, 2010, 654-656: 98-101.

［208］Seo E J, Cho L, De Cooman B C. Application of quenching and partitioning (Q-P) processing to press hardening steel ［J］. Metallurgical & Materials Transactions A, 2014, 45: 4022-4037.

［209］Grajcar A, Krzton H. Effect of isothermal bainitic transformation temperature on retained austenite fraction in C-Mn-Si-Al-Nb-Ti TRIP-type steel ［J］. Journal of Achievements of Materials and Manufacturing Engineering, 2009, 35: 169-176.

［210］梁驹华. 冷轧高强韧 Q-P 钢的工艺研究 ［D］. 北京: 北京科技大学, 2015.

［211］Miyamoto G, Oh J C, Hono K, et al. Effect of partitioning of Mn and Si on the growth kinetics of cementite in tempered Fe-0.6 mass% C martensite ［J］. Acta Materialia, 2007, 55 (15): 5027-5038.

［212］Kim B, Celada C, San Martín, D, et al. The effect of silicon on the nanoprecipitation of cementite ［J］. Acta Materialia, 2013, 61 (18): 6983-6992.

［213］Jang J H, Kim I G, Bhadeshia H K D H. ε-Carbide in alloy steels: First-principles assessment ［J］. Scripta Materialia, 2010, 63 (1): 121-123.

［214］Xue H, Baker T N. Influence of aluminium on carbide precipitation in low carbon microalloyed steels ［J］. Materials science and technology, 1993 9 (5): 424-429.

［215］Zhu K Y, Shi H, Chen H, et al. Effect of Al on martensite tempering: comparison with Si ［J］. Journal of materials science, 2018, 53: 6951-6967.

［216］Li S, Zhu R, Karaman I, et al. Thermodynamic analysis of two-stage heat treatment in TRIP steels ［J］. Acta Materialia, 2012, 60 (17): 6120-6130.

［217］Kang T, Zhao Z, Liang J, et al. Effect of the austenitizing temperature on the microstructure evolution and mechanical properties of Q&P steel ［J］. Materials Science and Engineering: A, 2020, 771: 138584.

［218］Gao P F, Chen W J, Li F, et al. New crystallography insights of retained austenite transformation in an intercritical annealed quenching and partitioning steel ［J］. Materials Letters, 2020: 273.

［219］朱帅. 基于 Q&P 工艺的超高强汽车用钢的组织性能研究 ［D］. 北京: 北京科技大学, 2013.

［220］Cho L, Seo E J, De Cooman B C. Near-A_{c3} austenitized ultra-fine-grained quenching and partitioning (Q&P) steel ［J］. Scripta Materialia, 2016, 123: 69-72.

［221］Wang X, Liu L, Liu R D, et al. Benefits of intercritical annealing in quenching and partitioning steel ［J］. Metallurgical and Materials Transactions A, 2018, 49 (5): 1460-1464.

［222］刘赓. 快速热处理工艺对 Q&P 钢组织性能影响机理研究 ［D］. 北京: 北京科技大学, 2017.

［223］Gao P F, Liang J H, Chen W J, et al. Prediction and evaluation of optimum quenching temperature and microstructure in a 1300MPa ultra-high-strength Q-P steel [J]. Journal of Iron and Steel Research International, 2022 (2): 307-315.

[224] Speer J G, Edmonds D V, Rizzo F C, et al. Partitioning of carbon from supersaturated plates of ferrite, with application to steel processing and fundamentals of the bainite transformation [J]. Current Opinion in Solid State and Materials Science, 2004, 8 (3/4): 219-237.

[225] Jing S, Hao Y. Microstructure development and mechanical properties of quenching and partitioning (Q-P) steel and an incorporation of hot-dipping galvanization during Q-P process [J]. Materials Science and Engineering A, 2013, 586: 100-107.

[226] 康人木, 刘国权, 吴文东, 等. 以铝替硅的 Q-P-T 钢的工艺设计与力学性能 [J]. 钢铁研究学报, 2012, 24 (8): 32-37.

[227] 胡俊, 刘洋, 梁文, 等. 淬火温度和保温时间对热轧 Q&P 钢微观组织和力学性能的影响 [C]// 2018 年全国轧钢生产技术会议论文集 [C]. 中国金属学会, 2018: 5.

[228] Huyghe P, Malet L, Caruso M, et al. On the relationship between the multiphase microstructure and the mechanical properties of a 0.2 C quenched and partitioned steel [J]. Materials Science and Engineering: A, 2017, 701: 254-263.

[229] 庄宝潼. Q&P 钢的组织演变规律与碳配分研究 [D]. 北京: 北京科技大学, 2012.

[230] Edmonds D V, He K, Rizzo F C, et al. Quenching and partitioning martensite-A novel steel heat treatment [J]. Materials Science and Engineering A, 2006, 438/439/440: 25-34.

[231] 朱国明, 康永林, 朱帅. 汽车用超高强 QP 钢的工艺与组织性能研究 [J]. 机械工程学报, 2017, 53 (12): 110-117.

[232] 吴腾, 陈梦园, 吴润. 配分温度对热轧 Q&P 钢组织性能的影响 [J]. 热处理技术与装备, 2021, 42 (1): 6-10.

[233] Wang X D, Guo Z H, Rong Y H. Mechanism exploration of an ultrahigh strength steel by quenching-partitioning-tempering process [J]. Materials Science and Engineering: A, 2011, 529: 35-40.

[234] Wang Y, Guo Z H, Chen N L, et al. Deformation temperature dependence of mechanical properties and microstructures for a novel quenching-partitioning-tempering steel [J]. Journal of Materials Science & Technology, 2013, 29 (5): 451-457.

[235] Wang C Y, Chang Y, Yang J, et al. Work hardening behavior and stability of retained austenite for quenched and partitioned steels [J]. Journal of Iron and Steel Research, International, 2016, 23 (2): 130-137.

[236] 任勇强, 谢振家, 尚成嘉. 低碳多相钢的组织调控与力学性能 [J]. 北京科技大学学报, 2013, 35 (5): 592-600.

[237] Ding R, Tang D, Zhao A M. A novel design to enhance the amount of retained austenite and mechanical properties in low-alloyed steel [J]. Scripta Materialia, 2014, 88: 21-24.

[238] Wang Li, Zhong Yong, Lu Jiangxin. Recent Progress of Development and Application of AHSS in Baosteel [A]. ICAS 2016 & HMnS 2016 [C]. Shanghai, 2016: 3-10.

[239] 栗原正典. 薄钢板直焰式连续退火工艺还原加热技术的应用 [J]. 国外钢铁, 1994 (3): 57-63.

[240] 李俊. 我国先进高强度薄带钢制造技术进步 [C]//中国工程院化工、冶金与材料工程第十届学术会议论文集, 2014: 591-600.

[241] 王小鹏. 高强钢快速加热过程中的相变规律研究 [D]. 沈阳: 东北大学, 2010.

[242] 侯晓光, 顾廷权, 李俊. 紧凑型细晶高强板带钢生产线柔性制造方法: CN 108220566 A [P]. 2018-06-29.

[243] 关淑巧, 李文田, 李山. 连续退火机组双相钢稳定生产控制技术 [J]. 金属世界, 2017 (5): 4-7, 34.